Ertl (Hrsg.) • Egenhofer • Hergenröder • Strunck

Typische Bauschäden im Bild

Typische Bauschäden im Bild

erkennen – bewerten – vermeiden – instand setzen

2., aktualisierte und erweiterte Auflage

mit 713 Abbildungen

Dipl.-Ing. Univ. Ralf Ertl (Hrsg.)
Beratender Ingenieur, von der Industrie- und Handelskammer für München und Oberbayern öffentlich bestellter und vereidigter Sachverständiger für Schäden an Gebäuden

Dipl.-Ing. Univ. Martin Egenhofer
Beratender Ingenieur, von der Industrie- und Handelskammer für Niederbayern in Passau öffentlich bestellter und vereidigter Sachverständiger für Schäden an Gebäuden

Dr.-Ing. Michael Hergenröder
Beratender Ingenieur, von der Industrie- und Handelskammer Nürnberg für Mittelfranken öffentlich bestellter und vereidigter Sachverständiger für Schäden an Gebäuden, Mediator

Dipl.-Ing. Thomas Strunck
von der Industrie- und Handelskammer Ostwestfalen zu Bielefeld öffentlich bestellter und vereidigter Sachverständiger für Schäden an Gebäuden

Rudolf Müller

Bibliografische Information der Deutschen Nationalbibliothek

Die Deutsche Nationalbibliothek verzeichnet diese Publikation in der Deutschen Nationalbibliografie; detaillierte bibliografische Daten sind im Internet über http://dnb.d-nb.de abrufbar.

2., aktualisierte und erweiterte Auflage 2014

Maßgebend für das Anwenden von Normen ist deren Fassung mit dem neuesten Ausgabedatum, die bei der Beuth Verlag GmbH, Burggrafenstraße 6, 10787 Berlin, erhältlich ist. Maßgebend für das Anwenden von Regelwerken, Richtlinien, Merkblättern, Hinweisen, Verordnungen usw. ist deren Fassung mit dem neuesten Ausgabedatum, die bei der jeweiligen herausgebenden Institution erhältlich ist. Zitate aus Normen, Merkblättern usw. wurden, unabhängig von ihrem Ausgabedatum, in neuer deutscher Rechtschreibung abgedruckt.

Das vorliegende Werk wurde mit größter Sorgfalt erstellt. Verlag, Herausgeber und Autoren können dennoch für die inhaltliche und technische Fehlerfreiheit, Aktualität und Vollständigkeit des Werkes keine Haftung übernehmen.

Wir freuen uns, Ihre Meinung über dieses Fachbuch zu erfahren. Bitte teilen Sie uns Ihre Anregungen, Hinweise oder Fragen per E-Mail: fachmedien.architektur@rudolf-mueller.de oder Telefax: 0221 5497-6141 mit.

Lektorat: Petra Lindner, Kescheid
Umschlaggestaltung: Designbüro Lörzer, Köln
Satz: Hackethal Producing, Asbach
Druck und Bindearbeiten: freiburger graphische betriebe GmbH & Co. KG, Freiburg
Printed in Germany

ISBN 978-3-481-03115-2

Vorwort zur zweiten Auflage

Ein Bauschaden lässt sich oftmals auf eine wesentliche Ursache zurückführen. Ausgangspunkt der Beurteilung ist immer das augenscheinlich vorgefundene Schadensbild in Bezug auf Lage, Umfang und Intensität der Schadensmerkmale. Ziel einer Begutachtung durch Sachverständige ist die Klärung und Erklärung des zugrunde liegenden Schädigungsvorgangs.

Im vorliegenden Werk soll mithilfe von Schadensbeispielen aus dem üblichen Hochbau eine Brücke zwischen dem Schadensbild und den Ursachen geschlagen werden. Es wird das Spektrum typischer Bauschäden anhand von Schadensbeispielen dargestellt. Der Leser wird in die Lage versetzt, für seinen aktuellen Schadensfall Hinweise auf mögliche Ursachen zu gewinnen. Das Buch soll als Nachschlagewerk dienen.

Das Projekt Typische Bauschäden im Bild entstand im Rahmen der Zusammenarbeit der 4 Autoren innerhalb der **svbau**-Kooperation öffentlich bestellter und vereidigter Sachverständiger für Schäden an Gebäuden. Das Buch basiert auf der über 20-jährigen Erfahrung der Verfasser. Motivation für dessen zweite Auflage waren vor allem die zahlreichen positiven Rückmeldungen der Leser. In der täglichen Gutachterpraxis ist es oft erforderlich, Baubeteiligten ohne vertiefte Fachkenntnisse die mitunter komplexen Zusammenhänge bei der Ursachenermittlung baulicher Schäden aufzuzeigen. Das Werk richtet sich damit in erster Linie an all diejenigen, die in ihrer beruflichen Tätigkeit auch, aber nicht überwiegend mit Bauschäden zu tun haben. Es soll Bauschaffenden in der Planung, der Bauausführung und der Bauüberwachung, Sachverständigen der Grundstücksbewertung, Rechtsanwälten und Richtern sowie in der Objektbetreuung Tätigen die Möglichkeit geben, Schäden zu erkennen, deren Bedeutung einzuschätzen sowie Anhaltspunkte für eine erste Einordnung zur Verfügung zu haben. Aber auch Sachverständige für Schäden an Gebäuden, insbesondere Einsteiger in das Sachgebiet, können Ansatzpunkte für die Beurteilung von Bauschäden finden.

Der Leser wird über anschauliche Fotos durch die Schadensbeispiele navigiert und damit auf mögliche Ursachen seines Schadensfalls hingewiesen. Weiterhin werden in jedem Schadensbeispiel Hinweise zur Schadensvermeidung und zu den Maßnahmen und Kosten der Instandsetzung angegeben.

In der zweiten Auflage des Buches werden 26 neue Schadensfälle vorgestellt. Die übrigen Schadensbeispiele wurden, soweit erforderlich, aktualisiert, auch im Hinblick auf die Schadensbeseitigungskosten. Aus aktuellem Anlass wurde ein weiteres Kapitel zu Schäden an Außenwänden mit Wärmedämm-Verbundsystemen eingefügt.

Mit dem Verständnis der Schadensursachen möge ein sachgerechter Umgang der Verantwortlichen mit Bauschäden erleichtert werden.

München, im Januar 2014 Die Autoren

Inhaltsverzeichnis

Einführung

Bauschäden weisen in aller Regel charakteristische Merkmale auf. Durch die Analyse des äußeren Erscheinungsbildes von Schäden an baulichen Anlagen können Anhaltspunkte für eine erste Einschätzung der möglichen Schadensursachen und Hinweise zur Wertigkeit des Schadens abgeleitet werden.

Im vorliegenden Buch werden ausgewählte typische Beispiele für Schäden im Hochbau dargestellt, die sich in der gutachterlichen Praxis als häufig wiederkehrend erwiesen haben. Es soll dabei in erster Linie als Nachschlagewerk in Form einer Bildsammlung dienen. Kriterium für die Auswahl der Beispiele war die Häufigkeit des Schadensbildes.

Ziel ist es, dem Leser zu ermöglichen, eine erste Einschätzung seines Schadensfalls über den Vergleich mit den dargestellten typischen Schadensbildern vorzunehmen. Dies stellt den ersten Schritt auf dem Weg zur Beseitigung des Schadens dar. Die Praxis zeigt, dass nur mit einer genauen Schadensanalyse wirtschaftliche Entscheidungen zur Festlegung der Schadensbeseitigungsmaßnahmen getroffen werden können. Bei einer fehlerhaften Schadensanalyse werden Schäden mit der anschließenden Instandsetzung nicht bzw. nicht vollständig beseitigt oder es können neue Schäden entstehen.

Das Buch ist in Kapitel gegliedert, die den Bauteilen eines Gebäudes zugeordnet sind (vgl. dazu das Inhaltsverzeichnis). Zur weiteren Navigation innerhalb dieser Kapitel dienen die auf das jeweilige Schadensbild bezogenen Titel der Einzelbeispiele in den Unterkapiteln. Als dritte Ebene der Eingrenzung soll ein Vergleich des vorliegenden Schadensbilds mit dem dargestellten Schadensbeispiel erfolgen. Auf diese Weise erhält der Leser Hinweise auf mögliche Ursachen seines aktuellen Schadensfalles. Die im jeweiligen Schadensbeispiel ermittelte Ursache wird in Form eines Leitsatzes benannt. Für den technisch tiefer gehend interessierten Leser schließt eine ausführliche Begründung an, die auch Verweise auf relevante Regelwerke beinhaltet. Weiterhin werden Hinweise zur Schadensvermeidung angegeben sowie Maßnahmen und Kosten der Instandsetzung dargestellt.

Die vorliegende Sammlung typischer Bauschäden erhebt keinen Anspruch auf Vollständigkeit. Für eine weiterführende, vertiefte Auseinandersetzung wird auf die Spezialliteratur zu baulichen Schäden verwiesen. Der Gebrauch des Nachschlagewerks kann und soll eine fachkundige Beurteilung im konkreten Fall, z. B. durch einen öffentlich bestellten und vereidigten Sachverständigen, nicht ersetzen, da sich allein aus dem Schadensbild nur in manchen Fällen eine abschließende Klärung der Schadensursache ergeben kann. Es soll aber eine erste Einordnung ermöglicht werden.

Die einzelnen Schadensbeispiele sind durchgehend in der folgenden Form gegliedert:

- Schadensbild
- Ursachen
- Hinweise zur Schadensvermeidung
- Maßnahmen und Kosten der Instandsetzung

Im Folgenden wird zusammenfassend dargestellt, welche Inhalte in diesen Abschnitten zu finden sind.

Schadensbild

In diesem Abschnitt wird jeweils das äußere Schadensbild beschrieben, wie es sich dem Betrachter darstellt, d. h. der Umfang und die Intensität der äußeren Erscheinungsform des Bauschadens. Es erfolgen Angaben zur Baukonstruktion und zu den verwendeten Baustoffen. Die Umgebungsbedingungen, denen das geschädigte Bauteil ausgesetzt war, werden benannt, sofern diese für den Schaden relevant sind. Charakteristische Schadensmerkmale werden beschrieben und erläutert. Die im Einzelfall durchgeführten Untersuchungen durch zerstörungsfreie Prüfverfahren und örtlich zerstörende Probeöffnungen werden im Ergebnis dargestellt.

Ursachen

Im Abschnitt Ursachen wird zunächst ein Leitsatz angegeben, der die im Schadensbeispiel ermittelte Ursache in kurzer Form zusammenfasst. Daran schließt eine eingehende Begründung an, in der auf den ermittelten Schädigungsvorgang und die wesentlichen Einflussfaktoren eingegangen wird. Auf beurteilungsrelevante Regelwerke wird hingewiesen.

Im üblichen Hochbau können die folgenden Beanspruchungen und Schädigungsvorgänge von wesentlicher Bedeutung sein:

- Witterungseinflüsse auf Außenbauteile
- Feuchteeinwirkungen im Gebäudeinnern (z. B. Tauwasser- und Schimmelpilzbildung)
- Verformungen von Bauteilen durch Feuchte- und Temperaturänderungen, d. h. gegenüber dem Einbauzustand veränderte hygrische und thermische Umgebungsbedingungen, und durch statische Beanspruchungen (z. B. Durchbiegung von Bauteilen)
- korrosionsfördernde Bedingungen, z. B. durch den schmelzwasserbedingten Eintrag von Tausalz in Tiefgaragen
- für den Anwendungsfall unzureichende Materialeigenschaften

Der Beurteilung der Ursachen ist jeweils zugrunde zu legen, ob eine erfolgte Beanspruchung hätte vermieden werden müssen oder ob die Eigenschaften der vorliegenden baulichen Ausführung keinen ausreichenden Widerstand gewährleisten konnten. Dabei wird im Einzelfall eine Zuordnung vorgenommen, ob Planungs- oder Ausführungsfehler vorliegen. Es werden auch Situationen dargestellt, die bei üblicher Sorgfalt der Planung und Ausführung nicht zu vermeiden und demzufolge hinzunehmen sind.

Hinweise zur Schadensvermeidung

In diesem Abschnitt werden Hinweise gegeben, wie der jeweils dargestellte Bauschaden vermieden werden kann. Es wird dabei auf aktuelle Regelwerke und Fachbücher Bezug genommen.

Maßnahmen und Kosten der Instandsetzung

Die im Fallbeispiel erforderlichen Maßnahmen werden angegeben. Auf die Kosten der Durchführung dieser Maßnahmen wird eingegangen. Üblicherweise erforderliche Vor- und Nebenleistungen werden einbezogen. Die im konkreten Schadensbeispiel ermittelten Kosten werden – soweit möglich – bezogen auf Längen oder Flächen angegeben. Für ähnliche Schadensfälle können diese Kostenangaben als grobe Orientierung zur Einschätzung der Größenordnung von voraussichtlich entstehenden Kosten verwendet werden. Die tatsächlich im Einzelfall entstehenden Kosten unterliegen zusätzlich dem baulichen Umfeld des Schadensbereichs, den konstruktiven Randbedingungen sowie der Marktpreissituation. Die Kostenwerte sind als Nettobeträge auf aktuellem Preisniveau angegeben, die Mehrwertsteuer ist hinzuzurechnen.

Zusätzlich zu diesen Schadensbeseitigungskosten entstehende Honorarkosten für Architekten- bzw. Ingenieurleistungen, d. h. für die Ausführungsplanung, das Einholen von Angeboten, die Bauüberwachung, die Abnahme und die Abrechnung sind in der Regel mit 15 bis 25 % der Instandsetzungskosten zu veranschlagen. Bei niedrigen Instandsetzungskosten können Honorarkosten mit einem deutlich höheren prozentualen Anteil anfallen.

Fehlendes Konzept als häufige Ursache von Schadensfällen

Vorrangiges Ziel der Bauschaffenden muss es immer sein, dauerhaft funktionsfähige Bauwerke und Bauteile zu erstellen.

Wenn dies nicht erreicht wird, d. h., wenn ein Mangel oder ein Schadensfall eintritt, liegt die Ursache in den meisten Fällen in einem fehlenden Konzept hinsichtlich Planung oder Ausführung.

In der Planung von Baumaßnahmen werden Beanspruchungen einerseits häufig nicht erkannt oder unterschätzt. Das betrifft z. B. Einwirkungen aus statischen oder mechanischen Belastungen, durch Wasser oder Temperaturänderungen. Andererseits wird der Widerstand einer Baukonstruktion gegenüber der vorherrschenden Beanspruchung in vielen Fällen überschätzt. An der Schnittstelle zur Umsetzung des planerischen Konzepts, d. h. der Ausführungsplanung, liegen ebenfalls häufig Defizite vor. Und auch in Bezug auf die handwerkliche Ausführung muss vor Beginn der Arbeiten ein Konzept zu den erforderlichen Arbeitsschritten vorliegen.

Es ist in jedem Einzelfall festzulegen, wie den jeweils zu erwartenden Einwirkungen ausreichender Widerstand der Konstruktion entgegengesetzt werden kann.

Im Bauablauf ist es erforderlich, die Verantwortlichkeiten für das Erstellen des Konzepts, für dessen Umsetzung und für die Überprüfung der Umsetzung eindeutig zuzuweisen. Weiterhin essentiell ist es, die Kommunikation zwischen den Projektbeteiligten, d. h. zwischen dem Planer, den ggf. eingeschalteten Fachplanern und Ausführenden zu organisieren und auch in ausreichendem Umfang zu praktizieren.

Bei der Erstellung des planerischen Konzepts besteht die Forderung nach der Übereinstimmung der konzeptionellen Überlegungen mit den maßgeblichen Normen und Regelwerken. Daneben müssen jedoch immer die Bedingungen des Einzelfalls berücksichtigt werden. Die anerkannten Regeln der Technik stellen dabei nicht kritiklos umzusetzende Musterlösungen dar, sondern sind als Grundlage bei der Bearbeitung des Konzeptes einzubeziehen. Es ist jedoch darauf hinzuweisen, dass selbst bei Einhaltung der anerkannten Regeln der Technik ein Mangel vorliegt, wenn das vorrangige Ziel, d. h. die dauerhafte Funktionsfähigkeit, nicht gegeben sein sollte.

Für den Einzelfall ist aus diesem Grund zu klären, ob Regellösungen zur Verfügung stehen, die angewendet werden können oder ob Sonderlösungen erforderlich werden. Im letztgenannten Fall schließt sich unmittelbar eine Hinweis- und Aufklärungspflicht dem Auftraggeber gegenüber an. Der Auftraggeber ist über die Risiken der Sonderlösung und über einen ggf. entstehenden gegenüber einer Regellösung höheren Aufwand, z. B. in Bezug auf Inspektion, Wartung und Instandsetzung aufzuklären. Dies sollte in ausreichender Form dokumentiert werden. Erfolgt eine derartige Aufklärung nicht, so verbleibt beim Planer und beim Ausführenden ein erhebliches Haftungsrisiko, falls wider Erwarten ein Bauschaden eintritt oder während der Nutzung hohe Kosten für Instandhaltungsarbeiten anfallen.

Diese Unterscheidung von Regel- und Sonderlösungen minimiert zudem das Risiko einer späteren, negativen Beurteilung durch einen Sachverständigen. Ein Sachverständiger wird nach derzeitiger Herangehensweise für eine solche Beurteilung diejenigen Regeln der Technik heranziehen, die aus seiner Sicht als anerkannt gelten. Zudem liegt hier im Grunde eine Rechtsfrage vor, was als anerkannte Regel der Technik zu betrachten ist. Daher können derzeit erhebliche Risiken dahingehend bestehen, dass bei einer späteren Überprüfung der Bauleistung diese als mangelhaft beurteilt wird, allein aufgrund einer Abweichung von als anerkannt angesehenen Regeln der Technik.

Wurde jedoch eine Regellösung ausgeführt, wird kaum eine abweichende Beurteilung gerechtfertigt sein, da hierdurch zuverlässig ein dauerhaft funktionsfähiges Bauteil oder Bauwerk erreicht wird. Eine Sonderlösung ist dann als mangelfrei zu bewerten, wenn unter den Randbedingungen des Einzelfalls eine dauerhaft funktionsfähige Konstruktion entsteht und gleichzeitig der Besteller entsprechend aufgeklärt wurde.

Durch ein für den konkreten Einzelfall festzulegendes Konzept bei der Planung und Ausführung von Bauleistungen unter Einbeziehung der vorliegenden Beanspruchungen können Bauschäden in vielen Fällen vermieden werden. Für eine Beurteilung der Mangelhaftigkeit ist die dauerhafte Funktionsfähigkeit wichtiges Kriterium. Bei der Wahl von Sonderlösungen entstehen Hinweis- und Aufklärungspflichten des Planers und des Ausführenden.

1 Schäden an Tiefgaragen

Bei Stahlbetonbauteilen in Tiefgaragen sind typische bauliche Schädigungen häufig auf die Korrosion von Stahl zurückzuführen. Korrodierende Betonstahlbewehrungen zeichnen sich im fortgeschrittenen Stadium durch bis an die Bauteiloberfläche dringende braune Korrosionsprodukte sowie durch Längsrisse und Abplatzungen der Betondeckung ab. Ursache für die Schädigung ist das im Vergleich zu Eisen wesentlich größere Volumen der Korrosionsprodukte.

Grundsätzlich beruht das Prinzip des Stahlbetons in Bezug auf dessen Dauerhaftigkeit darauf, dass Stahl in Beton durch Passivschichten vor Korrosion geschützt ist. Derartige Passivschichten bilden sich im alkalischen Medium des Porenwassers im Beton aus.

Korrosion an Betonstahlbewehrungen kann im Regelfall nur dann entstehen, wenn deren Passivschicht zerstört wird. Dies ist bei Tiefgaragen zum einen der Fall, wenn durch tausalzhaltiges Schmelzwasser, das durch Kraftfahrzeuge eingetragen wird, Chloridionen in ausreichender Konzentration an den Stahl gelangen (chloridinduzierte Korrosion). Zum anderen wird die Alkalität des Betons von der Oberfläche her durch eine Reaktion der alkalischen Bestandteile des Zementsteins mit dem Kohlendioxid der Luft langsam abgebaut (karbonatisierungsinduzierte Korrosion). Letzterer Prozess ist in Fassadenbereichen entscheidend, bei Tiefgaragen im Regelfall aber von untergeordneter Bedeutung.

Beide Vorgänge führen dann zur Korrosion, wenn die Betondeckung der Stahlbewehrung nicht ausreichend dick oder nicht ausreichend dicht ist. In Tiefgaragen können jedoch die Schutzwirkungsgrenzen des Betons erreicht sein, wenn chloridhaltiges Wasser in Pfützen über längere Zeit einwirken kann.

Wenn die Passivschicht durch o. g. Vorgänge nicht mehr stabil ist, wird die Erscheinungsform der Korrosion durch die räumliche Ausdehnung der depassivierten, d. h. korrodierenden Bereiche bestimmt.

Bei einer gleichmäßigen Depassivierung wird sich eine flächige Korrosion bilden, die zur Längsrissbildung und zu Abplatzungen der Betondeckung führt. Demgegenüber kann bei nur örtlicher Depassivierung durch Chloridionen die sog. Lochfraßkorrosion mit tiefen Narbenbildungen auch ohne äußerlich erkennbare Schädigungen eintreten.

Innerhalb des Betons wird die Verteilung der Chloridionen im Wesentlichen durch Kapillartransportvorgänge bestimmt. Dies bedeutet, dass vom Beton durch kapillares Saugen aufgenommenes Wasser Chloridionen mittransportiert. Als korrosionsauslösend werden in der Regel Werte des Chloridgehalts von größer als 0,5 Masse-% bezogen auf das Zementgewicht angesetzt. Aber auch bei geringeren Chloridgehalten können im Einzelfall Korrosionsschäden auftreten.

Bei der Beurteilung von Betonbauteilen in Tiefgaragen muss daher ein besonderes Augenmerk auf Bauteile gerichtet werden, die länger andauernd mit chloridhaltigem Wasser in Berührung waren. Dies ist insbesondere bei einer Pfützenbildung auf Bodenflächen und um Stützen herum der Fall. Deutlich geringer sind Chloridgehalte regelmäßig in Bereichen mit einer hinreichenden Gefälleausbildung. Im Bereich von Rissen, insbesondere von Wasser führenden Trennrissen, können Korrosionsschäden auftreten. Es sind daher Einzeluntersuchungen erforderlich.

Die Maßnahmen zur Schadensbeseitigung sind auf Grundlage der Richtlinie „Schutz und Instandsetzung von Betonbauteilen“ des Deutschen Ausschusses für Stahlbeton (DAfStb) vom fachkundigen Planer festzulegen (vgl. DAfStb, 2001).

1.1 Pfützenbildung auf Bodenplatten

Schadensbild

In der Tiefgarage einer Wohnanlage kommt es insbesondere in den Wintermonaten häufig zu Beschwerden über großflächige Pfützenbildungen im Bereich der Stellplätze und der Fahrgassen (siehe Abb. 1.1 und 1.2). Die Benutzer beklagen sich vor allem darüber, dass der Weg vom abgestellten Fahrzeug zum Gebäude bzw. vom Gebäude zum Stellplatz nicht mehr begehbar ist.

Zur Ermittlung der vorhandenen Gefälleausbildung wurde ein Flächennivellement über 6 Stellplätze durchgeführt. Das Ergebnis des Nivellements ist in Abb. 1.3 dargestellt. Die Stellplätze weisen jeweils eine Breite von 2,50 m und eine Länge von 5 m auf. Im Ergebnis des Flächennivellements ist in Querrichtung der Stellplätze eine Senke von bis zu 11 mm auf eine Messlänge von 5 m vorhanden. In Längsrichtung liegt in den mittleren Stellplätzen ein Gefälle von 0,2 % in Richtung der Außenwand vor. Hier ist entlang der Außenwand eine Senke von 20 mm auf eine Messlänge von 5 m vorhanden. Bei den rechten Stellplätzen existiert in Querrichtung eine Senke von 2,5 mm auf eine Messlänge von 5 m.

Im Bereich der Fahrgasse ist ein geringes Gefälle von 0,5 % in Richtung Fahrgassenmitte ausgebildet. In der Mitte der Fahrgasse ist eine Wassersammelrinne angeordnet. Eine geregelte Entwässerung der Bodenfläche über Bodenabläufe liegt nicht vor.

Ursachen

Pfützenbildungen im Bereich der Stellplätze und Fahrgassen einer Tiefgarage dürfen die Nutzbarkeit nicht einschränken. Nach den Landesbauordnungen sind bauliche Anlagen so anzuordnen, zu errichten, zu ändern und zu unterhalten, dass durch chemische, physikalische, pflanzliche oder tierische Einwirkungen keine Gefahren, vermeidbare Nachteile oder vermeidbare Belästigungen entstehen.

Pfützenbildungen, denen nicht ohne Weiteres, d. h. insbesondere im Stellplatzbereich oder vor den Zugängen zu den Gebäuden, ausgewichen werden kann, sind demzufolge als vermeidbarer Nachteil zu werten. Die Gebrauchstauglichkeit einer Tiefgarage ist bei derartigen Pfützen eingeschränkt.

Pfützenbildungen an Wänden und Stützen sind bei unbeschichteten Bodenflächen und Stützenfüßen immer als kritisch zu bewerten, da eine länger andauernde Beaufschlagung von Stahlbetonbauteilen durch tausalzhaltiges Wasser zu Chloridanreicherungen im Beton und nachfolgenden Korrosionsschäden führt, deren Instandsetzung erhebliche Kosten verursacht. Pfützenbildungen an Wänden und Stützen beeinträchtigen erheblich die Dauerhaftigkeit der baulichen Anlage.

Die Pfützenbildungen treten im vorliegenden Fall nicht in der Mitte der jeweiligen Stellplätze auf, sondern in den Zuwegungen zu den abgestellten Fahrzeugen. Die festgestellten Ebenheitsabweichungen belegen dies. Die Nutzbarkeit ist damit beeinträchtigt. Eine Pfützenbildung, der bei üblicher Nutzung nicht ohne Weiteres ausgewichen werden kann, ist als vermeidbarer Nachteil zu werten.

Die großflächige Pfützenbildung im mittleren Bereich der Fahrgasse stellt keine Beeinträchtigung dar, da genügend Ausweichmöglichkeiten bestehen.

Die in DIN 18202:2013-04 „Toleranzen im Hochbau" genannten Ebenheitstoleranzen stellen bei der Beurteilung der Nutzbarkeit der Stellplätze kein maßgebendes Kriterium dar und sind hierfür nicht anwendbar, da sich auch bei Einhaltung der Toleranzen Pfützen ergeben können, welche die Gebrauchstauglichkeit einschränken. Die Gebrauchstauglichkeit ist daher immer im jeweiligen Einzelfall zu überprüfen.

Hinweise zur Schadensvermeidung

Pfützenbildungen sind erfahrungsgemäß nur dann auf ein hinnehmbares Maß zu beschränken, wenn die Bodenfläche ein Gefälle aufweist, das anfallende Feuchtigkeit weg von Wänden und Stützen in Richtung der Fahrgasse ableitet. Daher sind Bodenflächen in Tiefgaragen mit einem Gefälle von mindestens 2,0 % auszuführen,

Abb. 1.1: Großflächige Pfützenbildung im Stellplatzbereich

Abb. 1.2: Großflächige Pfützenbildung in der Fahrgasse

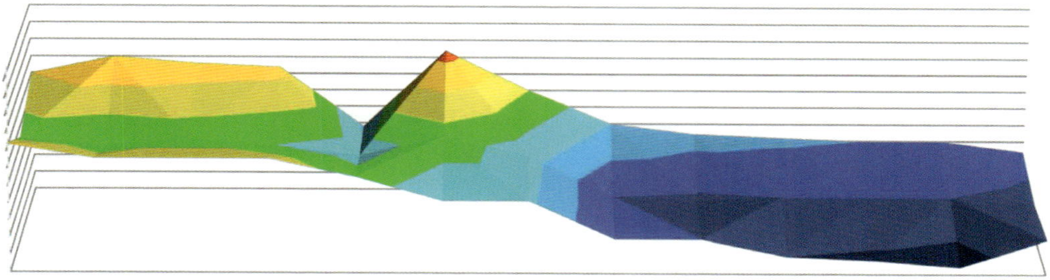

Abb. 1.3: Schematische Darstellung des Gefälles im Bereich der Stellplätze

um auch bei durchschnittlicher handwerklicher Sorgfalt weitgehend pfützenfreie Stellflächen zu erreichen (vgl. Ertl, 2013).

Werden Bodenplatten von Tiefgaragen planmäßig gefällelos erstellt, sind auch bei großer handwerklicher Sorgfalt Unebenheiten und damit Pfützenbildungen nicht zu vermeiden. Hierbei muss aber sichergestellt sein, dass Pfützenbildungen zu keinen Nutzungseinschränkungen führen.

Es ist zu beachten, dass eine andauernde Beaufschlagung von unbeschichteten Stahlbetonbauteilen mit tausalzhaltigem Wasser zu Chloridanreicherungen im Beton und langfristig zu Korrosionserscheinungen an der Bewehrung führen kann. Häufig bzw. ständig mit tausalzhaltigem Wasser beaufschlagte Flächen sind daher durch zusätzliche Schutzmaßnahmen wie z. B. Beschichtungen zu schützen.

Die Festlegung des Gefälles der Tiefgaragenbodenplatte ist eine Planungsaufgabe. Die Festlegung geeigneter Bauweisen, um bei gefällelosen Bodenplatten weitgehend ebene Flächen zu erreichen, ist ebenfalls eine Planungsaufgabe.

Maßnahmen und Kosten der Instandsetzung

Zur Beseitigung der Pfützen sind die Unebenheiten durch geeignete Spachtelungen auszugleichen. Im vorliegenden Fall wurde die gesamte Stellplatzfläche mit einem einheitlichen Gefälle zur Fahrgasse überarbeitet. Mit einem nur lokal begrenzten Ausgleich einzelner Senken konnte eine in der Fläche einheitliche Gefällesituation nicht erreicht werden.

Die Kosten für eine vollflächige Gefällespachtelung wurden bei 6 bearbeiteten Stellplätzen auf ca. 480,00 €/Stellplatz zuzüglich Mehrwertsteuer veranschlagt.

1.2 Farbablösungen bei offenen Estrichfugen um Stützen

Schadensbild

In der Tiefgarage einer Wohnanlage ist die Bodenfläche mit einem 4 cm dicken Verbundestrich erstellt. Die Abb. 1.4 zeigt einen Teilbereich der Bodenfläche im Überblick.

Im Anschluss an Stützen und Wände sind im Verbundestrich Fugen durch Einstellen eines Randstreifens aus Wellpappe ausgeführt. Dies zeigen Abb. 1.5 und 1.6. Weiterhin sind Scheinfugen im Estrich angelegt, die im Nachhinein nicht verfüllt wurden.

In den Bodenanschlussbereichen der Stützen sind zum Teil ausgeprägte (siehe Abb. 1.7) und zum Teil mäßige und leichte kleinflächige (siehe Abb. 1.8) Farbablösungen festzustellen.

Im Wandbereich sind wegen der Ausbildung eines Gefälles lediglich kleinflächige Farbablösungen festzustellen (siehe Abb. 1.9).

In der Fläche zeigt der Verbundestrich eine netzartige Rissbildung. Bereichsweise sind, insbesondere entlang der Risse, weiße Verfärbungen vorhanden, bei denen es sich augenscheinlich um Kalkausblühungen und abgelagerte Tausalze handelt (siehe Abb. 1.4 und 1.5).

Im Bereich der Stützenfüße wurden Betondeckungen von 26 bis 34 mm gemessen. Der Chloridgehalt wurde durch eine Bohrmehlentnahme festgestellt und betrug an einer intensiv geschädigten Stütze in Tiefenlage der Bewehrung 1,5 Masse-% bezogen auf das Zementgewicht. Auch bei der in Abb. 1.8 dargestellten Stütze mit nur geringfügigen Farbablösungen lag der Chloridgehalt an der Bewehrung bereits bei 1,4 Masse-%.

Im Wandbereich zeigte sich bei einer Betondeckung von 32 mm lediglich ein Chloridgehalt von 0,2 Masse-%.

Ursachen

Farbablösungen und Feuchtespuren sind in Verbindung mit Randfugen ein typischer Hinweis auf Chloridanreicherungen im Beton. Über die offenen Estrichfugen kann chloridhaltiges, von den Fahrzeugen eingetragenes Schmelzwasser an die Betonoberfläche der Stützen gelangen und dort zu einer länger andauernden intensiven Feuchtebeanspruchung führen. Chloridhaltiges Wasser dringt durch Kapillartransport in die Randzone des Betons ein und reichert sich dort an. Allgemein als korrosionsauslösend geltende Chloridgehalte von größer als 0,5 Masse-% sind auch bei augenscheinlich wenig geschädigten Stützen gegeben.

Wenn auf Instandsetzungsmaßnahmen verzichtet wird, laufen Korrosionsvorgänge ab, die mittel- bis langfristig zu Längsrissen über der Bewehrung, Betonabplatzungen und Querschnittsverlusten der Bewehrung führen. Aus derartigen Schäden kann auch eine Gefährdung der Standsicherheit resultieren.

Hinweise zur Schadensvermeidung

Bei Stahlbetonbauteilen in Tiefgaragen muss eine länger andauernde intensive Wasserbeanspruchung vermieden werden. Offene Estrichfugen stellen gravierende bauliche Fehler dar und können nicht toleriert werden.

Zur Schadensvermeidung ist im Anschluss der Stützen und Wände an die Bodenplatte eine Hohlkehle auszubilden und die Sockelbereiche der Stützen sowie die anschließenden Zonen der Bodenplatte sind mit einem Oberflächenschutzsystem zu versehen. Dies muss vor Aufbringen des Verbundestrichs erfolgen. Die Fuge zwischen Stütze und Verbundestrich ist zusätzlich abzudichten.

Maßnahmen und Kosten der Instandsetzung

Zur Instandsetzung ist es erforderlich, den Estrich um die Stützen zu entfernen, Abstützungen einzubringen, den chloridbeaufschlagten Beton abzutragen, die Betonstahlbewehrung zu entrosten und den Stützenquerschnitt durch den Auftrag von Spritzbeton zu ergänzen. Im Anschluss sind bei einer isolierten Instandsetzung der Stützen eine Hohlkehle sowie eine Beschichtung der Stützenfüße und des anschließenden Bereichs der Bodenplatte auszuführen.

Für die Durchführung dieser Maßnahmen waren bei insgesamt 9 Stützen Kosten in Höhe von 1.300,00 €/Stütze zuzüglich Mehrwertsteuer zu veranschlagen.

Abb. 1.4: Bodenfläche im Überblick

Abb. 1.5: Stützenfüße, um die offene Estrichfugen verlaufen

Abb. 1.6: Offene Estrichfuge im Detail; Farbablösungen am Stützenfuß

Abb. 1.7: Stützenfuß mit ausgeprägten flächigen Farbablösungen und Ausblühungen

Abb. 1.8: Stützenfuß mit leichten Farbablösungen

Abb. 1.9: Wandsockel mit örtlich leichten Farbablösungen

1.3 Offene Fuge in einer Bodenplatte

Schadensbild

In der Tiefgarage einer größeren Wohnanlage treten an Fugen in der Bodenfläche zwischen den Stellplätzen und der Fahrgasse Feuchtigkeitserscheinungen auf, die an den Fugen enden. In Abb. 1.10 und 1.11 sind Beispiele dieser Feuchtigkeitserscheinungen dargestellt.

Der Tiefgaragenboden ist mit einem Gefälle von rund 2 % aus den Stellplätzen in Richtung Fahrgassenmitte ausgeführt. Das von den in den Stellplätzen abgestellten Fahrzeugen abtropfende Wasser läuft in Richtung Fahrgassenmitte und bleibt an den Fugen zwischen der Bodenplatte im Bereich der Stellplätze und der Bodenplatte der Fahrgasse stehen. Augenscheinlich entsteht der Eindruck, dass Wasser in die Fugen läuft. Es liegen im Bereich der Fugen geringfügige Höhenunterschiede vor, die zu Pfützenbildungen vor den Fugen führen.

Die Bodenfläche der Tiefgarage ist als monolithische Stahlbetonplatte mit flügelradgeglätteter Oberfläche ausgeführt. Im Raster von 5 m × 5 m sind Scheinfugen angeordnet. Die Scheinfugen wurden beim Betonieren durch Einbau von PVC-Fugenprofilen erzeugt. Die PVC-Fugenprofile sind 80 mm hoch und an der Oberseite 3 mm breit.

Eine Bestimmung des Chloridgehaltes an Bohrmehlproben aus dem Bereich der untenliegenden Bewehrung ergab hohe Werte. Eine weiter gehende Bauteilöffnung zeigte erhebliche Korrosionsschäden an der Bewehrung unterhalb des Fugenprofils.

Ursachen

Das eingebaute Fugenprofil weist keinen Schutz gegen eindringende chloridhaltige Wässer auf. In der Folge kommt es zu Korrosionserscheinungen an der Bewehrung. Ein dichter Fugenverschluss fehlt.

Das verwendete Fugenprofil ist für die Ausbildung von Scheinfugen in Bodenplatten von Tiefgaragen vorgesehen. Durch die Verwendung des Fugenprofils kann auf Fugenschnitte und Fugenfüllungen verzichtet werden. Eine Nachfrage bei dem Hersteller des Fugenprofils ergab, dass keine Prüfzeugnisse oder andere Untersuchungen über eine eventuell abdichtende Wirkung der eingebauten PVC-Profile existieren. Fugen, die dicht gegen Feuchtigkeit sein sollen, müssen nachträglich eingeschnitten und dauerhaft verfüllt werden.

Hinweise zur Schadensvermeidung

Fugen in Tiefgaragenböden werden mit chloridhaltigen Wässern beaufschlagt, die im Winter durch die Fahrzeuge eingeschleppt werden und von diesen abtropfen. Zur Vermeidung von Korrosionsschäden an der in der Bodenplatte eingebauten Bewehrung ist ein Eindringen der chloridhaltigen Wässer in die Fugen durch eine dauerhaft dichte Fugenfüllung zu verhindern.

Bereits in der Planungsphase sind abdichtende Maßnahmen zu berücksichtigen, die auf die zu erwartenden Änderungen der Fugenbreite abzustimmen sind. Hierbei ist zwischen Arbeitsfugen, Scheinfugen und Bewegungsfugen zu unterscheiden. Während Arbeits- und Scheinfugen mit elastischen Fugenfüllungen abgedichtet werden können, ist bei Bewegungsfugen in der Regel der Einbau von vorgefertigten Fugenprofilen erforderlich.

Diese Grundsätze treffen für Fugen in Bodenplatten gleichermaßen zu wie für Fugen in Estrichbelägen auf Bodenplatten. Mit einem ersten Augenschein ist es in der Regel nicht möglich, den Bodenbelag einer Tiefgarage dahin gehend zu unterscheiden, ob eine monolithische Bodenplatte oder ein Estrich auf der Bodenplatte vorliegt. Dies lässt sich z. B. mit einer Kernbohrung feststellen. In beiden Fällen können undichte Fugen zu hohem Instandsetzungsaufwand führen. Daher ist im Zuge der regelmäßigen Wartung der Tiefgarage auf die Dichtigkeit der Fugen zu achten. Im Fall der elastisch verfüllten Fugen sind Risse in der Fugenfüllung (siehe Abb. 1.12) und Ablösungen des Fugenfüllstoffs von den Rändern umgehend zu beseitigen. Gleiches gilt für Abplatzungen des Betons an den Fugenkanten, da dies ebenso zu Undichtigkeiten an der Fuge führt (siehe Abb. 1.13).

Abb. 1.10: Durchlässige Fuge zwischen Fahrgasse und Stellplätzen

Abb. 1.11: Pfützenbildung vor der Fuge

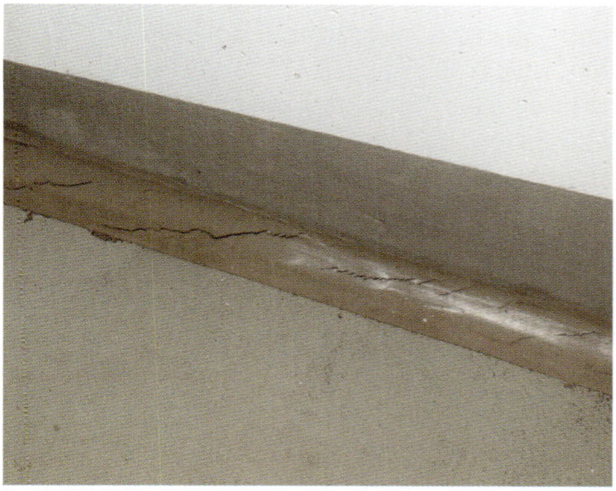

Abb. 1.12: Risse in Fugenfüllstoff (Fuge zwischen Stellplatz und Wand)

Abb. 1.13: Abplatzung an Fugenkante

Maßnahmen und Kosten der Instandsetzung

Zur Vorbereitung der Instandsetzung musste im vorliegenden Fall zunächst festgestellt werden, wie tief der Beton chloridbeaufschlagt ist. Nach Entfernung und Reprofilierung der chloridbelasteten Bereiche konnte abschließend ein dauerhafter Fugenverguss mit einem bituminösen Fugendichtstoff eingebaut werden.

Die Instandsetzungskosten waren bei einer Fugenlänge von insgesamt ca. 250 m auf ca. 100,00 €/m für die Betoninstandsetzung und ca. 25,00 €/m für den Fugenverschluss (jeweils zuzüglich Mehrwertsteuer) zu veranschlagen.

1.4 Farbablösungen und Ausblühungen an Stahlbetonstützen und -wänden im Sockelbereich

Schadensbild

Bei Tiefgaragen ist häufig festzustellen, dass im Bodenanschlussbereich von Stützen und Wänden Farbablösungen und weiße Kalkausblühungen vorliegen. Im Folgenden wird das Schadensbild anhand einer Reihe von beispielhaften Situationen aus verschiedenen Tiefgaragen erläutert.

Die Abb. 1.14 und 1.15 zeigen Wandbereiche, vor denen sich infolge der Gefällelage der anschließenden horizontalen Bodenfläche eine Pfütze aus von Fahrzeugen eingetragenem tausalzhaltigem Schmelzwasser gebildet hat. Es ist erkennbar, dass intensive weiße Ausblühungen sowie (bei Abb. 1.15) auch Farbablösungen bis in eine Höhe von ca. 15 cm vorhanden sind. Der in Abb. 1.14 dargestellte Wandbereich weist eine Betondeckung von 23 mm auf. In dieser Zone wurde durch Bohrmehlentnahme ein Chloridgehalt bezogen auf das Zementgewicht von bis zu 2,0 Masse-% festgestellt. Der Wandbereich in Abb. 1.15 zeigt bei einer Betondeckung von 32 mm einen Chloridgehalt von bis zu 3,0 Masse-% in Höhenlage der Bewehrung.

In Abb. 1.16 ist ein Stützensockel dargestellt, in dessen Bereich sich eine erfolgte Pfützenbildung nur andeutet. Die betreffende Stütze weist im Bodenanschluss bei einer Betondeckung von 30 mm einen Chloridgehalt von 2,0 Masse-% auf.

Die Abb. 1.17 und 1.18 zeigen Stützen mit geringen Farbablösungen im Bodenanschluss. Während bei der in Abb. 1.17 dargestellten Stütze eine Betondeckung von lediglich 15 mm und ein Chloridgehalt von 0,74 Masse-% an der Bewehrung festgestellt wurde, betrug der Chloridgehalt bei der in Abb. 1.18 dargestellten Stütze 0,34 Masse-% bei einer Betondeckung von 20 mm.

Ursachen

Als Ursachen der Farbablösungen und Ausblühungen im Bodenanschlussbereich der Stahlbetonbauteile liegen Feuchtetransportprozesse in der Randzone des Betons vor. Auf der Bodenfläche anstehendes Wasser wird durch Kapillartransport in der Randzone des Betons aufgenommen und nach oben transportiert, wo es an der Bauteiloberfläche verdunstet.

Bei den weißen Ausblühungen handelt es sich um Karbonatisierungsprodukte des Betons und um Salzablagerungen. Die Farbablösungen sind im Wesentlichen als eine Folge der über längere Zeiträume feuchten Bedingungen zu verstehen, welche den Beschichtungsverbund zum Untergrund schwächen.

Die dargestellten Bildbeispiele zeigen, dass bei intensiven Farbablösungen und Ausblühungen in der Regel von einer bereits erfolgten Chloridanreicherung im Beton ausgegangen werden muss, die zu Korrosion an der Bewehrung führen kann (vgl. Kapitel 1.8). Bei geringen Farbablösungen ist nur durch eine Untersuchung im Einzelfall festzustellen, ob bereits ein korrosionsauslösender Chloridgehalt von mehr als 0,5 Masse-% im Bereich der Bewehrung vorliegt. Bei geringeren Chloridgehalten muss das Korrosionsrisiko im Einzelfall bewertet werden.

Hinweise zur Schadensvermeidung

Derartige Schäden können vermieden werden, wenn die Sockelbereiche von Stützen und Wänden mit einer Hohlkehle und einer Beschichtung im vertikalen Bereich geschützt werden. Dabei ist die Bodenbeschichtung (Oberflächenschutzsysteme OS 8 oder OS 11 nach DAfStb-Richtlinie „Schutz und Instandsetzung von Betonbauteilen" [vgl. DAfStb, 2001]) bis über die Hohlkehle auszuführen und im vertikalen Bereich eine geeignete Beschichtung aufzubringen (z. B. OS 4 [vgl. DAfStb, 2001]). Auch bei unbeschichteten Bodenplatten ist ein Oberflächenschutzsystem am Stützenfuß erforderlich.

Diese Ausführung sieht auch das Merkblatt „Parkhäuser und Tiefgaragen" vor (vgl. Deutscher Beton- und Bautechnik-Verein, 2010).

Maßnahmen und Kosten der Instandsetzung

Zur Instandsetzung ist es in der Regel erforderlich, die chloridhaltigen Randzonen der Betonbauteile mechanisch oder durch Hoch-

Abb. 1.14: Unterer Wandbereich mit Ausblühungen

Abb. 1.15: Wandsockelbereich mit intensiven Farbablösungen und Ausblühungen

Abb. 1.16: Stützenfuß mit mäßigen Ausblühungen

Abb. 1.17: Stützenfuß mit leichten Farbablösungen

Abb. 1.18: Stützenfuß mit geringfügigen Farbablösungen im Bodenanschluss

druckwasserstrahlen zu entfernen, die freigelegte Betonstahlbewehrung zu entrosten und den Betonquerschnitt durch den Einsatz von Spritzbeton wiederherzustellen. Bei schweren Korrosionsschädigungen kann eine Ergänzung der Betonstahlbewehrung erforderlich werden. Anschließend ist eine Hohlkehle im Bodenanschluss zu erstellen und die Sockelbereiche sind mit einem Oberflächenschutzsystem zu beschichten.

Als Kosten für die genannten Maßnahmen sind bei Stützen in Abhängigkeit vom Schädigungsgrad und den erforderlichen Abstützungsmaßnahmen 500,00 bis 1.500,00 €/Stütze zuzüglich Mehrwertsteuer zu veranschlagen.

In Wandbereichen belaufen sich die erforderlichen Instandsetzungskosten auf etwa 90,00 bis 150,00 €/m zuzüglich Mehrwertsteuer.

1.5 Rissbildung in Zwischendecken

Schadensbild

Eine zweigeschossige Tiefgarage wurde in Stahlbetonbauweise aus Ortbeton mit einer Zwischendecke errichtet, die auf Unterzüge und Stützen aufgelagert ist. Beidseits einer mittigen Fahrgasse sind Stellplätze angeordnet. In der Zwischendecke sind an der Deckenuntersicht einzelne Risse festzustellen, von denen ein Teil Wasser führend ist. Die Abb. 1.19 zeigt einen derartigen Riss, Abb. 1.20 ein Detail.

Das Schadensbild ist gekennzeichnet durch Wasserränder und weiße Ablagerungen entlang des Risses. Bei Letzteren handelt es sich um alkalische Bestandteile des Betons, die in dem durchdringenden Wasser gelöst werden und an der Oberfläche mit dem Kohlendioxid in der Luft reagieren.

Die Abb. 1.21 zeigt eine Betonstahlbewehrung, die im Bereich eines Wasser führenden Trennrisses freigelegt wurde. Diese weist lokale Oberflächenkorrosion mit beginnender Narbenbildung auf.

Die Zwischendecke wurde ohne Oberflächenschutzsystem und ohne Gefälle ausgeführt. Die Oberfläche weist abgetrocknete Wasserränder auf, die Merkmale einer Pfützenbildung durch das über Fahrzeuge in die Tiefgarage eingetragene Wasser, insbesondere Schmelzwasser, sind. Außerdem hat das im Rissbereich nach unten abtropfende Wasser Lackschäden an eingestellten Kraftfahrzeugen verursacht.

Ursachen

Die Risse in der Zwischendecke sind auf eine Zwangbeanspruchung infolge behinderter Verformung zurückzuführen. Bei der Dimensionierung der Decke wurde keine ausreichende rissbreitenbeschränkende Bewehrung vorgesehen. Weiterhin fehlt ein Oberflächenschutzsystem auf der Zwischendecke.

Stahlbetonbauteile verkürzen sich

- im Zuge der Erhärtung (infolge der Abkühlung durch die abfließende Hydratationswärme),
- durch Schwinden (infolge der Abgabe des Überschusswassers, welche beginnend in den ersten Tagen bis zu ca. 3 Jahren nach der Herstellung erfolgt).

Weiterhin können Zwangbeanspruchungen infolge von jahreszeitlichen Temperaturänderungen, aber auch infolge von relativen Temperaturunterschieden oberhalb und unterhalb der Zwischendecke auftreten. Letzteres ist insbesondere bei natürlich belüfteten Garagen zu berücksichtigen. Risse infolge von Temperaturzwang können sich auch lange nach der Herstellung bilden, wenn sich die o. g. Temperaturunterschiede erstmals einstellen.

Seit 1988 ist es eine Regel der Technik, eine ausreichend rissbreitenbeschränkende Bewehrung einzubauen und ein Oberflächenschutzsystem aufzubringen. Nach DIN 1045:1988-07 „Beton und Stahlbeton" – in Verbindung mit den Erläuterungen in Heft 400 des Deutschen Ausschusses für Stahlbeton (vgl. DAfStb, 1989) – waren Bauteile, bei denen Risse zu erwarten sind, welche über den gesamten Querschnitt reichen, mit einem besonderen Schutz zu versehen.

Im Bereich von Trennrissen, die von chloridhaltigem Wasser durchdrungen werden, entstehen häufig schwerwiegende Korrosionsschäden, die bis zum vollständigen Querschnittsverlust der Bewehrung führen können. Aus diesem Grund sind immer Untersuchungen des Chloridgehalts und des Bewehrungszustandes erforderlich, um feststellen zu können, ob eine Beeinträchtigung der Standsicherheit gegeben ist.

Hinweise zur Schadensvermeidung

Nach DIN EN 1992-1-1:2011-01 „Eurocode 2: Bemessung und Konstruktion von Stahlbeton- und Spannbetontragwerken" ist eine Mindestbewehrung für eine Begrenzung der Rissbreite anzuordnen. Die Oberseite von Zwischendecken ist der Expositionsklasse XD 3 zuzuordnen. Hieraus ergeben sich die Anforderungen an die Betonfestigkeitsklasse und die Betondeckung (C 35/45, Nennmaß der Betondeckung 50 mm). Weiterhin dürfen Zwischendecken nur mit zusätzlichen Maßnahmen, d. h. in der Regel mit einer rissüberbrückenden Beschichtung oder einer bituminösen Abdichtung in Verbindung mit einem Gussasphaltbelag ausgeführt werden. Als Beschichtung kommt in erster Linie

Abb. 1.19: Untersicht einer Zwischendecke mit Wasser führendem Riss

Abb. 1.20: Detail des in Abb. 1.19 dargestellten Risses

Abb. 1.21: Betonstahlbewehrung mit Oberflächenkorrosion, freigelegt im Bereich eines Trennrisses

Abb. 1.22: Entfernter Beton im Bereich eines Risses mit hohen Chloridgehalten

ein Oberflächenschutzsystem OS 11 nach der DAfStb-Richtlinie „Schutz und Instandsetzung von Betonbauteilen" infrage (vgl. DAfStb, 2001). Unter bestimmten Voraussetzungen kann auch ein starres System OS 8 ausgeführt werden, wenn entstehende Risse abgedichtet werden, z. B. durch Rissbandagen. Dabei ist bereits chloidbeaufschlagter Beton beidseits des Risses durch Untersuchungen festzustellen und zu entfernen.

Weiterhin ergeben sich bei der Einzelrissbehandlung in aller Regel erhebliche optische Beeinträchtigungen im Erscheinungsbild der beschichteten Oberfläche.

Maßnahmen und Kosten der Instandsetzung

Bei Wasser führenden Rissen in Zwischendecken ist im Regelfall ein Chloridgehalt des Betons gegeben, der korrosionsauslösend ist. Aus diesem Grund muss der Beton beidseits des Risses entfernt werden. Dies zeigt beispielhaft Abb. 1.22.

Hierbei sind umfangreiche Abstützungsmaßnahmen erforderlich. Bei wesentlichen Querschnittsverlusten am Betonstahl sind Zusatzbewehrungen einzubauen.

Für diese Arbeiten sind in Abhängigkeit von Abstützungsaufwand und Schädigungsgrad Kosten in Höhe von 250,00 bis 500,00 €/m Risslänge zuzüglich Mehrwertsteuer zu veranschlagen.

1.6 Einzelrisse auf Bodenplatten

Schadensbild

In der Bodenplatte einer kleineren Tiefgarage mit 15 Stellplätzen zeigten sich in den ersten Jahren nach Errichtung des Gebäudes Risse. Das gesamte Rissbild ist in Abb. 1.23 dokumentiert. Das Rissbild besteht im Wesentlichen aus Einzelrissen (siehe Abb. 1.24 und 1.25). Die Rissbreiten liegen in der Regel zwischen 0,1 und 0,3 mm, stellenweise beträgt die Rissbreite bis zu 0,6 mm (siehe Abb. 1.26). Netzrissartige Rissbilder sind nur an einzelnen Stellen vorhanden.

Für die Bodenplatte wurde ein wasserundurchlässiger Beton der Betonfestigkeitsklasse C 30/37 verwendet. Die Bodenplatte wurde nach dem Betonieren flügelradgeglättet, wobei eine Hartstoffeinstreuung eingebaut wurde.

Ursachen

Bei dem festgestellten Rissbild an der Bodenplatte der Tiefgarage handelt es sich um ein für Schwindvorgänge typisches Rissbild. Die breiten Risse wurden in erster Linie durch eine zu geringe rissbreitenbeschränkende Bewehrung verursacht.

Schwindrisse in Bodenplatten treten nicht nur in Form von netzartigen Oberflächenrissen auf, die infolge fehlender bzw. unzureichender Nachbehandlung durch das sog. Frühschwinden innerhalb der ersten Stunden nach dem Betonieren entstehen. Innerhalb der ersten Tage nach dem Betonieren entstehen beim Erhärten des Betons weitere Spannungen durch das Abfließen der Hydratationswärme; diese Spannungen führen nicht zu netzartigen Rissen, sondern zu einem Rissbild aus ungerichtet verlaufenden Einzelrissen. Weitere Spannungen entstehen durch das Trocknungsschwinden (einige Wochen bis Monate nach dem Betonieren) oder äußere Einflüsse wie z. B. Temperaturwechsel. Bilden sich hierbei Risse, so verlaufen diese überwiegend gerichtet bzw. geradlinig und werden im Verlauf von der Bauteilgeometrie und der Belastung bestimmt.

Die angesprochenen Spannungen aus Temperaturwechseln sind in der vorliegenden Tiefgarage nicht sehr bedeutend, da der Temperaturunterschied zwischen Sommer und Winter bzw. zwischen Tag und Nacht relativ klein ist.

Die großen Rissbreiten von bis zu 0,6 mm deuten immer auf Fehler in der Dimensionierung der rissbreitenbeschränkenden Bewehrung hin.

Die Oberseite der Bodenplatte wird durch eingeschlepptes Wasser im Winter mit Chloriden (Tausalz) beansprucht. Über die Risse kann Chlorid bis zur Bewehrung vordringen und dort im Laufe der Zeit zu Korrosionsschäden führen. Die Dauerhaftigkeit der Bodenplatte wird hiervon erheblich beeinträchtigt.

Hinweise zur Schadensvermeidung

Risse in Stahlbetonbauteilen sind grundsätzlich nicht zu vermeiden. Die Rissbreiten können jedoch begrenzt werden, sodass keine Einschränkungen der Standsicherheit, Gebrauchstauglichkeit und Dauerhaftigkeit zu erwarten sind. Aus diesem Grund sind in der DIN EN 1992-1-1: 2011-01 „Eurocode 2: Bemessung und Konstruktion von Stahlbeton- und Spannbetontragwerken“ Regelungen für die Beschränkung der Rissbreiten enthalten. Ziel dieser Regelungen ist die Beschränkung der Rissbreite auf kleine und damit unschädliche Werte. Zur Vermeidung von Einzelrissen mit großen Rissbreiten muss daher im Zuge der Statischen Berechnung eine entsprechend kleine Rissbreite für die Bemessung der rissbreitenbeschränkenden Bewehrung gewählt werden.

Für vertikale tausalzbeanspruchte Flächen bzw. Bauteile, z. B. Wände, sind kleine Rissbreiten als noch unschädlich einzustufen. Kritisch sind allerdings horizontale Betonoberflächen (z. B. Bodenplatten) mit Rissen, auf die chloridhaltiges Wasser von oben einwirkt. Diese Flächen müssen durch zusätzliche Schutzmaßnahmen vor dem Eindringen von Chloriden geschützt werden, z. B. durch Beschichtungen oder bituminöse Abdichtung und Gussasphaltbelag.

Maßnahmen und Kosten der Instandsetzung

Zur Vorbereitung der Instandsetzung ist im vorliegenden Fall zunächst festzustellen, wie tief

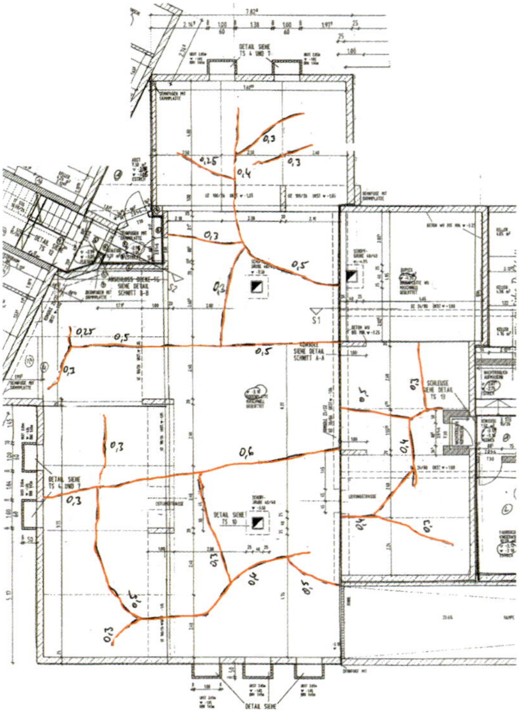

Abb. 1.23: Rissbild Bodenplatte

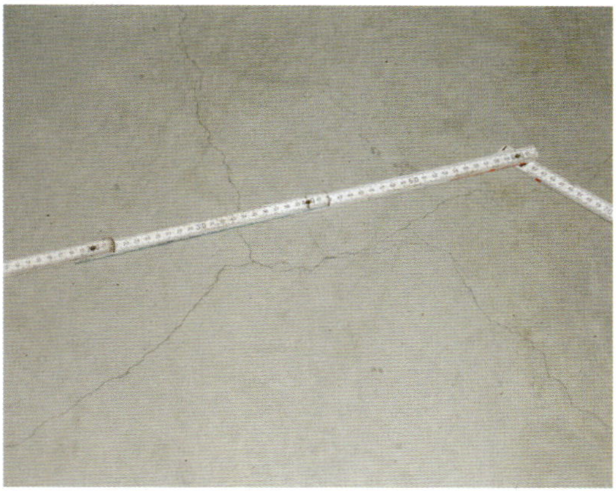

Abb. 1.24: Rissverlauf mit Verzweigung in der Bodenplatte

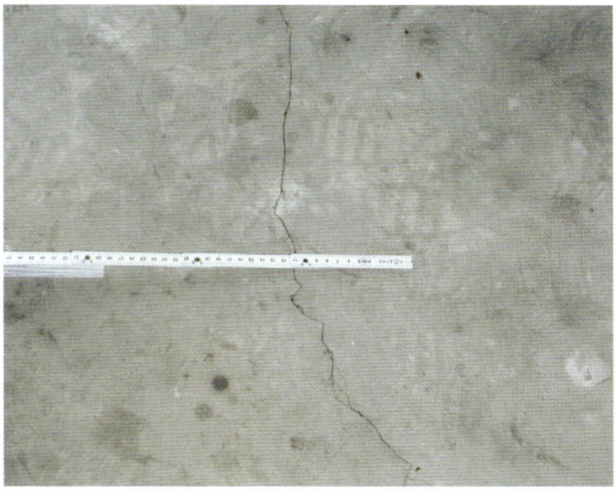

Abb. 1.25: Einzelriss in der Bodenplatte

Abb. 1.26: Einzelrisse mit Rissbreiten bis zu 0,6 mm

der Beton chloridbeaufschlagt ist. Nach Entfernung und Reprofilierung der chloridbelasteten Bereiche können die aufgetretenen Risse nach den Vorgaben der DAfStb-Richtlinie „Schutz und Instandsetzung von Betonbauteilen“ (vgl. DAfStb, 2001) geschlossen werden.

Der erforderliche Aufwand für dieses Vorgehen war mit ca. 100,00 €/m Risslänge zuzüglich Mehrwertsteuer anzusetzen.

Die verschlossenen Risse bleiben an der Oberfläche der Bodenplatte sichtbar. Die hierdurch entstehende optische Abweichung der verschlossenen Risse von der übrigen Bodenfläche ist wegen der untergeordneten Bedeutung des optischen Erscheinungsbildes der Bodenfläche einer Tiefgarage aus technischer Sicht in der Regel als geringfügig zu bewerten. Eine vollflächige Beschichtung der Bodenplatte aus optischen Gründen ist nicht erforderlich.

1.7 Netzrisse auf Bodenplatten

Schadensbild

In einer eingeschossigen Tiefgarage in Stahlbetonbauweise ist die Bodenplatte mit einer geglätteten Oberfläche im Bereich der Fahrgasse zwischen Doppelparkergruben ausgeführt. Eine zusätzliche Oberflächenbeschichtung der Bodenplatte oder ein Fahrbahnbelag sind nicht vorhanden. Auf der Bodenfläche zeichnen sich netzartige Risse mit einer Rissbreite von ca. 0,05 bis 0,2 mm und einer Maschenweite der einzelnen Rissfelder von ca. 10 bis 20 cm ab. Die Rissbildung ist gekennzeichnet durch eine fortschreitende Ausprägung beginnend mit einzelnen Rissen, die sich zunehmend verzweigen und allmählich zu geschlossenen Maschen entwickeln. Der Prozess der Rissbildung klingt nach einem Zeitraum von ca. 3 Jahren nach Baufertigstellung zunehmend ab (siehe Abb. 1.27 bis 1.30).

Charakteristische Merkmale netzartiger Risse sind ein ungerichteter Verlauf und eine Maschenbildung, die mit einzelnen y-förmigen Rissverzweigungen beginnt und bei weiterem Fortschreiten eine zunehmende Maschenteilung zeigt.

Ursachen

Ursachen der Rissbildung sind ein Frühschwinden bei einem vorzeitigen Austrocknen der oberflächennahen Bereiche und das Abfließen der Hydratationswärme zu Beginn der Abbindephase des Betons. Risse dieser Art haben in der Regel keine maßgebliche Beeinträchtigung der technischen Funktion sowie eine nur geringfügige Beeinträchtigung des optischen Erscheinungsbildes zur Folge und stellen daher keinen technischen Mangel dar.

Die Rissbreite bleibt in der Regel auf ca. 0,1 mm, die sichtbare Rissbreite an der Oberfläche auf ca. 0,1 bis 0,2 mm begrenzt. Die Risstiefe erstreckt sich meist nur über wenige Millimeter und bleibt damit ebenfalls auf die oberflächennahe Zone mit wechselndem Feuchtehaushalt begrenzt. Gerissene und ungerissene Bereiche werden in gleichartiger Weise durch einen kapillaren Feuchtetransport beansprucht. Eine maßgebliche Beeinträchtigung der technischen Funktion der Betonoberfläche infolge der Rissbildung ist deshalb in der Regel nicht anzunehmen.

Die vergleichsweise geringe Rissbreite hat bei einer Beanspruchung mit Wasser zur Folge, dass bei einem Abtrocknen der Oberfläche Feuchtigkeit in der Risskapillare nachtransportiert wird und sich der Rissverlauf noch länger sichtbar abzeichnet. Mit zunehmender Standdauer sind eine Verschmutzung der Risse und eine dadurch bedingte Abzeichnung des Rissverlaufs in der Bodenfläche zu erwarten. Die sich hieraus ergebende optische Beeinträchtigung war im vorliegenden Fall einer Fahrgasse in einer Tiefgarage mit untergeordneten optischen Anforderungen als geringfügig und die gerissene Betonoberfläche daher aus technischer Sicht als nicht mangelhaft zu beurteilen.

Das Erscheinungsbild der netzartigen Risse hängt wesentlich von den äußeren Einflüssen aus der vorherrschenden klimatischen Beanspruchung (Besonnung, Wasserbeanspruchung, Frost-/Tauwechsel), der chemischen bzw. physikalischen Beanspruchung (Tausalzeinfluss) und der mechanischen Beanspruchung (Überrollen) der Betonoberfläche ab. Bei einem stärker ausgeprägten Schadensbild werden über die augenscheinliche Beurteilung hinaus betontechnologische Untersuchungen zur Einflusstiefe der Risse notwendig, um etwaige nachteilige Auswirkungen auf die Dauerhaftigkeit des Betons frühzeitig erkennen zu können.

Hinweise zur Schadensvermeidung

Netzartige Oberflächenrisse lassen sich erfahrungsgemäß nicht vollständig vermeiden. Das Entstehen der Risse kann durch geeignete betontechnologische Maßnahmen beim Einbau des frischen Betons und durch eine gezielte anschließende Nachbehandlung des Betons in der Phase des Erhärtens und im jungen Alter weitestgehend reduziert werden. Insbesondere die Nachbehandlung muss sorgfältig und ausreichend lange erfolgen (vgl. DIN 1045-3:2012-03 „Tragwerke aus Beton, Stahlbeton und Spannbeton“).

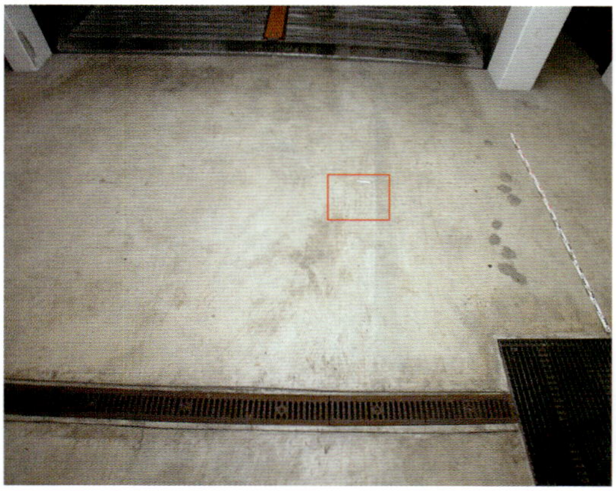

Abb. 1.27: Stahlbetonbodenplatte mit geglätteter Oberfläche als Fahrbahn in einer Tiefgarage

Abb. 1.28: Netzartige Rissbildung an der Oberseite der Bodenplatte (Bildausschnitt, vgl. Markierung in Abb. 1.27)

Abb. 1.29: Netzartige Rissbildung an der Oberseite der Bodenplatte mit nachgezeichnetem Rissverlauf (vgl. Abb. 1.28)

Abb. 1.30: Netzartig verzweigter Rissverlauf mit ca. 0,2 mm Rissbreite

Maßnahmen und Kosten der Instandsetzung

Netzartige Rissbildungen, die auf den oberflächennahen Bereich beschränkt bleiben und die technische Funktion und die Dauerhaftigkeit des Betons nicht nachhaltig beeinträchtigen, erfordern in der Regel keine Instandsetzung. Bei zunehmender Rissbreite und Risstiefe und einer daraus resultierenden betonschädigenden Einwirkung können Maßnahmen zum Schutz des Betons durch Aufbringen eines Oberflächenschutzsystems oder auch Maßnahmen zur Betoninstandsetzung an der Oberfläche notwendig werden.

Die Kosten einer Schutzmaßnahme an der Betonoberfläche können eine Größenordnung von ca. 80,00 €/m², die Kosten einer Instandsetzung des Betons im oberflächennahen Bereich eine Größenordnung von ca. 165,00 €/m² (jeweils zuzüglich Mehrwertsteuer) erreichen.

1.8 Korrosionsschäden an Stützen (1)

Schadensbild

In der stark frequentierten Tiefgarage eines Verwaltungsgebäudes sind Bodenflächen und Stützenfüße in Stahlbetonbauweise ohne Oberflächenschutzsystem ausgeführt worden. Auf den gefällelosen Bodenflächen ist eine 3 cm dicke Gussasphaltschicht verlegt. Das Gebäude wurde im Jahr 1999 errichtet.

Bei Untersuchungen im Jahr 2003 waren an zahlreichen Stützen im Bodenanschlussbereich braune Verfärbungen sowie vertikale Rissbildungen festzustellen. Bei den braunen Verfärbungen handelt es sich um austretende Korrosionsprodukte. Die Abb. 1.31 und 1.32 zeigen dies beispielhaft.

Die Längsrisse verlaufen in der Regel im Kantenbereich der Stützen bis in eine Höhe von ca. 20 bis 30 cm über der Bodenfläche. Rissbildungen treten auch in der Mitte der Ansichtsflächen der Stützen auf.

An den geschädigten Stützen durchgeführte Probeöffnungen zeigten, dass sich an der Bügel- und der Hauptbewehrung bereits gravierende Korrosionsschäden gebildet haben. Auf Abb. 1.33 sind austretende Korrosionsprodukte im Bereich der Rissbildungen zu erkennen. In diesem Bereich war eine Längsrissbildung bis in ca. 30 cm Höhe über dem Bodenbelag und in ca. 5 cm Abstand von der Kante vorhanden. Die Betondeckung der Bügelbewehrung (Betonstahlmatte) in ca. 10 cm Höhe über der Bodenfläche beträgt 25 mm bzw. 30 mm an den beiden freigelegten Seiten der Stütze. Im Eckbereich ist ein Abstandshalter für eine Betondeckung von 25 mm eingebaut. Die Karbonatisierungstiefe wurde zu 8 bis 10 mm bestimmt. Der freigelegte Bügel wies im Eckbereich auf einer Länge von ca. 6 cm eine starke Abtragung durch Oberflächenkorrosion auf (siehe Abb. 1.34). Der Chloridgehalt des Betons betrug bezogen auf das Zementgewicht 1,5 Masse-%.

Die Abb. 1.35 und 1.36 zeigen weitere Probeöffnungen mit starkem Querschnittsverlust der Bewehrung.

Ursachen

Als Ursache der bereits nach einer Nutzungszeit von 4 Jahren eingetretenen schweren Schädigungen liegt chloridinduzierte Korrosion vor. Die Chloride werden als Tausalz durch Fahrzeuge in die Tiefgarage eingetragen. Dies erfolgt hauptsächlich über Eis- und Schneematschablagerungen in den Radkästen, die in der Tiefgarage abtauen und als tausalzhaltiges Wasser an die Stützen gelangen. Im vorliegenden Fall waren weder eine Gefälleausbildung auf der Bodenfläche noch Schutzmaßnahmen im Bereich der Stützenfüße ausgeführt worden. Bei den vorliegenden baulichen Gegebenheiten kann daher chloridhaltiges Wasser im Bodenanschluss der Stützen durch kapillare Transportvorgänge aufgenommen werden.

Wenn in Tiefenlage der Betonstahlbewehrung der korrosionsauslösende Chloridgehalt überschritten wird, können Korrosionsprozesse in hoher Intensität ablaufen. Bei der chloridinduzierten Korrosion treten dabei lokal hohe Abtragsraten auf (sog. Lochfraßkorrosion).

Der korrosionsauslösende Chloridgehalt muss im Einzelfall festgelegt werden. Es muss jedoch davon ausgegangen werden, dass bei Werten von über 0,5 Masse-% bezogen auf das Zementgewicht wesentliche Korrosionsvorgänge ausgelöst werden.

Die im vorliegenden Schadensbeispiel dargestellten schweren korrosionsbedingten Schädigungen sind die Folge der in Kapitel 1.4 beschriebenen Chloridanreicherungen im Bereich der Betondeckung.

Hinweise zur Schadensvermeidung

Es ist erforderlich, bei Stützenfüßen im Anschluss der Bodenflächen eine Hohlkehle auszuführen und geeignete Beschichtungen aufzubringen (Oberflächenschutzsystem OS 11 im Bodenbereich und OS 4 an der Stütze nach der DAfStb-Richtlinie „Schutz und Instandsetzung von Betonbauteilen“ [vgl. DAfStb, 2001]). Zur Vermeidung hoher Instandsetzungskosten ist es dringend angeraten, diese Schutzmaßnahmen bereits bei der Errichtung der Tiefgarage auszuführen.

Abb. 1.31: Stützenfuß mit austretenden Korrosionsprodukten und vertikaler Längsrissbildung

Abb. 1.32: Längsriss als Detail aus Abb. 1.31

Abb. 1.33: Probeöffnung am Stützenfuß, starke Korrosion mit austretenden Korrosionsprodukten

Abb. 1.34: Detail aus Abb. 1.33 mit stark korrodierter Bügelbewehrung

Abb. 1.35: Freigelegter Bewehrungsstahl mit Querschnittsverlust von ca. 30 %

Abb. 1.36: Stark korrodierte Bewehrung im Kantenbereich einer Stütze

Maßnahmen und Kosten der Instandsetzung

Zur Instandsetzung ist der chloridbeaufschlagte Beton in der Randzone – ggf. bis hinter die Bewehrung – und im Bereich der Geschossdecke/Bodenplatte zu entfernen, die freigelegte Betonstahlbewehrung zu entrosten und der Betonquerschnitt durch Spritzbeton zu ergänzen. Weiterhin ist die o. g. Hohlkehle auszubilden und die Oberflächenschutzmaßnahmen sind durchzuführen.

Die Kosten für diese Maßnahmen sind in Abhängigkeit vom Schädigungsgrad und den erforderlichen Abstützungsmaßnahmen mit 500,00 bis 1.500,00 €/Stütze zuzüglich Mehrwertsteuer zu veranschlagen.

1.9 Korrosionsschäden an Stützen (2)

Schadensbild

Eine erdüberschüttete Tiefgarage wurde mit insgesamt 34 Stützen (Abmessungen 25 cm/38 cm) und einer Flachdecke errichtet. Die Bodenflächen wurden mit einem gefällelosen Verbundpflasterbelag erstellt (siehe Abb. 1.37). Eine Bodenplatte wurde nicht ausgeführt.

Ein Teil der Stützen weist im Anschluss an den Pflasterbelag intensive Wasserränder und Kalkausblühungen auf, wie beispielhaft in Abb. 1.38 dargestellt. Die übrigen Stützen zeigen deutlich erkennbare Wasserränder.

Auch an den Wänden sind Abschnitte mit intensiven Wasserrändern und Kalkausblühungen im Bodenanschlussbereich vorhanden (siehe Abb. 1.39).

Zur Bestimmung des Chloridgehalts wurden Bohrmehlproben im Anschlussbereich der Stützen zum Pflasterbelag hin entnommen. Dabei zeigten sich unabhängig von der oben dargestellten Intensität der Feuchtemerkmale Chloridgehalte bis 1,6 Masse-% in der Tiefenlage der Stahlbetonbewehrung. Die Betondeckung bei den Stützen war in der Regel größer als 30 mm, betrug jedoch örtlich nur bis zu 17 mm.

Bei den Wänden wurden in der Tiefe der Bewehrung lediglich Chloridgehalte von 0,5 Masse-% festgestellt.

Örtliche zerstörende Probeöffnungen im Bereich der Stützen ergaben bei einer Stütze mit minimal 19 mm Betondeckung starke abtragende Korrosion mit einem Querschnittsverlust von bis zu 20 % in der Längsbewehrung (siehe Abb. 1.40).

Die Karbonatisierungstiefe, festgestellt durch Aufsprühen der Indikatorlösung Phenolphthalein, betrug 15 mm (siehe Abb. 1.41).

Dies deutet auf eine relativ schlechte Betonqualität hin.

Bei Probeöffnungen im Wandbereich wurden keine wesentlichen Korrosionsschädigungen festgestellt. Dennoch reichte die Bewehrung an zahlreichen Stellen örtlich bis an die Oberfläche und war dort korrodiert.

Ursachen

Die vorhandenen Korrosionsschäden sind auf chloridinduzierte Korrosion zurückzuführen. Der Beton konnte bei der vorliegenden Beanspruchungssituation durch chloridhaltiges Schmelzwasser den Korrosionsschutz im Bodenanschlussbereich der Bewehrung nicht sichern. Schwerwiegende Korrosionsschäden sind jedoch nach stichprobenartiger Untersuchung nur dort aufgetreten, wo die erforderliche Mindestbetondeckung von 40 mm erheblich unterschritten war.

In diesem Schadensbeispiel zeigte sich bei den Stützen, dass bei intensiver Beanspruchung weitere Schutzmaßnahmen für den Beton erforderlich sind, damit eine dauerhafte Funktionsfähigkeit erreicht wird. Beim Eintrag von Schnee und Eis in den Wintermonaten kommt es zu einer länger andauernden Wasserbeaufschlagung in der Anschlussfuge zwischen Stütze und Pflasterbelag. Wasser und damit chloridhaltiges Wasser kann durch kapillare Transportvorgänge aufgenommen werden. Eine hinreichend rasche Abführung des Wassers in den Belagaufbau und den Untergrund ist nicht gegeben.

Demgegenüber wurden in den Wandbereichen trotz deutlicher Feuchtemerkmale wie Ausblühungen keine Chloridgehalte über 0,5 % in der Tiefenlage der Bewehrung festgestellt. Dies ist sehr wahrscheinlich auf die geringe Beaufschlagung mit in die Tiefgarage eingetragenem Wasser zurückzuführen. Weiterhin zeigten sich keine erheblichen Korrosionsschäden. Dies hat einen wesentlichen Einfluss auf die Instandsetzungsmaßnahmen.

Hinweise zur Schadensvermeidung

Zur Vermeidung von Korrosionsschäden ist bei Neubauten der Einbau einer Abdichtung die sichere Lösung. Als Sonderlösung im Bereich Stütze/aufgehendes Bauteil können bei der vorliegenden Expositionsklasse XD 3 eine Beschichtung OS 5b, die jedoch dauerhaft wasserbeständig sein muss, und ein Gefällekeil auf dem Fundament sowie ein Schutz gegen mechanische Beanspruchung z. B. durch eine vlieskaschierte Noppenbahn ausgeführt werden. Dies entspricht den Empfehlungen im Positionspa-

Abb. 1.37: Übersicht Tiefgarage: Bodenflächen mit gefällelosem Verbundpflasterbelag

Abb. 1.38: Stütze mit intensiven Wasserrändern und Kalkausblühungen

Abb. 1.39: Wandabschnitt mit Wasserrändern und Kalkausblühungen

Abb. 1.40: Freigelegter stark korrodierter Bewehrungsstahl

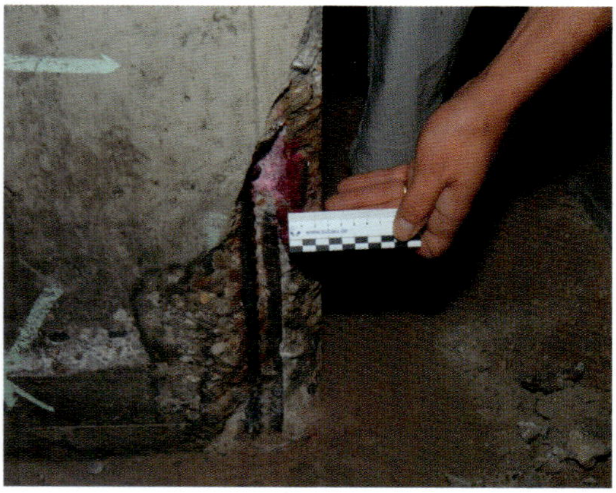

Abb. 1.41: Messung der Karbonatisierungstiefe

pier „Tiefgaragenbauwerke und Parkgaragen" der Münchner Runde (2013).

Maßnahmen und Kosten der Instandsetzung

Zur Instandsetzung war es erforderlich, bei den Stützen Abstützungsmaßnahmen vorzunehmen und diese durch Entfernen des Pflasterbelags bis zum Fundament freizulegen, den chloridbeaufschlagten Beton durch Hochdruckwasserstrahlen zu entfernen, den Betonquerschnitt mit Vergussbeton mit vergrößerter Betondeckung zu reprofilieren, die Oberfläche zu egalisieren, eine Hohlkehle im Anschluss zum Fundament auszubilden und ein Oberflächenschutzsystem OS 5b an der Stütze und im Anschluss an das Fundament herzustellen.

In den Wandbereichen konnte wegen der noch geringen Chloridgehalte auf ein Entfernen des oberflächennahen Betons verzichtet werden. Es wurde jedoch im Bodenanschlussbereich zur Kompensation der stellenweise zu geringen Betondeckung ein Sockel mit einer Dicke von 40 mm vorbetoniert und dieser wie oben dargestellt geschützt. Die Instandsetzungskosten betrugen bei der Tiefgarage mit 62 Stellplätzen 85.000,00 € zuzüglich Mehrwertsteuer.

1.10 Korrosionsstellen an Stahlbetonoberflächen im Bereich von Doppelparkergruben

Schadensbild

Die Tiefgarage einer größeren Wohnanlage wurde mit Doppelparkergruben in wasserundurchlässiger Stahlbetonbauweise erstellt, die beidseits einer Fahrgasse angeordnet sind. Die Bodenflächen der Doppelparkergruben weisen kein oder nur ein geringes Gefälle von ca. 1 % zur Fahrgasse hin auf. Bei einer im Winter durchgeführten Ortsbesichtigung wurde auf den Bodenflächen bereichsweise stehendes Wasser festgestellt. Die Abb. 1.42 zeigt Bereiche mit Gefälle in Richtung zur Fahrgasse und daraus resultierenden Wasserpfützen vor der fahrgassenseitigen Wand.

In Abb. 1.43 ist die Bodenfläche eines Doppelparkers dargestellt, der ohne Gefälle ausgeführt wurde. Es kommt zu einer verteilten Pfützenbildung über die gesamte Fläche. Ein Teil der Gruben weist Rohrdurchführungen in der fahrgassenseitigen Wand auf, die zur Entwässerung der Doppelparkergruben dienen sollen (siehe Abb. 1.44). Infolge der nicht flächig vorhandenen Gefälleausbildung ist diese Art der Entwässerung nicht funktionsfähig. Eine Verdunstung des Wassers findet nur sehr langsam statt.

Im Sockelbereich der Stahlbetonwände und Stützen zwischen den Doppelparkergruben zeigen sich umlaufend Feuchtstellen mit Ausblühungen und Betonabplatzungen über korrodierender Bewehrung. Dies ist exemplarisch in Abb. 1.43 und 1.45 dargestellt.

Durchgeführte Messungen der Betondeckung der Betonstahlbewehrung ergaben in den Wand- und Bodenflächen Werte von minimal 16 bzw. 20 mm. Die Karbonatisierungstiefe betrug bei den Bodenflächen lediglich 0 bis 1 mm, in den sonstigen Bereichen ca. 5 mm. Der in Bohrmehlproben bestimmte Chloridgehalt in der Tiefenlage der Bewehrung betrug bis 2,4 Masse-% bezogen auf das Zementgewicht.

An den Bauteilen der Doppelparkeranlage sind infolge der intensiven Wasserbeaufschlagung, verbunden mit Chloriden aus durch die Fahrzeuge eingetragenem Tausalz, erhebliche Korrosionsschäden vorhanden.

Ursachen

Die festgestellten korrosionsbedingten Schädigungen sowie die sehr hohen Chloridgehalte, die zu einer weiteren Zunahme der Schäden führen werden, sind auf eine fehlende Beschichtung, eine mangelnde Gefälleausbildung und die nicht funktionsfähige Entwässerung der Doppelparkergruben zurückzuführen. Weiterhin liegen deutlich zu geringe Betondeckungen vor.

Beton mit ausreichend dicker und dichter Betondeckung ist in der Lage, die Betonstahlbewehrung dauerhaft vor Korrosion zu schützen, wenn durch eine ausreichende Gefälleausbildung vermieden wird, dass durch die Fahrzeuge eingetragenes chloridhaltiges Schmelzwasser über längere Zeiträume ansteht. Im vorliegenden Fall war der zum Zeitpunkt der Bauteileherstellung erforderliche Mindestwert der Betondeckung von 40 mm (nach DIN 1045:1988-07 „Beton und Stahlbeton“) deutlich unterschritten. Zumindest tief liegende Bereiche, in denen sich Wasser sammelt, hätten mit einem Oberflächenschutzsystem versehen werden müssen.

Hinweise zur Schadensvermeidung

Zur Schadensvermeidung ist es erforderlich, ausreichend dichten Beton mit genügender Betondeckung herzustellen. Nach den derzeitigen Regeln gemäß DIN EN 1992-1-1:2011-01 „Eurocode 2: Bemessung und Konstruktion von Stahlbeton- und Spannbetontragwerken“ ist für den vorliegenden Beanspruchungsfall die Expositionsklasse XD 3 sowie eine Mindestbetondeckung von 40 mm zuzüglich eines Vorhaltemaßes von 15 mm vorzusehen, d. h. von insgesamt 55 mm. Weiterhin ist eine Beschichtung der Betonoberfläche zumindest in den Boden-Wand-Anschlussbereichen erforderlich. Auf eine Beschichtung kann nur im Einzelfall bei Ausführung von Ersatzmaßnahmen verzichtet werden. Für eine wirksame Entwässerung ist es zumindest erforderlich, Wassersammelrinnen

Abb. 1.42: Stehendes Wasser in Doppelparkergrube bei Gefälle zur fahrgassenseitigen Wand

Abb. 1.43: Bereichsweise auf der Bodenfläche verteilt stehendes Wasser

Abb. 1.44: Unzureichende Entwässerung, Rohrdurchführung gekennzeichnet

Abb. 1.45: Braune Korrosionsprodukte im unteren Wandbereich

anzuordnen, die über Pumpensümpfe entleert werden können.

Maßnahmen und Kosten der Instandsetzung

Zur Instandsetzung ist es im vorliegenden Fall erforderlich, nach Demontage der Doppelparkeranlagen den chloridbeaufschlagten Beton im Boden-Wand-Bereich zu entfernen und die Betonstahlbewehrung zu entrosten. Bei den Bodenflächen ist ein Aufbeton mit Gefälle vorzusehen. Vor den fahrgassenseitigen Wänden ist ein Streifen mit Gegengefälle herzustellen, vor dem dann eine Wassersammelrinne angeordnet wird. Abschließend ist auf die Boden- und unteren Wandflächen ein Oberflächenschutzsystem nach der Richtlinie für Instandsetzung des Deutschen Ausschusses für Stahlbeton aufzubringen (vgl. DAfStb, 2001).

Als Kosten für diese Maßnahme waren je Doppelparkergrube (4 Stellplätze) 8.000,00 € zuzüglich Mehrwertsteuer für die Betoninstandsetzungsmaßnahmen zu veranschlagen. Die Kosten für die Demontage und den Wiedereinbau der Doppelparkeranlage sind in diesem Betrag nicht enthalten.

1.11 Korrosionsschäden an Doppelparkerbühnen

Schadensbild

In der Tiefgarage einer Wohnanlage sind die Pkw-Einstellplätze auf kraftbetriebenen Doppelparkerbühnen untergebracht. Diese umfassen jeweils 2 Stellplätze auf einer oberen und einer unteren Ebene. Die tragende Konstruktion der Parkerbühnen besteht aus Stahlprofilen mit aufgelegten befahrbaren Bodenblechen. Die Stahlprofile der Tragkonstruktion sind mit einer Oberflächenbeschichtung gegen Korrosion geschützt. Die Profiltafeln der Bodenbleche haben eine feuerverzinkte Oberfläche. Die Entwässerung der Bodenbleche erfolgt über die beiden seitlichen Ränder und die unterhalb der Bodenbleche rinnenförmig ausgebildete Tragkonstruktion bis an den vorderen Rand der Parkerbühne. Dort tropft ablaufendes Wasser frei auf die Bodenfläche der Parkergrube ab.

Die verzinkten Bodenbleche weisen nach einer Standzeit von ca. 5 Jahren Korrosion an der Oberseite im Bereich der Fahrspuren des Stellplatzes sowie Korrosion an der Oberseite und an der Unterseite entlang der seitlichen Ränder auf. Die Korrosion setzt sich an den beschichteten Stahlprofilen der Tragkonstruktion ausgehend von den Auflagern der Bodenbleche fort (siehe Abb. 1.46 bis 1.49).

Die Korrosionserscheinungen sind bei verschiedenen Parkerbühnen gleichen Alters und gleicher Nutzungsart stark unterschiedlich ausgeprägt. Einzelne Parkerbühnen weisen keine sichtbare Korrosion oder nur eine vereinzelte kleinflächige Korrosion auf. Ein Teil der Parkerbühnen zeigt mäßige bis starke Korrosion, die sich insbesondere auf die Bereiche der Aufstandsflächen der Fahrzeugräder, die Fahrspuren auf den Bodenblechen und die Ränder der Bodenbleche erstreckt.

Ursachen

Die herstellerseits vorgegebenen Wartungs- und Instandhaltungsarbeiten wurden über einen längeren Zeitraum nicht bzw. nicht vollständig durchgeführt. Die werksseitigen Korrosionsschutzmaßnahmen der neu hergestellten Parkerbühnen weisen in Abhängigkeit von der tatsächlich vorherrschenden Beanspruchung nur eine begrenzte und vergleichsweise kurze technische Nutzungsdauer auf. Die für die Konstruktion erforderliche laufende Instandhaltung des Korrosionsschutzes fehlt im vorliegenden Fall.

Die Wirksamkeit der Korrosionsschutzmaßnahmen setzt voraus, dass eingetragene Tausalze wieder von der Konstruktion entfernt werden. Die Bauteile sind regelmäßig nach Herstelleranweisung zu reinigen, zu warten und mit neuen Schutzmaßnahmen (Einölen) zu behandeln.

Die Stahlkonstruktion der Doppelparkerbühne unterliegt im Gebrauch einer nutzungsbedingten Beanspruchung mit tausalzhaltigem Wasser. Tausalze werden durch nasse Fahrzeuge bzw. Fahrzeuge mit anhaftenden Schneeresten eingetragen und gelangen mit Tropfwasser bzw. abtauenden Schneeresten auf die Oberflächen der Parkerkonstruktion. Bei einer anschließenden Verdunstung des eingetragenen Wassers bleiben die Salzanteile zurück. Ein wiederholter Wassereintrag hat eine zunehmende Konzentration der Salze und damit eine zunehmende Beanspruchung durch Tausalzangriff zur Folge. Die Schutzmaßnahmen an den Oberflächen der Metallbauteile (Farbbeschichtung bzw. Verzinkung) sind hiergegen nur begrenzt beständig.

Das Schadensbild lässt im vorliegenden Fall erkennen, dass die Ausbreitung der Korrosion dem Wasserlauf auf der Konstruktion folgt. Die besonders beanspruchten Flächen weisen einen fortgeschrittenen Korrosionszustand auf. Bei intensiver Nutzung und häufigem Tausalzeintrag sind entsprechend häufigere Reinigungs- und Schutzmaßnahmen notwendig. Werden diese rechtzeitig vorgenommen, so kann der Korrosionsfortschritt auf das unvermeidbare Maß reduziert werden. Bei ungenügender Pflege ist eine vorzeitige Zerstörung der Konstruktion bis hin zur notwendigen Erneuerung zu erwarten.

Hinweise zur Schadensvermeidung

Nach den systemzugehörigen Pflegeanleitungen der Hersteller ist bei den Parkerkonstruktionen üblicherweise eine regelmäßige Reinigung ein-

Abb. 1.46: Doppelparkerbühnen mit einer beschichteten Stahlkonstruktion und verzinkten Bodenblechen

Abb. 1.47: Die verzinkten Bodenbleche der Parkerbühne weisen Korrosion im Bereich der Fahrspuren auf.

Abb. 1.48: Korrosion an den verzinkten Bodenblechen im Bereich der Aufstandsflächen und am seitlichen Rand

Abb. 1.49: Korrosion an der Unterseite der Bodenbleche (am Auflager auf der Tragkonstruktion)

bis zweimal jährlich und eine laufende Instandsetzung der Korrosionsstellen im Anschluss an die Reinigung durchzuführen. Diese Vorgabe lässt erwarten, dass eine sichtbare Rostkorrosion innerhalb von ca. 6 Monaten beseitigt wird und damit innerhalb eines Pflegeintervalls nur ansatzweise auftritt.

Maßnahmen und Kosten der Instandsetzung

Für die Instandsetzung der Korrosionsschäden wurde im vorliegenden Fall eine großflächige Schutzbeschichtung erforderlich. Hierfür waren die Bodenbleche zu demontieren.

Die Instandsetzungskosten (Beschichtungsarbeiten) waren mit ca. 660,00 €/Stellplatz zuzüglich Mehrwertsteuer zu veranschlagen.

Bei fortgeschrittener Korrosion an den Bodenblechen kann der Kostenaufwand einer Instandsetzung die Kosten einer Neuherstellung erreichen oder übersteigen.

2 Schäden an Außenwänden – Keller

Eine große Anzahl typischer Bauschäden an Außenwänden in Kellergeschossen wird durch mangelhaft geplante und ausgeführte Bauwerksabdichtungen verursacht.

Für die Planung einer Bauwerksabdichtung müssen die hydrogeologischen Verhältnisse am Gebäudestandort entweder bekannt sein oder erkundet werden. Wird eine Abdichtungsmaßnahme ohne Kenntnis der Boden- und Grundwasserverhältnisse geplant, muss sie für die größtmögliche Beanspruchung durch hydrostatisch drückendes Wasser ausgelegt werden. Aus wirtschaftlichen Überlegungen erscheint diese Vorgehensweise jedoch nicht sinnvoll.

Eine für die Planung von Bauwerksabdichtungen wichtige Größe ist der sog. Bemessungswasserstand. Das ist der höchste innerhalb der geplanten Nutzungsdauer am Gebäudestandort zu erwartende Grundwasser-, Schichtenwasser- oder Hochwasserstand. Er soll unter Berücksichtigung langjähriger Beobachtungen und zu erwartender zukünftiger Gegebenheiten – auch unter Einbeziehung wasserwirtschaftlicher Maßnahmen – ermittelt werden. Wichtige Informationen zur Vorgehensweise bei der Ermittlung des Bemessungsgrundwasserstandes finden sich im Merkblatt BWK-M8 „Ermittlung des Bemessungsgrundwasserstandes für Bauwerksabdichtungen“ (vgl. BWK, 2009).

Oberhalb des Bemessungswasserstandes kann eine Bauwerksabdichtung nach DIN 18195-4: 2011-12 „Bauwerksabdichtungen“ gegen Bodenfeuchte und nicht stauendes Sickerwasser ausgeführt werden, wenn zugleich eine Dränanlage nach DIN 4095:1990-06 „Baugrund“ eingebaut wird. Auf eine Dränung kann nur verzichtet werden, wenn der am Gebäudestandort anstehende Boden nachweislich bis in ausreichende Tiefe stark wasserdurchlässig ist (Durchlässigkeitsbeiwert $k > 10^{-4}$ m/s).

Bei einer hydrostatischen Beanspruchung durch Grund- oder Stauwasser werden Neubauten meistens durch eine wasserundurchlässige Stahlbetonkonstruktion (Weiße Wanne), weniger häufig durch eine wannenartige Abdichtung nach DIN 18195-6:2011-12 „Bauwerksabdichtungen“ (Schwarze Wanne) oder andere Abdichtungsarten (z. B. Braune Wanne) vor Wassereintritten geschützt.

Im Schadensfall können Planungs- und Ausführungsfehler gravierende Folgen haben, da sich eine geschlossene Wannenkonstruktion bzw. Wannenabdichtung nachträglich entweder nicht mehr oder nur mit einem relativ hohen Aufwand herstellen lässt.

Feuchteschäden in Kellergeschossen durch Wassereintritte über Kelleraußentüren und Außenwände unter Kelleraußentreppen sind immer noch ein Schwerpunkt im Aufgabenspektrum der von den Autoren ausgeübten Sachverständigentätigkeit. Es ist zu beobachten, dass derartige Schäden überwiegend in den Regionen Deutschlands auftreten, wo die Kelleraußenwände traditionell in Mauerwerksbauweise hergestellt werden. Im Rahmen der Schadensbegutachtung wird häufig festgestellt, dass unter der Kelleraußentreppe Wasser auf der Bodenplatte steht, da nicht für eine ordnungsgemäße Entwässerung gesorgt wurde. Wenn gleichzeitig – was keineswegs selten geschieht – versäumt wird, die Außenwand unterhalb des Treppenlaufs abzudichten, kann dieses Wasser ungehindert in das Mauerwerk eindringen und dieses durchfeuchten. Sehr oft werden Kelleraußentüren mit schwellenlosen Übergängen ohne die erforderlichen zusätzlichen Maßnahmen zum Schutz vor Wassereintritten ausgestattet. Wenn dann auch noch der Estrich ohne Trennung unter der Kelleraußentür von innen nach außen durchlaufend verlegt wird, sind Feuchteschäden im Kellergeschoss vorprogrammiert.

2.1 Stehendes Wasser im Lichtschacht

Schadensbild

Bei einem Einfamilienhaus wurde das Kellergeschoss in wasserundurchlässiger Stahlbetonbauweise erstellt. Vor den Kellerfenstern wurden Standard-Kunststofflichtschächte mit Gitterrostabdeckung angebracht (siehe Abb. 2.1).

Der Boden um das Gebäude ist bindig (Lehm), er weist eine geringe Durchlässigkeit auf. Die Baugrube ist nach Angabe des Hauseigentümers und des Bauträgers jedoch trocken gewesen.

Bei der Ortsbesichtigung zeigte sich, dass in den Lichtschächten trübes Wasser steht, das augenscheinlich mit Bodenbestandteilen durchsetzt ist und Algenbildungen zeigt (siehe Abb. 2.2 und 2.3).

In die Ablauföffnung des Lichtschachts ist zur Entwässerung ein gelbes Dränrohr senkrecht eingesteckt. Die üblichen trichterförmigen Einsätze zum Anschluss von Rohrleitungen wurden nicht verwendet. Nach Angabe des Bauausführenden sind die Dränrohre mit einer unter der Bodenplatte angeordneten 15 cm dicken Schotterschicht verbunden. Einer der insgesamt 5 Lichtschächte ist über eine gesonderte Leitung mit einem Rückstauverschluss an den öffentlichen Abwasserkanal angeschlossen (siehe Abb. 2.4). Dieser ist jedoch nur für den Einsatz innerhalb von Gebäuden geeignet.

Vergleichende Messungen ergaben, dass die Höhe der Wasserspiegel bei sämtlichen Lichtschächten ca. 4 cm unter der Oberkante der Fensterbrüstung liegt.

Ursachen

Die Wassereintritte in die Lichtschächte sind entstanden, da diese trotz der im vorliegenden Fall gegebenen Beanspruchung durch drückendes Wasser nicht dicht an den Baukörper angeschlossen wurden. Das Wasser konnte nicht abgeführt werden, da keine wirksame Entwässerung vorgesehen ist.

Bei wenig durchlässigen Böden (Durchlässigkeitsbeiwert $k \leq 10^{-4}$ m/s) müssen die Bauteile wegen der Gefahr einer Stauwasserbildung bis über die geplante Geländeoberkante dicht sein. Diese Anforderung gilt unabhängig davon, ob Grundwasser ansteht oder ob Sickerwasser wegen der geringen Durchlässigkeit des Bodens nicht ohne Aufstau abfließen kann. Diese Anforderung wurde im vorliegenden Fall nicht beachtet. Durch den Einbau von Kunststofflichtschächten ohne druckwasserdichten Anschluss an das Gebäude endet die wasserundurchlässige Kelleraußenwand auf Höhe der Fensterbrüstung und damit ca. 85 cm unterhalb des Geländes.

Eine Entwässerung von Lichtschächten über Dränrohre in eine Schotterschicht unterhalb der Bodenplatte ist nur dann praktikabel, wenn sichergestellt werden kann, dass die Durchlässigkeit des Bodens unterhalb der Bodenplatte keinen Anstau von Wasser zulässt. Der Anschluss nur eines Lichtschachtes an die öffentliche Kanalisation ist nicht ausreichend, da bei einem raschen Ansteigen des Wasserspiegels nicht davon ausgegangen werden kann, dass zwischen den Lichtschächten eine ausreichende Nachströmung einsetzt. Zudem ist die verwendete Rückstausicherung für den Außenbereich nicht geeignet.

Hinweise zur Schadensvermeidung

Für die Dichtigkeit eines Kellergeschosses ist es erforderlich, dass sämtliche Bauteile und deren Anschlüsse bis über das Geländeniveau dicht ausgeführt werden. Niederschlagswasser muss durch Abdeckungen abgehalten werden. Alternativ ist eine druckwasserdichte Entwässerung mit Anschluss an das Kanalsystem möglich. Hierbei ist jedoch in der Regel eine Rückstausicherung erforderlich, die meist in einem gesonderten Kanalschacht eingebaut wird.

Maßnahmen und Kosten der Instandsetzung

Zur Mangelbeseitigung war es erforderlich, druckwasserdichte Lichtschächte einzubauen. Hierzu werden von verschiedenen Herstellern Lösungen angeboten. Im vorliegenden Fall waren die Außenanlagen bereits fertiggestellt, sodass hieraus erhebliche zusätzliche Kosten beim Austausch der Lichtschächte entstanden.

Abb. 2.1: Gebäudeansicht mit Lichtschächten im Bereich eines Plattenbelages

Abb. 2.2: Seit längerer Zeit im Lichtschacht stehendes trübes Wasser

Abb. 2.3: Der Wasserspiegel steht ca. 4 cm unter der Brüstungsoberkante.

Abb. 2.4: Lichtschacht mit ungeeignetem Rückstauverschluss

Zur Durchführung der erforderlichen baulichen Maßnahmen waren je Lichtschacht Kosten von 1.700,00 bis 2.200,00 € zuzüglich Mehrwertsteuer anzusetzen. Niederschlagswasser wird dabei durch Abdeckungen aus Verbundsicherheitsglas oder durch begehbare transluzente Abdeckungen abgehalten.

2.2 Undichtheiten bei als Elementwand hergestellter Kelleraußenwand

Schadensbild

Ein Einfamilienhaus wurde mit einem Kellergeschoss in wasserundurchlässiger Stahlbetonbauweise errichtet. Die Kelleraußenwände wurden als Elementwandkonstruktion hergestellt. Bei dieser Bauweise werden außen- und innenseitig angeordnete dünnwandige Fertigteilplatten durch Gitterträger werkmäßig verbunden und der verbleibende Zwischenraum auf der Baustelle mit Ortbeton verfüllt.

Bereits ein halbes Jahr nach Bezug sind in dem teilweise zu Wohnzwecken (Hobbyraum) genutzten Kellergeschoss umfangreiche Feuchteschäden an der Innenseite der Außenwände aufgetreten. Es zeigten sich Putzverfärbungen, Wasserränder und örtlich Putzablösungen (siehe Abb. 2.5).

Von den Bewohnern des Gebäudes sind auch im an den Hobbyraum anschließenden Hausanschlussraum im Bereich der Außenwand Wassereindringungen beobachtet worden. Hier ist eine Abwasserleitung durch die Kelleraußenwand geführt. Die Abb. 2.6 gibt einen Überblick.

Wie die vorhandenen Wasserablaufspuren und Ausblühungen zeigen, sind Wassereindringungen unterhalb der Rohrdurchführung, an der Arbeitsfuge einer quadratischen Aussparung um das Rohr sowie im Anschluss Außenwand – Bodenplatte aufgetreten. Der Boden-Wand-Anschluss ist in Abb. 2.6 unten dargestellt. Es ist erkennbar, dass unterhalb des Fertigteilelements zur Bodenplatte hin in einem Teilbereich Ortbeton ausgetreten ist (siehe links in Abb. 2.6) und daran anschließend eine offene Fuge vorhanden ist (siehe rechts in Abb. 2.6). Die Abb. 2.7 zeigt eine Detailaufnahme einer offenen Fuge.

Im Bereich des ausgetretenen Betons sind oberflächig Polystyrolpartikel festzustellen. Eine Probeöffnung ergab, dass diese auch im Beton unterhalb der Innenschale des Betonfertigteils vorhanden sind (siehe Abb. 2.8).

Es wurde ein Grundwasserstand von ca. 1 m über Oberkante Bodenplatte festgestellt.

Ursachen

Ursache der Feuchteschäden sind Ausführungsfehler bei der Herstellung der Elementwand als Kelleraußenwand. Die Ausführung von Kelleraußenwänden bei drückendem Wasser in Elementwandbauweise stellt hohe Anforderungen an die handwerkliche Sorgfalt bei der Herstellung.

Im vorliegenden Fall wurde für die Durchführung der Rohrleitung eine Wandaussparung hergestellt und nach Einbau der Rohrleitung wieder verschlossen. Dies stellt eine risikobehaftete Ausführung dar und sollte daher vermieden werden.

Auch im Boden-Wand-Anschluss weist die Ausführung Fehler auf. Zum einen waren in dem planmäßig unterhalb der Elementwandbauteile ausgetretenen Beton Fremdkörper in Form von Polystyrolpartikel enthalten. Hierdurch ist das Betongefüge gestört. Die Partikel stammen sehr wahrscheinlich aus einem Polystyrolquader, der beim Betonieren eingesetzt wurde, um die Aussparung für die Rohrdurchführung zu erstellen. Weiterhin nicht fachgerecht ist, dass bei einem Teil der freigelegten Anschlussfuge Elementwand – Bodenplatte kein Beton ausgetreten ist. Bei der beschriebenen Bauweise werden die Elementwandfertigteile mindestens 30 mm hoch aufgeständert, sodass der Ortbeton beim Einbringen in den Bereich unter die Schalen des Elements laufen und zu den Außenseiten hin austreten kann.

Hinweise zur Schadensvermeidung

Die Ausführung von Kelleraußenwänden in Elementbauweise bei drückendem Wasser stellt hohe Anforderungen an die Planung und Ausführung. Diese sind in der Richtlinie „Wasserundurchlässige Bauwerke aus Beton (WU-Richtlinie)" des Deutschen Ausschusses für Stahlbeton zusammengefasst (vgl. DAfStb, 2003). Die im vorliegenden Fall aufgetretenen handwerklichen Fehler hätten bei sorgfältiger Ausführung vermieden werden können. Rohrdurchführungen sollten nachträglich durch Kernbohrungen hergestellt und vorgefertigte Dichtelemente (Ringraumdichtung) verwendet werden. Im Boden-Wand-Anschluss muss der

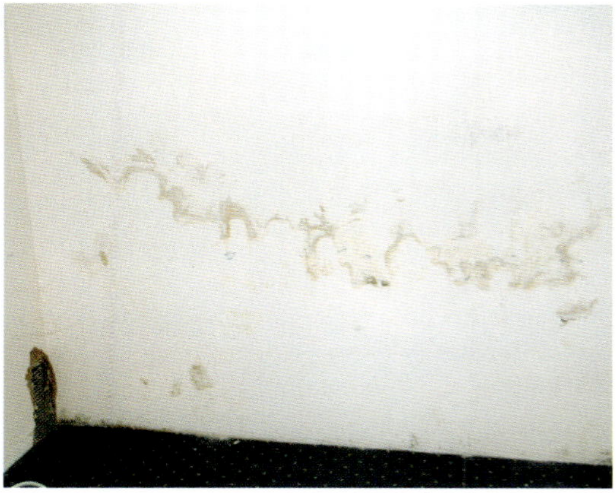

Abb. 2.5: Feuchteschäden in Form von Wasserrändern und Putzverfärbungen

Abb. 2.6: Wassereintritt um eine Rohrdurchführung und im Boden-Wand-Anschluss

Abb. 2.7: Detail Anschlussfuge des Betonfertigteils zum Boden

Abb. 2.8: Probeöffnung im Bereich der Bodenfuge mit Polystyrolpartikeln im Beton

Beton mit kleiner Körnung unter den Elementen zur Seite hin austreten können. Zur Abdichtung der Boden-Wand-Anschlüsse und der Stoßfugen zwischen den Elementwänden sind nur Produkte mit allgemeinem bauaufsichtlichem Prüfzeugnis einzusetzen.

Maßnahmen und Kosten der Instandsetzung

Im vorliegenden Fall musste davon ausgegangen werden, dass nicht nur im Bereich der Rohrdurchführung und im darunterliegenden Anschluss Undichtheiten vorhanden waren, sondern dass diese umlaufend bei allen derartigen Anschlüssen gegeben sein konnten.

Es war daher erforderlich, den Boden-Wand-Anschluss innenseitig freizulegen, zu untersuchen und umlaufend mit Reaktionsharz zu verpressen, falls sich die Dichtheit nicht zweifelsfrei durch eine trockene Bauteiloberfläche bei hohem Grundwasserstand zeigt.

Die Kosten für diese Maßnahmen waren im vorliegenden Fall mit 9.000,00 € zuzüglich Mehrwertsteuer bei ca. 25 m Länge der Außenwand zu veranschlagen. Weiterhin waren im Kellergeschoss Trocknungsmaßnahmen des Bodenaufbaus und Malerarbeiten erforderlich, für die zusätzlich ein Betrag von ca. 2.500,00 € zuzüglich Mehrwertsteuer anzusetzen war.

Verfärbung bei nachträglich abgedichtetem Mauerwerk

Schadensbild

Bei der Instandsetzung eines Altbaus aus der Zeit um 1890 wurden auch die Kellerräume grundlegend überarbeitet. Im ersten Sommer nach Fertigstellung der Instandsetzungsarbeiten zeigten sich an den Innenseiten der Kelleraußenwände erste dunkle Verfärbungen und Fleckenbildung. Die Verfärbungen nahmen weiter zu, bis sie sich über die gesamte Wandfläche erstreckten (siehe Abb. 2.9 und 2.10). An den Innenwänden sind – bis auf die Anschlussbereiche an die Außenwände – keine Verfärbungen festzustellen. Da die Verfärbungen zuerst im Sommer auftraten, wurde sommerlicher Tauwasseranfall im Keller als Schadensursache vermutet.

Bestandteil der Instandsetzung war eine Abdichtung der Kelleraußenwände aus Ziegelmauerwerk. Die Abdichtung wurde an den Außenwänden als Flächeninjektion und an den Innenwänden als Horizontalinjektion auf Höhe der Bodenfläche ausgeführt. Der Abstand der Bohrlöcher für die Flächeninjektion betrug in horizontaler Richtung etwa 45 cm und in vertikaler Richtung etwa 20 cm (siehe Abb. 2.11). Die horizontalen Reihen wurden jeweils versetzt zueinander angeordnet. Für die horizontale Injektion an den Innenwänden wurde ein Abstand der Bohrlöcher zwischen 15 und 25 cm gewählt (siehe Abb. 2.12). Nach Durchführung der Injektionsarbeiten wurden die Innenflächen der Außen- und Innenwände mit einem Wasser abweisenden, hoch wasserdampfdurchlässigen Dünnputz versehen.

Ursachen

Die dunklen Verfärbungen werden in erster Linie durch ungenügende Injektionsarbeiten an den Außenwänden verursacht. Eine funktionsfähige Vertikalabdichtung der Kelleraußenwände wurde nicht erreicht. Sommerlicher Tauwasseranfall ist nicht schadensursächlich.

Bei der nachträglichen Abdichtung von alten Ziegelmauerwerkswänden ist für die Bohrlöcher von Injektionen entsprechend den Hinweisen im WTA-Merkblatt 4-4-04/D „Mauerwerksinjektion gegen kapillare Feuchtigkeit" (vgl. WTA, 2004) und den Vorgaben der Produkthersteller für Injektionsmaterialien ein Regelabstand von rund 10 bis 12,5 cm einzuhalten. Bei mehrreihiger Anordnung ist ein Höhenversatz von 8 cm nicht zu überschreiten.

Die o. g. Abstände der Bohrlöcher werden an allen untersuchten Stellen erheblich überschritten. Aufgrund des sehr großen Bohrlochabstandes konnte sich keine vollflächige Injektion der Wandfläche aufbauen. Eine abdichtende Wirkung der Flächeninjektion ist nicht eingetreten. Infolge von Durchfeuchtung der Außenwände sind Verfärbungen und Fleckenbildungen entstanden.

Durch den Auftrag eines Wasser abweisenden Dünnputzes kann im Sommer auftretendes Tauwasser an den Wandoberflächen nur schwer in den Wandbaustoff eindringen, da der Dünnputz Wasser abweisend wirkt. Dies erklärt auch die Beobachtungen von Wassertropfen an den Wandoberflächen. Wenn also bereits durch den Dünnputz die Wasseraufnahme der Wand erheblich reduziert wird, kann Tauwasser nicht in einer Menge in die Wand eindringen, welche die festgestellten Feuchtegehalte erklären würde.

Hinweise zur Schadensvermeidung

Zur Trockenlegung eines feuchten Kellers sind Abdichtungsmaßnahmen erforderlich. Mögliche Maßnahmen sind im WTA-Merkblatt 4-6-13/D „Nachträgliches Abdichten erdberührter Bauteile" (vgl. WTA, 2013) beschrieben. Bei der nachträglichen Abdichtung von alten Ziegelmauerwerkswänden ist eine vertikale Abdichtung an der erdberührten Seite der Außenwand in Verbindung mit einer horizontalen Querschnittsabdichtung auf Höhe des Kellerbodens anzustreben. Bei günstigen Randbedingungen kann die Abdichtung auch an den Innenseiten der Außenwände in Verbindung mit einer horizontalen Querschnittsabdichtung auf Höhe der Oberkante des außen anstehenden Geländes erfolgen.

Im Frühjahr und während der Sommermonate ist der Lüftung von Kellerräumen besondere

Abb. 2.9: Braune Verfärbung an den Außenwänden

Abb. 2.10: Verfärbungen nach Abdichtung

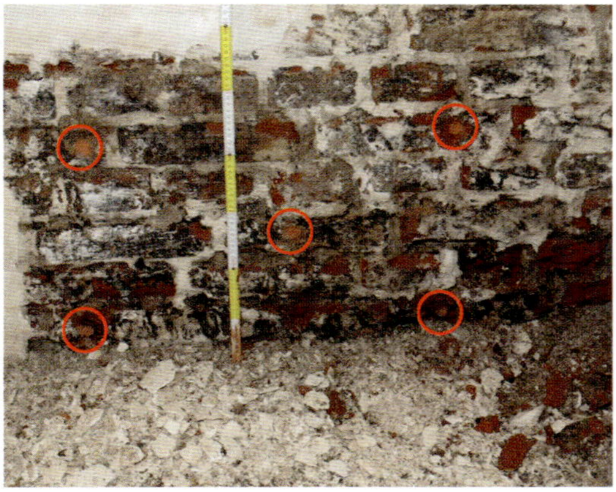

Abb. 2.11: Abstand der Injektionsbohrungen an einer Außenwand

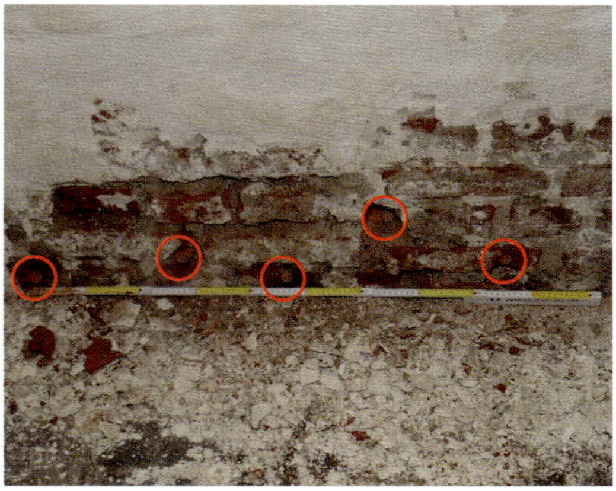

Abb. 2.12: Abstand der Injektionsbohrungen an einer Innenwand

Aufmerksamkeit zu schenken, damit tauwasserbedingte Feuchtigkeitsschäden mit der Folge von Schimmelpilzbefall vermieden werden. Unbeheizte Kellerräume sollen im Frühjahr und Sommer nur dann gelüftet werden, wenn die Außentemperatur unter der Raumlufttemperatur liegt. Wird in den Wintermonaten gelüftet, kann kalte und trockene Luft in den Keller gelangen, sich dort erwärmen und damit Feuchtigkeit aufnehmen. Beim nächsten Lüften wird die dann wärmere und feuchtere Luft wieder abgeführt. Es findet eine Austrocknung der Bauteile im Keller statt.

Maßnahmen und Kosten der Instandsetzung

Die Instandsetzung der Abdichtung an den Außenwänden wurde als Abdichtung der Wandflächen mit einer Innenabdichtung durch mineralische Dichtungsschlämme, Abdichtung der Anschlüsse Innenwände an Außenwände durch Injektionen sowie den Einbau einer Horizontalsperre am oberen Rand der Abdichtung konzipiert.

Die Kosten der Innenabdichtung waren mit ca. 350,00 €/m² zuzüglich Mehrwertsteuer, die Kosten der Querschnittsabdichtungen mit ca. 250,00 €/m zuzüglich Mehrwertsteuer zu veranschlagen.

2.4 Feuchteschäden im unteren Wandbereich (1)

Schadensbild

Im Keller eines Wohnhauses sind im unteren Bereich der erdberührten, aus Kalksandsteinmauerwerk hergestellten Außenwände Feuchteschäden aufgetreten (siehe Abb. 2.13 und 2.14). Unterhalb der Querschnittsabdichtung, stellenweise auch darüber, wurde mithilfe orientierender Vergleichsmessungen ein sehr hoher Feuchtegehalt im Mauerwerk diagnostiziert.

Nach Freilegung der Kelleraußenwand im Bereich einer Gebäudeecke konnte festgestellt werden, dass die Vertikalabdichtung aus einer flexiblen Dichtungsschlämme besteht. Um das Gebäude herum ist eine Ringdränage aus flexiblen Dränrohren verlegt. Die Sickerschicht aus einem grobkörnigen, nicht kornabgestuften Kies, in die das flexible PVC-Dränrohr eingebettet ist, war lediglich oberseitig mit einem Filtervlies abgedeckt worden. Seitlich und unten hat die Sickerschicht unmittelbar Kontakt mit dem bindigen Boden, der die Kiesschicht bereits durchsetzt und das Dränrohr verschlammt hat (siehe Abb. 2.16). Im Arbeitsraum ist stehendes Wasser vorzufinden (siehe Abb.2.15).

Ursachen

Die Feuchteschäden im Kellergeschoss sind die Folge einer mangelhaften Planung und Ausführung von Bauwerksabdichtung und Dränung.

Nach den vor Ort getroffenen Feststellungen wurde ohne Kenntnis der Boden- und Grundwasserverhältnisse eine Bauwerksabdichtung gegen Bodenfeuchte und nicht stauendes Sickerwasser in Kombination mit einer Dränanlage ausgeführt.

Ein erst im Rahmen der Schadensbegutachtung eingeholtes hydrogeologisches Gutachten kam zu dem Ergebnis, dass der Bemessungsgrundwasserstand ca. 1,26 m über der Oberkante des fertigen Kellerfußbodens liegt und somit eine Beanspruchung durch drückendes Grundwasser gegeben ist.

Die vorgefundene Abdichtung gegen Bodenfeuchte und nicht stauendes Sickerwasser ist für eine Beanspruchung durch drückendes Wasser ungeeignet.

Im dargestellten Schadensfall hätte das im Grundwasser stehende Kellergeschoss entweder durch eine wasserdruckhaltende, wannenförmige Abdichtung oder durch eine wasserundurchlässige Stahlbetonkonstruktion vor Wassereintritten geschützt werden müssen. Hauptursächlich für den Schadenseintritt war die Fehleinschätzung der Wasserbeanspruchung und daraus resultierend die Planung eines falschen, d. h. für die tatsächlich vorhandene Grundwasserbeanspruchung ungeeigneten Abdichtungssystems.

Hinweise zur Schadensvermeidung

Obwohl in allen maßgeblichen technischen Regelwerken (vgl. z. B. DIN 18195-1:2011-12 „Bauwerksabdichtungen“) sowie in der Fachliteratur (vgl. z. B. Oswald, 2008) darauf hingewiesen wird, dass zur Planung einer Bauwerksabdichtung der Bemessungswasserstand bekannt sein muss, werden Abdichtungsmaßnahmen immer wieder ohne jegliche Kenntnis der anstehenden Boden- und Grundwasserverhältnisse geplant und ausgeführt.

Der Bemessungswasserstand kann durch Erkundung der örtlichen Boden- und Grundwasserverhältnisse von einem Baugrundgutachter ermittelt werden. Da Grundwasserstände stark schwanken können, sei darauf hingewiesen, dass trockene Baugruben keinerlei Veranlassung geben, eine Grundwassergefährdung auszuschließen.

Wird eine Grundwasserbeanspruchung erst nach Fertigstellung eines Gebäudes erkannt, können sich aus der vorherigen Nichtbeachtung bzw. Fehleinschätzung der hydrogeologischen Verhältnisse gravierende Folgen ergeben. Denn neben einer für die Beanspruchung unzureichenden Bauwerksabdichtung können auch statische Probleme infolge einer unzureichenden Auftriebssicherheit des Baukörpers auftreten.

Maßnahmen und Kosten der Instandsetzung

Für den dargestellten Schadensfall bieten sich grundsätzlich die beiden folgenden Instandsetzungsmöglichkeiten an:

Abb. 2.13: Feuchteschäden am Wandfuß einer Kelleraußenwand

Abb. 2.14: Sichtbare Durchfeuchtung des Kalksandsteinmauerwerks im Eckbereich

Abb. 2.15: Stehendes Wasser im Arbeitsraum

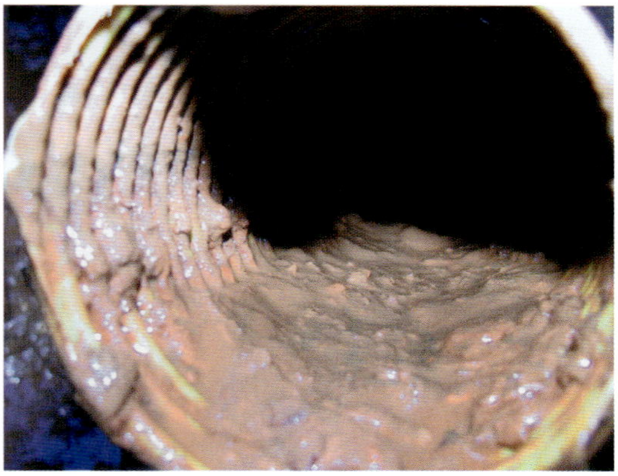

Abb. 2.16: Verschlammtes Dränrohr

Zum einen kann die vorhandene hydrostatische Beanspruchung durch dauerhafte Absenkung des Grundwasserspiegels in den Lastfall nicht stauendes Sickerwasser überführt werden. Allerdings muss hierzu einschränkend angemerkt werden, dass die zwar grundsätzlich bestehende technische Möglichkeit einer dauerhaften Grundwasserabsenkung nur dann realisiert werden kann, wenn Setzungsschäden an der Nachbarbebauung auf der Grundlage vorher durchzuführender hydrogeologischer Untersuchungen nicht zu erwarten sind. Zudem bedürfen Eingriffe in das Grundwasser, auch wenn sie nur vorübergehend stattfinden, einer wasserrechtlichen Erlaubnis der örtlich zuständigen Genehmigungsbehörde.

Wenn eine dauerhafte Grundwasserabsenkung aufgrund der örtlichen Gegebenheiten oder wegen Nichterteilung der behördlichen Erlaubnis nicht realisiert werden kann, verbleibt die Möglichkeit der nachträglichen Herstellung einer wannenförmigen Innenabdichtung oder einer innen liegenden Weißen Wanne aus wasserundurchlässigem Stahlbeton. Eine ausführliche Darstellung dieser Instandsetzungsmethode findet sich in der Fachliteratur (vgl. z. B. Hohmann, 2008).

Bezogen auf die Gebäudegrundfläche von ca. 93 m² liegen die geschätzten Instandsetzungskosten im vorliegenden Fall zwischen etwa 290,00 €/m² (Grundwasserabsenkung) und 630,00 €/m² (Innenwanne aus wasserundurchlässigem Stahlbeton) zuzüglich Mehrwertsteuer.

2.5 Feuchteschäden im unteren Wandbereich (2)

Schadensbild

Im bewohnten Untergeschoss eines Mehrfamilienwohnhauses sind im unteren Bereich der aus Kalksandsteinmauerwerk hergestellten und verputzten Außen- und Innenwände Feuchteschäden in Form von Ausblühungen, Verfärbungen und Wasserrändern aufgetreten. Stellenweise zeigt sich Schimmelpilzbefall (siehe Abb. 2.17 und 2.18). Die Dämmschicht unter dem schwimmenden Estrich ist durchfeuchtet.

Die Vertikalabdichtung der erdberührten Kelleraußenwände besteht aus einer kunststoffmodifizierten Bitumendickbeschichtung (KMB). Durch stichprobenartige Probenentnahme wurde festgestellt, dass die KMB in unterschiedlichen Schichtdicken und stellenweise zu dünn aufgetragen worden ist. Die für eine Beanspruchung durch Bodenfeuchte und nicht stauendes Sickerwasser erforderliche Mindesttrockenschichtdicke von 3 mm ist bereichsweise unterschritten, sie variiert zwischen ca. 1,5 und 3,0 mm. Die unter der KMB vorgefundene mineralische Spachtel- bzw. Schlämmeschicht ist nicht tragfähig. Sie hat keinen ausreichenden Haftverbund zum Kalksandsteinmauerwerk und ließ sich zusammen mit der KMB ohne großen Kraftaufwand vom Untergrund abziehen (siehe Abb. 2.19). Beim Entfernen der aufgeklebten Perimeterdämmplatten riss der Schichtenverbund aus KMB und Spachtelschicht an den Klebepunkten vom Mauerwerk ab.

Am Wandfuß ist das Kalksandsteinmauerwerk auf eine 16 cm dicke Schicht aus 2 jeweils 8 cm dicken vlieskaschierten Schaumglasplatten aufgelagert. Über der Lagerfuge zwischen den Schaumglasplatten und dem Kalksandsteinmauerwerk ist ein Horizontalriss in der KMB entstanden. Im Rissbereich hat sich die KMB vom Untergrund gelöst.

Da ein spezieller Dichteinsatz fehlt, konnten die Versorgungskabel, die über einen Durchbruch in der Kelleraußenwand gebündelt in das Gebäude eingeführt sind, nicht fachgerecht eingedichtet werden (siehe Abb. 2.20).

Auf den Einbau der geplanten Dränanlage wurde verzichtet.

Ursachen

Die Feuchteschäden im Untergeschoss des Wohnhauses sind durch von außen eingedrungenes Wasser entstanden. Schadensursächlich ist die fehlerhafte Planung und Ausführung der Bauwerksabdichtung. Außerdem fehlt die zur Ableitung des aufstauenden Sickerwassers erforderliche Dränanlage.

Der Untergrund, auf den die KMB aufgebracht wurde, weist nicht die hierfür erforderliche Beschaffenheit auf. Er ist nicht ausreichend fest und tragfähig.

Aufgrund des ungleichmäßigen Auftrags der KMB ist die für Bodenfeuchte und nicht stauendes Sickerwasser erforderliche Mindesttrockenschichtdicke von 3 mm stellenweise unterschritten.

Ein erst nach Schadenseintritt eingeholtes hydrogeologisches Gutachten kam zu dem Ergebnis, dass am Gebäudestandort eine Beanspruchung durch aufstauendes Sickerwasser vorlag. Deshalb ist die geplante und ausgeführte Bauwerksabdichtung gegen Bodenfeuchte und nicht stauendes Sickerwasser nur in Kombination mit einer Dränanlage nach DIN 4095:1990-06 „Baugrund“ funktionstauglich.

Hinweise zur Schadensvermeidung

Vor Aufbringen einer KMB muss der Untergrund auf seine Eignung überprüft und nach Herstellervorgabe vorbereitet werden.

Schwachstellen in der abzudichtenden Fläche, wie sie im Fallbeispiel durch den Einbau von Schaumglasplatten am ohnehin schadensträchtigen Fußpunkt geschaffen wurden, erhöhen das Schadensrisiko und sollten deshalb vermieden werden.

Nach DIN 18195-3:2011-12 „Bauwerksabdichtungen“ (Abschnitt 5.4.4) sind bei Abdichtungen aus KMB Prüfungen zur Schichtdickenkontrolle vorzunehmen.

Rohr- und Kabeldurchführungen müssen so geplant werden, dass ein fachgerechter Abdichtungsanschluss möglich ist. Hierfür stehen spezielle Dichteinsätze zur Verfügung, die mit Quetschdichtungen, Klebeflanschen, Manschet-

Abb. 2.17: Feuchteschäden mit Schimmelpilzbefall an einer Kelleraußenwand

Abb. 2.18: Feuchteschäden mit Schimmelpilzbefall in einer Außenecke

Abb. 2.19: Unzureichender Haftverbund: Die KMB löst sich zusammen mit der Spachtelschicht vom Mauerwerk ab.

Abb. 2.20: Die Kabeleinführung ohne Dichteinsatz lässt einen fachgerechten Abdichtungsanschluss nicht zu.

ten oder Los- und Festflanschkonstruktionen ausgestattet sind.

Zur Planung einer Bauwerksabdichtung ist die vorherige Erkundung der Boden- und Grundwasserverhältnisse am Gebäudestandort unabdingbar. Leider werden immer wieder Abdichtungsmaßnahmen ohne jegliche Kenntnis der örtlichen hydrogeologischen Verhältnisse geplant und ausgeführt, obwohl in allen maßgeblichen technischen Regelwerken (vgl. z. B. DIN 18195-1:2011-12 „Bauwerksabdichtungen“) und in der Fachliteratur (vgl. z. B. Oswald, 2008) auf die Notwendigkeit entsprechender Voruntersuchungen ausdrücklich hingewiesen wird.

Maßnahmen und Kosten der Instandsetzung

Im dargestellten Schadensfall musste die mangelhafte Kelleraußenwandabdichtung komplett neu hergestellt werden. Für die Kabeleinführung sollte nachträglich ein spezieller Dichteinsatz mit Flansch eingebaut werden, in den die Kabel einzeln eingezogen und mit Gummipressdichtungen eingedichtet wurden. Zusätzlich musste eine Dränanlage gemäß DIN 4095: 1990-06 „Baugrund-Dränung“ mit Anschluss an die Entwässerung eingebaut werden.

Umgelegt auf die abzudichtende Wandfläche (ca. 70 m^2) liegen die veranschlagten Instandsetzungskosten im vorliegenden Schadensfall bei 385,00 €/m^2 zuzüglich Mehrwertsteuer.

2.6 Feuchteschäden im unteren Wandbereich (3)

Schadensbild

Im Kellergeschoss eines Einfamilienwohnhauses sind im unteren Bereich der mit Gipskartonplatten bekleideten Außen- und Innenwände Feuchteschäden in Form von Ausblühungen, Verfärbungen und Wasserrändern aufgetreten (siehe Abb. 2.21).

Bei der Öffnung des Fußbodens (Fliesenbelag auf schwimmendem Estrich mit Dämmung) wurde eine nasse Oberfläche der Stahlbetonsohle festgestellt (siehe Abb. 2.22). Eine Bodenabdichtung ist nicht vorhanden.

Die Kelleraußenwände bestehen aus Ortbeton, der in Schalungssteine aus Polystyrol-Hartschaum mit eingeschäumten verzinkten Metallstegen eingebracht wurde.

Auf die äußere Polystyrolschale der Schalungssteine wurde die Kelleraußenwandabdichtung aus einer kunststoffmodifizierten Bitumendickbeschichtung (KMB) aufgebracht.

Es wurde festgestellt, dass die Haftverbindung der beiden Abdichtungslagen untereinander sowie zwischen KMB und Stahlbetonsohle an vielen Stellen völlig unzureichend ist (siehe Abb. 2.24).

Im Bereich eines Lichtschachts fehlt die Abdichtung. Dort liegt das Verstärkungsgewebe frei (siehe Abb. 2.23).

Die an entnommenen Proben gemessene Trockenschichtdicke betrug stellenweise unter 3 mm.

Ursachen

Die Feuchteschäden im Kellergeschoss sind durch Wassereintritte infolge einer grob fehlerhaften Ausführung der Kelleraußenwandabdichtung entstanden. Darüber hinaus fehlt die nach DIN 18195-4: 2000-08 „Bauwerksabdichtungen“ (Abschnitt 6.2) erforderliche Abdichtung der Bodenplatte gegen aufsteigende Bodenfeuchtigkeit.

Die Vertikalabdichtung aus einer KMB wurde auf einen ungeeigneten Untergrund aus Polystyrol-Hartschaum aufgebracht. Zudem ist die nach DIN 18195-4:2000-08 „Bauwerksabdichtungen“ (Abschnitt 7.3.3) erforderliche Mindesttrockenschichtdicke der KMB von 3 mm in Teilbereichen unterschritten.

Aufgrund eines unzureichenden Haftverbunds sind in der Abdichtung Fehlstellen in der senkrechten Fläche und auf dem seitlichen Überstand der Stahlbetonbodenplatte entstanden, über die von außen Wasser in die äußere Polystyrolschale der Schalungssteine gelangt und am Wandfuß über die dort vorhandene Arbeitsfuge zwischen der Bodenplatte und dem Betonkern der Kelleraußenwände in das Gebäude eindringt.

Hinweise zur Schadensvermeidung

Untergründe, auf die eine Abdichtung aus einer KMB aufgebracht werden soll, müssen hierfür geeignet und insbesondere ausreichend fest und tragfähig sein. Als geeignete Untergründe sind in der KMB-Richtlinie die Baustoffe Mauerwerk, Beton/Stahlbeton, Putz und bituminöse Altanstriche aufgeführt, nicht jedoch ein Untergrund aus Polystyrol-Hartschaumplatten.

Geeignete Untergründe müssen für den Auftrag der KMB unter Beachtung der maßgeblichen technischen Regelwerke sowie der Herstellervorschriften sorgfältig vorbereitet werden. Beim Auftrag der KMB ist durch Messen der Nassschichtdicke sicherzustellen, dass die in den maßgeblichen technischen Regelwerken vorgeschriebenen Mindesttrockenschichtdicken an jeder Stelle eingehalten werden.

Auf die nach DIN 18195-4:2011-12 „Bauwerksabdichtungen“ grundsätzlich erforderliche Abdichtung der Bodenplatte darf nur bei untergeordneten Räumen verzichtet werden, wenn die Raumnutzung geringe Anforderungen an die Trockenheit der Raumluft stellt, ein feuchteunempfindlicher Fußbodenaufbau eingebaut wird und unter der Bodenplatte eine kapillarbrechende Schüttung mit einer Dicke von mindestens 150 mm vorhanden ist.

Abb. 2.21: Feuchteschäden an der Gipskartonbekleidung einer Kelleraußenwand

Abb. 2.22: Nasse Oberfläche der nicht abgedichteten Bodenplatte

Abb. 2.23: Die Abdichtung fehlt, das Verstärkungsgewebe liegt frei.

Abb. 2.24: Ablösung der KMB am Sohlenüberstand

Maßnahmen und Kosten der Instandsetzung

Im dargestellten Schadensfall umfasste die Instandsetzung die komplette Neuherstellung der Bauwerksabdichtung unter Beachtung der anerkannten Regeln der Technik.

Um einen geeigneten Untergrund für den Auftrag einer KMB zu schaffen, musste die äußere Polystyrolschale der Schalungselemente vollständig entfernt und die freigelegte Betonoberfläche vor Auftrag der KMB mit einem Ausgleichsputz versehen werden. Zur Wiederherstellung der Wärmedämmung sollten Perimeterdämmplatten aus extrudiertem Polystyrol-Hartschaum (XPS) vor der Abdichtung angeordnet werden. Die Instandsetzungskosten waren für 110 m^2 Wandfläche mit ca. 300,00 €/m^2 zuzüglich Mehrwertsteuer zu veranschlagen.

Für den nachträglichen Einbau einer Abdichtung gegen aufsteigende Bodenfeuchte mussten der schwimmende Estrich und der darauf aufgebrachte Fliesenbelag auf einer Fläche von ca. 63 m^2 abgebrochen und nach Verlegung der Abdichtung neu hergestellt werden. Zudem waren die Gipskartonplatten im unteren Wandbereich auszutauschen und danach die Wände vollflächig und deckend zu streichen. Die Instandsetzungskosten hierfür waren bei einer Grundfläche von ca. 63 m^2 mit 175,00 €/m^2 zuzüglich Mehrwerteuer zu veranschlagen.

2.7 Feuchteschäden im unteren Wandbereich (4)

Schadensbild

Bei einem in konventioneller Bauweise mit Außenwänden aus Leichtziegelmauerwerk und Stahlbetondecken in Hanglage errichteten Gebäude zeigen sich Feuchteschäden im Bereich des Untergeschosses. Betroffen ist eine Außenwand, die unmittelbar an die anschließende Bebauung grenzt. Infolge der bestehenden Hanglage bindet das Untergeschoss hangseitig ca. 2,8 m in das Gelände ein. Dies hatte zur Folge, dass die Außenwand hangseitig und seitlich zur Nachbarbebauung hin gegen Erdreich errichtet werden musste. Das Schadensbild ist gekennzeichnet durch umfangreiche Feuchteschäden in Form von bräunlichen Verfärbungen, Ausblühungen und Farbabplatzungen an der Innenseite der Außenwand und an angrenzenden Innenwänden. Auffällig ist die Ausbildung von mehreren, horizontal verlaufenden Wasserrändern. Die Abb. 2.25 und 2.26 zeigen exemplarisch die Feuchteschäden.

Vergleichend durchgeführte Messungen des Feuchtegehalts des Innenputzes ergaben in den augenscheinlich feuchtebeaufschlagten Bereichen jeweils Messwerte, die eine vollständige Durchfeuchtung anzeigen.

Zur Feststellung des Zustands an der Außenseite der Außenwand wurde ein Bohrkern entnommen (siehe Abb. 2.27). An der Außenseite des Leichtziegelmauerwerks wurde als Abdichtungsmaßnahme eine bitumenkaschierte Aluminiumfolie vorgefunden, die auf eine ca. 4 cm dicke Mörtelschicht aufgebracht ist.

Im Bereich einer weiteren Probeöffnung im Mauerwerk der Außenwand zeigte sich, dass sich hier bereits nach kurzer Zeit Wasser ansammelte (siehe Abb. 2.28).

Weiterhin wurde festgestellt, dass das Niveau der Bodenfläche ca. 20 cm unterhalb des Fußbodenniveaus der Nachbarbebauung liegt.

Das Gebäude wurde in bindigem Baugrund errichtet. Zur Dränung ist vor der hangseitigen Außenwand des Gebäudes etwa in halber Höhe des Untergeschosses eine Dränleitung angeordnet.

Nach Angabe der Nutzer des Gebäudes zeigte sich zunächst über einen Zeitraum von ca. 2 Jahren lediglich eine lokal begrenzte Feuchtstelle. Erst im weiteren Verlauf nahm der Umfang der Schädigungen deutlich zu.

Ursachen

Die Schäden wurden durch Wassereintritte durch die Außenwand verursacht. Sie sind die Folge unzureichender Abdichtungs- und Dränmaßnahmen. Zudem war im vorliegenden Fall eine defekte Regenfallleitung mitursächlich.

Bei der Errichtung von Gebäuden im Bestand muss besonderes Augenmerk auf die Abdichtungsmaßnahmen gelegt werden. Dies kann eine komplexe Aufgabe darstellen, wenn bei bindigen Bodenverhältnissen in Hanglage mit zeitweise aufstauendem Sickerwasser gerechnet werden muss. Das festgestellte Schadensbild zeigt anhand der umfangreichen und durch mehrere horizontale Wasserränder gekennzeichneten Schädigungen, dass die Außenwand einer intensiven und wiederholten Wasserbeanspruchung ausgesetzt war. Andere Ursachen, wie Wasseraustritte aus Installationsleitungen, wurden durch begleitende Untersuchungen ausgeschlossen.

Hinweise zur Schadensvermeidung

Im vorliegenden Fall wurden keine fachgerechten Abdichtungs- und Dränmaßnahmen getroffen. Bei der bestehenden Beanspruchung durch vorübergehend drückendes Sickerwasser ist eine Abdichtung nach DIN 18195-6:2011-12 „Bauwerksabdichtungen" vorzusehen. Bei Bauwerken, die im Anschluss an bestehende Bebauungen errichtet werden, ist es hierzu erforderlich, zunächst einen ausreichend tragfähigen Abdichtungsuntergrund herzustellen, auf dem dann die Abdichtung aufgebracht wird, bevor die eigentliche Gebäudeaußenwand errichtet wird.

Die Anforderungen an die Abdichtungen können deutlich reduziert werden, wenn vor der Gebäudeaußenwand eine Dränanlage unterhalb des Fußbodenniveaus ausgeführt werden kann. Letzteres ist jedoch nur möglich, wenn eine Vorflut zur Abführung des Wassers aus der Drän-

Abb. 2.25: Feuchteschäden an einer Außenwand mit Ausblühungen, Wasserrändern und Farbablösungen

Abb. 2.26: Feuchteschäden an Außenwand und angrenzender Innenwand

Abb. 2.27: Bohrkern aus einer Außenwand mit Mörtelschicht und Abdichtung

Abb. 2.28: Probeöffnung in Außenwand auf Fußbodenniveau mit stehendem Wasser

anlage zur Verfügung steht. In das öffentliche Kanalsystem ist eine Ableitung dieses Wassers in der Regel nicht möglich, da nach den kommunalen Satzungen dessen Einleitung untersagt ist. Im Einzelfall kann versucht werden, eine Ausnahmegenehmigung zu erwirken. Bei der Abführung größerer Wassermengen kann es notwendig werden, ein Wasserrechtsverfahren durchzuführen.

Maßnahmen und Kosten der Instandsetzung

Zur Schadensbeseitigung war es erforderlich, die geschädigte Außenwand abschnittsweise – nach vorheriger Abstützung der Geschossdecke – abzubrechen. Als Abdichtungsgrund war eine Rücklage aus zu verputzendem Kalksandsteinmauerwerk vorzusehen. Auf diesem Untergrund konnte eine Vertikalabdichtung nach DIN 18195-6:2011-12 „Bauwerksabdichtungen" aufgebracht werden. Abschließend war das Leichtziegelmauerwerk zu ergänzen sowie der Innenputz aufzubringen und Malerarbeiten auszuführen. Die Innenwände waren, soweit durchfeuchtet, technisch zu trocknen. Zusätzlich war die Wasserbeanspruchung des Gebäudes auf der Hangseite durch den Einbau einer Dränanlage wesentlich zu reduzieren.

Die Kosten für die o. g. Maßnahmen waren im Bereich der Außenwand mit ca. 1.900,00 €/m und für die Errichtung der Dränanlage auf der Hangseite mit ca. 2.200,00 €/m (jeweils zuzüglich Mehrwertsteuer) zu veranschlagen.

2.8 Feuchteschäden im oberen Wandbereich (WU-Beton)

Schadensbild

Im dem als wasserundurchlässige Stahlbetonkonstruktion (Weiße Wanne) hergestellten Keller eines Wohnhauses zeigen sich an den Innenoberflächen der Kelleraußenwände unterhalb des Deckenauflagers Wasserablaufspuren (Abb. 2.29). Augenscheinlich ist beim Anschluss der Außenwände an die Decke über dem Kellergeschoss Wasser eingedrungen.

Die Stahlbetonaußenwände enden ca. 20 cm unter Geländeoberkante. Das auf den Kelleraußenwänden aufgelagerte Ziegelverblendmauerwerk bindet auf der Höhe von 2 Steinschichten in das Gelände ein. Der Pflasterbelag schließt unmittelbar an das Verblendmauerwerk an; unterhalb der Geländeoberkante ist das Sichtmauerwerk nicht vor Feuchtigkeitsaufnahme geschützt.

Die nach Bauteilöffnung festgestellte Ausführung im Fußpunktbereich der zweischaligen Außenwandkonstruktion zeigen die Abb. 2.30 und 2.31. Es ist zu erkennen, dass die Bahnenabdichtung nicht über die Außenkante der Stahlbetonaußenwand senkrecht nach unten geführt wurde, sondern ebenso wie das Verblendmauerwerk bündig mit dieser abschließt (siehe Abb. 2.30). Der Haftverbund zwischen den Bitumenbahnen und der waagerechten Betonoberfläche ist gering, die Bahnen lassen sich mit geringem Kraftaufwand vom Untergrund abziehen.

In der Lagerfuge zwischen zweiter und dritter Steinschicht des Verblendmauerwerks befindet sich eine Kunststofffolie als horizontale Sperrschicht. Sie ist genauso breit wie die Verblendschale und nicht an die hintere Mauerwerksschale angeschlossen.

Ursachen

Die Wasserablaufspuren sind durch Wassereintritte über die undichte Fuge beim Anschluss der Kelleraußenwände an die Kellerdecke entstanden.

Die Außenwände einer wasserundurchlässigen Stahlbetonwanne müssen mindestens bis auf Höhe des Bemessungswasserstandes geführt werden. Wenn der Bemessungswasserstand nicht bekannt ist, sind die Stahlbetonaußenwände sicherheitshalber mindestens bis zur Geländeoberkante wasserundurchlässig herzustellen.

Weil die Weiße Wanne im vorliegenden Fall aber ca. 20 cm unter Geländeoberkante endet, wurde der darüber liegende erdberührte Sockelbereich in sog. Kombinationsbauweise mit Bitumenbahnen abgedichtet. Die Ausführung ist mangelhaft, da

- das obere Ende der Bahnenabdichtung unter Geländeoberkante liegt und
- die Bitumenbahnen beim Übergang auf die Stahlbetonaußenwände nicht entsprechend DIN 18195-9:2010-05 „Bauwerksabdichtungen“ mindestens 200 mm über die Fuge zwischen Decke und Wand nach unten geführt und zudem nicht hinterlaufsicher an das Betonbauteil angeschlossen sind.

Durch die fehlerhafte Ausführung, bei der die Bitumenbahnen bereits auf der horizontalen Fläche an der Außenkante der Stahlbetonwand enden, ist die Fuge zwischen Kelleraußenwand und Kellerdecke undicht. Insbesondere an Stellen mit nicht vollflächiger oder ungenügender Verklebung kann die Abdichtung unterlaufen werden.

Hinweise zur Schadensvermeidung

Die Wassereintritte über die Arbeitsfuge zwischen den Stahlbetonbauteilen Kelleraußenwand und Kellerdecke hätten sich vermeiden lassen, wenn die wasserundurchlässige Stahlbetonkonstruktion (Weiße Wanne) bis zur Geländeoberkante hochgeführt worden wäre.

Die im vorliegenden Fallbeispiel alternativ gewählte Kombinationsbauweise, bei der Abdichtungsstoffe an wasserundurchlässige Stahlbetonbauteile angeschlossen werden, ist nach DIN 18195-9:2010-05 „Bauwerksabdichtungen“ zulässig, wenn das Eindringen von Wasser entweder durch adhäsive Verbindungen, beispielsweise mit Flüssigkunststoffen oder kunststoffmodifizierten Bitumendickbeschichtungen, oder aber, sofern bahnenförmige Abdichtungsstoffe eingesetzt werden, durch einen hinterlaufsicheren Anschluss (bei drückendem Wasser nur durch Los- und Festflanschanschlüsse, bei nicht stauendem Sickerwasser und Bodenfeuch-

Abb. 2.29: Wasserablaufspuren an der Innenoberfläche einer Kelleraußenwand aus wasserundurchlässigem Stahlbeton

Abb. 2.30: Öffnung im Verblendmauerwerk – die Fußpunktabdichtung aus Bitumenbahnen endet an der Außenkante der WU-Stahlbetonaußenwand.

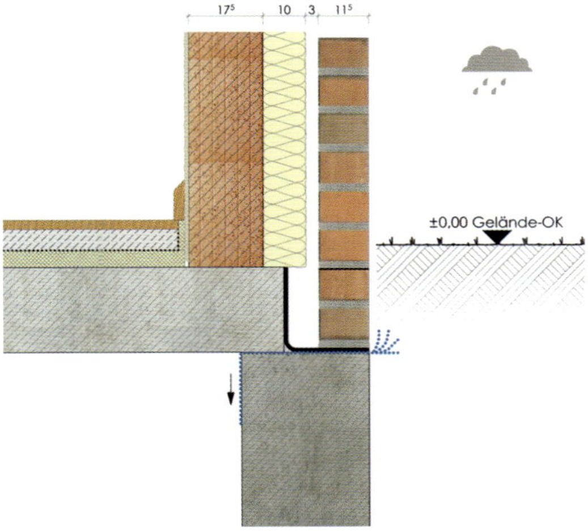

Abb. 2.31: Vorgefundene fehlerhafte Ausführung des Anschlusses Außenwand–Decke, Weg des Wassers bei Unterläufigkeit der Bitumenbahnen (Prinzipskizze, nicht maßstabsgetreu; Gelände-OK = Geländeoberkante)

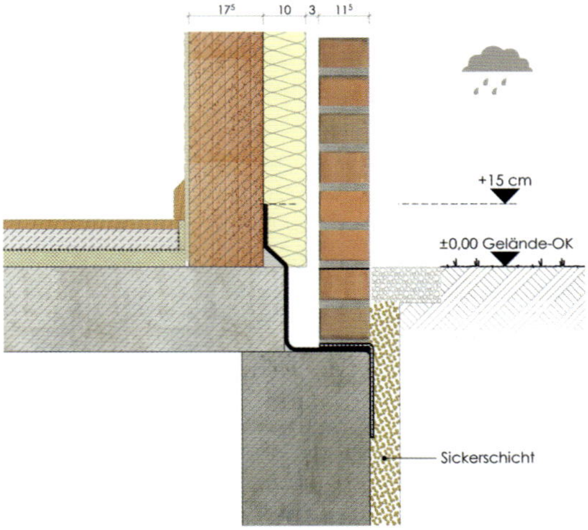

Abb. 2.32: Vorschlag zur Mangelbeseitigung – Anschluss der Sockelabdichtung an die wasserundurchlässige Stahlbetonaußenwand (Prinzipskizze, nicht maßstabsgetreu; Gelände-OK = Geländeoberkante)

te auch durch Klemmprofile) dauerhaft sicher verhindert wird.

Bei Druckwasserbeanspruchung lässt sich ein hinterlaufsicherer Bahnenanschluss mit Los- und Festflanschkonstruktion nach DIN 18195-9:2010-05 „Bauwerksabdichtungen" nachträglich nicht mehr herstellen.

Maßnahmen und Kosten der Instandsetzung

Zur vollständigen Mangelbeseitigung war die Fußpunktabdichtung der zweischaligen Außenwandkonstruktion umlaufend nachzubessern (siehe Abb. 2.32). Hierzu musste das Verblendmauerwerk im erdberührten Sockelbereich abschnittsweise ausgebaut und anschließend neu hergestellt werden. Zur Herstellung des hinterlaufsicheren Abdichtungsanschlusses an die senkrechte Fläche der Stahlbetonaußenwand wurde die Verwendung eines Flüssigkunststoffes empfohlen.

Zusätzlich sollte zur Verringerung der Wasserbeanspruchung vor dem erdberührten Verblendmauerwerk eine ausreichend dimensionierte Filter- und Sickerschicht eingebaut werden.

Bei einer Wandlänge von ca. 55 m liegen die geschätzten Instandsetzungskosten im vorliegenden Fall bei etwa 300,00 €/m zuzüglich Mehrwertsteuer.

2.9 Feuchteschäden bei Kelleraußentüren

Schadensbild

Im Kellergeschoss eines Wohnhauses zeigen sich beidseitig der Kelleraußentür im unteren Bereich der aus Kalksandsteinmauerwerk hergestellten Innen- und Außenwände feuchtebedingte Verfärbungen an der verputzten Wandoberfläche (siehe Abb. 2.33). Feuchtemessungen hatten ergeben, dass der Grad der Durchfeuchtung mit zunehmender Entfernung von der Kelleraußentür abnimmt, was darauf schließen lässt, dass die Ursache der Durchfeuchtung sehr wahrscheinlich im Türbereich zu finden ist.

Der Übergang zwischen dem Kellerraum und dem frei bewitterten Antrittspodest der Kelleraußentreppe ist niveaugleich ausgeführt worden (siehe Abb. 2.35). Nach Öffnung des Estrichs auf dem Treppenantrittspodest konnte festgestellt werden, dass der Estrich unter der Kelleraußentür ohne Trennung von außen nach innen durchläuft (siehe Abb. 2.36).

Nach Aufnehmen der Antrittsstufe wurden auf der Bodenplatte unter dem Treppenlauf der Kelleraußentreppe stehendes Wasser und Schuttreste vorgefunden (siehe Abb. 2.37). Eine Entwässerungsmöglichkeit, die z. B. aus einer Aussparung in der Bodenplatte bestehen kann, ist dort nicht vorhanden.

Zudem ist die Außenwand unterhalb der Kelleraußentreppe am Wandfuß lediglich bis auf eine Höhe von ca. 10 cm mit einer Dichtungsschlämme beschichtet. Darüber ist keine Abdichtung vorhanden.

Ursachen

Die Feuchteschäden im Kellergeschoss sind primär durch Wassereintritte über die Kelleraußentür entstanden, da eine den anerkannten Regeln der Technik entsprechende Schwellenausbildung und -abdichtung fehlt und der Estrich unter der Kelleraußentür von innen nach außen durchläuft.

Darüber hinaus kann unterhalb des Treppenlaufs in das Außenmauerwerk Wasser eindringen, da dieser Wandbereich nicht abgedichtet wurde und zugleich eine Beanspruchung durch das auf der Bodenplatte stehende Wasser auftritt.

Hinweise zur Schadensvermeidung

Zur sicheren Vermeidung von Wassereintritten durch vorübergehend auf- bzw. rückstauendes Niederschlagswasser und daraus resultierenden Schäden müssen bei frei bewitterten Kelleraußentüren grundsätzlich Schwellen aus Beton oder Mauerwerk eingebaut und fachgerecht abgedichtet werden. Gleichzeitig wird so eine Trennung des Bodenaufbaus zwischen Innen- und Außenbereich hergestellt. Keinesfalls darf der Estrich wie im vorliegenden Fall ohne Trennung unter der Kelleraußentür durchlaufend verlegt werden.

In der gutachterlichen Praxis hat sich gezeigt, dass Außentürschwellen häufig unerwünscht sind, weil das Überwinden einer solchen zwischen 5 und 15 cm hohen Schwelle, insbesondere mit Kinderwagen oder Fahrrädern, als hinderlich empfunden wird. Der Wunsch nach einer niveaugleichen Schwellenausbildung ist daher nachvollziehbar.

Niveaugleiche Schwellen sind auch bei Außentüren technisch realisierbar, sie stellen jedoch aus abdichtungstechnischer Sicht eine Sonderkonstruktion dar, die eine besonders sorgfältige Detailplanung des Abdichtungsanschlusses und zusätzliche Maßnahmen zur Reduzierung der Wasserbeanspruchung im Schwellenbereich erfordert. Empfehlungen zur Ausführung niveaugleicher Türschwellen werden u. a. vom AI Bau gegeben (vgl. AI Bau, 2010).

Auch im Bereich unterhalb von Kelleraußentreppen sind Außenwände nach den anerkannten Regeln der Technik gegen Bodenfeuchte und nicht stauendes Sickerwasser abzudichten.

Gleichzeitig muss dafür gesorgt werden, dass auf der Bodenplatte unter der Kelleraußentreppe kein Wasser stehen bleibt. Deshalb muss dieser Bereich unter Berücksichtigung der örtlichen Boden- und Grundwasserverhältnisse in die Entwässerungsplanung einbezogen werden.

Abb. 2.33: Feuchtebedingte Verfärbungen im unteren Wandbereich beidseitig der Kelleraußentür

Abb. 2.34: Die Kelleraußentreppe ist frei bewittert.

Abb. 2.35: Niveaugleicher Übergang zwischen Innen- und Außenbereich

Abb. 2.36: Estrich läuft unter der Tür von innen nach außen durch.

Maßnahmen und Kosten der Instandsetzung

Der nachträgliche Einbau einer Türschwelle erforderte den Ausbau und den höhenversetzten Wiedereinbau der Kelleraußentür.

Um die Außenwand im verlorenen Raum unter der Kelleraußentreppe nachträglich abdichten zu können, mussten die Treppenstufen aufgenommen und das Auflagermauerwerk für die Stufen abgebrochen werden. Die Aussparung zur Entwässerung der Stahlbetonbodenplatte unter der Treppe konnte nachträglich ausgestemmt bzw. eingeschnitten werden.

Die Instandsetzung erfordert einen Kostenaufwand von 4.000,00 € zuzüglich Mehrwertsteuer.

Abb. 2.37: Schuttreste und Wasserpfützen auf der Bodenplatte unter dem Treppenlauf

2.10 Fleckenbildung an der Oberfläche eines Sanierputzes

Schadensbild

Bei der Kellertrockenlegung eines Wohnhauses wurden die gemauerten Kelleraußenwände nach Durchführung der Abdichtungsarbeiten raumseitig mit einem Sanierputzsystem bekleidet.

Kurze Zeit nach Fertigstellung der Putzarbeiten traten an der Oberfläche des Sanierputzes – vorwiegend in den unteren Wandbereichen – feuchtebedingte dunkle Verfärbungen in Form runder Flecken auf, die nach Anzahl und Größe augenscheinlich weiter zunehmen (siehe Abb. 2.38 und 2.39).

Zur labortechnischen Untersuchung wurden Bohrkerne aus dem Außenmauerwerk entnommen. Die an den entnommenen Bohrkernen gemessenen Putzschichtdicken betragen beim Oberputz zwischen 4 und 12 mm, beim Unterputz zwischen 7 und 13 mm. Die Gesamtschichtdicke aus Unter- und Oberputz liegt zwischen 12 und 20 mm.

Eine durchgeführte Salzanalyse ergab, dass die Putzproben mit Salzflecken einen erhöhten massebezogenen Sulfatgehalt aufweisen. Die Tatsache, dass ein ähnlich hoher Sulfatgehalt auch in einer Putzprobe ohne Salzfleck festgestellt wurde, ist ein Hinweis darauf, dass es sich bei der Durchsalzung des Sanierputzes um einen fortschreitenden Prozess handelt und demzufolge mit einer Ausweitung des Schadensbildes gerechnet werden muss.

Ursachen

Die an entnommenen Materialproben durchgeführten Laboruntersuchungen zeigten im Ergebnis, dass die dunklen Putzflecken durch hygroskopische Wasseraufnahme entstanden sind. Verursacht durch einen fehlerhaften Putzauftrag in zu geringen Putzschichtdicken ist im vorliegenden Fall eine viel zu frühe Durchsalzung des Sanierputzsystems eingetreten.

Sanierputzsysteme werden zum Verputzen feuchter und/oder salzhaltiger Mauerwerke eingesetzt. Ihre Wirkungsweise besteht darin, dass die aus dem Mauerwerk in den Sanierputz eindringende Feuchte bereits innerhalb der Putzschicht verdunsten kann und die dabei auskristallisierenden Salze im porigen Gefüge des Sanierputzes eingelagert werden. Mit der materialtechnisch erreichten Verlagerung der Verdunstungszone von der Innenoberfläche in den Putzquerschnitt soll u. a. verhindert werden, dass sich auf der Putzoberfläche Verfärbungen und Salzausblühungen zeigen. Die Erreichung dieses Ziels ist neben anderen Kriterien abhängig von der Einhaltung der vorgegebenen Mindestputzdicken. Die Gesamtputzdicke soll gemäß WTA-Merkblatt 2-9-04/D „Sanierputzsysteme“ in der Regel mindestens 20 mm, die Schichtdicke der einzelnen Putzlagen mindestens 10 mm betragen; nur in Kombination mit einem Porengrundputz-WTA kann die Mindestdicke des Putzsystems auf 15 mm verringert werden (vgl. WTA, Oktober 2005, Abschnitt 4.3).

Eine Unterschreitung der Mindestschichtdicken beeinträchtigt die Funktionsfähigkeit des Sanierputzes und es besteht ein erhöhtes Risiko, dass an der Putzoberfläche Durchfeuchtungen und Durchsalzungen in der dargestellten Form auftreten. Durch Salzablagerungen an der Putzoberfläche wird die hygroskopische Feuchte erhöht, d. h., der Putz kann im Vergleich zum salzfreien Zustand deutlich mehr Wasser aus der Raumluft aufnehmen.

Im dargestellten Schadensfall ist bei allen Materialproben eine Unterschreitung der erforderlichen Einzel- oder Gesamtschichtdicke zu verzeichnen. Das lässt darauf schließen, dass der Sanierputz zu dünn aufgetragen wurde.

Bei der mikroskopischen Untersuchung der entnommenen Putzproben wurden Salzkristallablagerungen auf der Putzoberfläche sichtbar. Durch die hygroskopische Eigenschaft der Salze kann der Putz an diesen Stellen mehr Wasser aus der Raumluft aufnehmen als im salzfreien Zustand. Die dunklen Putzflecken sind die Folge dieser partiellen Durchsalzung und der in der Folge erhöhten hygroskopischen Wasseraufnahme.

Ob darüber hinaus eine verzögerte Austrocknung des Sanierputzes infolge einer zu hohen Raumluftfeuchte während oder kurz nach der

Abb. 2.38: Fleckenartige Verfärbungen an der Oberfläche eines Sanierputzes

Abb. 2.39: Putzflecken im unteren Wandbereich

Applikation des Putzsystems zum Eintritt des Schadens beigetragen hatte, konnte im Nachhinein nicht mehr festgestellt werden.

Hinweise zur Schadensvermeidung

Die Planung und Ausführung von Sanierputzsystemen sollte grundsätzlich auf Grundlage des o. g. WTA-Merkblatts 2-9-04/D erfolgen. Bei Beachtung der darin festgelegten materialtechnischen Anforderungen und der gegebenen Verarbeitungshinweise lassen sich Schäden in der dargestellten Form weitestgehend verhindern.

Salzausblühungen an der Oberfläche von Sanierputzen können auch durch eine verzögerte Putzaustrocknung infolge einer zu hohen Raumluftfeuchte verursacht werden. Damit ein Sanierputzsystem die für seine Funktion notwendige hydrophobe Eigenschaft erlangt, muss er möglichst schnell abtrocknen können. Hierzu darf die Raumluftfeuchte nicht zu hoch sein. Wird die schnelle Austrocknung aufgrund einer zu hohen Raumluftfeuchte verhindert, dann wird sich die Hydrophobie trotz Erhärtung des Sanierputzes nicht einstellen und aus dem Mauerwerk können Salze relativ schnell in die Putzschicht eindringen. Auch dies kann eine zu frühe Durchsalzung des Sanierputzes bewirken. Hierauf wird im vorgenannten WTA-Merkblatt hingewiesen (vgl. WTA, Oktober 2005, Abschnitt 3.3).

Maßnahmen und Kosten der Instandsetzung

Aufgrund der bereits eingetretenen Durchsalzung des Sanierputzes war eine Nachbesserung durch Auftrag einer weiteren Putzlage nicht mehr möglich. Zur Instandsetzung musste deshalb der schadhafte Sanierputz auf einer Fläche von insgesamt ca. 67 m^2 vollständig entfernt und durch ein neues Sanierputzsystem ersetzt werden.

Der Kostenaufwand beträgt ca. 85,00 €/m^2 zuzüglich Mehrwertsteuer.

2.11 Feuchteschäden bei der Umnutzung bestehender Kellerräume

Schadensbild

In einem bestehenden Wohnhaus (Baujahr ca. 1965) soll ein bisher als Lagerraum genutzter Kellerraum für eine wohnraumartige Nutzung ertüchtigt werden. Bei der Vorbereitung baulicher Maßnahmen für die Umnutzung werden abgetrocknete Feuchtespuren ohne spürbare Durchfeuchtung an der raumseitigen Oberfläche der erdberührten Außenwand im Sockelbereich festgestellt. Die Wandoberfläche ist verputzt und gestrichen. Die sichtbaren Feuchteschäden sind lokal begrenzt und erstrecken sich nicht über den gesamten Wandsockelbereich. Erkennbar ist ein Verdunstungshorizont abtrocknender Feuchte mit bräunlichen Verfärbungen, Kristallisationserscheinungen zwischen Farbanstrich und Putzoberfläche sowie Ablösungen der Farbbeschichtung (siehe Abb. 2.40 und 2.41). Orientierende Feuchtigkeitsmessungen an der Wandoberfläche ergaben in den sichtbar schadhaften Bereichen einen gegenüber den angrenzenden, augenscheinlich schadensfreien Wandoberflächen leicht erhöhten Feuchtegehalt. Aus der bisherigen Nutzung ist zudem in geringem Maße das Auftreten von Schimmelpilzbefall auf Gegenständen bekannt (siehe Abb. 2.42).

Ursachen

Die bauliche Situation genügt im vorliegenden Fall den bei einer Umnutzung an einen Wohnraum zu stellenden Anforderungen weder hinsichtlich des Feuchteschutzes noch hinsichtlich des baulichen Wärmeschutzes und der erforderlichen haustechnischen Einrichtungen.

Kellerräume mit wohnraumartiger Nutzung unterliegen im Vergleich mit oberirdischen Wohnräumen einer erhöhten Beanspruchung der erdberührten Umfassungsflächen

- durch Feuchtigkeit bzw. Wasser innerhalb des Bodens,
- durch die besonderen Temperaturverhältnisse des Erdreiches an der Außenseite der Umfassungsbauteile und somit
- durch Tauwasser infolge von Sommerkondensation an kühlen raumseitigen Bauteiloberflächen.

Die bauliche Situation des Kellerraumes muss diesen besonderen Beanspruchungen aus Feuchtigkeit und Temperatur im Hinblick auf die Bauwerksabdichtung, die Wärmedämmung der Umfassungsbauteile und die Beheizung bzw. Klimatisierung der Räume Rechnung tragen.

Erdberührte Boden- und Wandflächen müssen einschließlich der Wandquerschnitte gegen Wasserzutritt von außen abgedichtet sein. Ein Feuchtetransport durch die erdberührten Konstruktionen einschließlich aller Fugen und Anschlussbauteile ist nicht zulässig. Die bestehende Abdichtungssituation reicht aufgrund der festgestellten Feuchteschäden nicht aus.

Wohnräume erfordern eine höhere Innenraumtemperatur als Kellerräume mit einer Nutzung zu Lagerzwecken. Die damit einhergehende Beheizung setzt voraus, dass der Wärmeabfluss über die Umfassungsbauteile auf ein für die Konstruktion unschädliches Maß begrenzt wird. Dies schließt auch die Vermeidung baulicher Wärmebrücken mit ein. Der Wärmeschutz der bestehenden Außenwandkonstruktion genügt den heute zu stellenden Anforderungen im Hinblick auf eine sichere Vermeidung von Tauwasser nicht.

Kellerräume werden im Sommerhalbjahr in der Regel nicht beheizt und erfahren keinen oder nur einen geringen solaren Wärmeenergieeintrag. Sommerliche Außenluft weist einen vergleichsweise hohen Feuchtegehalt auf und führt bei Kontakt mit kühlen Bauteiloberflächen zur Bildung von Tauwasser. Die so in die Räume eingetragene Feuchtigkeit kann im Wege der natürlichen Lüftung nicht ausreichend sicher abgetrocknet werden. Zur Sicherstellung eines üblichen Innenraumklimas für Wohnräume wird daher auch in der warmen Jahreszeit der Einsatz einer Beheizung und/oder Klimatisierung erforderlich.

Die Beurteilung einer bestehenden baulichen Situation im Hinblick auf die Eignung für eine veränderte, wohnraumartige Nutzung erfordert wegen der komplexen Zusammenhänge des

Abb. 2.40: Abgetrocknete Feuchtespuren an der Außenwand im Sockelbereich

Abb. 2.41: Verdunstungshorizont abtrocknender Feuchte mit Verfärbungen und Anstrichablösungen

Wärme- und Feuchteschutzes eine sorgfältige Bestandserhebung und Beurteilung durch qualifizierte Fachleute.

Hinweise zur Schadensvermeidung

Bestehende Bauwerksabdichtungen genügen den heute an Räume mit wohnraumartiger Nutzung regelmäßig zu stellenden Anforderungen häufig nicht oder nicht mehr. Bei einer vorgesehenen Umnutzung ist daher zunächst die bestehende Abdichtungssituation umfassend festzustellen und auf ihre Eignung nach heutiger Maßgabe zu prüfen. Die vorhandene Abdichtung ist erforderlichenfalls unter Einschluss aller feuchtigkeitsbeanspruchten Flächen zu ergänzen oder zu erneuern. Die Art der Abdichtung richtet sich nach der Beanspruchung durch Bodenfeuchte, zeitweise aufstauendes oder drückendes Wasser.

Außenwände im Kellerbereich unterliegen über das gesamte Jahr hinweg den im Erdreich vorherrschenden Temperaturverhältnissen. Der Wärmeschutz der Außenbauteile muss dem Außenklima und den vorgesehenen raumklimatischen Verhältnissen angepasst werden. Die Anforderungen an den energetischen und hygienischen Wärmeschutz sind bei der Planung und Bemessung zu berücksichtigen.

Aus raumklimatischen Gründen ist im Winter eine Beheizung, im Sommer eine Beheizung und/oder Klimatisierung (Entfeuchtung) mit

Abb. 2.42: Schimmelpilzbefall an den Rändern einer ledernen Schuhsohle

entsprechenden haustechnischen Anlagen vorzusehen.

Maßnahmen und Kosten der Instandsetzung

Für den Einbau einer neuen Gebäudeabdichtung und einer außen liegenden Wärmedämmung war es erforderlich, die Kelleraußenwände freizulegen.

Der Kostenaufwand einschließlich des Innenausbaus und der erforderlichen haustechnischen Anlagen wurde für einen Kellerraum mit ca. 30 m² auf ca. 71.000,00 € zuzüglich Mehrwertsteuer geschätzt.

2.12 Schimmelpilzbefall bei Wohnräumen im Souterrain

Schadensbild

In der Souterrainwohnung eines Mehrfamilienwohnhauses aus den 1920er-Jahren sind in der laufenden Wohnnutzung über einen Zeitraum von mehreren Jahren hinweg an den raumseitigen Oberflächen der erdberührten Außenwände wiederholt Feuchteschäden mit Schimmelpilzbefall aufgetreten (siehe Abb. 2.43 bis 2.45). Die Wohnräume binden ca. 1,6 m in das Gelände ein und haben größere zu öffnende Fenster. Die erdberührten Außenwand- und Bodenflächen verfügen über eine nachträglich hergestellte außenseitige Feuchtigkeitsabdichtung, die jedoch die Wandquerschnitte nicht mit einschließt. Die Wohnräume werden in der Heizperiode zentral beheizt.

Ursachen

Die Gebäudeabdichtung ist wegen der fehlenden Querschnittsabdichtung in den Aufstandsflächen der Außen- und Innenwände nicht ausreichend wirksam. Das Raumklima wird durch

- eine Feuchteabgabe an die Raumluft in Form von aufsteigender Bodenfeuchte über die Wandsockelflächen,
- eine Tauwasserbildung in der Heizperiode aufgrund zu geringer Wärmedämmung der Außenwände,
- eine Tauwasserbildung in der Sommerperiode aufgrund eines Feuchteeintrags im Wege der Fensterlüftung

so ungünstig beeinflusst, dass die Voraussetzungen für ein Schimmelpilzwachstum langfristig gegeben sind.

Feuchtigkeitsmessungen in verschiedenen Tiefen der Außen- und Innenwandquerschnitte und in verschiedenen Wandhöhen gaben Aufschluss über die Verteilung des Feuchtegehaltes. In den erdberührten Bereichen der Außenwände und in den Sockelzonen der Innenwände liegt die gemessene Bauteilfeuchte signifikant über der in beheizten Wohnräumen zu erwartenden Gleichgewichtsfeuchte (siehe Abb. 2.46).

Räume mit wohnraumartiger Nutzung, die ganz oder zu wesentlichen Teilen unter Gelände liegen (Souterrainräume), werden von außen durch Feuchtigkeit aus dem angrenzenden Erdreich und Niederschläge und von innen durch einen Feuchteeintrag aus der Nutzung (Abgabe von Wasser über Personen, Pflanzen, Koch-, Wasch- oder Trockenvorgänge usw. an die Raumluft) und einen Feuchteeintrag über die Raumlüftung (im Sommer) beansprucht. Der Einfluss der Raumlüftung wird insbesondere im Sommer wirksam, wenn Feuchte mit der Außenluft in die Räume gelangt und dort an kühleren Oberflächen wie z. B. Bauteilen, Einrichtungsgegenständen usw. kondensiert (sommerliche Tauwasserbildung).

Eine Entfeuchtung findet bei Wohnräumen in der Regel durch natürliche Lüftung in Verbindung mit einer Erwärmung des Raumes durch Heizwärme oder durch solaren Wärmeeintrag im Sommer statt.

Das für eine wohnraumartige Nutzung erforderliche Raumklima bzw. die notwendige Raumhygiene wird nur dann dauerhaft erreicht, wenn die mögliche Entfeuchtung den Feuchteeintrag langfristig überwiegt und wenn stets ausreichende Reserven für einen Feuchteaustrag gegeben sind.

Der Einfluss einer Entfeuchtung aufgrund solarer Wärmeeinwirkung kommt bei Räumlichkeiten ohne unmittelbare Besonnung und insbesondere bei Räumen im Souterrain nicht oder nur geringfügig zum Tragen. Der Feuchteaustrag unbeheizter Raumluft im Wege der natürlichen Lüftung in der Sommerperiode ist in der Regel wegen der fehlenden solaren Aufheizung der Räume im Erdreich nicht ausreichend. Für Räume mit wohnraumartiger Nutzung im Souterrain bzw. im Kellergeschoss wird dann eine Beheizung und/oder Klimatisierung der Raumluft in der Sommerperiode erforderlich, um den Einfluss der sommerlichen Tauwasserbildung zu kompensieren.

Hinweise zur Schadensvermeidung

Die erdberührten Umfassungsflächen sind entsprechend der vorherrschenden Feuchte- bzw.

Abb. 2.43: Schimmelpilzbefall in der Außenwandecke über dem Fliesenspiegel

Abb. 2.44: Schimmelpilze auf der Wandoberfläche in der Außenwandecke über dem Fliesenspiegel

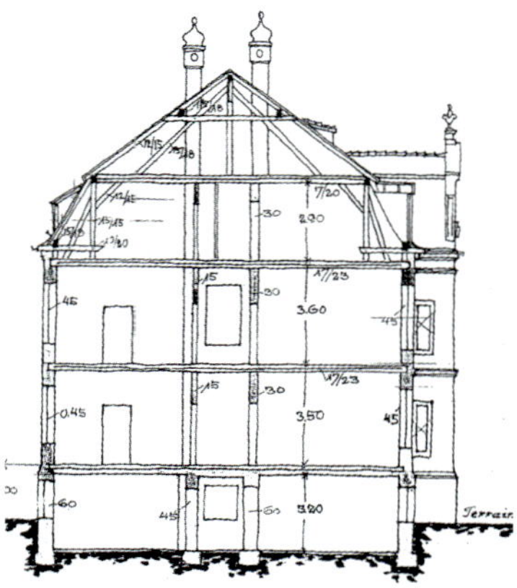

Abb. 2.45: Querschnitt des Gebäudes mit Wohnräumen im Souterrain

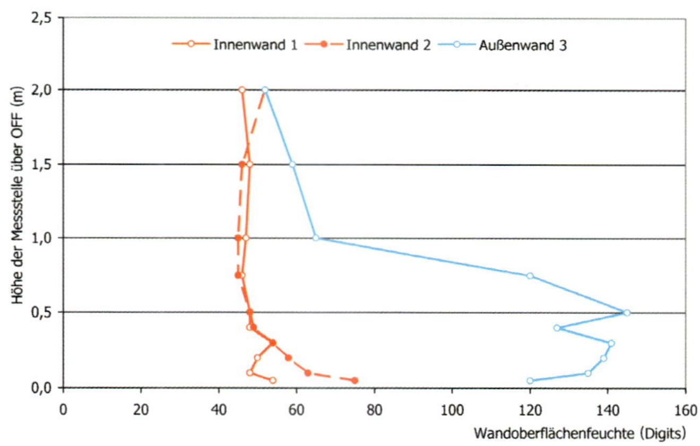

Abb. 2.46: Erhöhte Bauteilfeuchte in dem erdberührten Bereich einer Außenwand und in den unteren Bereichen zweier Innenwände an ausgewählten Messstellen

Wasserbeanspruchung mit einer geschlossenen Abdichtung zu versehen – einschließlich der Querschnitte von Außen- und Innenwänden sowie der Bodenflächen und aller Bauteilübergänge. Der Feuchteeintrag aus der laufenden Nutzung ist auf ein für Wohnräume durchschnittlich übliches Maß zu begrenzen. In der Heizperiode sind ausreichende Lüftungsmöglichkeiten für das Abführen beheizter, feuchtigkeitsangereicherter Raumluft erforderlich, z. B. im Wege der natürlichen Lüftung. In der Sommerperiode sind darüber hinaus raumlufttechnische bzw. klimatechnische Anlagen erforderlich, welche die Raumluft entfeuchten oder feuchte Raumluft abführen.

Maßnahmen und Kosten der Instandsetzung

Für eine wohnraumartige Nutzung ist im vorliegenden Fall die nachträgliche Herstellung einer geschlossenen Bauwerksabdichtung erforderlich. Dies schließt alle Wandquerschnitte mit ein. Darüber hinaus sind Möglichkeiten für eine Beheizung und eine automatische, sensorgesteuerte Raumluftklimatisierung bzw. Luftentfeuchtung einschließlich Be- und Entlüftung der Kellerräume vorzusehen.

Die hierfür erforderlichen Kosten wurden für die Wohnung mit einer Grundfläche von ca. 95 m^2 auf insgesamt ca. 209.000,00 € zuzüglich Mehrwertsteuer geschätzt.

2.13 Schimmelpilzbefall auf Inventar in Kellerräumen

Schadensbild

In einem unterkellerten Wohnhaus ist ein Kellerraum über eine innen liegende offene Treppe mit einem Wohnraum im Erdgeschoss verbunden. Der Kellerraum ist wohnraumartig ausgebaut und wird als Schlafraum genutzt. In dem Kellerraum befindet sich Mobiliar, in dem auch Textilien und Schuhe aufbewahrt werden. Die Kelleraußenwände und die Bodenplatte sind massiv ausgeführt, mit einer Bauwerksabdichtung versehen und gegen Wärmeverluste gedämmt. Der Kellerraum wird über Fenster mit Dreh-Kipp-Flügeln mit großen Lichtschächten belüftet und wie ein Wohnraum beheizt.

Bei der laufenden Nutzung wird in dem Kellerraum ein Befall durch Schimmelpilze insbesondere auf den innen liegenden Oberflächen der Möbel sowie auf den eingelagerten Textilien und Schuhen festgestellt (siehe Abb. 2.47 bis Abb. 2.49).

Sichtbare Feuchteschäden an den vom Erdreich berührten Bauteiloberflächen oder ein sonstiges Schadensereignis mit einer nachfolgenden besonderen Feuchtebelastung liegen zu diesem Zeitpunkt nicht vor. In einer Raumecke zeichnen sich im unteren Wandbereich auf Höhe der Fußleiste punktuelle grauschwarze Verfärbungen mit dem Erscheinungsbild eines Schimmelpilzbefalls ab (siehe Abb. 2.50).

Ursachen

Sommerliche Außenluft enthält regelmäßig eine so große Menge Wasserdampf, dass bei ihrem Vordringen in kühle und insbesondere unbeheizte Kellerräume mit der Absenkung der Lufttemperatur ein Anstieg der relativen Luftfeuchte bis in den für Schimmelpilzwachstum kritischen Bereich von mehr als 80 % stattfindet. In der Folge kann – bevorzugt auf feuchtigkeitsempfindlichen Materialien – ein Schimmelpilzwachstum auftreten.

Herrscht beispielsweise an einem Sommertag eine Außenlufttemperatur von 23 °C und eine relative Außenluftfeuchte von 65 % vor (dies entspricht einer in der Luft enthaltenen Wassermenge von ca. 13,4 g/m^3) und strömt diese Außenluft in einen kühlen Kellerraum ein und kühlt dort auf ca. 20 °C ab, so steigt die relative Luftfeuchte auf ca. 80 % an. Bei einer weiteren Abkühlung auf ca. 16 °C, z. B. im Kontakt mit kühlen Bauteiloberflächen der erdberührten Außenwände, steigt die relative Luftfeuchte bis auf 100 % an und führt zu einem Tauwasserausfall.

Die Voraussetzungen für das Auftreten von Schimmelpilzen sind in der Regel gegeben, wenn die relative Luftfeuchte unmittelbar an der Oberfläche eines Bauteils oder eines Möbelstückes über einen Zeitraum von ca. 5 bis 7 Tagen mindestens 80 % beträgt.

Bei sommerlichen Außenklimabedingungen ist für Kellerräume mit einer natürlichen Belüftung (Fensterlüftung, insbesondere tagsüber), die nicht beheizt und/oder entfeuchtet bzw. klimatisiert werden, während der Sommerperiode mit einem mittelfristigen Anstieg der relativen Raumluftfeuchte auf ca. 80 % und darüber zu rechnen. Die für eine wohnraumartige Kellerraumnutzung maximal zuträgliche Raumluftfeuchte von ca. 50 bis 60 % (zeitlich begrenzt während der Sommermonate) wird damit bei natürlicher Lüftung wesentlich überschritten.

Als Ursache für das Auftreten von Schimmelpilzbefall reicht die Kombination von üblichen Außenluftverhältnissen und anhaltend kühlen Kellerräumen bereits aus. Weitere Einflüsse, z. B. ein Feuchteschaden, übermäßige Feuchte aus der Nutzung usw. sind hierfür nicht erforderlich. Die Problematik der sommerlichen Außenluft lässt sich nicht durch die Wärmedämmung der Kelleraußenwände beherrschen, weil diese hierbei nur eingeschränkt wirksam ist.

Hinweise zur Schadensvermeidung

Kritische relative Raumluftfeuchten in bewohnten Kellerräumen werden vermieden, wenn eine regelmäßige Bauteilerwärmung z. B. durch Sonneneinstrahlung wie auch in oberirdischen besonnten Räumen stattfindet. Wenn der solare Wärmeeintrag nicht ausreicht, muss entweder der Raumluftfeuchtegehalt dauerhaft reduziert (Entfeuchtung, Klimatisierung) oder die Temperatur der Bauteiloberflächen (und des

Abb. 2.47: Schimmelpilzbefall an der Unterseite einer Schublade

Abb. 2.48: Schimmelpilzbefall auf den innen liegenden Oberflächen eines Schrankfaches

Abb. 2.49: Schimmelpilzbefall auf einem Lederschuh

Abb. 2.50: Punktuelle grauschwarze Verfärbungen im unteren Wandbereich über der Fußbodenleiste

Mobiliars usw.) durch Beheizung entsprechend angehoben werden. Als Orientierung dienen die klimatischen Verhältnisse üblicher besonnter und belichteter Wohnräume. Die Erfahrung zeigt, dass oberirdisch gelegene Wohnräume im Sommer üblicherweise schadensfrei bleiben.

Maßnahmen und Kosten der Instandsetzung

Im vorliegenden Fall kann mit einer räumlichen Abtrennung (Glaswand mit Tür) zwischen Erdgeschoss und Kellerraum der Eintritt feuchtwarmer Luftmengen bis in den Keller verhindert werden. Einzelne Kellerräume können dann mit einem mechanischen Luftentfeuchtungsgerät für die kritische Zeit der Sommermonate ausreichend trocken gehalten werden.

Die hierfür erforderlichen Kosten wurden auf ca. 3.000,00 € Baukosten und ca. 300,00 € für die Anschaffung eines Entfeuchtungsgerätes zuzüglich Mehrwertsteuer geschätzt.

2.14 Risse in einer WU-Beton-Wand

Schadensbild

Im Keller einer Doppelhaushälfte traten im zweiten Jahr nach Errichtung des Gebäudes Wasser führende Vertikalrisse in der Außenwand aus wasserundurchlässigem Stahlbeton (WU-Beton) auf (siehe Abb. 2.51). Im Wasch- und Trockenraum ist ausgehend vom unteren, rechten Eck der Lichtschachtfensterleibung ein vertikaler Riss vorhanden. Die Rissbreite beträgt bis zu 0,4 mm (siehe Abb. 2.52). Im unteren Bereich ist eine feuchte Stelle auf einer Höhe von 65 cm ab Oberkante Boden erkennbar. Im Hobbyraum ist an der Außenwand unterhalb des Kellerlichtschachtes ein vertikal verlaufender Riss mit einer Rissbreite von bis zu 0,3 mm festzustellen. Dieser Riss weist bis auf eine Höhe von 1,30 m ab Oberkante Fußboden Spuren eindringenden Wassers auf.

Der Keller der Doppelhaushälfte wurde als sog. Weiße Wanne geplant und ausgeführt.

Der Grundwasserstand im Baugebiet ist an einer offenen Baugrube in unmittelbarer Nähe des gegenständlichen Gebäudes erkennbar (siehe Abb. 2.53). Über ein Nivellement wurde festgestellt, dass die Höhe der Feuchtigkeitsspuren im Bereich des Risses im Hobbyraum dem in der Baugrube vorhandenen Grundwasserstand entspricht.

Ursachen

Bei den Rissen handelt es sich um über den gesamten Wandquerschnitt durchgehende Trennrisse. Die Trennrisse wurden mit hoher Wahrscheinlichkeit durch das Schwinden des Betons verursacht. Die innenseitig vorhandenen feuchten Stellen sind durch das über die Trennrisse eindringende Grundwasser entstanden.

Im vorliegenden Fall wurde ausweislich der Bewehrungspläne und einer zerstörungsfreien Überprüfung der Bewehrung an den Ecken der Wandöffnungen keine zusätzliche, schräg verlaufende Bewehrung eingebaut.

Die Lage der Risse ist charakteristisch für die Beanspruchungen von Kelleraußenwänden aus Schwindvorgängen. Das Schwinden des Betons erzeugt bei behinderten Verformungsmöglichkeiten Zugspannungen im Wandquerschnitt. Öffnungen in den Wänden reduzieren den Wandquerschnitt und führen damit zur Reduzierung der aufnehmbaren Zwangspannungen unterhalb der Wandöffnungen. Überschreiten die Zwangspannungen die Zugfestigkeit des Betons, treten Risse auf. Daher wird der Riss an der Öffnung zuerst auftreten, da hier ein geschwächter Wandquerschnitt vorliegt. Um diese Risse zu vermeiden, muss an den Ecken der Wandöffnung konstruktiv Zusatzbewehrung eingebaut werden. Wird dies nicht bzw. nicht in ausreichendem Umfang berücksichtigt, können Risse mit großen Rissbreiten auftreten.

Hinweise zur Schadensvermeidung

Bauwerke, die im Grundwasser stehen, sind gegen den Lastfall drückendes Wasser abzudichten. Eine Möglichkeit zur Abdichtung besteht hierbei in der Ausbildung einer sog. Weißen Wanne. Mit dem Begriff Weiße Wanne wird eine wasserundurchlässige Konstruktion von Bodenplatte und Umfassungswänden aus Stahlbeton beschrieben.

Neben der Weißen Wanne sind auch die Begriffe Schwarze Wanne, Braune Wanne oder Orange Wanne gebräuchlich. Diese Bezeichnungen beschreiben Abdichtungen aus bituminösen Baustoffen (schwarz), Abdichtungen aus Bentonit (braun) und Konstruktionen aus Stahlfaserbeton (orange).

Anforderungen an die Gebrauchstauglichkeit von wasserundurchlässigen Bauwerken aus Beton sind in der DAfStb-Richtlinie „Wasserundurchlässige Bauwerke aus Beton" enthalten (vgl. DAfStb, 2003). In dieser Richtlinie sind die grundsätzlichen Regelungen und Anforderungen zur Begrenzung des Feuchtetransportes in flüssiger Form über die Bauteildicken enthalten. Für die Umfassungswände im vorliegenden Fall wäre die Nutzungsklasse A (keine Feuchtstellen an der Bauteiloberfläche zulässig) anzusetzen. Für diese Nutzungsklasse muss im Zuge der Planung und des Entwurfes nachgewiesen werden, dass infolge der zu erwartenden Zwangschnittgrößen zu keinem Zeitpunkt Trennrisse zu erwarten sind.

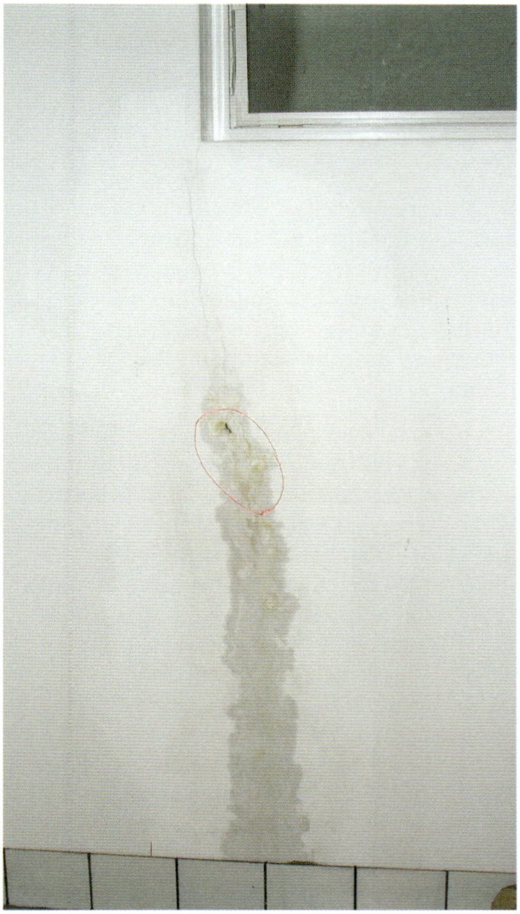

Abb. 2.51: Wasser führender Riss in Kelleraußenwand

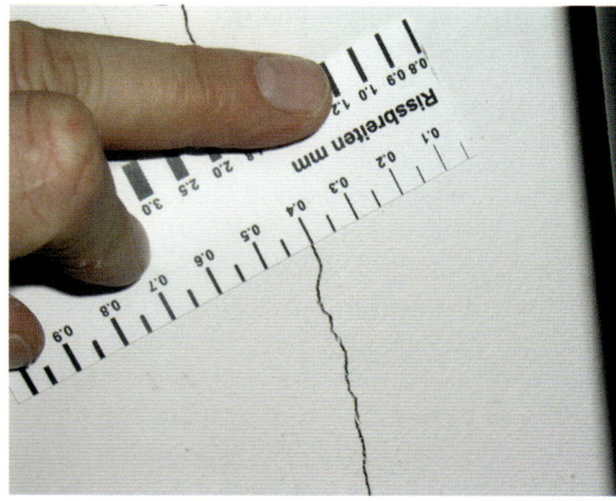

Abb. 2.52: Rissbreite bis zu 0,4 mm

Abb. 2.53: Das Gebäude steht im Grundwasser.

Maßnahmen und Kosten der Instandsetzung

Zur Instandsetzung, insbesondere zur Verhinderung weiterer Feuchteschäden, war umgehend ein fachgerechtes Verpressen der Risse nach der DAfStb-Richtlinie „Schutz und Instandsetzung von Betonbauteilen“ (vgl. DAfStb, 2001) und die malermäßige Überarbeitung der betroffenen Wandflächen erforderlich.

Die Kosten für das Verpressen der Risse beliefen sich im vorliegenden Fall bei insgesamt 2 m Risslänge auf 250,00 €/m Riss zuzüglich Mehrwertsteuer.

Da Schwindvorgänge an Stahlbetonbauteilen erfahrungsgemäß erst nach einigen Jahren (etwa 2 bis 4 Jahre, je nach Temperaturverhältnissen und Feuchtigkeitsbeanspruchung) abgeschlossen sind, kann im vorliegenden Fall ein erneutes Öffnen der verpressten Risse durch weiterhin stattfindende Schwindverformungen nicht ausgeschlossen werden. Dies kann ein Nachverpressen und ggf. auch ein wiederholtes Nachverpressen der Risse erforderlich machen. Nach Abklingen der Bauwerksverformungen und der damit verbundenen Rissbildungen können die Wasser führenden Risse abschließend verpresst und dadurch dauerhaft abgedichtet werden.

2.15 Risse an Fensteröffnungen in Stahlbetonwänden

Schadensbild

Bei einem Mehrfamilienwohnhaus ist die Außenwand im Kellergeschoss in Stahlbetonbauweise auf einer Flächengründung ausgeführt. In der Wand befinden sich eine ca. 0,6 m × 0,8 m große und eine ca. 1 m × 1 m große Fensteröffnung. Bei der einen Fensteröffnung verläuft ausgehend von der linken oberen Leibungsecke ein Riss diagonal nach links oben ansteigend. Die Rissbreite beträgt in der Leibungsecke des Fensters 0,05 mm. Die sichtbare Rissbreite läuft in der Wandfläche nach einer Risslänge von ca. 20 cm aus (siehe Abb. 2.54 und 2.55). Bei dem zweiten Fenster verläuft ausgehend von der linken unteren Leibungsecke der Fensteröffnung ein Riss diagonal nach links unten. Die Rissbreite beträgt im Bereich der Leibungsecke 0,05 bis 0,1 mm. Die sichtbare Rissbreite läuft nach einer Risslänge von ca. 60 cm in der Wandfläche aus (siehe Abb. 2.56 und 2.57).

Ursachen

Bei den von den Bauteilöffnungen ausgehenden Rissen handelt es sich um Schwindrisse. Sie entstehen aus dem Formänderungsverhalten des Betons in der Phase des Abbindens und der Erhärtung. Diese Schwindrisse manifestieren sich bevorzugt an geometrischen Änderungen oder Schwächungen des Querschnitts, z. B. an Ecken von Bauteilöffnungen, und stellen keinen technischen Mangel dar, sofern es sich nicht um trennende, Wasser führende Risse handelt.

Die Verbundwirkung von Beton und Stahlbewehrung wird durch eine begrenzte Schwindrissbildung nicht berührt. Eine maßgebliche Beeinträchtigung der Standsicherheit ist bei dieser Rissbildung nicht zu erwarten.

Die Gebrauchstauglichkeit ist beeinträchtigt, wenn die vorgesehene Abdichtungsfunktion oder die Tragfähigkeit nicht mehr gegeben ist. Die Beeinträchtigung der Abdichtungsfunktion lässt sich auf der Raumseite bei einem außen nachweislich anstehenden drückenden Wasser durch Augenschein erkennen. Im vorliegenden Fall wird die erdberührte Wandseite nur mit Bodenfeuchte beansprucht. Ein Wasserdurchtritt über den Riss ist daher nicht zu erwarten, die Gebrauchstauglichkeit ist nicht eingeschränkt.

Die Dauerhaftigkeit ist beeinträchtigt, wenn korrosive Einflüsse zu einer Zerstörung der Bewehrung führen. Der Rissbereich ist dem Raumklima bzw. dem Außenklima ohne direkte Bewitterung ausgesetzt. Ein nachteiliger Einfluss dieser Beanspruchung aufgrund der Rissbildung besteht nicht.

Das optische Erscheinungsbild ist beeinträchtigt, wenn ein Riss aus gebrauchsüblichem Betrachtungsabstand und unter der üblicherweise vorherrschenden Beleuchtung gut sichtbar ist und bei üblicher handwerklicher Sorgfalt vermeidbar gewesen wäre. Bei Bauteilen mit untergeordneten Anforderungen an die Gestaltung, z. B. Tiefgaragen, Kellerräume, Lagerräume usw., ist eine auffällige Störung des Erscheinungsbildes infolge der Rissbildung unter Berücksichtigung der Art der angrenzenden Bauteiloberflächen in der Regel nicht gegeben. In der handwerklichen Ausführung kann das Entstehen von Schwindrissen an Querschnittsveränderungen erfahrungsgemäß bei entsprechender Sorgfalt reduziert, aber nicht vollständig vermieden werden.

Das Entstehen von Schwindrissen an Bauteilöffnungen ist zumeist erst mit einem gewissen zeitlichen Abstand nach der Bauausführung zu beobachten. Eigenspannungen und Spannungen aus dem Formänderungsverhalten des Betons können in begrenztem Maße schadensfrei von dem Material aufgenommen werden. Die Grenze der aufnehmbaren Spannungen wird erst mit fortschreitendem Alter erreicht. Mit dem Überschreiten dieser Grenze tritt eine Rissbildung auf, die ebenfalls einer fortschreitenden Entwicklung unterliegen kann. Mit Ablauf von ca. 2 bis 4 Jahren nach Baufertigstellung ist in der Regel ein Abklingen solcher Rissbildungen zu erwarten.

Abb. 2.54: Übersicht zur Lage der Bauteilöffnung mit Rissbildung oben links

Abb. 2.55: Rissverlauf mit ca. 0,05 mm Rissbreite ausgehend von der linken oberen Leibungsecke (Detail zu Abb. 2.46)

Abb. 2.56: Übersicht zur Lage der Bauteilöffnung mit Rissbildung unten links

Abb. 2.57: Rissverlauf mit ca. 0,1 mm Rissbreite in der Leibungsecke unten links (Detail zu Abb. 2.56)

Hinweise zur Schadensvermeidung

Rissbildungen an Bauteilöffnungen in Stahlbetonwänden können durch konstruktive und betontechnologische Maßnahmen bei der Herstellung der Bauteile und eine sorgfältige Nachbehandlung des Betons im jungen Alter auf ein unvermeidbares Maß reduziert werden. Nach dieser Anfangsphase ist eine Veränderlichkeit der tatsächlichen Rissbreite in Abhängigkeit von der Temperaturbeanspruchung zu beobachten. Einflussmöglichkeiten auf das Entstehen bzw. Vermeiden solcher Schwindrissbildungen bestehen jedoch nachträglich nicht mehr.

Maßnahmen und Kosten der Instandsetzung

Instandsetzungsmaßnahmen sind bei üblichen Schwindrissbildungen nicht erforderlich. Ein nachträglicher Rissverschluss kann durch eine teilflächige malermäßige Überarbeitung erfolgen.

Die Kosten hierfür waren im vorliegenden Fall bei einer Risslänge bis 1 m mit ca. 55,00 €/Riss zuzüglich Mehrwertsteuer zu veranschlagen.

2.16 Risse an geputzten Leibungen von Kellerfenstern

Schadensbild

Bei einem Wohnhaus ist die Kelleraußenwand in Stahlbetonbauweise errichtet und auf der Außenseite im Bereich des Lichtschachtes vor einer Fensteröffnung mit einer Perimeterdämmung bekleidet. Die Dämmung ist verputzt. Die Fensterleibungen und die Sturzuntersicht der Fensteröffnung sind ohne Wärmedämmung ausgeführt und verputzt. In den beiden Leibungen und an der Sturzuntersicht verläuft im Abstand von ca. 6 cm zur Fassadenvorderkante ein Abriss im Verlauf des Materialübergangs zwischen der massiven Außenwandkonstruktion und der außen aufgebrachten Dämmschicht (siehe Abb. 2.58 bis 2.60). Der Rissverlauf ist nicht geradlinig begrenzt. Die Rissbreite beträgt ca. 0,2 bis 0,5 mm.

Die außen liegende Fensterbrüstung ist ebenfalls mit Putz bekleidet und nicht mit einer Fensterbank abgedeckt. Die Putzschicht ist mehrfach gerissen. Die Risse verlaufen quer zur Brüstungsvorderkante. Die Rissbreite beträgt ca. 0,1 bis 0,3 mm (siehe Abb. 2.61).

Ursachen

Das Wärmedämm-Verbundsystem auf der Außenwand lässt auf Dauer ein anderes Formänderungsverhalten unter wechselnder Temperaturbeanspruchung erwarten als die massive Außenwand in den Leibungsflächen der Fensteröffnung. Am Übergang zwischen den unterschiedlichen Materialien ist deshalb eine Trennfuge mit flexiblem Fugenverschluss auszubilden. Die erforderliche Fugenausbildung in der Putzbekleidung fehlt. Dass sich die Verformungen der verschiedenen Putzuntergründe unverträglich zueinander verhalten, zeigt sich in der beobachteten Rissbildung.

Unterschiedliche Materialien weisen bei gleichartiger äußerer Beanspruchung aus Temperatur, Feuchtigkeit usw. in der Regel ein unterschiedliches Formänderungsverhalten auf. An Materialübergängen mit einer starren Verbindung entstehen dadurch Zwangspannungen. Diese können von den Materialien nur in begrenztem Umfang schadensfrei aufgenommen werden. Bei einer Überschreitung der für das Material verträglichen Beanspruchung tritt eine gegenseitige Verschiebung und in der Folge eine Rissbildung auf.

Materialwechsel im Putzgrund können entweder in der Putzbekleidung durch Ausbilden einer vom Untergrund bis zur Putzoberfläche durchgehenden Trennfuge oder mit einer Überbrückung durch einen Putzträger berücksichtigt werden. Im Fall einer Fugenausbildung ist die Fugenkonstruktion so zu dimensionieren, dass die zu erwartenden Bewegungen der Fugenflanken von der Fuge dauerhaft schadensfrei aufgenommen werden können. Dies erfordert in der Regel eine Mindestfugenbreite von 1 cm sowie eine Einfassung der Fugenflanken mit Putzprofilen. Bei einer Überbrückung des Materialwechsels mit einem Putzträger werden die Verformungen des Untergrundes durch den Putzträger ausreichend weit in die angrenzenden Flächen verteilt und die Putzbekleidung vom Putzgrund entkoppelt.

Für die Beurteilung der hier beschriebenen Rissbildung sind Feststellungen zu dem Untergrund der Putzbekleidung im Rissbereich und Kenntnisse über das zu erwartende Formänderungsverhalten der unterschiedlichen Untergründe erforderlich.

Hinweise zur Schadensvermeidung

Wärmedämm-Verbundsysteme sollten mit möglichst einheitlichem Schichtenaufbau in der gesamten zu dämmenden Fläche bis zu den Anschlüssen geführt werden. Die Leibungen und die Untersicht von Bauwerksöffnungen sollten ebenfalls wärmegedämmt werden. Der Dämmstoff bildet dann den erforderlichen einheitlichen Untergrund für die Putzbekleidung. Eine unkontrollierte Rissbildung innerhalb des Putzes wird mit der Herstellung ausreichend beweglicher Anschlüsse des Wärmedämm-Verbundsystems an angrenzende Bauteile (in diesem Fall an den Fensterrahmen) vermieden.

Die Oberseiten der äußeren Fensterbrüstungen unterliegen auch bei Einbausituationen in Lichtschächten der Bewitterung und damit einer stärkeren Feuchtebeanspruchung als

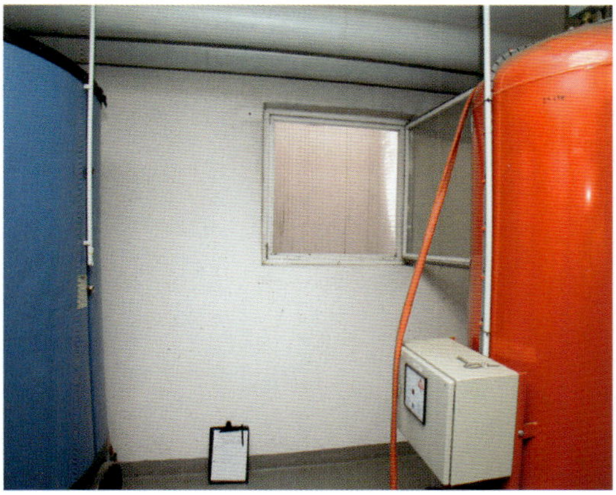

Abb. 2.58: Fensteröffnung in der Kelleraußenwand zum Lichtschacht

Abb. 2.59: Rissbildung an der Sturzuntersicht im Verlauf des Materialwechsels im Untergrund

Abb. 2.60: Rissbildung an der seitlichen Leibung im Verlauf des Materialwechsels im Untergrund

Abb. 2.61: Rissbildung an der außen liegenden verputzten Fensterbrüstung

bewitterte Wandflächen mit vertikaler Ausrichtung. Putzbekleidungen halten der verstärkten Feuchtigkeitsbeanspruchung an horizontalen oder schwach geneigten Oberflächen nicht ausreichend dauerhaft stand. Die Brüstungsoberseiten sind daher in jedem Fall mit geeigneten Fensterbänken abzudecken.

Maßnahmen und Kosten der Instandsetzung

Zur Beseitigung der Rissbildung an den Leibungen, der Sturzuntersicht und der Brüstungsoberseite der Fensteröffnung ist es erforderlich, die vorhandene Putzbekleidung im Bereich der Öffnung zu entfernen, Leibungen und Untersicht zusätzlich zu dämmen und die Putzbekleidung mit flexiblem Anschluss an das Fensterelement zu ergänzen. Die Brüstung ist mit einer Außenfensterbank mit einer seitlichen Hinterschneidung der vertikalen Leibungsflächen abzudecken.

Der hierfür erforderliche Kostenaufwand war im vorliegenden Fall mit ca. 450,00 € zuzüglich Mehrwertsteuer für eine Fensteröffnung anzusetzen.

3 Schäden an Außenwänden – Fassade

Fassaden gehören wegen der direkt einwirkenden Witterungseinflüsse aus Temperaturschwankungen (Tag/Nacht, Sommer/Winter), Schlagregen und Sonneneinstrahlung zu den am meisten beanspruchten Bauteilen eines Gebäudes. Gleichzeitig sind die Fassaden für das optische Erscheinungsbild der Gebäude von zentraler Bedeutung. Beides führt zu hohen Anforderungen an die Konstruktion der Fassade und das Zusammenwirken der verschiedenen Materialien. Typische Schäden an Fassaden treten überwiegend als Verfärbungen durch Schmutz- oder Rostfahnen, Befall durch Mikroorganismen, Farb- und Putzabblätterungen oder als Risse auf.

Für die üblichen Wohn- und Geschäftsgebäude kommen für die Außenwände in der Regel bewährte Baukonstruktionen zur Anwendung, wie z. B. Mauerwerkswände mit Putzbekleidungen oder mit Wärmedämmsystemen. Obgleich sich diese Bauweise bewährt hat, treten sehr häufig verschiedenste Risse an den Außenwänden auf, die in putzbedingte, putzgrundbedingte und konstruktionsbedingte Risse unterschieden werden müssen (vgl. Künzel, 1994). Das WTA-Merkblatt 2-4 „Beurteilung und Instandsetzung gerissener Putze an Fassaden“ ergänzt diese Einteilung noch um Risse in Verbindung mit Putzbewehrung, Putzträgern und Putzprofilen sowie um Risse mit sich möglicherweise überlagernden Ursachen (vgl. WTA, August 2008).

Bei den **putzbedingten Rissen** liegen die Ursachen in der Ausführung der Putzarbeiten und/oder im Putzmörtel, z. B. in dessen Zusammensetzung und in den Einflüssen bei Herstellung und Erhärtung. Es wird unterschieden zwischen

- Sackrissen,
- Schwindrissen (im frühen Zustand, im Unterputz, in der gesamten Putzdicke) und
- Fettrissen.

Das Rissbild ist meist ungerichtet, z. B. netzförmig, y-förmig, schräg verlaufend und ohne augenscheinlichen Zusammenhang zum Untergrund. Entstehende Rissbreiten liegen in der Größenordnung von 0,1 bis 0,3 mm.

Bei den **putzgrundbedingten Rissen** liegen die Ursachen der Risse im unmittelbaren Putzgrund. Sie können entstehen durch

- hygrische Volumenänderungen (Quellen, Schwinden) des Putzgrundes bei feuchten Wandbaustoffen,
- thermische Volumenänderungen (Ausdehnen, Zusammenziehen) durch Aufheizung und/oder Abkühlung der Wandbaustoffe,
- Materialwechsel im Untergrund,
- Mängel des Putzgrundes (z. B. nicht fachgerechte Mauerwerksfugen, offene Mörteltaschen oder Fehlstellen, Versatz oder Überzähne des Mauerwerks, Unebenheiten, zu hoher Feuchtegehalt des Mauerwerks).

Unterschiedliche Putzgründe können zu unterschiedlichen Eigenschaften benachbarter Putzflächen und zu hohen Eigenspannungen im Putz führen. Wird die Zugfestigkeit des Putzes überschritten, treten Risse auf. Die Rissbreiten liegen meist in der Größenordnung von 0,1 bis 0,3 mm, können im Einzelfall aber auch deutlich größer werden. Aus dem Rissbild und der Kenntnis der Untergrundbeschaffenheit – ggf. durch stichprobenartige Bauteilöffnungen – kann die Rissursache ermittelt werden, da putzgrundbedingte Risse durch Spannungen entstehen, die aus dem Putzgrund in den Putz eingetragen werden.

Bei inhomogenen Putzgründen kann das Rissrisiko nur durch zusätzliche Maßnahmen wie z. B. Spritzbewurf, partielle Entkopplung vom Untergrund durch Putzträger oder Bewegungsfugen im Putz minimiert werden.

Bei den **konstruktionsbedingten Rissen** liegen die Ursachen im Bauwerk selbst. Durch Lage-, Form- oder Volumenänderungen der Konstruktion, z. B. infolge von

- Durchbiegung von Decken und Unterzügen,
- Längenänderungen von Betonbauteilen (z. B. bei Ringanker, Decken),
- Fundamentsetzungen,
- lastunabhängigen Verformungen durch Schwinden/Quellen und Temperaturwechsel und
- lastabhängigen Verformungen, z. B. durch Kriechen tragender Wände und Stützen,

werden Spannungen im Mauerwerk erzeugt, welche die Putzlagen nicht aufnehmen können. Die Breiten möglicherweise entstehender Risse sind von den auftretenden Verformungen abhängig. Konstruktionsbedingte Putzrisse mit größeren Rissbreiten als 0,2 bis 0,4 mm lassen sich mitunter augenscheinlich auch im Untergrund des Putzes als Riss erkennen.

Konstruktionsbedingte Rissgefahren müssen vom Planer erkannt und konstruktiv berücksichtigt werden, z. B. durch Anordnung von Bewegungsfugen. Putztechnische Maßnahmen allein können konstruktionsbedingte Risse in der Regel nicht verhindern.

Bei den **Rissen in Verbindung mit Putzbewehrungen, Putzträgern oder Putzprofilen** handelt es sich um Risse, die in Zusammenhang mit Einbauteilen auftreten, z. B. bei

- unzureichender Überlappung der Putzbewehrung,
- falscher Lage der Putzbewehrung,
- falscher Produktauswahl,
- unzureichender Überdeckung des Putzträgers,
- An- und Abschlussprofilen von Einbauteilen.

Charakteristisch für diese Art von Rissen sind beispielsweise solche Risse, die an den Anschlüssen zwischen Rollladenkästen und Mauerwerk entstehen.

Bei **Rissen mit sich überlagernden Ursachen** handelt es sich um Risse, bei denen die Eigenspannungen des Putzes durch Spannungen aus Lage-, Form- oder Volumenänderungen des Untergrundes überlagert werden. Bei dieser Art von Rissen gibt es 2 wesentliche Gruppen: Kerbrisse und Fugenrisse.

Kerbrisse entstehen aufgrund von Spannungskonzentrationen im Putzgrund oder im Putz, z. B. diagonal in den Ecken von Öffnungen oder durch sprunghaft unterschiedliche Putzdicken.

Fugenrisse (auch als Stein-Putz-Risse bezeichnet) sind durch ein regelmäßiges Rissbild entsprechend dem Fugenverlauf des Mauerwerks und entsprechend der bis zu den Fugen durchgehenden Rissbildung gekennzeichnet. Die Ursachen dieser Risse können sowohl putz- als auch putzgrundbedingt sein.

In der Beurteilung sind Risse in begrenztem Umfang nicht zu bemängeln, wenn sie den technischen und optischen Wert des Putzes nicht beeinträchtigen (vgl. E DIN 18550-1: 2013-08 „Putz und Putzsysteme“, Anhang C „Klassifizierung und Beurteilung von Rissen“). Diese Voraussetzung ist erfahrungsgemäß bei putzbedingten Haarrissen gegeben, d. h. bei Rissen mit Rissbreiten von bis zu 0,2 mm.

Eine technische Beeinträchtigung liegt vor, wenn durch Risse der Schlagregenschutz des Mauerwerks und/oder die Witterungsbeständigkeit von Putz und Anstrich eingeschränkt werden. Eine generelle Höchstrissbreite kann nicht angegeben werden. Die Rissbreite ist je nach verwendetem Putz, Putzsystem und Putzgrund im Einzelfall zu bewerten.

Eine optische Beeinträchtigung liegt vor, wenn sich Risse bei Betrachtung unter gebrauchsüblichen Bedingungen (z. B. Blickposition, Abstand) störend abzeichnen und die Putzfläche eine besondere gestalterische oder repräsentative Bedeutung hat.

Neben der Problematik von Rissen sind auch Farb- und Putzabblätterungen im Sockelbereich ein häufig anzutreffender Schaden. Der Sockelbereich unterliegt aufgrund von Spritzwasser und dem direkt anstehenden Gelände in besonderem Maße einer Feuchtebeanspruchung. Hier wird oft vergessen, die erforderliche Abdichtung des Sockelputzes im erdberührten Bereich vorzunehmen. Mitunter liegt das Problem auch in der fehlenden Schnittstellenkoordination zwischen dem Ausführenden der Putzarbeiten und dem Ausführenden der Außenanlagen.

Korrosionsschäden an Betonbauteilen von Fassaden treten an den neueren Gebäuden deutlich seltener auf als an den Gebäuden aus den 1950er- bis 1970er-Jahren. Die Vorgänge bei der Korrosion von Stahl im Beton sind seit längerer Zeit erforscht und bekannt. In den Regelwerken – z. B. in der Normenreihe DIN 1045 „Tragwerke aus Beton, Stahlbeton und Spannbeton" – sind entsprechende Vorgaben enthalten, die bei fachgerechter Anwendung und Ausführung einen dauerhaften Sichtbeton ermöglichen. Dies hat letztlich dazu beigetragen, dass Sichtbeton in der modernen Architektur wieder häufiger verwendet wird.

3.1 Korrosionsschäden als Braunverfärbungen an Betonfertigteilelementen

Schadensbild

Ein Verwaltungsgebäude wurde im Jahr 1982 mit Fassadenelementen aus Betonfertigteilen errichtet. Die Elemente haben eine durch Stocken bearbeitete raue Oberfläche.

Die Stahlbetonbauteile weisen oberflächig eine Vielzahl von lokal begrenzten braunen Verfärbungen auf, unterhalb derer zum Teil eine Fahnenbildung eingetreten ist. Die Abb. 3.1 und 3.2 zeigen Beispiele. In Abb. 3.3 ist eine Verfärbung im Detail dargestellt.

Aus dem Erscheinungsbild der braunen Verfärbungen ist zu schließen, dass es sich um eine Korrosionsbildung handelt. Korrosionsprodukte, die durch Niederschlagswirkung auf der Betonoberfläche verteilt werden, führen zur Bildung von Rostfahnen.

Zur Klärung der Schadensursache wurden örtlich zerstörende Untersuchungen an den Korrosionsstellen vorgenommen. Die Abb. 3.4 zeigt die in Abb. 3.3 dargestellte Korrosionsstelle nach Abtrag der oberflächennahen Schichten mit einem Meißel.

Es wird deutlich, dass unterhalb der in den Abbildungen erkennbaren, nahezu halbkugelförmigen Vertiefung Korrosionsprodukte nur oberflächig vorliegen. Eine Verbindung zu Teilen der Betonstahlbewehrung ist nicht gegeben.

Die Betondeckung der Betonstahlbewehrung wurde in den verfärbten Bereichen zerstörungsfrei untersucht. Es wurde festgestellt, dass die Bewehrung ca. 12 mm unterhalb der rauen Oberfläche liegt. Dieses Maß bezieht sich auf die tief liegenden Bereiche der Oberfläche. An den frischen Bruchstellen wurde die Karbonatisierungstiefe durch Aufsprühen einer 0,1 % Phenolphthaleinlösung ermittelt. Die Karbonatisierungstiefe beträgt ca. 7 mm. Hieraus ist zu schließen, dass die Betonstahlbewehrung im Bereich der Verfärbung noch im alkalischen Beton liegt und daher vor Korrosion geschützt ist. Diese Untersuchungen wurden an einer größeren Stichprobe bei braunen Verfärbungen mit dem Ergebnis vorgenommen, dass in sämtlichen Fällen die Betonstähle nicht bis in den oberflächennahen Bereich reichen.

Als Grundlage für Aussagen, inwieweit in Zukunft generell Korrosionsstellen im Bereich von Betonstahlbewehrungen mit relativ geringer Betondeckung zu erwarten sind, wurde an insgesamt 6 Elementen die Betondeckung an zufällig verteilten Stellen gemessen. Dabei wurde jeweils die Rautiefe ermittelt und von der an der Oberfläche gemessenen Betondeckung abgezogen, sodass die effektive Betondeckung bestimmt werden konnte. In den untersuchten Bereichen liegt die Betondeckung in aller Regel minimal bei 7 bis 10 mm. Nur örtlich zeigten sich geringere Betondeckungen. Die Karbonatisierungstiefe beträgt bei sämtlichen ausgewählten Elementen überwiegend 2 bis 5 mm, in Ausnahmefällen bis zu 7 mm.

Ursachen

Die Untersuchungen zeigen, dass die Verfärbungen auf der Oberfläche der Betonfertigteile durch korrodierende, eisenhaltige Zuschlagbestandteile entstanden sind. In Bezug auf die weitere Entwicklung muss nach der nunmehr über zwanzigjährigen Standzeit des Gebäudes nicht damit gerechnet werden, dass weitere derartige Korrosionsstellen in erheblicher Anzahl neu auftreten.

Zu der Frage, ob eine weiter fortschreitende Karbonatisierung zu einer Korrosion an der Stahlbetonbewehrung führen wird, soll Folgendes festgehalten werden: Nach der Statischen Berechnung bestehen die Betonfertigteile aus einem Beton der Festigkeitsklasse B35. Zwar ist die effektive Betondeckung an den Außenseiten der Fertigteile mit 7 bis 10 mm relativ gering, die Karbonatisierungstiefe beträgt jedoch überwiegend nur 5 mm, in wenigen Ausnahmen bis zu 7 mm. Diese geringe Karbonatisierungstiefe zeigt, dass ein sehr dichter Beton vorliegt. Wenn bei bewitterten Außenbauteilen die Karbonatisierungstiefe nach einer Standzeit von über 20 Jahren in der hier festgestellten Größenordnung liegen, kann davon ausgegangen werden, dass ein Endzustand erreicht ist. Eine erhebliche Zunahme der Karbonatisierungstiefe und damit der Korrosionsgefährdung wird in der

Abb. 3.1: Betonfertigteilelement mit Korrosionsstelle

Abb. 3.2: Fassadenelemente mit örtlicher Korrosion

Abb. 3.3: Korrosionsstelle mit Fahnenbildung

Abb. 3.4: Probestelle nach Entfernung der oberflächennahen Betonschicht

restlichen Nutzungsdauer des Gebäudes nicht mehr eintreten (vgl. Hergenröder, 1992).

Hinweise zur Schadensvermeidung

Bei Durchführung einer sachgerechten Qualitätskontrolle der Zuschlagstoffe bei der Herstellung von Beton können derartige Schäden vermieden werden.

Die im vorliegenden Fall festgestellte geringe Karbonatisierungstiefe zeigt, dass bei fachgerecht hergestelltem Beton auch langfristig nicht mit Korrosionsschäden gerechnet werden muss, wenn eine ausreichende Betondeckung gegeben ist. Nach DIN EN 1992-1-1:2011-01 „Eurocode 2: Bemessung und Konstruktion von Stahlbeton- und Spannbetontragwerken“ beträgt die Mindestbetondeckung für Außenbauteile (Expositionsklasse XC 4) 25 mm.

Maßnahmen und Kosten der Instandsetzung

Zur Instandsetzung können die Korrosionsstellen durch eine örtliche Bearbeitung der Betonoberfläche beseitigt werden. Die oberflächennahen verfärbten Schichten werden dabei abgetragen.

Am vorliegenden Objekt waren bei insgesamt ca. 200 derartiger Korrosionsstellen Kosten in Höhe von insgesamt 9.000,00 € zuzüglich Mehrwertsteuer zu veranschlagen.

3.2 Korrosionsschäden an Stahlbetonfassaden

Schadensbild

An Fassadenbauteilen aus Stahlbeton insbesondere älterer Bauart treten häufig Schädigungen durch die Korrosion der Betonstahlbewehrung auf. In diesem Schadensbeispiel werden mehrere Schadensfälle zusammengefasst, um einen Überblick über die möglichen Ursachen zu geben.

Die korrosionsbedingten Schädigungen zeigen sich in freiliegenden Bewehrungsstäben, braunen Verfärbungen auf der Bauteiloberfläche sowie Längsrissen und Betonabplatzungen über der Bewehrung. Ob für die Betonstahlbewehrung ein aktiver Korrosionsschutz im Beton besteht, wird durch das Aufsprühen einer Indikatorlösung (Phenolphthalein) auf frischen Betonbruchflächen überprüft. Eine violette Färbung zeigt, dass Korrosionsschutz besteht.

Das Schadensbild kann durch eine unzureichende Verdichtung des Betons verursacht sein. Die Abb. 3.5 zeigt ein Beispiel. Bei der Herstellung wurde kein dichtes Betongefüge erzeugt. Derartige Fehlstellen können auch lokal auftreten, z. B. in Kantenbereichen (siehe Abb. 3.6). Die violette Verfärbung entstand hier durch den Phenolphthaleintest. Es wird deutlich, dass im unmittelbaren Kantenbereich der Verdichtungsfehlstellen kein Korrosionsschutz mehr gegeben ist, während in den anschließenden Zonen nahezu keine Karbonatisierung (Abbau der Alkalität des Betons durch Kohlendioxid in der Luft) aufgetreten ist.

Häufig ist ein weiteres Schadensbild in Form von Bewehrungsstählen mit sehr geringer Betondeckung festzustellen (siehe Abb. 3.7).

Die Abb. 3.8 zeigt eine Probeöffnung, bei welcher der Phenolphthaleintest nur lokal zu einer Violettverfärbung führte, was bedeutet, dass kein Korrosionsschutz mehr für die Bewehrung besteht. Über dem Bewehrungsstab ist bereits eine Längsrissbildung aufgetreten.

In Abb. 3.9 sind korrosionsbedingte Schadstellen einer Stahlbetonstütze mit umfangreichen und intensiven Betonschäden in Form einer parallel zur Kante verlaufenden Längsrissbildung dargestellt.

Ursachen

Ursache der dargestellten Schädigungen sind Korrosionsvorgänge der Stahlbetonbewehrung. Stahl ist in Beton nur dann vor Korrosion geschützt, wenn eine ausreichend dichte und dicke Betondeckung vorliegt.

Bei der Beurteilung von Stahlbetonbauteilen muss zunächst geklärt werden, ob ein hinreichend dichtes Betongefüge gegeben ist. Wenn der Beton poröse und lunkrige Bereiche aufweist, kann dort kein Korrosionsschutz vorliegen. Dies gilt auch für Bereiche mit sehr geringer Betondeckung bis ca. 5 mm.

Bei hinreichend dichtem Betongefüge muss die Betondeckung der Betonstahlbewehrung bestimmt werden. Dies kann zerstörungsfrei durch Prüfgeräte erfolgen. Weiterhin ist stichprobenartig die Karbonatisierungstiefe zu ermitteln. Diese gibt an, bis in welche Tiefe die den Korrosionsschutz gewährende Alkalität des Betons durch die Reaktion mit dem Kohlendioxid der Atmosphäre bereits abgebaut ist. Die Karbonatisierung schreitet in dichtem Beton im Freien langsam voran und erreicht in der Regel einen Endwert (vgl. Hergenröder, 1992). Bei der Beurteilung muss ermittelt werden, welche Bereiche der Bewehrung bereits im karbonatisierten Beton liegen. Auf dieser Grundlage kann eine Prognose zum weiteren Schadensfortschritt abgegeben werden.

Hinweise zur Schadensvermeidung

Wenn Stahlbetonbauteile fachgerecht nach der Normenreihe DIN EN 1992-1-1:2011-01 „Eurocode 2: Bemessung und Konstruktion von Stahlbeton- und Spannbetontragwerken" hergestellt werden, ist eine ausreichend dicke und dichte Betondeckung gewährleistet und von einer Lebensdauer von mindestens 50 Jahren auszugehen. Fachgerecht hergestellte Stahlbetonoberflächen im Freien benötigen keine weitere Schutzmaßnahme (etwa durch eine Beschichtung).

Maßnahmen und Kosten der Instandsetzung

Sämtliche Maßnahmen sind nach der DAfStb-Richtlinie „Schutz und Instandsetzung von Betonbauteilen" durchzuführen (vgl. DAfStb, 2001). In dieser Richtlinie sind verschiedene

Abb. 3.5: Bereich mit unzureichender Verdichtung des Betons

Abb. 3.6: Verdichtungsfehlstelle im Kantenbereich mit anschließend dichtem Beton

Abb. 3.7: Bewehrungsstähle mit sehr geringer Betondeckung

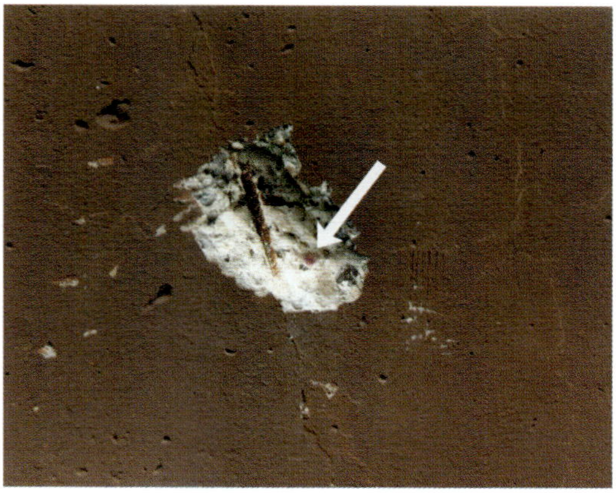

Abb. 3.8: Probestelle mit einem Bewehrungsstahl in karbonatisiertem Beton; eine nur kleine Restfläche hat sich beim Phenolphthaleintest verfärbt

Instandsetzungsprinzipien definiert, die den Korrosionsschutz durch eine Begrenzung des Wassergehalts im Beton, eine Wiederherstellung des alkalischen Milieus oder durch Beschichten der Bewehrung gewährleisten. Unabhängig vom Instandsetzungsprinzip sind korrodierte Bereiche der Bewehrung freizulegen und zu entrosten. Der Bauteilquerschnitt ist durch Instandsetzungsmörtel wiederherzustellen, die Bauteiloberfläche zu egalisieren und vollflächig mit einem Oberflächenschutzsystem zu versehen.

Die Kosten für diese Maßnahmen sind stark abhängig vom Schädigungsgrad und können von 50,00 bis 150,00 €/m² Fassadenfläche zuzüglich Mehrwertsteuer betragen.

Abb. 3.9: Stahlbetonstütze mit schweren korrosionsbedingten Schäden, Abplatzungen und Längsriss im Kantenbereich

3.3 Farbablösungen bei Stahlbetonaußenwänden

Schadensbild

Die Außenseite einer Stahlbetonwand an der Rampe zu einer Tiefgarage wurde aus optischen Gründen mit einer Dispersionsfarbe weiß beschichtet (siehe Abb. 3.10). Der Sockelbereich der Wand wurde mit hellgrauer Farbe von der übrigen Wandfläche abgesetzt. Nach kurzer Zeit traten erste Farbabplatzungen im Sockelbereich auf, die sich im Laufe der Zeit über die gesamte Länge der Wand ausdehnten. Die Farbablösungen reichen bis auf eine Höhe von ca. 15 cm über Gelände. Entlang der Wand ist der Zugang zum Gebäude mit Betonsteinpflaster belegt. Der Pflasterbelag ist bis unmittelbar an die Wand verlegt. Ein Traufstreifen ist hier nicht angeordnet. Die Beschichtung des Sockels endet an der Oberkante des Plattenbelages.

In Abb. 3.11 und 3.12 sind weitere Beispiele derartiger Farbablösungen dokumentiert. In beiden Fällen handelt es sich um Stahlbetonaußenwände, die direkt bewittert sind. Die Pflasterbeläge sind bis unmittelbar vor die Wand geführt. Traufstreifen sind nicht vorhanden. Die Beschichtung der Außenwand endet jeweils auf Höhe der Pflasterbeläge.

In Abb. 3.13 ist eine Abplatzung im Sockelbereich einer verputzten Stahlbetonwand dargestellt. Der Sockel war kurze Zeit vor Auftreten der Abplatzung an der Außenseite instand gesetzt worden. Zur Abdichtung des Sockelbereichs wurde eine flexible Dichtungsschlämme verwendet, die mit einer Beschichtung versehen ist. Zum Schutz gegen Feuchtigkeit unter Gelände ist eine Noppenbahn vorgestellt. Der Bereich, in dem die Abplatzung auftritt, ist durch eine vorspringende Geschossdecke vor unmittelbarer Bewitterung geschützt.

Ursachen

Die Farb- und Putzablösungen auf den Betonflächen werden von in der Randzone des Betons aufsteigender und rückseitig einwirkender Feuchtigkeit verursacht.

In den in Abb. 3.10 bis 3.12 dargestellten Fällen handelt es sich um direkt bewitterte Stahlbetonaußenwände, bei denen der Sockelbereich der Außenwand bis Oberkante Plattenbelag beschichtet wurde. Durch die unvermeidbar auftretende Feuchtebelastung der Wand im Anschluss an den Plattenbelag und darunter – z. B. durch das an der Wand ablaufende Regenwasser sowie das von den Pflasterbelägen aufspritzende Wasser – wird Feuchtigkeit in der Randzone des unbeschichteten Betons aufgenommen. Hierbei ist zu beachten, dass es nicht nur bei Flächen mit Putzbekleidungen zu kapillarem Wassertransport im Baustoff kommt, sondern dass auch in Betonbauteilen ein geringer, kapillarer Wassertransport stattfindet. Damit kann die unter dem Pflasterbelag aufgenommene Feuchtigkeit nach oben steigen. Infolge der über längere Zeiträume feuchten Bedingungen wird der Verbund der Beschichtung zum Untergrund geschwächt. Der Farbanstrich wird von der Rückseite her unterwandert. Da ein Dispersionsanstrich gegen rückseitig einwirkende Feuchtigkeit nicht beständig ist, treten Ablösungen bis deutlich über Oberkannte Plattenbelag auf (siehe Abb. 3.10). Farbablösungen können auch in Kombination mit Ausblühungen von mitgeführten gelösten Salzen auftreten (siehe Abb. 3.11 und 3.13).

Bei dem in Abb. 3.13 dargestellten Fall kann eine Feuchteeinwirkung von außen sowohl wegen der fehlenden direkten Witterungsbeanspruchung als auch wegen der an der Vorderseite aufgebrachten Abdichtung ausgeschlossen werden. Bei dieser Wand schließt innenseitig an die Stahlbetonwand ein Müllraum an. Auf der aus einem Estrich bestehenden Bodenfläche wurden umfangreiche Feuchteränder festgestellt, die darauf schließen lassen, dass in den Wintermonaten durch eingetragenen Schnee eine zeitweise intensive Feuchtebeaufschlagung erfolgt. Abdichtungsmaßnahmen im Bodenbereich des Müllraums waren nicht vorgenommen worden. Aufgrund dieser baulichen Situation war zu folgern, dass Feuchtigkeit rückseitig in die Stahlbetonwand eindringt und an der Außenseite zu einer Schwächung des Verbunds zum Außenputz und letztlich zu der Abplatzung führt.

Abb. 3.10: Farbablösungen im Sockelbereich einer Stahlbetonaußenwand

Abb. 3.11: Farbablösungen am Übergang zum Pflasterbelag

Abb. 3.12: Farbabblätterungen an Stahlbetonaußenwand

Abb. 3.13: Putzablösung im Sockelbereich einer Stahlbetonwand

Hinweise zur Schadensvermeidung

Der Schutz von Beschichtungen und Putzen auf Betonbauteilen vor aufsteigender und rückseitig einwirkender Feuchtigkeit im Sockelbereich erfolgt durch eine gesonderte Abdichtung am unteren Rand der beschichteten Flächen. Dies kann beispielsweise über den Auftrag von Dichtungsschlämmen im Sockelbereich erzielt werden. Hierbei ist zu beachten, dass eine Abdichtung nicht nur an der außen liegenden Seite, sondern auch an der innen liegenden Wandseite erforderlich werden kann, falls dort eine Feuchtebelastung der Wand möglich ist.

Maßnahmen und Kosten der Instandsetzung

Zur Schadensbeseitigung ist der Anstrich bei Beibehaltung der gepflasterten Flächen durch eine Abdichtung zu ersetzen. Die Abdichtung ist bis unter den Plattenbelag zu führen, um einen Wasseranstau am unteren Ende der Abdichtung zu vermeiden. Abschließend kann die Dichtungsschlämme malermäßig überarbeitet werden.

Der erforderliche Kostenaufwand für diese Arbeiten war in den vorliegenden Fällen bei Wandlängen von ca. 30 m mit ca. 55,00 €/m Wandlänge zuzüglich Mehrwertsteuer anzusetzen.

3.4 Frostabplatzungen an Verblendmauerwerk aus Kalksandsteinen

Schadensbild

Am Kalksandsteinverblendmauerwerk eines Verwaltungsgebäudes zeigen sich Abplatzungen am Fassadenanstrich und an den Mauersteinen (siehe Abb. 3.14). Die Schäden konzentrieren sich auf den oberen Wandbereich unterhalb der Attika des Flachdachs und sind auf der Westseite am stärksten ausgeprägt. Dort wurde vereinzelt Moosbewuchs in den Mauerwerksfugen festgestellt.

Ein Stahlbetonringbalken bildet den oberen Wandabschluss und gleichzeitig die Attika des Flachdachs. Er ist aus Ortbeton in einer verlorenen Schalung aus ca. 10 mm dicken Faserzementplatten hergestellt worden. Die Faserzementplatten schließen oberflächenbündig mit der Außenkante des Verblendmauerwerks ab. Die senkrechten Plattenstoßfugen sind offen.

Die horizontal verlaufende, in der Breite zwischen ca. 4 und 10 mm differierende Dichtstofffuge zwischen dem Verblendmauerwerk und der Ringbalkenschalung ist stellenweise aufgerissen (siehe Abb. 3.15). Sie ist sehr ungleichmäßig und handwerklich unsauber ausgeführt worden. Die stichprobenartig an einer Stelle gemessene Dicke des Fugendichtstoffes beträgt ca. 5 mm (siehe Abb. 3.16). Eine Fugenhinterfüllung fehlt.

Ursachen

Die Schäden am Kalksandstein-Sichtmauerwerk sind durch Frosteinwirkung entstanden. Durch Wassereintritte über die schadhafte Dichtstofffuge beim Anschluss des Verblendmauerwerks an den Stahlbetonringbalken, die wegen der zu geringen Fugenbreite, der zu geringen Dicke des Fugendichtstoffes, der fehlenden Fugenhinterfüllung und der sehr ungleichmäßigen Einbringung des Dichtstoffes mangelhaft ist, und über die offenen senkrechten Stoßfugen der Faserzementplatten der verlorenen Ringbalkenschalung ist das nach unten anschließende Verblendmauerwerk einer ständigen und übermäßigen Durchfeuchtung ausgesetzt (siehe Abb. 3.17).

Laboruntersuchungen hatten ergeben, dass die zur Herstellung des Verblendmauerwerks verwendeten Kalksandsteine eine ausreichende Druckfestigkeit und Frostwiderstandsfähigkeit aufweisen und für den Verwendungszweck geeignet sind. Durch Austrocknungsversuche wurde jedoch festgestellt, dass das vorhandene Anstrichsystem die Austrocknung der Kalksandsteine wesentlich behindert. Der kritische Feuchtegehalt, der nach Angabe des Bundesverbandes der Kalksandsteinindustrie e. V. (2011) etwa 80 % der maximalen Wasseraufnahme beträgt, konnte beim Austrocknungsversuch erst nach über 40 Tagen unterschritten werden. Dieser Zeitraum ist wesentlich zu lang, da bei einem Feuchtegehalt über 80 % der maximalen Wasseraufnahme und gleichzeitig hoher Frostbeanspruchung Schäden zu erwarten sind.

Da das zu dichte, weil nicht ausreichend wasserdampfdurchlässige Anstrichsystem die Austrocknung der Kalksandsteine in dem zur Vermeidung von Frostschäden erforderlichen Zeitraum verhindert, entstehen bei Frostperioden Abplatzungen und Absprengungen in der vorbeschriebenen Art.

Hinweise zur Schadensvermeidung

Zur Vermeidung frostbedingter Schäden am Verblendmauerwerk ist es erforderlich, dass alle Bauteilanschlüsse dauerhaft schlagregendicht hergestellt werden, damit an diesen Stellen keine schädlichen Wassermengen in die Wandschale eindringen können. Diese Anforderung lässt sich mit der im vorliegenden Fallbeispiel beschriebenen Art der Konstruktion des oberen Außenwandabschlusses ohne zusätzliche Maßnahmen (z. B. Abdeckung des oberen Wandabschlusses) nicht erfüllen.

Bei hoch beanspruchten Anschlussfugen im Außenbereich, wie sie sich im vorliegenden Fall insbesondere aus der temperaturbedingten Längenänderung des Stahlbetonringbalkens ergeben, stellen Dichtstofffugen auch bei fachgerechter Ausführung nach DIN 18540:2006-12 „Abdichtungen von Außenwandfugen im Hochbau mit Fugendichtstoffen" eine Schwachstelle mit einem hohen Instandhaltungsaufwand und Schadensrisiko dar, die hinsichtlich der gefor-

Abb. 3.14: Abplatzungen am Fassadenanstrich und Mauerwerk unterhalb der Attika

Abb. 3.15: Detailaufnahme eines Kalksandsteins mit Abplatzung, Risse in den Mörtelfugen

Abb. 3.16: Aufgerissene Dichtstofffuge beim Anschluss Verblendmauerwerk–Attika

Abb. 3.17: Offene Fuge beim Eckstoß der Faserzementplatten der verlorenen Ringbalkenschalung

deren dauerhaft funktionsfähigen und schadensfreien Konstruktion sowie auch unter wirtschaftlichen Aspekten vermieden werden sollte.

Maßnahmen und Kosten der Instandsetzung

Die vollständige und dauerhafte Beseitigung der Schäden umfasst den Austausch der frostgeschädigten Kalksandsteinverblender sowie die vollflächige Neuherstellung des Fassadenanstrichs auf der Nord-, West- und Südseite mit einem geeigneten, ausreichend diffusionsoffenen Beschichtungssystem. Der vorhandene zu dichte Fassadenanstrich muss vorher vollständig entfernt werden.

Zusätzlich wurde zur nachträglichen Herstellung eines dauerhaft schlagregendichten Anschlusses des Verblendmauerwerks an den Stahlbetonringbalken vorgeschlagen, die vorhandene Dachrandabdeckung zu entfernen und durch eine neue Blechabdeckung zu ersetzen, deren senkrechte Abkantung auf der Außenseite die horizontale Anschlussfuge ausreichend überdecken und zukünftig zuverlässig und dauerhaft vor Wassereintritten schützen soll.

Umgelegt auf die Fassadenfläche, die im vorliegenden Fall insgesamt ca. 300 m^2 umfasst, ergeben sich prognostizierte Instandsetzungskosten von 70,00 €/m^2.

3.5 Ausblühungen am Sockelputz

Schadensbild

Im Sockelbereich der Außenwände einer größeren, in den Jahren 2001/2002 errichteten Wohnanlage wurden bereichsweise Farbabblätterungen, dunkle Ränder im Sockelputz und Ausblühungen festgestellt (siehe Abb. 3.18). Die sichtbaren Schäden reichen bis auf eine Höhe von ca. 10 cm über Oberkante angrenzendes Gelände.

Der an den Außensockel anschließende Plattenbelag besteht aus 40 cm × 40 cm großen, 5 cm dicken Betonfertigteilplatten. Die Platten sind auf einem etwa 7 cm dicken Splittbett verlegt. Unter dem Splittbett befindet sich Kies. Der Sockelputz bindet etwa 20 cm in das Erdreich ein (siehe Abb. 3.19). Im erdberührten Bereich ist keine Abdichtung des Sockelputzes erkennbar. Unter dem Sockelputz befindet sich eine 5 cm dicke Wärmedämmung aus Perimeterdämmplatten. Die Dämmplatten weisen eine glatte Oberfläche auf. Der Sockelputz besteht aus einer ca. 3 cm dicken Putzschicht, die am unteren Ende ausgerundet ausgeführt ist. Nach augenscheinlicher Feststellung handelt es sich um einen Zementmörtel. Die dunkelgraue Färbung deutet auf erhöhte Feuchtegehalte im Putz hin.

Ursachen

Die Farbabblätterungen und Ausblühungen am Sockel werden durch die fehlende Abdichtung des Sockelputzes gegen Bodenfeuchtigkeit und den stark Wasser saugenden Sockelputz verursacht.

Gemäß DIN 18195-4:2011-12 „Bauwerksabdichtungen" sind alle vom Boden berührten Außenflächen der Umfassungswände gegen seitliche Feuchtigkeit abzudichten. Diese Abdichtung muss planmäßig im Regelfall bis 300 mm über Gelände hochgeführt werden, um ausreichende Anpassungsmöglichkeiten der Geländeoberfläche sicherzustellen. Im Endzustand darf dieser Wert das Maß von 150 mm nicht unterschreiten.

Bereits im „Merkblatt für das Verlegen und Verputzen von extrudierten Polystyrol-Hartschaumstoffplatten mit rauer Oberfläche als Wärmebrückendämmung" (vgl. Bundesverband der Deutschen Mörtelindustrie u. a., 1993) wurde für den Sockelbereich von Außenwänden darauf hingewiesen, dass Außensockelputze auf Wärmedämmplatten abweichend von DIN 18550-2:1985-01 „Putz" in der Mörtelgruppe P II (Kalk-Zement-Mörtel) ausgeführt werden und dass der Putz vor anstehender Nässe geschützt werden muss, keine Berührung mit dem angrenzenden Erdreich haben darf und deshalb entsprechende Schutzmaßnahmen vorzusehen sind.

Im vorliegenden Fall besteht der Sockelputz aus einem stark Wasser saugenden Kalk-Zement-Mörtel (siehe Abb. 3.20), der im Aufsaugversuch nach wenigen Stunden kapillare Steighöhen von mehreren Zentimetern aufweist. Gierlinger gibt als Faustformel an, dass ein Putz als Sockelputz in Verbindung mit einer Abdichtung gegen Bodenfeuchtigkeit dann grundsätzlich geeignet ist, wenn im Aufsaugversuch die Steighöhe des Wassers nach 2 Tagen nicht größer ist als 2 cm ist und an dem im Wasser stehenden Abschnitt durch einfaches Reiben und Drücken mit den Fingern der Putz nicht zerlegt werden kann (vgl. Gierlinger, 1998). Demnach ist der vorhandene Sockelputz als ungeeignet zu beurteilen. Darüber hinaus fehlt eine Abdichtung gegen Bodenfeuchtigkeit, wodurch die im erdberührten Bereich immer vorhandene Bodenfeuchtigkeit kapillar im Sockelputz aufsteigen und über der Geländeoberkante verdunsten kann. Hierbei entstehen in der Verdunstungszone die sichtbaren Schäden in Form von Farbabblätterungen und Ausblühungen.

Hinweise zur Schadensvermeidung

Detaillierte Hinweise zur fachgerechten Ausführung des Sockelputzes sind in DIN EN 13914-1:2005-06 „Außenputz" und in der Richtlinie „Fassadensockelputz/Außenanlagen" enthalten (vgl. Fachverband der Stuckateure für Ausbau und Fassade u. a., 2013). Sockel sind grundsätzlich Wasser abweisend auszuführen, z. B. mit Putzen der Mörtelgruppen PII/CSIII und PIII/CSIV. Zum Schutz gegen Feuchtigkeit in sockel- und erdberührten Bereichen können

Abb. 3.18: Farbabblätterungen und Ausblühungen am Außensockel

Abb. 3.19: Unterer Abschluss des Sockelputzes ohne erkennbare Abdichtung

z. B. mineralische flexible Dichtungsschlämmen auf Zementbasis oder mineralisch gebundene Spachtelmassen verwendet werden. Diese Abdichtung ist über den unteren Putzabschluss bis auf die Kelleraußenwände zu führen, um eine kapillare Feuchtewanderung zu verhindern.

Maßnahmen und Kosten der Instandsetzung

Zur Instandsetzung war im vorliegenden Fall die komplette Erneuerung des Sockelputzes erforderlich. Diese Maßnahme beinhaltete folgende Arbeitsschritte:

- Freilegung und Abbruch des bestehenden Sockelputzes bis zu den Dämmplatten
- Vorbereitung des Untergrundes (Austausch beschädigter Dämmplatten, Kontrolle und ggf. Ergänzung der Befestigung der Dämmplatten)
- Aufbringen des Sockelputzes entsprechend den Vorgaben der Richtlinie „Fassadensockelputz/Außenanlage" (vgl. Fachverband der Stuckateure für Ausbau und Fassade u. a., 2013)
- Abdichtung der erdberührten Flächen und Einbau einer Schutzschicht
- Einbau der Außenanlagen entlang des Sockels

Die Instandsetzungskosten für diese Arbeiten waren bei einer Länge des Gebäudesockels von ca. 170 m auf etwa 150,00 €/m zuzüglich Mehrwertsteuer zu veranschlagen.

Abb. 3.20: Putzprobe im Aufsaugversuch

3.6 Feuchteschäden am Wandsockel bei Holzständerbauweise

Schadensbild

Der Neubau eines Einfamilienwohnhauses mit Doppelgarage erfolgte als Fertighaus in Holzständerbauweise. Das Fertighaus ist als nicht unterkellertes Gebäude auf die tragende Bodenplatte aus Stahlbeton aufgesetzt.

Im Bereich der Einfahrt zur Doppelgarage erfolgte die Geländeprofilierung auf Höhe des Garagenbodens, um eine stufenlose Einfahrt in die Garage zu erreichen. Der Garagenboden selbst wurde mit einem Gefälle von 2 % zum Garagentor eingebaut, um einen Wasserablauf zu ermöglichen. Der Fliesenbelag wurde über eine Dichtstofffuge an die angrenzenden Wände angeschlossen.

2 Jahre nach Fertigstellung zeigten sich Farbabblätterungen an den Seitenflächen des Pfeilers zwischen den beiden Garagentoren der Doppelgarage, und zwar am Anschluss an den Fliesenbelag (siehe Abb. 3.21).

Zur Feststellung des konstruktiven Aufbaus des Pfeilers und der Abdichtungssituation wurde eine Bauteilöffnung durchgeführt. Hierbei zeigte sich, dass der Pfeiler aus einem massiven Holzpfosten besteht, der außenseitig mit einer Spanplatte, einer 2 cm dicken Polystyroldämmplatte und einer 5 mm dicken Putzlage mit Armierungsgewebe bekleidet ist. An der Innenseite des Pfeilers besteht der Aufbau aus einem ca. 10 mm dicken Fliesenbelag, einer ca. 15 mm dicken Gipskartonplatte, einer Kunststofffolie und einer Spanplatte. Auf der rechten Seite des Pfeilers ist das untere Schwellenholz an der Seitenfläche braun verfärbt (siehe Abb. 3.22 und 3.23). Beim Einstechen eines Messers tropfte Wasser aus. Raumseitig ist die Spanplatte im unteren Bereich bis auf eine Höhe von etwa 7 cm durchnässt (siehe Abb. 3.24). Die Folie zwischen Spanplatte und Gipskartonplatte weist bis auf eine Höhe von etwa 30 cm Schimmelpilzbefall auf, ebenso die Rückseite der Gipskartonplatten. Eine Abdichtung des Sockel- und Schwellenbereiches des Pfeilers ist nicht vorhanden.

Ursachen

Witterungsbedingt anfallendes Wasser kann über die undichten Anschlüsse des Fliesenbelages und die fehlende Abdichtung des Pfeilerfußes bis zur Schwelle vordringen. Darüber hinaus kann das von den Fahrzeugen eingetragene Wasser durch das Gefälle in der Garage nach außen zum Pfeiler laufen und bis zu Schwelle vordringen. Ein Austrocknen des Holzes ist durch die diffusionsbremsenden Schichten der Wandbekleidungen nur zeitverzögert möglich. Die länger anhaltende Feuchtigkeit im Holz führt zu Braunverfärbung und beginnender Moderfäule.

Fußpunkte von witterungsbeanspruchten Holzbauteilen, wie z. B. Außenwände in Holzständerbauweise, sollen einen Mindestabstand von 15 cm zur Geländeoberkante aufweisen. Kann dieser Abstand nicht eingehalten werden, z. B. bei Ein- und Ausgängen oder Garageneinfahrten, sind gegen Feuchteschäden besondere Schutzmaßnahmen vorzusehen.

Bei der Errichtung von Fertighäusern findet sich auf den Plänen manchmal der Hinweis, dass bei der Ausführung der Außenanlagen ein Mindestabstand von 15 cm zur Unterkante der Außenwände eingehalten werden muss. Diese Vorgabe kann im vorliegenden Fall jedoch nicht eingehalten werden, da eine Zufahrt zur Garage ermöglicht werden muss.

Hinweise zur Schadensvermeidung

Bei der Errichtung von Fertighäusern muss bereits in der Planungsphase die endgültige Geländehöhe festgelegt werden, da spätere bauliche Veränderungen (Ausführung von Terrassen o. Ä.) nachträglich eine starke Feuchtebeanspruchung durch Spritzwasser oder ablaufende Niederschläge und damit einhergehende Feuchteschäden an den Schwellen der Wände verursachen können.

Schwellen von Außenwänden können der Gebrauchsklasse 0 der DIN 68800-2:2012-02 „Holzschutz“ zugeordnet werden, wenn sie durch ausreichende große Sockelhöhen (mindestens 15 cm) vor angrenzendem Erdreich sowie vor Spritzwasser und ablaufenden Nie-

Abb. 3.21: Wandpfosten der Garageneinfahrt

Abb. 3.22: Das Schwellenholz ist nicht abgedichtet.

Abb. 3.23: Braune Verfärbungen an der Schwelle

Abb. 3.24: Durchfeuchtete Spanplatten am Pfeilerfuß

derschlägen geschützt sind. Bei Gebrauchsklasse 0 kann auf den Einsatz von chemischen Holzschutzmaßnahmen in der Regel verzichtet werden.

Für feuchtebeanspruchte, nicht ausreichend geschützte Holzteile ist die Gebrauchsklasse 2 nach DIN 68800-1:2011-10 „Holzschutz" anzusetzen. Die Einstufung in die Gebrauchsklasse 2 bedeutet aber nicht zwingend den Einsatz von chemischen Holzschutzmitteln, sondern diese kann auch durch Verwendung entsprechend dauerhafter Hölzer ohne chemischen Holzschutz abgedeckt werden. Zusätzlich ist für einen sicheren Feuchteschutz in diesem kritischen Bereich zu sorgen. Raumseitig empfiehlt sich bei planmäßig anfallender Feuchtigkeit eine Abdichtung der betreffenden Boden- und Wandflächen, z. B. mit einer Abdichtung im Verbund mit Fliesen. Außenseitig können Wandsockel auch durch Verblechungen vor Feuchteschäden geschützt werden.

Maßnahmen und Kosten der Instandsetzung

Aufgrund der beginnenden Moderfäule wurde der Pfeiler der Doppelgarage ausgebaut und durch einen Pfeiler aus Ziegelmauerwerk ersetzt. In der Garage wurde im Randbereich eine Abdichtung im Verbund mit Fliesen mit entsprechender Hochführung an den Wänden eingebaut.

Die Kosten wurden bei einem Zeitaufwand von ca. 150 Stunden auf etwa 8.000,00 € zuzüglich Mehrwertsteuer veranschlagt.

3.7 Feuchteschäden durch fehlende Abdichtung bei einer Sockelverblechung

Schadensbild

In einer Reihenhausanlage traten an den Zugängen zur Tiefgarage mehrfach Feuchteeintritte auf. Im Laufe der Zeit kam es zu Putzabplatzungen an den oberen Türlaibungen und zu Korrosionserscheinungen an den Türzargen und den Eckschutzprofilen der Laibungen (siehe Abb. 3.25).

Die Reihenhäuser sind u-förmig um eine gemeinsame Tiefgarage errichtet worden. Jedes Reihenhaus hat über das jeweilige Kellergeschoss einen direkten Zugang zur Tiefgarage. Die Tiefgaragendecke ruht auf eigenen Außenwänden der Tiefgarage. Die Wand zwischen der Tiefgarage und dem Gebäude besteht aus einer doppelschaligen Wand. Bodenplatte, Außenwände und Decke der Tiefgarage sind in wasserundurchlässiger Stahlbetonbauweise ausgeführt.

Der Zugang zur Tiefgarage befindet sich in der Mitte der Häuser, direkt unter den Hauseingängen. Die Haustüren sind in den Eingängen zurückversetzt eingebaut. Es ergibt sich ein Eingangspodest, das vom Gebäude überdeckt ist (siehe Abb. 3.26). Der Natursteinbelag der Eingangsfläche ist in der Verlängerung der Gebäudeaußenseite gerissen. Links und rechts neben dem Zugang zur Tiefgarage sind Kellerräume angeordnet, die über Lichtschächte belüftet werden. Die Lichtschächte sind an deren Oberseite mit Kupferverblechungen verkleidet.

Zur Feststellung des genauen Aufbaus wurde der Übergang zwischen Tiefgarage und Gebäude im Bereich des Eingangspodestes und des daneben befindlichen Lichtschachtes geöffnet. Nach Abnahme der Kupferverblechungen am Lichtschacht und Ausbau der Natursteinplatten am Eingangspodest zeigte sich eine Bewegungsfuge zwischen dem Gebäude und dem aufgehenden Lichtschacht. Die Bewegungsfuge verläuft über die gesamte Breite des Hauses (siehe Abb. 3.27, gelbe Kennzeichnung). In den Fugenraum sind Polystyrol-Hartschaumplatten eingebaut. Im Bereich der seitlich angrenzenden Lichtschächte ist die Fuge mit elastischem Fugenfüllstoff (dreiecksförmiger Querschnitt) verschlossen (siehe Abb. 3.28). Die Dicke des Füllstoffes beträgt zwischen 5 und 10 mm. Die schmalere Seite des Füllstoffes weist keine Haftung am Fugenrand auf. Im Bereich der Eingangsfläche ist keine Abdichtung über der Bewegungsfuge erkennbar.

Ursachen

Die Abdichtung der Bewegungsfuge zwischen Tiefgarage und Gebäude erfolgte im vorliegenden Fall mit einem elastischen Fugendichtstoff. Diese Art der Abdichtung ist weder fachgerecht noch dauerhaft. Im Bereich der Eingangsfläche war gar keine Abdichtung der Fuge festzustellen. Anfallende Feuchtigkeit dringt über die offene bzw. nicht dauerhaft abgedichtete Fuge in das Kellergeschoss ein und führt dort zu den Abplatzungen und Korrosionsschäden.

Hinweise zur Schadensvermeidung

Bewegungsfugen zwischen Tiefgaragen und Gebäuden, die erdüberschüttet oder bewittert sind, müssen grundsätzlich dauerhaft abgedichtet werden. Die Abdichtung der Fugen wird bestimmt durch die Abdichtung der Tiefgaragendecke. Ist auf der Tiefgaragendecke eine flächige Abdichtung vorhanden, z. B. aus Bitumenschweißbahnen, so ist die Flächenabdichtung über die Fuge an den aufgehenden Wänden hochzuführen und dort fachgerecht zu befestigen.

Weist die Tiefgaragendecke keine Abdichtung auf, weil sie in wasserundurchlässiger Stahlbetonbauweise ausgeführt ist, müssen die Bewegungsfugen entweder mit Fugenbändern oder mit aufliegenden Fugenabdichtungssystemen abgedichtet werden. Üblicherweise werde Bewegungs- bzw. Dehnungsfugen durch den Einbau von innen oder außen liegenden Fugenbändern beim Betonieren der Bauteile abgedichtet (vgl. DBV, 1996; Lohmeyer, 2013).

Falls aufliegende Fugenabdichtungssysteme nach dem Betonieren der wasserundurchlässigen Bauteile (WU-Bauteile) ausgeführt werden sollen, ist nach der DAfStb-Richtlinie „Wasserundurchlässige Bauteile aus Beton" (vgl. DAfStb, 2003) die Anwendung von Fugenabdichtungen mit kunststoffmodifizierter Bitumendickbeschichtung grundsätzlich möglich.

Abb. 3.25: Putzabplatzung an der oberen Laibung der Tür zur Tiefgarage

Abb. 3.26: Eingangsbereich

Abb. 3.27: Randaufkantung der Tiefgaragendecke neben dem Eingang (Fugenverlauf gelb eingezeichnet)

Abb. 3.28: Abdichtung der Bewegungsfuge mit elastischem Fugenfüllstoff

Auf die Anforderungen in der „Richtlinie für die Planung und Ausführung von Abdichtungen mit kunststoffmodifizierten Bitumendickbeschichtungen (KMB)“ wird verwiesen (vgl. Arbeitsgemeinschaft Mauerziegel im Bundesverband der Deutschen Ziegelindustrie u. a., 2010). Nach dieser Richtlinie sind Bewegungsfugen mit einem auf das Abdichtungssystem abgestimmten Fugendichtungsband abzudichten. Abhängig von den zu erwartenden Bewegungen und der Art des Dichtungsbandes kann eine Schlaufenausbildung erforderlich sein.

Fugenabdichtungen müssen unabhängig von der jeweiligen Bauart ein geschlossenes System zwischen horizontal und vertikal verlaufenden Fugen ergeben. Die Abdichtung von Bewegungsfugen ist daher im Detail vor Ausführung zu planen.

Maßnahmen und Kosten der Instandsetzung

Die fehlende Abdichtung der Bewegungsfuge kann nach Freilegen der Fuge durch Einbau eines aufliegenden Fugenbandes mit Flüssigkunststoffverklebung an der Tiefgaragendecke und den aufgehenden Außenwänden der Gebäude ergänzt werden. Im Bereich des Eingangspodestes ist eine Flächenabdichtung bis zu den Hauseingangstürelementen einzubauen.

Die Kosten für diese Maßnahmen wurden bei 23 Reihenhäusern auf ca. 3.000,00 €/Haus zuzüglich Mehrwertsteuer veranschlagt.

3.8 Hohllagen und Risse im Sockelputz

Schadensbild

Am Außensockel eines Verbrauchermarkts sind zahlreiche, vorwiegend vertikal oder netzartig verlaufende Putzrisse aufgetreten. Bei der akustischen Überprüfung des Außensockels durch Abklopfen wurden Putzhohllagen festgestellt. An verschiedenen Stellen ist der Sockelputz abgeplatzt (siehe Abb. 3.29 und 3.30). Durch Anlegen von Probeöffnungen konnte festgestellt werden, dass der mineralische Putz ohne Spritzbewurf bzw. Haftbrücke auf die glatte Betonoberfläche aufgezogen ist (siehe Abb. 3.31).

Des Weiteren ist an einer Gebäudeseite ein horizontal durchlaufender Riss im Sockelputz entstanden (siehe Abb. 3.32). Bei der Putzöffnung zeigte sich, dass der Putzgrund aus Mauerwerk besteht und der Horizontalriss über der in einer Lagerfuge angeordneten Querschnittsabdichtung verläuft.

Ursachen

Als Ursache der Schäden am Sockelputz wurde eine unzureichende Putzgrundvorbereitung festgestellt.

Der geringe Haftverbund zwischen Putzgrund und Sockelputz, der direkt auf die glatte Betonoberfläche aufgebracht wurde, hat beim Schwindvorgang zu einer partiellen Ablösung der Putzschicht mit Rissbildungen und Abplatzungen geführt. Da die notwendige Vorbehandlung durch Aufbringen eines Spritzbewurfes oder einer Haftbrücke, z. B. aus Kunststoffdispersion und Quarzsand, fehlt, konnten sich Schwindrisse in der Putzschicht stärker ausbilden als bei einem guten Haftverbund. Das über die breiten Schwindrisse eingedrungene Niederschlagswasser hat unter Frosteinwirkung weitere Putzschäden verursacht.

In dem aus Mauerwerk hergestellten Sockelbereich ist der Horizontalriss über der Querschnittsabdichtung aus Bitumenbahnstreifen aufgetreten. Zur Rissvermeidung wäre es erforderlich gewesen, den problematischen Putzgrund vor dem Putzauftrag mit einem geeigneten Putzträger und einem Spritzbewurf aus Zementmörtel fachgerecht vorzubereiten. Diese Maßnahme wurde nicht ausgeführt.

Hinweise zur Schadensvermeidung

Schwindrisse in Sockelputzen auf massiven Untergründen, die in Verbindung mit Putzhohllagen auftreten, sind häufig die Folge eines nicht ausreichend festen und dauerhaften Haftverbundes zwischen Putzschicht und Putzgrund.

Art und Beschaffenheit eines Putzgrundes sind von wesentlicher Bedeutung für den Haftverbund. Untergründe, die mit einem Putz bekleidet werden sollen, müssen insbesondere fest, tragfähig und frei von trennenden Substanzen sein.

Zur Vermeidung von Putzschäden muss ein Putzgrund sehr sorgfältig auf seine Eignung geprüft werden und erforderlichenfalls zur Sicherstellung eines ausreichenden Haftverbunds fachgerecht vorbereitet werden. Zu den vorbereitenden Maßnahmen gehören insbesondere ein in Abhängigkeit von der Beschaffenheit des Putzgrundes entweder warzenförmig oder volldeckend aufzubringender Spritzbewurf sowie Grundierungen und Putzhaftbrücken auf der Basis organischer Bindemittel.

Bei einem Putzgrund aus Beton ist im Allgemeinen ein Spritzbewurf aus einem Zementmörtel der Mörtelgruppe P III aufzubringen.

Sind in Mauerwerkswänden, die mit einem Putz bekleidet werden sollen, bahnenförmige Querschnittsabdichtungen vorhanden, bedarf es zur Vermeidung von Putzrissen besonderer untergrundvorbereitender Maßnahmen zur Überbrückung der Schwachstelle. Hierfür eignen sich im tragenden Untergrund zu befestigende Putzträger, z. B. aus einem verzinkten Drahtnetzgewebe oder Ziegeldrahtgewebe, auf die dann der Zementspritzbewurf und ein geeigneter mineralischer Putz aufgebracht werden können.

Putzbewehrungen aus Kunststoff- oder Glasfasergeweben, die lediglich in den Putz eingebettet werden, sind zur Vermeidung putzgrundbedingter Risse nicht geeignet. Im Unterschied zu Putzträgern besteht ihre Aufgabe im Wesent-

Abb. 3.29: Risse und Abplatzungen am Sockelputz

Abb. 3.30: Putzabplatzung im Kantenbereich

Abb. 3.31: Die Putzhohllagen sind infolge eines unzureichenden Haftverbundes zwischen der Putzschicht und der glatten Betonoberfläche entstanden.

Abb. 3.32: Horizontalriss im Sockelputz auf Höhe einer im Mauerwerksquerschnitt vorhandenen Abdichtungsbahn

lichen darin, Rissbildungen aus Eigenspannungen in der Putzschicht zu minimieren.

Maßnahmen und Kosten der Instandsetzung

Bei einem unzureichenden Haftverbund zwischen Putzschicht und Putzgrund verbleibt für die Instandsetzung nur die Maßnahme einer vollflächigen Neuherstellung des Sockelputzes.

Eine erneute Rissbildung über der Abdichtungsbahn im Mauerwerksquerschnitt kann durch den Einbau eines verzinkten, mechanisch im tragenden Untergrund zu befestigenden Drahtgitters verhindert werden.

Im vorliegenden Fall wurde für die Neuherstellung des Sockelputzes inklusive Anstrich ein Kostenaufwand von ca. 66,00 €/m² zuzüglich Mehrwertsteuer veranschlagt. Die von der Instandsetzungsmaßnahme betroffene Außensockelfläche betrug ca. 80 m².

3.9 Risse im Sockelputz

Schadensbild

Bei einem mehrgeschossigen Wohngebäude mit Unterkellerung wurden die Außenwände in Massivbauweise erstellt und mit einem Wärmedämm-Verbundsystem bekleidet. Die Fassadenbekleidung wurde etwa auf Höhe der Geschossdecke über dem Kellergeschoss abgesetzt und als Sockelzone ausgebildet. Als Wärmedämmung wurden Hartschaumplatten eingebaut. Die Putzbekleidung besteht aus einer Armierungsschicht mit Gewebeeinlage und aus einer Oberputzlage. Die gesamte Dicke des Sockelputzes beträgt ca. 5 mm.

Unmittelbar vor der Fassade ist das Gelände als Gehweg ausgebildet und mit einem Plattenbelag aus Betonplatten befestigt. Die Gehwegplatten schließen über eine sandgefüllte Fuge an den Fassadensockel an.

In der Putzbekleidung des abgesetzten Fassadensockels sind in den ersten Jahren nach Baufertigstellung einzelne vertikale Risse aufgetreten. Der Abstand der Risse untereinander beträgt ca. 1 bis 1,2 m. Die Risse erreichen auf Höhe des anschließenden Geländes mit ca. 0,3 mm ihre maximale Breite und laufen zum oberen Rand der Sockelfläche hin aus. Die Risse setzen sich im Fassadenputz nicht fort. Aus einem Betrachtungsabstand von ca. 2 m sind die Risse im Sockelputz bei genauem Hinsehen erkennbar, jedoch nicht auffällig (siehe Abb. 3.33 bis 3.35).

Ursachen

Die Risse resultieren aus einem materialbedingten Schwinden des Sockelputzes. Eine begrenzte Rissbildung in Sockelputzflächen stellt keinen technischen Mangel dar, sofern die technische Funktion des Putzes als Feuchteschutz und das optische Erscheinungsbild als Gestaltungselement nicht maßgeblich beeinträchtigt werden. Eine rissfreie Putzbekleidung ist bei Sockelputzflächen material- und konstruktionsbedingt nicht immer ausführbar. Dies muss jedoch nicht zwangsläufig mit einem Nachteil für die Konstruktion verbunden sein.

Außensockelputze müssen ausreichend fest und beständig gegen mechanische Beanspruchungen, wasserabweisend und widerstandsfähig gegen die kombinierte Einwirkung von Feuchte und Frost sein (vgl. DIN V 18550:2005-04 „Putz und Putzsysteme“ und DIN EN 13914-1:2005-06 „Planung, Zubereitung und Ausführung von Innen- und Außenputzen“). Werden Dämmplatten als Putzgrund eingesetzt, sind diese mit einem kunstharzmodifizierten mineralischen Haftmörtel vorzubehandeln.

Für den Unterputz kommen Zementmörtel der Mörtelgruppe P III oder Kalkzementmörtel der Mörtelgruppe P II zur Ausführung, auf Dämmplatten nur Kalkzementmörtel (vgl. Bundesverband der Deutschen Mörtelindustrie u. a., 1993). Die materialspezifische Festigkeitsentwicklung dieser Mörtel ist für die notwendige Widerstandsfähigkeit gegen mechanische Beanspruchungen sowie Einwirkungen aus Wasser in Kombination mit Frost erforderlich, im Hinblick auf das Formänderungsverhalten und die Neigung zur Rissbildung jedoch eher nachteilig. Eine begrenzte Rissbildung lässt sich daher – anders als bei Fassadenoberputzen – nicht sicher vermeiden. Eine Wasseraufnahme über die Rissflanken geht jedoch über die im Sockelbereich ohnehin zu erwartende erhöhte Feuchtebeanspruchung nicht wesentlich hinaus, sodass ein Nachteil hinsichtlich des Feuchteschutzes nicht zu befürchten ist.

Das optische Erscheinungsbild feiner Risse wird durch eine Verschmutzung der Rissflanken mit der Zeit intensiviert. Eine maßgebliche Störung des optischen Erscheinungsbildes der Putzfläche tritt jedoch erst dann ein, wenn Rissbildungen bei dem im Einzelfall anzunehmendem Betrachtungsabstand gut sichtbar bis auffällig werden.

Die negativen Konsequenzen einer Rissbildung hinsichtlich der technischen Funktion und des Erscheinungsbildes sind unter Berücksichtigung der Besonderheiten des Einzelfalles zu beurteilen.

Hinweise zur Schadensvermeidung

Der materialbedingten Neigung von Zementputz zur Rissbildung kann mit einer besonders sorgfältigen Vorbehandlung des Untergrundes und

Abb. 3.33: Fassadenfläche mit abgesetztem Sockelputz

Abb. 3.34: Vertikaler Riss in der Sockelputzbekleidung

Abb. 3.35: Rissverlauf im Sockelputz oberhalb des Geländeanschlusses

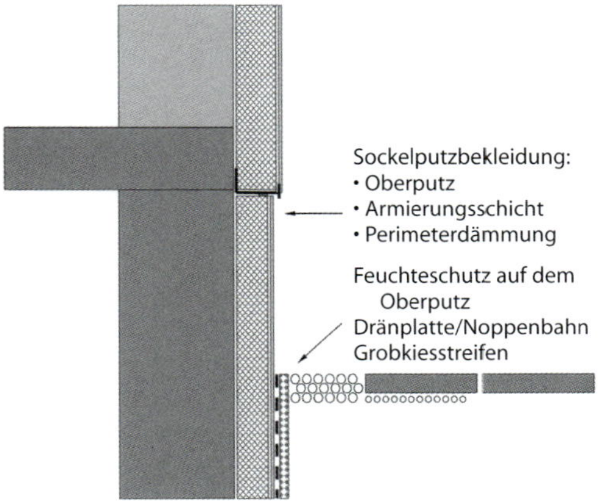

Abb. 3.36: Systemskizze für den Geländeanschluss an den Sockelputz

Nachbehandlung der frisch aufgetragenen Putzflächen begegnet werden. Äußere Einflüsse, die das Abbindeverhalten der Putzmörtel im jungen Alter stören, sind unbedingt zu vermeiden. Bei der Ausführung ist daher besonders auf die Witterungsverhältnisse sowie auf Schutzmaßnahmen gegen eine frühzeitige und zu schnelle Austrocknung des frischen Putzes zu achten.

Im abgebundenen Zustand kann die Beanspruchung der Putzbekleidung durch die Vermeidung stauender Nässe reduziert werden. Sockelputzflächen sind daher im erdberührten Bereich mit einer Abdichtung gegen unmittelbaren Feuchtezutritt zu schützen. Die Wirksamkeit dieser Abdichtung ist in der Regel mit einer Dränschicht dauerhaft sicherzustellen. Bei einer an die Fassade unmittelbar angrenzenden Wegbefestigung sind Kontaktflächen zwischen Sockelputz und sandgefüllten Fugen zur Reduzierung der Feuchtebeanspruchung zu vermeiden (siehe Abb. 3.36).

Maßnahmen und Kosten der Instandsetzung

Die Risse im Sockelputz wurden im dargestellten Fall als eine nur sehr geringfügige Beeinträchtigung in den Grenzen üblicher Qualitätsschwankungen handwerklicher Ausführungen und somit aus technischer Sicht als mangelfrei eingestuft. Eine Instandsetzung war daher nicht notwendig.

3.10 Ablaufspuren unterhalb einer Attikaabdeckung

Schadensbild

Bei einem Wohngebäude mit Pultdach ist die Giebelfassade bis über die Dachfläche hochgeführt und mit einer Blechabdeckung versehen. Die Abdeckung besteht aus mehreren ca. 2 m langen Blechen, die untereinander mit Stehfalzen verbunden sind. Die Abdeckung ist zur Fassade und zur Dachfläche hin jeweils abgekantet und als Tropfkante mit einem seitlichen Überstand von ca. 4 cm ausgebildet. Auf der Fassadenfläche zeichnen sich Ablaufspuren ab, die von einzelnen Stehfalzverbindungen der Blechabdeckung ausgehen (siehe Abb. 3.37).

Bei einem weiteren Wohngebäude bildet die Außenwand die massive Brüstung für eine Dachterrasse. Die Brüstung ist oben mit einer Mauerabdeckung aus Blech versehen. Unterhalb des Anschlusses des Abdeckbleches an die aufgehende Fassadenfläche zeichnet sich ebenfalls eine deutlich sichtbare Ablaufspur auf der darunterliegenden Fassadenfläche ab (siehe Abb. 3.38).

Ursachen

Bei den Abdeckungen des Dachrandabschlusses und der Brüstung fehlt jeweils ein ausreichendes Gefälle zur Dachseite hin oder eine Aufkantung an der Fassadenseite dergestalt, dass ein Ablaufen von Schmutzwasser von der Abdeckung über die darunter befindliche Fassade sicher vermieden wird. Ablaufspuren auf der Fassadenfläche unter einer Mauerabdeckung haben in der Regel eine Beeinträchtigung des optischen Erscheinungsbildes zur Folge. Sie stellen eine vermeidbare Verschmutzung und einen technischen Mangel dar.

Die Entwässerung horizontaler oder schwach geneigter oberer Abdeckungen muss so geplant und ausgeführt werden, dass Niederschlagswasser ohne Beeinträchtigung darunter befindlicher Bauteile abgeführt wird. Dies ist Bestandteil der einschlägigen technischen Regelwerke (vgl. Zentralverband Sanitär Heizung Klima, 2009; Zentralverband des Deutschen Dachdeckerhandwerks, 2011). Eine wirksame Entwässerung der Oberseite der Dachrandabdeckung zur Dachseite setzt ein ausreichendes Quergefälle voraus. Alternativ kann der fassadenseitige Rand der Abdeckung mit einer zusätzlichen Aufkantung versehen werden. Auch in diesem Fall ist ein zusätzliches Längs- und/oder Quergefälle zur Vermeidung von stehendem Wasser auf der Abdeckung erforderlich.

Im vorliegenden Fall wurde die Dachrandabdeckung ohne Quergefälle, jedoch mit Längsgefälle entsprechend der Dachneigung des Pultdaches ausgeführt. Die Stehfalze zur Verbindung der einzelnen Blechstücke der Abdeckung wurden im Grundriss leicht schräg angeordnet, sodass auf der Abdeckung ablaufendes Niederschlagswasser zur Dachseite hin abgeleitet wird (siehe Abb. 3.39 und 3.40). Bei starkem Wasseranfall reichen diese Maßnahmen jedoch nicht aus, sodass das Niederschlagswasser aufgrund des fehlenden Quergefälles sowohl zur Fassadenseite als auch zur Dachseite abläuft. Dadurch sind die Ablaufspuren auf der Fassade entstanden.

Hinweise zur Schadensvermeidung

Eine sichere Ableitung des auf einer Dachrandabdeckung ablaufenden und dem Gefälle der Dachfläche folgenden Niederschlagswassers kann mit einem ausgeprägten Quergefälle zur Dachseite hin sowie einer zusätzlichen Randaufkantung der Blechabdeckung an der Fassadenseite erreicht werden (siehe Abb. 3.41). Bei einer zu geringen seitlichen Querneigung kann Niederschlagswasser vom Wind leicht über den fassadenseitigen Dachrand getrieben werden. Schmutzablagerungen auf der Abdeckung können dann dennoch zu Ablaufspuren auf der Fassadenfläche führen.

Maßnahmen und Kosten der Instandsetzung

Für eine Beseitigung der Ablaufspuren ist es erforderlich, die vorhandene Dachrandabdeckung zu entfernen und eine geänderte Abdeckung mit seitlichem Gefälle und einer dem zusätzlichen Quergefälle entsprechend vergrößerten fassadenseitigen Abkantung anzubringen. Darüber hinaus werden eine Reinigung der Ablaufspuren auf der Fassadenfläche und in der Regel auch

Abb. 3.37: Fassadenfläche mit Ablaufspuren unterhalb der Blechabdeckung am oberen Fassadenabschluss

Abb. 3.38: Fassadenfläche mit Ablaufspur unterhalb des Wandanschlusses der Brüstungsabdeckung

Abb. 3.39: Giebelfläche mit von der Dachrandabdeckung ausgehenden Ablaufspuren

Abb. 3.40: Niederschlagswasser wird an den Stehfalzen von der Dachrandabdeckung auf die Fassadenfläche abgeleitet.

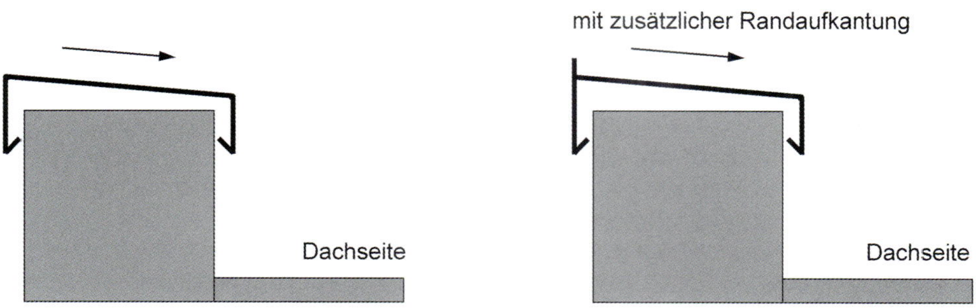

Abb. 3.41: Beispiele für eine Dachrandabdeckung mit Gefälle zur Dachseite

eine vollflächige malermäßige Überarbeitung der verschmutzten Fassade notwendig.

Im vorliegenden Fall waren für die Erneuerung der Abdeckungen für ca. 25 lfm Dachrand Kosten in Höhe von ca. 66,00 €/lfm zuzüglich Mehrwertsteuer und zusätzlich Aufwendungen für Gerüststellung sowie Malerarbeiten an der Fassade anzusetzen.

3.11 Ablaufspuren unterhalb einer Dachterrasse

Schadensbild

An der Fassade eines Erkers unter einer Dachterrasse wurden 1 bis 2 Jahre nach Fertigstellung des Gebäudes braune Ablaufspuren festgestellt. An der West- und Südseite des Erkers sind braune Ablaufspuren auf der jeweils linken Seite vorhanden (siehe Abb. 3.42 und 3.43). Die Ablaufspuren beginnen unterhalb der Kupferblechabdeckung am Rand der Dachterrasse.

Der Aufbau der Dachterrasse besteht aus 45 mm dicken Betonplatten, die im Mörtelbett auf einer Entkoppelungsmatte mit Drainagefunktion verlegt sind. Darunter befindet sich eine blaue Kunststofffolie (siehe Abb. 3.44). Die blaue Folie ist über ein etwa 10 mm dickes Mörtelbett auf der eigentlichen Abdichtung aus Bitumenschweißbahnen verlegt. Die Bitumenschweißbahnen sind am äußeren Rand der Dachterrasse auf das Kupferblech der Randverblechung geführt und dort verschweißt. Die Bitumenschweißbahnen weisen stellenweise keine Haftung auf dem Kupferblech auf (siehe Abb. 3.45).

Das Kupferblech liegt auf einer Holzbohle, die den Bodenaufbau der Dachterrasse am Rand einfasst. Im Übergangsbereich zwischen der Auflage der Bitumenschweißbahnen auf dem Kupferblech und der Auflage auf der Randbohle ist spürbar Feuchtigkeit an der Unterseite der Abdichtung vorhanden. Die Randbohle ist an dieser Stelle feucht.

Unter der Abdichtung befindet sich eine 40 mm dicke Polyurethan-Hartschaumplatte mit beidseitiger Aluminiumkaschierung. Auf der Rohbetondecke ist eine weitere Bitumenbahn als Dampfsperre vorhanden. Unter der untersten Lage der aluminiumkaschierten Wärmedämmung befindet sich ebenfalls Feuchtigkeit. Auch die Randbohle ist an dieser Stelle feucht und dunkel verfärbt.

Ursachen

Das Randblech wurde nicht in die Abdichtung eingebunden. Die Verklebung der Abdichtung auf dem Randblech reicht für eine dauerhaft dichte Verbindung nicht aus. Die Abdichtung löst sich vom Randblech. Dadurch gelangt Wasser unter die Abdichtung und tritt unter der Randbohle an der Fassade aus (siehe Abb. 3.46).

Über die Drainagematte wird anfallendes Wasser zum Randblech aus Kupfer geleitet. Damit wird der Übergang der Abdichtung (Bitumenschweißbahnen) auf dem Randblech aus Kupfer mit Feuchtigkeit beaufschlagt. An den Stellen, an denen keine vollflächige Verklebung zwischen Abdichtung und Kupferblech vorliegt, kann Wasser unter die Abdichtung bis zur Randbohle eindringen, entlang der Randbohle nach unten bis zur Dampfsperre vordringen und dann unterhalb der Randbohle an der Außenseite der Fassade ablaufen. Das Wasser färbt sich infolge des Kontaktes mit den Bitumenschweißbahnen braun ein. Es entstehen die festgestellten braunen Ablaufspuren.

Hinweise zur Schadensvermeidung

Zur Vermeidung derartiger Schäden sind Randbleche in die Dachabdichtung einzukleben. Der richtige Aufbau erfolgt mit einer ersten Lage Bitumenschweißbahnen auf der Randbohle des Dachaufbaus, der Einlage des Kupferbleches und schließlich der Überdeckung des Kupferbleches mit einer weiteren Lage Bitumenschweißbahnen (siehe Abb. 3.47). Hiermit wird ein eingeklebter Blechanschluss erreicht, der ein Eindringen von Feuchtigkeit im Randbereich zuverlässig und dauerhaft verhindert.

Maßnahmen und Kosten der Instandsetzung

Zur Instandsetzung ist der Anschluss der Abdichtung aus Bitumenschweißbahnen an das Kupferblech im Randbereich der Dachterrasse freizulegen. Feuchtigkeit im Randbereich ist zu trocknen. Das Kupferblech ist zwischen 2 Lagen Bitumenschweißbahnen einzudichten und der Belag der Dachterrasse ist wieder aufzubauen.

Die hierfür anfallenden Kosten waren im vorliegenden Fall bei einer Länge der Dachterrasse (Rand) von ca. 8 m auf etwa 400,00 €/m zuzüglich Mehrwertsteuer zu veranschlagen.

Abb. 3.42: Ablaufspuren an der Westseite des Erkers unterhalb der Dachrandabdeckung

Abb. 3.43: Ablaufspuren an der Südseite des Erkers

Abb. 3.44: Öffnungsstelle im Randbereich der Dachterrasse

Abb. 3.45: Die Abdichtung ist nicht mit dem Kupferblech verschweißt.

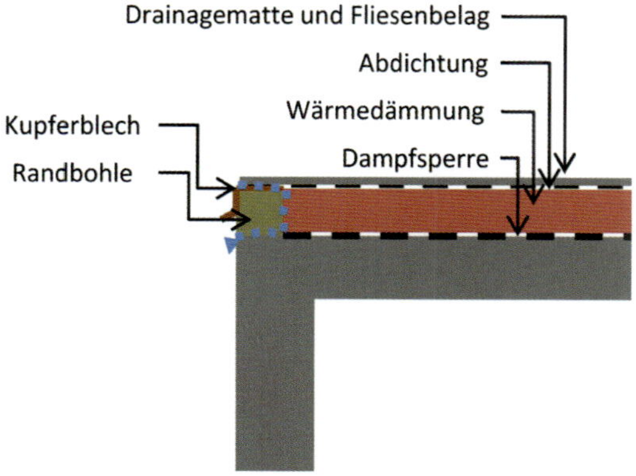

Abb. 3.46: Prinzipskizze des Wasserweges

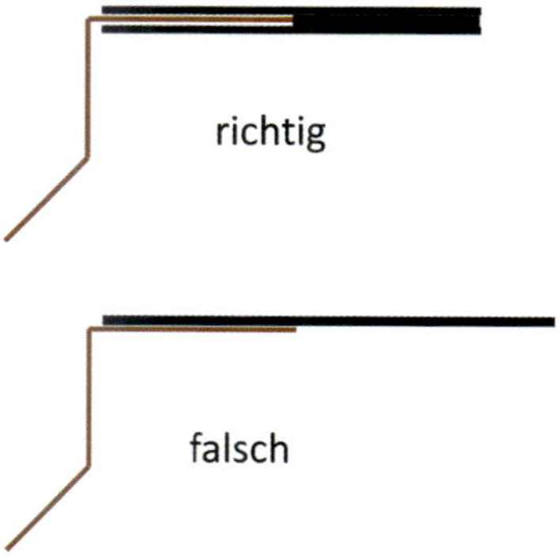

Abb. 3.47: Prinzipskizze der fachgerechten Blecheinbindung

3.12 Risse mit horizontalem Verlauf in der Fassadenfläche

Schadensbild

Bei einer größeren Wohnanlage sind an den Längsseiten der Gebäude Risse mit horizontalem Verlauf auf Höhe der Unterseite der obersten Balkone vorhanden (siehe Abb. 3.48). Die Risse beginnen an den Enden der Längsseiten am Übergang zu den Giebelseiten und sind an den Längsseiten auf Längen von etwa 2 bis 3 m feststellbar. Im mittleren Bereich der bis zu 25 m langen Fassade sind keine Horizontalrisse vorhanden.

An einem dieser Risse treten in der unter dem Balkon liegenden Wohnung erhebliche Feuchteschäden in Form von Farbabblätterungen und Ausblühungen auf (siehe Abb. 3.49). Von den Bewohnern wird über eine eindeutige Witterungsabhängigkeit der Feuchteschäden berichtet. Der Horizontalriss wurde bei einem ersten Instandsetzungsversuch aufgeweitet und mit einem Fugendichtstoff verschlossen. Die ursprünglichen Rissufer sind daher nicht mehr erkennbar. Der Rissverschluss hat sich jedoch an den Rissufern gelöst (siehe Abb. 3.50). Eine abdichtende Wirkung hat sich nicht eingestellt.

Der Horizontalriss liegt auf Höhe des Übergangs zwischen dem Ziegelmauerwerk und der Geschossdecke mit der aufgehenden Brüstung der Dachterrasse. Die Brüstung wurde wie die Geschossdecke aus Stahlbeton errichtet und ist an der Außenseite mit 5 cm dicken Dämmplatten und einer insgesamt 30 mm dicken Putzlage bekleidet, welche aus einem 25 mm dicken Unterputz und einem 5 mm dicken Oberputz besteht. Im Bereich des Übergangs zwischen den unterschiedlichen Putzuntergründen (Ziegelmauerwerk bzw. Perimeterdämmung) ist in der oberen Putzlage ein Glasfasergewebe eingebaut. Zwischen der Geschossdecke und dem Ziegelmauerwerk ist eine Trennlage eingebaut (siehe Abb. 3.51). Es liegt damit ein verschiebliches Auflager der Geschossdecke vor. Der Trennstreifen ist feucht. Das darunter befindliche Ziegelmauerwerk ist ebenfalls feucht.

Ursachen

Das festgestellte Rissbild der Horizontalrisse unterhalb der Geschossdecke über dem zweiten Obergeschoss ist typisch für Längenänderungsdifferenzen zwischen Stahlbetonbauteilen und Ziegelmauerwerk, die aus dem unterschiedlichen Schwindverhalten von Stahlbeton und Ziegelmauerwerk entstehen. Durch das Ausbilden eines verschieblichen Auflagers summieren sich die Längenänderungsdifferenzen von der Mitte ausgehend zu den Enden der Gebäudelängsseiten auf. Die Putzbekleidung kann diese Verfomungen nicht aufnehmen. Es entstehen horizontal verlaufende Schubrisse am Übergang zwischen Geschossdecke und Ziegelmauerwerk.

Nach Angaben in der Statischen Berechnung wurden die Geschossdecken als Platten über die gesamte Grundfläche des Gebäudes konzipiert. Die maximalen Abmessungen der Geschossdecken entsprechen den Abmessungen der jeweiligen Gebäude und liegen bei ca. 25 m in der Länge.

Die Schwindverkürzung von Stahlbetonbauteilen (Decken, Wände und Ringanker) ist mit ca. 0,4 mm/m anzusetzen (vgl. Pfefferkorn/Klaas, 2002). Die Außenwände bestehen aus Ziegelmauerwerk. Ziegelmauerwerk weist keine Schwindverkürzungen auf. Folglich ergeben sich aus den üblichen Schwindverformungen zwischen Wänden aus Ziegelmauerwerk und Geschossdecken aus Stahlbeton horizontale Längenänderungsdifferenzen in der Größenordnung von 0,4 mm/m. Erfahrungsgemäß werden die Längenänderungen der schwindenden Geschossdecken bei entsprechenden Auflasten aus darüberliegenden Geschossen durch Zwängungen an den Deckenauflagern behindert. Risse treten nicht auf.

Im zweiten Obergeschoss sind die Auflasten auf die Geschossdecke und die Wände deutlich geringer. Die Auflasten reichen nicht aus, um die Längenänderungen der schwindenden Geschossdecke über dem zweiten Obergeschoss gegenüber den Wänden aus Ziegelmauerwerk vollständig über Zwangspannungen aufzunehmen. Die eingebaute Trennlage verhindert eine Verzahnung der Geschossdecke mit dem Mauerwerk. Die auftretenden Bewegungen finden daher im

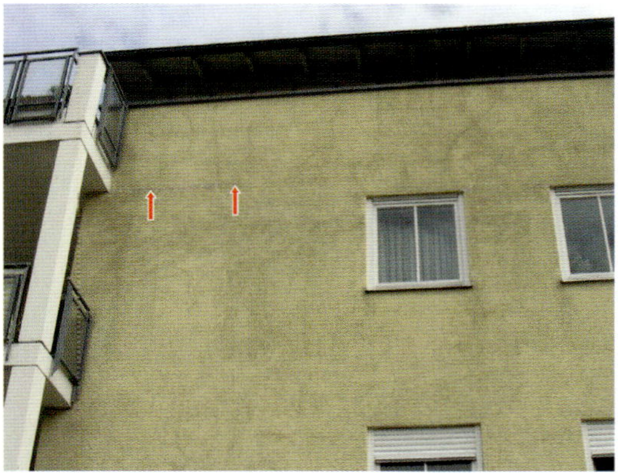

Abb. 3.48: Horizontalriss vom Balkon ausgehend

Abb. 3.49: Feuchteschäden in der Wohnung

Abb. 3.50: Aufgeweiteter und mit Dichtstoff verschlossener Horizontalriss

Abb. 3.51: Der Riss liegt auf Höhe des Deckenauflagers.

vorliegenden Fall im unmittelbaren Übergang zwischen Geschossdecke und Mauerwerk statt.

Hinweise zur Schadensvermeidung

Die Ausbildung verschieblicher Deckenauflager muss an die zu erwartenden Bewegungen angepasst werden. Bei den obersten Geschossdecken hat sich die Ausbildung einer Bewegungsfuge am Übergang zwischen Geschossdecke und unten liegendem Mauerwerk bewährt. Die horizontal verlaufende Fuge muss im Fassadenbild berücksichtigt werden.

Maßnahmen und Kosten der Instandsetzung

Zur Instandsetzung ist die Bewegungsfuge zwischen Geschossdecke und Ziegelmauerwerk auch in der Putzbekleidung auszubilden. Dies kann nach dem WTA-Merkblatt 2-4 „Beurteilung und Instandsetzung gerissener Putze an Fassaden" mit dem Verfahren E5 „Dehnfuge mit Fugendichtstoff" (vgl. WTA, August 2008) erfolgen, da die wesentlichen Schwindverformungen mittlerweile abgeklungen sind. Die Putzbekleidung ist in der gesamten Putztiefe auf eine Breite von mindestens 8 mm aufzuweiten. Nach Reinigung und Grundierung der Fugenflanken zur Verbesserung der Haftung kann die Verfugung mit geeignetem Fugendichtstoff erfolgen.

Die Kosten für diese Instandsetzungsmaßnahme waren bei ca. 100 m Fuge mit 50,00 €/m zuzüglich Mehrwertsteuer anzusetzen.

3.13 Einzelrisse unterhalb eines Ringbalkens

Schadensbild

Bei der Wohnanlage aus dem Beispiel in Kapitel 3.12 treten neben den Rissen an den Längsseiten auch Horizontalrisse an den Giebelwänden über den obersten Geschossdecken auf.

Die Horizontalrisse befinden sich jeweils in den seitlichen Bereichen der Giebelfassaden (siehe Abb. 3.52) und laufen bis in die Stirnseite der Giebelwände (siehe Abb. 3.53). Die Rissufer sind durch Abplatzungen aufgeweitet und verschmutzt. Die sichtbare Rissbreite beträgt stellenweise bis zu 1,0 mm. Die tatsächliche Rissbreite liegt jedoch im Bereich von 0,3 bis 0,4 mm.

Zur Feststellung der Risstiefe und -lage sowie der Putzdicke wurde eine Bauteilöffnung vorgenommen. Die Putzdicke beträgt ca. 20 mm. Die Risstiefe reicht bis zum Mauerwerk. Der Riss befindet sich auf Höhe des Auflagers der Giebelwand auf der obersten Geschossdecke. Die Rissufer sind bis auf eine Tiefe von ca. 10 mm bemoost. Dies deutet auf häufige Durchfeuchtungen hin. Das Ziegelmauerwerk ist im Bereich der Öffnungsstelle feucht. An der Rückseite der Giebelwand sind Aussinterungen an der untersten Lagerfuge des Ziegelmauerwerks aufgetreten (siehe Abb. 3.54).

Zur Feststellung der Ausführungsart des Ringbalkens wurde die Attikaverblechung entfernt (siehe Abb. 3.55). Es zeigte sich ein ca. 30 cm breiter Betonstreifen am oberen Rand des Giebelmauerwerkes. Eine Wärmedämmung ist hier nicht vorhanden. Der Ringbalken liegt direkt auf dem Ziegelmauerwerk auf. Die untere Kante des Ringbalkens folgt dem stufenförmigen Verlauf des Ziegelmauerwerks. Die minimale Dicke des Ringbalkens beträgt ca. 10 cm. Der Ringbalken weist eine Bewehrung in Form von 3 Bewehrungsstäben mit einem Durchmesser von jeweils 8 mm auf. Die Bewehrungsstäbe liegen unmittelbar auf den Kanten des abgetreppten Mauerwerks auf. Eine Endverankerung des Ringbalkens an den seitlichen Enden der Giebelwände fehlt (siehe Abb. 3.56).

Ursachen

Die Rissbildungen in den Giebelwänden werden durch die fehlende kraftschlüssige Verbindung der Ringbalkenenden mit den darunterliegenden Geschossdecken verursacht.

Betonbauteile schwinden infolge der Abgabe von Überschusswasser, das bei der Herstellung aus Gründen der leichteren Verarbeitung zugegeben wird, aber nicht für die Erhärtung des Betons erforderlich ist. Dies führt zu einer Verkürzung der Betonbauteile, im vorliegenden Fall zu einer Verkürzung der Ringbalken. Ziegelmauerwerk schwindet demgegenüber nicht. Aufgrund der Verzahnung des Ringbalkens mit dem stufenförmigen Mauerwerk treten am Ende des Ringbalkens durch dessen Verkürzung Zugspannungen auf, die zu horizontalen Rissbildungen im Mauerwerk führen. Das Mauerwerk wird durch den verkürzten Ringbalken angehoben. Die Rissbreiten sind hierbei an den Enden der Giebelwände am größten.

Hinzu kommen unterschiedliche Temperaturverformungen zwischen Ringbalken und Ziegelmauerwerk. Ringbalken und Giebelwand erwärmen und kühlen sich zwar gleichmäßig ab. Durch das unterschiedliche Temperaturdehnungsverhalten der beiden Materialien (Wärmedehnungskoeffizient α_T von Beton = $10 \cdot 10^{-6}$ 1/K; Wärmedehnungskoeffizient α_T von Ziegelmauerwerk = $6 \cdot 10^{-6}$ 1/K) treten aber Längenänderungsdifferenzen ein, die zu horizontalen Rissbildungen führen können. Die Rissbreite derartiger Risse verändert sich in Abhängigkeit von den witterungsbedingten Temperaturschwankungen.

Hinweise zur Schadensvermeidung

Bei der Wahl von Ringbalken oder Ringankern für die Aussteifung von Giebelwänden aus Ziegelmauerwerk sind die Schwindmaße der verschiedenen Materialien in besonderem Maß zu berücksichtigen. Daher sind Ringbalken an deren Enden z. B. durch Zugstützen in der Geschossdecke zu verankern.

In ausgebauten Dachgeschossen sind bei der Planung der Ringbalken auch die Auswirkungen unterschiedlicher Temperaturbeanspruchungen

Abb. 3.52: Risse an der Giebelfassade

Abb. 3.53: Detailaufnahme der Risse an der Stirnseite der Giebelwand

Abb. 3.54: Aussinterungen an der untersten Lagerfuge der Giebelwand

Abb. 3.55: Ringbalken am unteren Ende der Giebelwand

Abb. 3.56: Die Endverankerung des Ringbalkens fehlt.

zu berücksichtigen. Bei niedrigen Außentemperaturen kühlt ein ungedämmter Ringbalken schneller und stärker aus als die darunterliegende, von innen beheizte Außenwand. Der Ringbalken wird sich gegenüber dem Ziegelmauerwerk verkürzen. Es entstehen wie beim Schwinden Zugspannungen an den Enden der Ringbalken, die zu Rissen im Mauerwerk führen. Im Sommer erwärmt sich der Ringbalken stärker als die Außenwand. Der Ringbalken verlängert sich gegenüber dem Ziegelmauerwerk. Auch hiervon können Risse entstehen. Bei der Planung ist daher der Ringbalken in die Wärmedämmung des Gebäudes einzubeziehen.

Maßnahmen und Kosten der Instandsetzung

Zur Instandsetzung wurde die fehlende Verankerung der Ringbalken durch eine nachträgliche Befestigung der Ringbalken in den Geschossdecken hergestellt.

Die Kosten hierfür beliefen sich je Giebelwand auf ca. 2.000,00 € zuzüglich Mehrwertsteuer.

3.14 Risse mit horizontalem Verlauf im Auflagerbereich eines Rollladenkastens

Schadensbild

Im Außenputz einer monolithischen, aus Porenbetonsteinen gemauerten Außenwand zeigen sich über den beiden Erdgeschossfenstern Horizontalrisse mit gemessenen Rissbreiten zwischen 0,2 und 0,3 mm (siehe Abb. 3.57 und 3.58).

Nach Öffnung des Außenputzes im Rissbereich oberhalb des linken Erdgeschossfensters wurde festgestellt, dass die Risse bei den Anschlüssen der Rollladenkästen an das Mauerwerk verlaufen. Die im Auflagerbereich des Rollladenkastens zwischen Unterputz und Spritzbewurf vorgefundene Putzbewehrung endet seitlich ca. 70 mm vor der Wandöffnung. Oberhalb des Fensters wurde beim Anschluss des Rollladenkastens an das Mauerwerk kein Bewehrungsgewebe eingebaut. Das Putzabschlussprofil des Rollladenkastens bindet seitlich ca. 30 mm in den Fassadenputz ein (siehe Abb. 3.59).

Ursachen

Im beschriebenen Schadensfall sind die Risse in der Putzfassade infolge von Zwängungen aus unterschiedlichen, insbesondere hygrothermisch bedingten Verformungen des Rollladenkastens und des Außenmauerwerks entstanden.

Rissform und -verlauf lassen erkennen, dass die Horizontalrisse im Außenputz nicht durch Eigenspannungen des Putzes entstanden sein können, sondern eine putzgrundbedingte Ursache zur Rissbildung geführt haben muss.

Die bei den Anschlüssen des Rollladenkastens an das Mauerwerk erforderliche Putzbewehrung ist nur seitlich der Wandöffnung vorhanden und befindet sich zudem nicht in der zugbelasteten Zone im oberen Drittel des Unterputzes. Dadurch ist die ihr zugedachte Funktion zur Verbesserung der Zugfestigkeit des Putzes stark gemindert.

Hinsichtlich der Risse im Auflagerbereich der Rollladenkästen ist mit der fehlenden Putzüberdeckung und der thermischen Längenänderung des seitlich in den Außenputz einbindenden Putzabschlussprofils des Rollladenkastens eine weitere Rissursache gegeben. Nach den Vorgaben des Rollladenkastenherstellers hätte das Profil im Auflagerbereich des Rollladenkastens bis zum senkrechten Steg entfernt bzw. ausgeklinkt werden müssen. Dieses ist zwar erfolgt, jedoch wurde dabei das Rohbaumaß der Wandöffnung zugrunde gelegt und der spätere Putzauftrag in den Laibungen nicht berücksichtigt.

Hinweise zur Schadensvermeidung

Wenn Risse in Außenputzen die technische Funktion (Dauerhaftigkeit und Dichtigkeit) und/oder das optische Erscheinungsbild der betroffenen Putzfassade wesentlich beeinträchtigen, müssen sie beseitigt werden.

Unter dem Aspekt, dass sich bei lokalen Nachbesserungen zur Beseitigung von Einzelrissen im Außenputz auch bei handwerklich sorgfältigster Ausführung erfahrungsgemäß Strukturabweichungen von der übrigen Fassadenfläche nicht vollständig vermeiden lassen und daraus bleibende optische Beeinträchtigungen resultieren können, sollten Planer und Ausführende der Rissvermeidung in Außenputzen besondere Aufmerksamkeit schenken.

Dazu gehört, dass der Außenputz im Anschlussbereich zwischen Rollladenkasten und Mauerwerk mit einer geeigneten Putzbewehrung, die mindestens 20 cm auf das anschließende Mauerwerk geführt werden muss, verstärkt wird. Die im oberen Drittel des Unterputzes eingebrachte Bewehrung verbessert die Zugfestigkeit des Putzes und bewirkt somit eine Rissverteilung. Statt weniger breiter Risse entstehen viele kleine Haarrisse, die weder die Funktion des Putzsystems noch den optischen Wert der Putzfassade beeinträchtigen.

Putzabschlussprofile außenseitig verputzter Rollladenkästen dürfen seitlich nicht in den Außenputz einbinden. Außerhalb der (fertig verputzten) Wandöffnungen sind sie zu entfernen bzw. auszuklinken.

Maßnahmen und Kosten der Instandsetzung

Die Verfahren zur Instandsetzung gerissener Putze an Fassaden sind ausführlich im WTA-Merkblatt 2-4 „Beurteilung und Instandsetzung

Abb. 3.57: Skizze zum Rissverlauf

Abb. 3.58: Horizontalriss im Außenputz im Auflagerbereich eines Rollladenkastens

Abb. 3.59: Das Putzabschlussprofil des Rollladenkastens bindet ca. 30 mm seitlich in den Außenputz ein.

gerissener Putze an Fassaden" dargestellt (vgl. WTA, August 2008).

Im vorliegenden Schadensfall konnten die Risse nach dem in diesem Merkblatt für die Instandsetzung von Einzelrissen beschriebenen Instandsetzungsverfahren E4 „Rissüberbrückung mit Trennlage und Putzträger" dauerhaft beseitigt werden. Hierzu war es erforderlich, den zweilagigen Putz beidseitig des Risses in einem ausreichend breiten Streifen zu entfernen und mit einer Entkopplung vom Putzgrund neu aufzubauen. Das Putzabschlussprofil des Rollladenkastens musste zur Anpassung an die lichte Breite der fertigen Wandöffnung gekürzt werden.

Abschließend musste die Fassade vollflächig gestrichen werden.

Die mit der Instandsetzung gerissener Putzfassaden verbundenen Kosten sind abhängig von Anzahl, Art und Länge der Risse und lassen sich daher nur auf den Einzelfall bezogen angeben.

Für die ca. 50 m² große Fassadenfläche kann ein Instandsetzungsaufwand von 2.750,00 € zuzüglich Mehrwertsteuer angesetzt werden, was einem Betrag von 55,00 €/m² entspricht.

3.15 Risse mit großen Rissbreiten

Schadensbild

An einem dreigeschossigen Gebäude mit Kellergeschoss, Erdgeschoss und Dachgeschoss, das 1977/1978 errichtet wurde, zeigten sich nach einem Hochwasser im August 2002 erhebliche Risse an der westlichen und den angrenzenden südlichen und nördlichen Außenwänden (siehe Abb. 3.60). An den betroffenen Fassaden sind mehrfach Rissbildungen mit Rissbreiten bis zu etwa 4 mm vorhanden. Die Risse mit größeren Rissbreiten verlaufen raumseitig entlang der westlichen Außenwand als Horizontalriss im Abstand von 50 cm über Oberkante Bodenbelag und entlang der südlichen und nördlichen Außenwand als Schrägrisse, die von oben nach unten verlaufen (siehe Abb. 3.61). Die Risse sind an den Außenseiten der Wände in gleichem Verlauf vorhanden.

Durch eine Bohrkernentnahme auf Höhe des Horizontalrisses in der westlichen Außenwand konnte festgestellt werden, dass der Horizontalriss am Übergang zwischen Stahlbetonsockel und aufgehendem Ziegelmauerwerk liegt (siehe Abb. 3.62).

Zur Erkundung der Baugrundverhältnisse wurden Schürfungen, Sondierungen mit der schweren Rammsonde und Rammkernsondierungen vorgenommen. Dabei zeigte sich, dass die betroffenen Außenwände in Tiefen zwischen 1,1 und 1,3 m auf einem Fundament aus Stampfbeton gegründet sind. Der Baugrund besteht hier bis in eine Tiefe von 2 m unter Geländeoberkante aus weichen, mitunter sogar breiigen Auelehmen, die als unzureichend tragfähig und stark zusammendrückbar eingestuft werden mussten. Ab einer Tiefe von 2 m liegen ausreichend tragfähige Bodenschichten in Form von Flussanden und -kiesen in mitteldichter bis dichter Lagerung vor (siehe Abb. 3.64). An der gegenüberliegenden Seite des Gebäudes wurden bei der Sondierung bereits ab einer Tiefe von 1,20 m unter Geländeoberkante sehr hohe Rammwiderstände beobachtet, die auf einen ausreichend tragfähigen Baugrund schließen lassen.

Ursachen

Art, Lage und Umfang der Risse lassen bereits nach augenscheinlicher Feststellung auf ein Abkippen der westlichen Außenwand schließen. Aufgrund der Baugrundverhältnisse konnte festgestellt werden, dass die Setzungsrisse durch die unzureichende Gründung in nicht tragfähigem Boden verursacht wurden.

Im vorliegenden Fall sind bei der westlichen Außenwand zwischen Gründungssohle und ausreichend tragfähigem Boden weiche bindige Böden im Untergrund verblieben, die als unzureichend tragfähig und setzungsempfindlich zu bewerten sind. Die nicht tragfähigen Bodenschichten wurden durch das Hochwasser 2002 aufgeweicht und durch die Auflast des Gebäudes zusammengedrückt. Die westliche Außenwand senkte sich ab (siehe Abb. 3.63).

Da der übrige Teil des Gebäudes auf dicht gelagerten, setzungsunempfindlichen Kiesen gegründet ist, haben sich die Setzungen des Anbaus voll als Setzungsdifferenzen ausgewirkt. Die Differenzen können vom Ziegelmauerwerk nicht aufgenommen werden. Es treten Setzungsrisse auf.

Hinweise zur Schadensvermeidung

Die Gründung von Gebäuden oder Gebäudeteilen ist auf ausreichend tragfähigen Baugrund zu erstellen. Bei Gründungsarbeiten sind die jeweiligen Baugrundverhältnisse im Einzelfall von fachkundigen Personen zu prüfen. Die Beurteilung des Baugrundes ist für jede Baumaßnahme erforderlich. Mit einschlägigen Fachkenntnissen hätten die weichen Bodenschichten im vorliegenden Fall bei den Aushubarbeiten für den Anbau leicht erkannt werden können.

Maßnahmen und Kosten der Instandsetzung

Die Instandsetzung der nicht tragfähigen Gründung war vergleichsweise einfach, da ca. 2 m unter Geländeoberkante ausreichend tragfähige Flusssande und -kiese angetroffen wurden. Die Bauwerkslasten mussten daher lediglich bis in diese Schichten geführt werden, wobei aber

Abb. 3.60: Westliche Außenwand des Anbaus mit Setzungsrissen

Abb. 3.61: Setzungsrisse im Gebäude im nordwestlichen Eck

Abb. 3.62: Der Horizontalriss liegt zwischen Mauerwerk und Betonsockel.

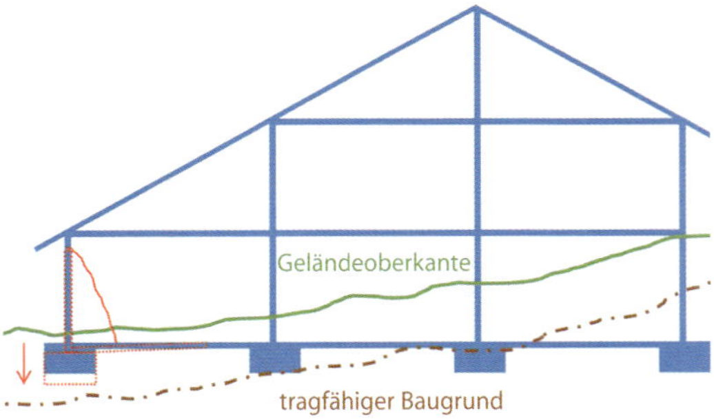

Abb. 3.63: Prinzipskizze der eingetretenen Setzung

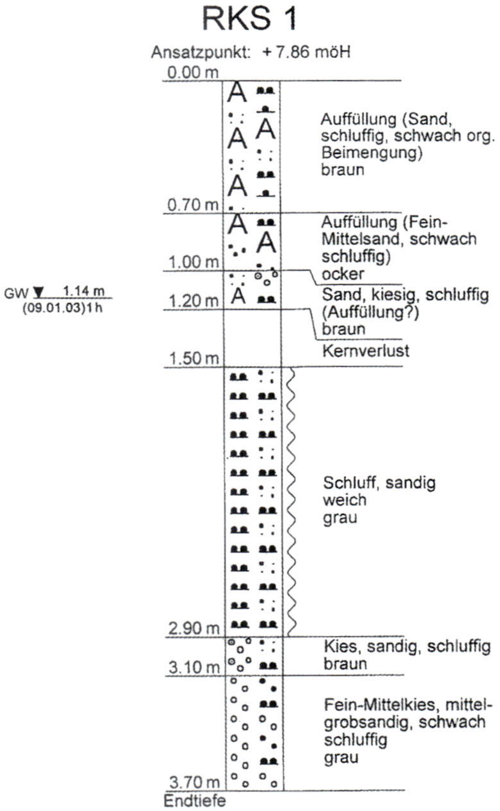

Abb. 3.64: Bodenprofil nach Rammkernsondierung

wegen der hohen Grundwasserstände eine klassische, abschnittsweise händische Unterfangung nach DIN 4123:2013-04 „Ausschachtungen, Gründungen und Unterfangungen im Bereich bestehender Gebäude" nicht infrage kam. Als Alternativen wurden die Nachgründung als Unterfangung im Düsenstrahlverfahren, der Einbau von Verpresspfählen und der Einsatz von vorspannbaren Stabverpresspfählen untersucht. Aus wirtschaftlichen Gründen kam letztendlich eine Unterfangung im Düsenstrahlverfahren zur Ausführung.

Die Kosten beliefen sich bei einer Länge der Unterfangung von ca. 15 m auf etwa 650,00 €/m zuzüglich Mehrwertsteuer.

3.16 Risse mit netzartigem Verlauf über Fugen des Mauerwerks

Schadensbild

Bei einem Einfamilienhaus sind die Außenwände aus Leichtziegelmauerwerk erstellt und mit einem mehrlagigen Kalkputz versehen. Die Putzflächen insbesondere der nach Westen hin orientierten Fassade zeigen ein netzartiges Rissbild mit horizontal und versetzt vertikal verlaufenden Rissen bis 0,1 mm Breite. Das Erscheinungsbild der Risse entspricht in etwa dem Fugenbild bei dem verwendeten großformatigen Leichtziegelmauerwerk. Örtlich sind zudem Hohlstellen im Putz vorhanden. Die Lage festgestellter Risse und Hohllagen ist exemplarisch in Abb. 3.65 dargestellt.

Weiterhin sind parallel zu den Rissbildungen im Abstand von einigen Zentimetern sich relativ zur Umgebung dunkler abzeichnende Bereiche festzustellen (siehe Abb. 3.66).

Das Erscheinungsbild der Verfärbungen ist stark von den erfolgten Feuchteeinwirkungen, z. B. Schlagregen, auf die Fassade abhängig. Nach längeren Trockenperioden verschwinden die Verfärbungen.

Bei Probeöffnungen wurde festgestellt, dass sich die Haarrisse im Bereich der Mörtelfugen des Mauerwerks befinden. Die Dicke des Unterputzes beträgt 20 cm, die des Oberputzes 5 mm. Der Putzaufbau ist mit einer mineralischen Beschichtung versehen.

Vor Ort wurden Benetzungsproben durchgeführt, um das Saugverhalten des Putzes qualitativ zu untersuchen. An einer entnommenen Putzprobe wurde festgestellt, dass ein auf den Unterputz aufgebrachter Wassertropfen auch über einen Zeitraum von mehreren Minuten nicht vom Putz aufgenommen wird. Dies belegt, dass der Putz durch Zusätze hydrophob eingestellt ist.

Beim Oberputz zeigte sich bei der Benetzungsprobe dagegen eine stetige Aufnahme des Wassers. Von der mit einer mineralischen Beschichtung versehenen Oberfläche des Oberputzes wird aufgebrachtes Wasser kaum aufgenommen. Es läuft an der Fassade ab.

Aus dem Bauablauf ist bekannt, dass der Unterputz, ein für Leichtziegelmauerwerk geeigneter Kalkputz mit niedrigem Elastizitätsmodul, im Mai in 2 Lagen aufgebracht wurde. Der Auftrag des Oberputzes, eines faserbewehrten Silikatputzes, erfolgte Ende Juni desselben Jahres. Nach dem Unterputzauftrag herrschte sonniges Wetter mit hohen Temperaturen. Nachbehandlungsmaßnahmen wie z. B. ein Abhängen oder Feuchthalten der Fassade wurden nach Angabe nicht durchgeführt, da ein Putz mit Wasser abweisenden Eigenschaften, d. h. mit einem verzögerten Trocknungsverhalten, verwendet wurde.

Ursachen

Die Ursache der Stein-Putz-Risse, die dem Verlauf der Fugen des Mauerwerks folgen, liegt in Schwindverformungen des Putzes. Der im vorliegenden Fall ausgeführte Putzaufbau, d. h. ein Oberputz mit höherer Festigkeit als der des Unterputzes, ist für die Anwendung auf Leichtziegelmauerwerk als nicht geeignet zu bezeichnen.

Die Druckfestigkeit des Unterputzes beträgt nach Herstellerangabe 3,5 bis 4 N/mm^2, die des Oberputzes 6,0 N/mm^2. Nach DIN V 18550: 2005-04 „Putz- und Putzsysteme“ und DIN EN 13914-1:2005-06 „Planung, Zubereitung und Ausführung von Innen- und Außenputzen“ soll die Festigkeit des Oberputzes höchstens gleich der Festigkeit eines als Unterputz verwendeten Leichtputzes sein.

Zur konkreten Entstehung der Rissbildungen ist zunächst festzustellen, dass der Unterputz nicht in der Lage war, die Fugen als Unstetigkeitsstellen im Untergrund rissfrei bzw. mit fein verteilten Rissen zu überbrücken. Wenn nach dem Auftragen des Putzes ein warm-trockenes Wetter vorherrscht, dann besteht die Gefahr, dass die Wasserabgabe des Putzes im Steinbereich schneller erfolgt als im Bereich der Mörtelfugen. In diesem Fall entstehen im Steinbereich Schwindverformungen, die über den Fugen Zugspannungen bewirken, welche dort wegen der noch weniger weit fortgeschrittenen Festigkeitsentwicklung nicht aufgenommen werden können. Es kommt zu Rissbildungen.

Abb. 3.65: Rissbildungen (blau) und Hohlstellen (rot) in Putzfassade

Abb. 3.66: Dunkle Verfärbungen entlang der Risse

Die Risse im Unterputz stellen wiederum Unstetigkeitsstellen im Untergrund des Oberputzes dar. Dieser weist eine hohe Festigkeit auf und bildet somit bei der vorliegenden Dicke von 5 mm eine kompakte Schicht. Die nicht zu vermeidenden Schwindverformungen im Zuge der Erhärtung des Oberputzes führen wegen dessen hoher Zugfestigkeit zu Rissbreiten, die zumindest bei bestimmten Feuchte- und Belichtungsbedingungen für den Betrachter deutlich erkennbar sind. Durch Feuchtewechsel und zunehmende Verschmutzung im Rissbereich werden die Risse im Laufe der Zeit deutlicher sichtbar.

Als Ursache der Verfärbungen parallel der Risse ist von Feuchteaustauschvorgängen durch den Rissquerschnitt auszugehen. Hierbei kann Wasser über kapillares Saugen rasch aufgenommen werden. Die durchgeführten Untersuchungen zum Saugverhalten des Putzes zeigten, dass der Oberputz wasseraufnahmefähiger ist als der Unterputz. Hierin ist die Erklärung für die große Breite der verfärbten Bereiche beidseits der Risse zu sehen. Eingedrungenes Wasser verteilt sich in erster Linie im Oberputz und wird nur in geringem Umfang an den Unterputz abgegeben.

Hinweise zur Schadensvermeidung

Zur Vermeidung der festgestellten Risse sind zwei Vorgehensweisen möglich. Zum einen kann die Putzregel „weich auf hart" angewendet werden, d. h., dass die Festigkeit des Oberputzes geringer als die Festigkeit des Unterputzes ist oder beide Putzlagen gleich fest sind, um die in den einzelnen Putzlagen auftretenden Spannungen aufnehmen zu können. Zum anderen können der harte Untergrund und der harte Oberputz durch eine weiche Zwischenschicht entkoppelt werden. Um eine wirksame Entkopplung zu erreichen, ist ein Unterputz mit deutlich geringerer Festigkeit als beim Oberputz erforderlich.

Weiter ist es anzuraten, Putzfassaden zur Hauptwetterrichtung bei Leichtziegelmauerwerk mit einer rissüberbrückenden Gewebespachtelung auszuführen.

Maßnahmen und Kosten der Instandsetzung

Für eine vollständige Schadensbeseitigung ist es wegen der strukturierten Oberfläche des ausgeführten Putzes erforderlich, den Putzaufbau komplett zu erneuern.

Als Kosten für diese Maßnahme sind bei einer Fläche von ca. 60 m^2 ca. 100,00 €/m^2 zuzüglich Mehrwertsteuer zu veranschlagen. Bei wenig strukturierten Putzoberflächen ist es auch möglich, die Instandsetzung durch das Aufbringen einer gewebearmierten Spachtelung und eines Oberputzes durchzuführen. Die Kosten für diese Maßnahme sind mit ca. 65,00 €/m^2 zuzüglich Mehrwertsteuer anzusetzen.

3.17 Risse im Fugenverlauf des Mauerwerks

Schadensbild

Bei einem Wohnhaus sind im Außenputz des monolithischen Außenmauerwerks aus großformatigen porosierten Leichthochlochziegeln, die mit einem Dünnbettmörtel vermauert wurden, zahlreiche Risse mit überwiegend horizontalem, bereichsweise auch orthogonalem Verlauf entstanden (siehe Abb. 3.67 und 3.68). Die Putzrisse zeichnen deutlich erkennbar das Format der Blockziegel nach (siehe Abb. 3.69). Von der Rissbildung betroffen sind insbesondere die Nord-, Süd- und Westfassade, während die Ostfassade die geringsten Rissbildungen aufweist.

Nach Öffnung des Außenputzes im Bereich eines Horizontalrisses zeigte sich, dass dieser genau über einer Lagerfuge im Mauerwerk verläuft (siehe Abb. 3.70).

Ursachen

Die Risse im Außenputz sind durch die Verwendung eines ungeeigneten Putzmörtels entstanden. Dieser war nicht in der Lage, die auftretenden Zugspannungen aus der thermischen Verformung der großformatigen Leichthochlochziegel aufzunehmen. Die Überschreitung der Zugfestigkeit des Außenputzes führte zur Rissbildung.

Das typische Schadensbild der das Mauersteinformat nachzeichnenden Putzrisse weist darauf hin, dass es sich um sog. Stein-Putz-Risse handelt.

Die Vorgänge, die zur Entstehung derartiger Risse im Außenputz auf Leichtziegelmauerwerk führen, werden in der Fachliteratur ausführlich beschrieben (vgl. Pfefferkorn/Klaas, 2002; Blaich, 1999). Sie lassen sich in Kurzfassung wie folgt darstellen:

Bei der äußeren Abkühlung eines monolithischen Außenmauerwerks aus großformatigen Leichthochlochziegeln findet die thermische Verformung im Gegensatz zu einer massiven Wandschale nur im äußeren Wandbereich statt. Wandkern und Wandinnenseite verwölben sich nicht. Durch die thermisch bedingte Verkürzung der einzelnen Steine öffnen sich die unvermörtelten Stoßfugen, der Putzgrund verliert seine geschlossene Oberfläche.

Durch Überlagerung der Schwindspannungen des Putzmörtels mit Spannungen aus der zuvor beschriebenen temperaturbedingten Untergrundverformung wird die Zugfestigkeit gewöhnlicher Außenputze überschritten, über den Mauerwerksfugen treten Spannungsspitzen mit der Folge von Rissbildungen auf. Als rissgefährdet gelten insbesondere Westfassaden, weil die Temperaturdifferenz aus der starken Erwärmung in der Nachmittagssonne und der darauffolgenden nächtlichen Abkühlung dort besonders groß ist.

Hinweise zur Schadensvermeidung

Eine nicht auf Einzelrisse beschränkte Anzahl von Rissen in Außenputzen stellt rissbreitenunabhängig einen Mangel dar, da hierdurch der optische Wert der Fassaden nicht unwesentlich beeinträchtigt wird.

Ein monolithisches Außenmauerwerk aus großformatigen Leichthochlochziegeln, das mit einem Leichtmauermörtel oder auch einem Klebemörtel ohne Stoßfugenvermörtelung hergestellt wird, ist als problematischer Putzgrund einzustufen. Zur Vermeidung von Rissbildungen müssen Mauersteine, Mauermörtel und Putzsystem aufeinander abgestimmt werden. Hierbei sollten die Empfehlungen der Baustoffhersteller berücksichtigt werden. Bei richtiger Verarbeitung lässt sich durch die Verwendung von Leichtputzen die Gefahr einer sichtbaren Rissbildung zwar minimieren, jedoch besteht auch bei fachgerechter Putzausführung ein Restrisiko hinsichtlich des Auftretens von Haarrissen über den Stoß- und Lagerfugen. Größtmögliche Sicherheit wird erst durch eine Entkopplung des Putzes vom Putzgrund erzielt, z. B. durch den Einsatz eines Wärmedämmputzes oder eines Wärmedämm-Verbundsystems.

Maßnahmen und Kosten der Instandsetzung

Die Vielzahl der Risse machte im vorliegenden Schadensfall eine flächige Instandsetzung notwendig. Die verschiedenen Instandsetzungsverfahren sind ausführlich im WTA-Merkblatt 2-4 „Beurteilung und Instandsetzung gerisse-

Abb. 3.67: Skizze zum Rissverlauf an der Südfassade

Abb. 3.68: Skizze zum Rissverlauf an der Nordfassade

Abb. 3.69: Die Horizontalrisse zeichnen den Verlauf der Lagerfugen im Mauerwerk nach.

Abb. 3.70: Putzöffnung zur Feststellung der Rissursache

ner Putze an Fassaden" dargestellt (vgl. WTA, August 2008).

Im dargestellten Schadensfall sollte zur Instandsetzung ein Wärmedämmputzsystem entsprechend dem im WTA-Merkblatt 2-4 beschriebenen Verfahren F7 aufgebracht werden.

Das System besteht aus Dämmputz, Armierungsputz mit vollflächiger Gewebeeinlage und einem geeigneten wasserabweisenden Oberputz. Durch die mindestens 50 mm dicke Dämmputzschicht wird eine Entkopplung zwischen Putzgrund und Oberputz hergestellt, sodass Rissbreitenänderungen im Putzgrund bis 0,5 mm schadensfrei aufgenommen werden können. Gleichzeitig werden temperaturbedingte Rissbewegungen durch die Eigenschaft des Dämmputzes reduziert.

Im vorliegenden Schadensfall wurden für die flächige Instandsetzung der gerissenen Putzfassaden (ca. 180 m^2) nach dem Verfahren F7 Gesamtkosten in Höhe von 14.300,00 € zuzüglich Mehrwertsteuer ermittelt. In diesem Betrag sind die Kosten für Gerüstbauarbeiten, De- und Wiedermontage von Regenfallrohren, Fenstergittern, Wandleuchten usw. sowie für den Austausch der Naturwerkstein-Außenfensterbänke enthalten.

Bezogen auf 1 m^2 Fassadenfläche betragen die Instandsetzungskosten ca. 80,00 €/m^2 zuzüglich Mehrwertsteuer.

3.18 Risse mit horizontalem Verlauf im unteren Wandbereich

Schadensbild

An den Putzfassaden eines in konventioneller Massivbauweise hergestellten Verbrauchermarkts zeigt sich ca. 25 cm über dem verputzten und dunkelgrau gestrichenen Stahlbetonsockel ein Horizontalriss (siehe Abb. 3.71 und 3.72).

Das auf den Stahlbetonsockel aufgesetzte Außenmauerwerk besteht aus großformatigen Hochlochziegeln. Durch Putzöffnung wurde festgestellt, dass der horizontale Putzriss auf Höhe der Lagerfuge zwischen der ersten und zweiten Steinschicht des großformatigen Ziegelmauerwerks verläuft. In dieser Lagerfuge befindet sich eine Querschnittsabdichtung aus Bitumenbahnstreifen (siehe Abb. 3.74).

Unterhalb der Rissbildung weist der Außenputz eine grünliche Verfärbung auf. An einer Stelle hat sich die stellenweise hohl liegende Putzschale bereits vollständig vom Putzgrund gelöst (siehe Abb. 3.73). Die gemessene Putzdicke beträgt ca. 15 mm.

Ursachen

Der horizontale Putzriss über der Querschnittsabdichtung des Außenmauerwerks und die unterhalb des Risses aufgetretenen Putzablösungen sind die Folge einer mangelhaften Vorbereitung des für den unmittelbaren Putzauftrag ungeeigneten Untergrunds.

Das über den Riss eindringende Niederschlagswasser hat unter Frosteinwirkung die Ablösung der Putzschicht vom Mauerwerk bewirkt. Dadurch sind offensichtlich auch die grünlichen Verfärbungen entstanden, bei denen es sich um wasserlösliche Substanzen aus der Bitumenbahn handeln könnte.

Putzbekleidungen erfordern einen homogenen, ebenflächigen und tragfähigen Untergrund, damit sie rissfrei bleiben. Der Fachunternehmer hat die Aufgabe, den Untergrund vor Putzauftrag visuell und mithilfe einfacher Untersuchungen (Kratzprobe, Wischprobe, Benetzungsprobe usw.) auf seine Eignung zu prüfen. Ein inhomogener Putzgrund – z. B. im Bereich von Materialwechseln, Fehlstellen, offenen Fugen oder bahnenförmigen Querschnittsabdichtungen (siehe Abb. 3.75) – muss zur Vermeidung von Putzrissen fachgerecht vorbereitet werden.

Im dargestellten Schadensfall hätte das Ziegelmauerwerk im Bereich der durch die Querschnittsabdichtung entstandenen Trennfuge mit einem geeigneten metallischen Putzträger und einem Spritzbewurf aus Zementmörtel für die Putzaufnahme vorbereitet werden müssen.

Hinweise zur Schadensvermeidung

Sind in Mauerwerkswänden, die mit einem Putz bekleidet werden sollen, bahnenförmige Querschnittsabdichtungen vorhanden, bedarf es zur Vermeidung von Putzrissen besonderer untergrundvorbereitender Maßnahmen. Hierfür eignen sich im tragenden Untergrund zu befestigende Putzträger, z. B. aus einem verzinkten Drahtnetzgewebe oder Ziegeldrahtgewebe, auf die dann ein Zementspritzbewurf und ein geeigneter mineralischer Putz aufgebracht werden können.

Putzbewehrungen, z. B. aus Kunststoff- oder Glasfasergeweben, die lediglich in den Putz eingebettet werden, sind zur Vermeidung konstruktionsbedingter Putzrisse nicht geeignet. Im Unterschied zu Putzträgern besteht ihre Aufgabe im Wesentlichen darin, die Zugfestigkeit eines Putzsystems zu erhöhen und Rissbildungen durch Eigenspannungen in der Putzschicht zu minimieren.

Maßnahmen und Kosten der Instandsetzung

Im dargestellten Schadensfall sollten die putzgrundbedingten Rissbildungen nach dem im WTA-Merkblatt 2-4 „Beurteilung und Instandsetzung gerissener Putze an Fassaden“ beschriebenen Instandsetzungsverfahren E4 „Rissüberbrückung mit Trennlage und Putzträger“ beseitigt werden (vgl. WTA, August 2008).

Durch die Beseitigung weiterer, hier nicht beschriebener Schäden entstanden im Fassadenputz zahlreiche, über die Fläche verteilte Ausbesserungsstellen. Da sich ausbesserungsbedingte Unterschiede in der Putzstruktur erfah-

Abb. 3.71: Horizontalriss im Fassadenputz

Abb. 3.72: Detailaufnahme der Rissbildung

Abb. 3.73: Putzschaden unterhalb des Horizontalrisses

Abb. 3.74: Der Putzriss verläuft über der Querschnittsabdichtung des Außenmauerwerks.

rungsgemäß auch bei handwerklich sorgfältiger Ausführung nicht vermeiden lassen und wegen der Vielzahl von Ausbesserungsstellen mit einer nicht unwesentlichen optischen Beeinträchtigung gerechnet werden musste, wurden die Putzfassaden mit einer Fläche von insgesamt ca. 470 m² abschließend vollflächig nach dem WTA-Instandsetzungsverfahren F5 „Mineralischer Armierungsputz und mineralischer Oberputz“ überarbeitet und mit einem Anstrich versehen.

Der Instandsetzungsaufwand belief sich auf ca. 40,00 €/m² zuzüglich Mehrwertsteuer. In diesem Betrag sind die Gerüstkosten enthalten.

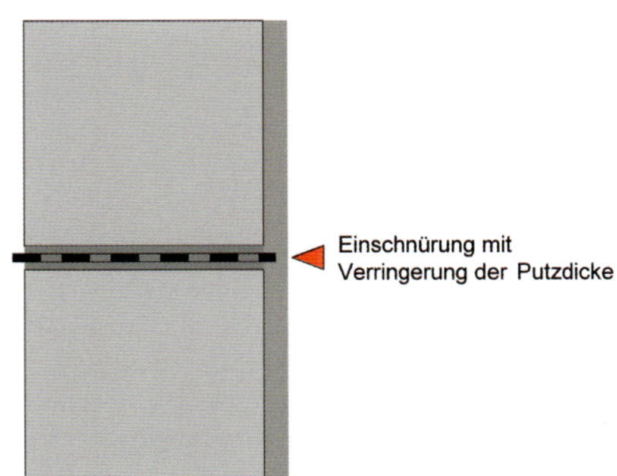

Abb. 3.75: Grafische Darstellung der Querschnittsabdichtung

3.19 Risse mit horizontalem Verlauf im oberen Wandbereich

Schadensbild

Der nachfolgend dargestellte Schadensfall betrifft den eingeschossigen Gebäudeteil eines ansonsten zweigeschossig errichteten Wohnhauses. Die beidseitig verputzten Außenwände bestehen aus einem Porenbetonmauerwerk mit einem oberen Abschluss aus einem Stahlbetonringbalken. Darüber befindet sich ein Pultdach mit einer Dachdeckung aus Wellblechen.

Im oberen Bereich einer Außenwand, die über die Außenecke des Gebäudes nach außen in den Terrassenbereich durchläuft und dort einen Wandvorsprung bildet, ist ein den Mauerwerksquerschnitt durchtrennender Horizontalriss entstanden (siehe Abb. 3.76). Rissverlauf und -breiten sind in Abb. 3.79 dargestellt.

Seine maximale Breite von 3 mm erreicht der Horizontalriss an der Stirnseite des Wandvorsprungs (siehe Abb. 3.77), wo er die Putzprofile an den beiden senkrechten Kanten durchtrennt hat (siehe Abb. 3.78).

Auf der terrassenzugewandten Seite des Wandvorsprungs zeigen sich ober- und unterhalb des beschriebenen Horizontalrisses weitere, orthogonal zueinander verlaufende Putzrisse, die augenscheinlich die Stoß- und Lagerfugen des Mauerwerks nachzeichnen.

Ursachen

Der Horizontalriss ist durch die materialbedingte Schwindverkürzung des Stahlbetonringbalkens auf dem Außenmauerwerk entstanden. An der betroffenen Gebäudeecke fehlten die zur Rissvermeidung erforderlichen konstruktiven Maßnahmen (z. B. Anordnung einer Zugstütze).

Die orthogonalen, den Verlauf der Mauerwerksfugen nachzeichnenden Rissbildungen sind auf quell- und schwindbedingte Verformungen der Porenbetonsteine durch das über den Horizontalriss eingedrungene Niederschlagswasser zurückzuführen.

Die Auswertung des Schadensbildes und der statisch-konstruktiven Unterlagen ergab, dass abhebende Kräfte den Horizontalriss verursacht haben. Bei der schwindbedingten Verkürzung des Stahlbetonringbalkens bewegen sich die Ecken nach oben, wenn die Auflast geringer ist als die abhebende Kraft.

Wesentliche Vertikallasten, die dieser abhebenden Kraft hätten entgegenwirken können, sind aufgrund der leichten Dachkonstruktion im vorliegenden Fall nicht vorhanden. Die vom Tragwerksplaner an anderen Stellen des Gebäudes geplante Anordnung von Zugstützen fehlt in dem gerissenen Eckbereich. Somit hat ein Fehler in der Tragwerksplanung den Schaden verursacht.

Aufgrund eines offensichtlich guten Haftverbundes zwischen Stahlbeton und Mauerwerk ist der Riss nicht unmittelbar unter dem Ringbalken, sondern 3 Steinschichten tiefer aufgetreten.

Hinweise zur Schadensvermeidung

Die Rissbildung ist im dargestellten Schadensfall durch eine Zwangeinwirkung auf das Mauerwerk entstanden. Hinsichtlich einer derartigen Beanspruchung wird in DIN EN 1996-2/NA:2012-01 „Nationaler Anhang – National festgelegte Paramter – Eurocode 6: Bemessung und Konstruktion von Mauerwerksbauten“ unter Abschnitt 2.3.3 darauf hingewiesen, dass mögliche Formänderungen bei der Planung zu berücksichtigen sind.

Wenn auf das abhebende Bauteil keine wesentlichen Vertikallasten einwirken, muss entweder – zur Vermeidung der Zwangsbeanspruchung – eine Fuge unterhalb des sich verkürzenden Bauteils angeordnet werden oder es müssen konstruktive Vorkehrungen dafür getroffen werden, dass die abhebende Kraft schadensfrei aufgenommen werden kann. Dieses Ziel kann durch Anordnung sog. Zugstützen aus Stahlbeton erreicht werden.

Maßnahmen und Kosten der Instandsetzung

Für die Mangelbeseitigung konnte aufgrund der Standzeit des Gebäudes von fast 5 Jahren davon ausgegangen werden, dass die rissauslösenden Verformungen mittlerweile abgeklungen sind. Jedoch werden die breiten Trennrisse im Mauerwerk auch zukünftig eine Rissbreitenän-

Abb. 3.76: Risse im Außenputz des Wandvorsprungs auf der Terrassenseite

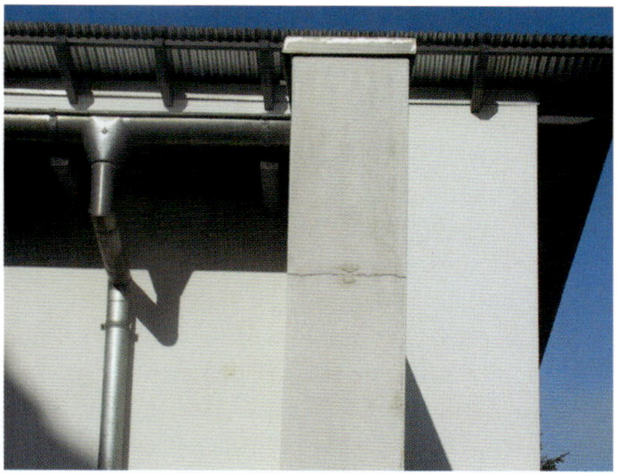

Abb. 3.77: Horizontalriss an der Stirnseite des Wandvorsprungs

Abb. 3.78: Der Riss hat die Putzprofile an den senkrechten Kanten durchtrennt.

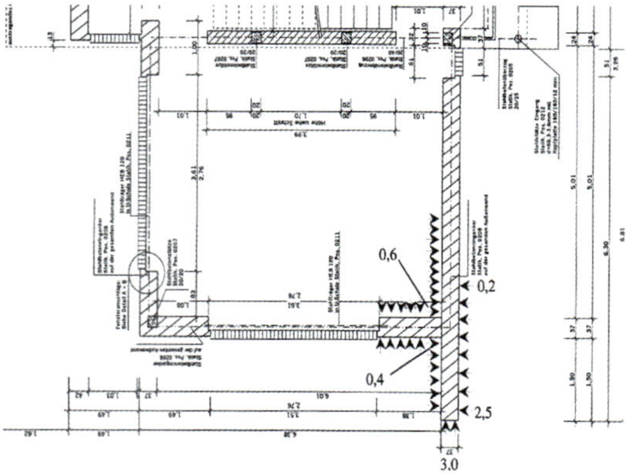

Abb. 3.79: Schematische Darstellung des Rissverlaufs (Rissbreiten in mm)

derung durch hygrothermische Verformung erfahren. Deshalb ist es notwendig, den kraftschlüssigen Verbund im Bereich der Lagerfugen wiederherzustellen und durch einen geeigneten Putzaufbau die Verteilung von Verformungsänderungen im Bereich der verbleibenden Schwachstelle zu ermöglichen.

Die Instandsetzung kann gemäß WTA-Merkblatt 2-4 „Beurteilung und Instandsetzung gerissener Putze an Fassaden" nach dem Verfahren E4 „Rissüberbrückung mit Trennlage und Putzträger" erfolgen (vgl. WTA, August 2008). Vor dem Putzauftrag sind die Trennrisse im Mauerwerk kraftschlüssig zu verschließen. Abschließend müssen die betroffenen Wände bzw. Wandabschnitte vollflächig gestrichen werden.

Die Instandsetzungskosten wurden auf insgesamt 3.500,00 € zuzüglich Mehrwertsteuer geschätzt.

Bei einer Einzelrissinstandsetzung lassen sich erfahrungsgemäß auch unter Anwendung größtmöglicher handwerklicher Sorgfalt Beeinträchtigungen des optischen Erscheinungsbildes der Putzflächen durch ausbesserungsbedingte Strukturabweichungen nicht vollständig vermeiden. Im Einzelfall kann sich daraus eine zusätzliche Wertminderung ergeben, die sich allerdings erst nach erfolgter Instandsetzung und erneuter Besichtigung ermitteln lässt.

3.20 Risse mit horizontalem Verlauf über Decken

Schadensbild

An der Süd- und Westfassade des zweigeschossigen Gebäudeteils eines Verbrauchermarkts verläuft im Außenputz auf Höhe des Obergeschosses ein Horizontalriss mit einer gemessenen maximalen Rissbreite von 0,9 mm (siehe Abb. 3.80). An der Westfassade befindet sich der Riss ca. 90 cm über dem fertigen Fußboden im Obergeschoss (OKFF-OG). An der südwestlichen Gebäudeecke verspringt der Riss um ca. 25 cm nach oben und setzt sich an der Südfassade fort.

Den statischen Unterlagen konnte entnommen werden, dass am westlichen und südlichen Rand der Stahlbetondecke über dem Erdgeschoss Stahlbetonüberzüge vorhanden sind. Die Risse verlaufen in den Lagerfugen des Mauerwerks zwischen der ersten und zweiten Steinschicht (Außenwand West) bzw. der zweiten und dritten Steinschicht (Außenwand Süd) oberhalb dieser Stahlbetonüberzüge.

Auf der Innenseite sind im Wandputz auf einer Höhe von 40, 65, 90 und 113 cm über OKFF-OG parallel zueinander verlaufende Horizontalrisse mit gemessenen Rissbreiten von bis zu 0,8 mm aufgetreten (siehe Abb. 3.81).

Nach Anlegen von Öffnungsstellen im Außen- und Innenputz wurden Rissbildungen auch in den Lagerfugen zwischen dem Stahlbetondeckenüberzug und dem Außenmauerwerk aus Hochlochziegeln sowie zwischen den darüberliegenden Steinschichten vorgefunden (siehe Abb. 3.82). Das beim Anschluss des Ziegelmauerwerks an den Stahlbetondeckenüberzug in den Innenputz eingebettete Bewehrungsgewebe ist durchgerissen (siehe Abb. 3.83).

Ursachen

Die den Wandquerschnitt durchtrennenden Horizontalrisse haben eine konstruktionsbedingte Ursache. Sie sind durch lotrechte und horizontale Längenänderungsdifferenzen zwischen den Stahlbetonbauteilen (Geschossdecke mit Randüberzügen) und dem Außenmauerwerk aus Hochlochziegeln entstanden.

Längenänderungsdifferenzen resultieren insbesondere aus dem Schwinden des Betons und der dadurch verursachten Volumenreduzierung. Schadensverursachend hat es sich im vorliegenden Fall ausgewirkt, dass keine geeignete Putzgrundvorbereitung zur Vermeidung der konstruktionsbedingt zu erwartenden Putzrisse durchgeführt wurde.

Bei einem guten Verbund zwischen dem Stahlbetonbauteil und der daran anschließenden Steinschicht kann häufig beobachtet werden, dass die Rissbildung nicht unmittelbar beim Anschluss zwischen Stahlbeton und Mauerwerk, sondern auch in den darüber- oder darunterliegenden Lagerfugen des Mauerwerks auftritt. So lässt es sich erklären, warum im vorliegenden Fall auch horizontale Putzrisse über den Lagerfugen zwischen den nicht unmittelbar an den Stahlbetonüberzug anschließenden Steinschichten des Mauerwerks entstanden sind.

Hinweise zur Schadensvermeidung

Anschlüsse zwischen Bauteilen aus Beton und Mauerwerk können wegen der unterschiedlichen Verformungseigenschaften dieser Baustoffe nicht unmittelbar verputzt werden. Zur Verhinderung von Putzrissen müssen vor dem Putzauftrag besondere Maßnahmen zur Verbesserung des Putzgrundes getroffen werden.

Konstruktionsbedingte Rissbildungen, wie sie im vorliegenden Fallbeispiel durch das materialbedingte Schwinden der Betonbauteile entstanden sind, können durch eine Putzbewehrung nicht verhindert werden. Hierzu muss entweder eine Trennfuge ausgebildet oder ein Putzträger eingebaut werden.

Maßnahmen und Kosten der Instandsetzung

Hinsichtlich der Instandsetzung konnte aufgrund der Standzeit des Gebäudes von fast 8 Jahren davon ausgegangen werden, dass die rissauslösenden Schwindverformungen mittlerweile abgeklungen sind. Jedoch werden die breiten Trennrisse auch zukünftig eine Rissbreitenänderung durch hygrothermische Verformung erfahren. Deshalb ist es notwendig, den kraftschlüssigen Verbund im Bereich der

Abb. 3.80: Horizontalriss im Außenputz

Abb. 3.81: Horizontalrisse im Innenputz

Abb. 3.82: Der Riss verläuft auch in der Lagerfuge des Außenmauerwerks.

Abb. 3.83: Riss in der Lagerfuge des Außenmauerwerks; das Bewehrungsgewebe ist durchtrennt

Lagerfugen wiederherzustellen und durch einen geeigneten Putzaufbau die Verteilung von Verformungsänderungen im Bereich der verbleibenden Schwachstelle zu ermöglichen.

Die Instandsetzung kann gemäß WTA-Merkblatt 2-4 „Beurteilung und Instandsetzung gerissener Putze an Fassaden" nach dem Verfahren E4 „Rissüberbrückung mit Trennlage und Putzträger" erfolgen (vgl. WTA, August 2008). Vor dem Putzauftrag sind die Trennrisse im Mauerwerk kraftschlüssig zu verschließen. Abschließend müssen die betroffenen Wände bzw. Wandabschnitte vollflächig gestrichen werden.

Die Instandsetzungskosten wurden im vorliegenden Fall mit insgesamt ca. 4.400,00 € zuzüglich Mehrwertsteuer veranschlagt.

Bei einer Einzelrissinstandsetzung können auch bei Anwendung größtmöglicher handwerklicher Sorgfalt geringfügige Beeinträchtigungen des optischen Erscheinungsbilds der Putzflächen im Innen- und Außenbereich durch ausbesserungsbedingte Strukturabweichungen entstehen.
Im Einzelfall kann sich daraus eine zusätzliche Wertminderung ergeben, die sich allerdings erst nach erfolgter Instandsetzung und erneuter Besichtigung ermitteln lässt.

3.21 Risse mit horizontalem Verlauf unterhalb der Attika

Schadensbild

Bei einem mehrgeschossigen, in Massivbauweise errichteten Bürogebäude ist der obere Abschluss als Flachdach ausgebildet und mit einer umlaufenden Attika eingefasst. Die Außenwände bestehen aus Ziegelmauerwerk, die Fassaden sind mit einem ca. 2 cm dicken mineralischen Putz bekleidet und bis über die Dachebene hochgeführt.

Der Fassadenputz weist auf Höhe der oberen Fensterabschlüsse im Dachgeschoss horizontale Risse auf (siehe Abb. 3.84 sowie die schematische Darstellung des Rissbildes in Abb. 3.85). Das Rissbild ist charakterisiert durch einen Hauptriss auf Höhe der Fensterstürze. Dieser Riss verläuft jeweils in den geputzten Flächen zwischen den Fenstern. Die Rissbreite beträgt 0,5 bis 2,5 mm. Der Hauptriss wird in Teilbereichen begleitet von weiteren horizontalen Rissen in regelmäßigen Abständen von jeweils ca. 25 cm nach oben bzw. nach unten. Diese weiteren Risse haben eine deutlich geringere Rissbreite von 0,2 bis 0,6 mm, an Einzelstellen bis 1 mm.

Der horizontal verlaufende Hauptriss erstreckt sich über die gesamte Putzdicke und setzt sich im Untergrund als Riss zwischen einer Lagerfuge und dem darüber anschließenden Mauerziegel fort. Die Rissbreite nimmt über den Wandquerschnitt nach innen ab (siehe Abb. 3.86 und 3.87).

Ursachen

Die Deckenkonstruktion erfährt unter der planmäßigen Belastung aus Eigengewicht und Schneelast eine Durchbiegung. Diese Verformungen haben eine Verdrehung der Deckenränder im Bereich des Außenwandauflagers zur Folge. Das auf der Dachdecke aufstehende Mauerwerk der Attika folgt der Bewegung am Deckenrand. Der Außenwandquerschnitt erfährt infolge des angreifenden Drehmoments raumseitig Druckspannungen und fassadenseitig Zugspannungen. In der Folge tritt eine klaffende Rissbildung im Fassadenbereich auf, die zur Mitte des Außenwandquerschnitts hin gegen null ausläuft.

Die tragende Konstruktion des Gebäudes kann die auftretenden Beanspruchungen nicht ausreichend verformungsarm und damit nicht dauerhaft schadensfrei aufnehmen. Die aus der Verformung des Tragwerks resultierenden Rissbildungen in der Fassade beeinträchtigen die Funktion des Witterungsschutzes und das optische Erscheinungsbild erheblich und stellen einen technischen Mangel dar.

Die Lage des Hauptrisses auf Höhe der Fensterstürze ist bedingt durch die dort bestehende größte Querschnittsschwächung der Lochfassade. Die Rissabstände der begleitenden, ebenfalls horizontal verlaufenden Risse orientieren sich an den Lagerfugen des Mauerwerks entsprechend den dort nur sehr begrenzt aufnehmbaren Zugspannungen.

Bei ausgeprägten Verformungen mit einer klaffenden Rissbildung erfolgt die Lastabtragung nur über den auf Druck beanspruchten Teil der Querschnittsfläche der tragenden Außenwand. Dies hat eine Erhöhung der Druckspannungen im Vergleich zu einer gleichmäßigen Lastableitung über den gesamten Wandquerschnitt zur Folge. Bei ausgeprägten Rissbildern ist eine Beurteilung des Tragverhaltens auf der Grundlage der Tragwerksplanung erforderlich, wobei die von der Außenwandkonstruktion maximal aufnehmbaren Druckspannungen berücksichtigt werden müssen.

Ein Wassereintritt über die Risse in die Außenwandkonstruktion mit nachfolgenden Feuchteschäden sowohl auf der Raumseite als auch im Bereich der Fassade ist zu erwarten.

Hinweise zur Schadensvermeidung

Eine Verdrehung der Randbereiche von Dachdecken kann durch eine formstabile Konzeption des Dachtragwerkes und auf Zug beanspruchbare Tragglieder in der Außenwandkonstruktion reduziert werden. Darüber hinaus sind unvermeidbare Formänderungen der Konstruktion durch bewegliche Bauteilanschlüsse aufzunehmen, z. B. mit durchgehenden Lagerfugen. Im vorliegenden Fall war ein vergleichbares

Abb. 3.84: Übersicht Fassadenfläche

Abb. 3.85: Schematische Darstellung des Rissbildes

Abb. 3.86: Horizontaler Rissverlauf auf Höhe der Fensterstürze im Dachgeschoss

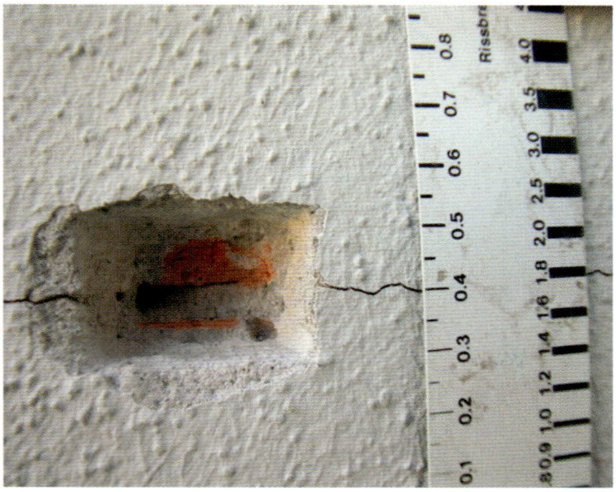

Abb. 3.87: Fortsetzung des Rissverlaufes im Untergrund auf Höhe einer Lagerfuge im Mauerwerk

Schadensbild auch für die darunterliegenden Geschosse zu erwarten und teilweise auch festzustellen. Das Schadensbild war dort jedoch insgesamt geringer ausgeprägt. Grund hierfür war ein gegenläufiger Effekt durch Auflasten der oberen Geschosse.

Maßnahmen und Kosten der Instandsetzung

Unter der Voraussetzung weitgehend abgeklungener Tragwerksverformungen kann eine Instandsetzung konstruktiv bedingter Fassadenrisse durch Aufbringen eines Wärmedämm-Verbundsystems erfolgen. Zukünftig zu erwartende Bewegungen der Rissflanken werden durch eine zusätzliche Dämmung der einwirkenden Temperaturveränderungen reduziert. Gleichzeitig wird die Putzbekleidung über die Dämmschicht vom Untergrund entkoppelt. Formänderungen im Untergrund können in der Dämmschicht ausgeglichen werden und beanspruchen den Fassadenputz nicht mehr.

Die Instandsetzungskosten einschließlich flankierender Maßnahmen wurden im vorliegenden Fall bei einer Gesamtfläche der Fassaden von ca. 800 m² mit ca. 138,00 €/m² zuzüglich Mehrwertsteuer veranschlagt.

3.22 Risse mit horizontalem Verlauf auf Höhe der Geschossdecke

Schadensbild

Ein mehrgeschossiges Bürogebäude wurde in Massivbauweise mit Außenwänden aus Ziegelmauerwerk mit Putzbekleidung, innen liegenden tragenden Stützen und einer weit gespannten Stahlbetondeckenkonstruktion errichtet. Die Fassaden sind als Lochfassade mit regelmäßiger Fensteranordnung gestaltet.

Der Fassadenputz weist auf Höhe der Geschossdecken über die gesamte Fassadebreite vielfach horizontale Risse auf. Die Risse konzentrieren sich auf die Höhe des in die Außenwand einbindenden Deckenauflagers. Das vorherrschende Rissbild ist gekennzeichnet durch mehrfache horizontale Risse im Bereich der Fensterstürze, die untereinander einen regelmäßigen Abstand von ca. 25 cm aufweisen. Die Rissflanken klaffen ca. 0,2 bis 2,0 mm weit auf. Die Ausprägung des Rissbildes hinsichtlich Durchgängigkeit der Risslänge, Rissbreite und Anzahl der parallel verlaufenden Risse nimmt von den unten liegenden Geschossen zum obersten Geschoss hin deutlich zu (siehe Abb. 3.88 bis 3.90). Auf der Innenseite der Außenwände zeichnet sich kein Rissverlauf ab. Die Öffnung der Risse erstreckt sich damit nicht über den gesamten Wandquerschnitt.

Ursachen

Der geradlinige Verlauf der Risse, der gleichmäßige Rissabstand in der Größe einer üblichen Steinhöhe für Außenmauerwerk und die aufklaffenden Rissflanken lassen einen eindeutigen Zusammenhang zwischen den Rissen im Fassadenputz und der dahinter befindlichen Außenwandkonstruktion erkennen. Die Risse sind nach ihrem Erscheinungsbild konstruktiv bedingt. Für die Erklärung der Rissursache sind Kenntnisse über das Tragwerk und die Konstruktion des Gebäudes erforderlich.

Die Lage der Risse bezogen auf die Konstruktion und das Erscheinungsbild der Risse mit einer klaffenden Öffnung auf nur einer Seite des Mauerwerks lassen die Kinematik der Rissentstehung erkennen. Die Ränder der Geschossdecken haben eine Verdrehung im Bereich der Außenwandauflager erfahren. Diese Verdrehung ist die Folge einer ungleichmäßigen Verkürzung der tragenden innen liegenden Wände und Stützen im Vergleich mit den tragenden Außenwänden sowie einer Durchbiegung der Deckenplatten. Eine weitere Ursache für eine solche Verformung des Tragwerks kann ein ungleichmäßiges Setzungsverhalten im Gründungsbereich sein, wenn tragende Innenwände und Innenstützen eine größere Setzung erfahren als tragende Außenwände.

Die kraft- und formschlüssige Einbindung der Deckenränder in die massive Außenwandkonstruktion bewirkt bei Verdrehung des Deckenrandes eine im Querschnitt s-förmige Verformung der Außenwand (siehe Abb. 3.91, Teil 1). Hierbei entstehen an der Außenseite der Außenwand unterhalb des Deckenauflagers Zugspannungen, die von dem Mauerwerk nicht aufgenommen werden können. Aus der Beanspruchung resultiert eine klaffende Rissbildung auf Höhe der Lagerfugen des Außenwandmauerwerks.

Der Schadensmechanismus ist im vorliegenden Fall der gleichartigen Konstruktion an mehreren Geschossdecken zu beobachten.
Ein charakteristisches Merkmal ist die zunehmende Ausprägung des Schadensbildes zu den oberen Geschossen hin. Die in der Außenwand abzutragende Auflast aus den oben liegenden Geschossen bewirkt ein der Deckenrandverdrehung entgegengesetztes, rückdrehendes Moment (siehe Abb. 3.91, Teil 2). Mit zunehmender Auflast überwiegt bei den unteren Geschossen das rückdrehende Moment den Einfluss der Deckenrandverdrehung. Als resultierende Beanspruchung bleibt eine Druckspannung über den gesamten Außenwandquerschnitt und eine klaffende Rissbildung tritt nicht mehr auf.

Hinweise zur Schadensvermeidung

Bei der Konzeption und Bemessung des Tragwerks für das Gebäude müssen die im späteren Zustand zu erwartenden äußeren Einflüsse so berücksichtigt werden, dass die resultierenden Beanspruchungen von den ausgeführten Baukonstruktionen dauerhaft schadensfrei aufgenommen werden können. Verformungen der

Abb. 3.88: Fassadenansichten mit Horizontalrissen jeweils über den Fenstern

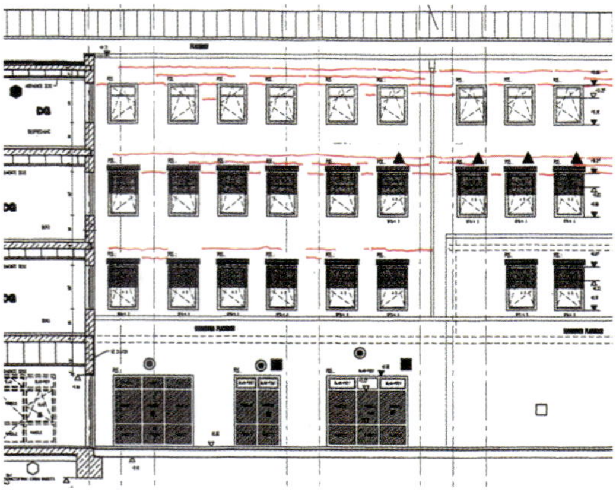

Abb. 3.89: Schematische Darstellung der Rissverläufe

Abb. 3.90: Horizontalrisse auf Höhe des Deckenauflagers

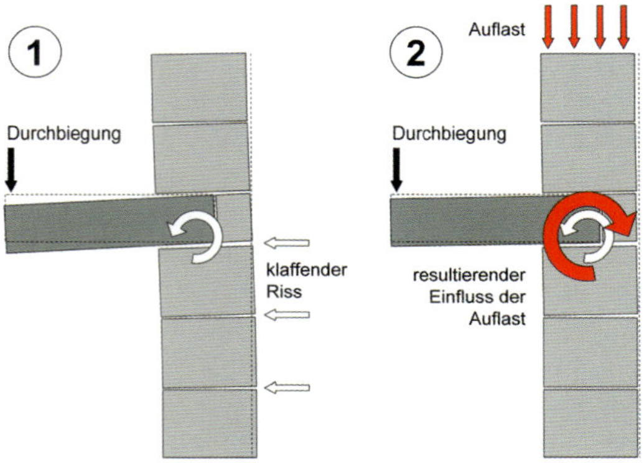

Abb. 3.91: Verformung der Außenwand mit Rissbildung (1) und ohne Rissbildung bei zunehmender Auflast (2)

Deckenrandauflager müssen konstruktiv berücksichtigt werden. Alternativ kann die Fassadenbekleidung als vorgesetzte Schale von dem Untergrund entkoppelt werden. Verformungen des Tragwerks manifestieren sich dann nicht mehr unmittelbar als Rissbildung an den Bauteiloberflächen.

Maßnahmen und Kosten der Instandsetzung

Die konstruktiv bedingten Risse in der Außenwandkonstruktion lassen aufgrund der äußeren Beanspruchungen aus wechselnden Temperatur- und Feuchteverhältnissen an den Fassaden eine über den Jahresrhythmus wiederkehrende Bewegung der Rissflanken erwarten. Dies erfordert ein flexibles Verschließen der Risse. Für das Wiederherstellen eines einheitlichen, rissefreien Erscheinungsbildes der Fassadenfläche ist es zweckmäßig, die Fassadenbekleidung z. B. als zusätzliches Wärmedämm-Verbundsystem vom Untergrund zu entkoppeln.

Diese Maßnahme wurde im vorliegenden Fall bei einer Gesamtfläche der Fassaden von ca. 800 m² mit ca. 138,00 €/m² zuzüglich Mehrwertsteuer, einschließlich flankierender Maßnahmen, veranschlagt.

3.23 Risse mit horizontalem Verlauf an Gebäudeecken

Schadensbild

Bei einem viergeschossigen Gebäude mit einem L-förmigen Grundriss sind im oberen Fassadenbereich unterhalb der Dachkonstruktion horizontale Risse in der Fassadenfläche aufgetreten. Die Risse befinden sich im Bereich der äußeren Gebäudeecke. Die tragende Konstruktion des Gebäudes besteht aus Mauerwerkswänden außen, innen liegenden Stützen und Stahlbetondeckenplatten, die sich zwischen den Außenwänden über mehrere Felder erstrecken. Die Dachkonstruktion besteht aus einem Pultdach ohne Kniestock in Holzbauweise auf der obersten massiven Geschossdecke.

Die horizontalen Risse verlaufen parallel in 2 Höhen im oberen Wandbereich unterhalb der obersten Geschossdecke. Der Abstand zwischen den beiden Rissen beträgt ca. 50 cm, der Abstand des oberen Risses zur darüberliegenden Geschossdecke ca. 25 cm. Beide Risse zeichnen sich mit deckungsgleichem Verlauf sowohl an der Außenseite als auch an der Innenseite der Außenwand ab. Die sichtbare Risslänge ist an der Außenseite der Außenwand länger als an der Innenseite. Die Rissbreite ist an der Außenecke der Fassade maximal und nimmt mit zunehmender Entfernung von der Außenecke ab. Die Rissbreite an der Innenseite der Außenwand ist deutlich geringer als an der Außenseite (siehe Abb. 3.92 bis 3.95).

Ursachen

Der deckungsgleiche Verlauf der Horizontalrisse auf der Außen- und der Innenseite der Außenwand weist auf eine konstruktiv bedingte Ursache der Rissbildung hin. Der geradlinige horizontale Rissverlauf mit einem Abstand von 1 Steinreihe (ca. 25 cm) unterhalb der massiven Deckenplatte und einem Abstand von 2 Steinreihen (ca. 50 cm) zwischen den beiden Rissen lässt ebenfalls einen kausalen Zusammenhang zwischen der Rissbildung in der Putzbekleidung und der Wandkonstruktion erkennen. Für die Klärung der Rissursache sind Angaben zu der tragenden Konstruktion des Gebäudes erforderlich.

Der im Bereich der Außenecke über den gesamten Außenwandquerschnitt aufgetretene klaffende Riss zeigt, dass im Eckbereich resultierende Zugspannungen aufgetreten sind, die größer als die Druckspannungen aus dem Eigengewicht der aufliegenden Konstruktion waren. Ursache hierfür ist eine Durchbiegung der obersten Geschossdecke mit einer Aufschüsselung an den Deckenrändern. Diese ist im Eckbereich am größten. Die Auflast aus dem Eigengewicht des Gebäudes im Dachrandbereich ist aufgrund der eingesetzten leichten Holzkonstruktionen ohne Kniestock zu gering, um die abhebende Verformung der Deckenplatte zu kompensieren. Eine zugfeste Verbindung der Ecke der obersten Geschossdecke mit der darunterliegenden Außenwand wurde konstruktiv nicht ausgebildet. Das Mauerwerk der Außenwand ist zwar für die Abtragung vertikaler Lasten auf Druck gut geeignet, kann jedoch insbesondere in den Lagerfugen Beanspruchungen auf Zug nur in vergleichsweise sehr geringem Maß schadensfrei aufnehmen. Die durch die Geometrie des Tragwerks und die massive Stahlbetonbauweise bedingten Formänderungen der Geschossdecken sind nicht verträglich mit einer kraft- und formschlüssigen Verbindung zwischen den Deckenplatten und dem über die gesamte Gebäudehöhe durchlaufenden Außenmauerwerk.

Hinweise zur Schadensvermeidung

Die Problematik der Außenwandanschlüsse massiver Deckenkonstruktionen mit der Funktion einer Dachdecke ist in DIN 18530:1987-03 „Massive Deckenkonstruktionen für Dächer“ mit Hinweisen für die konstruktive Gestaltung des Anschlusses erläutert. Die massive Dachdecke darf auf Mauerwerkswänden nur unter bestimmten Voraussetzungen unverschieblich aufgelagert werden. Soweit die zu erwartenden Verformungen des Tragwerks für die Außenwandkonstruktion nicht unschädlich bleiben, ist eine verschiebliche Lagerung der Decke auf der Außenwand anzuordnen. Wand- und Deckenputz müssen dann durchgehend voneinander getrennt werden. Die bewegliche Fuge in der Wandkonstruktion muss in der Wandbekleidung aufgenommen und bis zur Putzoberfläche ausgebildet werden. An der Fassadenfläche ist

Abb. 3.92: Horizontaler Rissverlauf in 2 Höhen im oberen Fassadenbereich

Abb. 3.93: Oberer Rissverlauf an der Innenseite der Außenwand

Abb. 3.94: Unterer Rissverlauf an der Innenseite/Außenwand im Eckbereich

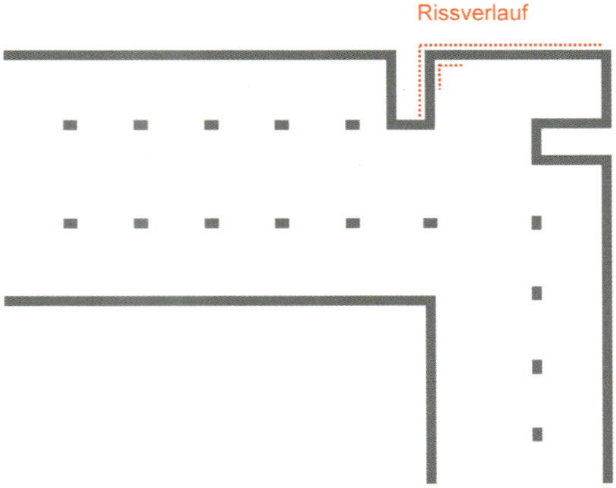

Abb. 3.95: Rissverlauf im Grundriss an der Außenecke

die Fuge zum Schutz gegen die Witterungseinflüsse mit einer flexiblen Abdeckung zu versehen. Dies kann z. B. mit einer vorgehängten Blende, einem Wärmedämm-Verbundsystem oder einer Putzbekleidung, die mit einem Putzträger vom Untergrund entkoppelt wird, geschehen.

Maßnahmen und Kosten der Instandsetzung

Die Risse in der Außenwand lassen dauerhaft Bewegungen der Rissflanken erwarten. Der nachträgliche Einbau eines verschieblichen Deckenauflagers ist mit wirtschaftlich vertretbarem Aufwand nicht möglich. Für die Instandsetzung ist daher das zusätzliche Aufbringen eines Wärmedämm-Verbundsystems zweckmäßig. Aus gestalterischen Gründen sind hierbei die betroffenen Fassadenflächen insgesamt einzubeziehen.

Im vorliegenden Schadensfall wurden die Kosten für eine Erneuerung der Fassadenbekleidung mit zusätzlicher Dämmschicht einschließlich begleitender Maßnahmen bei einer Gesamtfläche von ca. 200 m^2 mit ca. 138,00 €/m^2 zuzüglich Mehrwertsteuer veranschlagt.

3.24 Risse mit diagonalem Verlauf an einer Brüstung

Schadensbild

Im Rahmen einer Generalsanierung an einer Altbebauung wurde die bestehende Dachkonstruktion entfernt und ein neues Dachgeschoss mit nach Süden hin gelegenen Dachterrassen erstellt. Als Brüstungswand wurde der bestehende Traufbereich aus Mauerwerk genutzt. Auf diesem wurde oberseitig ein 40 cm breiter Stahlbetonbalken mit einer Höhe von 6 bis 10 cm angeordnet. Dieser wurde mit einer Blechabdeckung versehen. Die Abb. 3.96 gibt einen Überblick.

In der fassadenseitigen Oberfläche der Brüstung sind örtlich erhebliche Rissbildungen aufgetreten. Die Abb. 3.97 zeigt einen bis 2 mm breiten Vertikalriss unterhalb der Brüstungsabdeckung, der sich nach unten hin auf 1,4 mm verjüngt.

Unterhalb der zentralen Gesimskante tritt eine Verzweigung in 2 Risse mit Breiten von ca. 0,5 mm ein. Den Rissverlauf an der Oberseite der Brüstung im Anschluss an den aufgesetzten Stahlbetonbalken zeigt Abb. 3.98.

Bei genauer Betrachtung ist erkennbar, dass ca. 2 cm links des Risses hinter dem Lochblech eine Fuge im Stahlbetonbalken ausgeführt wurde, in deren Bereich der Beton mit einer Holzleiste abgestellt wurde.

Eine zweite Rissbildung ist im Überblick in Abb. 3.99 dargestellt. Es sind 2 Risse im Abstand von ca. 30 cm vorhanden. Der linke Riss verläuft schräg nach unten mit Breiten von oben 0,6 mm und in der Mitte von 0,5 mm. Er spaltet sich im unteren Gesimsbereich in 2 Horizontalrisse auf. Das linke Rissufer liegt etwas tiefer, sodass ein Höhenversatz von ca. 0,5 mm entsteht. Der zweite Riss verläuft dagegen schräg nach unten in die gegensätzliche Richtung. Zwischen beiden Rissen, d. h. in ca. 5 cm Abstand vom linken Riss, ist in der Brüstungsabdeckung aus Beton wiederum eine Fuge festzustellen.

In einem dritten Fall weist ein Vertikalriss im oberen Bereich eine Breite von 2 mm, im unteren Bereich von 0,5 mm auf. Auch hier teilt sich der Riss nach unten hin in 2 Einzelrisse. Circa 25 cm vom Vertikalriss entfernt ist auch hier in der Brüstungsabdeckung eine Holzleiste festzustellen.

Ursachen

Die Rissursache liegt in der Verkürzung des auf der Brüstung angeordneten Stahlbetonbalkens infolge von Schwinden und Temperaturänderung. Mit Schwinden wird eine Volumenabnahme des Betons durch Trocknung, d. h. Abgabe des für die Erhärtung nicht erforderlichen Überschusswassers, bezeichnet. Die Temperaturbewegung ist darauf zurückzuführen, dass in der kalten Jahreszeit eine Verkürzung des Stahlbetonbalkens eintritt. Diese Einflüsse zeigen sich bei den Fugen als Horizontalbewegung.

Die Risse befinden sich in einem Abstand von ca. 15 m, sodass sich trotz des gegebenen Verbunds zwischen betoniertem Balken und Mauerwerk erhebliche Verformungen aufsummieren. Das Erscheinungsbild der Risse weist deutlich auf diese Schadensursache hin. Die Breite der Risse nimmt von oben nach unten ab. Die größten Breiten sind im Anschluss an den aufbetonierten Balken vorhanden. Weiterhin ist nach unten hin eine Tendenz zur Verzweigung der Risse gegeben. Ein deutliches Zeichen, dass Horizontalbewegungen in entgegengesetzte Richtungen aufgetreten sind, zeigt das oben beschriebene zweite Beispiel (siehe Abb. 3.99). Dort sind schräg gegeneinander verlaufende Risse aufgetreten.

Sämtliche Risse liegen unterhalb der Fugen in dem auf der Brüstung angeordneten Stahlbetonbalken. Nachdem ansonsten augenscheinlich keine weiteren Fugen festgestellt wurden, steht das Erscheinungsbild der festgestellten Risse eindeutig im Zusammenhang mit den Fugen im Stahlbetonbalken. Bei der rissauslösenden Einwirkung handelt es sich um eine Zwangbeanspruchung auf das Mauerwerk, da sich der aufgesetzte Stahlbetonbalken nicht frei verformen kann.

Hinweise zur Schadensvermeidung

Aus der starren Verbindung von Baustoffen mit unterschiedlichem Verformungsverhalten können erhebliche Zwängungen entstehen (z. B.

Abb. 3.96: Brüstungswand mit Blechabdeckung

Abb. 3.97: In der Brüstung sind breite Vertikalrisse aufgetreten.

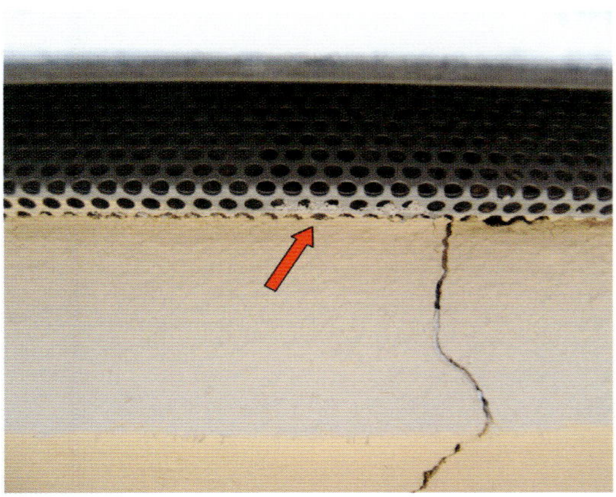

Abb. 3.98: Rissverlauf unterhalb einer Fuge im aufgesetzten Stahlbetonbalken (Pfeil)

Abb. 3.99: Diagonale Rissbildung mit gegensätzlichem Verlauf

durch Schwinden und Temperaturänderungen), die Schäden am Mauerwerk verursachen. Durch konstruktive Maßnahmen (z. B. Fugen in ausreichend geringem Abstand) kann sichergestellt werden, dass diese Einwirkungen die Standsicherheit und die Gebrauchsfähigkeit nicht beeinträchtigen (vgl. DIN EN 1996-1-1:2013-02 „Eurocode 6: Bemessung und Konstruktion von Mauerwerksbauten", Abschnitt 8.1.4.1 [6]).

Maßnahmen und Kosten der Instandsetzung

Zur Instandsetzung ist es erforderlich, wegen der weiterhin eintretenden Temperaturverformungen nachträglich Fugen im Mauerwerk geradlinig herzustellen. Die Standsicherheit ist dabei zu gewährleisten. Entlang der vorhandenen Risse ist der Putz zu entfernen, die Risse sind kraftschlüssig zu verschließen und der Putz ist unter Einarbeitung einer Putzbewehrung (z. B. einer Drahtmatte) neu herzustellen. Abschließend sind Malerarbeiten durchzuführen.

Als Kosten für diese Maßnahme waren einschließlich Gerüstkosten 2.400,00 €/Fuge zuzüglich Mehrwertsteuer zu veranschlagen.

3.25 Rissschäden aufgrund von Erschütterungen

Schadensbild

An der giebelseitigen Fassade eines Wohngebäudes sind nach Durchführung von Straßenbauarbeiten Risse im Außenputz aufgetreten (siehe Abb. 3.100). Es handelt sich um einen Kellenputz, der beschichtet ist.

Vor dem Gebäude wurden ca. eineinhalb Jahre vor dem Ortstermin Straßenbaumaßnahmen durchgeführt. Dabei wurde eine schwere Vibrationswalze eingesetzt. Daraufhin habe der Eigentümer die Fassade in Augenschein genommen und Rissbildungen festgestellt.

Im Bereich des Erdgeschosses sind zahlreiche Risse mit einer Breite von maximal 0,2 mm vorhanden. Die Risse verlaufen im Wesentlichen horizontal und vertikal. Eine exemplarische Untersuchung der einzelnen Risse ergab deutliche Unterschiede in ihrem Erscheinungsbild. Abb. 3.101 zeigt einen Bereich mit einer horizontalen und einer vertikalen Rissbildung.

Der Vertikalriss zeigt örtlich kleine Versätze im Rissverlauf. Verschmutzungen der Rissufer sind nicht erkennbar. Beim Horizontalriss ist eine leichte Wulstbildung der Beschichtung beidseits des Risses festzustellen, wie sie Abb. 3.102 im Detail zeigt.

In Abb. 3.102 sind zudem deutlich Verschmutzungen im Rissverlauf zu erkennen. Demgegenüber zeigt Abb. 3.103 einen Riss ohne Verschmutzungen, bei dem jedoch mit einer Risslupe im Rissverlauf feine Putzbruchstücke sowie Versätze sichtbar sind.

Eine zerstörende Probeöffnung ergibt, dass die Vertikalrissbildung genau über einer ebenfalls gerissenen Stoßfuge des Ziegelmauerwerks liegt. Die Putzdicke beträgt 26 mm.

Ursachen

Neben älteren Rissen sind auch Risse vorhanden, die nach augenscheinlicher Feststellung vor relativ kurzer Zeit entstanden sind. Als Ursache liegen Erschütterungen im Zuge des Straßenbaus vor.

Das Erscheinungsbild lässt auf eine Rissbildung vor relativ kurzer Zeit schließen, wenn die Rissufer keine Verschmutzungen aufweisen, feine Putzbruchstücke im Riss vorhanden sind bzw. wenn sich kleine Versätze im Rissverlauf zeigen. Dagegen weisen Verschmutzungen und glatte Rissufer auf einen weiter zurückliegenden Entstehungszeitpunkt des Risses hin. Ein weiteres Kriterium hierfür ist eine Wulstbildung entlang von Rissen. Diese ist darauf zurückzuführen, dass bei der letzten Fassadenbeschichtung Farbe im noch flüssigen Zustand aus dem damals schon vorhandenen Riss ausgetreten ist.

Aufgrund des Schadensbilds konnten somit Rückschlüsse auf den Entstehungszeitpunkt und damit auf die Ursache der Risse gezogen werden. Es ergaben sich bei ca. 25 % der Risse Hinweise auf einen älteren Entstehungszeitpunkt. Bei den übrigen Rissen ist davon auszugehen, dass diese vor relativ kurzer Zeit neu entstanden sind. Hierfür spricht auch die Lage dieser Risse im unteren Fassadenbereich und deren Verlauf mit vorwiegend horizontaler Ausrichtung. Derartige Risse entstehen typischerweise bei Erschütterungen, wie sie z. B. durch Verdichtungsgeräte im Straßenbau auftreten. Solche Risse verlaufen häufig auch bis in die Fugen des Mauerwerks, wie die Probeöffnung zeigt.

Hinweise zur Schadensvermeidung

Es ist dringend zu empfehlen, bei Baumaßnahmen die Nachbarbebauung vor Baubeginn einer privaten Beweissicherung zu unterziehen. Durch eine umfassende und nachvollziehbare Dokumentation können Altschäden festgestellt werden. Eine Schadensbegrenzung kann dann nach Abschluss der Baumaßnahme ohne Schwierigkeiten vorgenommen werden. Das reine Anfertigen von Fotografien ist keine hinreichende Dokumentation. Vielmehr ist es zusätzlich erforderlich, das Rissbild durch verbale Beschreibungen oder Skizzen eindeutig festzuhalten. Einzubeziehen ist dabei neben den Fassaden im Regelfall auch das Innere der Gebäude.

In Bezug auf die einzusetzenden Verdichtungsgeräte bei Straßenbauarbeiten kann auf die Empfindlichkeit der bestehenden Bausubstanz Rücksicht genommen werden. Dies muss jedoch

Abb. 3.100: Ansicht Giebelfassade mit Rissschäden

Abb. 3.101: Horizontaler und vertikaler Riss

Abb. 3.102: Risse mit Wulstbildung und Verschmutzung

Abb. 3.103: Riss mit Putzbruchstücken und Versätzen

bereits bei der Planung festgelegt und beim Erstellen von Leistungsbeschreibungen berücksichtigt werden. In besonderen Fällen kann es erforderlich sein, baubegleitende Erschütterungsmessungen vornehmen zu lassen, um hierdurch die Wirkung von Verdichtungsgeräten auf das Gebäude zu bewerten und deren Einsatz steuern zu können.

Maßnahmen und Kosten der Instandsetzung

Bei Rissen, die wie im vorliegenden Fall bis in die Fugen des Mauerwerks hineinreichen, kann eine vollständige Instandsetzung nur dadurch erreicht werden, dass der Putz im betroffenen Bereich von ca. 20 m² abgeschlagen und unter Verwendung einer flächigen Rissbewehrung, z. B. Edelstahldrahtmatten, neu erstellt wird. Zur Vermeidung von optisch auffälligen Farbunterschieden war im vorliegenden Fall die gesamte Fassade von ca. 60 m² mit einer Überholungsbeschichtung zu versehen.

Als Kosten für diese Maßnahme waren 4.100,00 € zuzüglich Mehrwertsteuer zu veranschlagen.

3.26 Korrosionsschäden an Putzprofilen

Schadensbild

Ein Einfamilienhaus wurde in konventioneller Bauweise mit Außenwänden aus Leichtziegel-Mauerwerk und mineralischem Putzaufbau errichtet. Der Gebäudestandort ist nach Westen den Witterungseinflüssen direkt ausgesetzt. Eine Nachbarbebauung oder eine Bepflanzung, die vor unmittelbarer Wind-/Wetterbeanspruchung schützen könnte, ist nicht vorhanden. An der Westfassade zeigen sich nach ca. 3 Jahren Nutzungsdauer im Bereich der Fenster- bzw. Fenstertürlaibungen stellenweise punktuelle bräunliche Verfärbungen. Einen Überblick über die Westfassade gibt Abb. 3.104. In Abb. 3.105 ist eine Fensterlaibung dargestellt. Die bräunlichen Verfärbungen sind ausschließlich im unmittelbaren vorderen Kantenbereich der Laibung aufgetreten, d. h. im Übergang zur Fassadenfläche. Dies ist in den Abb. 3.106 und 3.107 erkennbar. Es handelt sich um intensive braune Verfärbungen, die vorwiegend vertikal orientiert sind.

Die Verfärbungen zeigen sich bis maximal 1 cm Abstand von der Laibungskante.

Zur Feststellung der Schadensursache wurde der Kantenbereich geöffnet und ein Putzprofil aus verzinktem Stahldraht freigelegt. Der Putzaufbau besteht aus einem mineralischen Leichtputz als Unterputz mit einer Dicke von 20 bis 28 mm sowie einem Oberputz mit einer Dicke von 2 bis 3 mm. Die Putzüberdeckung des Profils im Kantenbereich beträgt in der Regel 3 bis 4 mm, ist jedoch örtlich bis auf 1 bis 2 mm reduziert. Am Putzprofil zeigen sich bereichsweise Korrosionsansätze. Hierbei handelt es sich um Oberflächenkorrosion mit beginnender Narbenbildung. Die Korrosion tritt unabhängig von der Putzüberdeckung des Profildrahts auf. Die Abb. 3.108 zeigt eine entnommene Putzprobe mit korrodiertem Putzprofil trotz einer Putzüberdeckung von 16 mm.

Ursachen

Die Korrosionsbildung an den Putzprofilen ist auf eine mangelhafte Verzinkung der Profile aus Stahldraht zurückzuführen.

Durchgeführte Werkstoffuntersuchungen ergaben, dass die Dicke des Zinküberzugs auf dem Putzprofil stark schwankt. So beträgt diese an einer nicht korrodierten Stelle 56 µm, während in einem korrodierten Bereich lediglich 9 µm gegeben waren.

Nach den Produktinformationen des Herstellers wurde die Verzinkung der Putzprofile nach der zum Zeitpunkt der Bauausführung maßgeblichen DIN EN 10142:2000-07 „Kontinuierlich feuerverzinktes Band und Blech aus weiche Stählen zum Kaltumformen“ mit einem Mindestwert des Zinkauftrags von 275 g/m^2 ausgeführt. Aus dieser flächenbezogenen Masse des Zinküberzugs berechnet sich die Schichtdicke im Sollwert zu 38 µm.

Wird dieser Sollwert deutlich unterschritten, kann die Verzinkung ihre Schutzwirkung nicht erfüllen. Bei üblichen Putzfeuchten können Korrosionsvorgänge ablaufen.

Hinweise zur Schadensvermeidung

Dank der umfassenden Weiterentwicklung von qualitätssichernden Maßnahmen bei der Produktion sind Herstellungsfehler selten geworden, können jedoch, wie das vorliegende Beispiel zeigt, nicht vollständig ausgeschlossen werden. Zudem wird deutlich, dass allein durch die Putzüberdeckung Korrosion nicht vermieden werden kann.

Für stark wetterbeanspruchte Fassaden und bei Spritzwassergefahr in Geländehöhe wird daher von Herstellerseite mittlerweile der Einsatz von Edelstahlprofilen empfohlen. Für normal beanspruchten Fassadenbereich stehen auch Kantenprofile mit PVC-Überzug zur Verfügung.

Maßnahmen und Kosten der Instandsetzung

Eine Mangelbeseitigung war im vorliegenden Fall nur durch die Erneuerung der Putzprofile möglich. Hierzu musste der Außenputz im Kantenbereich abgeschlagen und unter möglichst weitgehender Angleichung an den Bestand neu erstellt werden. Bei derartigen Maßnahmen ist immer eine Überholungsbeschichtung der betroffenen Fassade erforderlich.

Abb. 3.104: Westfassade im Überblick

Abb. 3.105: Geschädigte Fensterlaibung

Abb. 3.106: Braune Verfärbungen im Kantenbereich einer Fensterlaibung

Abb. 3.107: Braune Verfärbungen im unmittelbaren Kantenbereich und bis ca. 1 cm Abstand von der Kante

Daraus resultieren erhebliche Kosten, die für die Fassade eines Wohngebäudes mit einer Fläche von 50 m² mit ca. 70,00 €/m² Fassadenfläche zuzüglich Mehrwertsteuer anzusetzen sind.

Abb. 3.108: Korrodiertes Putzprofil trotz großer Putzüberdeckung

3.27 Putzausbrüche beim Anschluss an Dachkonstruktionen

Schadensbild

Bei den Anschlüssen von Innen- und Außenputzen an Dachbauteile (Dachschalungen, Holzbalken, Stahltrapezblechdächer) sind sehr häufig Putzschäden in Form von Rissen, Abplatzungen und Ausbrüchen zu beobachten. Die nachfolgenden Abbildungen zeigen derartige Putzschäden.

In Abb. 3.109 sind Putzausbrüche beim Anschluss des Fassadenputzes an die Profilholzschalung eines giebelseitigen Dachüberstandes dargestellt. Der Putz schließt unmittelbar an die Holzbretter an.

Die in Abb. 3.110 festgehaltenen Putzausbrüche sind beim Anschluss eines Innenputzes an die Trapezblechschalen-Unterseite eines Flachdaches entstanden. Auch hier fehlt eine Trennung zwischen Putz und Dachkonstruktion.

Gleichartige Schäden beim Anschluss eines Fassadenputzes an die Holzpfetten eines Dachstuhls zeigen die Abb. 3.111 bis 3.113.

Ursachen

Die dargestellten Putzschäden bei Anschlüssen an verschiedene Dachbauteile sind darauf zurückzuführen, dass die erforderliche Trennung zwischen Putz und Dachkonstruktion fehlt. Als Folge dieser fehlerhaften Putzausführung sind durch die unvermeidlich auftretenden last- und materialbedingten Bewegungen bzw. Verformungen der anschließenden Dachbauteile Putzabplatzungen und Putzausbrüche entstanden.

Holzbauteile im Außenbereich sind auch in Bereichen, die z. B. durch Dachüberstände vor freier Bewitterung geschützt sind, Einflüssen aus dem Umgebungsklima ausgesetzt. Das hygroskopische Verhalten von Holz führt bei Feuchteaufnahme und -abgabe zu quell- und schwindbedingten Verformungen und Querschnittsänderungen.

Beim Anschluss von Putzbekleidungen an Bauteile aus Metall steht das unterschiedliche thermische Verhalten der verschiedenartigen Baustoffe einem direkten Putzanschluss entgegen. Bei leichten Metalldachkonstruktionen treten zudem lastbedingte Durchbiegungen und Schwingungen auf, die bei einem unmittelbaren Putzanschluss zwangsläufig Ausbrüche verursachen.

Aus den vorgenannten Gründen muss ein direkter Kontakt zwischen den (starren) Putzbekleidungen und den sich verformenden Holz- und Metallbauteilen durch Ausbildung einer Trennfuge verhindert werden.

Hinweise zur Schadensvermeidung

Putzanschlüsse müssen so geplant und ausgeführt werden, dass durch die zu erwartenden last- und materialbedingten Verformungen der anschließenden Bauteile keine Schäden auftreten können. Das erfordert im Regelfall die Ausbildung von Trennfugen oder Trennschnitten. Diese müssen die gesamte Putzschicht durchtrennen. Bei der Putzausführung kann die Trennung auf einfache Weise durch einen Kellenschnitt hergestellt werden.

Bei Anschlüssen im Innenbereich ist ein Fugenverschluss mit einem elastischen Dichtstoff aus funktionstechnischer Sicht nicht erforderlich, er kann jedoch aus optischen Gründen vorgenommen werden.

Wenn die Putzanschlüsse an Holzbauteile im Außenbereich vor direkter Bewitterung ausreichend geschützt sind, z. B. durch große Dachüberstände, ist auch hier ein Fugenverschluss nicht erforderlich. Im Außenbereich sollten elastische Dichtstoffe zur Abdichtung der Trennfugen beim Putzanschluss an Holzbauteile nicht eingesetzt werden, weil sie infolge der wiederkehrenden Quell- und Schwindverformungen des Holzes aufreißen können und eindringende Feuchtigkeit langfristig Fäulnisschäden am Holz verursachen kann. Sofern sich frei bewitterte Anschlüsse nicht vermeiden lassen, sollten die Fugen wie im WTA-Merkblatt E-8-3-10/D „Fachwerkinstandsetzung nach WTA III: Ausfachungen von Sichtfachwerk“ beschrieben ausgeführt werden (vgl. WTA, Oktober 2010).

Maßnahmen und Kosten der Instandsetzung

Die Putzschäden, die infolge einer fehlenden Trennung des Putzes zum anschließenden

Abb. 3.109: Risse und Putzausbrüche beim Anschluss des Fassadenputzes an die Profilholzschalung eines giebelseitigen Dachüberstands

Abb. 3.110: Ausbrüche beim Anschluss eines Innenputzes an die Unterseite eines Trapezblechdaches

Abb. 3.111: Putzrisse beim Anschluss an eine Holzpfette

Abb. 3.112: Ausbruchstelle unterhalb einer angeputzten Holzpfette

Bauteil entstanden sind, können durch Nachbesserung beseitigt werden. Die Instandsetzung umfasst die Ausbesserung der Putzschäden und die nachträgliche Herstellung einer Trennfuge. Aus optischen Gründen kann es abhängig vom Ergebnis der handwerklichen Ausführung erforderlich sein, die Anschlüsse beispielsweise mit Holzleisten abzudecken.

Die Instandsetzungskosten der üblicherweise nach Zeit- und Materialaufwand abgerechneten Nachbesserungsarbeiten fallen einzelfallbezogen sehr unterschiedlich aus, sodass ein Kostenrichtwert hier nicht angegeben werden kann.

Abb. 3.113: Ausbruchstelle seitlich einer angeputzten Holzpfette

3.28 Fäulnis an einem Holzfachwerk

Schadensbild

An der nordwestlichen Außenwand eines Garagenanbaus mit Flachdach sind etwa 7 Jahre nach Fertigstellung massive Schäden am Sichtholzfachwerk durch Fäulnis aufgetreten.

Für das Fachwerk wurde Brettschichtholz verwendet. In den Ausfachungen besteht die äußere Schicht aus extrudierten Polystyrol-Hartschaumplatten (XPS-Platten) mit einer Putzbekleidung.

Die Anschlussfugen zwischen dem Fachwerk und der Ausfachung sind mit einem elastischen Dichtstoff abgedichtet. Fugendichtbänder sind nicht eingebaut. Die senkrechten Fugen sind stellenweise offen, dort kann Niederschlagswasser eindringen. Beim Anschluss der Gefache an den horizontalen Holzbalken am Fußpunkt (Außenwandschwelle) ist die elastische Verfugung abschnittsweise ausgebessert worden (siehe Abb. 3.114). Im Randbereich sind die Holzbalken durch Fäulnis geschädigt, stellenweise ist die Holzfestigkeit zerstört.

Besonders ausgeprägt ist die Holzzerstörung im Bereich der Zapfenverbindungen zwischen den Ständern und dem Schwellenholz (siehe Abb. 3.115).

Die Schwelle liegt unmittelbar auf einem Stahlbetonsockel auf, der im Bereich der Garagenaußenwand nach außen vorspringt. Das Holz wird durch das auf der waagerechten Betonoberfläche stehen bleibende Niederschlagswasser ständig von unten durchfeuchtet (siehe Abb. 3.116). Infolge der andauernd hohen Feuchtebeanspruchung ist Fäulnis eingetreten.

Im frei bewitterten Bereich hinter der Garage steht Wasser auf der waagerechten Oberseite des Schwellenholzes. Der darauf aufstehende Eckpfosten ist am Fußpunkt durch Fäulnis stark geschädigt (siehe Abb. 3.117).

Ursachen

Die Fäulnisschäden am Sichtholzfachwerk sind die Folge einer unzuträglichen Erhöhung der Holzfeuchte im Gebrauchszustand durch Nichtbeachtung des vorbeugenden baulichen Holzschutzes im Zusammenwirken mit darüber hinaus begangenen Ausführungsfehlern.

Ein Sichtholzfachwerk kann aufgrund der vorhandenen Anschlussfugen nicht dauerhaft schlagregensicher ausgeführt werden. Deswegen muss bei exponierter Lage mit hoher Schlagregenbeanspruchung grundsätzlich eine Wetterschutzbekleidung vorgesehen werden. Entsprechende konstruktive Schutzmaßnahmen wurden im vorliegenden Fall jedoch nicht geplant und ausgeführt.

Daneben haben verschiedene Ausführungsfehler zum Eintritt des Schadens beigetragen. So fehlt eine fachgerechte Fugenausbildung und -abdichtung bei den Anschlüssen der Ausfachungen an die Holzbalken. Keinesfalls hätten die Anschlussfugen mit einem elastischen Dichtstoff abgedichtet werden dürfen, da so das über undichte Stellen hinter der Dichtstofffuge gelangende Niederschlagswasser lang andauernd in der Konstruktion verbleibt und die Holzzerstörung beschleunigt. Schadensfördernd war auch die Verwendung von XPS-Platten, da aufgrund deren materialbedingt stark begrenzter Wasseraufnahmefähigkeit nahezu die gesamte eingedrungene Feuchte von den Holzbalken aufgenommen worden ist.

Die Außenwandschwelle ist von unten – im Bereich außerhalb der Garage zusätzlich auch von oben – ständig einer übermäßigen Feuchtebeanspruchung durch das auf den waagerechten Bauteiloberflächen stehen bleibende Niederschlagswasser ausgesetzt. Es fehlt die aus Gründen des vorbeugenden baulichen Holzschutzes erforderliche Aufständerung bzw. Abdeckung der Schwelle.

Hinweise zur Schadensvermeidung

Der vorbeugende bauliche Holzschutz ist hinsichtlich der Vermeidung feuchtebedingter Holzschäden von entscheidender Bedeutung.

Der vorbeugende chemische Holzschutz ist als ergänzende Maßnahme zum vorbeugenden baulichen Holzschutz zu verstehen, er kann diesen jedoch keinesfalls ersetzen.

Holzschäden durch Fäulnis, die wie im dargestellten Schadensfall infolge des fehlenden

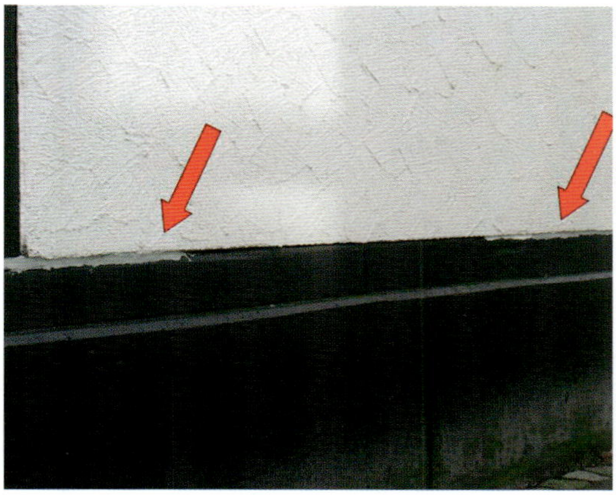

Abb. 3.114: Mit Dichtstoff ausgebesserte Anschlussfuge oberhalb der Außenwandschwelle

Abb. 3.115: Holzzerstörung durch Fäulnis bei einer Zapfenverbindung zwischen Ständer und Schwelle

Abb. 3.116: Durch das auf der waagerechten Oberseite des Stahlbetonsockels stehen bleibende Niederschlagswasser wird die Schwelle von unten ständig durchfeuchtet.

Abb. 3.117: Holzschäden an einem Ständer durch stehendes Wasser auf dem Schwellenholz

vorbeugenden baulichen Holzschutzes im Zusammenwirken mit folgeschweren Ausführungsfehlern entstanden sind, können durch chemische Holzschutzmaßnahmen lediglich verzögert, nicht jedoch verhindert werden.

Maßnahmen und Kosten der Instandsetzung

Aufgrund der massiven Schäden am Sichtholzfachwerk durch holzzerstörende Pilze musste die nordwestliche Außenwand der Garage abgebrochen und unter Beachtung des vorbeugenden baulichen Holzschutzes durch eine neue, gleichartige Wandkonstruktion mit einer Wetterschutzbekleidung, die z. B. aus einer hinterlüfteten Holzbrettschalung bestehen kann, ersetzt werden. Im Bereich außerhalb der Garage sollte die Oberseite des neuen Schwellenholzes abgeschrägt und der seitliche Überstand des Stahlbetonsockels sowie das Stirnholz der Schwelle mit Blechen abgedeckt werden. Zudem wurde empfohlen, für die Schwelle eine feuchteresistentere Holzart wie z. B. Eiche zu verwenden.

Die für die Neuherstellung der Garagenaußenwand mit einer Fläche von ca. 27 m^2 ermittelten Kosten beliefen sich im vorliegenden Fall auf 400,00 €/m^2 zuzüglich Mehrwertsteuer.

4 Schäden an Außenwänden – Wärmedämm-Verbundsysteme (WDVS)

Im Zuge der Bemühungen um Energieeinsparung werden seit mehreren Jahrzehnten im Neu- und Altbau Wärmedämm-Verbundsysteme für die Fassadendämmung eingesetzt. Wärmedämm-Verbundsysteme bestehen aufgrund ihrer Bauart aus verschiedensten Baustoffen; der grundsätzliche Aufbau aus Wärmedämmung, gewebearmiertem Unterputz und Oberputz ist bei allen Varianten gleich. Als Dämmstoffe sind Polystyrol- und Mineralwolleplatten gebräuchlich. Bei den Putzsystemen sind sowohl rein mineralische oder kunstharzgebundene Systeme als auch Kombinationen aus mineralischen und kunstharzgebundenen Stoffen möglich. Für Oberputze spielen auch Dispersionssilikatputze und Silikonharzputze eine Rolle. Neuere Entwicklungen bei den Dämmstoffen ermöglichen die Verwendung von Mineralschaum- und Holzfaserplatten.

Seit ca. 2 Jahrzehnten treten bei hochwärmegedämmten Fassaden häufig Probleme mit Befall durch Mikroorganismen auf. Dies führt in kurzer Zeit zu störenden Verfärbungen an den Oberflächen von Wärmedämm-Verbundsystemen. Die großen Dämmstoffdicken führen zu niedrigen Oberflächentemperaturen an den Fassaden, die einerseits die Entstehung von Tauwasser begünstigen und andererseits das Abtrocknen der Fassaden verzögern. Dies ergibt günstige Wachstumsbedingungen für Mikroorganismen. Durch Anpassung der Putzmörtel und der Anstriche an diese Vorgänge versucht die Industrie, diesem Schadensmechanismus entgegenzutreten. Die grundsätzlichen Vorgänge und Zusammenhänge des mikrobiellen Befalls werden anhand zweier Schadensbeispiele verdeutlicht.

Um den auf die Fassaden direkt einwirkenden Witterungseinflüssen aus Temperaturschwankungen (Tag/Nacht, Sommer/Winter), Schlagregen und Sonneneinstrahlung dauerhaft zu widerstehen, kommt es bei Wärmedämm-Verbundsystemen nicht nur auf das Zusammenspiel der Baustoffe in der Fläche, sondern durch die Gestaltung und Gliederung der Fassaden mit Fenstern, Balkonen, Vor- und Rücksprüngen, Einbauteilen usw. auch auf richtig ausgeführte Anschlussdetails an. Sämtliche Anschlüsse müssen thermische Bewegungen schadensfrei aufnehmen können und dauerhaft schlagregen- und winddicht sein. Die Produkthersteller bieten Detaillösungen an, die auch über das Internet verfügbar sind. Es ist jedoch festzustellen, dass die Vorschläge und Empfehlungen der Produkthersteller nicht immer bei der Ausführung vor Ort berücksichtigt werden. Der teilweise schlechte Ruf der Wärmedämm-Verbundsysteme als schadensträchtige Bauweise resultiert in erster Linie aus diesen Versäumnissen bei der Ausführung.

In mehreren Schadensbeispielen werden typische Schäden dargestellt, die durch die fehlende Berücksichtigung thermischer Bewegungen bei der Planung und die fehlende Dichtigkeit von Bauteilanschlüssen infolge von Ausführungsfehlern verursacht werden.

4.1 Dunkle Verfärbungen an einer WDVS-Putzfassade (1)

Schadensbild

Bei einer Reihenhausanlage, deren Außenwände mit einem Wärmedämm-Verbundsystem bekleidet sind, traten innerhalb der ersten 5 Jahre nach Fertigstellung dunkle streifenförmige Verfärbungen an den Putzfassaden auf (siehe Abb. 4.1 und 4.2).

Die Erscheinungen zeigen sich verstärkt im Bereich von Spritzwasserzonen über Dachflächen, Terrassenüberdachungen und Markisen sowie unterhalb der Stellen, an denen das von den Dachrändern abtropfende Niederschlagswasser auf die Putzoberfläche auftrifft.

Zur Feststellung, ob es sich um materialbedingte Verschmutzungen aus den Faserzementplatten am Dachrand oder um mikrobiellen Befall handelt, wurde ein Baustofflabor mit der mikroskopischen Untersuchung der vor Ort entnommenen Putz- und Plattenmaterialproben beauftragt.

Ursachen

Durch mikroskopische Untersuchung der entnommenen Materialproben wurde nachgewiesen, dass es sich bei den dunklen Verfärbungen an den Putzfassaden des Wärmedämm-Verbundsystems um eine Besiedlung mit Mikroorganismen handelt. Zu den Mikroorganismen, die Fassaden befallen, zählen Algen, Pilze und Flechten. Materialbedingte Verschmutzungen konnten nicht nachgewiesen werden.

Bereits die lichtmikroskopische Voruntersuchung der entnommenen Putzproben ließ erkennen, dass eine Besiedlung durch Mikroorganismen vorliegt (siehe Abb. 4.3 und 4.4). Eine anschließend durchgeführte Rasterelektronenmikroskopie bestätigte das Ergebnis der Voruntersuchung.

Der wachstumsfördernde Einfluss der zusätzlichen Oberflächenbefeuchtung in den Spritzwasserzonen über Dachflächen, Terrassenüberdachungen und Markisen sowie unterhalb der Stellen, an denen das von den Dachrändern abtropfende Niederschlagswasser auf die Putzoberfläche auftrifft, zeigt sich daran, dass hier die Besiedlung mit Mikroorganismen stärker ausgeprägt ist.

Hinweise zur Schadensvermeidung

Die Fachwelt befasst sich nunmehr seit 2 Jahrzehnten mit der Problematik des frühzeitigen Algen- und Pilzwachstums auf Wärmedämm-Verbundsystemen mit Putzbeschichtungen. Trotz weitreichender, aus praxisorientierter Forschung gewonnener Erkenntnisse zu den Ursachen des frühzeitigen mikrobiellen Bewuchses und der daraus resultierenden Weiterentwicklung von Putz- und Beschichtungssystemen konnte bisher keine befriedigende Lösung des Problems gefunden werden. Nach wie vor werden umweltbelastende Biozide (Algizide und Fungizide) eingesetzt, um den Prozess des Algen- und Pilzwachstums hinauszuzögern.

Nach dem Stand von Wissenschaft und Technik ist es derzeit (noch) nicht möglich, Wärmedämm-Verbundsysteme mit Putzbeschichtungen über einen genau definierten und garantierten Mindestzeitraum frei von mikrobieller Besiedlung zu halten. Auch bei fachgerechter Applikation hochwertiger, biozid ausgerüsteter Beschichtungssysteme kann sichtbarer mikrobieller Befall auf Putzfassaden von Wärmedämm-Verbundsystemen unter Randbedingungen, welche die Entstehung und das Wachstum von Algen und Pilzen begünstigen, bereits in den ersten 5 Jahren nach Fertigstellung auftreten.

Risiko- und Einflussfaktoren für das Wachstum von Algen und Pilzen ergeben sich aus der Konstruktion, dem Standort, den Klima- und Umweltbedingungen und dem verwendeten Material. Die verschiedenen Einzelfaktoren sind bei Neumann aufgeführt (vgl. Neumann, 2009, S. 285).

Es ist bekannt, dass das Wachstum von Mikroorganismen maßgeblich durch die Wasserbeanspruchung und die Dauer der Oberflächenbefeuchtung in Form von Tau- und Niederschlagswasser beeinflusst wird. In der Fachliteratur wird deshalb empfohlen, die Wasserbeanspruchung und die Verweildauer von Feuchte an der Putzoberfläche durch prob-

Abb. 4.1: Dunkle Verfärbungen am Außenputz einer Giebelwand

Abb. 4.2: Dunkle Putzverfärbungen in der Spritzwasserzone oberhalb einer Terrassenüberdachung

Abb. 4.3: Mikroorganismen unter einem Auflichtmikroskop in ca. vierzigfacher Vergrößerung (Quelle: Kiwa Zemlabor GmbH, Beckum)

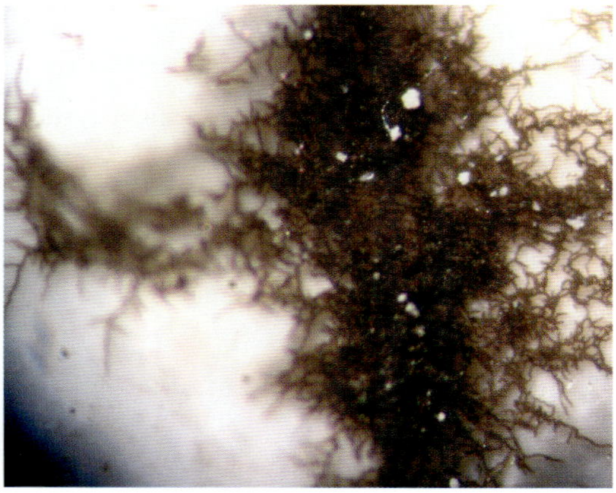

Abb. 4.4: Mikroorganismen unter einem Auflichtmikroskop in ca. achtzigfacher Vergrößerung (Quelle: Kiwa Zemlabor GmbH, Beckum)

lemorientierte Planung (z. B. große Dachüberstände, große seitliche Überstände von Tropfkanten) und Materialauswahl (z. B. Verwendung hydrophiler Dickputz- oder mit Latentwärme-Speichermaterialien [PCM] ausgestatteter Dünnputzsysteme, Einsatz von Infrarot-Anstrichen [IR-Anstriche] und dunklen Farben) zu begrenzen, um das Risiko eines frühzeitigen Befalls zu reduzieren (vgl. u. a. Neumann, 2009).

Maßnahmen und Kosten der Instandsetzung

Die fachgerechte Beseitigung des mikrobiellen Befalls umfasst:

- Reinigung
- Desinfizierung
- Grundierung
- Applikation eines zweifachen Fassadenanstrichs mit einem geeigneten, biozid ausgerüsteten Beschichtungssystem

Für die Fassadenfläche von insgesamt ca. 774 m^2 wurde ein Kostenaufwand von 22,00 €/m^2 zuzüglich Mehrwertsteuer ermittelt. In diesem Betrag sind die Gerüstkosten enthalten.

4.2 Dunkle Verfärbungen an einer WDVS-Putzfassade (2)

Schadensbild

Bei einer größeren Wohnanlage mit fünfgeschossigen Gebäuden traten innerhalb eines Jahres nach Fertigstellung der Fassaden dunkle Verfärbungen auf. Die Verfärbungen wurden mit zunehmender Standdauer der Gebäude intensiver und betrafen nach etwa 5 Jahren Standzeit die gesamte Fassadenfläche. Die Fassade ist mit einem Wärmedämm-Verbundsystem bekleidet. Die Dicke der Dämmstoffplatten aus Polystyrol beträgt 12 cm. Sie sind mit einem mineralischen, gewebearmierten Unterputz (Schichtdicke ca. 4 mm) versehen, auf die ein dünner Oberputz mit einer Körnung von 2 mm aufgebracht wurde. Die Gebäude besitzen überwiegend Flachdächer ohne Dachüberstände.

Die dunkelgrauen, braunen und grünen Verfärbungen waren insbesondere an den nach Nordost und Nordwest orientierten Fassadenflächen festzustellen (siehe Abb. 4.5). An den Fassadenflächen unterhalb der äußeren Fensterbänke waren keine Verfärbungen erkennbar (siehe Abb. 4.6).

Ein Teil der Wohnanlage besteht aus 4 aneinander anschließenden Gebäuden. Die 4 Hauseingänge an der Nordostfassade wurden aus gestalterischen Gründen mit beidseitigen Wandvorsprüngen ausgeführt, die jeweils etwa 50 cm über die eigentliche Fassadenfläche hinausragen. An 3 der 4 Hauseingänge sind an den nach Norden orientierten Wandvorlagen dunkelgraue, braune und grüne Verfärbungen vorhanden (siehe Abb. 4.7 und 4.8). Bei diesen Gebäuden haben die Flachdächer keine Dachüberstände. Die Wandvorsprünge sind der Witterung unmittelbar ausgesetzt. Am vierten Hauseingang sind keine Verfärbungen am Wandvorsprung aufgetreten (siehe Abb. 4.9), obwohl dieser so orientiert und ausgeführt ist wie die anderen Wandvorsprünge. Der einzige Unterschied besteht darin, dass das vierte Gebäude mit einem flach geneigten Satteldach und einem Dachvorsprung gestaltet ist. Der Dachvorsprung überdeckt hierbei auch die Wandvorsprünge des Hauseinganges.

Ursachen

Bei den Verfärbungen an den Putzoberflächen der WDVS-Fassade handelt es sich um ein typisches Beispiel von mikrobieller Besiedelung durch Algen, Pilze und Flechten. Die grundsätzlichen Bedingungen und Abläufe bei mikrobieller Besiedelung sind im vorangehenden Schadensbeispiel (siehe Kapitel 4.1) beschrieben.

Das Wachstum von Mikroorganismen wird maßgeblich durch die Wasserbeanspruchung und die Dauer der Oberflächenbefeuchtung durch Tau und Niederschlagswasser beeinflusst. Anhand der Unterschiede zwischen den seitlichen Wandvorsprüngen, die nicht überdacht sind, und dem Wandvorsprung, der unter einem Dachüberstand liegt, ist der Einfluss von Tau- und Niederschlagswasser deutlich sichtbar. Ein relativ geringer Dachüberstand von etwa 50 cm hat ausgereicht, um das Wärmedämm-Verbundsystem über die gesamte Fassadenhöhe des fünfgeschossigen Gebäudes über einen Zeitraum von mehreren Jahren vor mikrobieller Besiedelung zu schützen. Gleiches ist an den von den Fensterbänken überdeckten Fassadenflächen festzustellen. Dort findet keine mikrobielle Besiedelung statt, während in den unmittelbar daneben liegenden Flächen, die der Witterung ungeschützt ausgesetzt sind, starker Befall auftritt.

Hinweise zur Schadensvermeidung

Dachüberstände bzw. über die Fassade stehende Abdeckungen beeinflussen die Tauwasserbildung an der Fassadenoberfläche nicht nur durch das Fernhalten von Niederschlagswasser, sondern auch durch die Reduzierung der Auskühlung der Bauteiloberflächen infolge nächtlicher Abstrahlung. Die Zeitspannen mit Taupunktunterschreitungen an der Fassade werden durch die geringere Auskühlung kürzer.

Taupunktunterschreitungen können zeitlich auch durch die Verwendung von dickschichtigen Putzsystemen verringert werden, da diese gegenüber den konventionellen Dünnputzsystemen ein höheres Wärmespeichervermögen aufweisen.

Abb. 4.5: Verfärbungen an der Fassade

Abb. 4.6: Keine Verfärbungen unter den Fensterbänken

Abb. 4.7: Verfärbungen an den Wandvorsprüngen der Hauseingänge

Abb. 4.8: Detail der Verfärbungen an den Wandvorsprüngen

Abb. 4.9: Keine Verfärbungen am Wandvorsprung unter dem Dachüberstand

Maßnahmen und Kosten der Instandsetzung

Die Beseitigung der mikrobiellen Besiedelung erfolgte nach Reinigung und Desinfektion durch Neuanstrich der betroffenen Fassadenflächen mit einem biozid ausgerüsteten Beschichtungssystem. Für die Instandsetzung der betroffenen Flächen von rund 500 m^2 wurden Kosten in Höhe von 20,00 €/m^2 zuzüglich Mehrwertsteuer veranschlagt.

4.3 Putzablösungen an einer WDVS-Fassade

Schadensbild

An den Fassaden einer größeren Wohnanlage werden wenige Jahre nach Errichtung des Bauwerks Putzablösungen an einzelnen Fassadenflächen festgestellt. Die Fassaden sind mit einem Wärmedämm-Verbundsystem bekleidet.

An einer nach Süden orientierten Fassade mit rot eingefärbtem Oberputz liegen auf Höhe des ersten und zweiten Obergeschosses an vielen Stellen kleinflächige Ablösungen vom Untergrund vor (siehe Abb. 4.10). Im Bereich des Erdgeschosses sind an wenigen Stellen größere Ablösungen vorhanden (siehe Abb. 4.11). In augenscheinlich ungeschädigten Bereichen des Oberputzes waren an dieser Fassade durch Abklopfen der Oberfläche Hohllagen festzustellen. Der Oberputz konnte mit einem Rissbreitenmaßstab leicht abgehoben werden (siehe Abb. 4.12).

An einer anderen, nach Norden gerichteten Fassade mit grau eingefärbtem Oberputz waren im Erdgeschoss neben den Fahrradabstellplätzen kreisrunde Ablösungen mit einem Durchmesser von ca. 5 bis 7 cm vorhanden (siehe Abb. 4.13). In der Mitte der Fehlstellen zeigen sich Risse im Unterputz.

Zur Feststellung der Schadensursache wurden aus beiden Fassadenbereichen, in denen Fehlstellen im Oberputz vorhanden sind, Materialproben entnommen. Das Wärmedämm-Verbundsystem besteht aus 12 cm dicken Polystyrolplatten, die mit einem mineralischen Dünnputz aus ca. 6 mm dickem, gewebearmiertem Unterputz und ca. 3 mm dickem eingefärbtem Oberputz bekleidet sind. Bei den labortechnischen Untersuchungen mit einem Rasterelektronenmikroskop wurden an den Materialproben des rot eingefärbten Oberputzes großflächige Gefügestörungen im Oberputz und in der Verbundzone zwischen Ober- und Unterputz festgestellt. Demgegenüber lagen an den Proben des grau eingefärbten Putzes keine Gefügestörungen vor. An diesen Proben wurden Haftzugprüfungen durchgeführt, die Haftzugfestigkeiten von 0,28 bis 0,74 N/mm², im Mittel von 0,5 N/mm², ergaben. Bei den Prüfungen am Putz erfolgte der Bruch bei allen Probekörpern ausschließlich im Oberputz, nicht etwa in der Verbundzone zwischen Ober- und Unterputz. Bei der Haftzugfestigkeitsprüfung am Gesamtsystem trat der Bruch in der Polystyrolschicht auf.

Ursachen

Die Ablösungen des Oberputzes sind bei dem rot eingefärbten Putz die Folge einer fehlerhaften Ausführung der Putzarbeiten durch zu schnellen Wasserentzug (Aufbrennen) des Oberputzes und bei dem grau eingefärbten Oberputz die Folge mechanischer Einwirkungen (Stoßbeanspruchung).

Die Haftzugfestigkeit eines Putzsystems muss mindestens so groß sein wie die Mindesthaftzugfestigkeit zwischen Unterputz und Dämmstoff, die gemäß DIN EN 13499:2003-12 „Wärmedämm-Verbundsysteme“ nicht kleiner sein darf als 80 kPA (= 0,08 N/mm²). Nach Auskunft des Systemherstellers kann bei ordnungsgemäßer Putzausführung erfahrungsgemäß jedoch eine Haftzugfestigkeit zwischen Ober- und Unterputz von 0,3 N/mm² erwartet werden. Im Ergebnis der Haftzugfestigkeitsprüfung (Mittelwert 0,5 N/mm²) weist das grau eingefärbte Putzsystem eine ausreichende Haftzugfestigkeit auf. Gefügestörungen lagen hier nicht vor. Da im Unterputz Risse nur im Bereich der Putzablösungen festzustellen waren, kommen als Schadensursache mechanische Einwirkungen in Form von Stoßbeanspruchungen durch Fahrradlenker in Betracht.

Bei dem rot eingefärbten Putzsystem wurden bei der Rasterelektronenmikroskopie Gefügestörungen im Oberputz und in der Verbundzone zum Unterputz festgestellt. Derartige Gefügestörungen sind typische Folgen einer fehlerhaften Putzausführung, insbesondere eines zu schnellen Wasserentzuges (Aufbrennens) des Putzes. Mineralische Oberputze neigen im Sommer bei hohen Lufttemperaturen und/oder Windeinwirkungen zum Aufbrennen durch zu schnellen Wasserentzug. Die Hydratation, d. h. die chemisch-physikalische Reaktion von Zement mit Wasser, wird dadurch vorzeitig unterbunden und der Putz erreicht nicht die erforderliche Festigkeit.

Abb. 4.10: Kleinere Ablösungen des Oberputzes an zahlreichen Stellen

Abb. 4.11: Größere Ablösungen des Oberputzes im Erdgeschoss

Abb. 4.12: Oberputz kann mit Rissbreitenmaßstab abgehoben werden

Abb. 4.13: Kreisrunde Ablösungen des Oberputzes

Hinweise zur Schadensvermeidung

Wärmedämm-Verbundsysteme mit dünnschichtigen Putzen weisen eine geringe Festigkeit bei Stoßbeanspruchungen auf. An Fassaden, an denen mit Stoßbeanspruchungen zu rechnen ist, sollte die Stoßfestigkeit daher erhöht werden. Dies kann beispielsweise durch die zusätzliche Einbettung von Panzergewebe in den Unterputz oder die Verwendung von Putzträgerplatten aus Faserzement erreicht werden.

Bei der Ausführung von mineralischen Dünnputzsystemen ist insbesondere im Sommer unbedingt darauf zu achten, dass nach dem Aufbringen des Putzes kein zu schneller Wasserentzug stattfindet. Der Oberputz sollte nicht an zu heißen Tagen aufgebracht werden.

Maßnahmen und Kosten der Instandsetzung

Bei der teilflächigen Nachbesserung einer Putzfassade lassen sich erfahrungsgemäß, auch bei handwerklich sorgfältiger Ausführung, dauerhaft verbleibende Strukturunterschiede zur übrigen Putzfläche nicht vermeiden. Im vorliegenden Fall wurden daher die betroffenen Fassadenflächen durch vollflächige Erneuerung des Oberputzes überarbeitet. Die Kosten wurden bei ca. 100 m² Fassadenfläche mit ca. 70,00 €/m² zuzüglich Mehrwertsteuer angesetzt.

4.4 Putzrisse bei WDVS-Fensteranschlüssen

Schadensbild

Bei den Fensteranschlüssen von Wärmedämm-Verbundsystemen sind häufig Rissbildungen anzutreffen. In einem dieser Schadensfälle schließt die Putzbeschichtung des Wärmedämm-Verbundsystems unmittelbar an die Rollladenführungsschienen aus Kunststoff an. Dort ist ein Abriss mit Putzausbrüchen entstanden (siehe Abb. 4.14). Putzanschlussprofile oder vorkomprimierte Fugendichtbänder wurden nicht eingebaut. Durch Anlegen einer Probeöffnung im Anschlussbereich wird festgestellt, dass der Oberputz die darunter befindliche Dichtstofffuge überdeckt (siehe Abb. 4.15).

In einem anderen Fall ist der Leibungsputz beim Anschluss des Wärmedämm-Verbundsystems an die Rollladenführungsschienen vor den bodentiefen Fenstern und Fenstertüren entlang der dort eingebauten einteiligen Anputzleisten ohne Gewebearmierung gerissen (siehe Abb. 4.16 und 4.17).

Ursachen

In den beiden dargestellten Schadensfällen sind die Putzrisse bei den verschiedenartigen Anschlüssen des Wärmedämm-Verbundsystems die Folge einer fehlerhaften Ausführung.

Die Anschlüsse sind in der vorgefundenen Art nicht geeignet, die im Anschlussbereich auftretenden Bewegungen, die bei Kunststofffenstern insbesondere durch die thermische Längenänderung der Profile auftreten, schadensfrei aufzunehmen.

Im ersten Fallbeispiel war die unkontrollierte Rissbildung durch die fehlende Trennung zwischen dem Oberputz und den Kunststoffprofilen der Rollladenführungsschienen programmiert. Die Dichtstofffuge hätte nicht überputzt werden dürfen.

Im zweiten Fallbeispiel wurden ungeeignete Anputzleisten eingebaut. Diese waren nicht in der Lage, die thermischen Bewegungen der Kunststoffprofile bei den bodentiefen Fenstern und Fenstertüren schadensfrei aufzunehmen. Zur Vermeidung der Rissbildungen wäre es erforderlich gewesen, mehrteilige Anputzdichtleisten mit einer Gewebearmierung einzubauen.

Hinweise zur Schadensvermeidung

Die Fugen bei den Anschlüssen eines Wärmedämm-Verbundsystems an Fenster bzw. vorgesetzte Rollladenführungsschienen müssen dauerhaft schlagregen- und winddicht verschlossen werden. Hierzu werden entsprechend den Vorgaben der Systemhersteller üblicherweise Dichtsysteme aus vorkomprimierten Fugendichtbändern oder geeigneten ein- oder mehrteiligen Anputzdichtleisten mit Gewebearmierung eingebaut.

Eine Dichtstofffuge kann die vorgenannte Abdichtungsfunktion nur dann erfüllen, wenn sie in Abhängigkeit von den zu erwartenden Bewegungen ausreichend dimensioniert ist, ein für die Verwendung geeigneter, ausreichend verformbarer Fugendichtstoff verwendet wird und der Außenputz als Haftfläche eine ausreichende Zugfestigkeit aufweist. Eine dementsprechende Planung der Anschlussfugen findet jedoch nach den Erfahrungen der Autoren in der Praxis regelmäßig nicht statt. Abgesehen davon stellt eine Dichtstofffuge wegen der deutlich geringeren technischen Lebensdauer des Dichtstoffes keine gleichwertige Alternative zum Einsatz der anderen Dichtsysteme dar.

Dass sich die Verwendung spritzbarer Dichtstoffe zur dauerhaft schlagregendichten Ausbildung der Fensteranschlüsse von Wärmedämm-Verbundsystemen in der Praxis nicht bewährt und durchgesetzt hat, zeigt sich u. a. daran, dass in den Verarbeitungsrichtlinien marktführender Systemhersteller die Ausbildung einer Dichtstofffuge bei den WDVS-Fensteranschlüssen nicht empfohlen wird. Nach Meinung der Autoren sollten Dichtstofffugen, auch wenn sie im BFS-Merkblatt Nr. 21 (vgl. Bundesausschuss Farbe und Sachwertschutz, 2005) und in der „Richtlinie Anschlüsse an Fenster und Rollläden bei Putz, Wärmedämm-Verbundsystem und Trockenbau" (vgl. Fachverband der Stuckateure für Ausbau und Fassade Baden-Württemberg, 2010) weiterhin als Variante aufgeführt sind, zur Abdichtung der Fensteranschlüsse bei Wärmedämm-Verbundsystemen nicht eingesetzt werden.

Abb. 4.14: Riss beim WDVS-Putzanschluss an Rollladenführungsschiene

Abb. 4.15: Oberputz überdeckt Dichtstofffuge

Abb. 4.16: Riss bei einem WDVS-Putzanschluss mit Anschlussprofil (oben)

Abb. 4.17: Riss bei einem WDVS-Putzanschluss mit Anschlussprofilen (unten)

Bei großen Fensterelementen sollten zur sicheren Vermeidung von Putzrissen mehrteilige Anputzdichtleisten mit einer Gewebearmierung verwendet werden. Eine ausführliche Beschreibung findet sich im „Leitfaden zur Planung und Ausführung der Montage von Fenstern und Haustüren" (vgl. RAL Gütegemeinschaft Fenster und Haustüren e. V., 2010) in den Kapiteln 6.4.6 und 7.2.3.5.

Maßnahmen und Kosten der Instandsetzung

Die Putzrisse in den Außenleibungen der Fenster und Fenstertüren können durch den nachträglichen Einbau geeigneter Anputzdichtleisten mit Gewebearmierung vollständig und dauerhaft beseitigt werden. Hierzu muss der Außenputz einschließlich Anstrich in den äußeren Fensterleibungen neu hergestellt werden. Der Kostenaufwand wurde inklusiv Gerüstkosten auf ca. 120,00 €/m zuzüglich Mehrwertsteuer beziffert.

4.5 Risse mit diagonalem Verlauf an den Ecken von Bauteilöffnungen

Schadensbild

Bei einer größeren Wohnanlage wurden die Gebäude in mehreren Bauabschnitten errichtet. Die Fassaden sind mit einem Wärmedämm-Verbundsystem bekleidet und in unterschiedlichen Farbtönen gestrichen. Nach wenigen Jahren wurden bei einer routinemäßigen Überprüfung der Fassaden Risse an den Ecken der Fensteröffnungen festgestellt. Die Risse befinden sich an den jeweils oberen Ecken der Fensteröffnungen in der Fassade. Der Rissverlauf ist überwiegend diagonal zur Ecke. Die Risslängen liegen im Bereich von 10 bis zu 30 cm. Die Rissbreiten betragen 0,1 bis 0,2 mm (siehe Abb. 4.18).

Neben diesen diagonal verlaufenden Rissen sind auch horizontal und vertikal verlaufende Risse an den Ecken der Fensterlaibungen vorhanden. In Abb. 4.19 ist eine dieser Rissbildungen beispielhaft dargestellt. Ausgehend von der oberen linken Laibungsecke der Fensteröffnung verläuft ein Horizontalriss auf einer Länge von ca. 45 cm. Die Rissbreite beträgt ca. 0,2 mm. Des Weiteren verläuft – ebenfalls ausgehend von der oberen linken Laibungsecke – ein Vertikalriss auf eine Länge von ca. 15 cm nach oben. Der Vertikalriss geht in einen Schrägriss über, dessen Endpunkt sich in einer Höhe von ca. 50 cm über der Unterkante des Sturzes und 30 cm von der linken Laibung nach rechts befindet.

Zur Feststellung des Fassadenaufbaus und der Rissursache wurden Bauteilöffnungen durchgeführt. Die WDVS-Fassade wurde jeweils auf einer Größe von etwa 6 cm × 6 cm geöffnet. Die Putzbekleidung besteht aus einem Ober- und einem Unterputz. Die Putzdicke des Oberputzes beträgt ca. 5 mm, die Dicke des Unterputzes ca. 8 mm. Insgesamt beträgt die Putzdicke ca. 13 mm. Die Dämmung besteht aus Mineralwollplatten in einer Dicke von 6 cm. Sie ist im Bereich der Risse nicht durchfeuchtet. Im Eckbereich der ersten Öffnungsstelle ist das Armierungsgewebe der Putzbekleidung nicht überlappend verlegt und endet ca. 5 cm über Unterkante Sturz (siehe Abb. 4.20). Im Eckbereich der zweiten Öffnungsstelle ist das Armierungsgewebe ebenfalls nicht überlappt (siehe Abb. 4.21). Direkt über dem Fenster wurde ein engmaschiges, weißes Armierungsgewebe eingebaut. An der Fassade neben der Fensteröffnung kam ein grobmaschiges, grünes Gewebe zum Einsatz. An beiden Öffnungsstellen ist keine Diagonalbewehrung vorhanden.

Ursachen

Im vorliegenden Fall wurden weder zusätzliche Bewehrungsstreifen an den Ecken (Diagonalbewehrung) noch überlappte Gewebebahnen eingebaut. Die unbewehrte Putzlage an der Ecke kann die auftretenden Kerbspannungen nicht aufnehmen. Die Rissbildungen sind die Folge der unzureichenden Putzbewehrung.

Ecken von Fensterlaibungen zählen zu den besonders rissanfälligen Bereichen einer Fassade, da sich an den Ecken der Maueröffnungen aufgrund von Spannungskonzentrationen Kerbwirkungen ergeben. Die Kerbspannungen entstehen allein aus der Geometrie der eckigen Bauteilöffnungen. Bei runden Öffnungen treten beispielsweise keine Kerbspannungen auf. Wenn die Kerbspannungen die Zugfestigkeit der Putzlagen übersteigen, bilden sich – ausgehend von den Ecken der Wandöffnungen – diagonal verlaufende Risse.

Zur Vermeidung von Rissen in den Putzlagen eines Wärmedämm-Verbundsystems ist die vollflächige Einbettung eines Armierungsgewebes in den Unterputz erforderlich. Die einzelnen Gewebebahnen sind hierbei ausreichend (in der Regel 10 cm) zu überlappen, um die vollflächige Wirkung der Gewebearmierung sicherzustellen. An Ecken von Wandöffnungen reicht die vollflächige Gewebelage allein allerdings nicht aus. Zur schadlosen Aufnahme der Kerbspannungen an eckigen Wandöffnungen, wie z. B. bei Fenstern, ist die Einlage eines diagonal verlegten Gewebes an den Laibungsecken als zusätzliche Bewehrung erforderlich (vgl. z. B. Cziesielski/Vogt, 2007). Hierbei reichen in der Regel Gewebestreifen mit den Abmessungen von 10 cm × 20 cm aus.

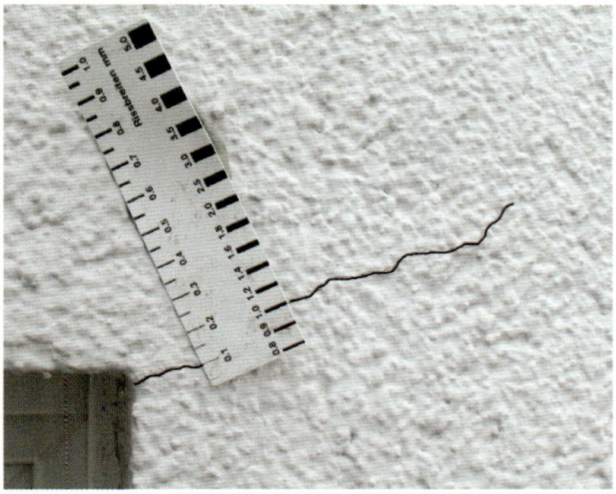

Abb. 4.18: Diagonalriss an Laibungsecke (Riss zur besseren Erkennbarkeit nachgezeichnet)

Abb. 4.19: Risse in der WDVS-Fassade

Abb. 4.20: Gewebe nicht überlappt, kein Diagonalgewebe eingebaut

Abb. 4.21: Unterschiedliches Gewebe nicht überlappt; kein Diagonalgewebe vorhanden

Hinweise zur Schadensvermeidung

Bei Beachtung der Ausführungshinweise der Hersteller von Wärmedämm-Verbundsystemen können Kerbrisse in der Putzlage weitestgehend verhindert bzw. auf ein unschädliches Maß begrenzt werden. Neben der Einlage von diagonal ausgerichtetem Armierungsgewebe an den Ecken der Fassadenöffnungen ist auch die richtige Verlegung der Dämmplatten wichtig. Die Stöße der Fassadendämmplatten dürfen nicht den Kanten der Laibungen folgen. Im Eckbereich ist immer eine ungestoßene, auf das Eck zugeschnittene Dämmplatte einzubauen.

Maßnahmen und Kosten der Instandsetzung

Fehler in der Armierungsschicht eines Wärmedämm-Verbundsystems können nur durch den Auftrag einer neuen, fachgerecht ausgeführten Armierungsschicht instand gesetzt werden. Die alte Putzlage kann hierbei in der Regel belassen werden.

Die Kosten für das Auftragen der neuen Armierungsschicht einschließlich eines neuen Oberputzes und eines neuen Fassadenanstrichs waren bei ca. 2.000 m² Fassadenfläche mit ca. 55,00 €/m² zuzüglich Mehrwertsteuer anzusetzen.

4.6 Ausbrüche der WDVS-Bekleidung an Fensteranschlüssen

Schadensbild

Die Fassaden eines mehrgeschossigen Wohngebäudes sind mit einem Wärmedämm-Verbundsystem bekleidet. Ausgeführt ist ein dünnschichtiges Putzsystem bestehend aus einer Armierungslage und einem Oberputz auf einer 10 cm dicken Wärmedämmung aus Mineralwolle. Die Fensterelemente sind fassadenseitig mit Zargen aus Leichtmetall eingefasst. In den Anschlussbereichen des Fassadenputzes an die Einfassungen der Fensterelemente sind Risse und Abplatzungen der Putzlage aufgetreten (siehe Abb. 4.22 bis 4.24). An den Fensterstürzen nimmt die Rissbildung seitlich zu den Laibungen hin zu. Die Rissflanken treten teilweise einige Millimeter aus der Putzebene hervor.

Das Wärmedämm-Verbundsystem schließt in der Ebene der Fassade bündig mit den Einfassungen der Fensterelemente ab. In den Putzabschluss seitlich und am Sturz der Fensterelemente ist ein Kunststoffprofil eingearbeitet. Die Anschlussfuge zwischen dem Putzabschlussprofil und der Fensterzarge ist mit einem Kompriband hinterlegt und fassadenbündig mit elastischem Dichtstoff verschlossen.

Das Schadensbild ist begrenzt auf die unmittelbar bewitterte Westfassade. Die Ostfassade mit gleichartiger Anschlusssituation weist keine vergleichbaren Schäden auf.

Ursachen

Das bei thermischer Beanspruchung unterschiedliche Formänderungsverhalten des Wärmedämm-Verbundsystems und der Leichtmetalleinfassungen der Fensterelemente kann von der ausgeführten Anschlussfuge zwischen Putzabschlussprofil und Fensterzarge nicht aufgenommen werden. Die elastische Anschlussfuge ist nicht ausreichend breit dimensioniert und nicht dauerhaft flexibel ausgebildet.

Der eingebaute elastische Fugendichtstoff unterliegt mit zunehmender Standdauer einer witterungsbedingt zunehmenden Verhärtung und Versprödung. Die Ausgestaltung der Fuge mit einer Anhaftung des Fugendichtstoffes an 2 parallelen und gegenüberliegenden Flanken sowie einer Hinterfüllung des Fugengrundes mit einem vorkomprimierten Schaumstoffband ist im Grundsatz fachtechnisch richtig. Die Steifigkeit des eingebauten Dichtstoffes, die alterungsbedingt zunehmende Versprödung und die ausgeführte Fugenbreite haben aber zur Folge, dass Bewegungen der Fugenflanken sowohl quer zur Fuge als auch in Fugenlängsrichtung nur in begrenztem Maße von dem Dichtstoff aufgenommen werden können. Dieses Maß wird mit den tatsächlichen, thermisch bedingten Formänderungen der Putzbekleidung und der Leichtmetalleinfassungen überschritten. Die Verschieblichkeit der Fugenflanken in Längsrichtung ist mit dem elastischen Fugenverschluss stark reduziert. Die mit der Verformungsbehinderung auftretenden Spannungen führen zu einer Rissbildung an der konstruktiv schwächsten Stelle in den angrenzenden Bauteilflanken; dies ist der Übergang zwischen der in die Putzlage eingearbeiteten Putzabschlussschiene und der gewebebewehrten Armierungslage (siehe Abb. 4.25). Über die auftretenden Risse kann vermehrt Niederschlagswasser in den Putzaufbau eindringen. Die kombinierte Einwirkung von Feuchtigkeit und Frost verstärkt das Schadensbild zusätzlich.

Die unterschiedliche Ausprägung des Schadensbildes an der Wetterseite des Gebäudes und an der von der direkten Bewitterung abgewandten Ostfassade zeigt, dass die äußeren Einwirkungen aus thermischer Beanspruchung (direkte, anhaltende Besonnung) und Feuchtebeanspruchung (Schlagregen) von der Konstruktion nur begrenzt aufgenommen werden können und darüber hinausgehend schadensauslösend sind.

Hinweise zur Schadensvermeidung

Wärmedämm-Verbundsysteme müssen an angrenzende Bauteile umlaufend mit einer Dehnfuge angeschlossen werden. Die Dimensionierung der Fugenabmessungen ist abhängig von den zu erwartenden Formänderungen der angrenzenden Fugenflanken. Die elastische Verformbarkeit der Dichtmasse in Fugenlängsrichtung ist deutlich geringer als die Verformbarkeit des vorkomprimierten Dichtbandes und daher im vorliegenden Fall maßgebend. Die Verwendung einer Fenstereinfassung aus Leichtmetall

Abb. 4.22: Fenstersituation mit Anschluss der WDVS-Fassade an Fensterzargen

Abb. 4.23: Rissbildung und Putzabplatzung am Fensteranschluss

Abb. 4.24: Anschluss des WDVS an die Fensterzarge

Abb. 4.25: Schubspannungen infolge einer Verformungsbehinderung in Längsrichtung der Anschlussfuge

ist im Hinblick auf das thermisch bedingte Formänderungsverhalten ungünstiger als eine Bekleidung der Laibungen und der Sturzuntersicht mit dem Wärmedämm-Verbundsystem. Eine in die Laibung geführte Bekleidung kann Verformungen der Putzfläche in der Fassadenebene über die Nachgiebigkeit der Laibungskante besser aufnehmen als ein Bauteilanschluss in der Ebene der Putzfläche.

Maßnahmen und Kosten der Instandsetzung

Für die Instandsetzung der Anschlussbereiche wurde eine Erneuerung der Putzbekleidung in der gesamten Fläche einschließlich neu konzipierter Anschlüsse an die Fenstereinfassungen mit größerer Verschieblichkeit erforderlich.

Die Kosten hierfür waren bei ca. 250 m^2 Fassadenfläche mit ca. 175,00 €/m^2 zuzüglich Mehrwertsteuer anzusetzen.

4.7 Putzabplatzungen und Rissbildungen an fassadenbündigen Fenstern

Schadensbild

Bei einem mehrgeschossigen Wohngebäude sind die Fensterelemente oberflächenbündig mit der Außenkante der Außenwand angeordnet. Die Fassade ist mit einem Wärmedämm-Verbundsystem bekleidet. Der Fassadenputz schließt am Fenstersturz, an den seitlichen Leibungen und an der Fensterbrüstung über eine zweiteilige Anputzleiste an das Fensterelement an. Die Anputzleiste ist auf dem Fensterelement verklebt. Eine äußere Fensterbank ist nicht vorhanden (siehe Abb. 4.26 und Abb. 4.27).

Im Anschlussbereich an die Fensterelemente weist der Fassadenputz Risse, Putzablösungen und mit der Zeit zunehmend offene Fehlstellen bzw. flächige Ablösungen auf.

Ursachen

Die verwendeten Anputzprofile können die in der Fassadenebene auftretenden thermisch und hygrisch bedingten Längenänderungen von Putzbekleidung bzw. Fensterelement nicht dauerhaft schadensfrei aufnehmen. Die auftretenden Verformungsbehinderungen verursachen Zwängungen und in der Folge Rissbildungen im Putz. Dadurch entstehende Hinterläufigkeiten und nachfolgende Frostschäden bewirken eine fortschreitende Zerstörung des Putzanschlusses.

Der Bauteilanschluss zwischen Fassadenputz und Fensterelement unterliegt bei einer putzbündigen Anordnung der Fensterelemente in der Fassadenfläche in besonderem Maße der direkten Bewitterung. Eine dieser Beanspruchung Rechnung tragende handwerkliche bzw. konstruktive Ausbildung der Anschlussfuge fehlt in diesem Fall. Die verwendeten Anputzleisten können in Längsrichtung der Profile und orthogonal zur Fassade zwar Verschiebungen im Verlauf des Materialwechsels aufnehmen, jedoch nicht in dem Maß der tatsächlich auftretenden Verformungen.

Anschlüsse von Wärmedämm-Verbundsystemen an andere Bauteile sind als bewegliche Fuge auszubilden. Die Fugenausbildung ist konstruktiv so zu wählen, dass die zu erwartenden unterschiedlichen Bewegungen der angrenzenden Bauteile auf Dauer schadlos aufgenommen werden können. Anschlüsse mit horizontalem Verlauf am unteren Rand von Bauteilen, z. B. am Fenstersturz, sind mit einer Tropfkante bzw. einem Rücksprung der Anschlussfuge auszubilden, um ein Ablaufen von Niederschlagswasser in die Fugenkonstruktion zu vermeiden und die Beanspruchung der Fugenkonstruktion auf ein Minimum zu reduzieren (siehe Abb. 4.28). Anschlüsse mit vertikalem Verlauf an seitlichen Rändern von Bauteilen, z. B. an Fensterleibungen, sind mit einer verdeckt liegenden Fugenabdichtung und einer Putztrennung auszubilden. Die Fugenabdichtung muss in Wasserlaufrichtung fehlstellenfrei sein und Wasser, das über die Putztrennung in die Anschlussfuge eindringt, sicher ableiten (siehe Abb. 4.29). Anschlüsse mit horizontalem Verlauf am oberen Rand von Bauteilen, z. B. an Fensterbrüstungen, sind in Wasserlaufrichtung von dem darüber liegenden Bauteil zu übergreifen, sodass eine Tropfkante über dem Putzabschluss gebildet wird. Ablaufendes Niederschlagswasser darf zur Vermeidung von Putzverschmutzungen und Hinterläufigkeiten der Putzbekleidung nicht unmittelbar auf den Putzabschluss abgeleitet werden (siehe Abb. 4.30). Diese Grundsätze zur Fugenausbildung sind Bestandteil der einschlägigen technischen Regelwerke, z. B. der „Technischen Richtlinien für die Planung und Verarbeitung von Wärmedämm-Verbundsystemen" (vgl. Bundesausschuss für Farbe und Sachwertschutz, 2012), und der üblichen Verarbeitungsvorgaben der verschiedenen Systemhersteller.

Hinweise zur Schadensvermeidung

Fensterelemente sollten im Hinblick auf die einwirkende Wetterbeanspruchung nach Möglichkeit in der Fassade zurückversetzt angeordnet werden. Wo aus konstruktiven und/oder gestalterischen Überlegungen heraus auf einen oberflächenbündigen Einbau nicht verzichtet werden soll, muss die Anschlussfuge zwischen Putzbekleidung und Fensterelement umlaufend in der Bauart einer Trenn- bzw. Bewegungsfuge mit Maßnahmen zum Schutz gegen Hinterläufigkeiten ausgebildet werden. Bei horizontalen Anschlüssen und Übergängen darf auf Tropf-

Abb. 4.26: Fensterelement mit putzbündiger Anordnung

Abb. 4.27: Zweiteiliges Putzanschlussprofil am Anschluss der Putzbekleidung an den Fensterrahmen

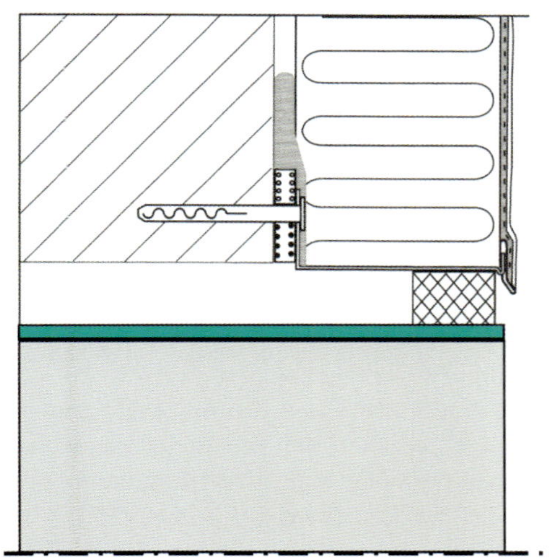

Abb. 4.28: Bewegliche Anschlussfuge mit Tropfkante für den Sturzbereich (Vertikalschnitt)

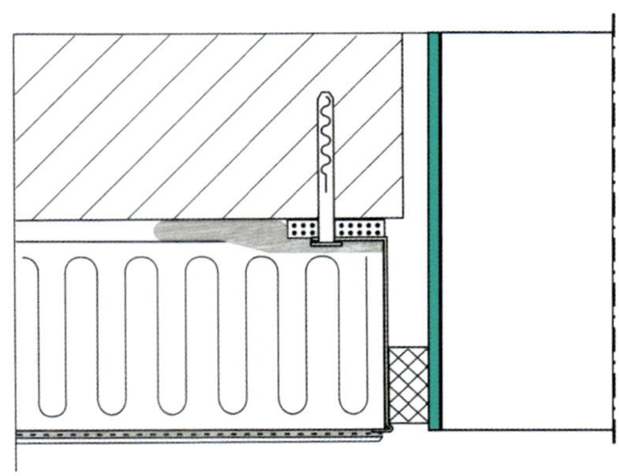

Abb. 4.29: Bewegliche Anschlussfuge für die seitliche Leibung (Horizontalschnitt)

kanten mit ausreichend großen Überständen nicht verzichtet werden.

Maßnahmen und Kosten der Instandsetzung

Für die Fassadenbekleidung wird aufgrund der konstruktiven Fehler und des Ausmaßes der Schäden eine vorzeitige Neuherstellung erforderlich.

Die Kosten hierfür einschließlich der Gerüststellung wurden bei ca. 1.000 m² Fassadenfläche mit ca. 175,00 €/m² zuzüglich Mehrwertsteuer veranschlagt.

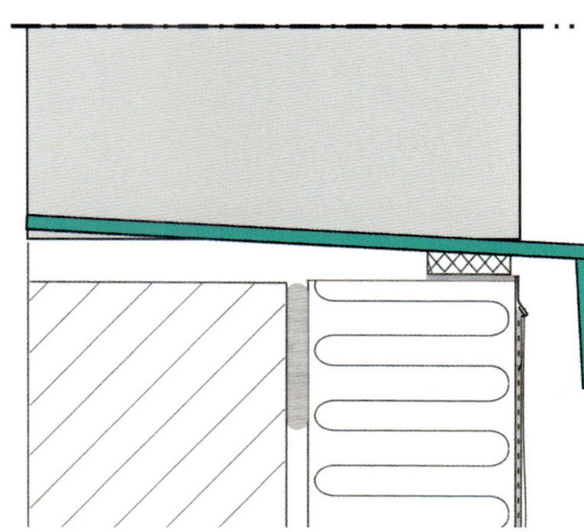

Abb. 4.30: Bewegliche Anschlussfuge mit Überdeckung und Tropfkante für den Brüstungsbereich (Vertikalschnitt)

4.8 Putzabplatzungen und Rissbildungen beim Anschluss WDVS-Fensterbank

Schadensbild

Bei WDVS werden Brüstungsabdeckungen überwiegend mit vorkonfektionierten Fensterbänken aus Aluminium hergestellt. Die Fensterbänke sind an den seitlichen Rändern, im Anschluss an das Wärmedämm-Verbundsystem mit Randaufkantungen, sog. Bordprofilen, ausgestattet, um schlagregendichte Anschlüsse zwischen Fensterbänken und Wärmedämm-Verbundsystem zu erzielen.

Ein häufig anzutreffendes Schadensbild sind Abplatzungen und Risse bei den Anschlüssen der Putzbekleidungen an die äußeren Fensterbänke. Risse in der Putzbekleidung beginnen typischerweise auf Höhe der seitlichen Bordprofile der Fensterbänke (siehe Abb. 4.31 und Abb. 4.32) und verlaufen horizontal bzw. fächerförmig in die angrenzenden Putzflächen. Abplatzungen treten sowohl unmittelbar neben den seitlichen Randaufkantungen als auch oberhalb der Bordprofile auf (siehe Abb. 4.33 und 4.34). Bei Abplatzungen oberhalb der Bordprofile steht der obere waagerechte Schenkel der Bordprofile oft über den Leibungsputz vor. Die Putzbekleidung ist bis direkt an die Randaufkantungen geführt. Durch Risse und Abplatzungen in diesen Übergängen ist die Dichtheit der Anschlüsse nicht mehr gegeben. Es kann zu Feuchteschäden am Wärmedämm-Verbundsystem kommen.

Bei den in den Abb. 4.31 bis 4.34 dargestellten Fensterbänken sind die seitlichen Bordprofile nach dem Zuschnitt der Fensterbänke entweder press aufgesteckt oder direkt befestigt worden. Es handelt sich somit um starre Anschlüsse der seitlichen Bordprofile.

Ursachen

Risse und Abplatzungen der Putzbekleidungen an den seitlichen Bordprofilen der Fensterbänke werden durch die unterschiedlichen thermischen Längenänderungen der Fensterbänke und der Putzsysteme verursacht.

Fensterbänke sind den Witterungsbeanspruchungen direkt ausgesetzt. Bei starker Sonneneinstrahlung können sich Oberflächentemperaturen von bis zu 80 °C ergeben, während in den Wintermonaten Temperaturen von –20 °C möglich sind. Für die Abschätzung von Längenänderungen von Metallbauteilen an Fassaden wird daher üblicherweise ein Temperaturunterschied von 100 K angesetzt.

Aluminium weist einen Dehnungskoeffizienten α_T von $2{,}3 \cdot 10^{-5}\ K^{-1}$ auf. Aluminiumfensterbänke dehnen sich beispielsweise bei einer Einbautemperatur von 10 °C um 1,6 mm pro Meter aus. Putzsysteme haben demgegenüber einen deutlich kleineren Dehnungskoeffizienten α_T von etwa $1{,}1 \cdot 10^{-5}\ K^{-1}$. Durch die größere Ausdehnung der Fensterbänke gegenüber dem Putzsystem drücken sich die Bordprofile in die seitliche Putzlage. Die Putzsysteme sind aufgrund ihrer geringen Dicke nicht in der Lage, die auftretenden Druckspannungen aufzunehmen. Es kommt zwangsläufig zu Rissen und Abplatzungen an den Übergängen von Randaufkantungen und Putzsystemen.

Bei in der Leibung überstehenden Bordprofilen kann Niederschlagswasser auf den Überständen stehen bleiben und die unteren Putzanschlüsse mit Wasser durchfeuchten. Durch die kapillare Saugfähigkeit der Putzbekleidung am Übergang zu den Bordprofilen kommt es dann zu einer länger andauernden Feuchtebelastung des Putzes mit der Folge von frostbedingten Putzabplatzungen an der Leibung.

Hinweise zur Schadensvermeidung

Zur Aufnahme der thermischen Längenänderungen der Fensterbänke werden bei Wärmedämm-Verbundsystemen Bewegungsmöglichkeiten durch Einlage eines vorkomprimierten Dichtbandes an der Oberseite und der Seitenfläche starrer Bordprofile hergestellt. Das Putzsystem wird dann durch einen Kellenschnitt von den Randaufkantungen getrennt. Rissbildungen und Putzabplatzungen lassen sich damit aber nicht sicher verhindern.

Daher sollten Fensterbänke mit beweglichen Bordprofilen verwendet werden, die mit Spielraum und elastischen Zwischenlagen auf die Fensterbänke gesteckt werden. Die auftretenden Längenänderungen werden dann zwischen

Abb. 4.31: Rissbildung auf Höhe des seitlichen Bordprofils der Fensterbank (Riss zur besseren Erkennbarkeit nachgezeichnet)

Abb.4.32: Fächerförmige Rissbildung auf Höhe des seitlichen Bordprofils (Risse zur besseren Erkennbarkeit nachgezeichnet)

Abb. 4.33: Putzabplatzung auf Höhe des seitlichen Bordprofils

Abb. 4.34: Abplatzungen oberhalb des seitlichen Bordprofils, horizontaler Schenkel steht seitlich über den Leibungsputz vor

Bordprofilen und Fensterbänken aufgenommen. Die seitlich anschließende Putzbekleidung wird nicht belastet. Der Einbau vorkomprimierter Dichtungsbänder ist auch bei beweglichen Bordprofilen erforderlich, um einen schlagregendichten Anschluss zu gewährleisten.

Wichtig ist auch der bündige Abschluss der Bordprofile mit dem Leibungsputz, da überstehende Bordprofile zu Durchfeuchtungen an der Putzkante und nachfolgenden Putzabplatzungen führen.

Maßnahmen und Kosten der Instandsetzung

Abplatzungen und Rissbildungen an Fensterbankanschlüssen können nur durch Einbau beweglicher Bordprofile an den seitlichen Anschlüssen dauerhaft beseitigt werden. Die Kosten für den Austausch einer Fensterbank und die Ergänzung der Putzbekleidung sind mit etwa 250,00 €/Fensterbank zu veranschlagen. Infolge der teilflächigen Nachbesserung lassen sich erfahrungsgemäß Strukturunterschiede zur übrigen Putzfläche nicht vermeiden.

4.9 Putzabplatzungen und Rissbildungen bei WDVS-Balkonanschlüssen

Schadensbild

Am Wärmedämm-Verbundsystem einer größeren Wohnanlage zeigen sich wenige Jahre nach Errichtung des Gebäudes umfangreiche Putzabplatzungen an den Anschlüssen zu den Balkonen. Die Putzabplatzungen entstehen durch die Aufwölbungen des Oberputzes bis auf Höhen von etwa 5 bis 10 cm entlang der Verblechungen am Übergang zu den Balkonen (siehe Abb. 4.35). Die Putzaufwölbungen lassen sich mit geringem Kraftaufwand von Hand eindrücken und der Oberputz blättert großflächig ab (siehe Abb. 4.36).

Die Balkone wurden als auskragende Stahlbeton-Fertigteile konstruiert, die über thermische Trennelemente mit den Geschossdecken aus Ortbeton verbunden sind. Die Fertigteile weisen eine umlaufende Randaufkantung auf. Der Übergang zwischen der Randaufkantung und dem Mauerwerk der Außenwand ist mit einem über die gesamte Balkonbreite durchlaufenden Blech abgedeckt. Das Wärmedämm-Verbundsystem der Fassaden ist von oben auf die Blechanschlüsse geführt und dort stumpf angeschlossen. Die Putzbekleidung ist mit einem Kellenschnitt vom Blech getrennt. Im unmittelbaren Anschlussbereich zwischen Wärmedämm-Verbundsystem und Blech kann ein Meterstab nur etwa 1 cm tief unter das Wärmedämm-Verbundsystem geschoben werden, bevor ein geringer elastischer Widerstand spürbar wird. Dieser Widerstand ist typisch für das Vorhandensein eines vorkomprimierten Dichtbandes zwischen den Polystyroldämmplatten und der Verblechung. Ein unteres Abschlussprofil ist am Wärmedämm-Verbundsystem nicht vorhanden. Die Anschlussfuge ist offen (siehe Abb. 4.37).

Anschlüsse an Fertigteilbalkone werden oft auch ohne Verblechung ausgeführt. In derartigen Fällen wird das Wärmedämm-Verbundsystem direkt auf die Randaufkantungen geführt. An diesen Anschlüssen sind häufig Rissbildungen festzustellen (siehe Abb. 4.38).

Ursachen

Die Putzabplatzungen werden durch die fehlende Dichtheit des unteren Putzabschlusses gegen Spritz- und Stauwasser verursacht. Die Rissbildungen in den Anschlüssen resultieren aus der fehlenden konstruktiven Trennung von Putz und Balkon.

Anschlüsse von Wärmedämm-Verbundsystemen an auskragende oder vorspringende Bauteile werden von Niederschlagswasser beansprucht. Zur Vermeidung von Wassereintritten werden die Dämmplatten in der Regel mit einem vorkomprimierten Dichtband an die auskragenden bzw. vorspringenden Bauteile angeschlossen. Der gewebearmierte Unterputz und der Oberputz werden anschließend aufgebracht und bis zu den angrenzenden Bauteilen geführt. Erfolgt der Putzauftrag bis unmittelbar auf die angrenzenden Bauteile, kann es zu Rissbildungen im Anschlussbereich kommen. Es gelten hier die gleichen Grundsätze, die im Schadensbeispiel in Kapitel 3.27 beschrieben sind.

Wird die Putzbekleidung von den angrenzenden Bauteilen getrennt, entsteht eine mehr oder weniger breite Anschlussfuge, die bei Niederschlägen mit Wasser beansprucht wird. Der gewebearmierte Unterputz weist erfahrungsgemäß eine relativ hohe kapillare Saugfähigkeit auf. Gelangt Wasser in die Anschlussfuge bis zum Unterputz, wird der Unterputz Wasser aufnehmen und kapillar nach oben transportieren. Dies führt zu einer Durchfeuchtung des Unterputzes und zu einem Abdrücken des Oberputzes. Es entstehen Aufwölbungen und Putzabplatzungen.

Hinweise zur Schadensvermeidung

Erfolgt der untere Abschluss eines Wärmedämm-Verbundsystems ohne Einbau eines Sockelprofils, sollte die erforderliche konstruktive Trennung zwischen gewebearmierter Spachtelschicht und Balkon nicht durch einen schmalen Kellenschnitt, sondern durch die planmäßige Anordnung eines ausreichenden Abstandes (ca. 10 bis 20 mm) zwischen Putzbekleidung und Balkon ausgeführt werden. Dieser Abstand kann abschließend mit geeigneten elastischen Fugendichtstoffen geschlossen werden, um sowohl Rissbildungen als auch Feuchteeinwirkungen

Abb. 4.35: Aufwölbungen und Abplatzungen des Oberputzes

Abb. 4.36: Großflächige Putzabplatzungen oberhalb der Blechabdeckung der Randaufkantung

Abb. 4.37: Offene untere Anschlussfuge

Abb. 4.38: Rissbildung an einem Balkonanschluss ohne Blechabdeckung

zu unterbinden. Der Fugendichtstoff ist regelmäßig zu warten, um Ablösungen und Alterung rechtzeitig zu erkennen und seine Erneuerung vornehmen zu können.

Die bessere Ausführung erfolgt durch Einbau eines Sockelabschlussprofils mit Tropfkante am unteren Abschluss des Wärmedämm-Verbundsystems. Das Sockelabschlussprofil sollte so ausgebildet sein, dass der gewebearmierte Unterputz vom Tropfkantenprofil eingefasst wird und so vor Feuchtigkeit geschützt ist. Die Produkthersteller bieten derartige Systeme an. Der verbleibende Spalt zwischen Sockelabschlussprofil und Balkon wird dann mit einem vorkomprimierten Dichtband dauerhaft verschlossen. Diese Anschlussfuge bedarf keiner besonderen Wartung.

Maßnahmen und Kosten der Instandsetzung

Die Putzabplatzungen an den Balkonanschlüssen wurden durch vollständige Erneuerung des Wärmedämm-Verbundsystems im Anschlussbereich mit Einbau von Sockelabschussprofilen instand gesetzt. Zur Vermeidung von Strukturunterschieden zur übrigen Fassadenfläche wurde der neu erstellte Sockelbereich von der übrigen Fassade abgesetzt. Die Kosten beliefen sich auf etwa 50,00 €/m Anschlussfuge zuzüglich Mehrwertsteuer.

5 Schäden an Außenwänden – Innenseite

Eine Vielzahl der an der Innenseite von Außenwänden auftretenden baulichen Schäden ist durch Feuchteeinwirkungen verursacht. Auf feuchten Bauteiloberflächen können sich Schimmelpilze bilden, wenn über einige Tage ein ausreichend hohes Feuchteangebot gegeben ist. Schimmelpilzsporen liegen in der Raumluft immer in geringer Konzentration vor. Nahrung finden Schimmelpilze in organischen Bestandteilen von Baustoffen wie Tapeten, aber auch in Staubablagerungen.

Wasser, das in flüssiger Form durch die Außenbauteile eindringt, führt an der Innenseite der Außenwände in der Regel zu Wasserrändern und bräunlichen Verfärbungen bis hin zu Ausblühungen sowie Farb- und Putzablösungen.

Tauwasser entsteht durch die Kondensation von Wasserdampf auf kalten Bauteiloberflächen. Der Wasserdampf wird beim Kochen, Baden/Duschen und durch den Menschen selbst in die Raumluft eingetragen. Weisen Bauteiloberflächen eine Temperatur unterhalb des Taupunkts auf, entsteht Tauwasser. Wenn aufgrund dieser Vorgänge an der Oberfläche über mehrere Tage ein höherer Feuchtegehalt vorliegt, bilden sich Schimmelpilze. Als Grenzwert wird dabei mittlerweile eine relative Feuchte von 80 % im oberflächennahen Bereich angesetzt. Niedrige Temperaturen der Innenoberflächen von Bauteilen können auf einen zu geringen Wärmeschutz der Konstruktion oder auf eine nicht ausreichende Beheizung bzw. Beheizbarkeit des Raums zurückzuführen sein. Weiterhin vergrößert eine hohe Raumluftfeuchte infolge unzureichender Lüftung das Risiko einer Tauwasserbildung.

Für die Beurteilung von Feuchte- bzw. Schimmelpilzschäden muss bei unbekannter Ursache zunächst festgestellt werden, ob ein Eindringen von Wasser in flüssiger Form durch die Außenbauteile vorliegt. Wenn dies nicht der Fall ist, muss von einer Tauwasserbildung als Schadensursache ausgegangen werden. Für die weitere Beurteilung wird in der Regel so vorgegangen, dass die Konstruktion dahin gehend überprüft wird, ob Defizite im baulichen Wärmeschutz vorliegen.

Grundlage der Beurteilung ist DIN 4108-2: 2013-02 „Wärmeschutz und Energie-Einsparung in Gebäuden". Dort wird als Rechengröße der Temperaturfaktor f_{Rsi} eingeführt. Dieser muss an der ungünstigsten Stelle die Anforderung $f_{Rsi} \geq 0{,}7$ erfüllen. Bei Einhaltung dieses Kriteriums kann davon ausgegangen werden, dass keine Tauwasserbildung eintritt und damit eine Schimmelbildung nicht baulich bedingt ist. Dabei ist eine gleichmäßige Beheizung und ausreichende Lüftung der Räume sowie eine weitgehend ungehinderte Luftzirkulation an den Außenwandoberflächen vorauszusetzen.

Der Temperaturfaktor f_{Rsi} kann entweder durch bauphysikalische Berechnungen oder – in den Wintermonaten – durch Messung der Oberflächentemperatur an der Innenseite der Außenwand ermittelt werden. Für Temperaturmessungen ist immer eine ausreichende Messvorbereitung vorzunehmen, die dazu dient, einen gleichmäßigen Erwärmungszustand im zu beurteilenden Raum herzustellen. Gemessen werden kann eingrenzend mit Handgeräten (Infrarotmessgeräten oder Kontaktmessungen) und flächig mit der Infrarotthermografie-Kamera. Eine andere Untersuchungsmethode ist die Installation von Messgeräten zur Ermittlung der Innenflächentemperatur der Außenwand sowie der Innen- und der Außentemperatur über einen Zeitraum von 1 bis 2 Wochen.

In den folgenden Kapiteln werden Rissbildungen behandelt, die untergrundbedingt sind und durch Bauteilverformungen verursacht wurden.

5.1 Feuchteschäden im unteren Wandbereich (1)

Schadensbild

In einer Garage mit Außenwänden aus zweischaligem Außenmauerwerk sind bereits kurze Zeit nach Fertigstellung im unteren Wandbereich Feuchteschäden in Form von Wasserrändern, Verfärbungen und einer Zerstörung des Putzgefüges an der Innenoberfläche aufgetreten (siehe Abb. 5.1).

Zerstörende Untersuchungen ergaben, dass eine den anerkannten Regeln der Technik entsprechende Fußpunktabdichtung nicht eingebaut wurde (siehe Abb. 5.4). Die Öffnungen in den Stoßfugen der Verblendschale liegen unter der Oberkante des unmittelbar anschließenden Pflasterbelags (siehe Abb. 5.3).

Die in der inneren Wandschale aus Ziegelmauerwerk angeordnete Querschnittsabdichtung liegt ca. 7 cm über dem Niveau des gepflasterten Garagenbodens. Der Wandinnenputz ist über die Querschnittsabdichtung bis auf das Fundament heruntergeführt. Der in den Pflasterbelag der Garage einbindende Wandbereich wurde nicht abgedichtet (siehe Abb. 5.2).

Ursachen

Die Feuchteschäden am Innenputz der Garage sind durch das Fehlen der erforderlichen Abdichtung im Fußpunktbereich der zweischaligen Außenwandkonstruktion entstanden.

Eine den anerkannten Regeln der Technik entsprechende Fußpunktabdichtung ist nicht vorhanden. Somit kann das in die Verblendfassade eindringende und in der Fuge zwischen den beiden Mauerwerksschalen nach unten ablaufende Niederschlagswasser nicht über die ohnehin zu tief angeordneten Entwässerungsöffnungen nach außen geleitet werden, sondern es läuft weiter nach unten, sammelt sich auf dem Streifenfundament und dringt von außen in das Ziegelmauerwerk der Innenschale ein. Zugleich findet eine Durchfeuchtung von der Innenseite aus statt, da das in den Pflasterbelag der Garage einbindende Mauerwerk seitlich nicht abgedichtet wurde.

Das vom Mauerwerk und Innenputz aufgenommene Wasser wird durch Kapillarleitung nach oben transportiert. Da die Querschnittsabdichtung ca. 7 cm über dem Niveau des Garagenfußbodens liegt, treten im sichtbaren Wandstreifen Feuchteschäden auf.

Die über die Querschnittsabdichtung durchlaufende Putzbekleidung stellt eine Feuchtebrücke dar. Das hat dazu geführt, dass sich auch in den darüberliegenden Wandbereichen Feuchteschäden zeigen.

Hinweise zur Schadensvermeidung

Der beschriebene Schadensfall macht deutlich, dass der Abdichtung im Fußpunktbereich zweischaliger Außenwände eine besondere Aufmerksamkeit gewidmet werden muss. Detaillierte Hinweise zur fachgerechten Planung und Ausführung der Fußpunktabdichtung zweischaliger Außenwandkonstruktionen werden in der Fachliteratur u. a. von Selk (vgl. Selk, 2003) sowie in den von verschiedenen Herstellerverbänden zur Verfügung gestellten Unterlagen gegeben.

Grundsätzlich sollte die Horizontalabdichtung im Mauerwerksquerschnitt unterhalb der Oberkante des fertigen Fussbodens angeordnet werden. Wird diese jedoch wie im vorliegenden Fall über dem Fußboden angeordnet, muss der darunterliegende Wandbereich entsprechend den anerkannten Regeln der Technik abgedichtet werden. Die Vertikalabdichtung ist bis zur Querschnitts- und Fußpunktabdichtung hochzuführen und an diese anzuschließen.

Zur Vermeidung eines kapillaren Feuchtetransports in der Putzschicht ist darauf zu achten, dass diese keinen unmittelbaren Kontakt mit Fundamenten oder Bodenplatten hat.

Sofern am Fußpunkt einer Verblendschale oberhalb der Abdichtung Entwässerungsöffnungen angeordnet werden, sollen diese über Geländeniveau liegen. Ausnahmsweise dürfen die Entwässerungsöffnungen auch unter Geländeniveau liegen, wenn zur Wasserableitung vor der Wand ein Grobkiesstreifen angeordnet wird.

Abb. 5.1: Feuchteschäden am Wandinnenputz

Abb. 5.2: Unterhalb der Querschnittsabdichtung fehlt die Vertikalabdichtung der inneren Wandschale.

Abb. 5.3: Die Entwässerungsöffnungen am Fußpunkt der Verblendschale befinden sich unter dem Niveau des Pflasterbelags.

Abb. 5.4: Die Fußpunktabdichtung fehlt.

Maßnahmen und Kosten der Instandsetzung

Zur dauerhaften Beseitigung der Feuchteschäden und deren Ursachen war es erforderlich, die fehlende Fußpunktabdichtung abschnittsweise nachträglich einzubauen und das Mauerwerk der Innenschale im Bereich unterhalb der Querschnittsabdichtung seitlich abzudichten. Der schadhafte Innenputz wurde ausgebessert. Im Zuge dieser Maßnahmen konnten die Entwässerungsöffnungen der Verblendschale in den Wandbereich oberhalb der Geländeoberfläche verlegt werden.

Die Instandsetzungskosten betrugen im dargestellten Schadensfall ca. 200,00 €/m Wandlänge zuzüglich Mehrwertsteuer.

Erfahrungsgemäß lassen sich beim nachträglichen Einbau einer Fußpunktabdichtung und der hierzu notwendigen teilflächigen Neuherstellung des Verblendmauerwerks auch bei Anwendung großer handwerklicher Sorgfalt ausbesserungsbedingte geringe Farbunterschiede zu der übrigen Fassadenfläche nicht vollständig vermeiden. Dadurch können geringe, im Allgemeinen jedoch als hinnehmbar einzustufende optische Beeinträchtigungen entstehen.

5.2 Feuchteschäden im unteren Wandbereich (2)

Schadensbild

Im Erdgeschoss eines nicht unterkellerten Wohnhauses zeigen sich kurze Zeit nach Fertigstellung im unteren Bereich der verputzten und tapezierten Innen- und Außenwände Feuchteschäden in Form von Ausblühungen, Tapetenablösungen und Schimmelpilzbefall (siehe Abb. 5.5). Durch orientierende Vergleichsmessungen wurde in den unteren Wandbereichen eine erhöhte Materialfeuchte im Innenputz festgestellt.

Die erdberührten Außenwandflächen sind mit einer kunststoffmodifizierten Bitumendickbeschichtung (KMB) abgedichtet. Die KMB ist auf eine Wärmedämmung aus Polystyrol-Hartschaumplatten aufgebracht. Im erdberührten Wandbereich unterhalb der Haustür fehlt die Vertikalabdichtung.

Auf den Abb. 5.6 und 5.7 ist zu erkennen, dass die zwischen Bodenplatte und Außenmauerwerk als Horizontalabdichtung eingebaute Folie lose auf dem waagerechten seitlichen Überstand der Stahlbetonbodenplatte aufliegt. Die KMB endet am Fußpunkt des Mauerwerks, sie ist nicht an die Bodenplatte angeschlossen. An dieser Stelle kann Wasser in das Gebäude eintreten.

Eine Ringdränage ist nicht vorhanden.

Ursachen

Die Feuchteschäden im Erdgeschoss sind durch Wassereintritte über die erdberührten Außenwandflächen entstanden. Schadensursächlich ist eine grob fehlerhafte Ausführung der Vertikalabdichtung.

Die Fehlerhaftigkeit der Ausführung ergibt sich bereits daraus, dass die kunststoffmodifizierte Bitumendickbeschichtung (KMB) auf die Wärmedämmung aus Polystyrol-Hartschaumplatten aufgebracht wurde. Dieser Untergrund ist zur Aufnahme einer KMB ungeeignet.

Unter der Haustür fehlt die erforderliche Vertikalabdichtung.

Des Weiteren ist die Vertikalabdichtung am Wandfuß umlaufend nicht an die Bodenplatte angeschlossen. Um die KMB fachgerecht über eine Hohlkehle und den waagerechten seitlichen Überstand bis zur Außenkante der Bodenplatte und dann mindestens 10 cm an der Plattenstirnseite herunterzuführen, hätte die als Querschnittsabdichtung eingebaute, lose auf dem seitlichen Überstand der Bodenplatte aufliegende Folie bündig mit der Außenkante des Außenmauerwerks abgeschnitten werden müssen.

Sofern die Wasserdurchlässigkeit des anstehenden Bodens nicht bekannt ist, muss vor erdberührten Außenwandflächen, die gegen Bodenfeuchtigkeit und nicht stauendes Sickerwasser abgedichtet werden sollen, grundsätzlich eine Dränanlage gemäß DIN 4095:1990-06 „Baugrund“ geplant werden. Auch dieses wurde im vorliegenden Fall nicht beachtet.

Da eine Dränanlage fehlt, wird der erdberührte Wandstreifen durch aufstauendes Sickerwasser beansprucht. Über den undichten Fußpunkt kann Wasser in das Gebäude eindringen und sich in der Dämmschicht unter dem schwimmenden Estrich verteilen.

Hinweise zur Schadensvermeidung

Es sollte selbstverständlich sein, dass Bauwerksabdichtungen unter Beachtung der maßgeblichen technischen Regelwerke geplant und ausgeführt werden. Derartig gravierende Fehler, wie sie im dargestellten Schadensfall vorliegen, hätten sich dann wohl vermeiden lassen.

Die Ausführung von Bauwerksabdichtungen mit kunststoffmodifizierten Bitumendickbeschichtungen (KMB) ist in der Normenreihe DIN 18195 „Bauwerksabdichtungen“ sowie in der KMB-Richtlinie (vgl. Arbeitsgemeinschaft Mauerziegel im Bundesverband der Deutschen Ziegelindustrie u. a., 2010) geregelt. Eine praxisorientierte Zusammenstellung der technischen Regeln für die Planung und Ausführung von Bauwerksabdichtungen findet sich in den BWA-Richtlinien für Bauwerksabdichtungen (vgl. Braun, 2004/2006).

Bezogen auf das dargestellte Fallbeispiel soll an dieser Stelle darauf hingewiesen werden, dass eine Abdichtung aus einer KMB nur dann funktionstauglich sein kann, wenn sie auf einen

Abb. 5.5: Feuchteschäden im unteren Wandbereich

Abb. 5.6: Am Wandfuß ist die Vertikalabdichtung nicht an die Bodenplatte angeschlossen.

geeigneten Untergrund aufgebracht wird. In der o. g. KMB-Richtlinie findet sich in Teil A unter Abschnitt 7 eine Auflistung geeigneter Untergründe. Hartschaumplatten aus Polystyrol gehören nicht dazu.

Erforderliche Wärmedämmungen können als sog. Perimeterdämmung vor der Abdichtung angeordnet werden.

Die fachgerechte Abdichtung des Fußpunktes bei Bodenplatten-Außenwand-Anschlüssen ist im Teil B, Abschnitt 3 der o. g. KMB-Richtlinie in Abb. 7 dargestellt. Dementsprechend hätte auch die Ausführung im dargestellten Fallbeispiel aussehen müssen.

Abb. 5.7: Unter der lose aufliegenden Horizontalabdichtung kann Wasser in das Gebäude eindringen.

Maßnahmen und Kosten der Instandsetzung

Zur Instandsetzung musste der erdberührte Wandstreifen nachträglich entsprechend den anerkannten Regeln der Technik umlaufend gegen Bodenfeuchtigkeit und nicht stauendes Sickerwasser abgedichtet werden. Die vorhandene Wärmedämmung musste hierzu entfernt und durch eine vor der Abdichtung angeordnete Perimeterdämmung ersetzt werden. Zusätzlich sollte eine Dränanlage eingebaut werden.

Der ermittelte Kostenaufwand betrug ca. 6.600,00 € zuzüglich Mehrwertsteuer. Bei einer Wandlänge von insgesamt 41 m ergeben sich umgerechnet Kosten von ca. 160,00 €/m zuzüglich Mehrwertsteuer.

Die Beseitigung der Feuchteschäden in den Räumen im Erdgeschoss des Gebäudes umfasste die Trocknung des Bodenaufbaus und die erforderlichen Putz-, Tapezier- und Malerarbeiten an den Wänden.

Dafür wurde ein weiterer Kostenaufwand von 4.000,00 € zuzüglich Mehrwertsteuer ermittelt. Umgerechnet auf die Grundfläche des Erdgeschosses (ca. 93 m^2) ergeben sich Kosten von ca. 43,00 €/m^2 zuzüglich Mehrwertsteuer.

5.3 Feuchteschäden im unteren Wandbereich (3)

Schadensbild

In einem nicht unterkellerten Gebäude mit gewerblicher Nutzung sind im Erdgeschoss im unteren Bereich an der Innenseite der Außenwand Feuchteschäden in Form von weißlichen Kristallisationserscheinungen sowie Farb- und Putzabplatzungen aufgetreten (siehe Abb. 5.8). Die angrenzenden Innenwände weisen keine vergleichbaren Feuchteschäden auf. Fassadenseitig zeigt der Außenputz unmittelbar über der angrenzenden Geländebefestigung einen ca. 5 cm hohen Saum aus weißlichen kristallinen Anhaftungen sowie Ablösungen der Fassadenfarbe vom Putzuntergrund (siehe Abb. 5.9).

Den unteren Gebäudeabschluss bildet eine flach gegründete Bodenplatte. Die aufgehenden Außenwände bestehen aus Ziegelmauerwerk mit einer mineralischen Putzbekleidung innen und außen. Als Bodenaufbau innen ist ein Estrich auf Trennlage ausgeführt. Fassadenseitig sind die Stirnseite der Bodenplatte und der darunter anstehende Fundamentstreifen mit einer vorgestellten Perimeterdämmung wärmegedämmt. Der Außenputz endet auf Höhe des unteren Abschlusses des Mauerwerks. Das angrenzende Gelände ist mit Gehwegplatten im Sandbett befestigt und schließt auf Höhe der untersten Steinreihe des Mauerwerks an.

Die Außenwand wird im erdberührten Bereich nur durch den Sockelputz gegen unmittelbaren Feuchtezutritt geschützt. Eine zusätzliche Abdichtung am Anschluss der Außenwand an die Bodenplatte ist nicht vorhanden (siehe Abb. 5.10).

Ursachen

Eine vertikale Abdichtung der Außenwand im erdberührten Bereich mit Anschluss an die Stirnseite der Bodenplatte fehlt. Der vorhandene Sockelputz hat keine abdichtende Funktion. Ein Feuchtezutritt aus dem Erdreich über den Wandfuß nach innen ist möglich.

Im vorliegenden Fall sind die erdberührten Wände und die Bodenplatte des Gebäudes entsprechend der Wasserbeanspruchung mit Bodenfeuchte und nicht stauendem Sickerwasser bei anstehendem durchlässigem Boden mit einer Abdichtung gegen Bodenfeuchtigkeit nach DIN 18195-4:2011-12 „Bauwerksabdichtungen“ abzudichten.

Die vertikale Abdichtung der Außenwände muss alle bodenberührten Flächen einschließen und planmäßig bis 30 cm über Geländeoberkante hochgeführt werden. Oberhalb des tatsächlich anstehenden Geländes darf die Abdichtung entfallen, wenn dort ausreichend Wasser abweisende Bauteile verwendet werden. Sockelputze sind in der Regel für eine übliche Beanspruchung mit Schlagregen und Spritzwasser aus dem anschließenden Geländebereich ausreichend Wasser abweisend.

In den Querschnitt der Außenwand ist mindestens eine waagerechte Abdichtung einzubauen. Diese ist lückenlos an die vertikale Abdichtung der Außenwand und an die Abdichtung der Bodenfläche innen anzuschließen.

Die erforderliche geschlossene Abdichtung an der Außenseite der Außenwand einschließlich des Außenwandquerschnitts fehlt im vorliegenden Fall. Die Sockelputzbekleidung stellt nur oberhalb der anschließenden Geländebefestigung eine dauerhaft wirksame Maßnahme gegen die dort vorherrschende Feuchtebeanspruchung dar. Unterhalb des Geländes kann Feuchtigkeit aus dem Erdreich über die Unterseite der untersten Steinreihe von dem Außenwandmauerwerk aufgenommen und durch Kapillartransport bis zur raumseitigen Wandoberfläche geführt werden (siehe Abb. 5.11). Die Austrocknung an die Raumluft hat eine Verdunstungszone im unteren Wandbereich zur Folge, in der sich mit der Feuchtigkeit eingetragene Salze zunehmend anreichern und die beobachteten Feuchteschäden verursachen.

Hinweise zur Schadensvermeidung

Die Abdichtung der erdberührten Umfassungsflächen ist sorgfältig zu planen und detailliert für die Ausführung vorzugeben. Schwankungen hinsichtlich der später tatsächlich ausgeführten Höhe des Geländeanschlusses sind mit einer ausreichenden Hochführung der Abdichtung zu berücksichtigen. Nach unten muss die Ab-

Abb. 5.8: Farb- und Putzablösungen im unteren Bereich der Außenwand

Abb. 5.9: Kristallisationserscheinungen und Farbablösungen am Fassadenputz im Sockelbereich

Abb. 5.10: Anschluss der Außenwand an die Bodenplatte nach Entfernen des Sockelputzes

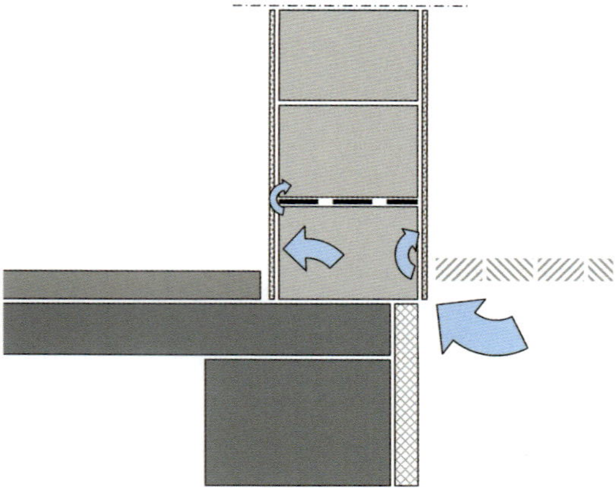

Abb. 5.11: Schematische Darstellung des Feuchtetransportes über den unteren Wandbereich

dichtung dauerhaft dicht angeschlossen werden. Die notwendige Querschnittsabdichtung ist insbesondere im Hinblick auf die lückenlose Ausführbarkeit unter Baustellenbedingungen zu planen. Hierbei sind auch kleinere Unterbrechungen der Abdichtungsebene (z. B. Putzbrücken) zu vermeiden.

Maßnahmen und Kosten der Instandsetzung

Für die Beseitigung der Feuchteschäden war im vorliegenden Fall eine Ergänzung der Bauwerksabdichtung im Außenbereich erforderlich. Hierzu war der Geländeanschluss freizulegen, der Sockelputz und die Perimeterdämmung zu entfernen, die Außenwand und die Stirnseite der Bodenplatte für die Aufnahme einer Abdichtung zu egalisieren, eine vertikale Abdichtung einzubauen und der Sockelputz sowie die Perimeterdämmung wieder zu ergänzen.

Der Kostenaufwand wurde bei einer Sockellänge von ca. 25 m auf ca. 220,00 €/lfm Sockel zuzüglich Mehrwertsteuer veranschlagt.

5.4 Feuchteschäden im unteren Wandbereich (4)

Schadensbild

Ein Einfamilienwohnhaus wurde in konventioneller Massivbauweise, nicht unterkellert, mit nach Westen eingeschossig angebautem Garagenanbau in leichter Hanglage errichtet. Südlich des Gebäudes schließen die Außenanlagen an.

Abb. 5.12 zeigt die Südfassade der Garage. Nach Süden hin steigt das Gelände leicht an.

Von den Bewohnern wurden dunkle Verfärbungen des Verbundestrichs in der Garage beobachtet (siehe Abb. 5.13).

Weiterhin zeigen sich an der südlichen und der westlichen Außenwand im Bodenanschlussbereich Verfärbungen und Kalkausblühungen. In Abb. 5.14 ist die Innenseite der südlichen Wand dargestellt.

Die Verfärbungen erstrecken sich vom Boden bis in unterschiedliche Höhen, maximal bis 40 cm.

Zur Eingrenzung der Schadensursache wurden bauphysikalische Feuchtemessungen mit einer Neutronensonde durchgeführt. Mit dem Messverfahren kann die Konstellation der Wasserstoffatome in einem halbkugelförmigen Bereich unterhalb der Sonde mit einem Durchmesser von 300 mm bestimmt werden. Die Messung dient vor allem als Relativmessung zur Lokalisierung von Feuchtekonzentration. Bei den Messungen wurde festgestellt, dass der Feuchtegehalt im Mauerwerk zur südwestlichen Raumkante im Abstellraum hin deutlich zunimmt. Demgegenüber zeigte sich, dass im zentralen Bereich des Raums der Bodenaufbau aus schwimmendem Estrich einen relativ geringen Feuchtegehalt aufweist.

Es wurde daraufhin die südliche Außenwand des Garagenanbaus freigelegt. Zur verputzten Außenwand hin ist eine Noppenbahn eingestellt (Abb. 5.15). Es ist erkennbar, dass im oberen Bereich keinerlei Abdichtungsmaßnahmen vorgenommen wurden. Darunter war eine mineralische Dichtschlämme, Dicke 0,3 bis 1,0 mm, vorhanden. Deutlich unterhalb der Geländeoberkante ist eine bituminöse Schweißbahn angebracht, die sich jedoch leicht vom Untergrund ablösen lässt. Ein Abschluss der Schweißbahn wurde weder an deren oberem noch an deren unterem Rand hergestellt.

Der anstehende Boden besteht im Wesentlichen aus tonigem, wassergesättigtem Material.

Ursachen

Die Feuchteschäden im Inneren des Garagenanbaus sind durch Wassereindringungen in die Außenwände entstanden.

Durch die leichte Hanglage und den anstehenden bindigen Boden liegt eine hohe Wasserbeanspruchung der Außenwand vor. Es muss daher für den Lastfall vorübergehend aufstauendes Sickerwasser gemäß DIN 18195-6:2011-11 „Bauwerksabdichtungen“ abgedichtet werden.

Im erdberührten Bereich ist als Abdichtungsmaßnahme eine Dichtschlämme aufgebracht, die jedoch eine zu geringe Dicke aufweist. Für eine Anwendung im Lastfall drückendes Wasser wäre eine wesentlich größere Schichtdicke von ca. 3 mm erforderlich gewesen.

Die im weiter nach unten anschließenden Bereich angebrachte Schweißbahn wurde weder nach unten noch nach oben mit Abschlüssen versehen.

Für den nicht abgedichteten oberen Bereich liegt als Ursache ein zu hohes Auffüllen von Bodenmaterial bei der Herstellung der Außenanlagen vor. Wenn keine Abdichtung auf dem Putz vorhanden ist, gilt als übliche Vorgehensweise, dass der Landschaftsgärtner dem Auftraggeber Bedenken gegen die vorgesehene Art der Ausführung mitteilt (vgl. z. B. „Richtlinie Fassadensockelputz/Außenanlage“, Fachverband der Stuckateure für Ausbau und Fassade, Baden-Württemberg, und Verband Garten-, Landschafts- und Parkplatzbau, Baden-Württemberg e.V., 2013).

Hinweise zur Schadensvermeidung

Zur Vermeidung derartiger Schäden ist es zunächst erforderlich, dass im Rahmen der Werkplanung die Höhenlage des an das Bauwerk anschließenden Geländes genau definiert

Abb. 5.12: Südfassade Garagenanbau mit anschließendem Gelände

Abb. 5.13: Feuchteflecke auf dem Verbundestrich

Abb. 5.14: Verfärbungen und Kalkausblühungen im unteren Wandbereich

Abb. 5.15: Aufgrabung vor südlicher Außenwand

wird. Im erdberührten Bereich sind zwingend Abdichtungen vorzunehmen, die auch bei nicht unterkellerten Gebäuden gegen aufstauendes Sickerwasser und damit aufwendig herzustellen sind.

Alternativ ist es möglich, eine Dränanlage vor der Außenwand anzuordnen, um dann nur gegen den Lastfall Bodenfeuchtigkeit nach DIN 18195-4:2011-12 „Bauwerksabdichtungen" abdichten zu müssen. Für eine Dränanlage ist jedoch eine gesicherte Wasserabführung erforderlich. Ein Einleiten in die öffentliche Kanalisation ist aufgrund kommunaler Satzungen häufig nicht möglich.

Maßnahmen und Kosten der Instandsetzung

Zur Mangelbeseitigung war es im vorliegenden Fall erforderlich, die erdberührten Außenwände des Garagenanbaus nachträglich abzudichten. Hierzu war nach Freilegen und Reinigung der Wandoberfläche eine Untergrundvorbereitung vorzunehmen. Im Anschluss konnte eine Abdichtung mit Flüssigkunststoff ausgeführt werden. Vor der Abdichtung ist eine Schutzschicht anzuordnen.

Die Kosten der Mangelbeseitigung betrugen bei dem 8 m langen Außenwandbereich ca. 750,00 €/m.

5.5 Feuchteschäden im unteren Wandbereich (5)

Schadensbild

Die Außenwand der im Erdgeschoss eines Mehrfamilienwohnhauses gelegenen Wohnung weist an einer ca. 1 m breiten Stelle im unteren Wandbereich eine im Vergleich zu den oberen Wandbereichen signifikant erhöhte Feuchtigkeit auf, die über einen Zeitraum von ca. 5 Jahren nach Baufertigstellung anhält. In dem betroffenen Bereich bilden sich wiederholt Stockflecken und Schimmelpilzbefall. Mehrfach durchgeführte Maßnahmen zur Entfernung der sichtbaren Fleckenbildung und anschließende malermäßige Überarbeitungen bleiben erfolglos. Typische Feuchtigkeitserscheinungen eines Verdunstungshorizontes mit der Abzeichnung bräunlich abgetrockneter Wasserränder, weißlicher Ausblühungen und Ablösungen der Farbbeschichtung und des Putzes treten nicht auf (siehe Abb. 5.16).

Die Außenwand ist nach Norden orientiert und mit einem Wärmedämm-Verbundsystem bekleidet. An der Außenseite verläuft das Regenfallrohr für die Dachentwässerung. Das Gelände schließt mit einem ca. 30 cm breiten Grobkiesstreifen an das Gebäude an. Im erdberührten Bereich ist eine Sockelbekleidung ausgebildet, die ca. 25 cm über das Gelände hochgeführt ist. Feuchteschäden sind an der Fassadenfläche nicht sichtbar (siehe Abb. 5.17).

Eine thermografische Untersuchung der raumseitigen Wandoberflächen ergab die für die geometrische Wärmebrücke in der Außenwandecke zu erwartende Temperaturverteilung ohne Hinweise auf einem erhöhten Wärmeabfluss (siehe Abb. 5.18). Hinweise auf mögliche Leckagestellen Wasser führender Installationen bestehen ebenfalls nicht.

Zur Feststellung der absoluten Feuchtegehalte in dem betroffenen Außenwandbereich und der Veränderung des Feuchtegehaltes über den Wandquerschnitt wurden Materialproben aus verschiedenen Tiefen über den Wandquerschnitt verteilt entnommen. Der Feuchtegehalt wurde aus den Darrproben bestimmt. Im Ergebnis lagen die Messwerte mit maximal ca. 2,6 Masse-% über der langfristig zu erwartenden Gleichgewichtsfeuchte von ca. 1 bis 2 Masse-%. Die Verteilung der Messwerte zeigt einen deutlichen Anstieg des Feuchtegehaltes von der raumseitigen und der fassadenseitigen Wandoberfläche zur Mitte des Mauerwerks hin, wobei in der fassadenseitigen Randzone des Mauerwerksquerschnitts ein höherer Feuchtegehalt als in der raumseitigen Randzone vorliegt (siehe Abb. 5.19).

Ursachen

Als mögliche Ursachen der Durchfeuchtung sind in Betracht zu ziehen:

- eine Tauwasserbildung auf der Raumseite als Folge einer zu niedrigen Temperatur an der raumseitigen Wandoberfläche
- eine Leckage des Wasser führenden Rohrleitungssystems der Heizung
- von außen über die Außenwandkonstruktion eindringendes Niederschlagswasser
- Restfeuchte einer früheren Durchfeuchtung aus der Bauphase

Ein übermäßiger Wärmeabfluss über die Außenwandkonstruktion mit einer nachfolgenden Tauwasserbildung konnte im Ergebnis der thermografischen Untersuchung als Schadensursache ausgeschlossen werden, ebenso ein Wasseraustritt aus einer Leckage des Rohrleitungssystems im Boden. Hinweise auf von außen eindringendes Niederschlagswasser liegen nicht vor. Die hierfür typischen Anzeichen mit Verfärbungen, Feuchteschäden, Algen- und Moosbewuchs auf der Fassadenfläche sind nicht vorhanden. Dem Ausschlussprinzip folgend wurde als sehr wahrscheinliche Ursache der Feuchteschäden Restfeuchte aus einer früheren Durchfeuchtung – insbesondere während der Bauphase – angenommen. Eine tatsächliche Feststellung hierzu ist jedoch nachträglich nicht mehr möglich.

Die festgestellte Feuchteverteilung über den Wandquerschnitt lässt den Schluss zu, dass die Außenwand eine Durchfeuchtung über den gesamten Querschnitt aufwies und dass diese Feuchtigkeit erst allmählich über die innere und äußere Wandoberfläche abgetrocknet ist. Der Austrocknungsprozess wird durch den Diffusi-

Abb. 5.16: Außenwandfläche mit erhöhter Feuchtigkeit im unteren Wandbereich, jedoch ohne sichtbaren Verdunstungshorizont

Abb. 5.17: Fassadenfläche der raumseitig feuchten Außenwand ohne sichtbare Feuchteschäden

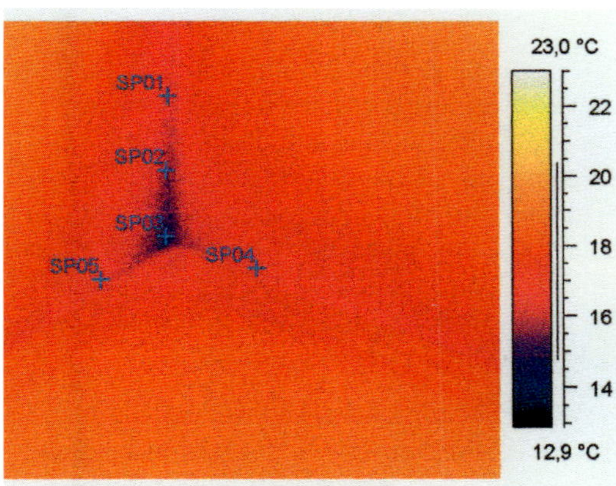

Abb. 5.18: Thermografische Aufnahme der feuchten Außenwandecke auf der Raumseite

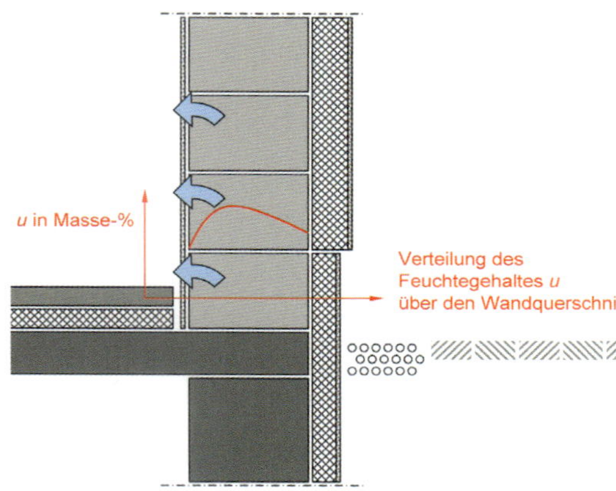

Abb. 5.19: Qualitative Verteilung des Feuchtegehaltes im Mauerwerk über den Wandquerschnitt

onswiderstand des Innenputzes und insbesondere des Wärmedämm-Verbundsystems behindert und verzögert. Dies hat einen zur Mitte des Wandquerschnitts hin höheren Feuchtegehalt zur Folge.

Hinweise zur Schadensvermeidung

Mauerwerk ist in der Bauphase sorgfältig gegen Niederschläge zu schützen. Durchfeuchtungen während der Bauausführung müssen vor dem Aufbringen einer Putzbekleidung ausreichend ausgetrocknet werden. Die nachträgliche Austrocknung eines feuchten Ziegelmauerwerks mit fertig gestellter Wandbekleidung bis zum Erreichen der Ausgleichsfeuchte kann sich nach Erfahrungswerten über mehrere Jahre erstrecken.

Maßnahmen und Kosten der Instandsetzung

Die Instandsetzung kann durch eine technische Trocknung über die raumseitige Wandoberfläche und eine nachfolgende malermäßige Überarbeitung des Wandbereichs erfolgen.

Die Kosten hierfür waren mit ca. 330,00 € zuzüglich Mehrwertsteuer zu veranschlagen.

5.6 Feuchteschäden im unteren Wandbereich (6)

Schadensbild

In der Erdgeschosswohnung eines Mehrfamilienhauses sind in mehreren Räumen Feuchteschäden in den unteren Wandbereichen aufgetreten. Das Gebäude ist in konventioneller Bauweise mit Außenwänden aus Kalksandsteinmauerwerk mit Wärmedämm-Verbundsystem (Dicke 8 cm) und Stahlbetondecken errichtet. Die Wohnung ist unmittelbar über einer Tiefgarage angeordnet, die in wasserundurchlässiger Stahlbetonbauweise hergestellt ist. Da die Tiefgarage über das Erdgeschoss hinausragt, sind die Gebäudeaußenwände auf einem Trägerrost aus Stahlbetonbalken aufgelagert (siehe Abb. 5.20 und 5.21). Die Fassadendämmung ist bis 60 cm unter Oberkante Fertigfußboden im Erdgeschoss herabgeführt, die Bauteile des Trägerrosts sind von oben her im Gebäudeanschluss vollflächig gedämmt.

An den verputzten Innenwänden zeigen sich im Bodenanschlussbereich dunkle, bräunlichschwarze Verfärbungen auf der Wandoberfläche. Hierbei handelt es sich augenscheinlich um Schimmelpilzbefall. Dieser erstreckt sich bis in eine Höhe von ca. 15 cm (siehe Abb. 5.22 und 5.23).

Orientierende Vergleichsmessungen des Feuchtegehalts im Innenputz bei einem Ortstermin Anfang Oktober ergaben in den unteren Wandbereichen deutlich höhere Werte als in der zentralen Zone der Außenwände. Messungen der Holzfeuchte an den Sockelleisten zeigten Werte bis 17 Masse-% im Vergleich zu 9 Masse-% bei einer Innenwand.

Aufgrund dieser ungewöhnlich hohen Feuchtemesswerte musste zunächst festgestellt werden, ob Wassereintritte durch die Außenwände vorliegen. Zur Untersuchung wurde der Wandsockel außen geöffnet sowie eine Probestelle im Bereich einer Terrassentüre angelegt. Dabei zeigten sich keine Hinweise auf Wassereindringungen von außen. Weiterhin wurde mit einer kernphysikalischen Feuchtemessung (Neutronensonde) und dem Prüfverfahren Infrarotthermografie festgestellt, dass keine anderen Feuchtequellen wie z. B. Wasseraustritte aus dem Heizleitungssystem vorliegen.

Nachdem somit Eintritte von Wasser mit hinreichender Zuverlässigkeit ausgeschlossen werden konnten, wurden zur Beurteilung Messungen der Innenoberflächentemperatur der Außenwände vorgenommen.

Ursachen

Die Auswertung der Messungen ergab, dass keine baulichen Ursachen für den Schimmelpilzbefall vorliegen. Das Schimmelpilzkriterium (Temperaturfaktor f_{Rsi} größer als 0,7) ist mit Temperaturfaktoren f_{Rsi} von 0,77 bis 0,79 eingehalten. Im Umkehrschluss ist daher abzuleiten, dass ein nicht sachgerechtes Nutzerverhalten als Schadensursache vorliegt.

Nach Angabe der Nutzer bleibt die Tür zur dem deutlich weniger beheizten Schlafzimmer in der Regel offen stehen. Auf diese Weise kann feuchtwarme Luft aus den Wohnräumen in das Schlafzimmer eindringen und sich dort an den kalten Wandoberflächen niederschlagen. Zudem wird die Wohnung häufig über mehrere Tage nicht bewohnt und in dieser Zeit nur eine stark reduzierte Beheizung vorgenommen.

Zu den im vorliegenden Fall Anfang Oktober, d. h. in einem Zeitraum, in dem jahreszeitlich keine Tauwasserbildungen zu erwarten wären, festgestellten ungewöhnlich hohen Feuchtewerten ist anzumerken, dass es sich hierbei um den Einfluss einer sog. sommerlichen Tauwasserbildung handeln kann. Diese wird bei den vorliegenden Randbedingungen durch die massiven Stahlbetonbauteile unterhalb der von den Schimmelpilzbildungen betroffenen Außenwände begünstigt. Eine derartige Tauwasserbildung tritt in der warmen Jahreszeit dann ein, wenn sich diese massiven Betonbauteile nur langsam, d. h. zeitverzögert, über die Lufttemperatur in der Tiefgarage erwärmen. Im Bereich des auf den Betonbauteilen aufgelagerten Mauerwerks können sich dann – bei Kontakt mit feuchtwarmer Luft und jahreszeitlich bedingt fehlender Beheizung – Temperaturen unterhalb des Taupunkts einstellen, was wiederum zu Tauwasserbildung führen kann. Dieser Einfluss behindert

Abb. 5.20: Rohbauzustand mit Trägerrost aus Stahlbetonbalken

Abb. 5.21: Tiefgaragendecke unterhalb der Erdgeschosswohnung

Abb. 5.22: Schimmelpilzbefall im Bodenanschlussbereich der Außenwand

Abb. 5.23: Verfärbungen im Bereich einer Außenecke, bei denen es sich augenscheinlich um Schimmelpilzansätze handelt

zumindest die Austrocknung in der warmen Jahreszeit.

Hinweise zur Schadensvermeidung

Auch bei ausreichend wärmegedämmten Konstruktionen kommt dem Nutzerverhalten eine wesentliche Bedeutung zu. In einem Fall wie dem vorliegenden sollte das Nutzerverhalten dadurch verbessert werden, dass die Tür zu weniger beheizten Räumen in der Regel geschlossen ist, um das Eindringen von feuchtwarmer Luft aus den übrigen Räumen zu verhindern.

Maßnahmen und Kosten der Instandsetzung

Da nutzungsbedingte Ursachen für die Schimmelpilzbildung festgestellt wurden, waren im vorliegenden Fall keine baulichen Maßnahmen erforderlich.

5.7 Feuchteschäden in einer oberen Raumecke

Schadensbild

Bei einem zweigeschossigen Mehrfamilienhaus mit Außenwänden aus Mauerwerk mit Wärmedämm-Verbundsystem (Dicke 6 cm) sind im Obergeschoss im Bereich eines Wohnzimmers an einer oberen Außenecke bräunliche Verfärbungen mit örtlichen Schimmelpilzansätzen aufgetreten (siehe Abb. 5.24 [Überblick] und Abb. 5.25 [Detail]). Über dem Bereich der Raumecke befindet sich die Abseite des Dachgeschosses.

Die intensiven bräunlichen Verfärbungen zeigen sich im unmittelbaren Bereich der oberen Raumecke sowie im Anschluss der beiden Außenwände an die Geschossdecke. Es sind bis ca. 7 cm breite verfärbte Streifen vorhanden, die sich auf eine Länge von bis zu 1,2 m erstrecken.

Bei der vergleichenden Messung des Feuchtegehalts wurden für den Innenputz im Bereich der verfärbten Stellen bei einem im Sommer durchgeführten Ortstermin keine erhöhten Werte festgestellt. Es liegt damit kein Hinweis auf das Eindringen von Wasser von oben bzw. über die Außenwand vor.

Zur Klärung der Schadensursache wurden Temperaturmessungen über einen Zeitraum von 2 Wochen durchgeführt. Dabei wurden die Innentemperatur, die Innenoberflächentemperatur beim Deckenanschluss sowie die Außentemperatur erfasst. Bei der Messung soll die Temperaturdifferenz innen/außen mindestens 15 °C betragen. Die Messgrößen Außentemperatur, Innentemperatur und Wandoberflächentemperatur im ausgewählten Beurteilungsintervall sind in Abb. 5.26 dargestellt. Die Auswertung erfolgte – wie im Einführungstext zu Kapitel 5 erläutert – nach DIN 4108-2: 2013-02 „Wärmeschutz und Energie-Einsparung in Gebäuden".

Ursachen

Durch die Messungen wurde nachgewiesen, dass keine baulichen Ursachen für die Schimmelpilzbildung vorliegen und daher im Umkehrschluss zu folgern ist, dass der bestehende Befall auf Einflüsse der Nutzung zurückzuführen ist, d. h. auf ein nicht ausreichendes Heizen und Lüften.

Die Auswertung der durchgeführten Messungen ergab einen Temperaturfaktor f_{Rsi} von 0,8, der somit deutlich über dem Grenzwert nach DIN 4108-2:2013-02 „Wärmeschutz und Energie-Einsparung in Gebäuden" liegt.

Aus dem Schadensbild konnte bereits ohne Messung abgeleitet werden, dass ein wesentlicher nutzerbedingter Einfluss vorliegt. Dies ist damit zu begründen, dass bei einem sachgerechten Nutzerverhalten und dem vorliegenden Konstruktionsaufbau nicht mit einem Schimmelpilzbefall im festgestellten Umfang gerechnet werden muss. Es wäre allenfalls denkbar, dass sich im Bereich der oberen Raumecke örtlich Tauwasserbildungen einstellen und demzufolge sich auch nur dort Schimmelansätze bilden. Die durchgeführten Untersuchen waren erforderlich, um ausschließen zu können, dass nicht zusätzlich eine bauliche Ursache für die Verfärbungen gegeben ist.

Hinweise zur Schadensvermeidung

Bei Gebäuden älterer Bausubstanz ist es erforderlich, dass durch die Nutzer sorgfältig geheizt und gelüftet wird. Gelüftet werden sollte mehrmals täglich durch Stoßlüftung bei vollständig geöffneten Fenstern. Hierfür ist bei kalten Außentemperaturen ein Zeitraum von wenigen Minuten ausreichend. Weiterhin sollten bei niedrig beheizten Räume die Innentüren in der Regel geschlossen werden und nutzungsbedingt z. B. beim Kochen oder Baden entstehende Feuchtigkeit durch Lüften unmittelbar nach außen abgeführt werden.

Maßnahmen und Kosten der Instandsetzung

Zur Instandsetzung waren im vorliegenden Fall lediglich Malerarbeiten im Rahmen des üblichen Bauunterhalts erforderlich.

Abb. 5.24: Obere Außenecke im Wohnzimmer mit bräunlichen Verfärbungen und Schimmelpilzansätzen

Abb. 5.25: Detail aus Abb. 5.24

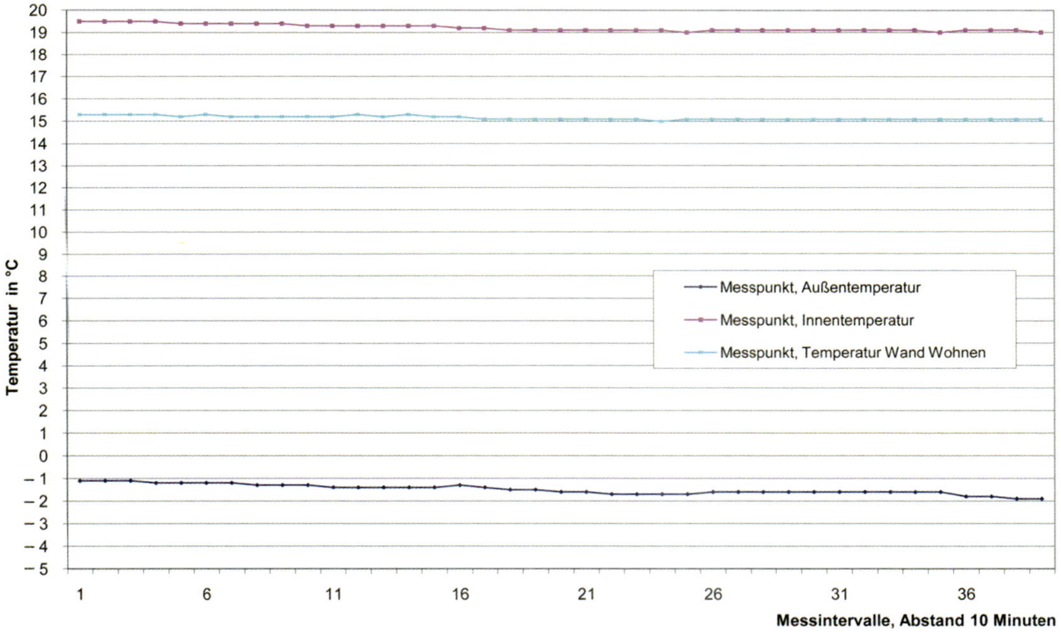

Abb. 5.26: Im Beurteilungsintervall gemessene Größen Außentemperatur, Innentemperatur und Oberflächentemperatur der Wand

5.8 Feuchteschäden in den Innenleibungen von Fenstern

Schadensbild

Bei einer größeren Wohnanlage wurden im Zuge von Modernisierungsarbeiten neue Fensterelemente eingebaut und die Fassade mit einem Wärmedämm-Verbundsystem bekleidet. In den Treppenhäusern wurden geschosshohe Fensterelemente in einer Breite von 1,0 m eingebaut. Der Brüstungsbereich ist festverglast, im oberen Bereich ist ein Dreh-Kippflügel zur Belüftung der Treppenhäuser vorhanden.

Nach wenigen Monaten zeigten sich innenseitig in den Leibungen der Treppenhausfenster Farbabblätterungen und Ausblühungen (siehe Abb. 5.27). Die sichtbaren Schäden treten in allen Geschossen des Treppenhauses auf, wobei der Umfang von kleineren Farbabblätterungen bis hin zu Ausblühungen auf Höhen von 60 cm reicht. An manchen Fensterleibungen sind auch die (raumseitigen) verzinkten Eckschutzprofile am Übergang zum Wandputz angerostet. In einem der Treppenhäuser sind Feuchteschäden in einem an das Treppenhausfester angrenzenden Aufzugsraum festzustellen.

Außenseitig ist die Brüstungsabdeckung mit Fensterbänken aus Aluminium ausgeführt, die über aufgesteckte seitliche Randaufkantungen an das Wärmedämm-Verbundsystem angeschlossen sind (siehe Abb. 5.28). Die Fensterbänke sind auf den unteren Blendrahmen der Fenster aufgesetzt. Die hintere Randaufkantung ist mit 3 Schrauben im Abstand von 40 cm im unteren Blendrahmen befestigt.

Nach dem Ausbau einzelner Fensterbänke wurde die tatsächliche Ausführung des Anschlusses zwischen Fensterbänken, Blendrahmen der Fenster und Wärmedämm-Verbundsystem untersucht. Hierbei zeigte sich, dass zwischen dem Blendrahmen des Fensters und der hinteren Randaufkantung der Fensterbank eine Abdichtung entweder mit vorkonfektionierten PVC-Dichtbändern oder mit vorkomprimierten Dichtungsbändern eingebaut ist. Bei beiden Ausführungsvarianten sind dunkle Wasserablaufspuren unterhalb der Dichtungsbänder vorhanden (siehe Abb. 5.29). Die unterhalb der Fensterbank eingelegte Mineralwolle ist durchfeuchtet.

Zwischen den seitlichen Randaufkantungen und den Dämmplatten des Wärmedämm-Verbundsystems der Fassade ist ein vorkomprimiertes Dichtungsband eingebaut. Die Putzbekleidung endet direkt auf der seitlichen Randaufkantung.

Ursachen

Die Feuchtschäden an den unteren Ecken der Innenleibungen werden durch undichte Anschlüsse zwischen Fenster, Fensterbank und Fassade verursacht. Bei diesen Bauteilanschlüssen handelt es sich – je nach Ausrichtung der Fassade – um mehr oder weniger stark witterungsbeanspruchte Anschlüsse, die dauerhaft schlagregendicht ausgeführt werden müssen. Die Schlagregendichtigkeit muss umlaufend vorhanden sein, d. h. sowohl im Anschluss der äußeren Fensterbank an den unteren Blendrahmen des Fensters als auch an den seitlichen Anschlüssen der äußeren Fensterbank an das Wärmedämm-Verbundsystem.

Der Anschluss der seitlichen Randaufkantungen der äußeren Fensterbank erfolgt bei Wärmedämm-Verbundsystemen in der Regel über den Einbau von vorkomprimierten Dichtungsbändern an der Vorderkante der Dämmung, die von der Putzbekleidung überdeckt werden. Die seitlichen Anschlüsse wurden im vorliegenden Fall fachgerecht erstellt.

Die hintere, längsseitige Randaufkantung der äußeren Fensterbank wird in der Regel in einen Falz am unteren Blendrahmen eingeführt und vom Blendrahmen des Fensters überdeckt. Zusätzlich wird ein vorkomprimiertes Dichtungsband zwischen hinterer Randaufkantung und unterem Blendrahmenprofil eingebaut. Der Anschluss der hinteren Randaufkantungen der äußeren Fensterbänke erfolgte nicht durch den Einbau in einen Falz, da dieser konstruktionsbedingt fehlt. Die Fensterbänke wurden auf den unteren Blendrahmen lediglich aufgesetzt, die hintere Randaufkantung damit nicht vom Blendrahmen überdeckt. Die eingebauten Dichtungsbänder konnten durch die großen Befestigungsabstände von 40 cm nicht ausreichend an den unteren Blendrahmen angepresst werden,

Abb. 5.27: Feuchteschäden in einer Fensterleibung

Abb. 5.28: Auf den Blendrahmen gesetzte Fensterbank

Abb. 5.29: Wasserablaufspuren am unteren Blendrahmen

um der Witterungsbeanspruchung dauerhaft zu widerstehen. Als Folge traten Undichtigkeiten auf, die zu den Feuchteschäden in den Leibungen der Treppenhäuser führten.

Hinweise zur Schadensvermeidung

Im vorliegenden Fall wäre der Schaden einfach zu vermeiden gewesen, und zwar entweder durch Einbau eines unteren Blendrahmenprofils mit Falz zur Aufnahme der hinteren Randaufkantung oder durch kleinere Befestigungsabstände der hinteren Randaufkantung.

Die Schlagregendichtigkeit der Fassaden hat eine zentrale Bedeutung für die Dauerhaftigkeit der Gebäude. Daher sind alle Bauteilanschlüsse und -übergänge sorgfältig zu planen und auszuführen. Da bei den Bauteilanschlüssen von Fenstern an Fassaden verschiedene Gewerke aneinandertreffen (z. B. Rohbauarbeiten, Tischlerarbeiten, Putzarbeiten), ist hier eine gewerkeübergreifende Planung erforderlich.

Maßnahmen und Kosten der Instandsetzung

Die Instandsetzung wird durch den Einbau einer wannenförmigen Abdichtung unter die äußere Fensterbank mit breiter Verklebung am unteren Blendrahmen durchgeführt. Der obere Abschluss der hinteren Randaufkantung wird zusätzlich durch ein aufgeschraubtes Kunststoffprofil als Wetterschenkel vor direkter Witterungsbeanspruchung geschützt.

Die Kosten für diese Maßnahmen waren bei insgesamt 20 Fenstern auf ca. 400,00 €/Fenster zuzüglich Mehrwertsteuer zu veranschlagen.

5.9 Feuchteschäden in der Wandfläche (1)

Schadensbild

Bei einem Wohnhaus in Massivbauweise sind an einer Außenwand von der Deckenkehle ausgehend bräunliche Verfärbungen einer Durchfeuchtung sichtbar. Die Außenwand besteht aus Mauerwerk mit einer ca. 2 cm dicken Putzbekleidung innen und außen. Die Geschossdecke ist massiv ausgeführt und unterseitig verputzt. Das an der raumseitigen Wandoberfläche sichtbare Schadensbild ist in seiner Ausdehnung begrenzt und durch eine abnehmende Intensität der Verfärbungen zu den Rändern hin gekennzeichnet. Im Zentrum des betroffenen Bereiches sind schwarze Verfärbungen mit dem Erscheinungsbild eines Schimmelpilzbefalls sichtbar. In der Verdunstungszone an den Rändern der sichtbaren Verfärbungen sind Ablösungen der Farbbeschichtung und Kristallisationserscheinungen vorhanden (siehe Abb. 5.30 und 5.31). Der Feuchteschaden an der Innenseite der Außenwand korrespondiert mit Putzabplatzungen an der Außenseite (siehe Abb. 5.32). Die thermografische Untersuchung der Wandoberfläche auf der Raumseite der Außenwand zeigt Wasser führende Installationsleitungen im Bereich der geschädigten Zone (siehe Abb. 5.33). In dem Raum über dem Schadensbereich befindet sich ein Duschbad.

Ursachen

Der sichtbare Schaden resultiert im vorliegenden Fall aus einer Leckage der innerhalb der Außenwand zu dem darüber befindlichen Duschbad vertikal verlaufenden Wasser führende Leitungen. Das aus dem Leitungsstrang austretende Wasser läuft der Rohrleitung folgend innerhalb des Installationsschachtes ab und durchfeuchtet von dort ausgehend die angrenzenden Wandbereiche einschließlich der Putzbekleidung.

Das Erscheinungsbild der Verfärbungen an der raumseitigen Wandoberfläche mit einer maximalen Ausprägung im Zentrum und einer abnehmenden Intensität zu den Rändern hin sowie die Lage des betroffenen Bereiches innerhalb einer Wandfläche sind charakteristisch für einen Wasserschaden mit einer lokal begrenzten Wasseraustrittsstelle. Ursache hierfür sind typischerweise Fehlstellen in Wasser führenden Installationsleitungen und/oder Öffnungen innerhalb der Konstruktion, über die sich Wasser verteilen kann.

Der Ort der sichtbaren Schäden an der Wandoberfläche ist im vorliegenden Fall nicht identisch mit der Leckstelle. Schlitze, Aussparungen und Deckendurchbrüche, in denen Wasser führende Leitungsinstallationen verlegt werden, können Wasserwege innerhalb von Baukonstruktionen darstellen, die äußerlich zunächst schadensfrei bleiben und deshalb nicht unmittelbar augenscheinlich erkannt werden. Bei der Suche nach der Leckstelle muss daher eine Ursachenforschung von den sichtbaren Schadstellen ausgehend entlang der Leitungsinstallationen vorgenommen werden. Die Ortung der Leckstelle kann mit einer thermografischen Untersuchung unterstützt werden. Temperaturunterschiede zwischen dem austretenden Wasser und der Baukonstruktion können mit einer Thermografiekamera sichtbar gemacht werden. Im vorliegenden Fall zeigt das Thermogramm (siehe Abb. 5.33) einen Leitungsstrang, der Warmwasser führt. Die Bereiche seitlich der Rohrleitung weisen durchfeuchtungsbedingt einen erhöhten Wärmedurchgang auf und sind daher im Thermogramm als kühlere Flächen ersichtlich. Der hinsichtlich des Wärmeabflusses auffällige Bereich ist etwa deckungsgleich mit den sichtbaren feuchtigkeitsbedingten Verfärbungen an der Wandoberfläche.

Das mit den Verfärbungen innen korrespondierende Schadensbild an der Fassadenfläche resultiert aus frostbedingten Ablösungen des Außenputzes. Die anhaltende Durchfeuchtung bzw. Durchnässung des Außenputzes bei gleichzeitig anhaltender Frostwitterung führt zu einem Auffrieren der Putzbekleidung und einer Ablösung des Putzes infolge der Sprengwirkung bei der Eisbildung in wassergefüllten Poren.

Schäden infolge eines unplanmäßigen Bauteilversagens – hier die Leckstelle an einer Installationsleitung – geben mit ihrem äußeren Erscheinungsbild häufig Hinweise auf die Scha-

Abb. 5.30: Feuchteschaden an der Innenseite der Außenwand, ausgehend von der Deckenkehle

Abb. 5.31: Schwarze Verfärbungen mit schimmelpilzartigem Erscheinungsbild im Zentrum des Feuchteschadens

Abb. 5.32: Abplatzungen des Fassadenputzes

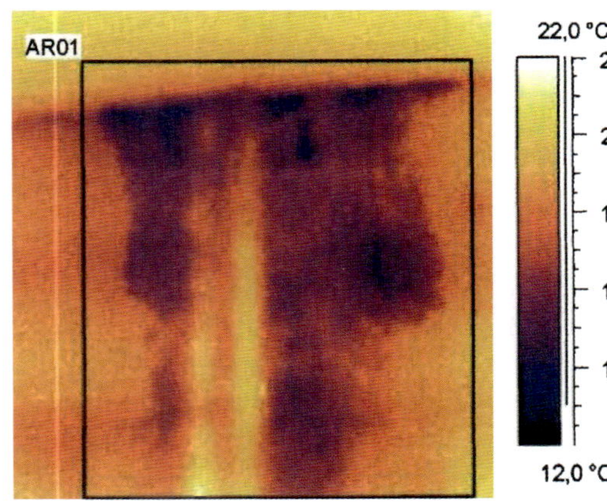

Abb. 5.33: Thermogramm der raumseitigen Wandoberfläche

densursache. Aus Angaben zu dem Schadenszeitpunkt, dem zeitlichen Verlauf, der Lage des sichtbaren Schadensbildes oder der Verteilung der Schadensausprägung lässt sich zumeist nach dem Ausschlussprinzip eine Eingrenzung auf mögliche Ursachen vornehmen. Zur Klärung der Ursachen sind in der Regel zerstörende Untersuchungen erforderlich.

Hinweise zur Schadensvermeidung

Bei der Anordnung von Installationsleitungen in Außenwänden muss auf eine ausreichende Wärmedämmung geachtet werden.

Maßnahmen und Kosten der Instandsetzung

Für die Instandsetzung der Leitung war es im vorliegenden Fall erforderlich, den Leitungsstrang freizulegen und das schadhafte Teilstück zu erneuern.

Der Kosten für das Öffnen der Außenwand, Installationsarbeiten, das Wiederverschließen der Wandkonstruktion und Ergänzen der Putzbekleidungen sowie eine malermäßige Überarbeitung waren bei einem zu öffnenden ca. 2,5 m langen Teilstück der Leitung mit insgesamt ca. 4.400,00 € zuzüglich Mehrwertsteuer anzusetzen.

5.10 Feuchteschäden in der Wandfläche (2)

Schadensbild

In einem neu errichteten Mehrfamilienwohnhaus ist nach dem Bezug einer Wohnung an der Außenwand ein Feuchteschaden aufgetreten. Die sichtbaren Verfärbungen, Farbablösungen und Auskristallisationen liegen im oberen Wandbereich innerhalb der verputzten Wandfläche und erstrecken sich nicht bis zu den Rändern der Wand. Das Schadensbild ist gekennzeichnet durch eine mit der Zeit zunehmende Ausbreitung in konzentrischer Form (siehe Abb. 5.34 und 5.35). Die betroffene Außenwand besteht aus Ziegelmauerwerk mit einer raumseitigen Putzbekleidung und einem Wärmedämm-Verbundsystem an der Außenseite. Die Fassadenfläche ist durch einen auskragenden Balkon auf Höhe der Geschossdecke vor direkter Bewitterung geschützt. Die Außenseite der Außenwand weist kein korrespondierendes Schadensbild und keine sonstigen Hinweise auf mögliche Feuchteschäden auf (siehe Abb. 5.36). Leitungsinstallationen sind weder auf der Außenseite noch auf der Innenseite der Wand vorhanden. Ein unmittelbarer Zusammenhang zwischen einer sichtbaren Vergrößerung des Schadensbildes auf der Raumseite der Außenwand und äußeren Ereignissen, insbesondere Niederschlägen, wurde nicht beobachtet.

Ursachen

Der Schaden wurde durch Niederschlagswasser verursacht, das ausgehend von dem darüberliegenden Geschoss über eine Fehlstelle in einer Fugenabdichtung in die Außenwandkonstruktion eindringt.

Die aus Stahlbetonfertigteilen bestehende Balkonkonstruktion, die sich auf Höhe der Geschossdecke über dem Feuchteschaden befindet, ist im Verlauf einer Elementfuge unzureichend abgedichtet. Das auf dem Balkon abgeführte Wasser kann in den Fugenraum eindringen, innerhalb des Fugenraumes das Wärmedämm-Verbundsystem hinterlaufen und auf Höhe des oberen Wandabschlusses das Ziegelmauerwerk erreichen (siehe Abb. 5.37). Der weitere Wassertransport erfolgt durch die Hohlkammern innerhalb der Hochlochziegel nach unten. Auf Höhe einer Lagerfuge im oberen Wandbereich wird der Wasserlauf unterbrochen. Die weitere Verteilung des Wassers erfolgt in der Ebene dieser Lagerfuge bis zur raumseitigen Wandoberfläche. Das kapillare Saugverhalten des Innenputzes bewirkt eine konzentrische Verteilung der Feuchtigkeit bis in die Verdunstungszone an der Wandoberfläche. Die beobachteten Farbablösungen und Kristallisationserscheinungen sind eine Folgeerscheinung des anhaltenden Feuchtigkeitstransportes bis zur Verdunstung. Wegen der Länge des Wasserweges innerhalb der Konstruktion war ein unmittelbarer zeitlicher Zusammenhang mit Niederschlagsereignissen nicht zu beobachten.

Das Schadensbild mit den sich ausbreitenden Grenzen der sichtbaren Verfärbungen, Farbablösungen und Auskristallisationen ist charakteristisch für eine Beanspruchung der Wandkonstruktionen mit freiem Wasser. Tauwasserbedingte Feuchteschäden äußern sich im Gegensatz zu dem vorliegenden Schadensfall durch Verfärbungen bis zum Schimmelpilzbefall, weniger stark ausgeprägte Farbablösungen sowie eine flächigere Verteilung des Schadensbildes ohne klar begrenzte Ränder und mit Bezug zu Bauteilkanten, Ecken usw.

Bei der Feststellung der Schadensursache konnten mögliche Ursachen wie Leckstellen Wasser führender Leitungen oder Fehlstellen in der Fassadenbekleidung ausgeschlossen werden. Zur Klärung der Ursachen war es erforderlich, die Konstruktion ausgehend von den sichtbaren Schäden zu öffnen und den Wasserlauf innerhalb der Bauteile bis zu einer erkennbaren Eintrittstelle nachzuverfolgen. Die Untersuchungen wurden durch gezielte Probebewässerungen zur Simulation von Niederschlagsereignissen ergänzt.

Hinweise zur Schadensvermeidung

Bauteilanschlüsse mit abdichtender Funktion sind unter Berücksichtigung der auf Dauer zu erwartenden temperatur- und lastabhängigen Formänderungen zu planen. Bei der Ausführung von Abdichtungsarbeiten sind Anschlüsse, Durchdringungen, Fugen usw. mit besonderer handwerklicher Sorgfalt herzustellen und zu

Abb. 5.34: Sichtbarer Feuchteschaden auf der raumseitigen Oberfläche der Außenwand

Abb. 5.35: Farbablösungen und Auskristallisationen am Rand des Verdunstungshorizontes

Abb. 5.36: Die Außenseite der Außenwand weist keinen korrespondierenden Schaden auf.

Abb. 5.37: Die Elementfuge der Balkonplatten hinterschneidet das Wärmedämm-Verbundsystem.

überwachen, um Hinterläufigkeiten und Fehlstellen zu vermeiden.

Maßnahmen und Kosten der Instandsetzung

Für die Instandsetzung war im vorliegenden Fall eine Erneuerung der abdichtenden Koppelungsfuge in der Balkonplatte mit einem flexiblen Fugenverschluss erforderlich. Weil die Elementfuge an der Balkonuntersicht bis hinter das Wärmedämm-Verbundsystem verläuft, wurde empfohlen, die Fugenabdichtung zusätzlich so zu unterlegen, dass im Fall eines erneuten Wassereintritts (z. B. bei alterungsbedingten Versagen der Fugenabdichtung) eindringendes Wasser sicher vor der Fassadenbekleidung abtropfen und diese nicht erneut hinterlaufen kann.

Die Kosten für eine Instandsetzung der Fuge auf ca. 2 m Länge einschließlich der Aufwendungen für die Beseitigung der ca. 2 m^2 großen Feuchteschäden waren mit insgesamt ca. 3.900,00 € zuzüglich Mehrwertsteuer zu veranschlagen.

5.11 Schimmelpilzbefall in Außenecken und Fensterleibungen

Schadensbild

In einer Obergeschosswohnung eines 1993 errichteten mehrgeschossigen Wohnhauses, dessen Außenwände aus einem monolithischen, beidseitig verputzten Mauerwerk bestehen, ist im Bereich der Außenwandanschlüsse (siehe Abb. 5.38), in den Außenecken (siehe Abb. 5.39) und an den verputzten Innenleibungen der Fenster (siehe Abb. 5.40) eine Besiedlung mit Schimmelpilzen aufgetreten. Darüber hinaus zeigt sich Schimmelpilzbefall an den Scheibenversiegelungen der isolierverglasten Fenster (siehe Abb. 5.41).

Um feststellen zu können, ob eine bauliche Schadensursache in Form eines unzureichenden Wärmeschutzes im Bereich von Wärmebrücken vorliegt, wurden thermografische Messungen durchgeführt.

Ursachen

Nach dem typischen Schadensbild ist der Schimmelpilzbefall durch Tauwasserausfall bzw. Kapillarkondensation an den kalten Innenoberflächen vorhandener Wärmebrücken entstanden. Mithilfe thermografischer Messungen konnte festgestellt werden, dass sowohl eine bauliche als auch eine nutzerbedingte Schadensursache vorliegt.

Die quantitative Auswertung der thermografischen Messungen ergab, dass die zur Schimmelpilzvermeidung rechnerisch erforderliche Mindestoberflächentemperatur bei der überwiegenden Anzahl der Untersuchungsstellen unterschritten ist. Das betrifft die Außenwand-Decken-Anschlüsse in den oberen und unteren Raumecken sowie die Fugen bei den Anschlüssen der Fenster an den Baukörper. An diesen Stellen kann selbst bei ausreichender Beheizung und Lüftung der Wohnräume Schimmelpilzbefall auftreten. Es liegt demnach eine baulich bedingte Schadensursache vor.

Darüber hinaus ist jedoch auch in Bereichen, in denen keine Unterschreitung der rechnerisch erforderlichen Mindestoberflächentemperatur festgestellt wurde, Schimmelpilzbefall aufgetreten. Also muss im vorliegenden Fall auch ein fehlerhaftes Nutzerverhalten zur Schadensentstehung beigetragen haben. Hierauf weist insbesondere der zum Teil massive Schimmelpilzbefall an der Scheibenversiegelung der isolierverglasten Fenster hin.

Hinweise zur Schadensvermeidung

Unabhängig von seinem Alter und seiner Bauweise muss ein zum dauerhaften Aufenthalt von Menschen bestimmtes Gebäude so beschaffen sein, dass die Räume bestimmungsgemäß und uneingeschränkt, insbesondere ohne gesundheitliche Risiken, genutzt werden können. Ist der bauliche Wärmeschutz so gering, dass selbst bei einer ausreichenden Beheizung und Lüftung der Räume mit Schimmelpilzbefall zu rechnen ist, sollten Maßnahmen zur wärmeschutztechnischen Nachrüstung des Gebäudes ergriffen werden.

Zur Vermeidung von Feuchteschäden durch Tauwasserausfall oder Kapillarkondensation müssen genutzte Wohnräume in der kalten Jahreszeit ausreichend beheizt und gelüftet werden. Zur sicheren Vermeidung von Schimmelpilzbefall sollte die relative Luftfeuchte in Wohnräumen einen Grenzwert von 50 % bei einer Raumlufttemperatur von 20 °C nicht dauerhaft übersteigen.

Zwischen Räumen mit unterschiedlichen Temperaturen wie z. B. Wohn- und Schlafraum sind die Verbindungstüren geschlossen zu halten. Keinesfalls dürfen niedrig beheizte Räume durch Öffnen der Türen temperiert werden. Dieses sehr häufig anzutreffende Fehlverhalten fördert die Entstehung tauwasserbedingter Schimmelpilzschäden.

Maßnahmen und Kosten der Instandsetzung

Im dargestellten Schadensfall musste durch eine nachträgliche Wärmedämmung der betroffenen Bauteile dafür gesorgt werden, dass diese zumindest die Anforderungen an den baulichen Wärmeschutz hinsichtlich einer Vermeidung von Schimmelpilzwachstum erfüllen. Hierzu sollte eine nachträgliche Innendämmung der Außenwände und Deckenunterseiten im Bereich der lokalisierten Wärmebrücken vorgenommen

Abb. 5.38: Schimmelpilzbefall im Bereich eines Außenwandanschlusses

werden. Des Weiteren bedurfte es einer wärmeschutztechnischen Nachbesserung der Fensteranschlüsse an den Baukörper. Die massiv von Schimmelpilzen befallene Scheibenversiegelung musste neu hergestellt werden.

Der Kostenaufwand für diese Maßnahmen und die abschließend durchzuführenden Maler- und Tapezierarbeiten wurde auf ca. 5.700,00 € zuzüglich Mehrwertsteuer veranschlagt.

Abhängig vom Einzelfall muss unter Berücksichtigung technischer und wirtschaftlicher Faktoren entschieden werden, ob eine Außendämmung möglich ist oder stattdessen eine Innendämmung ausgeführt werden sollte. Da somit auch die Höhe des Kostenaufwands sehr stark vom Einzelfall abhängig ist, kann ein auf ähnliche Fälle übertragbarer Kostenrichtwert nicht angegeben werden.

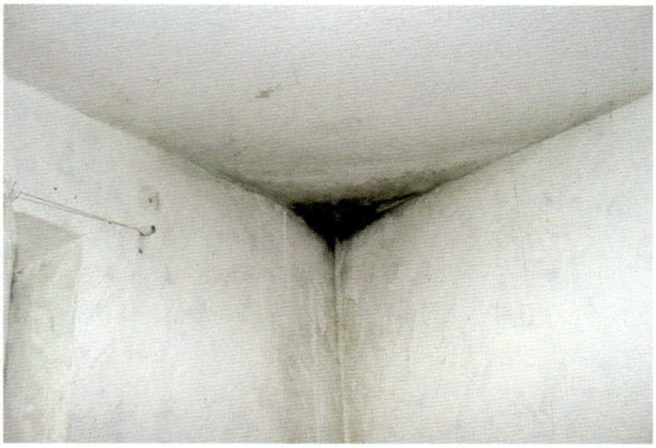

Abb. 5.39: Schimmelpilzbefall in einer Außenecke beim Außenwand-Decken-Anschluss

Abb. 5.40: Schimmelpilzbefall an der Innenleibung eines Fensters

Abb. 5.41: Schimmelpilzbefall an der Scheibenversiegelung der isolierverglasten Fenster

5.12 Schimmelpilzbefall hinter einer Küchenzeile

Schadensbild

In der Erdgeschosswohnung einer 1998 errichteten Wohnanlage treten im Winter ca. 10 Jahre nach Erstellung am Bodenbelag vor dem Kühlschrank braune Verfärbungen auf. Eine erste Überprüfung des Kühlschanks auf Verschmutzungen, Undichtigkeiten usw. ergab keine Hinweise auf die Herkunft der braunen Flecken.

Der Kühlschrank war in einen Hochschrank eingebaut. Nach Ausbau des Kühlschrankes und des Hochschrankes zeigt sich deutlich sichtbarer Schimmelpilzbefall im unteren Eckbereich der Wände hinter dem Hochschrank (siehe Abb. 5.42). Der Schimmelpilzbefall reicht bis auf eine Höhe von 1,0 m ab Oberkante Bodenbelag. Bei dem weiteren Abbau der Küchenzeile sind auch in den angrenzenden Bereichen Stockflecken im Sockelbereich bis auf eine Höhe von 40 cm festzustellen (siehe Abb. 5.43). In der linken Ecke reichen die Stockflecken bis auf eine Höhe von 70 cm über Oberkante Bodenbelag (siehe Abb. 5.44).

Die Küchenzeile ist zwischen der nördlichen und westlichen Außenwand aus Ziegelmauerwerk angeordnet. Die linke Seite der Küchenzeile grenzt an die Wand zum unbeheizten Treppenhaus. Die Erdgeschosswohnung ist nicht unterkellert. Die Beheizung der Küche erfolgt über eine Fußbodenheizung. Im Bereich der Küchenzeile sind keine Heizschlangen im Fußboden verlegt.

Der Sockel der Küchenzeile ist mit einer Blende bekleidet, die eine Dichtungslippe zum Bodenbelag aufweist. Die Arbeitsplatte ist über eine Scheuerleiste an die aufgehenden Wände angeschlossen.

Nach Ausbau der Küchenzeile wurden die Innenoberflächentemperaturen mit einer thermografischen Messung unter definierten Randbedingungen ermittelt. Aus den Ergebnissen ergab sich ein Temperaturfaktor f_{Rsi} von 0,7 an der ungünstigsten Stelle. Diese liegt auf der rechten Seite der Küchenzeile, und zwar unten im Außeneck im Anschluss an den Bodenbelag. An anderen baugleichen Ecken in der Wohnung wurden die gleichen Temperaturfaktoren ermittelt. Schimmelpilzbefall ist dort nicht aufgetreten. Die Ecken sind nicht mit Möbeln verstellt. An den Wandflächen unter der Küchenzeile – außerhalb der Ecken und Kehlen – lag der ermittelte Temperaturfaktor bei 0,76.

Ursachen

Küchenzeilen vor Außenwänden schränken die Zuführung von warmer Raumluft an die Wandoberflächen ein. An den verstellten Wandoberflächen ergeben sich niedrigere Wandoberflächentemperaturen als in den nicht verstellten Wandoberflächen. Die mit der zugeführten Innenraumluft einhergehende Feuchtigkeit führt im vorliegenden Fall an den kühleren Wandoberflächen zu Tauwasserausfall und anschließendem Schimmelpilzbefall.

Die grundsätzlichen Abläufe bei Schimmelpilzbefall an Wandoberflächen sind im Einführungstext zu Kapitel 5 beschrieben. Demnach darf der Temperaturfaktor f_{Rsi} von 0,7 zur Vermeidung von Schimmelpilzbefall auch an der ungünstigsten Stelle nicht unterschritten werden. Aus der Auswertung der Innenthermografiemessung ergab sich, dass die baulichen Voraussetzungen für eine schimmelpilzfreie Konstruktion gegeben sind.

Aus Untersuchungen am Fraunhofer Institut für Bauphysik ist bekannt, dass sich der Wärmeübergangskoeffizient hinter einem Einbauschrank auf lediglich 1/6 des rechnerisch anzusetzenden Wertes reduziert (vgl. Erhorn/Reiß, 1992). Dies wirkt sich direkt auf die Oberflächentemperaturen der verstellten Wand aus. Um hinter einem Einbauschrank die gleichen Oberflächentemperaturen wie an einer nicht verstellten Wand zu erreichen, wäre eine erhebliche Erhöhung des Wärmeschutzes erforderlich.

Da eine Küchenzeile mit einem Einbauschrank direkt vergleichbar ist, können die o. g. Ergebnisse auf die Wandflächen unter der Küchenzeile übertragen werden. Durch die Reduzierung des Wärmeübergangskoeffizienten werden die Oberflächentemperaturen der Außenwände unter der Küchenzeile deutlich abgesenkt. Bei dem vorhandenen Wärmeschutz, der an der ungünstigsten Stelle an der Grenze des zulässigen

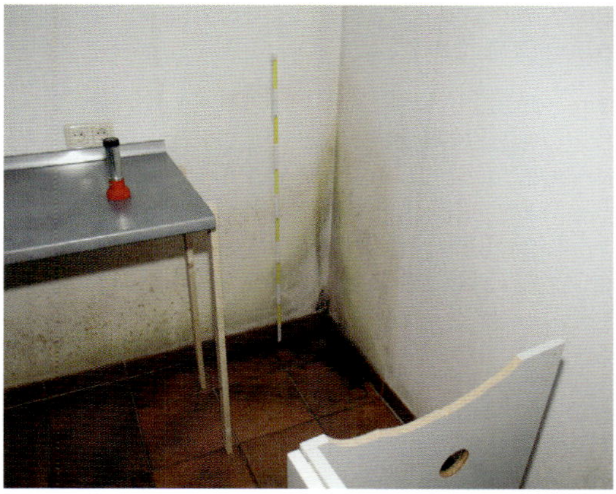

Abb. 5.42: Schimmelpilzbefall hinter Küchenzeile, rechte Seite

Abb. 5.43: Stockflecken an der Wand im Sockelbereich

Wärmeschutzes zum Zeitpunkt der Errichtung des Gebäudes lag, führt der Einbau der Küchenzeile vor den Außenwänden zwangsläufig zu Schimmelpilzbefall.

Hinweise zur Schadensvermeidung

Durch eine problembewusste Grundrissgestaltung sollte die Anordnung von Einbaumöbeln oder Küchenzeilen vor Außenwänden vermieden werden. Selbst bei dem heutigen Standard der Wärmedämmung kann eine Küchenzeile vor der Außenwand die Wandoberflächentemperaturen zu stark absenken. Lässt sich eine derartige Möblierung nicht vermeiden (z. B. aus Gründen des Lichteinfalls), so ist dem Absinken der Oberflächentemperaturen entweder durch entsprechende Verbesserung des Wärmeschutzes oder durch Einbau von Be- und Entlüftungsöffnungen entgegenzuwirken. Die Einbaumöbel sollten hierbei von den Außenwänden abgerückt (Abstand ca. 10 cm) aufgestellt werden, damit eine Luftströmung zwischen Möblierung und Wandoberfläche ermöglicht wird.

Maßnahmen und Kosten der Instandsetzung

An den betroffenen Wandflächen wurde der Schimmelpilzbefall durch Neuerstellung des Wandputzes beseitigt.

Die Kosten für die Schimmelpilzbeseitigung auf ca. 5 m^2 betroffener Wandfläche lagen bei ca.

Abb. 5.44: Schimmelpilzbefall hinter Küchenzeile, linke Seite

200,00 €/m^2 Wandfläche zuzüglich Mehrwertsteuer.

Zur Vermeidung erneuter Schimmelbildung konnte die Anordnung der Küchenzeile ohne weitere bauliche Veränderung so gestaltet werden, dass die Außenwände nicht mehr verstellt sind.

5.13 Schimmelpilzbefall hinter einer Schrankwand

Schadensbild

In einer Geschosswohnung aus den 1970er-Jahren ist in einer Außenwandecke hinter einer Schrankwand Schimmelpilzbefall aufgetreten. Die Außenwandkonstruktion besteht aus einem beidseitig verputzten Mauerwerk. Die von der Schrankwand verdeckte Wandfläche ist ca. 1,5 m breit und ca. 2,2 m hoch (siehe Abb. 5.45). Die Tiefe des Schrankes beträgt ca. 0,6 m. Der Schimmelpilzbefall erstreckt sich auf einen ca. 20 cm breiten Streifen beidseitig der Kehle der Außenwand im unteren und mittleren Wandbereich (siehe Abb. 5.46). Die über dem Einbauschrank befindliche nicht verdeckte Wandfläche ist augenscheinlich schadensfrei. Der sichtbare Schimmelpilzbefall ist gekennzeichnet durch kreisrunde, grünlich-bräunliche Verfärbungen mit ca. 5 bis 15 mm Durchmesser und begleitende flächige Verfärbungen der Wandoberfläche (siehe Abb. 5.47). Der betroffene Wohnraum schließt nach oben mit einem Flachdach ab (siehe Abb. 5.48).

Ursachen

Die raumseitige Oberfläche der Außenwand wird aufgrund einer großflächigen Abdeckung in Form einer vorgestellten Schrankwand einer Erwärmung durch die beheizte Raumluft weitgehend entzogen. Die Außenwandoberfläche kühlt im Bereich der Abdeckung ab. Die Wirkung der Außenwandkehle als geometrische Wärmebrücke verstärkt die Abkühlung der raumseitigen Wandoberfläche. Die Raumluftfeuchte kann über den Spalt zwischen Schrankwand und Wandoberfläche bis an die Außenwand vordringen. Mit zunehmender Abkühlung steigt die relative Luftfeuchte unmittelbar vor der Wandoberfläche an. Kapillarkondensation tritt auf, wenn die relative Luftfeuchtigkeit unmittelbar an der Wandoberfläche mindestens 80 % beträgt. Tauwasserausfall an der Bauteiloberfläche entsteht, wenn die Oberflächentemperatur des Bauteils die Taupunkttemperatur unterschreitet und der in der Luft enthaltene Wasserdampf kondensiert. Mit der Kapillarkondensation und der Tauwasserbildung werden die Voraussetzungen für ein Schimmelwachstum geschaffen.

Die zum Zeitpunkt der Errichtung des Gebäudes geltenden Anforderungen an den Mindestwärmeschutz reichen bei Betrachtung des Wärmedurchgangs durch eine ungestörte Wandfläche in der Regel aus, um eine schädliche Tauwasserbildung unter der Voraussetzung üblicher Innenraumtemperaturen zu vermeiden.

Die Wirkung der Außenecke als geometrische Wärmebrücke mit einem erhöhten Wärmeabfluss über die Wandkehle ist bei der Festlegung der Anforderung an den Mindestwärmeschutz in früheren Ausgaben der Normenreihe DIN 4108 nicht ausreichend berücksichtigt. Die großflächige, durch die Möblierung bedingte Abdeckung der Außenwand verstärkt den Effekt der geometrischen Wärmebrücke noch. Im vorliegenden Fall sinken die Oberflächentemperaturen im Bereich der Wandkehle unter das zur sicheren Vermeidung einer Kapillarkondensation bzw. Tauwasserbildung erforderliche Temperaturniveau. Die Anforderungen an den Mindestwärmeschutz zur Vermeidung schädlicher Tauwasserbildung und vor allem zur Energieeinsparung nach heutigem Standard berücksichtigen diese Einflüsse mit einem insgesamt deutlich angestiegenen Anforderungsniveau (vgl. Normenreihe DIN 4108 „Wärmeschutz und Energie-Einsparung in Gebäuden"; Energieeinsparverordnung [EnEV]).

Hinweise zur Schadensvermeidung

Ältere Gebäude, die nicht über Wärmeschutzmaßnahmen nach heutigem Standard verfügen, können Einschränkungen hinsichtlich der Möblierungsmöglichkeit aufweisen. Außenwände sollten nicht großflächig verstellt oder abgedeckt werden. Diese bautechnisch bedingten Einschränkungen für die Nutzung sollten dem Nutzer mit einer entsprechenden Handlungsanweisung angegeben werden. Rückt man größere Möbelstücke ca. 10 bis 15 cm von der Wand ab und stellt diese auf einzelne, ebenfalls ca. 10 cm hohe Füße ohne geschlossenen Sockel, so wird eine Erwärmung der raumseitigen Außenwandoberfläche über die Raumluft begünstigt und

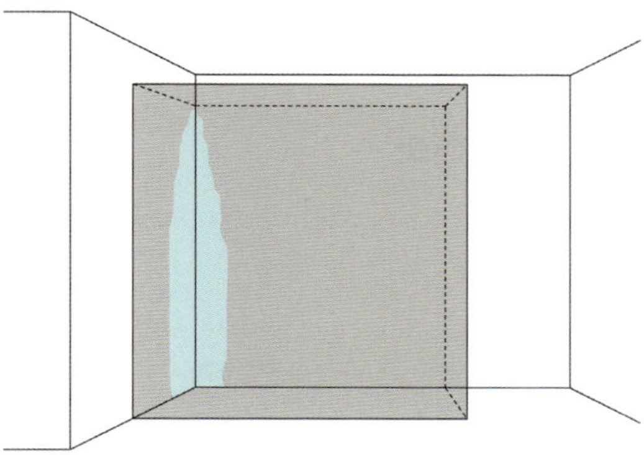

Abb. 5.45: Außenwandecke mit Schimmelpilzbefall hinter einer Schrankwand (schematisch)

Abb. 5.46: Schimmelpilzbefall beidseits der Außenwandkehle

Abb. 5.47: Schimmelpilzwachstum an der Wandoberfläche mit runder Fleckenbildung

Abb. 5.48: Außenansicht der Raumecke mit Schimmelpilzbefall

die Gefahr von Schimmelpilzbildung reduziert. Eine solche Vorgehensweise wird jedoch nutzerseitig häufig als Beeinträchtigung wahrgenommen. Mit einer Verbesserung des Wärmeschutzes der Außenwand kann eine raumseitige Abkühlung der Wandoberfläche bis in den kritischen Bereich vermieden werden. Hierfür kommen zusätzliche nachträgliche Dämmmaßnahmen an der Außen- oder Innenseite der Außenwand in Betracht, wobei eine außen liegende Wärmedämmung aus bauphysikalischer Sicht zu bevorzugen ist.

Maßnahmen und Kosten der Instandsetzung

Für die Verbesserung des baulichen Wärmeschutzes ist im vorliegenden Fall eine zusätzliche Wärmedämmung der Außenwand zu empfehlen, z. B. als Wärmedämm-Verbundsystem. Bedingt durch die Flachdachsituation wird zusammen mit einer zusätzlichen Fassadenbekleidung auch eine Änderung der Attikaausbildung am oberen Fassadenabschluss bzw. am Dachrand erforderlich.

Die Kosten hierfür waren für die Fassadenbekleidung (Wärmedämm-Verbundsystem mit Farbbeschichtung) mit ca. 138,00 €/m^2 und für die Änderung der Dachrandabdeckung des Flachdaches mit ca. 90,00 €/lfm zu veranschlagen (jeweils zuzüglich Mehrwertsteuer). Darüber hinaus waren zusätzliche Aufwendungen für die Gerüststellung zu berücksichtigen.

5.14 Schimmelpilzbefall mit flächiger Ausprägung

Schadensbild

Bei einem im Jahr 1953 erstellten Mehrfamilienwohngebäude ist in einer Wohnung im Hochparterre ein umfangreicher und intensiver Schimmelpilzbefall aufgetreten. Das Gebäude wurde in konventioneller Bauweise mit Außenwänden aus Ziegelmauerwerk erstellt (Vollziegel, Dicke 36,5 cm). Die ursprünglichen Holzfenster sind durch Kunststofffenster ersetzt worden.

In sämtlichen außen liegenden Räumen der Wohnung ist Schimmelpilzbefall aufgetreten. So zeigen sich im Schlafzimmer (siehe Abb. 5.49) in den unteren Eckbereichen der Außenwand flächige Schimmelansätze bis in eine Höhe von ca. 1,0 m in den Raumkanten. Weiterhin sind Schimmelbildungen auch zentral in der Wandfläche sowie im Bereich der Fensterleibungen vorhanden. Auch eine Mehrfachsteckdose ist mit Schimmel belegt, der sich in Staubablagerungen gebildet hat (siehe Abb. 5.51).

Im Badezimmer zeigt sich an der Außenwand über dem Fenster sowie in der Fensterleibung jeweils im Kantenbereich ein intensiver schwarzer Schimmelpilzbefall, der sich bis in die Wandfläche hinein ausdehnt (siehe Abb. 5.50).

In der Küche sind intensive schwarze Schimmelbildungen vorhanden, insbesondere umlaufend im Bereich der Fensterleibungen, wie Abb. 5.52 zeigt.

Ergänzend wurden im Bereich des Schlafzimmers an der Außenwand im Mauerwerk Messungen des Feuchtegehalts durchgeführt. Dabei zeigte sich, dass der Feuchtegehalt im Querschnitt von innen nach außen nicht zunimmt. Damit gibt es keinen Hinweis darauf, dass Wassereintritte über die Außenwand vorliegen.

Ursachen

Das Erscheinungsbild des Schimmelpilzbefalls weist deutlich auf Tauwasser als Ursache hin. Andere Feuchteursachen, z. B. Wassereintritte von außen, können ausgeschlossen werden. Aus der zum Teil großen Ausdehnung der von Schimmelbildung betroffenen Bereiche ist zu folgern, dass in erster Linie nutzerbedingte Einflüsse ursächlich sind, d. h., dass nicht ausreichend geheizt und/oder gelüftet wurde.

Für die Beurteilung wurde exemplarisch eine bauphysikalische Berechnung für den Bereich einer Fensterleibung durchgeführt (Programm Dämmwerk; Firma Kern Ingenieurkonzepte, Berlin). Die Beurteilung wurde in Anlehnung an DIN 4108-2:2003-07 „Wärmeschutz und Energie-Einsparung in Gebäuden" vorgenommen, obwohl es sich um ein Gebäude älterer Bauart handelt.

Unabhängig von seinem Alter und seiner Bauweise muss ein zum Aufenthalt von Menschen dienendes Gebäude so beschaffen sein, dass bei bestimmungsgemäßer und gebrauchsüblicher Nutzung sowie ausreichender Lüftung und Beheizung der Räumlichkeiten kein gesundheitsgefährdender Schimmelpilzbefall auftritt. Insofern müssen sich die wärmeschutztechnischen Anforderungen für Außenbauteile an den zur Vermeidung von Schimmelpilzbefall erforderlichen Mindestwerten orientieren. Nach überwiegender Rechtsauffassung kann ein Sachmangel auch dann vorliegen, wenn das betreffende Gebäude zum Zeitpunkt der Errichtung den geltenden Mindestanforderungen an den Wärmeschutz genügt hat. Die Berechnungsergebnisse sind in Abb. 5.53 dargestellt.

Nach DIN 4108-2:2013-02 „Wärmeschutz und Energie-Einsparung in Gebäuden" muss an der ungünstigsten Stelle die Mindestanforderung Temperaturfaktor $f_{Rsi} \geq 0{,}7$ erfüllt sein. Dies entspricht bei normklimatischen Bedingungen einer Grenztemperatur an der Bauteilinnenoberfläche von 12,6 °C. Wie die Berechnung zeigt, beträgt die minimale Temperatur im Anschluss an den Fensterblendrahmen 13,8 °C. Das o. g. Schimmelpilzkriterium ist damit eingehalten, woraus zu folgern ist, dass keine bauliche Ursache für die Schimmelbildung vorliegt.

Der große Umfang des festgestellten Schimmelpilzbefalls, dessen deutlich über die relativ im Raum kältesten Eck-, Kanten- und Leibungsbereiche hinausreichende Ausdehnung und die in Teilbereichen (Bad, Küche) hohe Intensität wiesen schon augenscheinlich darauf hin, dass we-

Abb. 5.49: Flächiger Schimmelpilzbefall in den unteren Raumecken im Schlafzimmer

Abb. 5.50: Umfangreicher Schimmelpilzbefall in Kehl- und Leibungsbereichen im Bad

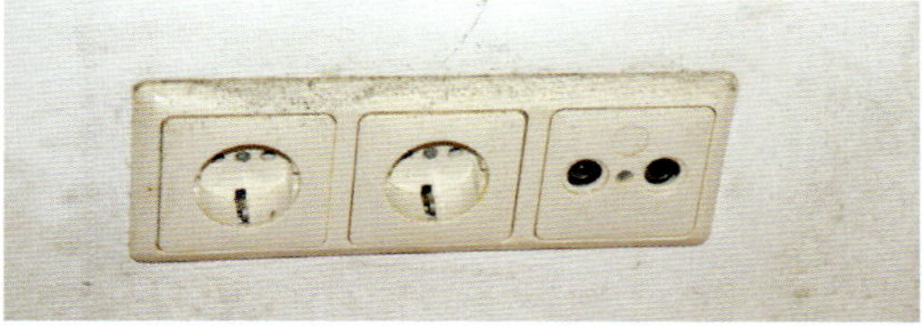

Abb. 5.51: Schimmelbildung in Staubablagerungen auf einer Steckdosenabdeckung

Abb. 5.52: Intensiver Schimmelpilzbefall in den Innenleibungen des Küchenfensters

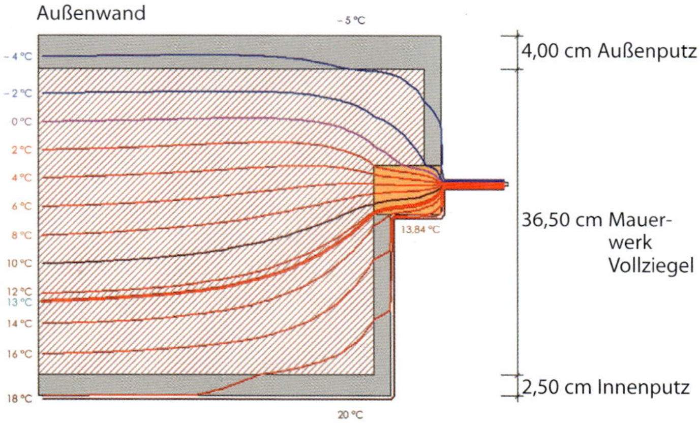

Abb. 5.53: Ergebnis der Wärmebrückenberechnung in Isothermendarstellung

sentliche Defizite im Nutzerverhalten gegeben sind. Dies zeigt sich auch in den Schimmelbildungen bei Staubablagerungen auf einer Steckdosenabdeckung. Die durchgeführte exemplarische Berechnung bestätigte diese Folgerung.

Hinweise zur Schadensvermeidung

Der Einbau dichtschließender Kunststofffenster bei alter Bausubstanz führt immer zu einer deutlichen Erhöhung des Schimmelpilzrisikos. Die Bewohner benötigen daher genaue Hinweise zum Beheizungs- und Lüftungsverhalten. Es ist zur Vermeidung von Schimmelschäden erforderlich, dass das Nutzerverhalten der Bewohner an die neue Situation angepasst wird.

Maßnahmen und Kosten der Instandsetzung

Bei einer großflächigen Ausprägung des Schimmelpilzbefalls wie im vorliegenden Fall ist es erforderlich, eine fachgerechte Beseitigung vorzunehmen. Hierfür ist eine Fachfirma einzuschalten.

Es waren für die ca. 90 m^2 große Wohnung Kosten in Höhe von ca. 1.600,00 € zuzüglich Mehrwertsteuer zu veranschlagen.

5.15 Schimmelpilzbefall im unteren und mittleren Wandbereich

Schadensbild

Im Erdgeschoss eines Mehrfamilienhauses (Altbau) sind örtlich schwarze Verfärbungen an der Innenseite einer Außenwand (Dicke 65 cm, Ziegelmauerwerk) aufgetreten. Nach augenscheinlicher Feststellung handelt es sich bei den schwarzen Verfärbungen um Schimmelbildungen. Auffällig ist, dass sich diese nicht nur im Bodenanschluss, sondern auch isoliert im mittleren Wandbereich befinden. Die Abb. 5.54 bis 5.56 geben einen Überblick. Der betroffene Raum ist nicht unterkellert.

Der Außensockel weist eine graue Beschichtung auf, bei der es sich um eine Silikonharzfarbe handelt. Im Bodenanschlussbereich springt ein Sockel vor. Unter diesem ist bei einem Rücksprung eine Bautenschutzmatte angebracht, an die das Gelände außenseitig anschließt. Dieser Zustand ist in Abb. 5.57 dargestellt. Abdichtende Maßnahmen sind nicht erkennbar.

Durch eine vergleichende Messung wurde festgestellt, dass die Fußbodenoberfläche im Innenbereich etwa 7 cm unterhalb des vorspringenden Fassadensockels liegt. An der Innenseite der Außenwand wurde vergleichend eine quantitative Messung des Feuchtegehalts des Innenputzes durchgeführt. Dabei wurde festgestellt, dass in den verfärbten Bereichen deutlich höhere Werte vorliegen als in den augenscheinlich nicht geschädigten Zonen. Weiterhin fällt auf, dass bei Messungen in ca. 1 cm Tiefe jeweils eine deutliche Zunahme der Messwerte eintritt. Bei einer einfachen Wasserprobe zum Saugverhalten des beschichteten Fassadenputzes wurde kein Hinweis auf eine erhöhte Wasseraufnahmefähigkeit festgestellt.

Ursachen

Nach den getroffenen Feststellungen ist die Ursache für die Schimmelbildung dem baulichen Bereich zuzurechnen. Die Feuchtemesswerte zeigen, dass bei der Außenwand aufsteigende Feuchtigkeit vorliegt.

Die Ermittlung des Feuchtegehalts des Innenputzes ergab hohe bis sehr hohe Werte, obwohl die Ortsbesichtigung im Sommer durchgeführt wurde, d. h. lange nach der kalten Jahreszeit. Der Feuchtegehalt nimmt bei nahezu sämtlichen Messstellen von innen nach außen deutlich zu. Im Außenbereich wurden am Fundamentsockel und im Bereich darunter keine abdichtenden Maßnahmen ausgeführt.

Eine hohe Bauteilfeuchte ist die wesentliche Voraussetzung für das Wachsen von Schimmelpilz. Wenn erhöhte Feuchtewerte über einen längeren Zeitraum bestehen, kann sich Schimmel bilden. Zudem wird durch den hohen Feuchtegehalt die Wärmeleitfähigkeit erhöht und damit die Innenoberflächentemperatur der Außenwand abgesenkt. Hierdurch erhöht sich die Gefahr einer Tauwasserbildung.

Hinweise zur Schadensvermeidung

Da es sich um eine Altbebauung handelt, ergeben sich keine unmittelbaren Folgerungen für neu zu errichtende Gebäude. Es zeigt sich jedoch, dass bei Fassadeninstandsetzungen auch einzubeziehen ist, ob in den bodennahen Bereichen zusätzliche Feuchteeinwirkungen infolge fehlender oder unzureichender Abdichtung vorliegen.

Maßnahmen und Kosten der Instandsetzung

Zur Instandsetzung ist es zunächst erforderlich, den erdberührten Bereich der Gebäudeaußenwand freizulegen, zu egalisieren und mit einer Abdichtung zu versehen. Bei den im vorliegenden Fall gegebenen Bodenverhältnissen (durchlässiger Sandboden) ist nicht davon auszugehen, dass eine Beanspruchung durch drückendes Wasser vorliegt. Demzufolge kann auf eine nachträgliche Horizontalabdichtung verzichtet werden.

Die Kosten für die o. g. Abdichtungsmaßnahmen waren mit 450,00 €/m zuzüglich Mehrwertsteuer bei einer Gesamtlänge von 8 m anzusetzen.

Abb. 5.54: Außenwand, Tapete ist bereits teilflächig entfernt

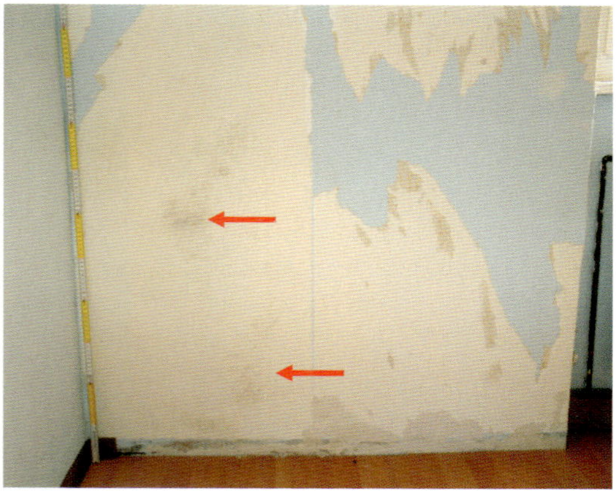

Abb. 5.55: Außenwand mit bereichsweise aufgetretenen Schimmelbildungen

Abb. 5.56: Schimmelansatz im unmittelbaren Bereich der Raumkante

Abb. 5.57: Bodenanschlussbereich der Fassade mit vorspringendem Sockel

5.16 Schimmelpilzbefall im unteren Wandbereich eines Altbaus

Schadensbild

Bei einem Mehrfamilienhaus (Altbau) zeigt sich ein Schimmelpilzbefall im unteren Wandbereich der Außenwände. Das Gebäude wurde mit Außenwänden aus Sandstein-Mauerwerk vollständig unterkellert errichtet. Die Geschossdecke über dem Keller ist als Gewölbedecke mit Stahlträgern ausgebildet.

In den Räumen der Erdgeschosswohnung sind die Außenwände innenseitig verputzt und beschichtet. Der Bodenbelag besteht aus Laminat mit Holzsockelleisten. Über diesen Sockelleisten sind schwarze Verfärbungen vorhanden, bei denen es sich augenscheinlich um eine Schimmelpilzbefall handelt. Dies zeigt Abb. 5.58 im Überblick und Abb. 5.59 im Detail.

Der Schimmelpilzbefall erstreckt sich im Eckbereich bis zu einer Höhe von 35 cm und fällt mit zunehmendem Abstand von der Raumkante auf 15 cm ab.

In den unteren Wandbereichen wurden orientierende Vergleichsmessungen der Putzfeuchte mit einem Feuchtemessgerät durchgeführt. Dabei wurde unmittelbar über der Sockelleiste Durchfeuchtung festgestellt. Mit zunehmender Höhe nahm der Feuchtegehalt rasch ab. Weiterhin wurde der Feuchtegehalt der Sockelleiste untersucht. Es wurden bis zu 24 Masse-% festgestellt.

Der Sockelbereich der Sandsteinfassade des Gebäudes weist im Anschluss an den öffentlichen Gehweg ein fleckiges Erscheinungsbild auf (siehe Abb. 5.60). Dies lässt auf örtlich höhere Feuchtegehalte schließen.

Weiterhin wurde die Gebäudeaußenwand im Bereich der Kellerräume untersucht. Die verputzte Innenoberfläche zeigt intensive bräunliche Verfärbungen und Putzablösungen (siehe Abb. 5.61). Die Stahlträger des Kappengewölbes weisen starke abtragende Korrosion auf.

Da mit einer Gefährdung der Standsicherheit gerechnet werden musste, wurde eine Abstützung des Stahlträgers dringend empfohlen.

An der Außenwand wurde im Bereich unterhalb der Decke mit einem Feuchtemessgerät Durchfeuchtung festgestellt.

Messungen der Innenoberflächentemperatur mit einem Infrarotmessgerät zeigten, dass ein deutlicher Temperaturabfall vom zentralen Bereich der Außenwände zum Wandsockel hin vorliegt.

Die Wohnung wird durch einen Einzelofen mit Ölfeuerung beheizt. In den einzelnen Räumen sind Warmluftauslässe vorhanden.

Ursachen

Die Ursache des Schimmelpilzbefalls liegt in aufsteigender Feuchtigkeit in den Außenwänden.

Im Kellergeschoss unter der betroffenen Wohnung weist die Gebäudeaußenwand umfangreiche Feuchtemerkmale auf, die darauf schließen lassen, dass die erdberührten Außenwände von außen durchfeuchtet sind. Weiterhin ist davon auszugehen, dass eine Feuchteaufnahme im spritzwasserbelasteten Außensockelbereich eintritt.

Als zusätzliche Ursache des Schimmelpilzbefalls ist von einer Tauwasserbildung auszugehen. Diese ist jedoch in erster Linie auf die Temperaturabsenkung infolge der permanent feuchten Wandoberflächen im Sockelbereich zurückzuführen.

Hinweise zur Schadensvermeidung

Im vorliegenden Fall liegt eine hohe Feuchtebeanspruchung der unteren Wandbereiche vor. Diese Feuchtigkeit kann bei der vorliegenden Art der Beheizung durch einen zentralen Einzelofen nicht in ausreichender Weise abgeführt werden.

Bei Altbauten muss damit gerechnet werden, dass die unteren Wandbereiche von Erdgeschosswohnungen einen höheren Feuchtegehalt aufweisen, da wirksame Abdichtungen häufig nicht ausgeführt wurden bzw. werden konnten. Diese Feuchtigkeit kann jedoch bei einer ausreichenden und gleichmäßigen Beheizung der Räume in aller Regel schadensfrei abgeführt

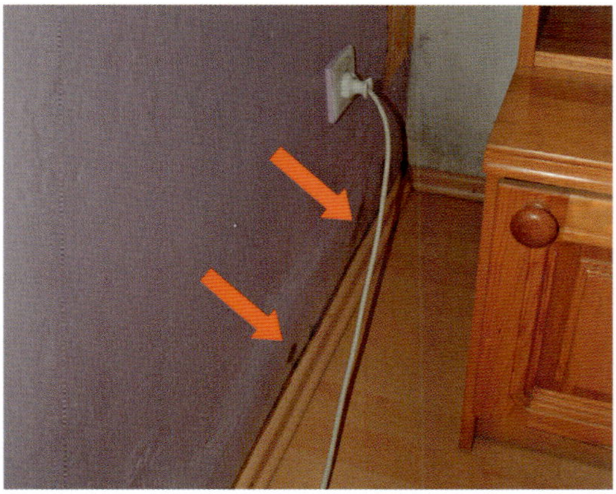

Abb. 5.58: Schimmelpilzbefall im unteren Wandbereich

Abb. 5.59: Schimmelpilzbefall im Detail

Abb. 5.60: Sockelbereich der Außenwand aus Sandstein mit Feuchtemerkmalen

Abb. 5.61: Innenseite der Kelleraußenwand

werden. Hierbei ist jedoch zu beachten, dass eine weitgehend ungehinderte Luftzirkulation möglich ist, d. h., dass die Wandoberflächen nicht durch die Möblierung oder durch Vorhänge abgeschirmt werden. Weiterhin ist eine den besonderen Verhältnissen angepasste Raumlüftung erforderlich.

Maßnahmen und Kosten der Instandsetzung

Zur Instandsetzung der Mietwohnung wurde vorgeschlagen, die Beheizung der Räume im unteren Wandbereich durch den Einbau einer zusätzlichen lokalen Beheizung, z. B. als elektrische Sockelheizung, zu verbessern. Hierbei werden Heizleisten im Sockelbereich der Außenwand angebracht, durch die eine Erwärmung der Wandoberfläche erzeugt wird. Hierdurch wird der Feuchtegehalt der Wandoberfläche herabgesetzt und damit die Schimmelpilzbildung verhindert.

Die Kosten für diese Maßnahmen waren mit 3.000,00 € zuzüglich Mehrwertsteuer bei einer Gesamtlänge von ca. 12 m zu veranschlagen.

5.17 Risse parallel zur Decke

Schadensbild

Ein Einfamilienhaus wurde mit einem Erdgeschoss und einem ausgebauten Dachgeschoss in konventioneller Bauweise mit Außenwänden aus Leichtziegelmauerwerk und Geschossdecken aus Stahlbeton errichtet. Im Anschluss der Geschossdecke an die Außenwände sind Rissbildungen aufgetreten. Diese zeigen sich im Wesentlichen parallel zur Kehle Decke/Wand. In Abb. 5.62 ist beispielhaft ein unregelmäßig verlaufender Riss in ca. 1 cm Abstand von der Kante dargestellt. Darüber haben sich Putzausbrüche gebildet.

Das Schadensbild zeigt sich verstärkt in den Eckbereichen der Außenwände (siehe Abb. 5.63 und 5.64). Häufig sind in Eckbereichen auch kurze Schrägrisse unmittelbar unterhalb der Decke vorhanden, die zur Außenecke hin einen gegengerichteten Verlauf zeigen (siehe Abb. 5.65). Weiterhin sind Putzablösungen sichtbar.

Ursachen

Ursache der Rissbildungen ist die Verkürzung der Geschossdecke durch Schwinden. Bei der Ausführung der Putzarbeiten wurden keine trennenden Maßnahmen zwischen Wand- und Deckenputz getroffen, um die Rissbildung zu steuern. Es liegt jedoch lediglich eine optische Beeinträchtigung vor.

Bei der Verarbeitung wird dem Beton mehr Wasser zugegeben, als für die Erhärtung benötigt wird. Dies geschieht, um den Beton einbringen und verdichten zu können. Das sog. Überschusswasser wird in einem Zeitraum von bis zu 3 Jahren nach der Erstellung vom Beton abgegeben, was zu einer Volumenabnahme führt und in der Folge zu einer Verkürzung des Bauteils, hier der Geschossdecke. Es resultiert eine Bewegung, die weg von den Außenwänden gerichtet ist. Die Größenordnung dieser Verformung liegt maximal im Millimeterbereich und führt daher in statischer Hinsicht nicht zu Problemen. Bei einer starren Verbindung des Wandputzes zur Geschossdecke verursacht diese Verformung jedoch Rissbildungen.

Bei größeren Deckenspannweiten kann hinzukommen, dass infolge der Deckendurchbiegung bei einer starren Putzverbindung des Wandputzes zur Decke ein Abscheren des Putzes im oberen Wandbereich erfolgt. Das vorliegende Schadensbild ist zu unterscheiden von abhebenden Bewegungen der Geschossdecke bei fehlender Auflast ohne zusätzliche aussteifende oder verankernde Maßnahmen.

Hinweise zur Schadensvermeidung

Ungeregelte Rissbildungen unterhalb der Kehle Wand/Decke können vermieden werden, wenn dort ein Kellenschnitt im Putz angelegt wird. Ein Kellenschnitt wird vor dem letzten Arbeitsgang mit einer Kelle oder einer Flächenspachtel bis zum Putzgrund geführt. Im Anschluss wird die Oberfläche in einem abschließenden Arbeitsgang hergestellt. Hierdurch wird der Schnitt oberflächig wieder verschlossen und bleibt unsichtbar. Es entsteht eine Sollbruchstelle. Beim Auftreten einer Verkürzung der Geschossdecke stellt sich eine Rissbildung am Kellenschnitt ein. Da der Riss ausschließlich im unmittelbaren Kehlenbereich verläuft, ist dieser aus einer üblichen Betrachterposition häufig nicht auffällig und kann daher ohne weitere Maßnahmen verbleiben. Falls breitere Risse auftreten, kann eine Fuge ausgebildet und mit einer Acrylfugenmasse gefüllt werden. Es ist jedoch zu empfehlen, nicht bereits beim Verputzen eine solche Fuge anzulegen; Rissbildungen treten häufig nur bereichsweise auf und die Fuge muss einer Instandhaltung unterzogen werden sowie im Zuge von Malerarbeiten im Bedarfsfall erneuert werden.

Maßnahmen und Kosten der Instandsetzung

Zur Schadensbeseitigung ist der Putz auszubessern und Malerarbeiten sind durchzuführen.

Die reinen Putzarbeiten waren mit ca. 12,00 €/m Risslänge zuzüglich Mehrwertsteuer anzusetzen.

Abb. 5.62: Riss parallel zur Kehle Wand/Decke

Abb. 5.63: Deckenparalleler Riss im Bereich einer Raumecke

Abb. 5.64: Unregelmäßiger, parallel zur Decke verlaufender Riss

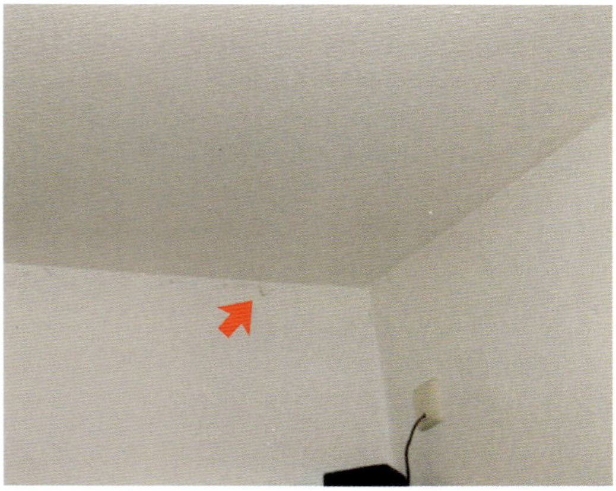

Abb. 5.65: Rissbildung unterhalb der Decke in Form von kurzen Schrägrissen

5.18 Einzelriss an Bauteilübergängen

Schadensbild

In einem mehrgeschossigen und in Massivbauweise errichteten Bürogebäude sind in einem Zeitraum von ca. 3 Jahren nach Fertigstellung einzelne Risse an den verputzten Mauerwerkswänden aufgetreten. Die Risse verlaufen überwiegend vertikal, jedoch nicht über die gesamte Risslänge geradlinig. Die Rissbreite beträgt ca. 0,3 bis 0,6 mm. Die Lage des Risses innerhalb einer geschlossenen Wandfläche lässt keinen unmittelbaren Zusammenhang mit angrenzenden Bauteilen, Bauteilöffnungen, Konstruktionsveränderungen usw. erkennen (siehe Abb. 5.66 bis 5.68).

Zur Feststellung der Rissursachen wurde die Wandkonstruktion im Verlauf der Risse an ausgewählten Untersuchungsstellen geöffnet. Im Putzgrund verläuft im näheren Bereich des Risses ein Materialwechsel am Anschluss des Mauerwerks an eine in die Wand integrierte Stahlbetonstütze. Der Bereich des Materialwechsels ist mit einem Putzgewebe überspannt und überputzt.

Ursachen

Die Putzrisse sind infolge eines unterschiedlichen Formänderungsverhaltens der beiden aneinandergrenzenden Wandbauteile (Mauerwerk und Stahlbetonstütze) aufgetreten. Die unterschiedlichen Materialien sind formschlüssig miteinander verbunden. Die Putzbekleidung kann die im Putzgrund auftretenden Verformungen auch mit einer Gewebearmierung nicht dauerhaft schadensfrei aufnehmen.

Inhomogenitäten des Untergrundes einer zu verputzenden Fläche haben ein unterschiedliches Formänderungsverhalten bei wechselnden Temperatur-, Feuchte- oder Lasteinwirkungen zur Folge. Wird auf einen inhomogenen Untergrund eine einheitliche Putzbekleidung aufgebracht, so verursachen die unterschiedlichen Verformungen an den Materialübergängen im Putzgrund Spannungen in der Putzbekleidung. Diese können von dem Putz nur in begrenztem Umfang schadensfrei aufgenommen werden.

Mit der Verwendung eines Putzträgers zur Überspannung des Materialwechsels kann die Zugfestigkeit der Putzbekleidung verbessert und die Gefahr einer Rissbildung reduziert werden. Der Putzträger übernimmt die Funktion einer Lastverteilung in die seitlich an den Materialwechsel angrenzenden Putzflächen.

Die im vorliegenden Fall eingebaute Gewebearmierung des Putzes kann die unterschiedlichen Verformungen im Putzgrund nicht aufnehmen und ist als Putzträger nicht ausreichend. Die Rissbildung im Verlauf des Materialwechsels wird mit der Gewebearmierung nicht verhindert. Das nach dem Putzgrund zu erwartende Rissbild wird jedoch durch den Einfluss der Gewebearmierung verändert.

Einzelrisse in der Putzbekleidung mit geradlinigem Verlauf sind in der Regel ein Indiz für eine putzgrundbedingte bzw. konstruktionsbedingte Rissursache. Ein nicht geradliniger Verlauf ist hingegen eher ein Hinweis auf eine putzbedingte Rissursache ohne direkten Zusammenhang mit dem Putzgrund. Das vorliegende Schadensbeispiel ist insofern hinsichtlich des äußeren Erscheinungsbildes atypisch. Für die Klärung der Rissursache sind daher zusätzliche Kenntnisse über die Baukonstruktion und ggf. zerstörende Untersuchungen zum Putzgrund erforderlich.

Hinweise zur Schadensvermeidung

Inhomogenitäten im Putzgrund, die Verformungen in einer für die Putzbekleidung schädlichen Größenordnung erwarten lassen, müssen entweder mit einer bis zum Putzgrund durchgehenden Trennfuge in der Putzschicht aufgenommen oder mit einer Entkoppelung der Putzschicht vom Untergrund überbrückt werden. Bauteilübergänge ohne kraftschlüssige Verbindung erfordern regelmäßig das Ausbilden einer Trennfuge in der Putzbekleidung. Bei unterschiedlichen Materialien des Putzgrundes, die zwar kraftschlüssig miteinander verbunden werden, im Gebrauchszustand jedoch ein unterschiedliches Formänderungsverhalten erwarten lassen, ist eine Entkoppelung des Putzes vom Putzgrund sinnvoll. Dies kann z. B. durch Überspannen mit einem Rippenstreckmetall oder Putzträgerplatten und dem Herstellen einer

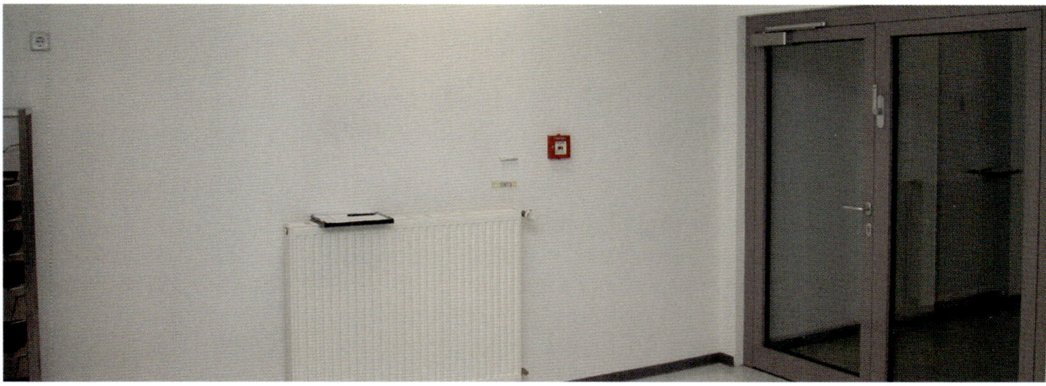

Abb. 5.66: Übersicht Wandfläche mit Vertikalriss

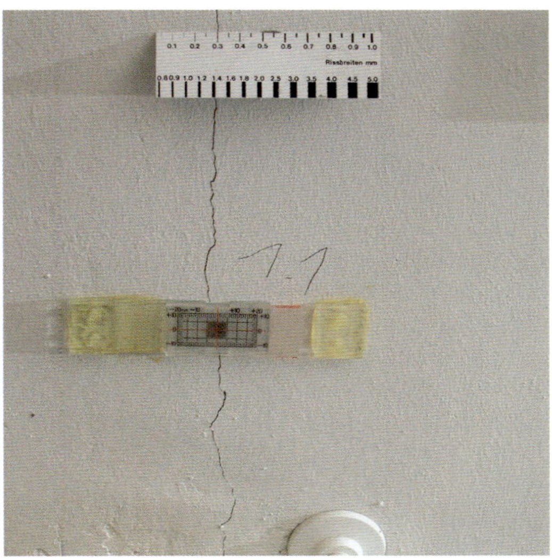

Abb. 5.67: Vertikalriss mit ca. 0,3 mm Rissbreite; Detail zu Abb. 5.66

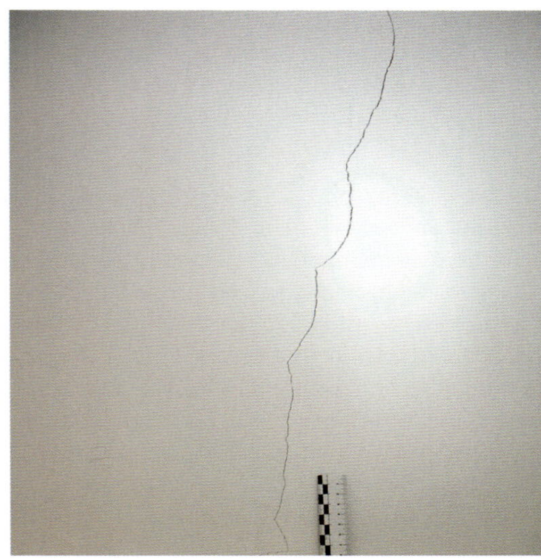

Abb. 5.68: Vertikalriss mit nicht geradlinigem Verlauf

selbsttragenden Putzbekleidung erfolgen. Die Einflussbreite des Putzträgers ist so zu wählen, dass eine ausreichende seitliche Verteilung des zu erwartenden Last-Spannungs-Gefüges gewährleistet ist.

Maßnahmen und Kosten der Instandsetzung

Eine dauerhafte Instandsetzung von Rissschäden aufgrund von Veränderungen im Putzgrund kann sinnvollerweise erst dann erfolgen, wenn sichergestellt ist, dass die rissauslösenden Verformungen auf ein für die Konstruktion unschädliches Maß abgeklungen sind. Dies ist ggf. messtechnisch zu untersuchen, z. B. durch den Einsatz von Rissmonitoren (siehe Abb. 5.67). Im vorliegenden Fall können die im Gebäudeinneren befindlichen Risse nach Abklingen der Rissbewegungen durch Ausbilden einer vom Putzgrund entkoppelten Bekleidung überarbeitet werden.

Bei einer Risslänge von ca. 2,5 m und einer zu erneuernden Putzfläche von ca. 2 m² wurden für die Instandsetzung Kosten in Höhe von ca. 660,00 € zuzüglich Mehrwertsteuer prognostiziert.

5.19 Risse mit schrägem Verlauf am oberen Wandabschluss

Schadensbild

Bei einem mehrgeschossigen Bürogebäude mit Außenwänden aus verputztem Mauerwerk wurden im Dachgeschoss zwischen dem oberen Abschluss der Außenwand und der Dachuntersicht Lichtbänder ausgebildet, die über die gesamte Wandlänge durchlaufen. In den ersten Jahren nach der Baufertigstellung trat ca. 25 cm unterhalb des oberen Wandabschlusses ein horizontal verlaufender Riss mit einem schubförmig bzw. schräg aufgefächerten Verlauf der Rissflanken auf. An den seitlichen Wandanschlüssen folgt der Rissverlauf mit ebenfalls schräg aufgefächerten Rissflanken in vertikaler und horizontaler Richtung den Übergängen zu tragenden Bauteilen innerhalb der Wandkonstruktion (siehe Abb. 5.69 und Abb. 5.70).

Das Erscheinungsbild des Risses zeigt einen geradlinigen Verlauf (siehe Abb. 5.71). An den sägezahnartig ineinandergreifenden Rissflanken haben sich mehrere Millimeter große Partikel der Farbbeschichtung von der Wandoberfläche abgelöst und dachförmig aufgestellt. Die Verzahnung der schräg verlaufenden Rissflanken ist abwechselnd geschlossen und klaffend geöffnet. Das Schadensbild lässt eine Verschiebung der Rissufer gegeneinander und in Richtung des Rissverlaufes erkennen (siehe Abb. 5.72).

Ursachen

Der obere Abschluss des Mauerwerkes wurde aus statisch-konstruktiven Gründen mit einem Stahlbetonbalken eingefasst. Dieses Stahlbetonbauteil weist in der Anfangsphase nach der Baufertigstellung ein stärker ausgeprägtes Schwindverhalten als das darunter anschließende Mauerwerk und damit eine Bauteilverkürzung auf. Die unterschiedlichen Formänderung der beiden am oberen Wandabschluss aneinandergrenzenden Materialien (Stahlbeton und Mauerwerk) und die dadurch bedingte horizontale Rissbildung und Verschiebung im Verlauf des Materialübergangs können von der über den Materialwechsel durchlaufenden Putzschicht nicht schadensfrei aufgenommen werden.

Das Rissbild mit seiner sägezahnartigen Verkrallung der Rissflanken und einem abwechselnd geschlossenen und überdrückten bzw. klaffend geöffneten Rissverlauf lässt die Kinematik der Rissufer deutlich erkennen. Die Entstehung des Risses ist geprägt durch eine horizontale Bewegung einerseits und eine Druckbeanspruchung der Rissfläche in vertikaler Richtung andererseits. Das Rissbild unterscheidet sich damit eindeutig von einer durchgehend offenen Rissbildung mit entgegengesetzt gerichteten Zugkräften an den beiden Rissflanken.

Die geradlinige Orientierung des schräg bzw. schubförmig aufgefächerten Verlaufes der Rissflanken zeigt einen direkten Zusammenhang der Putzrisse mit der Baukonstruktion im Putzgrund. Für eine abschließende Klärung der Schadensursache können die sich aus dem Erscheinungsbild des Rissverlaufes ergebenden Hinweise durch Untersuchungen zum Konstruktionsaufbau hinter der Putzbekleidung ergänzt werden. Dies ist insbesondere dann erforderlich, wenn die weiter zu erwartende Entwicklung des Risses beurteilt werden soll, etwaige Auswirkungen auf die Standsicherheit zu untersuchen sind oder die zur Instandsetzung erforderlichen Maßnahmen ermittelt werden sollen.

Hinweise zur Schadensvermeidung

Bauteile, die aus unterschiedlichen Baustoffen, unterschiedlich belasteten Baugliedern oder verschiedenen Bauelementen zusammengefügt und anschließend mit einer Putzbekleidung versehen werden sollen, bedürfen in der Regel besonderer Maßnahmen zur Vermeidung einer unkontrollierten Rissbildung im Putz an den Übergängen der verschiedenen Bauteile bzw. Baustoffe. Zu erwartende Trennrisse in der Wandkonstruktion müssen mit einer Putztrennfuge aufgenommen werden. Ist eine Rissbildung in der Konstruktion nicht auszuschließen, dann sollte der Putz vorsorglich mit einem Putzträger vom Untergrund entkoppelt werden. Eine einfache Gewebearmierung ist nicht als Putzträger konzipiert und kann Formänderungen im Untergrund nur sehr begrenzt schadensfrei aufnehmen.

Abb. 5.69: Rissverlauf unterhalb des oberen Abschlusses der Außenwand (Rissbild zur besseren Darstellung nachgezeichnet)

Abb. 5.70: Geradliniger Rissverlauf mit schubförmig bzw. schräg aufgefächerten Rissflanken

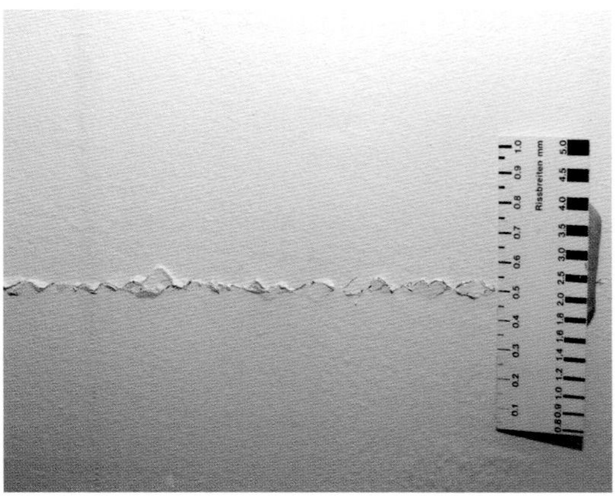

Abb. 5.71: Geradliniger Rissverlauf mit sägezahnartig ineinandergreifenden Rissflanken

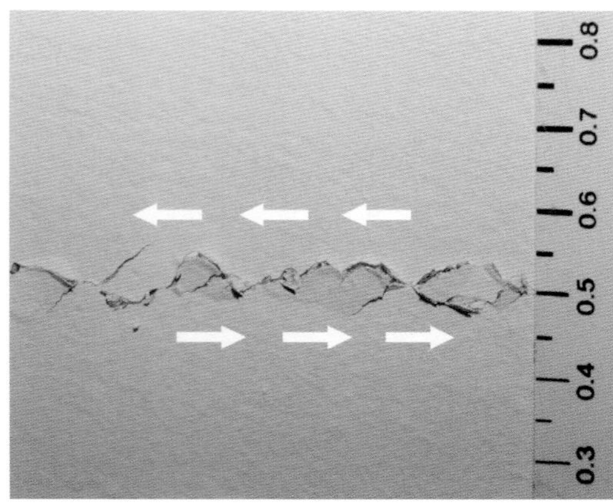

Abb. 5.72: Die Verzahnung der Rissufer lässt eine Verschiebung in horizontaler Richtung erkennen.

Maßnahmen und Kosten der Instandsetzung

Bei Bauteilen im Innenbereich, die im Gebrauchszustand nur einer vergleichsweise geringen Veränderung der Temperatur-, Feuchte- und Lastverhältnisse unterliegen, ist es in der Regel ausreichend, den Putz im Rissbereich zu entfernen, den Rissverlauf im Untergrund einige Zentimeter tief aufzuweiten und zu verspachteln sowie die Putzbekleidung unter Verwendung einer Gewebeeinlage oder eines punktverschweißten Drahtgitters wieder zu ergänzen. Die Wiederherstellung einer einheitlichen Putzstruktur kann je nach Oberflächenbeschaffenheit ein großflächiges Überarbeiten erfordern.

Die Instandsetzungskosten wurden im vorliegenden Fall bei ca. 10 lfm Risslänge mit einem Aufwand von ca. 165,00 €/lfm zuzüglich Mehrwertsteuer veranschlagt.

6 Schäden an Fenstern, Türen, Toren

Fenster gehören als Bestandteil der Fassaden wegen der direkt einwirkenden Witterungseinflüsse aus Temperaturschwankungen (Tag/ Nacht, Sommer/Winter), Schlagregen und Sonneneinstrahlung zu den am meisten beanspruchten Bauteilen eines Gebäudes. Gleichzeitig sind die Fenster für das optische Erscheinungsbild der Gebäude von großer Bedeutung. Beides führt zu hohen Anforderungen an Material und Konstruktion der Fenster und den Übergang an die umgebenden Fassadenflächen.

Typische Schäden an Fenstern treten überwiegend an den Übergängen zwischen Fenster und Fassade auf. Undichtigkeiten an den Leibungsanschlüssen und den Anschlüssen der äußeren Fensterbänke führen wegen fehlender Schlagregendichtigkeit häufig zu Feuchteschäden im Gebäude. Die Schlagregendichtigkeit der Fassaden hat eine zentrale Bedeutung für die Dauerhaftigkeit der Gebäude. Daher sind alle Bauteilanschlüsse und -übergänge sorgfältig zu planen und auszuführen. Da bei den Bauteilanschlüssen von Fenstern an Fassaden verschiedene Gewerke, z. B. Rohbauarbeiten, Tischlerarbeiten, Putzarbeiten, aneinandertreffen, ist eine gewerkeübergreifende Planung erforderlich.

Schäden entstehen auch aufgrund ungenügender Wartung der Fenster. Jedes Fenster benötigt zum Öffnen, Schließen und Kippen bewegliche Konstruktionen: die Beschläge. Bei den Fenstertüren zu Balkonen und Terrassen werden zunehmend nicht mehr einfache Dreh-/Kipp-Beschläge verwendet. Aus den Fenstertüren werden Kipp-/Schiebeelemente mit aufwendigen Beschlagskonstruktionen. Die Beschläge werden ständig mechanisch bewegt und beansprucht. Zur Erhaltung der einwandfreien Funktion der Beschläge und der Fenster empfiehlt es sich daher, einmal jährlich eine Wartung durchzuführen, bei der neben der Kontrolle der Schließfunktion und einem eventuellen Nachjustieren der Fensterflügel auch das Schmieren und Ölen der mechanischen Teile durchgeführt wird.

Bei Holzfenstern ist die regelmäßige Kontrolle der äußeren Beschichtungen wichtig. Werden die erforderlichen Überholungsbeschichtungen nicht rechtzeitig durchgeführt, wittert die Beschichtung, insbesondere an westseitigen Fenstern, schnell ab. Das Holz ist den Witterungseinflüssen ungeschützt ausgesetzt und vergraut. Die dann erforderliche Neubeschichtung der Fenster ist wesentlich aufwendiger als die regelmäßige Unterhaltung.

An der Verglasung der Fenster kommt es in der kalten Jahreszeit häufig zu Tauwasserausfall an den Scheibenrändern am Übergang zu den Glashalteleisten. Diese Art von Tauwasserausfall an Scheibenrändern ist grundsätzlich nicht zu vermeiden, da die Randeinfassung von Mehrscheibenisolierglas, welche die einzelnen Scheiben zusammenhält, eine konstruktive Wärmebrücke darstellt. Dies kann nicht als ein Schaden des Fensters bewertet werden, sondern ist eine ungünstige Eigenschaft, die hinzunehmen ist. Der Tauwasserausfall am Rand von Verglasung wird auch als Frühindikator bezeichnet, der dem Bewohner signalisiert, dass die Raumluftfeuchte zu hoch ist und durch Lüftung gesenkt werden muss. Als Anhaltspunkt dafür, dass Lüftung erforderlich ist, wird ein etwa 5 mm breiter Tauwasserniederschlag am unteren inneren Scheibenrand angesehen.

6.1 Undichtigkeiten am Anschluss der äußeren Fensterbank

Schadensbild

An den Innenleibungen von Fenstern eines mehrgeschossigen Wohngebäudes sind bei Regenfällen in Verbindung mit Wind Feuchtigkeitsflecken aufgetreten. Innerhalb weniger Monate haben sich die Schäden zu Farbabblätterungen, Putzausblühungen und angerosteten Eckschutzschienen vergrößert (siehe Abb. 6.1). Die Schäden sind überwiegend an nach Westen orientierten Fenstern und dort meist auf einer Seite der Innenleibung festzustellen. In manchen Fällen sind auch beide Leibungsseiten betroffen. In den obersten Geschossen sind Feuchteschäden auch unter den inneren Fensterbänken festzustellen (siehe Abb. 6.2).

Die Außenwand des Gebäudes besteht aus Ziegelmauerwerk, das außenseitig mit einem Wärmedämmputz bekleidet ist. Raumseitig ist ein Kalkgipsputz auf die Wände aufgebracht.

Bei der Überprüfung der Bauteilanschlüsse an der Außenseite der Fenster wurde festgestellt, dass zwischen der seitlichen Randaufkantung der äußeren Fensterbank (Aluminium) und der Rollladenführungsschiene (Holz) ein offener Spalt von 10 bis 15 mm vorhanden ist (siehe Abb. 6.3 und 6.4). Der Spalt reicht bis zum Ziegelmauerwerk.

Der Außenputz ist teilweise unmittelbar auf die seitlichen Randaufkantungen geführt, teilweise ist ein Schaumstoffband als Trennung zwischen Putzlage und Randaufkantung eingebaut. Putzausbrüche sind am Anschluss des Putzes an die seitlichen Randaufkantungen der Fensterbänke nicht vorhanden.

Ursachen

Beim Einbau der äußeren Fensterbänke sind große Spalte zwischen den seitlichen Randaufkantungen und den Rollladenführungsschienen entstanden, da die seitlichen Randaufkantungen zu niedrig waren. Durch diese Spalte dringt Feuchtigkeit in die Außenwandkonstruktion ein und führt zu den festgestellten Feuchteschäden an den raumseitigen Fensterleibungen.

Bei diesen Bauteilanschlüssen handelt es sich je nach Ausrichtung der Fassade um stark witterungsbeanspruchte Anschlüsse, die dauerhaft schlagregendicht ausgeführt werden müssen. Für einen vollständigen Schlagregenschutz sind alle witterungsbeanspruchten Bauteile einer Fassade dicht miteinander zu verbinden oder so zu konstruieren, dass eventuell eindringendes Wasser schadlos abgeführt werden kann, wie dies beispielsweise bei vorgehängten, hinterlüfteten Fassaden der Fall ist. Bei Mauerwerkswänden mit verputzten Fassaden muss der Schlagregenschutz auch im Bereich der Fenster sichergestellt sein. Hierzu muss die äußere Fensterbank so geplant und eingebaut werden, dass keine offenen Spalten entstehen, die ein Eindringen von Feuchtigkeit bei Regenfällen in die Außenwandkonstruktion ermöglichen. Die vorgefertigten Fensterbänke weisen eine hintere Randaufkantung auf, die unter den Blendrahmen des Fensters in die dafür vorgesehene Nut eingeschoben wird. Die seitlichen Randaufkantungen müssen dann bis zu den Rollladenführungsschienen reichen. Bei den Fensterbänken ist die Höhe der seitlichen Randaufkantungen nicht auf die Lage der Rollladenführungsschienen abgestimmt, weswegen offene Spalte entstanden sind.

Hinweise zur Schadensvermeidung

Der Schaden wäre durch den Einbau einer Fensterbank mit höherer seitlicher Randaufkantung und dichtem Anschluss an die Unterseite der Rollladenführungsschiene, z. B. durch Einbau eines vorkomprimierten Dichtbandes, einfach zu vermeiden gewesen. Bei einem üblichen Bauablauf werden die Fenster in die vorbereiteten Rohbauöffnungen gesetzt und dort befestigt. Der Tischler montiert auch die äußere Fensterbank, die auf das Fenster und eventuelle Rollladenführungsschienen abgestimmt sein muss. Ein Schließen der Fuge zwischen Rollladenführungsschien und seitlicher Randaufkantung ist erst nach Durchführung der Putzarbeiten an der Fassade möglich, da erst zu diesem Zeitpunkt der vollständige Anschluss zwischen Fassade und Fensterbank erstellt wird. Für den Ausführenden der Putzarbeiten

Abb. 6.1: Feuchteschäden an der innenseitigen Fensterleibung

Abb. 6.2: Feuchteschäden unter der innenseitigen Fensterbank

Abb. 6.3: Äußere Fensterbank mit offenem Spalt; der Putz ist direkt auf die seitliche Randaufkantung geführt

Abb. 6.4: Schaumstoffband zwischen Putz und seitlicher Randaufkantung

betrifft die Fuge zwischen Rollladenführungsschiene und äußerer Fensterbank jedoch nicht sein Gewerk. Die Fuge bleibt offen. Die Schlagregendichtigkeit der Fassaden hat eine zentrale Bedeutung für die Dauerhaftigkeit der Gebäude. Daher sind alle Bauteilanschlüsse und -übergänge sorgfältig zu planen und auszuführen. Da bei den Bauteilanschlüssen von Fenstern an Fassaden verschiedene Gewerke aneinandertreffen (z. B. Rohbauarbeiten, Tischlerarbeiten, Putzarbeiten), ist hier eine gewerkeübergreifende Planung erforderlich.

Maßnahmen und Kosten der Instandsetzung

Die Instandsetzung wurde durch den nachträglichen Einbau von vorkomprimierten Dichtungsbändern zwischen den seitlichen Randaufkantungen und den Rollladenführungsschienen durchgeführt.

Die Kosten für diese Maßnahmen waren bei insgesamt 150 Fenstern auf ca. 30,00 €/Fenster zuzüglich Mehrwertsteuer zu veranschlagen. Die Aufwendungen für die Erreichbarkeit der Fenster von außen, z. B. über Hubarbeitsbühnen, sind in den genannten Kosten nicht enthalten.

6.2 Undichtigkeiten an der Wetterschutzschiene eines Fensters

Schadensbild

Bei den Fenstern einer großen Wohnanlage mit rund 90 Wohnungen wurden bereits wenige Jahre nach Erstellung erste Fäulniserscheinungen an den senkrechten Blendrahmenhölzern festgestellt (siehe Abb. 6.5 und 6.6). Die Fäulnis des Holzes zeigt sich in einem Aufwölben der Fensterbeschichtung, beginnend am unteren Ende der senkrechten Blendrahmenhölzer. Durch leichten Druck auf die Aufwölbungen kann der Blendrahmen eingedrückt werden. In einzelnen Fällen kann ein Kugelschreiber durch leichten Druck in den Blendrahmen gesteckt werden.

Die Fenster bestehen jeweils aus einem unteren Blendrahmen, der über die gesamte Breite des Fensters durchläuft. Die senkrechten Blendrahmenhölzer sind über eine Zapfenverbindung mit den unteren Blendrahmenprofilen verbunden. Das untere Blendrahmenprofil der Fenster ist mit einer Wetterschutzschiene aus einem vorgefertigten Aluminiumprofil vor direkter Witterungsbeanspruchung geschützt. Zur Aufnahme der Wetterschutzschiene weist der untere Blendrahmen entsprechende Falze auf, in welche die Wetterschutzschiene eingedrückt wird. An den Enden der Wetterschutzschienen befinden sich Endkappen aus Kunststoff. Diese sind in die Wetterschutzschienen gesteckt. Eine direkte Befestigung an den Blendrahmen liegt nicht vor. Die Wetterschutzschienen können leicht vom Blendrahmen abgehoben werden.

Bei nahezu allen Fenstern ist eine Spaltbildung zwischen den Kunststoffendkappen der Wetterschutzschienen und dem Blendrahmen festzustellen (siehe Abb. 6.7 und 6.8). Die Breite der Spalte zwischen Blendrahmen und Kunststoffendkappen liegt zwischen 0,5 und 2 mm. Nach Ausbau der Wetterschutzschienen zeigen sich braune Ablaufspuren im Falz der unteren Blendrahmen. In manchen Fällen befindet sich Wasser unter der Wetterschutzschiene. Die Feuchtigkeit steht unmittelbar an der Verbindung zwischen senkrechtem und unterem Blendrahmenprofil an.

Ursachen

Die Kunststoffendkappen der Wetterschutzschienen wurden ohne dichte Seitenanschlüsse in die unteren Blendrahmen eingesetzt. Das dadurch unter die Wetterschutzschienen gelangende Niederschlagswasser führte zu der festgestellten Holzzerstörung durch Fäulnis an den senkrechten Blendrahmenhölzern.

Durch die jahreszeitlich bedingten Längenänderungen der Wetterschutzschiene ergeben sich bei fehlenden dichten Seitenanschlüssen Spalte zwischen den Kunststoffendkappen und den senkrechten Blendrahmenprofilen. Feuchtigkeit kann unter die Wetterschutzschienen gelangen und über die Stoßstellen der Blendrahmen in den Fensterecken in das Holz eindringen. Da Holzfenster üblicherweise beschichtet sind, ist die Verdunstung eindringender Feuchtigkeit behindert. Das Holz bleibt dann über längere Zeit feucht. Bei länger andauernden Holzfeuchten über 20 % ist mit Moderfäule im Holz zu rechnen.

Hinweise zur Schadensvermeidung

Der seitliche Anschluss der Wetterschutzschiene an die Blendrahmen kann grundsätzlich entweder geöffnet oder dauerhaft abgedichtet ausgeführt werden (vgl. DIN 68121-2:1990-06 „Holzprofile für Fenster und Fenstertüren").

Bei einem offenen Anschluss muss es sich um eine Ausführung handeln, bei der anfallendes Niederschlagswasser planmäßig nach außen abgeleitet werden kann. Dies kann z. B. durch entsprechende seitliche Abstände der Wetterschutzschiene vom Blendrahmen (> 1 mm) und gesonderte Entwässerung der unter der Wetterschutzschiene liegenden Falzräume erfolgen. Diese Möglichkeit hat sich in der Praxis jedoch aufgrund des konstruktiven Aufwands nicht durchgesetzt.

Die mittlerweile übliche Ausführung ist der Einbau von Kunststoffendkappen mit dichtem Anschluss. Hierbei kann je nach Ausbildung und Passgenauigkeit eine zusätzliche Abdichtung mit Dichtstoff erforderlich sein (vgl. EGH u. a., 1997). Ein oberseitiges Verschließen der Spalte durch Abfugung ist hierfür jedoch nicht ausreichend.

Abb. 6.5: Holzzerstörung durch Fäulnis an den senkrechten Blendrahmenhölzern

Abb. 6.6: Holzzerstörung durch Fäulnis an den senkrechten Blendrahmenhölzern

Abb. 6.7: Seitliche Endkappen der Wetterschutzschiene

Abb. 6.8: Endkappen mit offenen Spalten zum Blendrahmen

Hinweise zur Ausführung eines dichten Anschlusses sind im Merkblatt HO.10 „Wetterschutzschiene an Holzfenstern" enthalten (vgl. Verband der Fenster- und Fassadenhersteller, 2011). Bei Beachtung dieser Hinweise und Erstellung eines dichten Anschlusses der Wetterschutzschienen an die Blendrahmenhölzer kann Moderfäule am Holz sicher vermieden werden.

Maßnahmen und Kosten der Instandsetzung

Zur Instandsetzung wurden in einem ersten Schritt die Holzbauteile mit Fäulniserscheinungen ausgetauscht. Nach Beschichtung der ausgewechselten Teile wurden alle Wetterschutzschienen ausgebaut und entsprechend den Vorgaben des Merkblatts HO.10 wieder eingebaut (vgl. Verband der Fenster- und Fassadenhersteller, 2011). Die Kunststoffendkappen wurden hierfür komplett erneuert.

Die Kosten für die Auswechslung der Kunststoffendkappen (ohne Kosten der Teilinstandsetzung verfaulter Hölzer) wurden bei rund 400 Fenstern mit 50,00 €/Fenster zuzüglich Mehrwertsteuer veranschlagt.

Bei den Kosten war zu berücksichtigen, dass der erforderliche Zugang zu allen Wohnungen eine wiederholte Anfahrt auch für einzelne Wohnungen erforderlich machte.

6.3 Undichtigkeiten an Stoßverbindungen einer Pfosten-Riegel-Fassade

Schadensbild

Ein Einfamilienhaus wurde im Jahr 2000 in Holzständerbauweise errichtet. Die Fassadenbereiche sind großteils als Pfosten-Riegel-Konstruktion ausgebildet. Die Verglasungen sind zwischen die Pfosten und Riegel in die innenseitig angeordneten Ausnehmungen eingebracht und mittels Dichtungen angeschlossen, die durch Glashalteleisten eingepresst sind. An den Fassaden sind an mehreren Stellen schwarze Verfärbungen aufgetreten. Bei den Verfärbungen handelt es sich augenscheinlich um Schimmelpilzbefall (siehe Abb. 6.9 und 6.10).

Zur Untersuchung der Schadensursache wurde exemplarisch eine Isolierglasscheibe ausgebaut. Unter den Glashalteleisten sind innenseitig Vorlegebänder angeordnet, außenseitig ist zwischen dem ausgeklinkten Pfosten und der Isolierglasscheibe ein Fugendichtstoff (Silikon) eingebracht. Die Abb. 6.11 zeigt den Zustand nach Demontage der Scheibe.

Zwischen dem Pfosten und dem Dachsparren als oberer Abschluss der Fassade ist ein ca. 2 mm breiter Luftspalt vorhanden. Dieser ist in Abb. 6.12 im Gegenlicht dargestellt. Dichtmaßnahmen wurden hier nicht ausgeführt.

Zur Klärung der Frage, ob es sich bei den im Fassadenbereich außenseitig aufgetretenen Schimmelbildungen um lokale Undichtheiten handelt oder systematisch derartige Fehlstellen in der Fassadenhülle vorhanden sind, wurde ein sog. Blower-Door-Test durchgeführt.

Im Rahmen dieser Untersuchung wird innerhalb dieses Gebäudes ein Unterdruck von 50 Pa erzeugt. Dies entspricht Starkwind mit einer Geschwindigkeit von 4 bis 5 Beaufort. Im vorliegenden Fall wurde eine hohe Luftgeschwindigkeit häufig innenseitig an Stoßverbindungen gemessen, in deren Bereich außenseitig Schimmelbildungen vorhanden sind.

Zur Lokalisierung der Undichtheiten wurden parallel zum Blower-Door-Test Untersuchungen mit einer Infrarotkamera durchgeführt. Die niedrigen Temperaturen im Anschluss an den Riegel der Fassade zeigen deutlich, dass infolge der Lufteintritte Abkühlungen eingetreten sind (blaue Zonen im Thermogramm, siehe Abb. 6.13).

Ursachen

Die im Fassadenbereich aufgetretenen Schimmelpilzbildungen sind auf konvektionsbedingte Luftströmungen zurückzuführen. Dabei wird feuchtwarme Innenluft durch die Fassade im Bereich der Undichtheiten nach außen geführt und trifft auf kalte Oberflächen. Dort fällt Tauwasser an und Schimmelpilzwachstum setzt ein.

Bereits nach den anerkannten Regeln der Technik zum Zeitpunkt der Bauausführung im Jahr 2000 waren Fugen dauerhaft und luftundurchlässig abzudichten (vgl. DIN 4108-2:1981-08 „Wärmeschutz im Hochbau"; Wärmeschutzverordnung vom 16.08.1994). Weiterhin lag die Vornorm DIN V 4108-7:1996-11 „Wärmeschutz im Hochbau" vor, die Konstruktionsbeispiele zur Ausführung von Anschlüssen von Luftdichtheitsschichten enthielt.

Die durchgeführten Probeöffnungen im Bereich der Fassade zeigen, dass zwischen den Pfosten und der Fassade bzw. den Dachsparren keine Dichtmaßnahmen vorgesehen wurden. Die an Fehlstellen im Rahmen der Blower-Door-Untersuchung gemessenen hohen Luftgeschwindigkeiten belegen weiterhin eindeutig, dass dieser systematische Fehler auch in anderen Bereichen gegeben ist. Im vorliegenden Fall wurden keine Dichtmaßnahmen im Bereich der Anschlüsse geplant und ausgeführt.

Hinweise zur Schadensvermeidung

Aus Gründen der Energieeinsparung und zur Vermeidung derartiger Schäden ist es erforderlich, die Gebäudehülle nach den anerkannten Regeln der Technik dicht auszubilden.
Bei Holzkonstruktionen wie Pfosten-Riegel-Fassaden ist dabei besonderes Augenmerk auf die Dichtheit im Bereich von Stoßstellen und Anschlussfugen zu richten (vgl. Energieeinsparverordnung [EnEV]; DIN 4108-2:2013-02 „Wärmeschutz und Energie-Einsparung in Gebäuden"; DIN 4108-7:2011-01 „Wärmeschutz und Energie-Einsparung in Gebäuden"). Dies

Abb. 6.9: Schwarzverfärbung der Fassadenbauteile im Stoßbereich Pfosten/Riegel

Abb. 6.10: Schwarze Verfärbung im Anschluss der Fassaden- an die Dachbauteile

Abb. 6.11: Probeöffnung durch Demontage einer Isolierglasscheibe

Abb. 6.12: Stoß aus Abb. 6.11 im Gegenlicht

kann beispielsweise durch Abklebungen und Dichtbänder erfolgen.

Maßnahmen und Kosten der Instandsetzung

Zur Instandsetzung wurden in den betroffenen Bereichen die Verglasungen ausgebaut und die Fugen mit einem für diesen Zweck geeigneten Dichtband abgeklebt.

Die Kosten für diese Maßnahmen waren bei einer Fassadenfläche von ca. 70 m² mit insgesamt etwa 2.000,00 € zuzüglich Mehrwertsteuer anzusetzen.

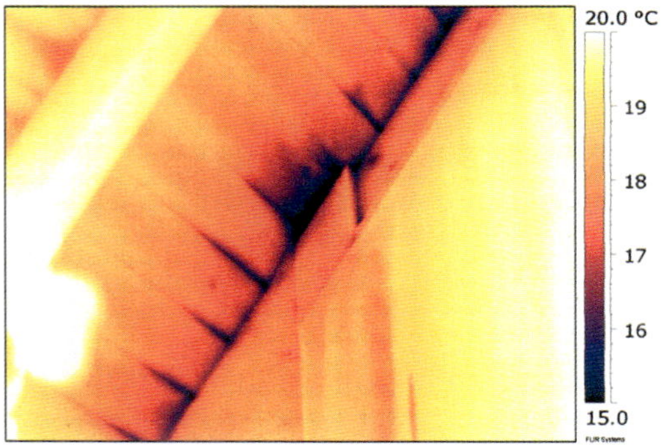

Abb. 6.13: Das Thermogramm zeigt niedrige Temperaturen (blaue Zonen) in Bereichen mit Luftströmungen.

6.4 Ablösung der Beschichtung – Aluminiumfenster

Schadensbild

Der in Erkerform vorspringende Eingangsbereich und die daran anschließenden, bodentiefen Fensterelemente eines Geschäftslokals bestehen aus einer Aluminium-Glas-Konstruktion (siehe Abb. 6.14). Die Aluminiumprofile sind mit einer weißen Pulverlackbeschichtung versehen. Am Fußpunkt binden die Fensterelemente in den Verbundsteinpflasterbelag ein. Dieser ist über eine Reihe kleinformatiger Pflastersteine aus Granit unmittelbar an die Basisprofile im Sockelbereich angeschlossen.

Nach kurzer Standzeit löste sich die Beschichtung unmittelbar oberhalb der gepflasterten Fläche in einem ca. 10 cm breiten Streifen von den Basisprofilen ab (siehe Abb. 6.15 und 6.16).

Nach Aufnehmen der Pflastersteine im Anschlussbereich wurde an der unteren, im erdberührten Bereich befindlichen Profilkante des Basisprofils Korrosion festgestellt (siehe Abb. 6.17). Die Unterkante des Profils hat augenscheinlich keine Beschichtung.

Ursachen

Die Beschichtungsschäden sind durch Feuchte- und Salzunterwanderung über die nicht beschichtete Unterkante des in den Pflasterbelag einbindenden Basisprofils entstanden. Es fehlt der erforderliche Korrosionsschutz der Aluminiumprofile im erdberührten Bereich.

Im erdberührten Bereich sind Aluminiumprofile einer ständigen Feuchtebeanspruchung ausgesetzt. Im vorliegenden Schadensfall kann zudem davon ausgegangen werden, dass bei winterlichen Verhältnissen auf den Verkehrsflächen chloridhaltige Tausalze eingesetzt werden, die insbesondere bei Aluminiumwerkstoffen den Korrosionsprozess wesentlich verstärken.

Über die nicht beschichtete Profilunterkante wird die Beschichtung der senkrechten Fläche von Feuchte und Chloriden unterwandert, was zu einer Ablösung der Beschichtung vom Aluminiumprofil geführt hat.

Hinweise zur Schadensvermeidung

Unter normalen atmosphärischen Korrosionsbedingungen ist das Nichteisenmetall Aluminium durch seine dünne, jedoch dichte Oxidschicht im Allgemeinen ausreichend korrosionsbeständig. Wenn die Bleche jedoch in Böden einbinden, ist die für die Korrosionsbeständigkeit maßgebliche Ausbildung einer Oxidationsschutzschicht durch den unzureichenden Zutritt von CO_2 aus der Luft und die vorherrschende Nässe in Abhängigkeit von der Bodenbeschaffenheit mehr oder weniger stark behindert. Beim Kontakt mit alkalischen Baustoffen oder alkalischen Wässern können dann Korrosionsschäden eintreten. Das gilt im besonderen Maß für den Werkstoff Aluminium, dessen an sich gute Korrosionsbeständigkeit beim Kontakt mit feuchten alkalischen Baustoffen oder Lösungen stark gemindert wird. In den Klempnerfachregeln wird daher für Aluminiumbleche auch im Bereich von Sand und Kies ein Korrosionsschutz empfohlen (vgl. Zentralverband Sanitär Heizung Klima, 2009, Abschnitt 3.11.8, Tabelle 6). Beim Einsatz von Tausalzen ist darüber hinaus eine Korrosionsschutzbeschichtung der durch Chloridangriff beanspruchten Aluminiumprofile zur Schadensverhütung unerlässlich. Für diesen Verwendungszweck stehen geeignete Beschichtungen zur Verfügung, z. B. aus Bitumen.

Bei der Beschichtung von Aluminiumprofilen ist darauf zu achten, dass diese allseitig geschützt werden. Nur so können Feuchte- und Salzunterwanderungen der Beschichtung an den Abschlusskanten verhindert werden.

In jedem Fall sollte der direkte Kontakt von Aluminiumbauteilen mit den anschließenden Baustoffen durch Anordnung von Trennlagen verhindert werden.

Abb. 6.14: Eingangsbereich des Geschäftslokals aus einer Aluminium-Glas-Konstruktion

Abb. 6.15: Im Sockelbereich löst sich die Beschichtung vom Basisprofil ab.

Abb. 6.16: Das Basisprofil bindet in den Pflasterbelag ein.

Abb. 6.17: Die freigelegte unbeschichtete Unterkante des Basisprofils ist korrodiert.

Maßnahmen und Kosten der Instandsetzung

Die Instandsetzungsmaßnahme bestand in dem Austausch der korrodierten Basisprofile. Hierzu mussten die Schaufensterelemente komplett ausgebaut und nach dem Einbau allseitig korrosionsgeschützter Basisprofile wieder eingesetzt werden.

Die Instandsetzungskosten wurden auf 3.700,00 € zuzüglich Mehrwertsteuer beziffert.

6.5 Dunkle Verfärbungen am Pfosten – Holzfenster

Schadensbild

Bei einer eingeschossigen Doppelhaushälfte mit einem zu Wohnzwecken ausgebauten Dachgeschoss zeigt sich an einem aus Holz gefertigten und mit einer pigmentierten Lasur beschichteten Gaubenfenster (siehe Abb. 6.18) etwa 2 Jahre nach Fertigstellung oberhalb der Verbindung zwischen dem Pfosten und dem unteren Blendrahmenprofil eine Dunkelfärbung des Holzes (siehe Abb. 6.19). Die Verfärbung deutet darauf hin, dass in die Konstruktionsfuge (Brüstungsfuge) Feuchtigkeit eindringt und vom Hirnholz des Pfostens kapillar aufgenommen wird.

Um dieses zu unterbinden, war die Brüstungsfuge mit einer elastischen Dichtmasse verschlossen worden (siehe Abb. 6.20). Danach bildete sich die Dunkelfärbung zunächst zurück, nahm im weiteren Verlauf jedoch wieder zu. Eine Schädigung des Holzes war zum Zeitpunkt der Besichtigung noch nicht eingetreten.

Ursachen

Die Dunkelfärbung des Holzes ist durch Feuchteaufnahme über das Hirnholz des Pfostens entstanden. Der Feuchteeintritt erfolgte über die offene Brüstungsfuge beim Anschluss an das untere Blendrahmenprofil. Durch das Verschließen der Brüstungsfuge mit elastischer Dichtmasse konnte die erforderliche Dichtheit der Brüstungsfuge nicht hergestellt werden.

Rahmenverbindungen von Holzfenstern müssen eine ausreichende Festigkeit aufweisen und dauerhaft dicht sein, damit in die Konstruktionsfugen keine Feuchte eindringen kann. Diese Anforderungen waren im vorliegenden Fall nicht erfüllt.

Hinweise zur Schadensvermeidung

Zur Vermeidung feuchtebedingter Holzschäden müssen Brüstungsfugen – so bezeichnet man die Konstruktionsfugen zwischen den senkrechten und waagerechten Holzteilen von Rahmenverbindungen – ausreichend stabil und dicht sein. Undichte Brüstungsfugen sind häufig wie im vorliegenden Fall an Verfärbungen oder auch an einem Abblättern der Beschichtung erkennbar.

Eine ausreichende Dichtheit der Rahmenverbindungen kann bei der Herstellung von Holzfenstern auch bei sorgfältiger Verleimung allein durch die Klebeverbindung nicht sichergestellt werden. Bei ausschließlicher Verklebung besteht nämlich die Gefahr, dass sich die Brüstungsfugen nach dem Fenstereinbau durch das materialbedingte Quellen und Schwinden des Holzes öffnen und an diesen Stellen Feuchte eindringt. Das Schadensrisiko lässt sich allerdings minimieren, indem eine zusätzliche Wettersperre in Form einer festen mechanischen Verbindung zwischen den aneinander anschließenden Hölzern eingebaut wird. Das kann nach Untersuchungen des Instituts für Fenstertechnik e. V. Rosenheim (ift Rosenheim) z. B. mithilfe einer überlappenden Doppelbohrung und Einbringen einer Polyurethan-Vergussmasse erfolgen. Größtmögliche Sicherheit wird erst durch eine zusätzliche Verleimung der Brüstungsfuge erreicht. Ausführlichere Informationen können den zu diesem Thema erschienenen Publikationen des ift Rosenheim entnommen werden (vgl. ift, 1998; Goswin/Lieb/Schmid/Stiell, 1990).

Maßnahmen und Kosten der Instandsetzung

Der Pfosten war zum Zeitpunkt der Besichtigung durch die Feuchteaufnahme noch nicht geschädigt. Bei fortwährender Durchfeuchtung besteht jedoch die Gefahr, dass das Holz mit der Zeit durch Fäulnis zerstört wird. Aus diesem Grund musste die undichte Brüstungsfuge durch fachgerechte Nachverleimung vor weiteren Feuchtigkeitseintritten geschützt werden.

Nach der Arbeitsanweisung des ift Rosenheim für die Instandsetzung von Holzrahmenverbindungen wird die Fuge nach entsprechender Vorbereitung (Holzfeuchte ≤ 15%, Anschleifen bzw. Entfernen der Beschichtung, eventuell Aufsägen der Fuge) zunächst im vorderen Bereich mit einem Dichtstoff abgedichtet. Nach Aushärten

Abb. 6.18: Gaubenfenster mit dunkler Verfärbung des Pfostens über dem Rahmenprofil

Abb. 6.19: Dunkelfärbung des Holzpfostens beim Anschluss an das untere Blendrahmenprofil

Abb. 6.20: Detailaufnahme der nachträglich mit einem Dichtstoff verschlossenen Brüstungsfuge

der Dichtmasse wird über angelegte Bohrungen zunächst ein Hirnholzschutzmittel und nach dem Trocknen ein PVAC-Leim in die Fuge eingespritzt. Abschließend muss die Beschichtung im Bereich der instandgesetzten Fuge nachgebessert werden.

Im vorliegenden Schadensfall wurden die Instandsetzungskosten mit ca. 330,00 € zuzüglich Mehrwertsteuer angesetzt.

6.6 Ablösung der Beschichtung und Vergrauung – Holzfenster

Schadensbild

An einem neu errichteten Holzfertighaus traten nach kurzer Zeit an den unteren Blendrahmen der Fenster Vergrauungen des Holzes auf. In Abb. 6.21 bis 6.23 ist der Zustand der Holzfenster nach 3 Jahren Standzeit dokumentiert.

An den unteren Blendrahmenprofilen der Fensterflügel und der Fensterahmen sind starke Vergrauungen an der Holzoberfläche sichtbar. Beim Abziehen eines aufgeklebten Abdeckbandes lösten sich die vergrauten Holzfasern von der Holzoberfläche ab. An den Unterkanten der horizontal verlaufenden Holzprofile, an denen sich die bei der Beschichtung ablaufende Lasurfarbe gesammelt hat, ist die Vergrauung deutlich geringer.

Die Holzfenster wurden mit einer farblosen Grundimprägnierung als Bläueschutz angeliefert. Auf der Baustelle wurden die Fenster an der Außenseite mit einer Lasurfarbe beschichtet. An den Innenseiten blieben die Fenster unbehandelt. Im Falzbereich der Fenster ist der Übergang zwischen der lasierten Außenseite und der unbehandelten, lediglich imprägnierten Innenseite aufgrund der Farbtonunterschiede zu erkennen (siehe Abb. 6.24).

Zur Überprüfung der Anstrichdicken wurden Stemmproben aus weniger bewitterten, noch nicht geschädigten Bereichen der Holzfenster entnommen und labortechnisch untersucht. Die durchschnittliche Schichtdicke des Lasuranstrichs beträgt 5 µm. In Teilbereichen sind nur Spuren eines Lasurfilms an der Holzoberfläche nachweisbar.

Ursachen

Die aufgebrachte einmalige Beschichtung mit einer Schichtdicke von durchschnittlich 5 µm entspricht nicht den Vorgaben einer fachgerechten Beschichtung. Bei einer Beschichtung mit derart geringen Schichtdicken besteht bezüglich des zeitlichen Verlaufs von Vergrauungen kaum ein Unterschied zu unbehandeltem Holz. Die aufgetretenen Vergrauungen werden daher durch eine unzureichende Beschichtung verursacht.

Die Vergrauung von Holz ist ein natürlicher Vorgang, der durch den Umbau von Holzinhaltsstoffen infolge der natürlichen UV-Bestrahlung bei unbehandeltem Holz unvermeidbar ist. Zur Vermeidung dieses Vorgangs ist das Holz durch geeignete Beschichtungen vor der UV-Einwirkung zu schützen. Werden die Beschichtungen nicht in den erforderlichen Schichtdicken aufgebracht und/oder nicht in den erforderlichen Intervallen gewartet, treten Vergrauungen auf.

Hinweise zur Schadensvermeidung

Holzfenster sind vor dem Einbau allseitig zu imprägnieren und mit einer Grundbeschichtung zu versehen. Nach der Montage ist eine weitere Zwischen- und Schlussbeschichtung mit Dickschichtlasurfarbe aufzubringen (vgl. VOB/C ATV DIN 18363:2012-09 „Maler- und Lackierarbeiten“). Eine fachgerecht aufgebrachte Beschichtung erreicht Schichtdicken von 30 bis 50 µm.

Die Schutzwirkung einer Beschichtung auf Holzfenstern hängt in erster Linie vom Festkörpergehalt der Beschichtung ab. Es wird zwischen Dünnschicht- und Dickschichtlasuren sowie deckenden Beschichtungen unterschieden. Außerdem ist die Farbgebung des Anstrichs zu berücksichtigen. Besonders helle oder farblose Lasuranstriche weisen vielfach keinen ausreichenden Schutz vor UV-Lichteinwirkungen auf.

Die Dauerhaftigkeit der Beschichtungen und des Holzschutzes hängt neben der richtigen Auswahl und Applikation der Beschichtungen auch von der regelmäßigen Wartung und Instandhaltung ab. Gemäß den Angaben im BFS-Merkblatt Nr. 18 „Beschichtungen auf maßhaltigen Außenbauteilen aus Holz“ werden als Wartungsintervalle Zeiträume von 1 bis 2 Jahren empfohlen (vgl. BFS, 2006). Für Überholungsbeschichtungen werden in DIN EN 927-1:2013-05 „Beschichtungsstoffe“ Intervalle von 3 Jahren für Lasurbeschichtungen unter starker Beanspruchung und bis zu 10 Jahren für deckende Beschichtungen unter schwacher Beanspruchung vorgegeben.

Abb. 6.21: Übersicht über die Vergrauung der Holzfenster im unteren Bereich

Abb. 6.22: Vergrauung und scheckiges Aussehen im unteren Bereich der Fenster

Abb. 6.23: Vergrauung der Fenster an der Westseite

Abb. 6.24: Farbunterschiede zwischen nicht vergrautem Holz im Falz und vergrautem Holz an der Außenseite

Maßnahmen und Kosten der Instandsetzung

Die Instandsetzung der vergrauten Holzfenster erfolgte mit folgenden Maßnahmen:

- Entfernung aller schlecht haftenden Beschichtungen
- Abschleifen des vergrauten Holzes bis zum gesunden, hellen Holz
- Imprägnierung der rohen Holzflächen mit Holzschutzmittel
- farbtongleiches Beilasieren der imprägnierten Flächen mit Imprägnierlasur
- zweimalige vollflächige Beschichtung mit Dickschichtlasur

Um einer Feuchtigkeitsaufnahme des Holzes durch Tauwasser von der Rauminnenseite her über die unbeschichteten Innenoberflächen entgegenzuwirken, wurden die Fenster auch innenseitig gleichartig beschichtet.

Die Kosten für die Beschichtungsarbeiten waren bei ca. 25 m^2 Fensterfläche auf ca. 50,00 €/m^2 Fensterfläche zuzüglich Mehrwertsteuer zu veranschlagen.

6.7 Ablösungen der Dickschichtlasur – Holzfenster

Schadensbild

Bei einem Mehrfamilienhaus sind Holzfenster mit Isolierverglasung eingebaut. Die Fenster sind mit einer hellen Dickschichtlasur beschichtet, die im Spritzverfahren aufgebracht wurde. An den unteren Fensterprofilen, insbesondere an deren Oberseiten, sind Abwitterungserscheinungen wie örtlich schwarze Schimmelpilzansätze, stellenweise Rissbildungen in der Lasur und flächige Ablösung der Dickschichtlasur aufgetreten.

Die Abb. 6.25 zeigt ein Südfenster im Dachgeschoss. Am unteren Flügelrahmen sowie am unteren Blendrahmen sind flächige Ablösungen der Lasur vorhanden. In Abb. 6.26 ist ein Fenster im Erdgeschoss auf der Westseite dargestellt. Es sind insbesondere im Kantenbereich örtlich schwarze Verfärbungen sowie Rissbildungen in der Lasur zu erkennen. Ein ähnliches Schadensbild ist bei einem nach Norden orientierten Dachgeschossfenster gegeben.

Vereinzelt sind in der Oberfläche der Dickschichtlasur kleine Blasen mit einem Durchmesser von bis zu 1 mm vorhanden. Diese Blasenbildung liegt immer in begrenzten Flächen vor. Die Abb. 6.27 zeigt ein Beispiel hierfür. Die Abb. 6.28 zeigt das obere horizontale Profil eines Glasvorbaus im Eingangsbereich. Es sind örtliche Blasenbildungen und Ablösungen der Beschichtung sichtbar.

Insgesamt ist der Grad der Abwitterungserscheinungen stark abhängig von der Intensität der Bewitterung. Bei witterungsgeschützter Lage sind die Holzbauteile augenscheinlich ohne Befund.

Zur Feststellung der tatsächlich vorhandenen Schichtdicke wurden bei 3 Fenstern Holzspanproben in augenscheinlich nicht geschädigten Bereichen entnommen. Die Untersuchung der Proben im Labor erfolgte durch mikroskopische Messung der Schichtdicke im Querschliffverfahren. Der Beschichtungsfilm ist geschlossen und lässt keinen witterungsbedingten Abbau erkennen. Die Trockenschichtdicke des Beschichtungsfilms wurde bei 2 Proben im Mittel zu 70 μm, bei einer Probe zu lediglich minimal 30 μm bestimmt. Der Beschichtungsfilm weist an 2 der 3 Proben häufig, bei der dritten Probe vereinzelt Lufteinschlüsse auf, die einen Durchmesser von 20 bis 40 μm zeigen.

Ursachen

Als Ursachen der Schäden an der Beschichtung wurden Lufteinschlüsse ermittelt, deren Durchmesser zum Teil die halbe Filmdicke der Beschichtung erreicht. Weiterhin ist die Dicke der Beschichtung örtlich zu gering. Es sind daher Fehler in der handwerklichen Ausführung der Beschichtungsarbeiten schadensursächlich.

Im Bereich der festgestellten Blasen ist die effektiv vorhandene Schichtdicke und damit die Schutzfunktion für das Holz deutlich vermindert. Dadurch sind bereits kurze Zeit nach dem Einbau Schäden an der Beschichtung und am Holz eingetreten.

Zudem ist die Trockenschichtdicke der Beschichtung bei einer der 3 Proben kleiner als die erforderlichen Werte nach RAL-GZ RG 424/1 „Güte- und Prüfbestimmungen für Holzfenster“; diese betragen vor dem Einbau allseitig 30 μm bzw. 60 μm für lasierende Beschichtungen an den nach dem Einbau sichtbaren Flächen (vgl. RAL, 1996).

Hinweise zur Schadensvermeidung

Um eine effektive Schutzfunktion von Dickschichtlasuren zu erreichen, ist es erforderlich, diese in ausreichender Schichtdicke und fehlstellenfrei auszuführen.

Bei Schäden an der Beschichtung innerhalb der Gewährleistungszeit wird von Auftragnehmerseite häufig auf eine mangelnde Wartung verwiesen. Wie das Fallbeispiel zeigt, können jedoch Ausführungsfehler schadensursächlich sein. Dies sollte bei flächigen Schäden durch Untersuchungen der Lasurbeschichtung überprüft werden. Es ist zudem zu empfehlen, dass Holzfenster zumindest in Intervallen von 2 Jahren einer Inspektion unterzogen werden, um ggf. rechtzeitig instand haltende Maßnahmen einleiten zu können.

Abb. 6.25: Holzfenster Dachgeschoss (Südseite) mit flächiger Ablösung der Lasur

Abb. 6.26: Fenster Erdgeschoss (Westseite) mit Rissbildung in der Lasur sowie örtlicher schwarzer Schimmelpilzbildung

Abb. 6.27: Dachgeschoss (Schlafzimmer, Nordseite), geöffneter Flügel mit Blasenbildung

Abb. 6.28: Glasvorbau, oberes horizontales Profil mit Blasenbildung

Maßnahmen und Kosten der Instandsetzung

Zur Instandsetzung war es erforderlich, die Holzfenster außenseitig abzuschleifen und fachgerecht mit einem neuen Beschichtungsaufbau zu versehen.

Die Kosten für diese Maßnahme lagen bei 40,00 €/m² Fensterfläche zuzüglich Mehrwertsteuer.

6.8 Feuchteschäden am unteren Rahmenholz – Holzfenster

Schadensbild

Bei einem Wohnhaus wurde an der Westfassade ein Erkerelement mit ca. 2 m Breite und ca. 80 cm Tiefe vorgesetzt. Die Konstruktion besteht aus raumhohen Holzfensterelementen und einer Dachverglasung. Die Eckverbindung der Fensterelemente erfolgt über ein Vollholzprofil mit einem Querschnitt von ca. 7 cm × 7 cm. Die seitlichen Rahmenprofile der Fensterelemente sind an das Eckprofil mit jeweils 2 eingefrästen Nut- und Federverbindungen angeschlossen und mit diesem verschraubt. Die Konstruktionsfuge ist nicht verleimt.

Das Fensterelement an der Vorderseite des Erkers weist am unteren Rahmenholz seitlich sowie im unteren Bereich des aufgehenden Rahmenprofils eine lokal begrenzte, sehr stark fortgeschrittene Moderfäule auf (siehe Abb. 6.29 und 6.30). Der schadhafte Bereich erstreckt sich auch auf das Eckprofil. Der Allgemeinzustand der Fensterelemente ist ansonsten gut. Die deckende Beschichtung befindet sich ebenfalls in einem gut erhaltenen Zustand.

Der Erker unterliegt an der Wetterseite des Gebäudes der freien Bewitterung. Rollläden oder Sonnenschutzvorrichtungen sind nicht vorhanden.

Nach Ausbau der Wetterschutzschiene wird ersichtlich, dass sich die Fäulnisschäden am unteren Blendrahmenprofil bis in den Bereich des seitlichen Abschlusses der Wetterschutzschiene und des dort eingesetzten Abschlussstücks erstrecken. Die Profiloberseite weist ausgehend von dem seitlichen Abschluss der Wetterschutzschiene abgetrocknete Wasserspuren mit begleitenden Verschmutzungen auf, die an der Stoßfuge der Rahmenecke münden (siehe Abb. 6.31).

Die weitere Untersuchung des ausgebauten Rahmenprofils zeigte, dass der Querschnitt des Eckprofils zu ca. 75 %, der Querschnitt des Schwellenholzes und des seitlichen Rahmenprofils zu ca. 50 % verfault ist. Alle Querschnittsflächen weisen eine starke Durchfeuchtung auf, die bis zur vollständigen Fasersättigung reicht (siehe Abb. 6.32).

Ursachen

Die Holzschäden sind auf eine fehlerhafte Wasserführung im Falzraum zurückzuführen. Die Entwässerung des unteren Rahmenfalzes ist mit der verwendeten Wetterschutzschiene und dem seitlichen Abschlussstück der Wetterschutzschiene nicht dauerhaft gewährleistet.

Niederschlagswasser, das in den frei bewitterten Falzbereich eindringt und im Falzraum nach unten auf die Wetterschutzschiene abläuft, wird nicht ausschließlich über die Entwässerungsöffnungen in der Wetterschutzschiene nach außen abgeführt. Bei dem seitlich aufgesteckten Abschlussstück kann Wasser aus der Wetterschutzschiene austreten und unterhalb der Schiene auf der Oberseite des unteren Rahmenholzes sowohl nach außen als auch nach innen ablaufen. Dieses Wasser dringt in die nicht verleimte Eckverbindung ein und wird dort kapillar vom Holz aufgenommen. Die Konstruktionsfuge zwischen dem Fensterelement und dem Eckpfosten ist nicht verklebt. Über die Fuge kann ebenfalls Wasser in das Holz aufgenommen werden.

Der Falzraum wird bis zur äußeren Falzdichtung durch eindringendes und nach unten ablaufendes Niederschlagswasser beansprucht. Die abzuführende Wassermenge kann je nach Einbausituation und Exposition gegenüber der Witterung erheblich sein. Die Wetterschutzschiene muss das anfallende Wasser gezielt abführen. Die hierfür regelmäßig verwendeten Metallprofile werden als Strangpressprofile hergestellt. Sie müssen an den seitlichen Abschlüssen mit einer Aufkantung hinterfließungssicher ausgebildet werden. In DIN 68121-2:1990-06 „Holzprofile für Fenster und Fenstertüren" wird hierzu ausgeführt, dass der seitliche Anschluss der Wetterschutzschiene an den Blendrahmen entweder mit Endkappen und/oder elastischen Dichtstoffen vorgenommen werden kann. Die Enden der Wetterschutzschiene müssen in jedem Fall dicht geschlossen sein.

Abb. 6.29: Erkerkonstruktion bestehend aus Holzfensterelementen, die mit einem Vierkantprofil über Eck verbunden sind

Abb. 6.30: Fäulnis am Erkerelement am unteren Rahmenholz und den anschließenden seitlichen Rahmenprofilen

Abb. 6.31: Wasserablaufspuren mit begleitenden Verschmutzungen auf dem unteren Rahmenprofil ausgehend von dem seitlichen Abschluss der Wetterschutzschiene

Abb. 6.32: Durchfeuchtung und fortgeschrittene Holzzerstörung der Querschnitte an der unteren Rahmenecke

Hinweise zur Schadensvermeidung

Bei der Auswahl der Endkappen für die Wetterschutzschiene und der Einpassung am Rahmenholz ist darauf zu achten, dass die Verbindung zwischen Wetterschutzschiene und Endkappe auch unter den jahreszeitlich wechselnden Feuchte- und Temperatureinwirkungen dauerhaft dicht bleibt. Bei der Verwendung elastischer Dichtstoffe ist die thermische Längenänderung der Wetterschutzschiene zu berücksichtigen.

Maßnahmen und Kosten der Instandsetzung

Eine Instandsetzung der schadhaften Holzprofile war im vorliegenden Fall aufgrund des fortgeschrittenen Zerstörungsgrades nicht mehr möglich. Zur Schadensbeseitigung wurde deshalb eine Erneuerung der gesamten Erkerkonstruktion erforderlich.

Die Instandsetzungskosten waren bei ca. 10 m^2 Außenfläche des Erkers mit insgesamt ca. 7.700,00 € zuzüglich Mehrwertsteuer zu veranschlagen.

6.9 Flächige Ablösung einer deckenden Beschichtung – Holzfenster

Schadensbild

In einem Neubau wurden Holzfensterelemente mit einer weißen, deckenden Beschichtung ausgeführt. Die Fensterelemente wurden werksseitig farbbeschichtet und verglast. Nach dem Einbau der Fensterelemente wurden der Innenputz und der weitere Innenausbau sowie die Fassadenbekleidung hergestellt. Bei der abschließenden Fertigstellung des Gebäudes waren die farbbeschichteten Oberflächen der Fensterelemente in einem augenscheinlich intakten und schadensfreien Zustand.

Nach Fertigstellung zeigen sich in der laufenden Nutzung des Wohngebäudes flächige Blasenbildungen an den bewitterten Beschichtungsoberflächen einzelner Fensterelemente. Die Größe der Farbablösungen variiert von einzelnen Quadratzentimetern bis etwa Handtellergröße. An den Blasen treten mit zunehmender Standdauer einzelne Risse und nachfolgende Ablösungen des Anstrichfilms auf. Der Holzuntergrund liegt flächig und ohne sichtbare Rückstände der Beschichtung frei. Die Blasenbildung in der Farbbeschichtung geht teilweise mit einer haarfeinen Rissbildung entsprechend dem Jahrringverlauf an der Holzoberfläche einher (siehe Abb. 6.33 bis 6.36). Eine faserparallele Rissbildung in der Beschichtung tritt stellenweise auch ohne begleitende Blasenbildung auf. Das Schadensbild ist zudem gekennzeichnet durch das Fehlen von Abwitterungserscheinungen oder Spuren einer äußeren Beanspruchung der Beschichtung.

Ursachen

Der Feuchtegehalt des Holzes war bei Aufbringen der Farbbeschichtung zu groß. Eine dauerhaft feste Anhaftung der Beschichtung auf der Holzoberfläche ist nicht zustande gekommen. Die erhöhte Holzfeuchte hat eine Blasenbildung unter dem geschlossenen Anstrichfilm zur Folge. Die nachträgliche Austrocknung des Holzes im beschichteten Zustand und das damit verbundene Schwinden führen zu einer faserparallelen Rissbildung im Holzuntergrund und zu einem etwa deckungsgleichen Rissverlauf auch in der Beschichtung.

Holzbauteile müssen zum Zeitpunkt des Beschichtens ausreichend formstabil sein. Das setzt einen gleichmäßigen Holzfeuchtegehalt voraus, der nicht wesentlich über dem sich unter den vorgesehenen Nutzungsbedingungen langfristig einstellenden Gleichgewichtsfeuchtegehalt liegen darf. Eine nachträgliche Feuchteaufnahme im eingebauten Zustand muss auf ein unkritisches Maß begrenzt bleiben.

Ist der Holzfeuchtegehalt innerhalb des von der filmbildenden Beschichtung umschlossenen Holzes deutlich höher als der Feuchtegehalt der Umgebungsluft, so entsteht ein Dampfdruckgefälle vom Holz zur Umgebungsluft. Die unterschiedlichen Druckverhältnisse im Wege dieses Dampfdruckgefälles wirken als ablösende Kraft auf die Rückseite der Beschichtung. Bei einer geringen Anhaftung der Beschichtung an der Holzoberfläche führt dies zu einer osmotischen Blasenbildung unter dem geschlossenen Anstrichfilm. Unter dem abgelösten Anstrichfilm bleiben nachfolgende Formänderungen des Holzes und damit verbundene Schwindrissbildungen im Verlauf der Jahresringe ohne Einfluss auf die Beschichtung. Bei guter Anhaftung der Beschichtung an der Holzoberfläche hat ein nachträgliches Austrocknen einer zu hohen Holzfeuchte ebenfalls eine Schwindrissbildung zur Folge. In diesem Fall setzt sich die Rissbildung im Holzuntergrund in der Beschichtung fort und zeichnet dort den Faserverlauf nach. Eine osmotische Blasenbildung lässt sich in der Regel nur so lange beobachten, wie Risse in der filmbildenden Beschichtung nicht oder nur in sehr geringem Umfang auftreten. An Fehlstellen der Beschichtung wird eine Dampfdruckdifferenz abgebaut und eine Blasenbildung tritt dort nicht mehr auf.

Bei schadhaften Farbbeschichtungen sind über den Augenschein hinausgehende Untersuchungen zu Art und Umfang chemischer Holzschutzmaßnahmen im Holzuntergrund sowie zu Art, Aufbau und Schichtdicke der Beschichtung sinnvoll, um eine sichere Abgrenzung zu anderen Ursachen, insbesondere zu einem fehlerhaften Beschichtungsaufbau, vornehmen zu können. Dies erfordert eine zerstörende Probenentnahme mit nachfolgender labortechnischer Untersuchung.

Abb. 6.33: Aufbrechende Blasenbildung der deckenden Farbbeschichtung

Abb. 6.34: Der Holzuntergrund liegt im Bereich der abgelösten Beschichtung ohne sichtbare Rückstände frei.

Abb. 6.35: Beginnende Blasenbildung in der Beschichtung

Abb. 6.36: Faserparallele Riss- und Blasenbildung in der Beschichtung

Hinweise zur Schadensvermeidung

Der Feuchtegehalt von Holzbauteilen ist vor dem Aufbringen einer Beschichtung sorgfältig zu kontrollieren. Nach der Beschichtung ist eine längerfristige Beanspruchung mit einem unzuträglich hohen Feuchtegehalt zu vermeiden.

Maßnahmen und Kosten der Instandsetzung

Die flächigen Ablösungen und Rissbildungen erfordern im vorliegenden Fall eine Erneuerung der Beschichtung in abgeschlossenen Teilflächen. Der Holzuntergrund ist hierbei auf Feuchtegehalt, Formstabilität, Risse und sonstige Fehlstellen usw. zu prüfen und ggf. zu überarbeiten.

Die Instandsetzungskosten einer malermäßigen Überarbeitung waren für ca. 10 m^2 Fensterfläche mit insgesamt 1.000,00 € zuzüglich Mehrwertsteuer anzusetzen.

6.10 Mechanische Beschädigungen der Beschichtung – Holzfenster

Schadensbild

Bei einem zweigeschossigen Wohngebäude weisen die Oberflächen der Holzfensterelemente in den unteren Bereichen der Fenster kreisförmige Rissbildungen in der deckenden und filmbildenden Farbbeschichtung auf. Die Beschädigungen haben einen Durchmesser von ca. 2 bis 10 mm. Teilweise sind auch mehrfache konzentrische Rissbildungen vorhanden. Die Beschädigungen befinden sich insbesondere an den horizontalen bzw. schwach geneigten Profiloberseiten der Wetterschenkel und in geringerem Umfang auch an den Oberflächen der vertikalen Profile (siehe Abb. 6.37 bis 6.40).

Die kreisförmigen Beschädigungen weisen keinen Bezug zu dem Holzuntergrund, wie z. B. Jahrringverlauf, Aststellen, Ausbesserungen usw., auf. Das Erscheinungsbild unterscheidet sich signifikant von faserparallelen Rissbildungen und flächigen Ablösungen der Beschichtung (siehe Abb. 6.41).

Ursachen

Die kreisförmigen und teilweise konzentrischen Rissbildungen in der Beschichtung sind die Folge einer äußeren mechanischen Einwirkung durch Hagelschlag. Die Ursache der Beschädigung ist eine für das Beschichtungssystem unzuträgliche äußere Beanspruchung. Auch eine fachgerechte und intakte Beschichtung ist nur begrenzt widerstandsfähig gegenüber einer solchen Einwirkung.

Filmbildende Farbbeschichtungen haben eine materialabhängige Elastizität und können Verformungen aufgrund äußerer Einflüsse und aus Formänderungen des Beschichtungsuntergrundes in einem begrenzten Maß schadensfrei aufnehmen. Bei einer Überschreitung der erträglichen Beanspruchung durch eine mechanische Einwirkung kommt es zu einer Rissbildung in der Beschichtung. Diese Beschädigungen des Anstrichfilms haben bei Bewitterung einen Feuchtezutritt in den Beschichtungsuntergrund und davon ausgehend eine fortschreitende Zerstörung der Beschichtung zur Folge. Der unmittelbare äußere Schadenseinfluss durch das Auftreffen von Hagelkörnern lässt sich aufgrund seines charakteristischen Erscheinungsbildes kreisförmiger Risse gut von Folgeschäden – insbesondere von einer faserparallelen Rissbildung und einer Farbablösung – unterscheiden.

Faserparallele Rissbildungen treten im Unterschied zu äußeren Beschädigungen als Folge eines Feuchtezutritts in den Beschichtungsuntergrund und daraus resultierender Quell- und Schwindvorgänge des Holzes auf. Diese Formänderungen können von dem Anstrichfilm nur begrenzt aufgenommen werden. Anhaltende Feuchte unter der Beschichtung führt zu einer Zerstörung der Holzoberfläche in der Kontaktschicht mit der Beschichtung. Die Beschichtung löst sich dann zunehmend flächig von der Holzoberfläche ab.

Hinweise zur Schadensvermeidung

Die Widerstandsfähigkeit einer Beschichtung gegen äußere Einwirkungen ist entsprechend dem vorgesehenen Verwendungszweck begrenzt. Für unplanmäßige Ereignisse wie starken Hagelschlag sind vorbeugende Maßnahmen zur Schadensvermeidung dementsprechend nur bedingt möglich. Als Alternative können andere Baukonstruktionen in Betracht gezogen werden, die stärkeren Beanspruchungen standhalten können.

Maßnahmen und Kosten der Instandsetzung

Die durch Hagelschlag entstandenen Beschädigungen an der Fensterbeschichtung erfordern nach Umfang und Grad der Zerstörung im vorliegenden Fall eine Erneuerung des Anstrichs. Die Profile sind bis auf das gesunde Holz abzuschleifen, sorgfältig zu reinigen und an Beschädigungsstellen ggf. zu ergänzen. Teilflächen sind bis zu den Flächengrenzen einheitlich zu beschichten, um ein gleichmäßiges optisches Erscheinungsbild zu erzielen.

Die Instandsetzungskosten einer malermäßigen Überarbeitung waren für ca. 20 m^2 Fensterfläche mit ca. 110,00 €/m^2 zuzüglich Mehrwertsteuer zu veranschlagen.

Abb. 6.37: Fensterelement mit Beschädigungen der Farbbeschichtung am Wetterschenkel

Abb. 6.38: Kreisförmige Rissbildungen in der Farbbeschichtung

Abb. 6.39: Kreisförmige, teilweise konzentrische Rissbildungen in der Beschichtung

Abb. 6.40: Einzelne kreisförmige Rissbildungen (Pfeil), die sich deutlich von den übrigen faserparallelen Rissbildungen unterscheiden

Abb. 6.41: Unterschiedliche Beschädigungen mit kreisförmiger Rissbildung, faserparalleler Rissbildung und Ablösungen der Beschichtung mit freiliegendem Holzuntergrund

6.11 Tauwasserbildung im Bereich von Dachflächenfenstern

Schadensbild

In der Dachgeschosswohnung eines Mehrfamilienhauses treten Feuchte- und Schimmelpilzschäden im Bereich der Dachflächenfenster auf. Das Gebäude wurde im Jahr 1994 in konventioneller Bauweise mit Außenwänden aus Mauerwerk und einem Holzdachstuhl errichtet. Die Dachflächenfenster sind in der nördlichen und der südlichen Dachhälfte angeordnet. Es handelt sich um Holzfenster mit Abmessungen von 1,36 m × 1,03 m. Innenseitig sind die Dachschrägen sowie die Leibungen mit einer Gipskartonbekleidung versehen, auf die eine Raufasertapete aufgebracht ist. Die Abb. 6.42 gibt einen Überblick.

Im Leibungsbereich ist die Gipskartonbekleidung bis an den Fensterrahmen herangeführt. Die Anschlussfuge ist mit Fugenmasse verfüllt, teilweise klafft die Fuge auf (siehe Abb. 6.43). Im Anschluss an die Fuge sind an der oberen Leibung bräunliche Wasserränder festzustellen. Im Bereich der Fuge waren beim Ortstermin Zugerscheinungen spürbar.

Der Fensterflügel weist unten rechts eine Schwarzfärbung auf (siehe Abb. 6.44), bei der es sich augenscheinlich um Schimmelpilzbefall handelt.

Zur Feststellung dieser Schadensursachen wurden mehrere Probeöffnungen angelegt. Bei einer Probeöffnung im Leibungsbereich zeigte sich, dass unterhalb der Wärmedämmung aus Mineralfaserdämmstoff keine dampf- und windsperrende Schicht angeordnet wurde.

Ursachen

Das vorhandene Schadensbild weist deutlich auf Tauwasser als Ursache hin. Das Tauwasser konnte sich infolge eines konvektiven Lufttransports (Luftströmung durch Temperatur- und Druckunterschiede innen/außen) durch die Anschlussfuge der Gipskartonbekleidungen an den Fensterblendrahmen bilden.

Die Schäden an den Flügelbauteilen der Dachflächenfenster sind dadurch bedingt, dass die Fenster nicht ausreichend dicht schließen.
Es besteht jedoch eine Mitursächlichkeit des Nutzerverhaltens, da bei Dachflächenfenstern gerade älterer Bauart grundsätzlich mit einer zeitweisen Bildung von Tauwasser an den Isolierglasscheiben gerechnet werden und dieses im Rahmen eines sachgerechten Nutzerverhaltens durch Abwischen entfernt werden muss.

Das Gebäude wurde im Jahr 1994 errichtet. Nach den damals gültigen Regeln der Technik (vgl. u. a. DIN 4108-2:1981-08 „Wärmeschutz im Hochbau", Abschnitt 6.2) ist bei Fugen in der wärmeübertragenden Umfassungsfläche des Gebäudes dafür Sorge zu tragen, dass diese dauerhaft undurchlässig abgedichtet werden. Zudem ist dem Baukörperanschluss der Fenster besondere Aufmerksamkeit zu schenken. Im vorliegenden Fall wurde keine zusätzliche Luftdichtheitsschicht und keine fachgerechte Abdichtung der Bauteilfugen hergestellt. Durch die innenseitige Gipskartonbekleidung und die mit Fugenmassen verfüllten Anschlussfugen kann eine dauerhafte Luftdichtheit nicht sichergestellt werden.

Zur Ursache der Schimmelpilzbesiedlung an den Flügelrahmen der Dachflächenfenster liegt kein Hinweis darauf vor, dass Wasser in flüssiger Form durch die Fensterfugen eingedrungen ist. Für diesen Fall müssten auch am unteren Blendrahmen Verfärbungen vorhanden sein. Da im vorliegenden Fall bereichsweise intensive Schimmelbildungen sowie in 2 Fällen auch eine Fäulnis von Holzbauteilen eingetreten ist, muss gefolgert werden, dass eine lang andauernde Feuchteeinwirkung gegeben ist. Es liegt nach obigen Ausführungen zwar eine bauliche Ursache vor, es besteht jedoch auch die Mitursächlichkeit des Nutzerverhaltens, da aus dem Schadensbild abzuleiten ist, dass auf den Fensterbauteilen entstandene Tauwasserbildung nicht ausreichend entfernt wurde.

Hinweise zur Schadensvermeidung

Zur Vermeidung der Feuchteschäden im Bereich von Leibungen ist es erforderlich, die Dampfbremse bzw. Luftdichtheitsschicht dicht an durchdringende Bauteile wie Dachflächenfenster anzuschließen. Schimmelbildungen an

Abb. 6.42: Ansicht Dachflächenfenster von der Raumseite

Abb. 6.43: Oberer Anschluss Dachflächenfenster-Gipskartonverkleidung mit Wasserrändern

Abb. 6.44: Schwarzfärbung am Fensterflügel im Anschluss an die Isolierglasscheibe

Dachflächenfenstern können durch regelmäßige Wartung hinsichtlich der Schließfunktion und ein sachgerechtes Nutzerverhalten, d. h. Entfernen von Tauwasser an den Isolierglasscheiben, vermieden werden.

Maßnahmen und Kosten der Instandsetzung

Im vorliegenden Fall mussten die Gipskartonbekleidungen in den Leibungsbereichen um die Dachflächenfenster entfernt, fehlende Dämmungen ergänzt und eine dampfbremsende Schicht z. B. in Form einer Kunststofffolie mit dichten Anschlüssen an die Fensterrahmen eingebaut werden. Nach dem Ergänzen der Gipskartonbekleidungen waren Tapezier- und Malerarbeiten erforderlich. Die Kosten für diese Maßnahmen waren mit ca. 400,00 €/Fenster zuzüglich Mehrwertsteuer zu veranschlagen.

Bei den geschädigten Flügelrahmen der Dachflächenfenster ist, soweit keine Holzzerstörungen eingetreten sind, eine malermäßige Überarbeitung sowie eine Nachjustierung der Fenster durchzuführen.

Hierfür sind ca. 220,00 €/Fenster zuzüglich Mehrwertsteuer anzusetzen. Fenster mit Holzschädigungen sind zu erneuern, was mit Kosten von 900,00 €/Fenster zuzüglich Mehrwertsteuer verbunden ist.

6.12 Schimmelpilzbefall an der Innenseite von Erkerelementen – Kunststofffenster

Schadensbild

In einem mehrgeschossigen Wohngebäude wurde ein Fensterelement als raumhohe Erkerkonstruktion mit einer Breite von ca. 2 m und einer Tiefe von ca. 50 cm ausgebildet. Der Erker besteht aus Kunststofffensterelementen, die über einen Eckpfosten miteinander verbunden sind. In der laufenden Wohnnutzung trat in der kalten Jahreszeit wiederholt Tauwasser an der raumseitigen Oberfläche der Erkerfenster auf. Der Tauwasseranfall war auf die Innenseite der Außenecke des Erkers begrenzt und hatte dort eine Schimmelpilzbildung zur Folge. Abtropfendes Tauwasser führte zudem zu Feuchteschäden am Boden vor dem Erker (siehe Abb. 6.45 und 6.47).

Der Eckpfosten der Erkerkonstruktion besteht aus einem Mehrkammerprofil aus Kunststoff. An der Außenseite des Erkers ist das Eckprofil an dem unteren stirnseitigen Abschlusses offen. Die außen liegenden Kammern des Profils stehen mit der Außenluft in Verbindung (siehe Abb. 6.46).

Zur Feststellung des Wärmeabflusses über die Erkerkonstruktion wurde die betroffene Außenecke thermografisch untersucht. Aus dem Thermogramm ist eine geometrische Wärmebrücke an der Außenecke des Erkers ersichtlich (siehe Abb. 6.48).

Ursachen

Die außen liegenden Kammern des Eckprofils werden von der kalten Außenluft hinterströmt. Die wirksame Wärmedämmung des Mehrkammerprofils wird dadurch reduziert. Eine ausreichende Wärmedämmung im Eckbereich der Erkerkonstruktion fehlt. Die Tauwasserbildung ist konstruktiv bedingt.

Der Zusammenhang zwischen Lufttemperatur innen, Oberflächentemperatur innen und Lufttemperatur außen wird durch den Temperaturfaktor (als dimensionslose Größe) ausgedrückt:

$$f_{Rsi} = \frac{(\theta_{si} - \theta_e)}{(\theta_i - \theta_e)}$$

mit

f_{Rsi} Temperaturfaktor nach DIN 4108-2: 2013-02 „Wärmeschutz und Energie-Einsparung in Gebäuden“
θ_{si} Oberflächentemperatur innen (°C)
θ_e Lufttemperatur außen (°C)
θ_i Lufttemperatur innen (°C)

Zur Vermeidung von Schimmelpilzbildung ist unter den raumklimatischen Randbedingungen nach DIN 4108-2:2013-02 „Wärmeschutz und Energie-Einsparung in Gebäuden“ an der ungünstigsten Stelle eine raumseitige Oberflächentemperatur θ_{si} = 12,6 °C, d. h. ein Temperaturfaktor $f_{Rsi} \geq 0{,}70$ einzuhalten.

Die Messergebnisse der Thermografie ergaben für die Messstelle in der Kehle der Erkerecke unten mit

- einer Lufttemperatur innen θ_i von 21,3 °C,
- einer Oberflächentemperatur innen θ_{si} von 10,6 °C,
- einer Lufttemperatur außen θ_e von 2,0 °C

einen Temperaturfaktor $f_{Rsi} = 0{,}46$. Die Mindestanforderung $f_{Rsi} \geq 0{,}70$ wird von der Konstruktion bei Weitem nicht erfüllt.

Hinweise zur Schadensvermeidung

Eckverbindungen von Erkerkonstruktionen aus Fensterelementen sind aufgrund der besonderen Einbausituation mit einer geometrischen Wärmebrücke hinsichtlich des Wärmeschutzes zweidimensional zu bemessen. Im Gegensatz dazu ist der Wärmeschutz von Fensterelementen eindimensional zu bemessen. An Außenecken wird in der Regel eine zusätzliche Wärmedämmung im Vergleich mit den angrenzenden Fenstern erforderlich. Eckpfosten aus Mehrkammerprofilen sind zudem an den Stirnseiten und Schnittstellen luftdicht zu verschließen.

Abb. 6.45: Innenansicht der Erkerkonstruktion mit Tauwasseranfall in der Ecke

Abb. 6.46: Die äußeren Kammern am unteren Abschluss des Eckprofils stehen mit der Außenluft in Verbindung.

Abb. 6.47: Tauwasserbildung auf der raumseitigen Profiloberfläche im Eckbereich

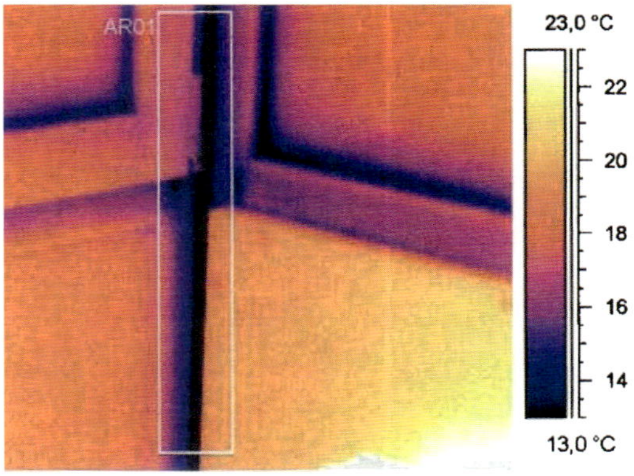

Abb. 6.48: Thermogramm mit farbiger Darstellung der Oberflächentemperaturen

Maßnahmen und Kosten der Instandsetzung

Die Kosten für das nachträgliche Verschließen der beiden Eckprofile an den Stirnseiten einschließlich eines Zugangs von außen über eine Hebebühne und einer thermografischen Kontrollmessung waren im vorliegenden Fall mit ca. 3.200,00 € zuzüglich Mehrwertsteuer zu veranschlagen. Eine ggf. noch erforderliche zusätzliche Wärmedämmung der Eckbereiche wurde hierbei zunächst noch nicht berücksichtigt.

6.13 Schimmelpilzbefall am Fensteranschluss einer Dachgaube

Schadensbild

Im Zuge der Feststellung von Mängeln am Gemeinschaftseigentum einer größeren Wohnanlage vor Ablauf der Verjährungsfrist wurde Schimmelpilzbefall am Fensteranschluss der Gaubenfenster von Dachgeschosswohnungen festgestellt. Schimmelpilzbefall ist an den seitlichen Leibungen der Gauben jeweils auf einem schmalen Streifen von etwa 5 cm Breite entlang der senkrechten Blendrahmen der Fenster vorhanden (siehe Abb. 6.49 und 6.50).

Die Gaubenfenster sind zwischen 2 seitlichen Holzpfosten befestigt. Das Fenster sitzt bündig mit der Außenseite der Holzpfosten. Die innere Bekleidung der seitlichen Gaubenwände besteht aus einer zweilagigen Gipskartonbeplankung, die auf einer Holzlattung befestigt ist. Der Luftraum zwischen den Holzlatten der Gipskartonbekleidung ist mit einer Mineralwolldämmung ausgekleidet. Hinter der Holzlattung liegt die Dampfbremse. Die Folie ist bis zum Blendrahmen der Fenster geführt und dort mit einer Holzlatte und einem vorkomprimierten Dichtungsband befestigt (siehe Abb. 6.52).

Die mit Schimmelpilz besiedelten Stellen wurden thermografisch untersucht. Im Ergebnis dieser Untersuchungen sind in 3 von 4 untersuchten Dachgeschosswohnungen erhebliche Wärmebrücken im Bereich der Gauben im Dachgeschoss festzustellen. Insbesondere die Fensteranschlüsse an die seitlichen Gaubenwände weisen niedrige Oberflächentemperaturen auf. Die berechneten Temperaturfaktoren f_{Rsi} an den schimmelbehafteten Stellen liegen zwischen 0,55 und 0,66.

Ursachen

Die Schadensursache liegt in einer ungünstigen Einbaulage der Fenster im Eckbereich der Gaube. Durch die außen bündige Anordnung des Fensters im Eckbereich sinkt der Temperaturverlauf im Fensteranschluss zu stark ab. Die berechneten Minimaltemperaturfaktoren f_{Rsi} liegen mit 0,55 bis 0,65 unter dem zur Vermeidung von Schimmelpilzbefall erforderlichen minimalen Temperaturfaktor von 0,7 (vgl. dazu auch den Einführungstext zu Kapitel 5). Auch bei fehlerfreier Nutzung kann die Bildung von Schimmelpilz an den seitlichen Gaubenbekleidungen (im Anschluss an die Kunststofffenster) nicht zuverlässig vermieden werden.

Eine Berechnung des Temperaturverlaufs im Eckbereich der Gauben unter den Randbedingungen der zum Zeitpunkt der Planung gültigen DIN 4108-2:2001-03 „Wärmeschutz und Energie-Einsparung in Gebäuden" ergab eine Mindestoberflächentemperatur von 11,2 °C am Übergang zwischen Gaubenbekleidung und Gaubenfenster (siehe Abb. 6.51). Zur Berücksichtigung der deutlich kleineren Luftzirkulation in Ecken gegenüber den freien Wandflächen wurde für die Temperaturberechnung statt dem bei Planung des Gebäudes für freie Wandflächen anzusetzenden Wärmeübergangswiderstand von 0,17 $W/(m^2 \cdot K)$ der heute anzusetzende Wert von 0,25 $W/(m^2 \cdot K)$ verwendet. Damit werden die tatsächlichen Randbedingungen wirklichkeitsnah angesetzt.

Im vorliegenden Fall kommt erschwerend hinzu, dass die Heizkörper außerhalb der Gauben angeordnet sind und eventuell zugezogene Vorhänge oder Gardinen die Zirkulation der Raumluft vor dem Fenster erheblich einschränken (vgl. auch Schmid/Leuschner, 2000). Die Bauteiloberflächen bei den Fenstern werden dann weniger erwärmt als bei offenen Vorhängen und/oder Anordnung von Heizkörpern in den Gauben. Diese geringere Erwärmung führt zu einem Absinken der Oberflächentemperaturen an den Fenstern. Tauwasserniederschlag tritt dadurch einerseits früher und andererseits in größerem Umfang auf. Da von einer Verwendung von Vorhängen zur Verdunkelung und/oder als Sichtschutz grundsätzlich ausgegangen werden muss (insbesondere auch bei fehlenden außen liegenden Rollläden), sind die ungünstigen Auswirkungen von Vorhängen ebenso zu beachten. Bei bauphysikalischen Berechnungen ist dieser Umstand durch Erhöhung des raumseitigen Wärmeübergangswiderstandes zu berücksichtigen.

Abb. 6.49: Übersicht über die Dachgauben

Abb. 6.50: Schimmelbefall am Anschluss an das Fenster

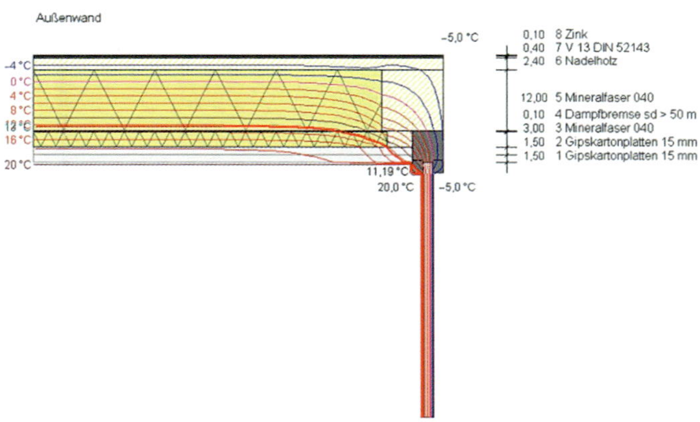

Abb. 6.51: Temperaturverlauf unter wirklichkeitsnahen Randbedingungen

Abb. 6.52: Aufbau der Leibung der Dachgaube

Hinweise zur Schadensvermeidung

Die wärmeschutztechnischen Auswirkungen von außen in der Leibung liegenden Fenstern und die geometrische und stoffliche Wärmebrücke in Ecken mit unterschiedlichen angrenzenden Baustoffen sind bei der Planung besonders zu berücksichtigen. Seit Erscheinen der Wärmebrückenkataloge und -atlanten in den späten 1980er-Jahren und den frühen 1990er-Jahren liegen den Planern einfach anzuwendende Hilfsmittel vor, um die in Normenreihe DIN 4108 aufgestellte Forderung nach konstruktiver Verbesserung des Wärmeschutzes in Ecken mit unterschiedlichen Baustoffen zu erfüllen.

Maßnahmen und Kosten der Instandsetzung

Zur Beseitigung der unzulässigen Wärmebrücken war die Anordnung einer zusätzlichen außen liegenden Wärmedämmung erforderlich (Dicke 6 cm).

Die Kosten für den Einbau der außen liegenden Wärmedämmung beliefen sich einschließlich der erforderlichen Klempnerarbeiten auf ca. 750,00 €/Gaube zuzüglich Mehrwertsteuer.

6.14 Undichtigkeit bei einer Wohnungseingangstür

Schadensbild

In einem Mehrfamilienwohnhaus bestehen die Wohnungseingangstüren aus Stahlumfassungszargen mit einer einfachen Falzdichtung und glatten gefalzten Türblättern. In den ersten Jahren nach Bezug des Gebäudes weisen einzelne Türen in geschlossenem Zustand eine offene Fuge zwischen Türblatt und Falzdichtung auf. Die Fugenbildung ist meist auf die Eckbereiche des Türblattes begrenzt (siehe Abb. 6.53 bis 6.55).

Die Oberfläche der Türblätter weist auf der Seite des Treppenhauses im Bereich der offenen Fugen teilweise graue Verschmutzungen mit einem typischen Erscheinungsbild für Luftströmungen zwischen Türblatt und Falzdichtung auf (siehe Abb. 6.56).

Ursachen

Türblätter, die Bereiche mit unterschiedlichen raumklimatischen Verhältnissen voneinander abgrenzen, unterliegen aufgrund einer jahreszeitlich wechselnden Differenzklimabeanspruchung einer veränderlichen Verformung. Dies hat Abweichungen des Türblattes von der Planebenheit zur Folge. Überschreiten die Formänderungen des Türblattes den Verformungsspielraum der Falzdichtung, dann ist ein umlaufender Dichtschluss in der Falzdichtung nicht mehr gegeben. Ein Luftaustausch über das geschlossene Türblatt mit nachfolgenden Verschmutzungen in den Strömungsbereichen wird ermöglicht.

Das Türblatt einer Wohnungseingangstür unterliegt im geschlossenen Zustand Anforderungen hinsichtlich des Wärmeschutzes, des Schallschutzes und des Rauchschutzes der Wohnung gegenüber einem allgemein zugänglichen Treppenhaus. Die Einhaltung dieser Anforderungen setzt voraus, dass das Türblatt umlaufend dichtschließend an der Falzdichtung anliegt. Die Falzdichtung muss bei geschlossenem Türblatt bis ca. 4 mm weit einfedern, um klimatisch bedingte Verformungen des Türblattes sicher aufnehmen zu können.

Die im Gebrauch der Tür zu erwartenden mechanischen und wechselnden klimatischen Beanspruchungen erfordern eine Wartung und ein Einstellen der Türbeschläge bei Bedarf im Zuge des laufenden Gebäudeunterhaltes, um den Dichtschluss zwischen Türblattoberfläche und Falzdichtung zu erhalten.

Hinweise zur Schadensvermeidung

Die zulässige Verwindung oder Durchbiegung des Türblattes von Innentüren bei Differenzklimabeanspruchung beträgt ca. 4 mm gemäß RAL-RG 426 Teil 1 „Türblätter aus Holz und Holzwerkstoffen" (vgl. RAL, 2002). Zusätzlich sind einbaubedingte Abweichungen der Türzarge von der Türblattebene bzw. vom Lot in einer Größenordnung von ca. 0,5 bis 1 mm/m zu berücksichtigen.

Im Hinblick auf den funktionsnotwendigen Dichtschluss des Türblattes können die zulässigen Einzelabweichungen für Türblatt und Türzarge nur in dem Maß in Anspruch genommen werden, wie ein Ausgleich durch das Einfedern der verwendeten Falzdichtung erfolgt. Der mit zunehmendem Einfedern der Falzdichtung steigende Anpressdruck des geschlossenen Türblattes muss jedoch im Hinblick auf den erforderlichen Kraftaufwand für das Öffnen der Schließfalle begrenzt bleiben. Zargen müssen daher bei der Montage mit größtmöglicher Sorgfalt eingesetzt werden. Verformungen differenzklimabeanspruchter Türblätter sollten konstruktiv auf ein Maß von ca. 2 mm begrenzt werden. Das Profil der Falzdichtung ist sorgfältig auf den besonderen Einsatzzweck einer Wohnungsabschlusstür und die aufzunehmenden Verformungen abzustimmen. Handelsübliche Dichtungsprofile für Innentüren genügen den besonderen Anforderungen an den Dichtschluss bei Wohnungseingangstüren erfahrungsgemäß nicht immer.

Maßnahmen und Kosten der Instandsetzung

Türblätter unterliegen aufgrund der beweglichen Teile und der jahreszeitbedingt wechselnden Klimabeanspruchung einer fortlaufenden Veränderung und bedürfen daher einer regelmäßigen Wartung und Instandhaltung. Weich

Abb. 6.53: Wohnungseingangstüren mit umlaufender Falzdichtung

Abb. 6.54: Das Türblatt liegt in der oberen Ecke nicht an der Falzdichtung an.

Abb. 6.55: Das Türblatt liegt an der Längsseite nicht dichtschließend an der Falzdichtung an.

Abb. 6.56: Graue, von der Falzdichtung ausgehende Schmutzfahnen auf der Türblattoberfläche

federnde Falzdichtungen erleiden wegen des in der Regel geschlossenen Zustandes der Türe eine bleibende Verformung und unterliegen zudem einem Alterungsprozess. Die technische Nutzungsdauer einer Falzdichtung ist daher erfahrungsgemäß auf einen Zeitraum von ca. 5 bis 10 Jahren begrenzt. Die Dichtung ist dementsprechend im Zuge der laufenden Wartung auszutauschen.

Kann ein fehlender Dichtschluss durch Einstellarbeiten und ggf. einen Austausch der Falzdichtung aufgrund von Verformungen des Türblattes nicht wiederhergestellt werden, so kann ein Austausch des Türblattes auch dann erforderlich sein, wenn die für Innentüren üblicherweise zulässige Abweichung von der Planebenheit nicht überschritten ist.

Die Kosten für Einstellarbeiten eines Türblattes waren im vorliegenden Fall in Höhe von ca. 110,00 €/Tür zuzüglich Mehrwertsteuer zu veranschlagen, die Kosten für den nachträglichen Austausch eines Türblattes mit ca. 1.000,00 €/Tür zuzüglich Mehrwertsteuer.

6.15 Verkratzungen an Fensterverglasungen

Schadensbild

In einem ca. 80 Jahre alten Mehrfamilienwohnhaus wurden im Zuge einer Baumaßnahme zur Modernisierung und Verbesserung der Wohnqualität u. a. der Innenputz teilweise erneuert und vorhandene isolierverglaste Fenster mit einem Erneuerungsanstrich versehen. Nach Abschluss der Arbeiten weisen die im Bestand erhaltenen Verglasungen umfangreiche Verkratzungen bzw. Beschädigungen auf. Diese sollen nachträglich den bauausführenden Gewerken zugeordnet werden.

Die Fensterelemente sind als Holzfenster mit glasteilenden Sprossen und jeweils 6 Isolierglasscheiben je Fenster ausgeführt. Die schadhaften Scheiben weisen 3 signifikant unterschiedliche Schadensbilder auf:

- Schadensbild 1: Verkratzungen im Randbereich mit gebündelten geradlinigen Kratzern und parallelem Verlauf entlang der Glasversiegelung im Rahmen, im Wesentlichen begrenzt auf einen Bereich von ca. 0,5 bis 1,5 cm Breite und über den überwiegenden Teil der Länge bzw. Breite einer Glasscheibe verlaufend (siehe Abb. 6.57 und 6.58)
- Schadensbild 2: Verkratzungen in der Fläche mit einzelnen, in alle Richtungen verlaufenden Kratzern mit unterschiedlicher Länge von ca. 10 bis ca. 100 mm, verteilt über die gesamte Fläche einer Scheibe ohne auffällige Häufung in einzelnen Teilbereichen, teilweise auch mit sich kreuzendem Verlauf (siehe Abb. 6.59 und 6.60)
- Schadensbild 3: punktuelle Beschädigungen der Glasoberfläche mit ca. 1 mm Durchmesser und weißlich-grauem Erscheinungsbild, die bei vorsichtigem Überstreichen mit dem Fingernagel als leichte Vertiefung in der Glasoberfläche ertastet werden können (siehe Abb. 6.61 und 6.62)

Ursachen

Das Schadensbild 1 mit vielfachen feinen und parallel verlaufenden Kratzern im Randbereich der Scheiben und im unmittelbaren Anschluss an die Holzfensterrahmen ist auf die malermäßige Überarbeitung der Fenster zurückzuführen. Das Erscheinungsbild lässt erkennen, dass die Verkratzungen bei einem Abschleifen der Rahmenoberflächen und/oder bei Arbeiten an der Glasversiegelung durch Anschleifen mit dem Schleifwerkzeug (bzw. dem kratzenden Werkzeug) entstanden sind.

Das Schadensbild 2 mit einzelnen lang gezogenen, sich kreuzenden Kratzern unterschiedlicher Richtung und einer Verteilung der Kratzer über große Flächenanteile einer Scheibe lässt erkennen, dass die Kratzer bei einem großflächigen Abreiben oder Abwischen jeweils einer Scheibe entstanden sind. Diese Kratzer sind auf Reinigungsarbeiten zurückzuführen. Die Intensität der Verkratzungen lässt darauf schließen, dass es sich um die Reinigung erheblicher Verschmutzungen (z. B. von Putzresten o. Ä.) und nicht um eine übliche Haushaltsreinigung gehandelt hat.

Das Schadensbild 3 ist charakteristisch für eine Verätzung der Glasoberfläche bei Kontakt mit frischem alkalischem Putzmörtel.

Hinweise zur Schadensvermeidung

Verglasungen sind bei der Ausführung von Innenputzarbeiten sorgfältig durch Abhängen mit Folien o. Ä. zu schützen, um sowohl Verätzungen als auch fest anhaftende Verschmutzungen zu vermeiden. Schleifarbeiten an verglasten Fenstern müssen mit der gebotenen handwerklichen Sorgfalt durchgeführt werden. Schutzmaßnahmen hierbei sind nur begrenzt möglich.

Maßnahmen und Kosten der Instandsetzung

Zur Beseitigung der Verkratzungen war ein Auswechseln der Verglasungen erforderlich.

Die Kosten hierfür wurden im vorliegenden Fall mit ca. 500,00 €/Fenster zuzüglich Mehrwertsteuer bei insgesamt 6 Scheiben angesetzt.

Abb. 6.57: Schadensbild 1 mit gebündelten, randparallelen Kratzern

Abb. 6.58: Schadensbild 1; schematische Darstellung

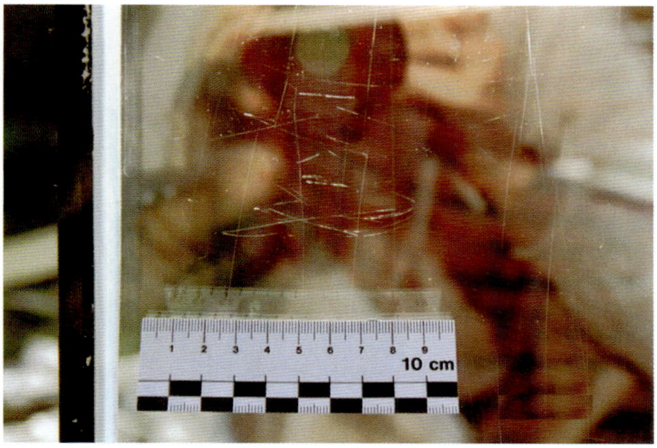

Abb. 6.59: Schadensbild 2 mit einzelnen, unterschiedlich gerichteten und sich kreuzenden Kratzern

Abb. 6.60: Schadensbild 2; schematische Darstellung

Abb. 6.61: Schadensbild 3 mit punktuellen weißlichen Beschädigungen der Glasoberfläche

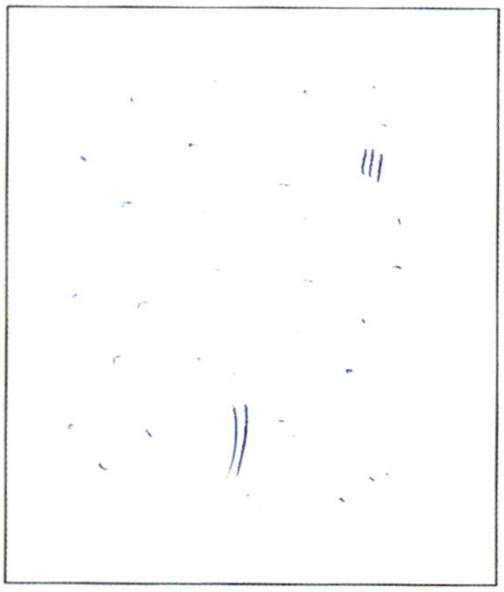

Abb. 6.62: Schadensbild 3; schematische Darstellung

6.16 Verkratzungen am Rolltor einer Garage

Schadensbild

Die Garagentoranlage des Einfamilienwohnhauses wurde als Kastenrolltor mit Abmessungen von 5,12 m × 2,80 m ausgeführt (siehe Abb. 6.63). Die Lamellen des Tores sind anthrazitgrau beschichtet. Der Kasten des Rolltores ist innenseitig hinter dem Sturz über der Garagentoröffnung montiert (siehe Abb. 6.64). Der Rolltorpanzer wurde nachträglich als Ersatz für eine weiß beschichtete Ausführung eingebaut.

An den Lamellen zeigen sich außenseitig Verkratzungen, die sich vor allem in einem zentralen Bereich in einem Abstand von 1,70 bis 2,15 m von der rechten Torleibung konzentrieren. Die Kratzer sind vertikal orientiert und weisen in der Regel einen länglichen Verlauf im Millimeter- bis Zentimeterbereich auf (siehe Abb. 6.65 und 6.66). Stärkere Verkratzungen durchdringen die Beschichtung und reichen bis in das Aluminium.

Nach Öffnen des Rolltorkastens wurde festgestellt, dass am sturzseitigen Anschluss ein gekantetes Stahlprofil mit Beschichtung angeordnet ist, an dem ebenfalls Verkratzungen vorhanden sind (siehe Abb. 6.67).

Seitlich wird der 15 mm dicke Rollpanzer in einem 42 mm breiten Profil mit Bürsteneinsätzen geführt. Bei geschlossenem Tor beträgt der Abstand zwischen dem Rollpanzer und dem sturzseitigen Profil in Tormitte ca. 15 mm.

Im Rahmen einer Ortsbesichtigung wurde eine Vermessung mit einem elektronischen Tachymeter durchgeführt. Dabei wurde festgestellt, dass die Vorderkante des an der Rückseite des Torschutzes montierten Profils eine konvexe Krümmung von bis zu 7,5 mm zur Garage hin, d. h. in Richtung des Panzers, aufweist. Weiterhin zeigt der Verlauf des Sturzes im mittleren Bereich eine Unebenheit (Wölbung) zum Rolltorpanzer hin mit einem Stichmaß von bis zu 3 mm.

Ursachen

Die optisch auffälligen Verkratzungen sind beim Öffnungsvorgang des Tores entstanden und auf eine fehlerhafte Montage des Rollpanzers zurückzuführen.

Im Rahmen der Ortsbesichtigung wurde festgestellt, dass der Abstand zwischen Rollpanzer und sturzseitigem Profil ca. 15 mm beträgt. Hieraus ist zu folgern, dass der Rollpanzer zum Entstehungszeitpunkt der Verkratzungen nur dann einen Kontakt mit dem sturzseitigen Profil haben konnte, wenn er nach außen hin gewölbt war.

Der Rollpanzer hat sich bei hohen Außentemperaturen und intensiver Sonnenbestrahlung verwölbt, d. h. es ist ein sog. Bimetalleffekt aufgetreten. Dies bedeutet, dass die Außenseite der Lamellen infolge der höheren Temperatur eine größere Ausdehnung als die Innenseite erfährt. Eine derartige Verformung ist aus physikalischer Sicht nicht vermeidbar. Weiterhin ist für die im vorliegenden Fall eingebauten ausgeschäumten doppelwandigen Profile bekannt, dass solche Verformungen in erheblichem Umfang auftreten. Da die Verkratzungen entstanden sind, ist zu folgern, dass der zur Verfügung stehende Raum zwischen Rolltorpanzer und Sturz nicht ausreicht.

Hinweise zur Schadensvermeidung

Zur Vermeidung derartiger Schäden ist es erforderlich, eine ausreichende Möglichkeit zur Verformung des Rollladenpanzers bei sehr hohen Temperaturen vorzusehen. Derartige Temperaturen waren im vorliegenden Fall aufgrund der Westorientierung des Garagentors und der dunklen Beschichtung zu erwarten.

Nach der Einbau- und Bedienungsanleitung des Garagentorsystems wäre es z. B. möglich gewesen, die seitlichen Führungsschienen zu unterfüttern. Zur Vermeidung von Beschädigungen wäre es erforderlich gewesen, vor Montage der dunkler gefärbten Lamellen (als Ersatz für die hell beschichteten Lamellen) zu überprüfen, ob die bestehende Toranlage eine ausreichende Möglichkeit zur Verformung des Rollpanzers bei hohen Temperaturen zulässt.

Abb. 6.63: Ansicht Kastenrolltor von außen

Abb. 6.64: Innenseitig an den Torsturz montierter Rolltorkasten

Abb. 6.65: Verkratzungen an den Lamellen des Rolltorpanzers

Abb. 6.66: Längliche, vertikal orientierte Kratzer mit Längen im Zentimeterbereich

Maßnahmen und Kosten der Instandsetzung

Eine vollständige Schadensbeseitigung kann nur durch die Erneuerung des Rollpanzers erfolgen. Weiterhin sind die seitlichen Führungsschienen zu unterfüttern.

Hierfür waren Kosten in Höhe von 3.000,00 € zuzüglich Mehrwertsteuer anzusetzen.

Abb. 6.67: Verkratzungen am Stahlprofil, das an der Rückseite des Sturzes angebracht ist

7 Schäden an Innenwänden

Innenwände sind im Allgemeinen eher unkritische Bauteile, die ihre jeweilige Funktion – z. B. als tragende Wand, als nicht tragende Wand, als Trennwand mit Schallschutzanforderung zwischen Wohnungen oder als Abtrennung von Installationsschächten, eventuell mit Brandschutzanforderungen – bei fachgerechter Planung und Ausführung meist ohne Schäden erfüllen.

Die für Innenwände verwendeten Baumaterialien und Bauweisen sind vielfältig. Neben gemauerten Wänden aus Ziegel- oder Kalksandsteinen finden auch Porenbetonsteine und Gipsdielen Anwendung. Leichte Wände werden auch in Ständerbauweise mit Bekleidung aus Gipskarton- oder Gipsfaserplatten ausgeführt. Den Wänden ist von außen in der Regel nicht anzusehen, aus welchem Baustoff sie bestehen. Damit beim Behängen der Wände mit schwereren Gegenständen die richtigen Befestigungsmittel ausgewählt werden können, sollte beim Bezug von Wohnungen daher die Information eingeholt werden, welche Baustoffe verwendet worden sind.

Ein häufiger Schaden an Innenwänden sind Feuchteschäden im unteren Wandbereich. Die Schadensursache liegt hier meist aber nicht an der Innenwand selbst, sondern in baulichen Fehlern an anderer Stelle, z. B. fehlerhafte Abdichtungen von Außenwänden, fehlende Abdichtungen in Nassräumen oder Überschwemmungen infolge schadhafter Installationsleitungen. Gerade bei fehlerhaften Abdichtungen von Außenwänden kann der Schaden an der Innenwand der erste sichtbare Beleg für das eigentliche Problem sein. Bei Feuchteschäden ist in der Regel eine umgehende Untersuchung der Feuchtigkeitsbelastung in den Bodenflächen erforderlich. Bei länger andauernder Feuchtigkeit im Bodenaufbau kann es zu erheblichem Schimmelpilzbefall kommen, der einen vollständigen Austausch des Bodenaufbaus erforderlich macht.

Ein weiterer Schadensschwerpunkt bei Innenwänden sind Risse, insbesondere bei gemauerten Wänden. Wie bei Außenwänden ist in putzbedingte, putzgrundbedingte und konstruktionsbedingte Risse zu unterscheiden. Die Ausführungen im Einführungstext zu Kapitel 3 sind auch auf Innenwände übertragbar. Risse in begrenztem Umfang sind grundsätzlich nicht zu bemängeln, wenn sie den technischen und optischen Wert des Putzes nicht beeinträchtigen. Diese Voraussetzung ist erfahrungsgemäß bei Haarrissen gegeben, d. h. bei Rissen mit Rissbreiten von bis zu 0,2 mm, solange die Rissursache nicht putzgrund- oder konstruktionsbedingt ist. Risse bis 0,2 mm ohne noch zu erwartende wesentliche Rissbreitenänderungen können in der Regel im Zuge der turnusmäßigen Renovierung der Wandoberflächen malermäßig beseitigt werden.

Neben den vorbeschriebenen Schäden treten an Innenwänden auch dunkle Verfärbungen in unterschiedlicher Ausprägung auf. Diese Erscheinungen werden als sog. Fogging bezeichnet und sind auf die vielfältige Verwendung von Kunststoffen in Baustoffen, Haushaltsgegenständen, Textilien, Reinigungs- und Pflegemitteln usw. zurückzuführen.

7.1 Feuchteschäden im unteren Wandbereich (1)

Schadensbild

Im Putzmittelraum eines Verbrauchermarktes (siehe Abb. 7.1) sind im Sockelbereich der putzbekleideten Wandflächen Feuchteschäden mit Schimmelpilzbefall in der Nähe eines Bodenablaufs aufgetreten (siehe Abb. 7.2 und 7.3). Mithilfe orientierender Vergleichsmessungen wurde festgestellt, dass der Innenputz an diesen Stellen vollständig durchfeuchtet ist.

Der Fußboden besteht aus einem keramischen Bodenbelag. Etwa in Raummitte befindet sich ein Bodenablauf mit einem kreisrunden Abdeckrost. Im Bereich des Bodenablaufs sind die Wände verputzt und gestrichen. Nur im südlichen Bereich sind die Wände raumhoch mit Fliesen bekleidet. Dort befinden sich eine Wasserentnahmestelle und ein Ausgussbecken.

Durch Anlegen einer Probeöffnung im Schichtenverbund aus Verbundestrich und Bodenfliesen wurde festgestellt, dass im Fußboden keine Abdichtung vorhanden ist (siehe Abb. 7.4). Auch die spritzwasserbeanspruchte Zone im unteren Bereich der verputzten Wandflächen ist nicht abgedichtet.

Die bei der Ortsbesichtigung im unteren Bereich der mit Fliesen bekleideten Wandabschnitte vorgefundenen Wassertropfen weisen auf eine vorliegende Spritzwasserbeanspruchung hin.

Ursachen

Die Feuchteschäden mit Schimmelpilzbefall im Sockelbereich der verputzten Wandflächen sind die Folge der fehlenden Abdichtung des Fußbodens und der spritzwasserbelasteten Wandbereiche in dem als Nassraum einzustufenden Putzmittelraum.

Gemäß DIN 18195-1:2011-12 „Bauwerksabdichtungen“ (Abschnitt 4.5) müssen die Fußböden und spritzwasserbeanspruchten Wände in Nassräumen abgedichtet werden. Nach Abschnitt 3.33 dieser Norm ist ein Innenraum als Nassraum einzustufen, wenn der Fußboden aufgrund der nutzungsbedingt anfallenden Wassermenge entwässert werden muss. Die Anordnung eines Bodenablaufs erfordert in der Regel den Einbau einer Fußbodenabdichtung.

Im dargestellten Schadensfall wurde festgestellt, dass im Fußboden keine Abdichtung vorhanden ist. Auch fehlt die erforderliche Abdichtung in der spritzwasserbeanspruchten Zone der verputzten Wandflächen. Dadurch wurde der Wandputz bei der Entleerung des Nassreinigungsgerätes und beim Ausgießen von Wassereimern in den Bodenablauf durch das vom Boden aufspritzende und über die Fliesenfugen in den Bodenaufbau einsickernde Schmutzwasser durchfeuchtet. Die anhaltende Durchfeuchtung führte zum Wachstum von Schimmelpilzen.

Hinweise zur Schadensvermeidung

Werden Räume planmäßig über einen Bodeneinlauf entwässert, so kann in der Regel davon ausgegangen werden, dass es sich um einen Nassraum handelt und eine Fußbodenabdichtung erforderlich ist.

An dieser Stelle soll zur Information darauf hingewiesen werden, dass Bäder im Wohnungsbau ohne Bodenablauf nach DIN 18195-1:2011-12 „Bauwerksabdichtungen“ (Abschnitt 3.33) nicht zu den Nassräumen zählen und daher auf der Grundlage bestehender technischer Regelwerke grundsätzlich keine Fußbodenabdichtung erhalten müssen. In besonderen Fällen, z. B. wenn feuchteempfindliche Untergründe bzw. Konstruktionen vorhanden sind oder mit aufsteigender Bodenfeuchte zu rechnen ist, kann jedoch auch in häuslichen Bädern eine entsprechende Abdichtung erforderlich sein.

Zur Vermeidung von Mängeln an der Boden- und Wandabdichtung von Nassräumen und daraus resultierender Folgeschäden sollten die durchzuführenden Abdichtungsarbeiten bei der Ausschreibung der Leistung detailliert beschrieben werden. Wichtige Detailpunkte sollten in Detailplänen oder Skizzen dargestellt werden. Dieses betrifft z. B. die Anschlüsse an Bodenabläufe, Durchdringungen und den Übergang zwischen Boden und Wand. Hinweise hierzu finden sich in dem ZDB-Merkblatt „Hinweise für die Ausführung von flüssig zu verarbeitenden Verbundabdichtungen mit Bekleidungen

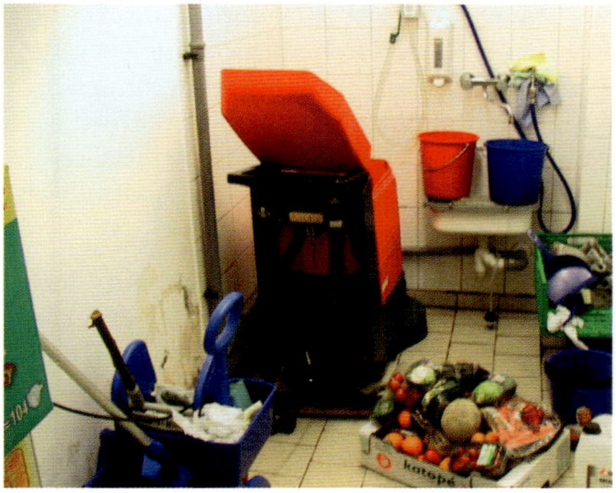

Abb. 7.1: Blick in den Putzmittelraum

Abb. 7.2: Feuchteschäden mit Schimmelpilzbefall an der Innenwand

Abb. 7.3: Feuchteschäden mit Schimmelpilzbefall an der Außenwand

Abb. 7.4: Im Fußbodenaufbau befindet sich keine Abdichtung.

und Belägen aus Fliesen und Platten für den Innen- und Außenbereich" (vgl. Fachverband Fliesen und Naturstein, 2012).

Maßnahmen und Kosten der Instandsetzung

Zur Instandsetzung sollte der vorhandene Bodenaufbau aus Verbundestrich und Bodenfliesen abgebrochen und durch einen neu herzustellenden Fußbodenaufbau mit einer Fußbodenabdichtung ersetzt werden, welche als Abdichtung im Verbund mit dem Fliesenbelag ausgeführt werden kann.

Im Bereich der Feuchteschäden mit Schimmelpilzbefall musste der Wandputz neu hergestellt werden. Danach sollten die spritzwasserbeanspruchten Wandflächen bis auf halbe Raumhöhe ebenfalls mit einer Verbundabdichtung versehen und mit Fliesen bekleidet werden. Abschließend mussten die verputzten Wandflächen gestrichen werden.

Die Kosten für die Instandsetzung des ca. 5 m² großen Putzmittelraums wurden auf ca. 3.000,00 € zuzüglich Mehrwertsteuer beziffert.

7.2 Feuchteschäden im unteren Wandbereich (2)

Schadensbild

In den Räumen eines Kellergeschosses zeichnen sich an den Innen- und Außenwänden in einer Höhe von ca. 5 bis 15 cm über dem Fußboden Spuren aufsteigender Feuchtigkeit mit leichten Verfärbungen, Farbablösungen sowie Kristallisationserscheinungen ab (siehe Abb. 7.5). Die Kelleraußenwände sind betoniert und verputzt, die Kellerinnenwände bestehen aus Ziegelmauerwerk mit beidseitiger Putzbekleidung. Die Wandoberflächen sind farbbeschichtet. Das Schadensbild entsteht vergleichsweise kurzfristig über einen Zeitraum von wenigen Wochen.

Ursachen

Das Schadensbild tritt typischerweise nach einmaligen Schadensereignissen, z. B. einem Wasserschaden infolge einer undichten Rohrleitung, eindringendem Sickerwasser nach starken Niederschlagsereignissen usw. auf, so auch im vorliegenden Fall. In der Folge steht freies Wasser innerhalb des Bodenaufbaues, das sich auf der Bodenplatte im Bodenaufbau über den Bereich der Türdurchgänge hinweg in allen Räumen verteilen kann (siehe Abb. 7.6). Die aufgehenden Wände sind kapillar saugfähig und nehmen das freie Wasser über ihre Wandfußpunkte innerhalb des Bodenaufbaus auf. An der Wandoberfläche bildet sich im unteren Wandbereich eine sichtbare Verdunstungsgrenze aus, an der die Menge des kapillaren nachgeführten Wassers mit der an die Raumluft abgegebenen Verdunstungswassermenge im Gleichgewicht steht.

Die Wasseraufnahme ist insbesondere für gut saugfähige Ziegelwände nicht auf die oberflächennahen Bereiche mit den augenscheinlich erkennbaren Schadensbildern beschränkt und hat mit zunehmender Einwirkungsdauer eine fortschreitende Feuchtigkeitsaufnahme über den gesamten Wandquerschnitt des Mauerwerks zur Folge.

Für die Instandsetzung eines Wasserschadens müssen zunächst das freie Wasser beseitigt und die betroffenen Bauteile wieder ausgetrocknet werden. Die Austrocknung der Wände erfolgt in der Regel durch Abtrocknung über die Wandoberflächen. Mit einer messtechnischen Begleitung kann der Trocknungsfortschritt bis zum Erreichen des sich langfristig einstellenden Gleichgewichtsfeuchtegehaltes kontrolliert werden.

Der Kernbereich eines Wandquerschnitts unterliegt einer gegenüber den Wandoberflächen erheblich verzögerten Austrocknung, weil die Feuchtigkeit erst bis in den oberflächennahen Bereich transportiert und dort an die Raumluft abgegeben werden muss. Bereits getrocknete Bereiche mineralischer Baustoffe weisen zudem geringere Transportkoeffizienten für Wasser auf als durchfeuchtete. Bleibt der Trocknungserfolg auf die Randzonen des Querschnitts beschränkt, so tritt mit einem zeitlichen Abstand zu der Trocknungsmaßnahme eine erneute Auffeuchtung der oberflächennahen Bereiche aufgrund der aus dem Querschnittskern nachstoßenden zu hohen Restfeuchte auf (siehe Abb. 7.7). Eine Trocknungsmaßnahme muss deswegen den gesamten Wandquerschnitt möglichst gleichmäßig erfassen. Der Trocknungsfortschritt im Kern kann z. B. durch vergleichende Messungen in unterschiedlichen Tiefen verteilt über den Wandquerschnitt ermittelt werden. Eine gleichmäßige Austrocknung ist erst dann wieder erreicht, wenn im Kern des Querschnitts keine erhöhten Feuchtegehalte mehr festgestellt werden (siehe Abb. 7.8).

Hinweise zur Schadensvermeidung

Wasserschäden mit freiem Wasser in Innenräumen lassen sich nur begrenzt vermeiden bzw. in ihren Auswirkungen einschränken. Feuchteschäden, die nach der Beseitigung eines Schadensereignisses kurzfristig erneut auftreten, weil massive Wandquerschnitte unzureichend ausgetrocknet und schadhafte Wandoberflächen zu früh wieder instand gesetzt worden sind, sind jedoch vermeidbar. Die Beurteilung von Umfang und Erfolg einer Trocknungsmaßnahme erfordert Informationen über die Art der Konstruktionen sowie Ausmaß und Verteilung der Wasseraufnahme in den betroffenen Bauteilen. Hierfür bedarf es eines Messverfahrens, das einen hinreichenden Aufschluss über die ge-

Abb. 7.5: Farbablösungen aufgrund von aufsteigender Feuchtigkeit

Abb. 7.6: Freies Wasser kann sich im Bodenaufbau über die Türdurchgänge hinweg in alle Räume verteilen.

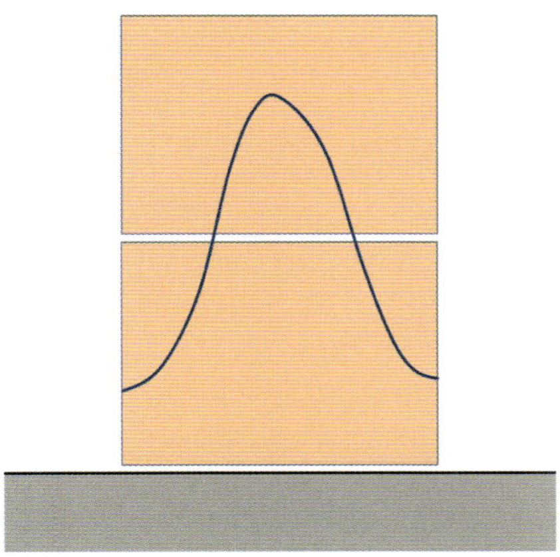

Abb. 7.7: Feuchteverteilung über den Wandquerschnitt mit erhöhtem Feuchtegehalt im Querschnittskern

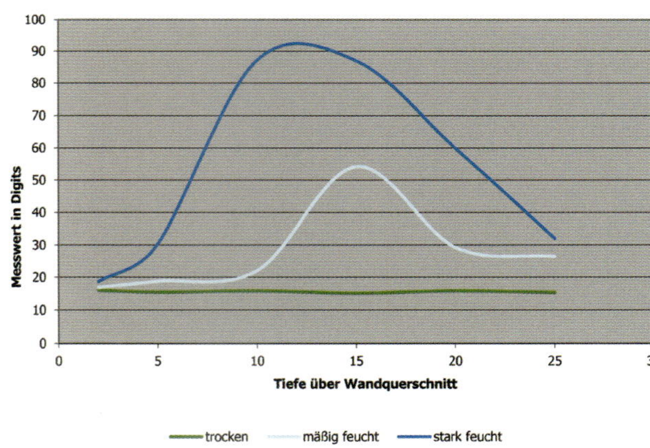

Abb. 7.8: Verteilung der Messwerte einer Feuchtemessung über den Wandquerschnitt mit einem im Querschnittskern nicht bzw. mäßig bzw. stark erhöhten Feuchtegehalt

samte Querschnittsfläche gibt (z. B. Feuchtemessung auf Basis einer elektrischen Widerstandsmessung in unterschiedlichen Messtiefen).

Mit der Verwendung feuchtigkeitsunempfindlicher Baustoffe können das mögliche Schadensausmaß und der Trocknungsaufwand nach einem Wasserschaden reduziert werden.

Maßnahmen und Kosten der Instandsetzung

Im vorliegenden Fall wurde eine Erneuerung des schwimmenden Bodenaufbaues zur Schadensbeseitigung notwendig, weil die im Bodenaufbau verbauten Dämmstoffe eine restlose Trocknung im eingebauten Zustand nicht sicher zuließen. Für die Austrocknung der Wandflächen wurde die Putzbekleidung im unteren Bereich entfernt und anschließend eine mechanische Trocknungsmaßnahme durchgeführt.

Die Kosten der Trocknungs- und Instandsetzungsmaßnahmen wurden für eine Kellerfläche von ca. 40 m² mit insgesamt ca. 800,00 €/m² zuzüglich Mehrwertsteuer veranschlagt.

7.3 Feuchteschäden im unteren Wandbereich (3)

Schadensbild

In einem nicht unterkellerten Hallengebäude mit Büro- und Produktionsräumen haben sich kurze Zeit nach einem Rückstau in der Regenwassergrundleitung und einer dadurch verursachten Überflutung der gepflasterten Hoffläche im unteren Bereich der Gipskartonständerwände Schimmelpilze gebildet (siehe Abb. 7.9).

Nach Öffnung der Gipskartonbeplankung wurde auch an der Rückseite der Platten und in der Mineralwolledämmung eine großflächige Besiedlung festgestellt (siehe Abb. 7.10). An den freigelegten Leichtmetallprofilen sind Korrosionsschäden entstanden (siehe Abb. 7.11).

Die auf der Bodenplatte unter dem Estrich verlegte Abdichtung aus Bitumenbahnen ist im Bereich der Aufstandsflächen der Gipskartonständerwände ausgespart.

Der Außenwandsockel aus Stahlbeton ist im erdberührten Bereich nicht abgedichtet. Eine Dränung ist ebenfalls nicht vorhanden. Im Bereich einer nachträglich ausbetonierten Wandaussparung für die Durchführung eines Abwasserrohres wurde ein Loch im erdberührten Außenwandsockel vorgefunden (siehe Abb. 7.12).

Die niveaugleichen Außentürschwellen sind ungeschützt der Witterung ausgesetzt, der Pflasterbelag schließt unmittelbar an sie an.

Ursachen

Die auf den Abb. 7.9 bis 7.11 dargestellten Schäden sind durch Wassereintritte im erdberührten Wandbereich des Stahlbetonsockels entstanden. Hauptursächlich für den Eintritt des Schadens ist das Fehlen der erforderlichen Vertikalabdichtung.

Da sowohl die erforderliche Vertikalabdichtung als auch eine Dränanlage fehlt, kann das in dem Kiesstreifen vor dem Außenwandsockel aufgestaute Wasser insbesondere über die offenen Anschlussfugen unterhalb der Außentüren sowie über die Rohrdurchführung und das darüber entstandene Loch im Bereich einer nachträglich ausbetonierten Wandaussparung in das Gebäude eindringen und sich unter dem schwimmenden Estrich über die Räume verteilen.

Unabhängig davon kann über die niveaugleich ausgeführten, weder durch eine Überdachung noch durch Anordnung von Entwässerungsrinnen geschützten Außentürschwellen Oberflächenwasser in das Gebäude eindringen.

Hinweise zur Schadensvermeidung

Auch bei nicht unterkellerten Gebäuden müssen erdberührte Außenwände nach den anerkannten Regeln der Technik abgedichtet werden. Auf eine Bauwerksabdichtung darf nur dann verzichtet werden, wenn die erdberührten Außenbauteile als wasserundurchlässige Stahlbetonkonstruktion (Weiße Wanne) hergestellt werden.

Die zu planende Art der Bauwerksabdichtung ist abhängig von der zu erwartenden Wasserbeanspruchung. Diese wiederum wird maßgeblich von der am Gebäudestandort vorhandenen Bodenart, den Grundwasserverhältnissen und der Geländeform beeinflusst.

Eine Abdichtung der erdberührten Wandbereiche gegen Bodenfeuchte und nicht stauendes Sickerwasser nach DIN 18195-4:2011-12 „Bauwerksabdichtungen" erfordert in der Regel den Einbau einer Dränanlage nach DIN 4095:1990-06 „Baugrund". Auf den Einbau einer Dränanlage kann verzichtet werden, wenn der anstehende Boden bis in ausreichende Tiefe stark wasserdurchlässig ist. Dieses muss durch entsprechende Bodenuntersuchungen nachgewiesen werden.

Abdichtungen auf Bodenplatten müssen lückenlos verlegt werden, damit sie die ihr zugedachte Abdichtungsfunktion vollständig erfüllen können. Werden Gipskartonständerwände vor Verlegung der Bodenabdichtung eingebaut, so müssen die Bodenprofile mit seitlich überstehenden Dichtbahnstreifen, an welche die Flächenabdichtung später angeschlossen werden kann, unterlegt werden.

Abb. 7.9: Schimmelpilzbefall an einer Gipskartonplatte im unteren Wandbereich

Abb. 7.10: Schimmelpilzbefall auf der Rückseite der Gipskartonplatten

Abb. 7.11: Korrosionsschäden an den Leichtmetallprofilen der Ständerkonstruktion

Abb. 7.12: Loch im Stahlbetonsockel oberhalb einer Rohrdurchführung

Maßnahmen und Kosten der Instandsetzung

Insgesamt wurde ein Instandsetzungsaufwand von ca. 110.000,00 € zuzüglich Mehrwertsteuer ermittelt. Für planende und überwachende Tätigkeiten durch einen Bauingenieur/Architekten ergaben sich zusätzlich Honorarkosten von ca. 16.000,00 € zuzüglich Mehrwertsteuer.

Die Instandsetzungsmaßnahme beinhaltete den nachträglichen Einbau einer Vertikalabdichtung gegen Bodenfeuchte und nicht stauendes Sickerwasser in Kombination mit einer Dränanlage auf einer Wandlänge von ca. 70 m mit einem prognostizierten Kostenaufwand von ca. 220,00 €/m zuzüglich Mehrwertsteuer.

Des Weiteren sollten die beiden Außentüren durch Überdachung vor direkter Bewitterung geschützt und zusätzlich Entwässerungsrinnen vor den niveaugleichen Schwellen eingebaut werden. Dafür wurden Kosten von 2.200,00 €/Tür zuzüglich Mehrwertsteuer veranschlagt.

Im Gebäude mussten die Gipskartonplatten und die Mineralwolledämmung der Innenwände bis auf eine Höhe von ca. 1 m ausgetauscht, die gesamten Wandflächen neu mit Raufaser tapeziert und gestrichen bzw. mit Fliesen bekleidet und der Bodenaufbau aus schwimmendem Estrich und verschiedenartigen Bodenbelägen neu hergestellt werden. Aus dem für die Beseitigung der Schäden im Gebäude berechneten Kostenaufwand von ca. 58.500,00 € ergibt sich bei einer Grundfläche von ca. 260 m^2 ein Betrag von etwa 225,00 €/m^2 Grundfläche, jeweils zuzüglich Mehrwertsteuer.

7.4 Feuchteschäden im unteren Wandbereich (4)

Schadensbild

In einem hochwertig mit Gästezimmer, Fitnessraum und Duschbad ausgebauten Kellergeschoss eines großzügigen innerstädtischen Reihenhauses traten wenige Monate nach Bezug des Gebäudes Feuchteschäden in Form von Putz- und Farbabblätterungen sowie braunen Verfärbungen an den Wandflächen auf, die sich im Laufe der Zeit bis auf eine Höhe von 1 m über Oberkante Fußboden erstreckten (siehe Abb. 7.13). Die auffälligsten Schäden zeigten sich an der Wand zwischen Bad und Gästezimmer (siehe Abb. 7.14).

Das Gästezimmer wurde zunächst über einen Zeitraum von etwa 1 bis 2 Jahren regelmäßig weitergenutzt, bevor Untersuchungen zur Schadensursache eingeleitet wurden. Zur Klärung eines eventuellen mikrobiellen Befalls des Bodenaufbaus infolge der lang andauernden Feuchteeinwirkungen wurden Materialproben entnommen und labortechnisch untersucht. Im Ergebnis der mikrobiologischen Untersuchung war bei allen Probeentnahmestellen ein erheblicher Schimmelpilzbefall vor allem auf der Abdichtung der Bodenplatte festzustellen.

Im Bad wurde der Bodenbelag zunächst nur bis zum Duschbereich rückgebaut. Der 1 m × 2 m große Duschbereich besteht aus einer einteiligen Quarzkompositplatte mit einer an der Stirnseite quer verlaufenden, linienförmigen Entwässerung. Da der Ablauf die beim Betrieb der Dusche anfallende Wassermenge nicht vollständig abführen konnte, staute sich das Wasser während eines simulierten Duschvorgangs etwa 10 cm in Richtung der Bodenfläche der Dusche. Nach kurzer Zeit (etwa 1 bis 2 Minuten) strömte Wasser unter der Trennwand zwischen Dusche und Bad auf die freigelegte Bodenfläche im Bad (siehe Abb. 7.15) und führte innerhalb von 10 Minuten zu einer großflächigen Pfützenbildung. Die Kontrolle des Ablaufs ergab, dass sich im Ablaufsieb Haare angesammelt hatten, die den Abfluss des Duschwassers verzögerten.

Nach Ausbau der Quarzkompositplatte der Dusche wurde der Übergang zwischen der Bodenabdichtung und der Ablaufrinne der Dusche freigelegt. Die Flächenabdichtung ist mit einer Breite von 5 cm an den Flansch der Ablaufrinne angeschlossen, aber seitlich nicht hochgeführt. Die seitlich angeordneten Dichtbänder sind nicht an die Wandabdichtung angeschlossen (siehe Abb. 7.16). Dadurch ergeben sich an den Ecken der Ablaufrinne offene Stellen, über die anfallendes Wasser in den Bodenaufbau fließen kann.

Ursachen

Die Feuchteschäden wurden durch die lückenhafte Abdichtung unter der Bodenplatte der Dusche verursacht.

Es stellte sich heraus, dass bereits kurz vor Bezug des Gebäudes ein Feuchteschaden in den Räumen mit Farb- und Putzabblätterungen bis auf eine Höhe von etwa 20 cm über Oberkante Fußboden aufgetreten war. Die Schadensursache lag in einer Undichtigkeit der Druckleitung der Hebeanlage, die umgehend instand gesetzt wurde. Hierzu wurde im Duschbad die Bodenplatte der bodengleichen Dusche ausgebaut und die im Bodenaufbau befindliche Druckleitung freigelegt und instandgesetzt. Die Bodenplatte der Dusche wurde anschließend wieder eingebaut. Durch den Ausbau der Bodenplatte wurden die Dichtbänder an den Übergängen zwischen Boden- und Wandflächen aufgeschnitten bzw. aufgerissen. Beim Wiedereinbau der Bodenplatte konnten die neuen Dichtungsbänder nicht an die Wandabdichtung angeschlossen werden. Ein dichter Übergang zwischen Bodenabdichtung und Wandabdichtung lag somit nicht mehr vor.

Das Eindringen von Wasser in den Bodenaufbau findet immer dann statt, wenn sich ein Rückstau in der Ablaufrinne einstellt. Ausreichend ist bereits ein Rückstau, der innerhalb der Ablaufrinne und unterhalb des Abdeckrostes stattfindet. Derartige Rückstauereignisse sind bei üblicher Nutzung nicht zu vermeiden, da auch bei regelmäßiger Reinigung Ablagerungen im Ablaufsieb entstehen.

Hinweise zur Schadensvermeidung

Durch die Ablaufrinne wird die Abdichtungsebene an der Stirnseite der Dusche unter-

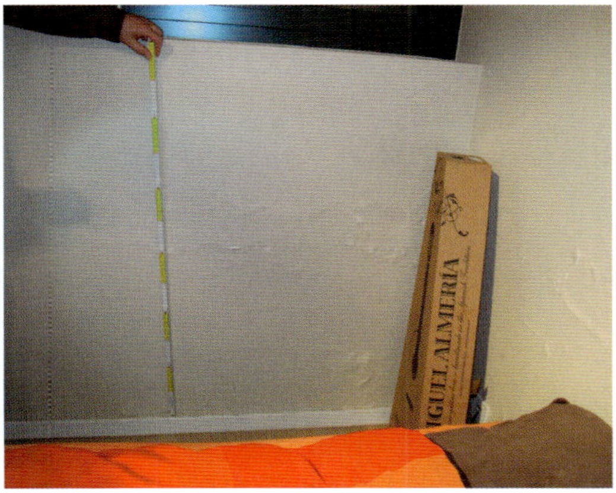

Abb. 7.13: Farb- und Putzschäden im Gästezimmer

Abb. 7.14: Aufwölbungen und Abplatzungen des Putzes

Abb. 7.15: Wasseraustritt unter dem Duschbereich

Abb. 7.16: Dichtungsbänder nicht an Wandabdichtung angeschlossen

brochen. Der Anschluss zwischen derartigen Ablaufrinnen und den Verbundabdichtungen erfolgt in der Regel über eine Verklebung der Verbundabdichtung an die hierfür vorgesehenen Flansche der Ablaufrinnen. Nach den herstellerspezifischen Einbauanleitungen sind zum Eindichten der Ablaufrinnen Dichtbänder an sämtlichen Übergängen zwischen Wand- und Bodenflanschen und den angrenzenden Wand- und Bodenflächen einzubauen. Ecken und Übergänge müssen zuverlässig dicht sein und dürfen keine Hohlräume oder Kanäle aufweisen. Dies ist auch bei Instandsetzungsarbeiten zu beachten.

Maßnahmen und Kosten der Instandsetzung

Durch den erheblichen Schimmelpilzbefall im Bodenaufbau mussten die betroffenen Räume durch vollständigen Rückbau des Bodenaufbaus, bestehend aus verklebtem Parkett, Estrich mit Fußbodenheizung, Polystyroldämmung und Dampfsperre aus Bitumenbahnen, in den Rohbauzustand versetzt werden. Anschließend erfolgte eine komplette Neuherstellung des Innenausbaus. Durch den großen Schadensumfang und die hochwertige Ausstattung der Räume waren Instandsetzungskosten von etwa 80.000,00 € zuzüglich Mehrwertsteuer anzusetzen.

7.5 Feuchteschäden am Kondensatablauf eines Kamins

Schadensbild

In der Tiefgarage einer mittelgroßen Wohnanlage wurde ein Wasserschaden festgestellt. An der Türschwelle zwischen der Tiefgaragenschleuse und der Tiefgarage tritt Wasser aus und führt auf den angrenzenden Stellplätzen zu einer großflächigen Pfützenbildung. In der Tiefgaragenschleuse selbst steht auf der Bodenfläche ebenfalls Wasser.

Im Zuge der weiteren Beobachtungen wurden in dem an die Tiefgaragenschleuse anschließenden Treppenhaus an den Wandflächen beidseitig der Zugangstür Feuchtigkeitsschäden in Form von dunklen Verfärbungen und Ausblühungen im Sockelbereich der Wände festgestellt (siehe Abb. 7.17). Die Schäden sind bis auf eine Höhe von 60 cm über Oberkante Bodenbelag vorhanden.

Weitere derartige Feuchteschäden sind im anschließenden Treppenhaus vorhanden, das über 3 Stufen von der Tiefgaragenschleuse aus nach oben zu erreichen ist. Die Feuchteschäden ziehen sich bis in den Heizungskeller. Dort wurde festgestellt, dass die Leitung verstopft ist, durch die das Kondensat aus dem Kamin der Heizungsanlage in das Neutralisationsbecken und anschließend in die Hebeanlage abgeleitet wird (siehe Abb. 7.18 und 7.19). Bei der Überprüfung des Kamins wurde darüber hinaus festgestellt, dass an der Revisionsöffnung und der Bodenfläche des Kamins über der Kondenswasserleitung abtropfendes Wasser vorhanden ist (siehe Abb. 7.20). Auf die Revisionsöffnung war eine Abdeckung mit einem Griff aufgesetzt. Das abtropfende Wasser sammelt sich auf der Fläche unter der Revisionsöffnung und läuft von dort über die Kaminseitenwand in die Fußbodenkonstruktion.

Der Fußbodenaufbau im Kellergeschoss besteht aus einem schwimmenden Estrich auf Polystyrol-Hartschaumplatten. Feuchtemessungen im Bodenaufbau ergaben, dass sich der Feuchteschaden auf die unmittelbaren Flächen zwischen Heizraum und Tiefgarage beschränkt. Zur Vermeidung weiter gehender Schäden wurde der Fußbodenaufbau umgehend unter Einsatz von Trocknungsgeräten und Einblasen von warmer, trockener Luft getrocknet.

Ursachen

Die Feuchteschäden werden im vorliegenden Fall durch Kondensat aus dem Rauchgas des Heizkessels verursacht. Bei Brennwertkesseln können in den Kaminen bis zu 20 Liter Kondensat am Tag anfallen. Dieses Kondensat läuft innerhalb des Rauchrohres zum Kaminfuß ab und ist dort dauerhaft wirksam zu entwässern.

Im vorliegenden Fall war die erforderliche dauerhaft wirksame Entwässerung durch Einbau einer Entwässerungsleitung und Anschluss an eine Hebeanlage vorgesehen. Die Entwässerungsleitung aus dem Kamin in Richtung Neutralisationsgefäß wurde jedoch mit einem Gegengefälle in Richtung Kamin verlegt. Dies führte im Lauf der Zeit zu Ablagerungen in der Entwässerungsleitung und letztlich zu einem Verschluss der Leitung. Dadurch sammelte sich im Fuß des Kamines im Zeitverlauf Wasser an. Das angestaute Wasser erzeugte einen hydrostatischen Druck, dem der Deckel der Revisionsöffnung nicht standhalten konnte. Der Deckel löste sich, das angestaute Wasser floss schwallartig ab und führte zu den sichtbaren Feuchteschäden.

Des Weiteren kam hinzu, dass der aufgesetzte Revisionsdeckel selbst nicht wasserdicht war. Für den Betrieb von Brennwertkesseln sind schraubbare Revisionsdeckel erforderlich. Nur mit diesen Deckeln kann eine ausreichende Dichtigkeit gegen im Kamin ablaufendes Kondensat erreicht werden.

Hinweise zur Schadensvermeidung

Entwässerungsleitungen von Kondensatabläufen sind wie alle Entwässerungsleitungen mit ausreichendem Gefälle und dauernd wirksam zu verlegen. Diese Entwässerung der Kondesatabläufe von Kaminen ist deshalb so wichtig, da das anfallende Kondensat andernfalls – oft über längere Zeit unbemerkt – in den Fußbodenaufbau eindringen kann. Bei gedämmten Fußbodenkonstruktion in Kellerräumen, die beispielsweise bei wohnraumähnlichen Ausbauten

Abb. 7.17: Spuren aufsteigender Feuchte an der Innenwand

Abb. 7.18: Übersicht über die Ableitung des Kondensats aus dem Kamin

Abb. 7.19: Verstopfter Kondensatablauf des Kamins

Abb. 7.20: Reinigungsöffnung des Kamins

für Hobbyräume regelmäßig eingebaut werden, kann sich Schimmelbildung einstellen, wenn eine wiederholte und/oder länger andauernde Feuchtebelastung der Fußbodenaufbauten vorliegt. In derartigen Fällen ist eine Untersuchung der tatsächlich vorhandenen Schimmelbelastung dringend anzuraten, um das Ausmaß einer eventuellen Gefährdung der Bewohner zu ermitteln und ggf. erforderliche Gegenmaßnahmen festzulegen.

Maßnahmen und Kosten der Instandsetzung

Die Instandsetzung erfolgte durch den Einbau eines niedrigeren Neutralisationsbehälters, die Neuverlegung der Kondensatableitung mit ausreichendem Gefälle und die Auswechslung der Revisionsöffnung.

Die Kosten wurden mit ca. 600,00 € zuzüglich Mehrwertsteuer veranschlagt. In diesen Kosten ist der Aufwand für die Trocknung des Fußbodenaufbaus nicht enthalten.

7.6 Risse mit horizontalem Verlauf im unteren Wandbereich

Schadensbild

Bei einem Einfamilienhaus mit einem Erdgeschoss und einem ausgebauten Dachgeschoss, das in konventioneller Bauweise mit Außenwänden aus Kalksandsteinmauerwerk und Geschossdecken aus Stahlbeton errichtet wurde, sind im Dachgeschoss Risse in Wänden aufgetreten.

Die Rissbildungen erstrecken sich horizontal in einem Abstand von ca. 12 cm von der Fußbodenoberfläche in mehreren Wänden. Ein derartiger Riss in einer nicht tragenden Innenwand ist in den Abb. 7.21 und 7.22 dargestellt.

Der Riss verläuft geradlinig und knickt ca. 1 m vor der Giebelwand des Gebäudes nach unten hin ab. Diesen Bereich zeigt Abb. 7.23.

Das Rissbild besteht aus mehreren schräg versetzt verlaufenden Einzelrissen mit Breiten von 1,6 bis 2,0 mm. Im Bereich des geteilten, bogenförmig zur Bodenfläche hin verlaufenden Risses hat sich der Putz örtlich gelöst. An der Rückseite der Wand ist der Riss in gleicher Ausprägung festzustellen. Es handelt sich daher um einen Trennriss, der durch das Mauerwerk verläuft.

Bei der gegenüberliegenden Wand des Raums, die im Grundriss abgewinkelt verläuft, sind ebenfalls bodenparallele Risse in ca. 12 cm Höhe über der Fußbodenoberfläche mit einer maximalen Breite von 0,7 mm vorhanden (siehe Abb. 7.24).

Die gerissenen Innenwände sind auf die Geschossdecke (Dicke 20 cm) aufgelagert. Im Bereich der erstgenannten Wand (siehe Abb. 7.21 bis 7.23) ist unter der Geschossdecke keine tragende Wand angeordnet, sondern in der Geschossdecke ein deckengleicher Unterzug ausgebildet. Hierbei handelt es sich um einen stärker bewehrten Bereich, der die Funktion der Auflagerung als Unterzug übernimmt, jedoch in der Bauhöhe der Dicke der Decke entspricht.

Die in Abb. 7.24 dargestellte Wand ist auf die Geschossdecke über dem Wohnzimmer im Erdgeschoss aufgelagert. Auch hier ist unterhalb keine tragende Wand vorhanden.

Die Geschossdecken weisen auf der Unterseite keine augenscheinlich auffälligen Durchbiegungen auf. Weiterhin sind keine Rissbildungen in der Deckenuntersicht festzustellen.

Ursachen

Die horizontalen Rissbildungen in den Innenwänden sind auf Durchbiegungen in der Geschossdecke zurückzuführen.

Bei einer Durchbiegung der Deckenkonstruktion bildet sich in aufgelagerten Innenwänden bei beidseitiger Verformungsbehinderung durch anschließende Bauteile eine Gewölbewirkung aus. Der unterhalb des sich einstellenden Druckbogens befindliche Teil der Wand wird davon nicht erfasst und folgt der Deckendurchbiegung. Daraus resultiert eine vertikale Zugbeanspruchung auf die erste Lagerfuge des Mauerwerks. Bei Überschreiten der Zugfestigkeit des Mörtels entsteht die beobachtete Rissbildung. Im vorliegenden Fall fehlt – wie häufig – eine rechnerische Ermittlung der Deckendurchbiegung im Rahmen der Statischen Berechnung. Innenwände aus Mauerwerk können nur kleine Verformungen schadensfrei aufnehmen.

Hinweise zur Schadensvermeidung

Nach DIN EN 1992-1-1:2011-01 „Eurocode 2: Bemessung und Konstruktion von Stahlbeton- und Spannbetontragwerken" sind die Verformungen von Bauteilen zu begrenzen, um Schäden an aufgelagerten oder angrenzenden Bauteilen zu vermeiden. Um Schäden an angrenzenden Bauteilen (z. B. an leichten Trennwänden) zu verhindern, darf als Richtwert für die Begrenzung der auftretenden Durchbiegungen 1/500 der Stützweite angenommen werden. Dies ist dem rechnerischen Nachweis zugrunde zu legen. Für einfache statische Systeme wird ein Nachweis zur Begrenzung der Verformungen von Stahlbetonbauteilen ohne direkte Berechnung in Form der Begrenzung der Biegeschlankheit angegeben (vgl. DIN EN 1992-1-1:2011-01 „Eurocode 2: Bemessung und Konstruktion von Stahlbeton- und Spannbetontragwerken", Abschnitt 11.3).

Abb. 7.21: Innenwand mit horizontalen Rissen

Abb. 7.22: Fortsetzung des Risses aus Abb. 7.13 im Bereich zur Giebelwand

Abb. 7.23: Bogenförmiger Rissverlauf vor der Giebelwand

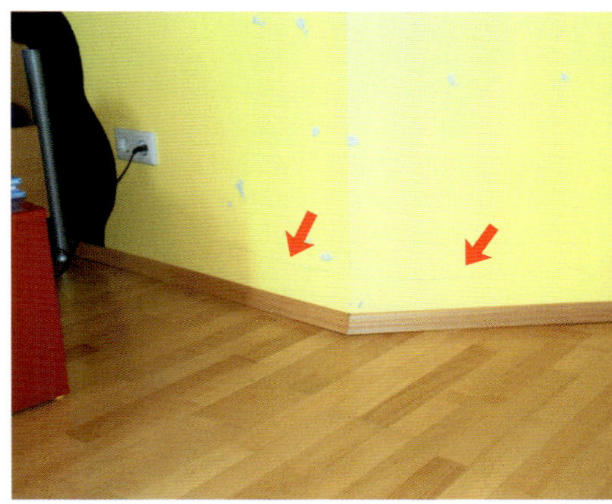

Abb. 7.24: Bodenparallele Risse bei weiterer Innenwand

Maßnahmen und Kosten der Instandsetzung

Im vorliegenden Fall wurde durch eine Überprüfung der Statischen Berechnung festgestellt, dass die Tragfähigkeit der Geschossdecke gegeben ist. Außergewöhnliche Verformungen, die weiter gehende Untersuchungen, wie z. B. die Feststellung der tatsächlich eingebauten Bewehrung, rechtfertigen würden, waren nicht gegeben. Aus diesem Grund kann angenommen werden, dass die Verformungen nach nunmehr ca. fünfjähriger Standzeit weitgehend abgeschlossen sind. Es muss jedoch damit gerechnet werden, dass infolge jahreszeitlicher Temperatur- und Feuchteänderungen kleine Rissbreitenänderungen auftreten werden. Zur Instandsetzung ist es erforderlich, in Anlehnung an das WTA-Merkblatt 2-4 „Beurteilung und Instandsetzung gerissener Putze an Fassaden" (vgl. WTA, August 2008) den Putz beidseits des Risses bis zum Putzgrund zu entfernen, den Untergrund zu reinigen, eine Trennlage aufzubringen, einen Putzträger anzuordnen (z. B. ein punktverschweißtes Drahtgitter) und den Putz unter Angleichung an die vorhandene Struktur zu ergänzen. Abschließend sind Malerarbeiten durchzuführen.

Als Kosten für diese Maßnahmen waren bei einer Gesamtrisslänge von ca. 25 m 90,00 €/m zu veranschlagen.

7.7 Einzelrisse mit abgetrepptem Verlauf in der Wandfläche

Schadensbild

In einem mehrgeschossigen Wohngebäude wurden die Räume in dem obersten Geschoss und in dem darüberliegenden Pultdachaufbau als Galeriewohnung mit innen liegender Verbindungstreppe konzipiert. Die Wandhöhe am Fußpunkt des Pultdaches beträgt ca. 1,2 m. Die lichte Raumhöhe in dem dort befindlichen Treppenaufgang beträgt ca. 4 m. Der Grundriss ist in 2 nebeneinanderliegende Wohnungen mit spiegelbildlicher Anordnung aufgeteilt.

An der innen liegenden Trennwand des Treppenaufgangs der einen Wohnung zeichnen sich an der Wandoberfläche ausgehend von dem Außenwandanschluss ein Hauptrissbereich auf Höhe der Dachuntersicht und ein weiterer Hauptrissbereich auf Höhe der an der Wandrückseite einbindenden obersten Geschossdecke ab. Beide Rissbereiche verlaufen abgetreppt zur Gebäudemitte hin (siehe Abb. 7.25 und 7.26). Das Rissbild innerhalb der beiden Hauptrissbereiche ist gekennzeichnet durch einen schubförmig aufgefächerten Verlauf ohne eine durchgehende Einzelrissbildung. Der Rissverlauf ist in der zweiten Wohnung mit etwa spiegelbildlicher Anordnung vorhanden (siehe Abb. 7.27 und 7.28).

Die Außen- und Innenwände des Gebäudes sind aus Ziegelmauerwerk mit mineralischer Putzbekleidung ausgeführt. Die oberste Geschossdecke ist eine Stahlbetondecke. Die Mauerwerkswände schließen unterhalb der hölzernen Dachkonstruktion mit einem Ringbalken aus Stahlbeton ab.

Ursachen

Die Rissverläufe folgen den in die Mauerwerkswände einbindenden linienförmigen Stahlbetonbauteilen (Ringbalken und Anschluss der Geschossdecke auf der Wandrückseite). Ursache der Rissbildungen sind Schwindverformungen der Stahlbetonbauteile in der Anfangsphase nach der Bauausführung. Diesen Verformungen wirken an den Rändern des Gebäudes keine Einspannungen angrenzender Bauteile durch Gebäudeauflasten des obersten Geschosses entgegen. Das Schwindverhalten der Stahlbetonbauteile manifestiert sich in der Folge mit einer Rissbildung.

Ein charakteristisches Erscheinungsbild der horizontal gerichteten Bewegungen innerhalb der Konstruktion sind der begrenzte Hauptrissbereich und der schubförmig aufgefächerte Rissverlauf. Der Rissverlauf zeigt einen geometrischen Zusammenhang mit der Konstruktion im Putzuntergrund und lässt damit eine Einordnung als konstruktionsbedingter und nicht als putzbedingter Riss zu. Der aufgefächerte Rissverlauf lässt die Kinematik einer gegenseitigen, horizontal gerichteten Verschiebung der beiden Rissflanken erkennen und gibt damit ebenfalls einen Hinweis auf die Rissursache. Die zur Gebäudemitte hin abklingende Rissausprägung mit abnehmender Rissbreite gibt in der Zusammenschau der beiden betroffenen Wandflächen und ihrer spiegelbildlichen Anordnung im Grundriss einen weiteren Hinweis auf das rissauslösende Verformungsverhalten. Es empfiehlt sich daher, Rissbildungen über die gesamte Ausdehnung eines Bauteils und auch über verschiedene Raumbereiche hinweg zu erfassen.

Für die weiter gehende Erklärung der Rissursachen sind Kenntnisse über die Tragwerksplanung und die konstruktive Bauausführung erforderlich.

Hinweise zur Schadensvermeidung

Verschiedene Baustoffe und Konstruktionen können materialbedingt ein sehr unterschiedliches Verformungsverhalten zeigen. Formänderungen eines Bauteils werden in der Regel nur in begrenztem Umfang durch Zwang, z. B. eine konstruktive Einspannung, schadensfrei aufgenommen. Materialbedingte Unverträglichkeiten, die sich nicht ausreichend sicher konstruktiv aufnehmen lassen, sollten daher mit einer weitgehend zwängungsfreien Lagerung der Bauteile berücksichtigt werden. Die Lagerungsbedingungen sind bei der Konzeption in der Gestaltung und in der Tragwerksplanung zu berücksichtigen, z. B. durch Bewegungsfugen, Gleitlager, Sollbruchstellen u. Ä. Hilfreich sind

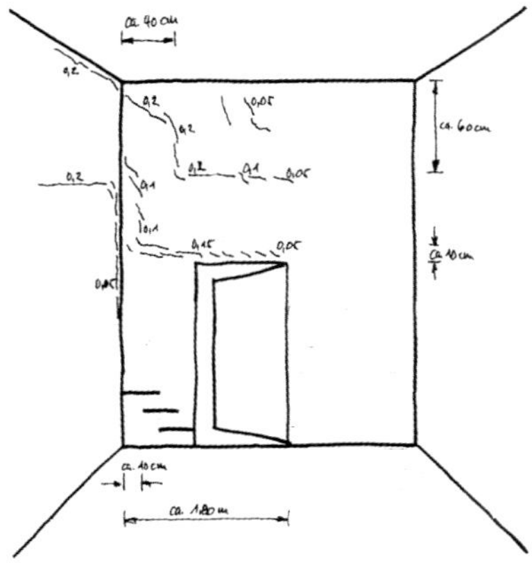

Abb. 7.25: Trennwand im Treppenaufgang zum Galeriegeschoss mit schematischer Darstellung des ungefähren Rissverlaufs ausgehend von dem Außenwandanschluss links

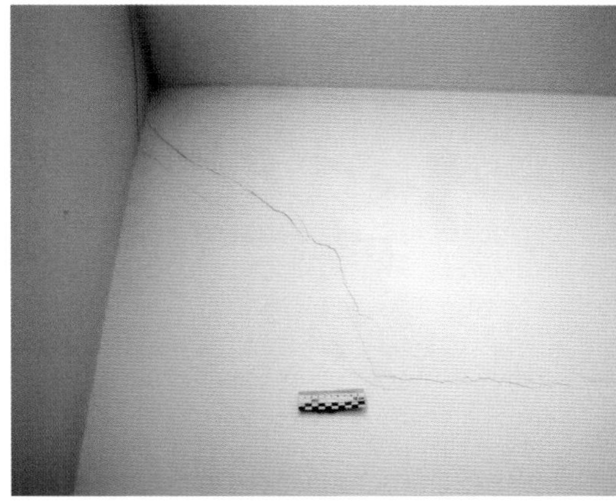

Abb. 7.26: Rissverlauf ausgehend von dem Außenwandanschluss links (vgl. Abb. 7.25)

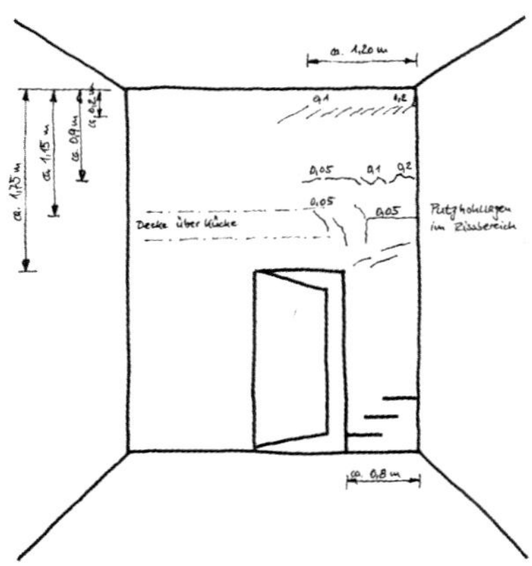

Abb. 7.27: Trennwand in spiegelbildlicher Anordnung mit schematischer Darstellung des ungefähren Rissverlaufs ausgehend von dem Außenwandanschluss rechts

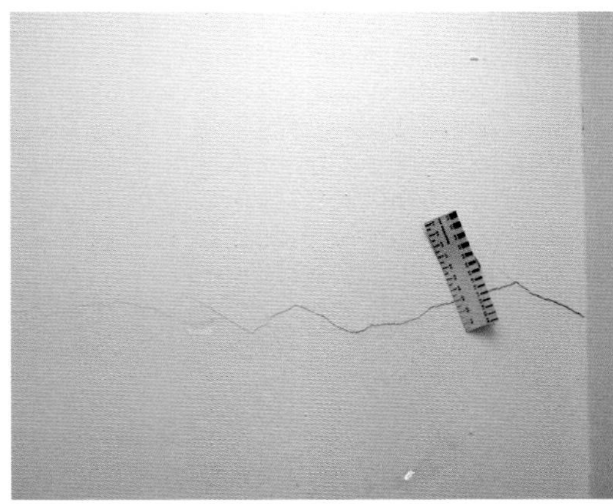

Abb. 7.28: Rissverlauf ausgehend von dem Außenwandanschluss rechts (vgl. Abb. 7.27)

auch ein möglichst spätes Verputzen und eine Putzbewehrung mit Drahtmatten.

Maßnahmen und Kosten der Instandsetzung

Eine erfolgreiche Mängelbeseitigung setzt im vorliegenden Fall voraus, dass die rissauslösenden Verformungen auf ein unschädliches Maß abgeklungen sind. Dies kann erfahrungsgemäß ca. 2 bis 4 Jahre nach der Bauausführung erwartet werden. Trennrisse in der Konstruktion sind freizulegen und kraftschlüssig zu verschließen oder mit einer vom Untergrund entkoppelten Putzbekleidung zu überdecken. Andernfalls ist zu erwarten, dass nur oberflächlich verschlossene Risse aufgrund unvermeidbarer raumklimatisch bedingter Formänderungen an den Rissflanken innerhalb weniger Jahre erneut auftreten.

Die Kosten für eine Instandsetzung des Mauerwerks, des Innenputzes und des Wandanstrichs wurden im vorliegenden Fall bei einer betroffenen Wandfläche von ca. 30 m² auf ca. 110,00 €/m² zuzüglich Mehrwertsteuer veranschlagt.

7.8 Einzelrisse an Bauteilanschlüssen

Schadensbild

Ein mehrgeschossiges Bürogebäude wurde mit Außenwänden aus Ziegelmauerwerk, Geschossdecken in Stahlbetonbauweise, einzelnen tragenden Innenwänden sowie tragenden Innenstützen errichtet. Die Decken wurden mit großen Spannweiten auf den tragenden Wänden und Stützen aufgelagert. Der Großteil der Innenwände wurde als nicht tragende Trennwände in Trockenbauweise konzipiert.

In den ersten Jahren nach der Fertigstellung des Gebäudes traten an den Wandoberflächen verschiedentlich Einzelrisse mit geradlinigem vertikalem Verlauf auf. Die Risse liegen jeweils in dem Bereich des Anschlusses zweier Bauteile. Ein charakteristisches Merkmal des äußeren Risserscheinungsbildes ist ein keilförmiges Aufklaffen im oberen Wandbereich mit einer dort maximalen Rissbreite, die nach unten abnimmt und in der unteren Wandhälfte gegen null ausläuft (siehe Abb. 7.29 und 7.31). Einige Risse zeigen einen seitlichen Versprung der Rissflanken im Verlauf des Bauteilanschlusses (siehe Abb. 7.31).

Ursachen

Die Rissverläufe im Anschlussbereich der unterschiedlichen Bauteile sind eine Folge der nicht ausreichend berücksichtigten Verformungen der Konstruktion unter den im fertiggestellten Zustand planmäßig einwirkenden Beanspruchungen. Die Durchbiegung der belasteten Deckenplatten hat zur Folge, dass die auf den Decken aufgestellten nicht tragenden Trennwände eine entsprechende Lageänderung erfahren. Die Kinematik der Rissentstehung durch Verdrehung der Wandbauteile (siehe Abb. 7.32) hat das charakteristische Erscheinungsbild keilförmiger Rissverläufe an den Bauteilanschlüssen zur Folge.

Tragwerke und insbesondere weit gespannte schlanke Deckenkonstruktionen verformen sich im planmäßigen Belastungszustand. Die Verformungen manifestieren sich in einem allmählichen Prozess, der mit der Errichtung der Bauteile beginnt und in Abhängigkeit von der tatsächlichen Belastungssituation und den Umgebungsbedingungen über einen Zeitraum von ca. 2 bis 4 Jahren andauert. Nach diesem Zeitraum ist im Allgemeinen ein Abklingen der Formänderungen auf ein unkritisches Maß zu beobachten. Risse an Bauteilanschlüssen treten deshalb häufig erstmalig mit zeitlicher Verzögerung nach der Bauausführung auf und nehmen in ihrer Ausprägung anfangs noch zu. Die Rissbildungen resultieren aus den belastungsbedingten Verformungen der Konstruktion. Ein rissauslösender äußerer Einfluss ist nicht erforderlich.

Hinweise zur Schadensvermeidung

Konstruktiv zu erwartende Verformungen im Gebrauchszustand müssen mit entsprechend dimensionierten verschieblichen bzw. beweglichen Anschlüssen dauerhaft schadensfrei aufgenommen werden können. Für die Beurteilung der notwendigen Lagerungsbedingungen an Bauteilanschlüssen ist zunächst zwischen tragenden und nicht tragenden Konstruktionen zu unterscheiden. Dies setzt Kenntnisse über das Tragwerk voraus. Nicht tragende Bauteile, die an tragende Bauteile angeschlossen werden, z. B. die Anschlüsse von Trennwänden in Trockenbauweise, müssen konstruktiv so ausgebildet werden, dass die zu erwartenden Verformungen auf Dauer in der Anschlusskonstruktion schadensfrei ausgeglichen werden können. Hierfür kommen Gleitlager, ein- oder zweidimensional verschiebliche Anschlüsse, Trenn- und Bewegungsfugen, Schattenfugen usw. in Betracht. Zwängungen mit einer nachfolgenden unplanmäßigen Belastung der nicht tragenden Konstruktion sind zu vermeiden. Die Abb. 7.30 zeigt beispielhaft eine beweglich ausgebildete Bauteilanschlussfuge, die mit elastischem Dichtstoff verschlossen wurde. Die Art der Fugenausbildung ist jedoch im vorliegenden Fall nicht geeignet, die auftretenden Verformungen schadensfrei aufzunehmen. Die Festigkeit der Fugenfüllung ist in diesem Fall größer als die Festigkeit der Fugenflanken. Anstelle der vorgesehenen Verformung der elastischen Fugenmasse kommt es deshalb zu einer unplanmäßigen Rissbildung an den Fugenflanken. Die notwendige konstruktive Ausbildung eines Bau-

Abb. 7.29: Rissbild mit von oben nach unten abnehmender Rissbreite an einem Wandanschluss

Abb. 7.30: Seitlich verspringende Rissbildung im Verlauf eines Bauteilanschlusses

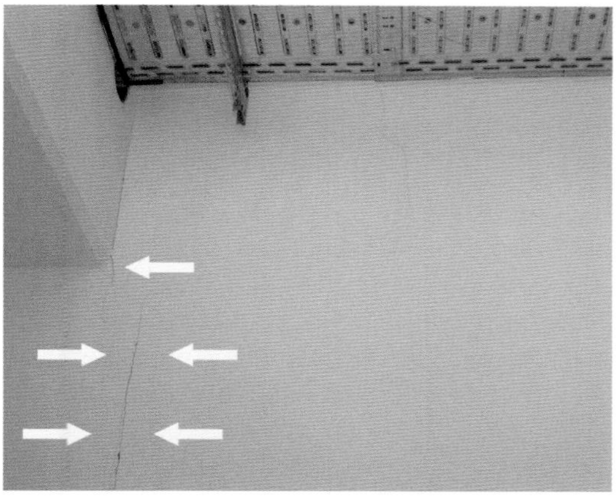

Abb. 7.31: Rissbild mit keilförmigem Verlauf am Anschluss einer Trennwand an eine wandbündige Stahlbetonstütze

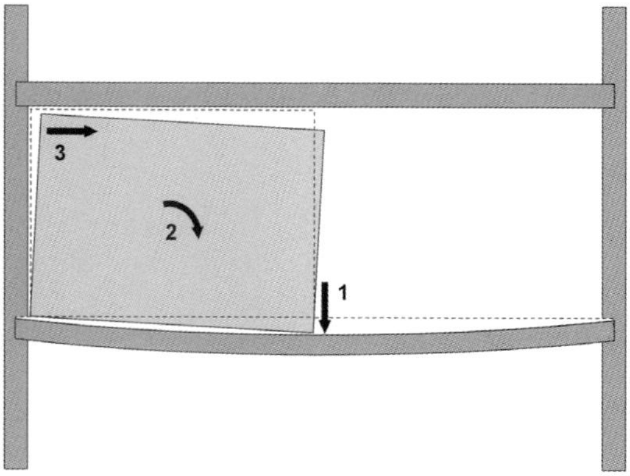

Abb. 7.32: Kinematik der Rissentstehung (1 → 2 → 3) an Bauteilanschlüssen infolge von Deckendurchbiegungen

teilanschlusses muss sorgfältig in der Planung vorgesehen und der Bauausführung umgesetzt werden.

Maßnahmen und Kosten der Instandsetzung

Rissbildungen an nicht tragenden Bauteilanschlüssen müssen nachträglich flexibel verschlossen werden, auch wenn die zu erwartenden Verformungen bereits weitestgehend abgeklungen sind. Bauteilanschlüsse ohne kraftschlüssige Verbindung unterliegen auf Dauer wiederkehrenden Formänderungen. Eine Instandsetzung muss daher durch nachträgliches Einbauen der fehlenden beweglichen Anschlussausbildung erfolgen.

Im vorliegenden Fall waren für eine Überarbeitung der Wandanschlussfugen bei ca. 100 lfm Fuge Trockenbau- und Malerarbeiten in Höhe von ca. 22,00 €/lfm zuzüglich Mehrwertsteuer zu veranschlagen.

7.9 Schwarzfärbungen (Fogging-Phänomen)

Schadensbild

Das Schadensbild des sog. Fogging-Phänomens ist gekennzeichnet durch schwarze Staubablagerungen in Wohnungen, die ohne erkennbare äußere Einflüsse auftreten und die Oberflächen von Bauteilen und Einrichtungen mit einem rußähnlichen, ölig-fettigen Schmierfilm überziehen. Die Intensität der Verschmutzungen kann stark unterschiedlich ausgeprägt sein. Eine Konzentration dieser Verschmutzungen lässt sich an Wandflächen über Heizkörpern und anderen Wärmequellen sowie auf Kunststoffoberflächen beobachten. Auch die Innenseiten von Einrichtungsgegenständen können in Mitleidenschaft gezogen sein (siehe Abb. 7.33 bis 7.36). Das Fogging-Phänomen tritt häufig nach Instandsetzungsarbeiten bzw. Renovierungen und zu Beginn einer Heizperiode auf. Der Schadensverlauf ist in der Regel durch eine vergleichsweise kurze Zeitspanne von Tagen bis wenigen Wochen und einen zeitlichen Zusammenhang mit der Heizperiode gekennzeichnet.

Ursachen

Schadensauslösend sind für das Fogging relevante Substanzen in der Raumluft, insbesondere schwer flüchtige organische Verbindungen (Volatile Organic Compound [VOC] bzw. Semi Volatile Organic Compound [SVOC]), die von weichmacherhaltigen Stoffen (Kunststoffen) an die Raumluft abgegeben werden. Bei ausreichender Konzentration binden diese SVOC in der Luft befindliche Feinstaubpartikel und lagern sich zunehmend als Schmierfilm auf Oberflächen von Bauteilen und Gegenständen ab. Die schwarzen Staubablagerungen setzen sich hauptsächlich in den Bereichen vermehrter Luftströmung über Heizkörpern, an Gardinen, auf Fensterrahmen und Verglasungen, auf Kunststoffoberflächen, an elektrischen Geräten sowie an den Innenseiten von Außenwänden und dort bevorzugt an den Stellen geometrischer Wärmebrücken ab (vgl. auch Umweltbundesamt, 2003).

Das Auftreten schwarzer Ablagerungen in Innenräumen hängt von einer Vielzahl unterschiedlicher Einflussfaktoren ab:

- weichmacherhaltige Stoffe in Bauprodukten und der Raumausstattung
- Temperaturverhältnisse an den Bauteiloberflächen und thermische Strömungen in der Raumluft
- raumklimatische Verhältnisse und sich einstellende Feuchtigkeitsgehalte
- Emissionen von SVOC und Ruß in Abhängigkeit von dem Nutzerverhalten

Schwarzfärbungen entstehen im Ergebnis einer bestimmten einzelfallspezifischen Konstellation der unterschiedlichen Einflussfaktoren. Einzelne Einflüsse, z. B. die Verwendung einer bestimmten Innenraumfarbe, die für sich betrachtet schadensfrei bleiben, können in einer bestimmten Kombination eine kritische, schadensauslösende Konstellation bilden.

Die Eingrenzung der als Ursache infrage kommenden schadensauslösenden Stoffe und Substanzen erfolgt durch eine labortechnische Untersuchung von Wischproben, Raumluftproben und/oder Stoffproben auf foggingaktive Substanzen. Dies erfordert eine Probennahme und Laboruntersuchung durch qualifizierte Fachkräfte. Zeigen die Untersuchungsergebnisse der Proben eine auffällig hohe Konzentration bestimmter Substanzen, müssen diese den örtlich vorhandenen Stoffen zugeordnet werden. Derartige Untersuchungen sind sehr aufwendig und führen nicht immer zu einer eindeutigen Zuordnung von Ursache und Wirkung.

Hinweise zur Schadensvermeidung

Fogging-Erscheinungen können wegen der vielfältigen Verwendung von Kunststoffen in Baustoffen, Haushaltsgegenständen, Textilien, Reinigungs- und Pflegemitteln usw. nicht sicher vermieden werden. Mit der Auswahl von sog. foggingarmen Baumaterialien kann die Neigung für das Auftreten des Fogging-Phänomens in der Regel reduziert, aber nicht sicher ausgeschlossen werden.

Maßnahmen und Kosten der Instandsetzung

Aufgetretene Verschmutzungen können meist mit haushaltsüblichen Mitteln gereinigt werden. Eine weiter gehende zielgerichtete Beseitigung der schadensauslösenden Substanzen setzt

Abb. 7.33: Wandoberfläche über einem Heizkörper mit Schwarzfärbungen (nach dem Abhängen von Bildern)

entsprechende Feststellungen zu bestimmten Stoffen voraus, z. B. aus Laboruntersuchungen. Für die Instandsetzung kann es ausreichen, die Konstellation der einzelfallspezifischen Einflussparameter zu verändern. Eine Reinigung der betroffenen Oberflächen mit einer anschließenden malermäßigen Erneuerung betroffener Beschichtungen kann, muss aber nicht ausreichen. In einzelnen Fällen ist auch ein wiederholtes Auftreten von Schwarzfärbungen nach einer Instandsetzung beobachtet worden. Zudem können Veränderungen der durch Heizung und Lüftung bestimmten raumklimatischen Bedingungen günstig wirken, z. B. wenn eine zu hohe oder zu niedrige Luftfeuchte gegeben war.

Instandsetzungskosten für Fogging-Schäden lassen sich nur im Einzelfall beziffern. Sie können in einfachen Fällen mit geringer Ausprägung in der Größenordnung von ca. 500,00 bis 2.000,00 € zuzüglich Mehrwertsteuer, bei starker bis sehr starker Ausprägung auch in der Größenordnung von mehreren 10.000,00 € liegen.

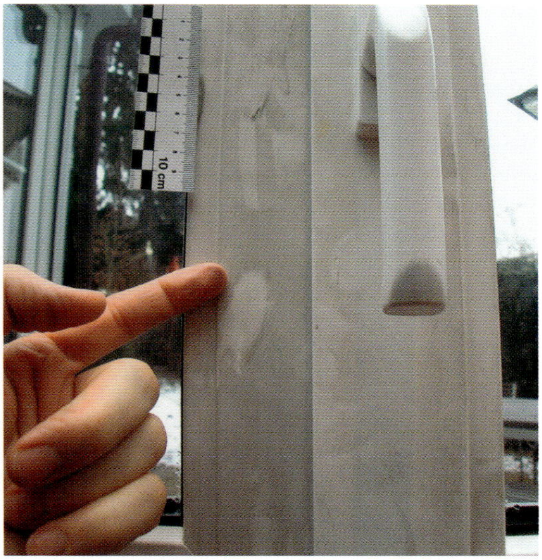

Abb. 7.34: Die Wischprobe mit dem Finger zeigt einen Schmierfilm auf einem Kunststofffensterelement.

Abb. 7.35: Grauer Schmierfilm auf einer Glasscheibe

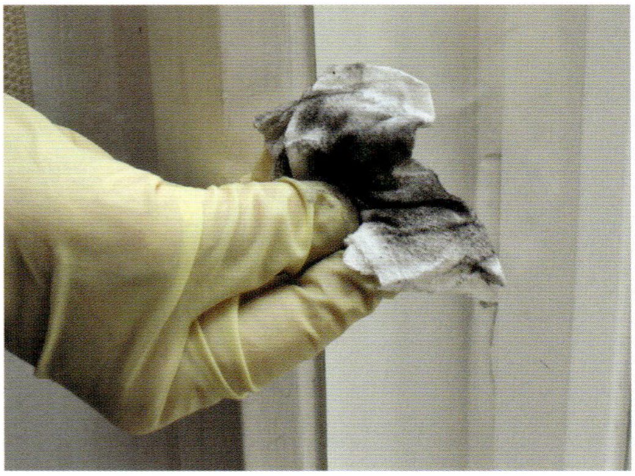

Abb. 7.36: Wischprobe mit einem Tuch auf einer Glasscheibe für die labortechnische Untersuchung

7.10 Geruchsübertragung über Installationsschächte

Schadensbild

In einer mehrgeschossigen Wohnanlage mit deckungsgleichen, übereinanderliegenden Wohnungsgrundrissen wird in einem Wohnungsbad eine Geruchsübertragung aus der darunterliegenden Wohnung festgestellt. Die sanitäre Erschließung der Wohnungsbäder erfolgt über einen gemeinsamen Steigschacht. Dieser ist als raumhohe Abkofferung einer Vorwandinstallation ausgeführt. In der Schachtabkofferung befinden sich jeweils Öffnungen für die Absperrventile der Stranginstallationen, für Wasserzähler und für die Abdeckung des in den Steigschacht integrierten Unterputzspülkastens der Toilette. Die Einbauteile der sanitären Installation sind nicht luftdicht an die Schachtabkofferung angeschlossen. Die Durchdringungen sind mit handelsüblichen Aufsteckrosetten bzw. Abdeckungen verschlossen.

Zur Feststellung etwaiger Luftaustritte aus den Öffnungen der Schachtabkofferung wurden zunächst die Abdeckrosetten abgenommen. Mithilfe eines Rauchstiftes, der nach dem Anzünden mit deutlich sichtbarer Rauchentwicklung glimmt, wurde an der Öffnungsstelle der Schachtabkofferung ausströmende Luft sichtbar gemacht (siehe Abb. 7.37).

In einer anderen Wohnanlage mit vergleichbarer baulicher Situation wurde eine Luftübertragung über Schachtöffnungen für den Unterputzspülkasten der Toilette und für den Sicherungskasten vorgetragen. Für die Feststellung der Übertragungswege wurde die unten gelegene Wohnung mit einem künstlichen Nebel beaufschlagt. In der oben liegenden Wohnung wurde mit einer mechanischen Luftabsaugung ein Unterdruck erzeugt. Dem Druckgefälle folgend entstand eine Luftströmung von der unteren Wohnung über den gemeinsamen Steigschacht in die obere Wohnung. Der Luftaustritt in der mit Unterdruck beaufschlagten Wohnung wurde durch den mitgeführten Nebel deutlich sichtbar (siehe Abb. 7.38 und 7.39).

Ursachen

Die Abkofferung des Installationsschachtes ist jeweils nicht in feuerbeständiger Bauart ausgebildet. An den Installationsdurchführungen für Steckdosen, Wasserspülkasten, Wasserzähluhren und Strangabsperrventile besteht eine offene Verbindung zwischen Bad und Schachtraum. Aus Gründen des vorbeugenden baulichen Brandschutzes ist in diesem Fall eine Abschottung auf Höhe der Geschossdecke zwischen den beiden übereinanderliegenden Wohnungen erforderlich. Diese Abschottung innerhalb des Schachtes ist nicht luftdicht ausgebildet. Der festgestellte Luftaustritt aus dem Schachtraum belegt dies.

Abgeschlossene Wohnungen müssen durch bauliche Anlagen von anderen Nutzungseinheiten so abgetrennt werden, dass einer Übertragung von Feuer und Rauch wirksam vorgebeugt wird, vermeidbare Schallübertragungen im Wege der Luftschallausbreitung verhindert werden und keine äußeren Einflüsse auf die Raumlufthygiene eintreten. Zur Sicherstellung dieser Anforderungen sind die trennenden Bauteile zwischen verschiedenen Nutzungseinheiten luftdicht auszubilden. Eine Luftübertragung durch eine Schachtabschottung auf Höhe der Geschossdecke kann zwar auch bei fachgerechter Ausführung der brandschutztechnischen Abschottung über Zwischenräume der Leitungsbündel oder innerhalb der Dämmhülsen bei Rohrleitungen erfolgen. Die hierbei auftretenden Luftströmungen sind in der Regel gering und beeinträchtigen den Brandschutz nicht. Zusätzlich sind jedoch die Anforderungen an eine luftdichte Ausführung aus Gründen des Schallschutzes und der Raumlufthygiene einzuhalten.

Für die nachträgliche Ursachenfeststellung wird in der Regel eine zerstörende Öffnung des Schachtes für einen Zugang zu der Abschottung in der Geschossdecke erforderlich.

Hinweise zur Schadensvermeidung

Ein gemeinsamer Installationsschacht übereinanderliegender Wohnungen ist aus Gründen des bauordnungsrechtlich geforderten vorbeu-

Abb. 7.37: Geradlinig aufsteigender Rauch wird vor der Schachtöffnung durch eine austretende Luftströmung verwirbelt.

Abb. 7.38: Durch Nebelbeimischung sichtbarer Luftaustritt aus der Spülkastenöffnung in einem Steigschacht

Abb. 7.39: Durch Nebelbeimischung sichtbarer Luftaustritt aus der Schachtöffnung für den Sicherungskasten

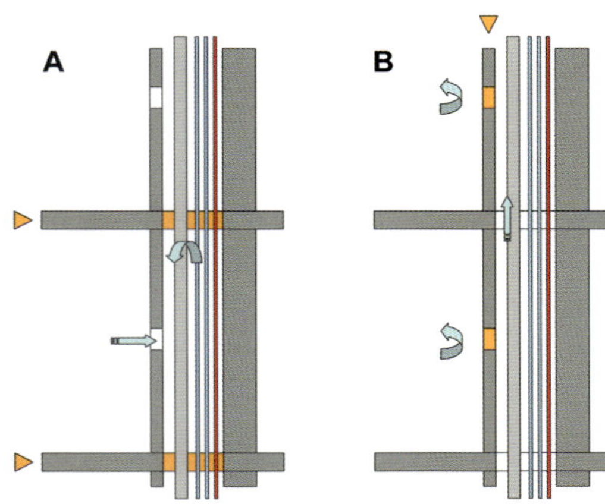

Abb. 7.40: Brandabschottung eines Steigschachtes auf Höhe der Geschossdecke (A) oder alternativ in der Schachtabkofferung (B)

genden baulichen Brandschutzes auf Höhe der Wohnungstrenndecke abzuschotten (siehe Abb. 7.40, Fall A). Der Schachtraum wird brandschutztechnisch dann jeweils der Wohnung zugeordnet. Alternativ kann der Schacht als eigener Brandabschnitt ohne Abschottung auf Höhe der Geschossdecke ausgebildet werden (siehe Abb. 7.40, Fall B). In diesem Fall muss die Abkofferung zwischen der Wohnung und dem Schachtraum aus Brandschutzgründen in feuerbeständiger Bauart entsprechend einer Wohnungstrennwand ausgebildet werden. Die auszuführende Variante ist in dem Nachweis des baulichen Brandschutzes zu planen.

Maßnahmen und Kosten der Instandsetzung

Für die nachträgliche Abschottung des vorbeschriebenen Steigschachtes in einem Bad ist die Schachtabkofferung zu öffnen, die Abschottung im Bereich der Deckendurchführung der Installationsleitungen in einer zugelassenen Bauweise zu ergänzen und der Schacht wieder zu schließen.

Der Kostenaufwand hierfür wurde im vorliegenden Fall unter der Annahme verfügbarer Ersatzfliesen für die Schachtbekleidung mit 1.650,00 € zuzüglich Mehrwertsteuer veranschlagt.

8 Schäden an Decken

Deckenkonstruktionen unterliegen als innen liegende Bauteile keiner unmittelbaren Bewitterung und werden durch mehrschichtige Fußbodenaufbauten sowie Deckenuntersichtbekleidungen (auch in abgehängter Form) oft der unmittelbaren Einsehbarkeit entzogen. Bei Erfahrungswerten in Bezug auf visuell erkennbare Schäden treten Decken damit weniger häufig in Erscheinung. Gleichwohl haben Deckenkonstruktionen wesentliche bauliche Funktionen zu erfüllen:

- Tragsicherheit und Aussteifung eines Gebäudes
- vorbeugender baulicher Brandschutz
- Wärmeschutz als trennendes Bauteil klimatisch unterschiedlich beanspruchter Bereiche
- Schallschutz in Bezug auf die Luftschall- und die Trittschallübertragung

In der Planung und Bemessung von Deckenkonstruktionen werden mit der Verwendung bewährter Regelkonstruktionen, der Dimensionierung durch Fachleute der Tragwerksplanung sowie Kontrollmechanismen wie dem Vieraugenprinzip bei der Prüfung des Standsicherheitsnachweises mögliche Schadensursachen vielfach bereits ausgeschlossen.

Schadensschwerpunkte lassen sich hingegen in der Bauausführung und in einer fehlenden Abstimmung der vorgesehenen Nutzung auf die baulichen Gegebenheiten feststellen. Ungenügende handwerkliche Sorgfalt bei der Verarbeitung der Materialien oder eine fehlende Eignung von Materialien oder Bauteilen für den Anwendungszweck lassen Schäden erwarten – wie bei anderen Konstruktionen auch. Beispielhaft seien hierfür Bauwerksabdichtungen in Innenräumen genannt. Die Integration dieser Bauteile in Bodenaufbauten und Wandbekleidungen erfordert weniger aufwendige Lösungen als im Außenbereich üblicherweise eingesetzt. Dennoch können Abdichtungen auch im Innenbereich hinsichtlich Häufigkeit, Dauer, Art der einwirkenden Stoffe usw. als hoch beansprucht gelten, z. B. in Gemeinschaftsduschen oder gewerblichen Küchen. Schäden treten aber auch dann auf, wenn die Konstruktion den mit der tatsächlichen Nutzung verbundenen Beanspruchungen nicht genügt. Dies betrifft häufig Nutzungsänderungen im Gebäudebestand. Deckenbauteile, die in Bezug auf den Wärme- und Feuchteschutz unzureichend dimensioniert sind, bilden Feuchteschäden infolge von Tauwasser aus der Innenluft oder infolge von einwirkendem Wasser aus. Die Instandsetzung solcher Schäden kann dementsprechend mit umfassenden begleitenden Maßnahmen verbunden sein, die über die Erneuerung der schadhaften Bauteile hinausgehen können.

8.1 Feuchteschäden an Durchführungen von Bodenabläufen

Schadensbild

In einem umgebauten und modernisierten Saunabetrieb treten im Kellergeschoss an der Unterseite der Geschossdecke kurz nach Inbetriebnahme Undichtigkeiten im Bereich der Entwässerungsleitungen der Bodenabläufe auf. Im Laufe der Zeit nehmen die Feuchteschäden weiter zu. Es bilden sich Aussinterungen an den Deckendurchbrüchen der Entwässerungsleitungen und an den Entwässerungsleitungen selbst (siehe Abb. 8.1 und 8.2). Mit zunehmenden Undichtigkeiten tropft Wasser auf darunterliegende Installationsleitungen, technische Geräte und die Bodenflächen.

Der Bodenaufbau im Saunabereich über der Geschossdecke besteht von unten nach oben aus einer Lage Dampfsperre, Wärmedämmung, Trennfolie, Estrich mit Fußbodenheizung und Fliesenbelag auf einer Entkoppelungsmatte. Die Abdichtung der Bodenfläche war planerisch der Entkoppelungsmatte zugeordnet. Die Entkoppelungsmatte, bestehend aus einer Kunststoffbahn mit runden Vertiefungen, wurde als Riss- und Spannungsausgleich eingebaut, da im Saunabereich sowohl neue Estriche als auch bestehende Estriche vorhanden sind.

Aus dem Bautagebuch und der Bilddokumentation des Bauleiters war zu entnehmen, dass die Bodenabläufe nachträglich, d. h. nach Einbau der Estriche und Verlegung der Fliesen, in dazu vorgesehene Aussparungen eingebaut wurden. Die Entkoppelungsmatte war im Bereich der Bodenabläufe ausgespart (siehe Abb. 8.3). Im Zuge der weiteren Ausführung wurde der Abdichtungsanschluss zwischen Entkoppelungsmatte und Bodenablauf durch Auftrag einer mineralischen Dichtungsschlämme ergänzt (siehe Abb. 8.4). Eine gesonderte Gewebeeinlage im Anschlussbereich wurde nicht eingebaut.

Ursachen

Die Feuchteschäden werden durch den fehlenden Abdichtungsanschluss zwischen Flächenabdichtung und Bodenablauf verursacht. Die eingebaute mineralische Dichtungsschlämme ist hierfür ungeeignet, da weder das erforderliche Gewebeband eingebaut ist noch ein fachgerechter Anschluss an die Entkoppelungsmatte hergestellt werden kann.

Bodenabläufe sind so in den Fußbodenaufbau einzubauen, dass ein dauerhaft dichter Anschluss zwischen Bodenablauf und Bodenabdichtung entsteht. Hierfür werden je nach Fußbodenaufbau ein- oder zweistöckige Bodenabläufe eingebaut. Einstöckige Bodenabläufe werden bei Fußbodenaufbauen mit 1 Abdichtungsebene eingebaut, zweistöckige Elemente sind bei Fußbodenaufbauten mit 2 Abdichtungsebenen erforderlich. Beide Bauarten weisen sog. Anschlussflansche auf, an die die Abdichtung angeschlossen werden kann. Der Einbau der Bodenabläufe hat in der Regel mit der Erstellung der Flächenabdichtung zu erfolgen.

Im vorliegenden Fall wurde für die Abdichtung des Saunabereiches eine einzige Abdichtungsebene vorgesehen. Die Abdichtungsfunktion sollte die Entkoppelungsmatte übernehmen. Zur fachgerechten Abdichtung wäre ein dauerhaft dichter Anschluss der Entkoppelungsmatte an den Abdichtungsflansch des Bodenablaufes erforderlich gewesen. Dies wurde nicht ausgeführt, wäre technisch aber auch gar nicht möglich gewesen, da der Flansch des Bodenablaufes nicht für einen Anschluss einer 3 mm starken und steifen Matte vorgesehen ist. Im Übrigen ist die Entkoppelungsmatte nach Angaben des Produktherstellers gar nicht als Abdichtung geeignet.

Hinweise zur Schadensvermeidung

Angaben über die Ausführung der Abdichtung von Bodenflächen in hoch wasserbelasteten Bereichen wie z. B. Saunabetrieben sind sowohl in DIN 18195-5:2011-12 „Bauwerksabdichtungen“ als auch im ZDB-Merkblatt „Hinweise für die Ausführung von Verbundabdichtungen mit Bekleidungen und Belägen aus Fliesen und Platten für den Innen- und Außenbereich“ (vgl. Fachverband Deutsches Fliesengewerbe, 2010) enthalten.

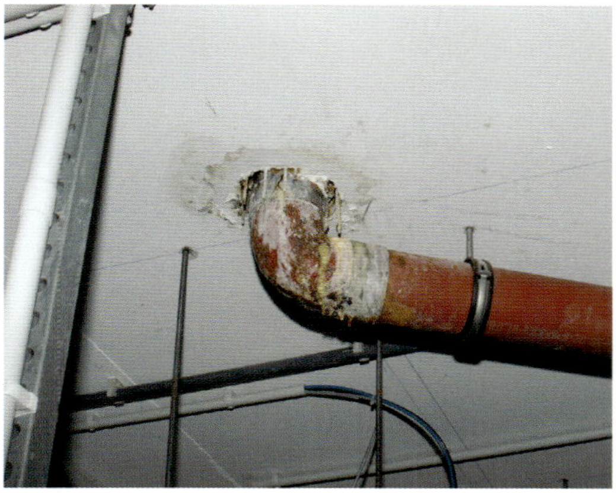

Abb. 8.1: Aussinterungen an Entwässerungsleitungen

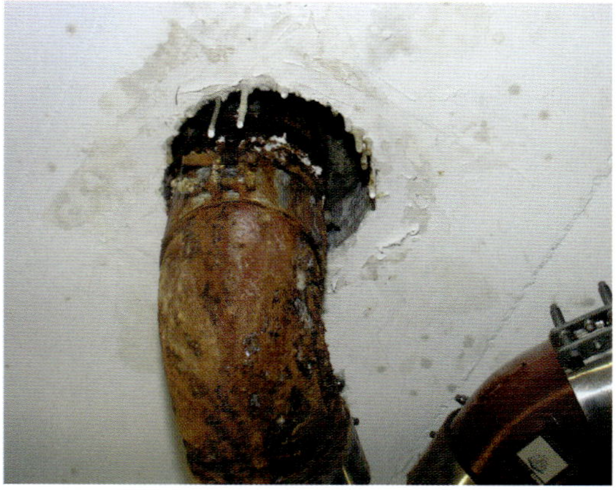

Abb. 8.2: Aussinterungen an der Deckendurchführung

Abb. 8.3: Abdichtung während der Bauzeit; die Entkoppelungsmatte ist ausgespart, der Abdichtungsanschluss fehlt

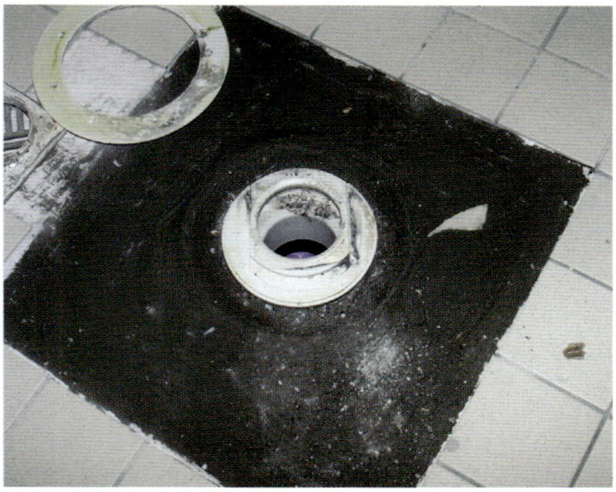

Abb. 8.4: Abdichtungsanschluss am Bodenablauf

Die beiden Regelwerke unterscheiden sich im Wesentlichen darin, dass nach DIN 18195-5: 2011-12 „Bauwerksabdichtungen" die Abdichtungsebene getrennt von der Nutzungsebene (Belagsoberfläche) vorgesehen wird, während in dem o. g. ZDB-Merkblatt Abdichtungen im Verbund mit Fliesen enthalten sind, d. h. Abdichtungen, bei denen Abdichtungsebene und Nutzebene in einer gemeinsamen Schicht zusammengefasst sind. Mittlerweile wird diese Art der Abdichtung auch bei hoch wasserbelasteten Bodenflächen regelmäßig ausgeführt.

Der Einbau von Bodenabläufen ist nach Wahl des Abdichtungssystems sorgfältig zu planen und dem Baufortschritt entsprechend vorzusehen. Bodenabläufe sind im Zuge der Erstellung der Flächenabdichtung einzubauen.

Maßnahmen und Kosten der Instandsetzung

Im vorliegenden Fall muss zur Instandsetzung der undichten Anschlüsse zwischen Bodenabläufen und Flächenabdichtung eine Komplettererneuerung der Flächenabdichtung einschließlich des Fliesenbelages durchgeführt werden.

Die Kosten hierfür waren bei ca. 100 m^2 Bodenfläche mit ca. 170,00 €/m^2 zuzüglich Mehrwertsteuer zu veranschlagen.

8.2 Feuchteschäden an Deckenbauteilen in Holztafelbauweise

Schadensbild

Ein mehrgeschossiges Wohngebäude wurde in einer kombinierten Stahlskelett- und Holztafelbauweise errichtet. Die tragenden Stahlbauteile durchdringen die in Holztafelbauweise ausgebildete Gebäudehülle vielfach.

Im Zuge der laufenden Wohnnutzung wurden an den unbehandelten Holzuntersichten der Deckentafeln an verschiedenen Stellen feuchtigkeitsbedingte Verfärbungen des Holzes sichtbar. Diese gehen jeweils von den Anschlussfugen der einzelnen Holztafelelemente an andere Bauteile aus. Nach dem Freilegen der Bauteilanschlüsse wird ersichtlich, dass an den Verbindungsstellen klaffende Fugen mit einer Fugenbreite bis ca. 1 cm vorhanden sind. Die Fugen sind teilweise mit Dämmstoff ausgestopft (siehe Abb. 8.5). An der Deckenanschlussfuge eines Fensterelementes lässt sich abschnittsweise ein Schraubenzieher von außen nach innen durchstecken (siehe Abb. 8.6).

Ursachen

Die Gebäudehülle weist an den Verbindungsstellen der einzelnen Holztafelelemente untereinander, an den Durchdringungsstellen der tragenden Stahlbauteile und an den Baukörperanschlüssen der Fensterelemente eine Vielzahl von Fugen auf, an denen die Luftdichtheitsschicht der Konstruktion unterbrochen ist. Über diese Leckagestellen findet ein konvektiver Wasserdampftransport von innen nach außen statt und durch die Abkühlung fällt in der Konstruktion Tauwasser aus. Das Tauwasser durchfeuchtet die Holztafeln. Im Zuge der Abtrocknung an die Raumluft treten dort feuchtigkeitsbedingte Verfärbungen und Abzeichnungen des Holzes auf.

Die Holztafelelemente sind mit einer Luftdichtheitsschicht innerhalb des Konstruktionsaufbaus ausgerüstet. Diese kann in den einzelnen Elementen fertigungstechnisch auch zielsicher hergestellt werden. Für die unvermeidbaren Montagestöße sind entsprechende Folienanschlüsse vorgesehen, die beim Zusammenfügen der Elemente auf der Baustelle innerhalb des Fugenraumes miteinander verklebt werden können. An den Durchdringungsstellen der tragenden Stahlbauteile, Fensteranschlüssen usw. entstehen zudem dreidimensionale Fügestellen, an denen vorbereitete Folienanschlüsse miteinander luftdicht verbunden oder Fugenabdichtungen örtlich ergänzt werden müssen.

Die Luftdichtheitsschicht ist an den Verbindungen, Durchdringungen und Anschlüssen der unterschiedlichen Bauteile konstruktiv bedingt nicht durchgängig in einer Ebene angeordnet (siehe Abb. 8.7). Die wechselnden Ebenen der luftdichten Schicht lassen eine lückenlos durchgehende luftdichte Verklebung der Anschlüsse nicht zu. In der Folge verbleiben sowohl konstruktiv bedingte Fehlstellen als auch die durch die handwerkliche Ausführung der mitunter nur eingeschränkt zugänglichen Anschlüsse bedingten Fehlstellen in der luftdichten Gebäudehülle (siehe Abb. 8.8). Die dadurch konvektiv eingetragenen großen Wasserdampfmengen erzeugen eine vergleichsweise große Tauwassermenge an den Fehlstellen. Die Feuchtigkeitseinwirkungen sind an den unbehandelten Holzoberflächen gut sichtbar.

Wände und Dächer müssen luftdicht sein, damit Schäden durch konvektiven Tauwasserausfall vermieden werden (vgl. DIN 4108-3:2001-07 „Wärmeschutz und Energieeinsparung in Gebäuden“ sowie die Anmerkungen zur Planung und Ausführung der Luftdichtheitsschicht in DIN 4108-7:2011-01 „Wärmeschutz und Energie-Einsparung in Gebäuden“).

Hinweise zur Schadensvermeidung

Die Luftdichtheitsschicht muss bereits in der Planung festgelegt und möglichst durchgehend in einer Ebene angeordnet werden. Für die Ausführung notwendige Unterbrechungen müssen so konzipiert werden, dass eine nachträgliche Verbindung handwerklich einfach und lückenlos sicher hergestellt werden kann. Die Ausführung auf der Baustelle soll durch Augenschein gut kontrollierbar sein. Verbindungsstellen müssen zudem mechanisch gesichert werden.

Abb. 8.5: Holztafelelement mit dunkelgrauen feuchtigkeitsbedingten Verfärbungen ausgehend von einer Bauteilanschlussfuge

Abb. 8.6: Holztafelelement mit bräunlicher feuchtigkeitsbedingter Verfärbung ausgehend von der Deckenanschlussfuge eines Fensterelementes

Abb. 8.7: Verbindung von Stahlbau- und Holztafelbauteilen mit Unterbrechung der Luftdichtheitsschicht

Abb. 8.8: Fehlstelle durch Faltenbildung der Luftdichtheitsschicht bei der handwerklichen Ausführung der Verklebung

Zweidimensionale Anschlüsse sind dreidimensionalen Durchdringungen unbedingt vorzuziehen.

Maßnahmen und Kosten der Instandsetzung

Im vorliegenden Fall waren die fehlerhaften Bauteilverbindungen größtenteils nachträglich nicht mehr zerstörungsfrei zugänglich. Die Anschlüsse wurden deshalb zusätzlich an den zugänglichen Oberflächen verklebt und durch Leisten abgedeckt. Die Kosten hierfür waren bei ca. 250 lfm Fugenlänge mit ca. 25,00 €/lfm zuzüglich Mehrwertsteuer zu veranschlagen.

8.3 Wasserflecken an den Randplatten einer abgehängten Unterdecke (1)

Schadensbild

In dem eingeschossigen Gebäudetrakt eines Verbrauchermarktes befinden sich die Räumlichkeiten einer separaten Ladeneinheit. Den oberen Gebäudeabschluss bildet ein mit Dachsteinen gedecktes Satteldach.

Im Verkaufsraum, der mit einer abgehängten Unterdecke ausgestattet ist, sind im Anschlussbereich an die Wände kreisförmige Verfärbungen an den Rasterdeckenplatten aufgetreten (siehe Abb. 8.9). Augenscheinlich handelt es sich bei diesen Erscheinungen um Tropfwasserflecken.

Im Luftraum oberhalb der abgehängten Deckenkonstruktion wurde eine Dampfbremse aus einer Polyethylenfolie vorgefunden (siehe Abb. 8.10). Die Folie ist durch Klebeverbindung an die Wandflächen angeschlossen. Über der in Abb. 8.9 dargestellten Deckenplatte mit Wasserfleck ist eine Fehlstelle in der Verklebung vorhanden. Dort ist die Dampfbremse nicht dicht an die Wand angeschlossen. Unter dieser Leckstelle sind im Luftraum oberhalb der abgehängten Deckenkonstruktion Wasserablaufspuren an der verputzten Wandoberfläche entstanden (siehe Abb. 8.11).

An anderen Stellen hat sich die Klebeverbindung durch Faltenbildungen der Folie von der Wandoberfläche gelöst. Im Eckbereich ist die Dampfbremse unmittelbar an das Ziegelmauerwerk angeschlossen, da dort der Innenputz nicht weit genug hochgeführt wurde (siehe Abb. 8.12).

Ursachen

Bei den Fleckenbildungen an den Rasterdeckenplatten der abgehängten Deckenkonstruktion handelt es sich um Tropfwasserspuren. Deren Ursache besteht im vorliegenden Fall darin, dass die als Dampfbremse eingebaute Kunststofffolie stellenweise nicht luftdicht an die Wände angeschlossen ist. An den undichten Stellen wird durch Konvektion Wasserdampf an die kalte Unterseite der Dachdeckung transportiert. Das dort ausfallende Tauwasser tropft auf die Dampfbremse ab und tritt an den Leckstellen beim Wandanschluss aus. Hierauf weisen die Wasserablaufspuren an der Wandoberfläche im Luftraum über der abgehängten Deckenkonstruktion hin.

Unabhängig davon stellt die direkte Verklebung der Dampfbremse auf der unverputzten profilierten Oberfläche der Mauerziegel eine nicht fachgerechte Ausführung dar. Ein dauerhaft luftdichter Anschluss lässt sich auf diese Weise nicht herstellen.

Hinweise zur Schadensvermeidung

Über undichte Anschlüsse von Dampfbremsen werden durch konvektiven Wasserdampftransport um ein Vielfaches größere Wassermengen in eine Konstruktion eingetragen als auf dem Weg der Wasserdampfdiffusion. Hierdurch können gravierende Folgeschäden an den im Allgemeinen durch raumseitige Bekleidungen verdeckten Bauteilen entstehen. Besonders gefährdet sind Holzkonstruktionen, da eine andauernde Feuchteeinwirkung durch Tauwasserausfall eine Schädigung durch holzzerstörende Pilze zur Folge haben kann. Allein schon deshalb ist es von großer Wichtigkeit, dass Dampfbremsen entsprechend den anerkannten Regeln der Technik unter Anwendung einer besonderen planerischen und handwerklichen Sorgfalt dauerhaft luftdicht an angrenzende Bauteile und Durchdringungen angeschlossen werden. Dabei ist insbesondere zu beachten, dass last- und materialbedingt zu erwartende Bewegungen bzw. Verformungen konstruktiv oder durch den Einsatz geeigneter Materialien berücksichtigt werden. Ferner muss eine ausreichende Haftverbindung bzw. Komprimierung sichergestellt sein.

Für die Herstellung luftdichter Anschlüsse ist es notwendig, dass die Anschlussflächen ausreichend glatt und eben sind, wie z. B. fehlerfrei hergestellte Putzoberflächen.

Planungsempfehlungen und Beispiele für fachgerecht ausgeführte Anschlüsse in Form von Prinzipskizzen finden sich in DIN 4108-7: 2011-01 „Wärmeschutz und Energie-Einsparung in Gebäuden“.

Abb. 8.9: Wasserfleck in einer Rasterdeckenplatte beim Wandanschluss

Abb. 8.10: Oberhalb der abgehängten Deckenkonstruktion befindet sich eine Dampfbremse.

Abb. 8.11: Wasserablaufspuren unterhalb eines undichten Wandanschlusses der dampfbremsenden Folie

Abb. 8.12: Die Verklebung der Dampfbremse auf dem unverputzten Ziegelmauerwerk ist mangelhaft.

Aus Gründen der Schadensprävention wird dringend empfohlen, vor dem Anbringen der raumseitigen Bekleidung eine Qualitätskontrolle durchzuführen, z. B. in Form einer Zwischenabnahme.

Maßnahmen und Kosten der Instandsetzung

Die Instandsetzung umfasste die umlaufende und fachgerechte Nachbesserung des Anschlusses der Dampfbremse an die Wände. Hierzu musste die Folie in allen Bereichen bis auf die verputzte Wandfläche heruntergeführt und an diese entsprechend den anerkannten Regeln der Technik luftdicht angeschlossen werden. Die Unterdecke konnte verbleiben, für die Nachbesserung mussten lediglich die lose aufliegenden Rasterdeckenplatten beim Wandanschluss herausgenommen werden.

Die Instandsetzungskosten wurden auf der Grundlage einer groben Abschätzung des voraussichtlich anfallenden Zeit- und Materialaufwands auf insgesamt 900,00 € zuzüglich Mehrwertsteuer beziffert. Die von der Nachbesserung betroffene Wandlänge beträgt ca. 76 m.

8.4 Wasserflecken an den Randplatten einer abgehängten Unterdecke (2)

Schadensbild

Im Zuge einer Instandsetzungsmaßnahme wurde die alte Stahlbetondachdecke eines eingeschossigen Bürogebäudes durch ein aufgeständertes, flachgeneigtes Satteldach mit einer Stahltrapezblechdeckung überspannt. Einige Jahre später tropft in einem Büroraum nach starken Regenfällen Wasser aus der abgehängten Rasterdecke. Im Wandanschlussbereich zeigen sich an den Mineralfaserdeckenplatten feuchtigkeitsbedingte bräunliche Verfärbungen in Form von Wasserflecken (siehe Abb. 8.13).

Oberhalb des betroffenen Büroraums schließt das Trapezblechdach über ein Anschlussblech an die aufgehende, ebenfalls mit Trapezblechen bekleidete Außenwand eines zweigeschossigen Nebengebäudes an. Der dachseitige Schenkel des Wandanschlussblechs ist ca. 300 mm lang, überdeckt 2 Obergurte und ist zur Dachfläche abgekantet. Nach Öffnung der Fassadenbekleidung zeigt sich, dass die wandseitige Blechaufkantung eine Schenkellänge von ca. 50 mm aufweist (siehe Abb. 8.14).

Zur Dachentwässerung sind an der Traufe Dachrinnen aus Kastenprofilen mit einem unter die Trapezblechdeckung geführten Schenkel von ca. 60 mm Länge angeordnet. Der seitliche Überstand der Trapezbleche in die Kastenrinne beträgt ca. 30 mm (siehe Abb. 8.15).

Die Firstabdeckung besteht aus glatten, ca. 38 cm breiten, mittig gekanteten Blechen, die mit Schrauben in den Trapezblech-Obergurten befestigt sind (siehe Abb. 8.16). Die Untergurte sind am verdeckten Firstpunkt aufgekantet. Profilfüller sind nicht vorhanden.

Ursachen

Die braunen Verfärbungen an den Deckenplatten sind durch Wassereintritte über die fehlerhaft ausgeführten An- und Abschlüsse im First-, Trauf- und Wandanschlussbereich des Trapezblechdaches verursacht worden.

Bei der Ermittlung der Schadensursache stellte sich heraus, dass bereits kurze Zeit nach Schadenseintritt der Anschluss des Trapezblechdaches an die aufgehende Außenwand des zweigeschossigen Nebengebäudes nachgebessert wurde. Dabei wurde das zunächst vorhandene Anschlussblech, das nur einen Obergurt überdeckte und beim Anschluss an die Dachfläche mit einem Klebeband abgedichtet war, gegen ein neues Anschlussblech ausgetauscht. Aus der Tatsache, dass danach keine erneuten Wassereintritte beobachtet wurden, ergibt sich, dass die Wasserflecken an der abgehängten Rasterdecke primär durch Wassereintritte über den undichten Anschluss der Stahltrapezblechdeckung an die aufgehende Außenwand des zweigeschossigen Nebengebäudes entstanden sind.

Aber auch an dem nachgebesserten Wandanschluss sowie bei den An- und Abschlüssen im Trauf- und Firstbereich wurden Ausführungsfehler festgestellt, die sich negativ auf die Dichtigkeit des Daches auswirken können.

Das ist zum einen der mit einer Länge von ca. 50 mm deutlich unterdimensionierte senkrechte Schenkel des Wandanschlussblechs. Nach Tabelle AI.8 der „Fachregel für Metallarbeiten im Dachdeckerhandwerk“ (vgl. Zentralverband des Deutschen Dachdeckerhandwerks – Fachverband Dach-, Wand- und Abdichtungstechnik e.V., 2011) betragen die Mindesthöhen für seitliche Wandanschlüsse abhängig von der Dachneigung zwischen 80 und 150 mm.

Des Weiteren ist der Traufabschluss zur sicheren Vermeidung von Wassereintritten im Traufbereich ungeeignet. Bei dem vorhandenen seitlichen Überstand der Trapezbleche in die vorgehängten Kastenrinnen von nur ca. 30 mm fehlt das gemäß o. g. Fachregel bei seitlichen Überständen unter 50 mm zwingend einzubauende Rinneneinlaufblech. Der unter die Trapezbleche geführte Schenkel des Kastenprofils kann dieses nicht ersetzen, da die vorhandene Überdeckung nur ca. 90 mm (60 mm Schenkellänge und 30 mm seitlicher Überstand der Trapezbleche) beträgt. Diese muss jedoch gemäß Abschnitt 6.2 der o. g. Fachregel bei Dachneigungen unter 15° mindestens 200 mm betragen.

Die Aufkantung der Untergurte am Firstpunkt ist zur sicheren Vermeidung von Wassereintrit-

Abb. 8.13: Wasserflecken an den Mineralfaserplatten der abgehängten Rasterdecke beim Anschluss an die Wand zum zweigeschossigen Nebengebäude

Abb. 8.14: Anschluss der Stahltrapezblechdeckung an die Außenwand des zweigeschossigen Nebengebäudes mit einer nur ca. 5 cm hohen Aufkantung des Anschlussbleches

Abb. 8.15: Kastenrinne mit höhengleicher Vorder- und Hinterkante und einem dachseitigen Schenkel von ca. 60 mm Breite

Abb. 8.16: Firstkappe ohne Profilfüller

ten allein nicht ausreichend, es fehlen die zusätzlich erforderlichen Profilfüller.

Hinweise zur Schadensvermeidung

Die An- und Abschlüsse von Trapezblechdeckungen sind von maßgeblicher Bedeutung für die Dichtheit des Daches. Sie müssen daher sorgfältig geplant und fachgerecht ausgeführt werden. Die Anschlussdetails für Standardausführungen können den maßgeblichen technischen Regelwerken entnommen werden.

Maßnahmen und Kosten der Instandsetzung

Zur Instandsetzung mussten die An- und Abschlüsse im Trauf-, First- und Wandanschlussbereich fachgerecht nachgebessert werden. Es wurde vorgeschlagen, die vorhandene Firstabdeckung auf der Gesamtlänge von ca. 36 m durch einen mehrteiligen Entlüftungsfirst nach den Vorgaben des Systemherstellers zu ersetzen. An den Traufseiten (Gesamtlänge ca. 72 m) sollten im Zuge der erforderlichen Neuherstellung der Dachrinnen Rinneneinlaufbleche eingebaut werden. Des Weiteren war eine Neuherstellung des seitlichen Anschlusses an die aufgehende Außenwand des Nebengebäudes vorzunehmen.

Der Kostenaufwand wurde einschließlich Gerüstkosten auf insgesamt 11.800,00 € zuzüglich Mehrwertsteuer beziffert.

8.5 Schimmelpilzbefall an der Decke zu einem unbeheizten Dachraum

Schadensbild

In den Wohnräumen einer Mietwohnung im Obergeschoss eines Mehrfamilienwohnhauses, das in den 1960er-Jahren erbaut wurde, ist vorwiegend an der Unterseite der Stahlbetondecke zu einem unbeheizten Dachboden massiver und großflächiger Schimmelpilzbefall aufgetreten (siehe Abb. 8.17 bis 8.19).

Um feststellen zu können, ob der Schimmelpilzbefall an der Deckenunterseite auf eine zu geringe Wärmedämmung der obersten Geschossdecke zurückzuführen ist, wurde eine thermografische Untersuchung veranlasst.

Ursachen

Der Schimmelpilzbefall an der Deckenunterseite ist nach dem vorgefundenen Schadensbild infolge einer Oberflächenbefeuchtung durch Tauwasserausfall bzw. Kapillarkondensation entstanden. Durch eine thermografische Untersuchung wurde festgestellt, dass der Wärmeschutz der obersten Geschossdecke ausreichend ist, um bei ausreichender Beheizung und Lüftung der Wohnräume Schimmelpilzbefall an der Deckenunterseite zu vermeiden.

Die quantitative Auswertung der thermografischen Messungen ergab, dass die zur Schimmelpilzvermeidung rechnerisch erforderliche Mindestoberflächentemperatur an der Deckenunterseite nicht unterschritten wird. Durch ausreichende Beheizung und Lüftung der Wohnräume hätte also eine Besiedlung dieses Bauteils mit Schimmelpilzen verhindert werden können. Die Tatsache, dass zudem auch an anderen Bauteilen mit gemessenen Oberflächentemperaturen über dem rechnerisch erforderlichen Mindestwert Schimmelpilzbefall aufgetreten war, ist ein weiteres Indiz für ein Fehlverhalten der Bewohner.

Hinweise zur Schadensvermeidung

Unabhängig von Alter und Bauweise muss ein zum dauerhaften Aufenthalt von Menschen bestimmtes Gebäude so beschaffen sein, dass die Räume bestimmungsgemäß und uneingeschränkt, insbesondere ohne gesundheitliche Risiken, genutzt werden können. Ist der bauliche Wärmeschutz so gering, dass auch bei einem fehlerfreien Nutzerverhalten Schimmelpilzschäden auftreten können, sollten Maßnahmen zur wärmeschutztechnischen Nachrüstung des Gebäudes ergriffen werden.

Zur Vermeidung von Feuchtigkeitsschäden durch Tauwasserausfall oder Kapillarkondensation sollen genutzte Wohnräume in der kalten Jahreszeit auf mindestens 20 °C beheizt und ausreichend gelüftet werden.

Als Grenzwert einer ausreichenden Beheizung von Wohnräumen während der Nutzungszeit kann eine Raumlufttemperatur von 18 °C angenommen werden.[1)] Dauerhaft niedrigere Raumlufttemperaturen können als nicht wohnüblich eingestuft werden, sie erhöhen zudem die Schimmelpilzgefahr infolge unzureichender Erwärmung der Innenoberflächen.

Zur sicheren Vermeidung von Schimmelpilzbefall sollte die relative Luftfeuchte in Wohnräumen während der Heizperiode einen Grenzwert von 50 % bei einer Raumlufttemperatur von 20 °C nicht dauerhaft übersteigen. Für den Mindestwert der Wohnraumlufttemperatur von 18 °C lässt sich durch Umrechnung ein Grenzwert von ca. 57 % für die relative Raumluftfeuchte ermitteln.

Zwischen Räumen mit unterschiedlichen Temperaturen wie z. B. Wohn- und Schlafraum oder Küche und Speisekammer sind die Verbindungstüren in der Heizperiode geschlossen zu halten. Keinesfalls dürfen niedrig beheizte Räume durch Öffnen der Türen temperiert werden. Dieses sehr häufig anzutreffende Fehlverhalten

1) Bei Nachtabsenkungen der Heizungsanlage können die Raumlufttemperaturen in Wohnräumen während der nutzungsfreien Zeit vorübergehend auch unter 18 °C abfallen.

Abb. 8.17: Schimmelpilzbefall an den Wand- und Deckenflächen im Flur

Abb. 8.18: Schimmelpilzbefallener Deckenbereich im Flur

fördert die Entstehung tauwasserbedingter Schimmelpilzschäden.

Maßnahmen und Kosten der Instandsetzung

Bei einem derart massiven und großflächigen Befall muss der Putz in den betroffenen Bereichen unter Einhaltung der erforderlichen Sicherheits- und Schutzmaßnahmen vollständig entfernt werden. Nach Desinfektion des Putzgrundes kann dann ein neuer Innenputz aufgebracht werden. Die nicht besiedelten, lediglich durch Staubablagerungen kontaminierten Flächen müssen gründlich gereinigt werden.

Für die Neuherstellung des Innendeckenputzes einschließlich Desinfektion des Putzgrundes und den abschließenden Anstrich der Deckenflächen kann ein Kostenrichtwert zwischen 50,00 und 55,00 €/m^2 zuzüglich Mehrwertsteuer angenommen werden.

Für Reinigungsarbeiten an den primär nicht befallenen, jedoch durch Staubablagerung kontaminierten Flächen können die folgenden Kostenrichtwerte (jeweils zuzüglich Mehrwertsteuer) angenommen werden:

- für das Absaugen von Boden-, Wand- und Deckenflächen: 1,70 bis 2,20 €/m^2
- für die Feuchtreinigung kontaminierter Flächen: 4,50 bis 5,50 €/m^2

Abb. 8.19: Schimmelpilzbefall an der Deckenunterseite im Badezimmer

Zusätzliche Kosten können durch Schutz- und Abschottungsmaßnahmen anfallen. Sie können nur einzelfallbezogen angegeben werden. Im vorliegenden Fall konnte davon ausgegangen werden, dass keine nennenswerten Kosten für Schutz- und Abschottungsmaßnahmen anfallen, da die Wohnung nicht mehr bewohnt war.

8.6 Blasenbildungen im Deckenputz

Schadensbild

In einem Wohngebäude sind die Untersichten der massiven Deckenkonstruktionen mit einem gefilzten Innenputz bekleidet und farbbeschichtet. An den fertigen Putzoberflächen zeichnen sich vielfach Beulen mit runder Form und einem Durchmesser von ca. 2 bis 5 cm sowie einer Dicke von ca. 1 bis 3 mm ab. Die Beulen sind bei diffusem Tageslicht aus einem gebrauchsüblichen Betrachtungsabstand gut sichtbar. Die Stellen mit sichtbaren Beulenbildungen weisen bei einem vorsichtigen Abklopfen mit dem Fingernagel einen leichten Hohlklang auf. Beim Eindrücken einzelner Beulen zeigt sich, dass sich der Deckenputz mit einer Blasenbildung von dem Putzuntergrund abgelöst hat (siehe Abb. 8.20 bis 8.23).

Ursachen

Bei den Beulen bzw. Blasenbildungen an der geputzten Deckenuntersicht handelt es sich um Lufteinschlüsse, die hinsichtlich Anzahl und Ausprägung das unvermeidbare Maß einzelner Fehlstellen deutlich übersteigen. Ein einheitliches optisches Erscheinungsbild der geputzten Deckenuntersicht wird nicht erreicht. Dies stellt einen optischen Mangel dar.

Beim Verarbeiten und Zureiben des frischen Putzmörtels können Lufteinschlüsse entstehen, die auch nach dem Aushärten im Putz verbleiben. Die den Lufteinschluss überziehende dünne Putzschicht hängt im frischen Zustand unter Eigengewicht je nach Größe des Lufteinschlusses mehr oder weniger durch und zeichnet sich dementsprechend an der fertigen Deckenuntersicht als Wölbung ab.

Das Entstehen von Lufteinschlüssen in dem frischen Putzmörtel ist in begrenztem Maß auch bei handwerklich sorgfältiger Ausführung unvermeidbar. Größere Lufteinschlüsse, die sich im Zuge des Erhärtens des Putzmörtels als Blase bzw. Beule abzeichnen, müssen jedoch in einem weiteren Arbeitsgang überarbeitet werden, sodass ein insgesamt einheitliches optisches Erscheinungsbild ohne auffällige Fehlstellen erreicht wird. Für die Beurteilung der Oberflächenqualität sind die im Gebrauchszustand regelmäßig vorherrschenden Lichtverhältnisse (in der Regel diffuses Tageslicht) und ein gebrauchsüblicher Betrachtungsabstand zugrunde zu legen.

Die Festigkeit der Putzbekleidung ist an den Fehlstellen wegen des Lufteinschlusses und des fehlenden kraftschlüssigen Kontaktes zum Putzuntergrund beeinträchtigt. Die angrenzenden blasenfreien Putzflächen sind hiervon nicht betroffen.

Vereinzelte Abzeichnungen an der fertigen Putzoberfläche, z. B. strukturlose Stellen, Bearbeitungsspuren oder kleinere Unebenheiten, sind je nach herzustellender Ausführungsqualität (Qualitätsstufe) zulässig. Bei einer Standardqualität (keine erhöhten Anforderungen) kann eine Schattenfreiheit bei Streiflicht nicht erreicht werden und leicht unterschiedliche Putzstrukturen sind möglich. Einzelne kleinere Lufteinschlüsse, die das optische Erscheinungsbild der fertigen Putzoberfläche nicht nachteilig beeinflussen, beeinträchtigen auch die technische Funktion und Dauerhaftigkeit der Putzbekleidung in der Regel nicht und sind deshalb in der Ausführung nicht zu beanstanden.

Sichtbare Beulen in der Putzoberfläche stellen primär eine optische, aber keine technisch-funktionale Beeinträchtigung dar. Nach dem Aushärten des Putzes ist eine weitere Verschlechterung nicht mehr zu erwarten. Der eigentliche Fehler ist zwar auf die Blasenbildung begrenzt, wegen der optischen Gesamtwirkung ist jedoch meist eine größere Fläche in Mitleidenschaft gezogen.

Hinweise zur Schadensvermeidung

Lufteinschlüsse in der Bekleidung können bei einem maschinellen Auftrag des Frischmörtels und dem anschließenden Egalisieren der Putzoberfläche von Hand nicht vollständig vermieden werden. Bei der Verarbeitung des frischen Putzmörtels ist deshalb darauf zu achten, dass ein möglichst gleichmäßiger Kontaktschluss zum Putzuntergrund hergestellt wird und keine größeren Lufteinschlüsse verbleiben. Werden Blasenbildungen frühzeitig bei noch frischem Putzmörtel erkannt, so können diese

Abb. 8.20: Sichtbare Beulen im Deckenputz

Abb. 8.21: Beulen mit ca. 3 cm Durchmesser

Abb. 8.22: Sichtbarkeit der Beulen aus gebrauchsüblichem Betrachtungsabstand

Abb. 8.23: Geputzte Deckenuntersicht mit sichtbaren und teilweise bereits ausgebesserten Beulen

Fehlstellen noch im Zuge der Ausführung nachgearbeitet werden. Ein in der fertigen Putzoberfläche verbleibender Nachteil ist dann nicht zu erwarten.

Maßnahmen und Kosten der Instandsetzung

Eine lokale Nacharbeitung der Fehlstellen mit Blasenbildungen nach der Fertigstellung und Erhärtung einer Putzbekleidung ist in der Regel wegen der zu erwartenden verbleibenden Strukturabweichungen nicht sinnvoll. Schadhafte Flächen sind daher bis zu den Flächenrändern neu herzustellen.

Der Kostenaufwand für eine Instandsetzung übersteigt in der Regel die ursprünglichen Herstellungskosten, weil zusätzlich Aufwendungen für die Beseitigung der schadhaften Bekleidung und Schutzmaßnahmen für nachträgliche Arbeiten berücksichtigt werden müssen.

Die Instandsetzungskosten waren im vorliegenden Fall bei einer betroffenen Fläche von insgesamt ca. 50 m^2 mit ca. 100,00 €/m^2 zuzüglich Mehrwertsteuer unter Berücksichtigung von Schutzmaßnahmen und nachfolgenden Anstricharbeiten anzusetzen.

8.7 Einzelrisse an einer Deckenstirnseite mit Estrichabschluss

Schadensbild

In einem mehrgeschossigen Treppenhaus in Massivbauweise ist auf den Stahlbetongeschossdecken ein schwimmender Estrich mit einem Bodenbelag aus Naturwerksteinplatten ausgeführt. Die Deckenkonstruktion schließt mit einem freien Rand zu dem Treppenauge hin ab. Der Deckenrand ist mit einer Geländerkonstruktion aus Stahl umwehrt. Die Geländerpfosten sind über Kopfplatten an der Deckenstirnseite befestigt.

Der Bodenbelag steht am freien Deckenrand ca. 2 cm weit über. Die Deckenstirnseite unter dem überstehenden Bodenbelag ist verputzt. In einem Abstand von ca. 2 cm unterhalb des überstehenden Belages befindet sich ein horizontaler Riss an der Deckenstirnseite. Die Rissbreite beträgt ca. 0,1 bis 0,2 mm (siehe Abb. 8.24 und 8.25).

An der Oberfläche des Naturwerksteinbelages verläuft in einem Abstand von ca. 20 cm innerhalb des freien Deckenrandes eine durchgehende Fuge mit einer elastischen Fugenfüllung. Im Verlauf des Materialübergangs zwischen der Unterseite des Bodenbelages und der Deckenstirnseite ist keine Trennfuge ausgebildet. Aus der Anordnung der elastisch verschlossenen Randfuge des Bodenbelages innerhalb des freien Randes ist ersichtlich, dass der Bodenaufbau zu dem Treppenauge hin mit einer Deckenrandaufkantung seitlich eingefasst ist (siehe die schematische Darstellung in Abb. 8.26).

Ursachen

Die Rissbildung an der Deckenstirnseite ist auf unterschiedliche Schwindverformungen zurückzuführen:

- im Mörtelbett der Randplatte des Belages
- in der Deckenrandaufkantung
- in der Deckenkonstruktion am Deckenrand

Bei Überschreiten der von der Kontaktfuge des Materialwechsels maximal aufnehmbaren Spannungen tritt eine Rissbildung auf. Diese zeichnet den Materialübergang nach.

Die Deckenrandaufkantung zur seitlichen Einfassung des schwimmenden Bodenaufbaus auf der Geschossdecke hat zur Folge, dass die schalltechnische Trennung nicht durchgehend in einer Ebene bis zur Deckenstirnseite geführt wird, sondern am inneren Rand der Deckenrandaufkantung als senkrechte Randanschlussfuge bis zur Belagoberseite hochgeführt wird. Dies lässt sich an der Lage der elastisch verschlossenen Randfuge innerhalb der Belagfläche erkennen (siehe Abb. 8.26). Der Randabschluss des Bodenbelages zum Treppenauge hin ist ohne schalltechnische Trennung kraftschlüssig mit der tragenden Deckenkonstruktion verbunden. Die Randplatte des Belages wird auf die Deckenrandaufkantung aufgemörtelt. Die Verbindung zwischen Belag und Mörtelbett sowie zwischen Mörtelbett und Untergrund muss dauerhaft kraftschlüssig hergestellt werden. Diese Ausführung ist grundsätzlich als fachgerecht zu beurteilen.

Bei der Zuordnung der Schadensursache ist die Art der Randausbildung des schwimmenden Bodenaufbaues zu berücksichtigen. Schließt der Bodenaufbau – abweichend vom vorliegenden Schadensbild – ohne eine seitliche Deckenrandaufkantung ab, so muss die schalltechnische Trennung zwischen Bodenaufbau und Deckenkonstruktion mit einer elastischen Fuge an der Deckenstirnseite vorgenommen werden (siehe Abb. 8.27). Eine Rissbildung an der Deckenstirnseite wäre in diesem Fall ein Hinweis auf eine fehlende Trennfugenausbildung.

Hinweise zur Schadensvermeidung

Der tragende Untergrund aufgemörtelter Bodenbeläge muss vor der Verlegung des Belages sorgfältig vorbereitet und insbesondere von Verschmutzungen und losen Teilen gereinigt werden. Der Verlegemörtel muss im Hinblick auf die erforderliche Benetzung der Kontaktflächen ausreichend weich sein. Eine zu weiche Einstellung des Mörtels begünstigt jedoch das Schwindverhalten und reduziert die Standfestigkeit des frischen Mörtels unter dem Eigengewicht des Belages. Die handwerkliche Ausführung des Mörtelbettes erfordert dementsprechend eine besondere Sorgfalt.

Abb. 8.24: Deckenstirnseite am freien Rand der Geschossdecke

Abb. 8.25: Rissverlauf an der Deckenstirnseite unterhalb des Belages

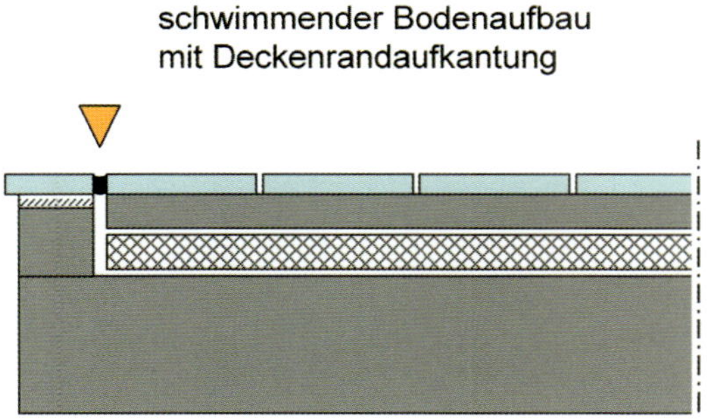

Abb. 8.26: Schematische Darstellung des Konstruktionsaufbaus am freien Deckenrand mit Deckenrandaufkantung

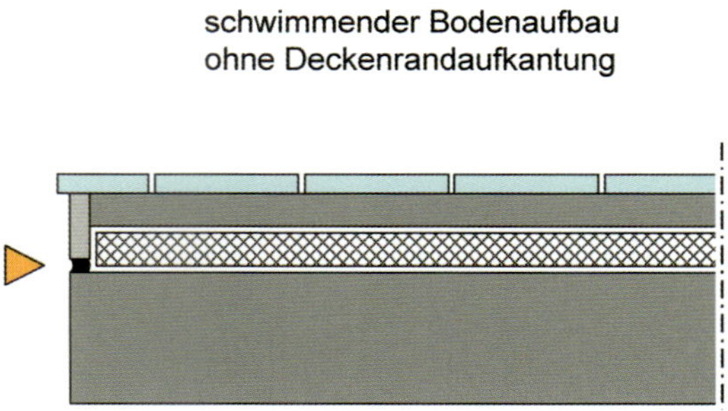

Abb. 8.27: Schematische Darstellung des Konstruktionsaufbaus am freien Deckenrand ohne Deckenrandaufkantung

Maßnahmen und Kosten der Instandsetzung

Für den Fall einer Deckenstirnseite mit einer seitlichen Deckenrandaufkantung (siehe Abb. 8.18) kann eine Rissbildung zwischen kraftschlüssig miteinander verbundenen Schichten ebenfalls wieder kraftschlüssig verschlossen werden, z. B. durch Verspachteln.

Der Kostenaufwand hierfür war im vorliegenden Fall mit insgesamt ca. 33,00 €/lfm Deckenstirnseite zuzüglich Mehrwertsteuer zu veranschlagen.

Für den alternativen Fall einer Deckenstirnseite ohne seitliche Randaufkantung (siehe Abb. 8.27) ist bei einer Rissbildung wegen fehlender Trennfuge nachträglich eine Trennfuge herzustellen und elastisch zu verschließen.

Der Kostenaufwand ist dann mit insgesamt ca. 110,00 €/lfm zuzüglich Mehrwertsteuer zu veranschlagen.

9 Schäden an Treppen

Treppen stellen besonders sensible Bauteile in Bezug auf die Verkehrssicherheit eines Gebäudes dar. Unter dem Aspekt des vorbeugenden Schutzes vor Gefahren bei der Benutzung von Treppen finden sich Anforderungen an die bauliche Gestaltung von Treppen in den baurechtlichen Bestimmungen, in den einschlägigen DIN-Normen oder auch in den Schriften der gewerblichen Berufsgenossenschaften. Im Einzelnen werden damit Abmessungen für die lichte Höhe und Breite eines Treppenraumes, Abmessungen von Stufen für Auftritt und Steigung einschließlich der maximal zulässigen Maßabweichungen, Maße für Umwehrungen und den damit verbundenen Öffnungen oder Anforderungen an die Art und Gestaltung von Handläufen vorgegeben. Erhebliche Abweichungen von diesen Regelanforderungen haben häufig einen baulichen Mangel zur Folge. Dies soll aber in dem vorliegenden Schadenskatalog nicht Gegenstand sein.

Die nachfolgend behandelten Schäden an Treppen resultieren in erster Linie aus Verformungen der Treppenkonstruktion unter planmäßigen Lasteinwirkungen im Gebrauchszustand, d. h. dem Eigengewicht der Konstruktion und Verkehrslasten aus der Nutzung. Letztere sind insbesondere wegen einer dynamischen Lasteinwirkung in Verbindung mit den häufig anzutreffenden sehr schlanken Treppenläufen bedeutsam. Bauteilverbindungen zwischen Treppenlauf und Belag und auch Bauteilanschlussfugen werden auf Dauer wiederkehrenden elastischen Verformungen ausgesetzt. Zudem wirken unvermeidbare bleibende Formänderungen aus Durchbiegungsanteilen unter Eigengewicht und aus materialbedingten Schwindvorgängen auf Treppenbauteile ein. Die kraftschlüssigen, starren Verbindungen z. B. zwischen Treppenlauf und Belag können elastische Verformungen nur sehr begrenzt schadensfrei aufnehmen. Harte Beläge aus Naturwerkstein, Betonwerkstein oder keramischen Fliesen und Platten sind unter statisch einwirkenden Beanspruchungen hoch belastbar, reagieren aber bereits bei geringen Verformungen sensibel mit Rissbildungen oder Hohllagen und Ablösungen. Dies ist bei der Bemessung der tragenden Teile und bei der Konzeption von Fugen in der Planung, aber auch in der handwerklichen Ausführung sorgfältig zu beachten. Trennfugen an den beweglichen Bauteilanschlüssen, z. B. Fugen mit einem elastischen Fugenverschluss an den Auflagern einer Treppe oder an flankierenden Wänden, müssen im Hinblick auf die zu erwartenden Verformungen bemessen werden. Verformungsbehinderungen haben unplanmäßige Zwängungen der Bauteile zur Folge und sind damit eine sehr häufige Schadensursache. Vor allem Beläge lassen aufgrund von belastungsbedingten Verformungen eine vorzeitige Schädigung in ihrer Bettung erkennen. Dies zieht nicht selten die Notwendigkeit einer vollständigen Erneuerung und damit einen erheblichen Kostenaufwand nach sich.

9.1 Ablaufspuren und Durchfeuchtungen an Außentreppen

Schadensbild

Die außen liegende Zugangstreppe in einer Wohnanlage weist an den Seitenflächen der Treppenläufe starke Ablaufspuren in Form von braunen Schmutzfahnen (siehe Abb. 9.1) und weißen Aussinterungen (siehe Abb. 9.2) auf. In einem zweiten Fall zeigen sich an einer außen liegenden Spindeltreppe Farbabblätterungen und Durchfeuchtungen (siehe Abb. 9.3 und 9.4).

Die in Abb. 9.1 und 9.2 dargestellten Treppen sind Bestandteil des Zugangs zu den Wohnungen eines Wohn- und Geschäftshauses. Die erste Treppe vom Erdgeschoss in das erste Obergeschoss besteht aus einem einläufigen geraden Treppenlauf, der als Stahlbetonfertigteil angeliefert und eingebaut wurde. Die zweite Treppe am Eingang zum Treppenhaus wurde vor Ort betoniert. Als Treppenbelag kamen bei beiden Treppen Winkelstufen aus Granit zur Anwendung, die im vollflächigen Mörtelbett auf den Stahlbetontreppenlauf verlegt wurden. Die Tritt- und Setzstufen bestehen aus Granitplatten in einer Dicke von 3 cm. Die Platten weisen einen Überstand von 2 bis 2,5 cm über die Seitenflächen des Stahlbetontreppenlaufes auf. Tropfkanten oder -nuten sind an den Unterseiten der Natursteinplatten nicht angeordnet.

Bei der in den Abb. 9.3 und 9.4 dargestellten Treppe handelt es sich um eine freitragende Spindeltreppe aus Stahlbeton, die als Nottreppe für den zweiten Rettungsweg eines Laubenganges eingebaut wurde. Die Spindeltreppe wurde vor Ort aus den einzelnen vorgefertigten Stahlbetonfertigteilstufen zusammengesetzt. Die Trittstufen sind mit einem Naturwerksteinbelag aus ca. 3 cm dicken Granitplatten versehen. Die Platten sind auf einem Mörtelbett mit einer Stärke von etwa 1 cm verlegt. Die Überstände der Natursteinplatten über die Fertigteilstufen betragen seitlich etwa 2 bis 2,5 cm. Tropfkanten oder -nuten sind an den Unterseiten der Natursteinplatten nicht angeordnet.

Ursachen

Die festgestellten Farbabblätterungen und Aussinterungen resultieren aus einer unzureichenden Ableitung der witterungsbedingt anfallenden Feuchtigkeit und einer fehlenden Abdichtung.

Die Trittstufen der Außentreppen werden witterungsbedingt mit Feuchtigkeit in Form von Regen oder Schnee beaufschlagt. Die anfallenden Niederschläge laufen über die Ränder der Natursteinplatten ab. An den Unterseiten der Platten tropft die Feuchtigkeit wegen fehlender Tropfkantenausbildung nicht ab, sondern erreicht die Seitenflächen der Treppenläufe, um dort abzulaufen. Die mitgeführten Schmutzpartikel führen dann zu den braunen Ablaufspuren.

Ein Teil der Feuchtigkeit dringt kapillar in das Mörtelbett unter den Trittstufen ein. Außerdem sind die Naturwerksteinplatten selbst nicht wasserdicht und lassen einen begrenzten Feuchtetransport durch die Platten zu. Darüber hinaus besteht bei Treppen mit Winkelstufen auch die Möglichkeit von Feuchteeintritten aus den Übergängen zwischen Tritt- und Setzstufen. Die in das Mörtelbett eindringende Feuchtigkeit löst Bestandteile des Kalkes aus dem Mörtelbett. Diese werden mit dem Wasser in die Verdunstungszone transportiert und dort als Kalkablagerungen abgeschieden. Es entstehen weiße Kalkablagerungen (Aussinterungen) an den Seitenflächen der Treppen.

An beiden Treppen fehlen Tropfkanten an den Überständen der Natursteinplatten.

Hinweise zur Schadensvermeidung

Zur Vermeidung derartiger Feuchtebelastungen kann an den überstehenden Natursteinplatten eine Tropfkante angeordnet werden. Aus optischen Gründen sollte so eine Tropfkante aber nicht als über die Unterseite der Platte hervorstehende Kante ausgeführt werden. Die Funktion einer Tropfkante wird an Unterseiten von Natursteinplatten durch eine in den Stein eingefräste dreiecksförmige Nut erreicht. Das an der Unterseite der Platte anfallende Wasser kann eine derartige Nut nicht überwinden und tropft in ausreichendem Abstand von der Unterlage

Abb. 9.1: Ablaufspuren an der Seitenfläche des Treppenlaufs

Abb. 9.2: Treppe zum Eingang mit Aussinterungen an der Seitenfläche

Abb. 9.3: Freitragende Spindeltreppe

Abb. 9.4: Farbabblätterungen und Durchfeuchtungen an gewendelter Außentreppe

ab. Das Mörtelbett und die Stahlbetonfertigteile sind dann vor ungewollten Feuchte- und Schmutzbelastungen geschützt. Zur Vermeidung von Feuchteeintritten über die Übergänge von Tritt- und Setzstufen empfiehlt sich die Ausbildung einer Dichtstofffuge an diesen Übergängen. Die Ausbildung einer solchen Fuge an den Übergängen sollte insbesondere auch bei Treppenläufen zur Anwendung kommen, die auf Durchbiegung beansprucht sind. Durch den Einbau einer Abdichtung im Verbund mit den Werksteinplatten, z. B. mit einer mineralischen Dichtungsschlämme, können die Feuchtezutritte über die Platten zum Mörtelbett wirksam verhindert werden.

Maßnahmen und Kosten der Instandsetzung

Zur Instandsetzung werden die Natursteinplatten gegen Platten mit größeren Überständen und eingefrästen Nuten an der Unterseite ausgewechselt.

Die Kosten waren in beiden Fällen auf ca. 150,00 €/Treppenstufe zuzüglich Mehrwertsteuer zu veranschlagen.

9.2 Fugenausbrüche an Anschlussfugen bei Treppenbelägen aus Naturwerkstein

Schadensbild

Ein Treppenlauf mit einer tragenden Konstruktion aus Stahlbetonfertigteilen und einem Naturwerksteinbelag weist partielle Hohllagen im Bereich der Podestbeläge auf. Die tragende Konstruktion ist als zweifach abgewinkelter Lauf mit 2 Zwischenpodesten konzipiert und besteht aus einem unteren Treppenteil, einem mittleren Treppenteil einschließlich der beiden Zwischenpodeste und einem oberen Treppenteil. Der mittlere Treppenteil ist an den gegenüberliegenden Wänden des Treppenhauses aufgelagert. Der untere und der oberen Treppenteil sind jeweils mit einem Ende auf der Geschossdecke und mit einem Ende auf dem mittleren Treppenbauteil im Bereich der Zwischenpodeste aufgelagert. Die Fertigteile liegen auf einfachen Konsolen auf. Die Anschlussfugen der Treppenkonstruktion an den Geschossdecken und die Koppelungsfugen der Treppenbauteile untereinander im Bereich der Zwischenpodeste sind als bewegliche Verbindung ausgebildet und an den Unterseiten und Stirnseiten der Treppenläufe mit elastischer Fugenmasse verschlossen. Auf den Zwischenpodesten ist der Plattenbelag im Verband auf einem Dickbettmörtel verlegt. Die Podestbeläge weisen im Bereich der Auflager des unteren und des oberen Treppenteils partielle Hohllagen auf. Die Fugen der Podestbeläge sind mit mineralischem Fugenmörtel starr verschlossen. Der Fugenmörtel bricht im Bereich der Hohllagen teilweise aus (siehe Abb. 9.5 bis 9.8).

Ursachen

Die beweglichen Bauteilanschlussfugen an den Koppelungsstellen der Treppenläufe wurden in den Podestbelägen nicht durchgehend von der Oberfläche des Belages bis auf den tragenden Untergrund ausgebildet. Die bei Belastung der Treppenläufe im Gebrauch auftretenden Verformungen können von dem starren Podestbelag über der beweglichen Bauteilanschlussfuge nicht schadensfrei aufgenommen werden. Der Plattenbelag löst sich zunehmend vom Untergrund ab und liegt hohl.

Bodenaufbauten sind durch Bewegungsfugen an ihren Rändern von Wänden, aufgehenden und anschließenden Bauteilen zu trennen. Die Fugen sind mit einer Breite von ca. 5 bis 10 mm durchgehend über die gesamte Dicke des Bodenaufbaues auszubilden. Die Fugenbreite ist so zu dimensionieren, dass die zu erwartenden Bewegungen für die Konstruktion schadensfrei aufgenommen werden können. Formänderungen aufgrund von veränderlichen Lasteinwirkungen treten im Gebrauch als elastisches Federn der Konstruktion, als Verdrehung oder Verschiebung der freien Ränder auf. Wegen der kraftschlüssigen Verbindung des Belages mit der Unterkonstruktion unterliegt auch der Belagaufbau den Formveränderungen des Untergrundes. Schlanke Treppenkonstruktionen können zu größeren Durchbiegungen neigen.

Die Koppelung der Treppenlaufteile über Eck im Bereich der Zwischenpodeste hat zur Folge, dass die Anschlussfugen zweiachsig auf Verdrehung beansprucht werden. Die erforderliche durchgehende Fugenausbildung bis zur Oberseite des Belages fehlt bei den Anschlussfugen der Treppenbauteile. Die Verlegerichtung des Plattenbelages wurde nicht nach den Bauteilfugen im Untergrund ausgerichtet. Die unvermeidbaren Verformungen der Treppenkonstruktion führen zu einer Zwangbeanspruchung des Plattenbelages im Fugenverlauf und in der Folge zu Ablösungen der Platten aus dem Mörtelbett, Fugenausbrüchen und Höhenversätzen.

Eine Verformungsbehinderung wegen fehlender Fugenausbildung hat in der Regel eine fortschreitende Zerstörung zur Folge und kann bis zur flächigen Ablösung des Belages führen.

Hinweise zur Schadensvermeidung

Bewegungsfugen sind mit einer entsprechenden Kennzeichnung in der Ausführungsplanung anzugeben. Hierbei ist auf einen durchgehenden Fugenverlauf zu achten. Die Anordnung der Fugen unterliegt funktionalen und gestalterischen Anforderungen. Der Verlauf der Fugen und die Art des Fugenverschlusses sind daher frühzeitig in der Ausführungsplanung vorzusehen und im Zuge der laufenden Bauausführung zu kontrollieren.

Abb. 9.5: Übersicht Zwischenpodest mit Naturwerksteinbelag (Entnahme einer hohl liegenden Platte)

Abb. 9.6: Der Fugenverlauf im Untergrund und der Fugenverlauf im Plattenbelag sind nicht deckungsgleich.

Abb. 9.7: Verlauf der Bauteilanschlussfuge unterhalb des Plattenbelages

Abb. 9.8: An der Unterseite der Fertigteilekonstruktion ist die Anschlussfuge des Fertigteilauflagers sichtbar.

Maßnahmen und Kosten der Instandsetzung

Für die Instandsetzung der Plattenbeläge auf den Zwischenpodesten sind die hohl liegenden Teile des Belages zu entfernen und unter Berücksichtigung des Fugenverlaufes im Untergrund neu zu erstellen. Bei einer nachträglichen Neuherstellung von Naturwerksteinbelägen können erfahrungsgemäß nur in sich geschlossene Teilflächen wieder mit einem einheitlichen optischen Erscheinungsbild ausgeführt werden. Je nach Verfügbarkeit des verwendeten Natursteinmaterials kann eine Erneuerung nur der Podestbeläge oder ggf. auch der Stufenbeläge notwendig werden.

Die Instandsetzungskosten waren im vorliegenden Fall für ein Podest mit ca. 440,00 € zuzüglich Mehrwertsteuer einschließlich notwendiger Nebenarbeiten anzusetzen.

9.3 Ablösungen von Treppenbelägen aus Naturwerkstein

Schadensbild

In einer mehrgeschossigen Wohnanlage mit 9 Treppenhäusern über jeweils 4 Geschosse sind die Treppenläufe als einteilige, einfach abgewinkelte Stahlbetonfertigteile über 15 Stufen konzipiert (siehe Abb. 9.9). Die Läufe sind an den beiden Enden auf den Geschossdecken aufgelagert. Als Treppenbelag für die Tritt- und Setzstufen ist ein Naturwerksteinbelag im Dickbett ausgeführt. Die Läufe sind an der einen Seite über eine durchgehende Trennfuge an die Treppenhauswand angeschlossen und an der anderen Seite mit einem freien umwehrten Rand zum Treppenauge hin ausgebildet. Die einzelnen Platten der Stufenbeläge sind fugenlos und ohne kraftschlüssige Verbindung untereinandergestoßen.

In einem Zeitraum von ca. 2 bis 4 Jahren nach der Baufertigstellung wurden Hohllagen der Tritt- und Setzstufenbeläge bei allen Treppenläufen festgestellt. Umfang und Verteilung der Schäden breiten sich ausgehend von Einzelstellen mit zunehmender Nutzungsdauer fortschreitend flächig aus.

Zur Klärung der Ursachen wurden Umfang und Verteilung der Hohlstellen durch Abklopfen aller Beläge festgestellt. Die Tritt- und Setzstufen weisen mit gleichmäßiger räumlicher Verteilung zu ca. 64 % großflächige Hohllagen und zu ca. 24 % teilweise Hohllagen auf ca. 1/3 bis 2/3 der jeweiligen Plattenfläche auf. Eine ausreichende Verbindung dieser Platten zum Untergrund besteht nicht. Die Stufenbeläge lassen sich nach dem Aufschneiden der elastisch verschlossenen Wandanschlussfuge von Hand vom Mörtelbett abheben. Der verwendete Mörtel weist keine homogene Beschaffenheit und keine gleichmäßige Festigkeit auf. Teile des Verlegemörtels können mit den Fingern zerrieben werden. Die Randanschlussfuge ist in Laufmitte abgerissen. Die Vorderkanten der Trittstufen liegen an der Unterseite teilweise auf dem ausgeschnittenen Sockelstreifen auf (siehe Abb. 9.10 bis 9.12).

Ursachen

Ursache der festgestellten Ablösungen der Tritt- und Setzstufen ist eine hinsichtlich Mörtelbeschaffenheit, Vermörtelung und Fugenausbildung mangelhafte Ausführung der Verlegearbeiten der Treppenbeläge. Bei der Verlegung wurden die auftretenden Verformungen der Konstruktion nicht ausreichend berücksichtigt.

Die Verformungen des Mörtelbettes aus einem möglichen Absacken des Frischmörtels und aus einem erhärtungsbedingten Schwinden sowie die planmäßige Verformung des Treppenlaufes unter Last können wegen der fugenlosen Verlegung der Tritt- und Setzstufen nicht zwängungsfrei aufgenommen werden. Die hierdurch auftretenden Spannungen wirken als Scherbeanspruchung auf die Mörtelfläche der Setzstufen bzw. als abhebende Beanspruchung auf die Mörtelfläche der Trittstufen. Die ungleichmäßige Beschaffenheit und teilweise zu geringe Festigkeit des Mörtelbettes sowie der fehlende kraftschlüssige Verbund in der Kontaktfläche zwischen Plattenrückseite und Mörtelbett begünstigen ein Ablösen der Naturwerksteinplatten vom Mörtelbett.

Die Wandanschlussfuge der Stufenbeläge ist – auch unter Berücksichtigung der planmäßigen Durchbiegungen des Laufes – nicht durchgängig zwängungsfrei beweglich ausgebildet. Hieraus resultiert ein weiterer nachteiliger Einfluss auf den Verbund des Belages mit dem Untergrund.

Eine mechanische Überbeanspruchung der Treppenbeläge kann als Schadensursache ausgeschlossen werden. Die übliche gebrauchsbedingte mechanische Beanspruchung der Treppenbeläge hat jedoch einen schadensverstärkenden Einfluss auf beginnende oder im Anfang bereits bestehende Hohllagen.

Hinweise zur Schadensvermeidung

Stufenbeläge aus Tritt- und Setzstufen sollen bei Verlegung im Mörtelbett als Bekleidungseinheit ausgeführt werden, und zwar mit fester Verbindung jeweils einer Trittstufe mit einer Setzstufe und einem Dehnfugenanschluss zur nächsten Stufe (vgl. Deutscher Naturwerkstein-Verband,

Abb. 9.9: Einteiliger, einfach gewendelter Treppenlauf mit 15 Stufen

Abb. 9.10: Inhomogene (schollige) Vermörtelung hinter einer großflächig hohl liegenden Setzstufe

Abb. 9.11: Abriss der elastischen Randanschlussfuge in Laufmitte

Abb. 9.12: Die Vorderkante der Trittstufe liegt an der Unterseite auf dem ausgeschnittenen Sockelstreifen auf.

1993). Hierdurch wird einem elastischen Federn der Unterkonstruktion infolge dynamischer Verkehrslasten, insbesondere bei schlanken Fertigteilen, Rechnung getragen. Zwängungen der einzelnen Platten des Belages werden bei auftretenden Verformungen reduziert.

Treppenbeläge sind beim Einbau satt im frischen Mörtelbett zu verlegen. Zur Verbesserung der Verbundwirkung in der Kontaktfläche zwischen Naturwerkstein und Mörtelbett ist es zweckmäßig, eine Haftbrücke auf der Rückseite der Naturwerksteinplatten aufzubringen. Bei der Verlegung sind Zusammensetzung, Durchmischung und Standzeit des Frischmörtels zu beachten.

Maßnahmen und Kosten der Instandsetzung

Die Instandsetzung erfordert eine Erneuerung aller Treppenbeläge.

Der Kostenaufwand hierfür wurde im vorliegenden Fall unter der Annahme vollständig beschädigungsfrei ausgebauter und wiederverwendbarer Beläge einschließlich begleitender Malerarbeiten, Reinigung, Baustelleneinrichtung usw. für insgesamt 9 viergeschossige Treppenhäuser auf ca. 2.300,00 €/Treppenlauf zuzüglich Mehrwertsteuer veranschlagt.

9.4 Risse in einem Podestbelag aus Naturwerksteinplatten

Schadensbild

Im Treppenhaus eines Büro- und Verwaltungsgebäudes sind die Stahlbetontreppen mit Naturwerksteinplatten belegt. Auf den Treppenpodesten erfolgte die Verlegung auf einem Zementestrich auf Dämmschicht (schwimmender Estrich) in ca. 30 cm breiten Bahnen.

Im Naturwerksteinbelag der Zwischenpodeste (siehe Abb. 9.13), die jeweils durch eine Bewegungsfuge von den Treppenläufen getrennt sind, zeigen sich jeweils in der Mitte der Podestfläche Risse, die in Verlängerung des Treppenauges parallel zu den Treppenläufen verlaufen (siehe Abb. 9.14). Im Rissbereich haben sich bis zu 3 mm tiefe Senken in der Belagoberfläche ausgebildet (siehe Abb. 9.15).

Ursachen

Ursächlich für die Rissbildung im Naturwerksteinbelag der Zwischenpodeste ist die schwindbedingte Verformung des Schichtenverbundes nach Verlegung des Plattenbelages. Die typischen Schäden weisen darauf hin, dass die Belegreife des Zementestrichs zum Zeitpunkt der Plattenverlegung noch nicht erreicht war.

Bei schwimmenden Estrichen kann sich der Schichtenverbund auf dem Untergrund bewegen und verformen (Dehnung, Kontraktion und Verkrümmung). Zusätzlich wird ein Estrich auf Dämmschicht durch Eigen- und Verkehrslast auf Biegung beansprucht.

Das charakteristische Schadensbild, das sich aus der Lage und dem Verlauf der Risse sowie aus den typischen Bodensenken im Rissbereich ergibt, weist darauf hin, dass sich die Estrichplatten nach dem Aufbringen der Plattenbelages, der die trocknungsbedingte Schwindverkürzung des Zementestrichs einseitig behindert, zunächst aufgewölbt haben und durch Biegespannung unter Einwirkung von Eigen- und Verkehrslast später gebrochen sind (siehe Abb. 9.16, Darstellung A bis C). Daraus ist zu schließen, dass die Plattenbeläge bereits zu einem Zeitpunkt verlegt wurden, als das austrocknungsbedingte Anfangsschwinden des Zementestrichs noch nicht beendet und das Stadium der sog. Belegreife noch nicht erreicht war.

Zudem liegt ein Planungsfehler vor, da die geplante Estrichdicke von 40 mm gemäß Abschnitt 3.2.1 der zum Zeitpunkt der Planung maßgeblichen DIN 18560-2:2004-04 „Estriche im Bauwesen“ unter der erforderlichen Mindestdicke von 45 mm liegt. Das kann die Rissbildung begünstigt haben, da die Biegezugfestigkeit eines Estrichs auch von seiner Dicke abhängig ist.

Hinweise zur Schadensvermeidung

Risse und Brüche in Verbundplatten aus Estrichen und Plattenbelägen entstehen bei Überschreitung der Biegezugfestigkeit der Estrichplatte. Diese wird maßgeblich durch die Festigkeit und Steifigkeit des Estrichs und damit durch die Dicke der Estrichplatte bestimmt. Nach den anerkannten Regeln der Technik müssen Zementestriche auf Dämmschichten zur Aufnahme von Stein- und keramischen Bodenbelägen mindestens 45 mm dick sein (vgl. u. a. DIN 18560-2:2009-09 „Estriche im Bauwesen“, Abschnitt 3.2.1).

Zur Vermeidung von Rissbildungen im Schichtenverbund durch nachträgliche Schwindverformungen müssen Estriche aus nass hergestellten Mörtelmischungen vor dem Aufbringen von Naturwerksteinplatten oder Fliesen ausreichend ausgetrocknet sein. Zur Feststellung der sog. Belegreife ist es daher stets erforderlich, den Materialfeuchtegehalt des Estrichs zu messen. Dieses geschieht üblicherweise mit der CM-Methode, da dieses Verfahren auf der Baustelle gut anwendbar ist und sich in der Praxis bewährt und durchgesetzt hat. Die CM-Messung sollte gemäß Arbeitsanweisung „CM-Messung“ (vgl. Bundesverband Estrich und Belag, 2005) durchgeführt und die Ergebnisse sollten protokolliert werden.

Naturwerkstein- und Fliesenbeläge können aufgebracht werden, wenn der Restfeuchtegehalt des Zementestrichs einen Wert von 2,0 CM-% erreicht hat. Es ist darauf zu achten, dass die Mörtelproben für die CM-Messung über den

Abb. 9.13: Blick auf ein Zwischenpodest

Abb. 9.14: In Verlängerung des Treppenauges ist der Podestbelag gerissen.

Abb. 9.15: Im Rissbereich haben sich Senken in der Oberfläche ausgebildet.

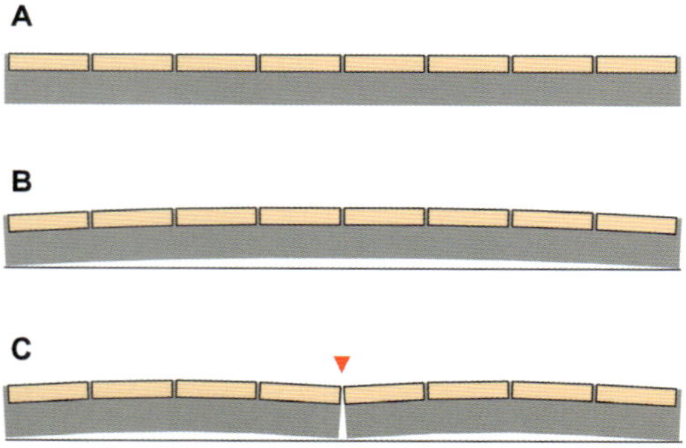

Abb. 9.16: Grafische Darstellung der Rissursache

ganzen Querschnitt des Estrichs entnommen werden.

Maßnahmen und Kosten der Instandsetzung

Zur vollständigen und fachgerechten Schadensbeseitigung sollten die Risse im Zementestrich nach Entfernen des Plattenbelags kraftschlüssig verschlossen werden, z. B. durch Vergießen und Verdübeln oder Verdrahten.

Weil im vorliegenden Fall davon auszugehen war, dass Restbestände des aus einem Block geschnittenen Plattenmaterials in ausreichender Menge nicht mehr zur Verfügung stehen, mussten die betroffenen Zwischenpodeste zur Sicherstellung einer einheitlichen Farbe und Struktur vollflächig mit nachgelieferten Naturwerksteinplatten der gleichen Sorte neu belegt werden. Zur Minimierung von Farb- und Strukturabweichungen zu den anschließenden Treppenläufen wurde empfohlen, die neuen Platten durch Bemusterung bestmöglich anzupassen. Geringe optische Abweichungen lassen sich erfahrungsgemäß nicht vollständig vermeiden.

Bei einer Fläche von insgesamt ca. 84 m² belief sich der Instandsetzungsaufwand im dargestellten Schadensfall auf insgesamt ca. 16.500,00 € zuzüglich Mehrwertsteuer. Das sind umgerechnet ca. 200,00 €/m² zuzüglich Mehrwertsteuer.

10 Schäden an Böden

Bei Fußböden stellen mehrschichtige Konstruktionen heute den Regelfall dar. Mit der Verwendung weich federnder Schichten im Bodenaufbau wie bei schwimmenden Estrichen wird in erster Linie Anforderungen an den Trittschallschutz, aber auch an den Wärmeschutz Rechnung getragen. Die Entkoppelung des Bodenaufbaus von der Unterlage hat zur Folge, dass ein Fußboden nicht mehr nur aus einem Belag, sondern als System mehrerer zusammenwirkender Komponenten besteht.

Estriche haben die Funktion einer lastverteilenden Schicht und müssen für sich ausreichend tragfähig sein. Die damit verbundenen Schichtdicken und Festigkeitseigenschaften haben zur Folge, dass Estriche mit wassergebundenen Bindemitteln im Unterschied zu nicht selbsttragenden Belägen bzw. Schichten ein eigenes Formänderungsverhalten entwickeln können. Verformungen resultieren insbesondere aus dem mit der Erhärtung und Trocknung eines Zementestrichs verbundenen Schwinden. Ein zu schneller und frühzeitiger Wasserentzug des frischen Estrichs an der Oberseite führt dort zu einem größeren Schwindmaß als an der Unterseite und in der Folge zu einem Aufschüsseln der Ränder einer Estrichplatte. Im Gegensatz dazu behindert ein zu frühzeitiges Belegen im Verbund mit dem Estrich die durch die Wasserabgabe bedingten Verkürzungen an der Oberseite und ein gleichzeitig weitgehend ungehindertes Schwinden an der Estrichunterseite führt zu einem Aufwölben in Plattenmitte und einem Absinken der Ränder (vgl. Kapitel 10.11).

Verformungen des Zementestrichs aufgrund einer ungleichmäßigen Austrocknung über den Querschnitt oder aufgrund einer einseitigen Verformungsbehinderung prägen sich erfahrungsgemäß über einen Zeitraum von bis zu ca. 2 Jahren nach Einbau des Estrichs aus, im Einzelfall auch länger. Als Folge ist in der Regel ein nachträgliches Aufreißen der mit elastischem Dichtstoff verschlossenen Randfuge des Bodens zu beobachten. Das Abreißen einer elastischen Randfuge aufgrund von Verformungen des Fußbodenaufbaues ist konstruktions- bzw. ausführungsbedingt, entsteht aber nicht durch gebrauchsbedingte Einflüsse. Eine solchermaßen aufgerissene Fuge ist deshalb definitionsgemäß (vgl. DIN 52460:2000-02 „Fugen- und Glasabdichtungen") nicht als Wartungsfuge zu klassifizieren. Eine Wartungsfuge liegt nur dann vor, wenn der Fugendichtstoff aufgrund der planmäßigen Beanspruchung in regelmäßigen Abständen erneuert werden muss, um Folgeschäden zu vermeiden.

Damit die Estrichverformungen auf ein unvermeidbares Maß minimiert werden können, sind ausreichende Liege- und Trockenzeiten erforderlich. Diese fallen in der Praxis dem Wunsch nach zunehmend kürzeren Bauzeiten zum Opfer. Damit sind Schäden infolge von unplanmäßigen Verformungen vorprogrammiert.

10.1 Aufwölbung eines Naturwerksteinbelages

Schadensbild

Bei der Erneuerung eines Fußbodenaufbaus in einem bestehenden Gebäude wurde ein zementgebundener Unterboden als Ausgleichsschicht, darauf eine Trennlage aus Kraftpapier, darauf ein ca. 11 cm dicker Zementestrich und abschließend ein Naturwerksteinbelag aus Solnhofener Platten mit einem ca. 2 cm dicken Mörtelbett eingebaut. Etwa 6 Monate nach Fertigstellung wurden eine deutliche Aufwölbung des Belages in der Mitte des ca. 4 m breiten und ca. 7 m langen Raumes sowie klaffende Abrisse an der Randverfugung festgestellt (siehe Abb. 10.1 und 10.2). Für die Bestimmung des Feuchtegehaltes im Estrich wurde in Raummitte eine Materialprobe aus dem unteren Bereich des Estrichs entnommen. Hierbei zeigte sich ein ca. 5 mm dicker Hohlraum unter dem Estrich (siehe Abb. 10.3).

Ursachen

Der Estrich war zum Zeitpunkt, als der Naturwerksteinbelag verlegt wurde, nicht ausreichend getrocknet und damit sein Trocknungsschwinden noch nicht ausreichend abgeklungen (siehe Abb. 10.4, Darstellung A). Mit der Vermörtelung des Naturwerksteinbelages auf dem Estrich wurde eine weitere Schwindverformung des Estrichs oberseitig behindert. An der Unterseite konnte die Estrichplatte aufgrund der Lagerung auf einer Trennlage weitgehend ungehindert schwinden. Die einseitige Verformungsbehinderung des Estrichs bewirkte eine Aufwölbung des Bodenaufbaues in Flächenmitte und ein Absinken der Flächenränder (siehe Abb. 10.4, Darstellung B).

Die Belegreife eines unbeheizten Zementestrichs ist erreicht, wenn der Feuchtegehalt bei dampfdichten Belägen maximal 3,5 Masse-% (Darrprobe) bzw. 2,0 % (CM) und bei nicht dampfdichten sowie feuchtigkeitsunempfindlichen Belägen maximal 4,5 Masse-% (Darrprobe) bzw. 3,0 % (CM) beträgt. Die sich im Zementestrich langfristig einstellende Ausgleichsfeuchte beträgt bei feuchtem Bauklima zwischen 3,4 Masse-% und 4,8 Masse-% und bei trockenem Wohnraumklima zwischen 2,5 Masse-% und 4,8 Masse-% (vgl. Schnell, 1999).

Die Dauer des Austrocknens und des trocknungsbedingten Schwindens nimmt mit zunehmender Dicke der Estrichschicht überproportional zu. Während ein Estrich mit einer Dicke von ca. 35 bis ca. 45 mm bei günstigen Randbedingungen im Alter von 28 Tagen die erforderliche Belegreife erreichen kann, wird diese nach Untersuchungen von Zeus bei doppelt so dicken Estrichen auch nach der dreifachen Zeit im Alter von 84 Tagen noch nicht erreicht (vgl. Zeus, 1994). Jeder Zentimeter Mehrdicke gegenüber der Regeldicke von ca. 45 mm ist also nicht mit einer linearen Verlängerung, sondern mit einer Vervielfachung der Wartezeit bis zum Aufbringen des Belages verbunden.

Hinweise zur Schadensvermeidung

Bei der Festlegung der Estrichdicke ist die sich daraus ergebende Trocknungszeit bis zur Belegreife bereits in der Planung auf den weiteren Bauablauf abzustimmen. Bei der Abschätzung des Trocknungsverhaltens sind Einflüsse aus den Randbedingungen der Einbausituation wie z. B. nachstoßende Feuchte aus dem Estrichuntergrund mitzuberücksichtigen. Frisch eingebaute Estriche sollten in einem kontrollierten Umgebungsklima bis zur Belegreife trocknen. Eine sorgfältige Nachbehandlung schließt einen Schutz der Estrichoberseite vor einem zu schnellen Austrocknen ebenso ein wie eine gezielte Belüftung und ggf. Beheizung zur Abführung der überschüssigen Baufeuchte. Heizestriche sind sorgfältig und kontrolliert belegreif zu heizen.

Vor dem Einbau des Belages kommt der Prüfung des Feuchtegehaltes des Estrichs besondere Bedeutung zu. Oberflächennahe Bereiche mit guter Abtrocknung des Estrichs erreichen die zum Belegen erforderliche Restfeuchte schneller als die Estrichunterseite. Die Prüfung muss daher den kritischen Feuchtegehalt innerhalb der gesamten Estrichplatte berücksichtigen. Messungen bzw. Materialproben sind über den Estrichquerschnitt verteilt vorzunehmen. Wird der Belag auf einen nur oberseitig ausreichend trockenen Estrich verlegt, so finden nach der

Abb. 10.1: Aufwölbung des Schichtenverbunds aus Estrich und Bodenbelag in Raummitte

Abb. 10.2: Abriss der Randverfugung des Bodenbelages

Abb. 10.3: Hohlraum unter dem Estrich infolge der Aufwölbung

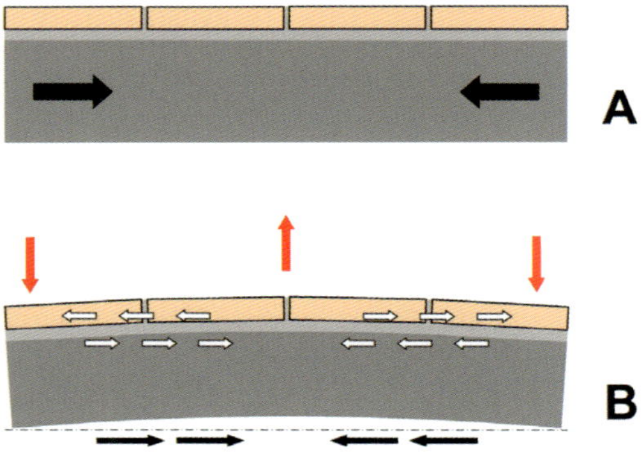

Abb. 10.4: Verwölbung des Estrichs im Verbund mit dem Plattenbelag infolge der oberseitigen Verformungsbehinderung

Verlegung weitere Veränderungen des Feuchtegehaltes im Estrich mit der Folge unkontrollierbarer Schwindverformungen statt. Messergebnisse, die wegen der Lage der Messstelle nicht aussagekräftig sind, spiegeln fälschlicherweise die Belegreife wider und können – unerwartete – spätere Verformungen nach sich ziehen.

Maßnahmen und Kosten der Instandsetzung

Zur Beseitigung von Verwölbungen wurde im vorliegenden Fall vorgeschlagen, zunächst den Belag zu entfernen und den Estrich über die gesamte Dicke bis zur Belegreife zu trocknen. Nach Erreichen der Belegreife und einem Abklingen der zu erwartenden Restverformungen auf ein unschädliches Maß kann der Estrich in Teilstücke geschnitten und in seine ursprüngliche Lage zurückgeführt werden. Die Schnitte können durch Verdübeln oder Verdrahten kraftschlüssig verschlossen werden. Anschließend kann der Bodenbelag wiederhergestellt werden.

Die Kosten hierfür wurden im vorliegenden Fall für ca. 28 m^2 Bodenfläche mit ca. 275,00 €/m^2 zuzüglich Mehrwertsteuer veranschlagt.

10.2 Verfärbungen von Bodenbelägen aus Kunststoffen

Schadensbild

In den Büroräumen eines Wartungsbetriebes für Flugzeuge ist ein grauer PVC-Bodenbelag verlegt. Nach einem halben Jahr treten erste Verschmutzungen in den begangenen Bereichen am Bodenbelag auf, die sich mit üblichen Reinigungsmitteln nicht mehr entfernen lassen (siehe Abb. 10.5). Nach einem weiteren Jahr weist der Bodenbelag insgesamt eine sehr dunkelgraue Verfärbung auf. Besonders intensive Verfärbungen sind vor den Schreibtischen in den Rollbereichen der Bürostühle vorhanden (siehe Abb. 10.6). In den Rollbereichen zeichnet sich an der Oberfläche des Bodenbelages die Kämmung des Klebebettes ab. Die Bürostühle sind mit harten Rollen ausgestattet. Der Unterschied zwischen der ursprünglichen Bodenfarbe und dem verschmutzten Bodenbelag ist in Abb. 10.7 im Vergleich mit einer PVC-Bodenplatte im Originalzustand deutlich erkennbar.

Hohllagen, offene Kanten und andere Schäden, die auf eine ungenügende Verklebung des Bodenbelages hingewiesen hätten, sind nicht feststellbar.

Nach Einbau des PVC-Bodenbelages und vor Bezug der Büroräume ist keine Oberflächenbehandlung bzw. Erstpflege erfolgt. Den Nutzern ist keine Pflegeanleitung übergeben worden.

In Abb. 10.8 ist ein weiteres Beispiel für die Vergrauung eines Bodenbelages dargestellt. In diesem Fall handelt es sich um einen Bodenbelag aus 9 mm dicken Kautschukplatten, der in einer Umkleide fugenlos verlegt ist. Die Fugenbereiche zwischen den einzelnen Platten treten gegenüber den übrigen Flächen heller hervor. Die Umkleideräume stehen den Besuchern einer Eislaufbahn zur Verfügung. Der abgebildete Bereich wird zum An- und Ausziehen der Schlittschuhe genutzt.

Ursachen

Ein PVC-Bodenbelag erfordert eine gesonderte Oberflächenbehandlung als Schutz vor späteren Verschmutzungen. Nicht behandelte PVC-Bodenbeläge lagern Schmutzpartikel an der Oberfläche an, die sich mit handelsüblichen Reinigungsmitteln nicht entfernen lassen.

Bürostühle mit harten Rollen drücken die Schmutzpartikel in die Oberfläche des Bodenbelages ein und verstärken damit die Schmutzanhaftungen. Im vorliegenden Fall wurde der Bodenbelag versuchsweise mit einem speziellen Reinigungstuch des Bodenherstellers an 2 Stellen behandelt. Die Verschmutzungen an der Oberfläche des Bodenbelages konnten damit auch im Rollbereich der Bürostühle weitestgehend entfernt werden. Die Ursache der Verschmutzungen liegt somit in der fehlenden Oberflächenbehandlung bzw. in der fehlenden Erstpflege nach dem Verlegen und in der Verwendung ungeeigneter Rollen an den Drehstühlen.

Im Fall des Kautschukbodenbelages resultiert die Verfärbung aus der Nutzung. Durch die Beanspruchung mit den Kufen der Schlittschuhe sind kleine Verletzungen der Oberfläche entstanden. In diesen kleinen Schnitten lagert sich zwangsläufig Schmutz an und führt zur Verfärbung des Bodenbelages. Da bei der Verlegung der Kautschukplatten die Nähte fest angedrückt werden, liegen diese etwas tiefer als die übrige Plattenoberfläche. Die Fugenbereiche werden von den Kufen der Schlittschuhe überbrückt und kaum beansprucht. Die Fugen zwischen den Platten bleiben hell.

Hinweise zur Schadensvermeidung

PVC-Bodenbeläge werden heutzutage bereits werkseitig mit einer Polyurethan-Oberflächenvergütung ausgestattet, welche die Oberfläche des Bodenbelages ausgleicht und dadurch wesentlich unempfindlicher gegen Verschmutzungen macht. Für die Nutzung und Pflege von PVC-Bodenbelägen sind Pflegeanleitungen zu übergeben. In der Pflegeanleitung müssen auch Hinweise auf die Verwendung von weichen Rollen für Stühle mit Laufrollen enthalten sein.

Kautschukbodenbeläge sind grundsätzlich gut geeignet für Bodenflächen, die mit Schlittschuhen betreten werden. Bei einer derartigen Nutzung sind Veränderungen an der Oberfläche des Kautschukbelages unvermeidbar und müssen hingenommen werden.

Abb. 10.5: Verfärbung des PVC-Bodenbelages

Abb. 10.6: Starke Verschmutzungen bei den Bürostühlen

Abb. 10.7: Farbunterschied zum Originalbelag

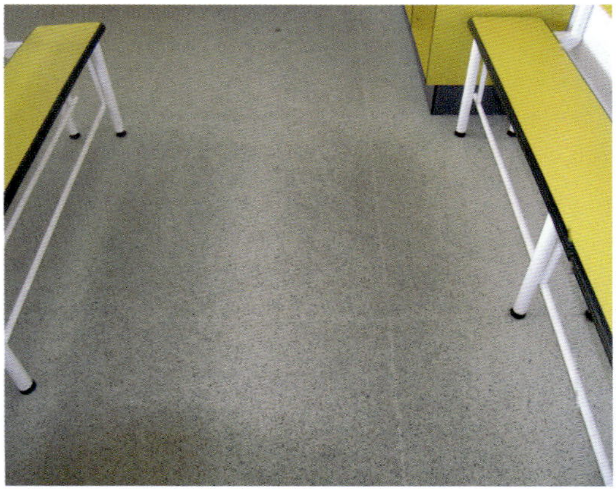

Abb. 10.8: Verfärbungen in einer Umkleide

Maßnahmen und Kosten der Instandsetzung

Der verschmutzte PVC-Bodenbelag konnte mit einer Grundreinigung und nachfolgender Oberflächenbehandlung weitestgehend gereinigt werden. Durch Verwendung einer filmbildenden, wasserfesten Selbstglanzemulsion wurde eine Beschichtung der Oberfläche erreicht, welche die spätere Unterhaltungsreinigung erheblich erleichtert.

Die Kosten wurden bei ca. 100 m^2 Bodenfläche mit ca. 15,00 €/m^2 zuzüglich Mehrwertsteuer angesetzt.

Als unterstützende Maßnahme wurden in den Übergängen zwischen der Werkstatt und den Büroräumen mit Schmutzfängermatten Sauberlaufzonen eingerichtet, die den Schmutzeintrag in die Büroräume wesentlich reduzieren.

10.3 Vergrauungen eines Bodenbelages aus Furnier-Sperrholzplatten

Schadensbild

In einem Fitnessstudio sind die Bodenaufbauten mit einer aufgeständerten Fußbodenkonstruktion in abgetreppten Höhenlagen ausgebildet. Als Bodenbelag sind Furnier-Sperrholzplatten aus Buche verlegt. Die Oberfläche der Platten wurde umgehend nach der Montage mit einem farblosen, seidenglänzenden Parkettlack auf Basis Polyurethan-Acryldispersion im Rollverfahren beschichtet.

In der farblosen Beschichtung zeichnen sich nach einigen Wochen unter Benutzung mehrfach dunkelgraue bis schwarze Verfärbungen an der Oberfläche ab (siehe Abb. 10.9 und 10.11). Bei stärker beanspruchten Bereichen treten stärkere Verschmutzungen auf. Bodenflächen, die von Geräten oder Möbeln verstellt waren, zeigen keine Verfärbungen (siehe Abb. 10.10).

Bei Betrachtung unter einer zehnfach vergrößernden Lupe bestehen die dunklen Verfärbungen aus Ablagerungen auf der Beschichtung, welche die Maserung des Furniers nachzeichnen. Bei Stellen mit stärkeren Verfärbungen ist der Beschichtungsfilm über den Maserungen des Furniers gerissen. Risse in der Beschichtung sind aber auch an nicht verschmutzten Stellen vorhanden. Zur Überprüfung der Schichtdicken der Bodenbeschichtung wurden Materialproben entnommen und labortechnisch untersucht. Im Ergebnis der labortechnischen Untersuchungen beträgt die Schichtdicke der Bodenbeschichtung ca. 25 µm.

Ursachen

Die Vergrauungen an der Oberfläche der Furnier-Sperrholzplatten werden durch eine zu geringe Schichtdicke der Beschichtung verursacht. Zur Vermeidung von Rissbildungen an der Oberfläche von Furnier-Sperrholzplatten sind Beschichtungen erforderlich, welche die Furnieroberflächen ausreichend widerstandsfähig gegenüber der Beanspruchung mit jahreszeitlich wechselnden Luftfeuchten macht. Erfahrungsgemäß ist hierfür ein Beschichtungsfilm mit einer Schichtdicke von mehr als 100 µm erforderlich. Die vorhandene Schichtdicke von 25 µm liegt deutlich unter diesem Wert.

Furnier-Sperrholzplatten bestehen aus mehreren gleich dicken Furnierlagen. Die Dicke der einzelnen Furnierlagen kann zwischen 0,8 und 2,5 mm liegen. Die sichtbare Oberfläche ergibt sich aus der Decklage. Zur Erzielung einer möglichst großen Formstabilität werden die einzelnen Furnierlagen in ihrer Maserung jeweils um 90° gedreht und mit Klebstoffen oder wasserfesten Leimen zusammengefügt. Durch die quer zueinander angeordneten Furnierlagen (sog. Querverleimung) behindern sich die einzelnen Furnierlagen bei den für Holz typischen Schwind- und Quellverformungen gegenseitig. Diese Formänderungen bei wechselnder Luftfeuchtigkeit werden damit weitgehend reduziert. An der Oberfläche der Platten steht die Furnierdecklage mit der Raumluft in Verbindung. Aufgrund von wechselnden Luftfeuchtigkeiten beginnt das Holz der Decklage zu schwinden und zu quellen. Dieser Vorgang wird umgangssprachlich auch als Arbeiten des Holzes bezeichnet. Bei diesem Arbeiten steht die Maserung des Holzes auf und legt sich wieder. Bei geringen Schichtdicken einer Beschichtung können diese Vorgänge nicht unterbunden werden. Das Arbeiten der Holzmaserung führt zum Reißen der Beschichtung. Über die Risse kann Feuchtigkeit und Schmutz in die Decklage gelangen und neben verstärkten Quell- und Schwindbewegungen mit weiteren Rissen im Furnier auch zu dunklen Verfärbungen des Holzuntergrundes führen. Über diese Verfärbungen zeichnet sich die Maserung des Holzfurniers ab, und zwar umso stärker, je mehr Schmutz in Bereiche mit aufgerissener Beschichtung eingetragen wird.

Hinweise zur Schadensvermeidung

Schäden an Holzoberflächen lassen sich bei fachgerechter Auswahl und Ausführung einer geeigneten Beschichtung zuverlässig vermeiden. Bei Platten mit Schälfurnieroberflächen wie im hier vorliegenden Fall sollte die Auftragsmenge der Beschichtung erfahrungsgemäß mindestens 500 g/m^2 betragen. Dieses Material muss so aufgebracht werden, dass die Oberfläche

Abb. 10.9: Stellenweise Vergrauung an der Bodenoberfläche

Abb. 10.10: Unter den Geräten ist keine Vergrauung an der Bodenoberfläche entstanden.

Abb. 10.11: Vergrauungen in stärker begangenen Bereichen

komplett durchtränkt und versiegelt wird. Um eine fachgerechte Verarbeitung zu ermöglichen, wird die erforderliche Verbrauchsmenge angegeben. Damit kann der Ausführende vor Ort die erforderlichen Schichtdicken der Beschichtung erreichen.

Maßnahmen und Kosten der Instandsetzung

Die Instandsetzung des Bodenbelages wurde durch ein Abschleifen der verschmutzten Oberfläche und Neubeschichtung der Bodenflächen erreicht. Stark verschmutzte Platten, bei denen die Decklage irreparabel geschädigt war, wurden ausgetauscht.

Die Kosten für die Überarbeitung der Bodenfläche von ca. 250 m^2 beliefen sich auf ca. 20,00 €/m^2 zuzüglich Mehrwertsteuer.

10.4 Ablösungen eines Bodenbelages aus PVC

Schadensbild

Im ersten Obergeschoss eines Einfamilienhauses zeigen sich über die gesamte Bodenfläche Ablösungen des PVC-Bodenbelages vom Untergrund. Der PVC-Belag wölbt sich stellenweise auf (siehe Abb. 10.12 und 10.13). Der Untergrund fühlt sich durch den PVC hindurch rau an. Es sind lose Teile spürbar.

Der Untergrund des Bodenbelages besteht aus einem Anhydritfließestrich. Nach 8 Wochen wurde auf die Estrichoberfläche eine Egalisierungsspachtelung aufgebracht. Vor dem Verlegen des PVC-Belages wurden Ablösungen der Spachtelschicht festgestellt, die lokal instand gesetzt wurden. Anschließend wurden Feuchtemessungen an der Estrichoberfläche mit dem CM-Gerät vorgenommen und hierbei Feuchtegehalte von ca. 2 CM-% festgestellt. Danach wurde der PVC-Bodenbelag mit Dispersionsklebstoffen verlegt.

An einer ersten Öffnungsstelle war beim Abheben des PVC-Belages ein modrig fahler Geruch wahrzunehmen. Augenscheinlich war an der Rückseite des PVC-Belags Befall durch Mikroorganismen erkennbar. Es liegen sowohl Ablösungen der Spachtelschicht an der Oberfläche des Estrichs vor als auch Ablösungen des PVC-Belages von der Spachtelung (siehe Abb. 10.14). Die Klebeschicht zwischen PVC-Belag und Spachtelung ist in den Bereichen, in welchen der PVC-Belag entfernt wurde, klebrig, weich und feucht. Stellenweise kann auch die Spachtelschicht vom Untergrund abgezogen werden. Brüche im Estrich liegen nicht vor.

An einer zweiten Öffnungsstelle zeigte sich das gleiche Schadensbild wie an der ersten Öffnungsstelle im Schlafzimmer. Stellenweise löst sich die Spachtelschicht vom Untergrund (Estrich) und am PVC-Belag; stellenweise ist die Spachtelung in kleine Teile zerrieben (siehe Abb. 10.15).

Bei einer orientierenden Feuchtemessung wurden hohe Feuchtegehalte im oberflächennahen Bereich des Estrichs festgestellt.

Ursachen

Die Schäden am PVC-Bodenbelag wurden einerseits durch die Verseifung des Dispersionsklebstoffes und andererseits durch Ablösungen der Spachtelschicht von der Estrichoberfläche verursacht.

Die Verseifung des Dispersionsklebstoffes ist auf einen zu hohen Feuchtegehalt des Anhydritestrichs zurückzuführen. Da der PVC-Bodenbelag als weitgehend dampfdicht anzusehen ist, kann die Restfeuchte im Estrich nicht nach oben entweichen. Der Estrich bleibt auf lange Zeit feucht. Die andauernde Feuchtigkeit führt dann bei Dispersionsklebstoffen zum Verseifen, d. h. zum Aufweichen des Klebstoffes, da diese Klebstoffe nicht für feuchte Untergründe geeignet sind. Aus diesem Grund haftet der PVC-Bodenbelag nicht mehr fest am Untergrund. Bei üblicher Nutzung können Verschiebungen des PVC-Bodenbelages stattfinden, die dann zu Aufwölbungen und Faltenbildung des Belages führen.

Die Ursache für die Ablösung der Spachtelschicht liegt in der fehlenden Haftung am Untergrund. Die Estrichoberfläche wurde nicht bzw. nicht in ausreichendem Maße vor dem Aufbringen der Spachtelmasse abgeschliffen. Die abgelösten Bereiche der Spachtelschicht zerreiben sich bei üblicher Benutzung, da eine Spachtelung ohne Haftung am Untergrund keine ausreichende Festigkeit aufweist. In der Folge kann es zu Verwerfungen des Bodenbelages kommen.

Hinweise zur Schadensvermeidung

Bei Verlegung von PVC-Bodenbelägen auf Anhydritestrichen ist wegen der dampfdiffusionssperrenden Wirkung des Bodenbelages, der eine nachträgliche Austrocknung des Estrichs weitestgehend unterbindet, in besonderem Maße auf einen niedrigen Feuchtigkeitsgehalt von nicht mehr als 0,5 % (ermittelt mit dem CM-Gerät) zu achten (vgl. Aurnhammer, 2008). Dieser Feuchtigkeitsgehalt muss über die gesamte Dicke des Estrichs vorliegen. Eine Messung, die nur oberflächennahe Schichten erfasst, führt leicht zu falschen Ergebnissen.

Abb. 10.12: Aufwölbungen im PVC-Bodenbelag

Abb. 10.13: Faltenbildungen im PVC-Bodenbelag

Abb. 10.14: Die Spachtelung löst sich vom Untergrund.

Abb. 10.15: Die Spachtelung ist stellenweise zerrieben.

Bei Anhydritestrichen ist außerdem frühzeitig eine Oberflächenvorbehandlung durchzuführen. Durch das Abschleifen der Oberfläche mit einer Schleifmaschine mit grobem Schleifpapier kann die Sinterschicht entfernt werden. Dies fördert die Austrocknung des Estrichs und gewährleistet in der Regel eine ausreichende Haftung für nachfolgende Spachtelungen oder Bodenbeläge.

Maßnahmen und Kosten der Instandsetzung

Zur Beseitigung der festgestellten Schäden war eine vollständige Erneuerung der PVC-Bodenbeläge durch Ausbau der schadhaften Bodenbeläge erforderlich – einschließlich Entfernen der nicht haftenden Spachtelschicht, Austrocknung des Estrichs auf Restfeuchtegehalte von deutlich unter 0,5 % (gemessen mit CM-Gerät), Aufbringen neuer Spachtelschichten und Verlegung der neuen PVC-Beläge.

Die Kosten waren bei der betroffenen Bodenfläche von ca. 50 m^2 mit ca. 80,00 €/m^2 zuzüglich Mehrwertsteuer zu veranschlagen.

Die Instandsetzungsarbeiten wurden raumweise durchgeführt, um das Gebäude während der Arbeiten weiterhin nutzen zu können.

10.5 Fugenbildung in Parkettböden

Schadensbild

Bei Parkettböden in Innenräumen können – unabhängig von der Art des Parketts – wechselnde Fugenbildungen zwischen den einzelnen Stäben bzw. Lamellen beobachtet werden.

In einem ersten Beispiel ist ein in Würfelmuster verlegtes Stabparkett (Holzart Kanadischer Ahorn) dargestellt (siehe Abb. 10.16 und 10.17). Dieses Parkett ist auf Estrich mit Fußbodenheizung verklebt. Zwischen den Parkettlamellen haben sich Fugen in unterschiedlicher Breite gebildet. Die Fugenbildung ist nicht gleichmäßig, d. h., dass nicht jede Parkettlamelle für sich schmaler geworden ist, sondern dass sog. Abrissfugen mit Breiten von 0,6 bis 2,2 mm festzustellen sind. Die durch Darrproben an entnommenen Holzproben ermittelte Holzfeuchte lag am Ende der Heizperiode bei rund 4 %. Eine Kontrolle der Oberflächentemperaturen beim Betrieb der Fußbodenheizung ergab Werte von deutlich mehr als 30 °C.

In einem zweiten Fall ist ein im Verband verlegtes Stabparkett (Holzart Buche) dargestellt (siehe Abb. 10.18 und 10.19). Auch dieses Parkett ist auf einem Estrich mit Fußbodenheizung verklebt. Bei einer Besichtigung am Ende der Heizperiode liegen in den optisch auffälligeren Bereichen die Fugenbreiten zwischen den Stäben bei 0,3 bis 0,4 mm, an einzelnen Stellen bis 0,5 mm. An einer von einem Teppich abgedeckten Teilfläche, die anhand der unterschiedlichen Färbung des Parketts und auch der unterschiedlichen Färbung der Fugenbereiche deutlich erkennbar ist, liegen die Fugenbreiten zwischen 0,1 und 0,2 mm. Die Fugenbildungen verteilen sich gleichmäßig zwischen den einzelnen Lamellen des Parketts. Abrissfugen sind nicht erkennbar.

Ursachen

Im Fall des Würfelparketts aus Ahorn ist eine Kombination verschiedener Einflüsse ursächlich für die großen Abrissfugen. Die verwendete Holzart neigt bei beheizten Fußbodenkonstruktionen zu raschen Quell- und Schwindvorgängen. Die Versiegelung hat durch seine seitenverleimende Tendenz Abrissfugen hervorgerufen. Durch den Betrieb der Fußbodenheizung mit mehr als 30 °C Oberflächentemperatur und der damit einhergehenden sehr niedrigen relativen Luftfeuchte kommt es zu einer erheblichen nutzungsbedingten Untertrocknung des Holzes.

Im Fall des Stabparketts aus Buche handelt es sich ebenfalls um eine ungünstige Holzart für beheizte Fußbodenkonstruktionen. Aus dem gleichmäßigen Fugenbild, d. h., Fugen treten zwischen nahezu jeder einzelnen Parkettlamelle auf, kann gefolgert werden, dass die Versiegelung des Parkettbodens keine seitenverleimende Tendenz hat. Es treten keine Abrissfugen auf. Es liegen auch keine Hinweise auf eine nutzungsbedingte Untertrocknung des Holzes vor. Die auftretenden Fugenbreiten werden durch das natürliche Verhalten des Holzes verursacht.

Bei Parkettböden auf Fußbodenheizungen entstehen deutlich breitere Fugen zwischen den einzelnen Parkettlamellen als bei Parkettböden auf Estrichen ohne Fußbodenheizungen. Als Richtwert für unvermeidbare Fugenbreiten durch jahreszeitlich bedingte Luftfeuchteschwankungen ist in zentralbeheizten Räumen mit Werten von ca. 0,3 mm bei Stabparkett zu rechnen. Bei Parkettböden auf Fußbodenheizungen entsteht durch die Erwärmung des Parketts bauphysikalisch bedingt knapp über der Oberfläche eine sehr niedrige Luftfeuchtigkeit. Das Parkett wird dadurch ausgetrocknet. Deshalb sind bei Parkettböden auf Fußbodenheizungen Fugenbreiten in doppelter Größe zu erwarten (vgl. Rapp/Sudhoff/Pittich, 2011).

Ungleichmäßige Fugenverteilungen zwischen benachbarten Parkettstäben, sog. Abrissfugen, entstehen, wenn die Versiegelungssysteme an der Oberfläche des Parketts eine seitenverleimende Wirkung aufweisen. Die Seitenverleimung entsteht, wenn die Versiegelung der Oberfläche in die Fugen zwischen den Parkettstäben eindringen kann und diese miteinander verkleben.

Hinweise zur Schadensvermeidung

Hölzer mit kurzen Feuchtewechselzeiten sind für den Parkettleger sehr problematisch, weil sie sofort mit ausgeprägtem Formänderungsverhal-

Abb. 10.16: Fugenbildung bei einem Würfelparkett aus Ahorn

Abb. 10.17: Detail der Abrissfugen aus Abb. 10.16

Abb. 10.18: Fugenbildung bei einem Stabparkett aus Buche

Abb. 10.19: Detail der Fugenbildung aus Abb. 10.18

ten auf Luftfeuchteänderungen reagieren (vgl. Remmert u. a., 2001). Aufgrund dieser Besonderheiten sind folgende Punkte zu berücksichtigen:

- Es sollten Holzarten verlegt werden, die für beheizte Konstruktionen geeignet sind, z. B. Eiche.
- Der Auftraggeber bzw. Nutzer ist auf die unvermeidbare Fugenbildung bei Parkett auf Fußbodenheizungen hinzuweisen.
- Bei kritischen Hölzern sollte auf die verstärkte Fugenbildung ausdrücklich hingewiesen werden.
- Spätestens bei der Übergabe der Parkettböden an den Auftraggeber sind Pflegeanweisungen zu übergeben.
- Bei Parkett auf Fußbodenheizungen ist der Nutzer darauf hinzuweisen, dass bestimmte Oberflächentemperaturen auf der Parkettoberfläche nicht überschritten werden dürfen, wenn übermäßige Fugenbildungen vermieden werden sollen.

Maßnahmen und Kosten der Instandsetzung

Im Fall des Buchenparketts war keine Instandsetzung erforderlich, da es sich um eine natürliche und unvermeidbare Fugenbildung handelt.

Das Würfelparkett aus Ahorn musste komplett erneuert werden, da die Fugenbildung nach Art und Umfang nicht dem zu erwartenden Fugenbild entsprach.

Die Kosten für die Neuverlegung des Parketts wurden bei ca. 110 m^2 Parkettfläche auf ca. 125,00 €/m^2 zuzüglich Mehrwertsteuer veranschlagt.

10.6 Feuchteschäden an Parkettboden

Schadensbild

Ein Bodenbelag aus Mehrschicht-Parkettelementen mit versiegelter Oberseite vor einem Bad mit einer bodengleichen Dusche weist im Anschlussbereich an den angrenzenden Fliesenbelag in dem Bad leichte graubraune Verfärbungen des Holzes unter der Versiegelung ausgehend vom stirnseitigen Anschnitt auf. Einzelne Stoßfugen zwischen benachbarten Parkettelementen haben sich zudem – ebenfalls ausgehend von dem stirnseitigen Anschnitt – keilförmig geöffnet mit einer klaffenden Fugenbreite von maximal ca. 1 mm (siehe Abb. 10.20).

Der Parkettbodenbelag ist höhengleich mit dem angrenzenden Fliesenbelag verlegt. In unmittelbarer Nähe des Belagwechsels befindet sich eine bodengleiche Dusche. Der Bodenfliesenbelag ist im Bereich der Dusche mit einem lokalen Gefälle zu einem Bodenablauf hin entwässert. Die Höhendifferenz innerhalb des Duschbereiches beträgt ca. 15 mm.

Ursachen

Die feuchtigkeitsbedingten Verfärbungen bzw. Verformungen mit anschließend aufklaffender Stoßfuge resultieren aus einer nicht beabsichtigten Einwirkung freien Wassers aus dem Duschbereich, das aus der Duschkabine ausgetreten ist und über den höhengleichen Bodenbelag bis zu dem in der Nähe befindlichen Holzboden gelangen konnte. Die Menge des ausgetretenen Wassers ist vergleichsweise gering.

Bei der Ausführung bodengleicher Duschen in häuslichen Bädern wird der Bodenfliesenbelag in der Regel bis in den Duschbereich geführt und nur dort mit einem lokal begrenzten Gefälle über einen Bodeneinlauf entwässert. Die absolute Höhendifferenz innerhalb der zu entwässernden Fläche ist in der Regel auf ein Maß von ca. 15 bis 20 mm begrenzt. Für den Regelgebrauch kann das im unmittelbaren Duschbereich anfallende Brauchwasser ausreichend schnell über den Bodenablauf abgeführt werden. Sofern der Duschbereich nicht durch eine Kabine von dem übrigen Raum abgeteilt ist oder Brauchwasser aus dem eigentlichen Duschbereich auf die sonstige Bodenfläche austreten kann, ist mit freiem Wasser – in geringer Menge – auch im Bereich der Bodenflächen außerhalb des eigentlichen Duschbereiches zu rechnen. Für den Fall einer verzögerten Entwässerung über den Bodenablauf, z. B. bei starker Verschmutzung durch eingetragene Haare usw., kann zudem ein Rückstau auf der zu entwässernden Fläche auftreten. Aufgrund des nur geringen auf der Bodenfläche zur Verfügung stehenden Rückstauvolumens ist in einem solchen Fall mit einer Verteilung des freien Wassers auf dem Bodenbelag auch auf den Flächen außerhalb der Dusche zu rechnen (siehe Abb. 10.21 und Abb. 10.22).

Bodenflächen in häuslichen Bädern, die über einen Bodenablauf unmittelbar entwässert werden, müssen in der gesamten Fläche abgedichtet werden einschließlich einer wannenförmigen Hochführung der Abdichtungsebene an allen angrenzenden Bauteilen (vgl. DIN 18195-1:2011-12 und DIN 18195-5:2011-12 „Bauwerksabdichtungen“). Im Bereich eines schwellenlosen Türdurchgangs ist eine solche Hochführung der Abdichtung nicht möglich. Für die Herstellung eines fachgerechten seitlichen Abschlusses der Bodenabdichtung z. B. im Türbereich sollte daher mindestens ein Schwellenprofil angeordnet werden, auf dem die Flächenabdichtung wasserdicht angeschlossen werden kann. Soweit im Bereich dieses Abdichtungsabschlusses im Gebrauch mit freiem Wasser zu rechnen ist (z. B. bei unmittelbar benachbarten bodengleichen Duschen), sollte dieses Schwellenprofil zudem mit einem Höhenversatz zu den angrenzenden Bodenflächen außerhalb des Nassraumes eingebaut werden (siehe Abb. 10.23).

Hinweise zur Schadensvermeidung

Bodengleiche Duschen müssen hinsichtlich der Gestaltung der Bodenfläche und der Entwässerungsmöglichkeiten so beschaffen sein, dass auch für den Fall eines wenig sorgfältigen Gebrauches oder eines verminderten Abflusses mit kurzzeitigem Rückstau eine geringe Menge freien Wassers für die Konstruktion schadensfrei auf der Fußbodenfläche – auch außerhalb des Duschbereiches – auftreten kann. Übergänge

Abb. 10.20: Parkettelement mit feuchtigkeitsbedingter Verfärbung und keilförmig klaffender Fuge

Abb. 10.21: Bodengleiche Dusche in unmittelbarer Nähe des Belagwechsels

Abb. 10.22: Bodengleicher Duschbereich ohne Kabinenabtrennung in unmittelbarer Nähe des Belagwechsels

Abb. 10.23: Schwellenaufkantung am freien Rand der Bodenabdichtung im Türdurchgangsbereich

zu angrenzenden Bodenflächen sollen mit einer Höhendifferenz ausgeführt werden, um einen zusätzlichen Rückhalteraum für den Havariefall zu schaffen und ein selbsttätiges Austreten freien Wassers aus dem durch Abdichtung geschützten Bereich sicher zu verhindern. Hierfür ist es auch zweckmäßig, einen Belagwechsel nicht in unmittelbarer Nähe zu einem nass belasteten Duschbereich anzuordnen.

Maßnahmen und Kosten der Instandsetzung

In dem vorliegenden Fall kann mit dem nachträglichen Einbau einer aufgedoppelten Schwelle aus Naturwerkstein im Türdurchgangsbereich und Anschluss der Flächenabdichtung an die Schwellenaufkantung eine wirksame Trennung zwischen dem Nassbereich und dem vor Feuchtigkeitseinwirkung zu schützenden Holzbodenbelag hergestellt werden.

Die Kosten hierfür wurden unter Berücksichtigung der beteiligten Gewerke mit ca. 800,00 € für eine Schwelle zuzüglich Mehrwertsteuer veranschlagt.

10.7 Feuchteschäden am Bodenaufbau – schwimmender Estrich

Schadensbild

In einem Verwaltungsgebäude trat im Bereich eines Heizkörpers ein Feuchteschaden mit bräunlichen Verfärbungen, Farbablösungen und Kristallisationserscheinungen an der Putzoberfläche der angrenzenden Wandfläche auf (siehe Abb. 10.24). Die sichtbaren Anzeichen von Feuchte wurden über einen mehrmonatigen Zeitraum mit zunehmender Ausprägung beobachtet.

Der Bodenaufbau auf der Massivdecke besteht aus einem schwimmenden Estrich mit ca. 45 mm Estrichdicke auf einer ca. 40 mm dicken Trittschalldämmung aus Polystyrol-Hartschaum (siehe Abb. 10.25). Die Zuleitung des Heizkörpers ist auf der Rohdecke in der Dämmschicht verlegt. Die Anbindung des Heizkörpers erfolgt in der Bodenfläche. Im Bereich des Abzweigs der Heizkörperanschlussleitung liegt die Installationsleitung nicht auf der Rohdecke auf. Der Rohrscheitel steht ca. 1 cm über die Oberfläche der Trittschalldämmung hoch (siehe Abb. 10.26). Die Anschlussleitung ist aus der Verschraubung am Anschlussblock des Heizkörpers ca. 10 mm weit herausgelöst. Der Leitungsanschluss leckt (siehe Abb. 10.27).

Ursachen

Die auf der Rohdecke verlegte Heizungsleitung steht im Bereich des Heizkörperanschlusses wegen der zu kurz ausgeführten Anschlussleitung über die Oberseite der Trittschalldämmung hoch. Die Leitung wurde vermutlich beim Einbau des Estrichs in die Trittschalldämmung heruntergedrückt, um eine Schallbrücke des Estrichs zu vermeiden. In der Folge ist die Anschlussleitung weitgehend aus der Verbindung mit dem Anschlussblock des Heizkörpers herausgerutscht, hat sich jedoch nicht vollständig gelöst. Die Dichtigkeit des Anschlusses war dadurch nicht mehr gegeben. An der gelösten Verbindungsstelle trat Wasser in zwar geringer Menge, jedoch über einen längeren Zeitraum aus dem Heizungssystem aus.

Der Untergrund eines schwimmenden Estrichs muss gemäß DIN 18560-2:2009-09 „Estriche im Bauwesen“ eben sein. Punktförmige Erhebungen, Rohrleitungen usw. auf dem Untergrund können zu Schallbrücken oder Schwankungen der Estrichdicke führen und sind nicht zulässig. Werden dennoch Rohrleitungen auf dem Estrichuntergrund verlegt, so ist ein Höhenausgleich dergestalt vorzunehmen, dass eine ebene Oberfläche mindestens zur Aufnahme der Trittschalldämmung besteht. Eine Leitungsführung in der Ebene der Trittschalldämmung mit entsprechender Unterbrechung der Dämmschicht ist nicht zulässig.

Auf dem Estrichuntergrund verlegte Rohrleitungen müssen zudem fixiert sein. Lageänderungen der Leitungen, insbesondere über Leitungsverbindungen hinweg, bergen das unkontrollierbare Risiko einer unplanmäßigen Belastung der Leitungsinstallation. Im vorliegenden Fall hat die ungenügende Befestigung der Rohrleitung auf der Rohdecke zur Folge, dass bei der Montage der zu kurz bemessenen Anschlussleitung die Rohrleitung vom Untergrund hochgehoben wird. Ein Herunterdrücken der Rohrleitung in die Trittschalldämmschicht vor dem Einbau des Estrichs oder auch unter der Auflast des fertigen Estrichs führt jeweils zu einem Lösen und einer Leckage des Leitungsanschlusses.

Hinweise zur Schadensvermeidung

Rohrleitungen, die auf der Unterlage des Estrichs verlegt werden, müssen mit einer entsprechenden Konstruktionshöhe in der Ausführungsplanung vorgesehen werden. In DIN 18560-2:2009-09 „Estriche im Bauwesen“ wird ein entsprechender Hinweis auf die notwendigen Planungsvorgaben ausdrücklich gegeben. Eine Aussparung der Trittschalldämmung für Rohrleitungstrassen ohne die notwendige Überdeckung ist nicht zulässig. Diese Anforderungen sind vor dem Einbau des Estrichs von dem Ausführenden in der Arbeitsvorbereitung zu prüfen. Üblich ist es, Rohrleitungsinstallationen in einer unteren Lage Dämmschicht zu verlegen und darüber eine zweite, durchgehende Lage Trittschalldämmung als Unterlage für den Estrich einzubauen.

Abb. 10.24: Feuchteschaden an einer Außenwand im Bereich eines Heizkörpers

Abb. 10.25: Aufbauhöhe des schwimmenden Estrichs

Abb. 10.26: Der Rohrscheitel der Zuleitung steht über die Oberseite der Trittschalldämmung hoch.

Abb. 10.27: Anschlussleitung; undichter Anschluss an den Heizkörper

Die nicht fachgemäße Verlegung von Installationsleitungen in der Trittschalldämmung des schwimmenden Estrichs stellt wegen der auf Dauer weich federnden Bettung der Bauteile ein besonderes Risiko dar.

Maßnahmen und Kosten der Instandsetzung

Die ungenügende Konstruktionshöhe im Bereich der Trittschalldämmung lässt eine fachgerechte Instandsetzung unter Beibehaltung der bestehenden Bodenaufbauten nicht zu. Die Rohrleitung muss zunächst ausreichend weit nach unten verlegt und auf der Rohdecke befestigt werden. Hierbei sind die Wärmeschutzanforderungen an Warmwasser führende Leitungen zu beachten. Die Anschlussleitung des Heizkörpers ist in ausreichender Länge zu erneuern. Nach Austrocknung aller Feuchteschäden im Boden- und Wandbereich ist der Bodenaufbau zu ergänzen. Die Wandflächen sind abschließend malermäßig zu überarbeiten.

Die Instandsetzungskosten waren im vorliegenden Fall für ca. 2 m^2 Bodenfläche und ca. 2 m^2 Wandfläche sowie einen Heizkörper mit ca. 2.450,00 € zuzüglich Mehrwertsteuer zu veranschlagen.

10.8 Hohllagen eines Bodenbelages aus Naturwerkstein – Mörtelschicht

Schadensbild

Der Naturwerksteinbelag in dem Treppenhaus einer Wohnanlage weist in den ersten Jahren nach Fertigstellung in zunehmendem Maße und schließlich großflächig deutlich beim Begehen wahrnehmbare Hohllagen sowie Ausbrüche der mineralisch verschlossenen Plattenfugen auf. Der Belag ist im Dickbettmörtel verlegt. Die einzelnen Platten lassen sich nach dem Freilegen der Plattenfugen leicht vom Mörtelbett abheben. Die Plattenrückseiten weisen Staubanhaftungen und nur vereinzelt Anhaftungen des Verlegemörtels auf. Die Oberfläche des Mörtelbettes ist überwiegend glatt und geschlossen. In Teilbereichen weist die Mörteloberfläche Gefügeausmagerungen auf (siehe Abb. 10.28 und 10.29).

In dem Fall eines anderen Treppenhauses weist der Naturwerksteinbelag ebenfalls großflächig einen beim Begehen hörbaren Hohlklang sowie zunehmende Ausbrüche der Verfugung in der Belagfläche auf. Beim Ausbau der Platten wird eine Verlegung auf einzelnen Mörtelbatzen ersichtlich. Die vom Mörtel bedeckte Teilfläche beträgt weniger als die Hälfte der Plattenrückseite. Die Hohlräume zwischen den Mörtelbatzen erstrecken sich durchgehend über mehrere Platten hinweg (siehe Abb. 10.30 und 10.31).

Ursachen

Die großflächigen Hohllagen des Naturwerksteinbelages sind im Fall der vollflächigen Verlegung auf einen ungenügenden Haftverbund zwischen Plattenrückseite und Verlegemörtel zurückzuführen. Die für die Verbundwirkung erforderliche Benetzung der Plattenrückseite mit Wasser und Feinteilen aus dem Frischmörtel fehlt. Die einwirkenden äußeren Beanspruchungen aus der Belastung des Belages und die inneren Beanspruchungen aus Schwindverformungen des Mörtels können in der Kontaktfläche zwischen Mörtel und Belag nicht aufgenommen werden. Die Plattenfugen brechen in der Folge der Hohllagen aus.

Die Verlegung des Belages auf Mörtelbatzen in dem zweiten Fall lässt dem Hohlklang nach auch eine flächige Ablösung der Platten vom Mörtel erwarten, ist jedoch durch die Hohlstellen zwischen den Mörtelbatzen bedingt. Eine vorzeitige Zerstörung und Ablösung der Platten ist jedoch zu erwarten.

Die auf die Belagoberfläche planmäßig einwirkenden Druck- und Biegebeanspruchungen haben Verformungen, insbesondere auch elastisch federnde Verformungen, zur Folge. Die Belastungen des Belages werden über Druck- und Schubkräfte in den tragenden Untergrund weitergeleitet. Zur Aufnahme der Kräfte ist ein Verbund des Belages über eine vollflächige Bettung im Dickbett oder im Dünnbett mit einer Lastverteilungsschicht erforderlich. Unter bestimmten Voraussetzungen kann auch das Dickbett die Funktion einer lastverteilenden Schicht übernehmen.

Die nicht fachgerechte Verlegung auf Mörtelbatzen gewährleistet keinen flächigen Verbund. Unvermeidbare Verformungen des Bodenaufbaus aus einem Restschwinden nach Einbau des Belages und aus dynamischer Belastung unter Verkehrslast können auf Dauer nur dann schadensfrei von dem Bodenaufbau aufgenommen werden, wenn die Lastabtragung aus dem Belag in den Untergrund gleichmäßig über eine schubfeste Bettung erfolgt. Bei einer fehlenden flächigen Bettung ist ein vorzeitiges Ausbrechen der Fugenfüllungen und in der Folge eine vorzeitige Ablösung der Platten von der Bettung zu erwarten.

Hinweise zur Schadensvermeidung

Das Mörtelbett muss die Verbundwirkung zwischen dem Belagaufbau und dem Estrich sicherstellen. Verlege- und Ansetzmörtel sind mindestens großflächig, besser vollflächig einzubringen. Für Bodenbeläge ist bei der Verlegung im Dickbett die Mörtelbettdicke mit 10 bis 20 mm anzusetzen. Zur Verbesserung der Verbundwirkung werden die Oberflächen der Plattenrückseiten und des Verlegeuntergrundes entsprechend vorbehandelt. Hierbei können auch Haftbrücken zur Anwendung kommen.

Abb. 10.28: Dickbettmörtel mit glatter Oberfläche; Teilbereiche mit Gefügeausmagerungen

Abb. 10.29: Plattenrückseite mit vereinzelten Anhaftungen des Verlegemörtels

Abb. 10.30: Plattenverlegung auf Mörtelbatzen

Abb. 10.31: Die Hohlräume zwischen den Mörtelbatzen erstrecken sich über die Plattenfugen hinweg.

Alternativ kann eine Verlegung im Mittelbett oder im Dünnbett erfolgen. Der Dünnbettmörtel wird auf den Untergrund (Floating-Verfahren), auf die Plattenrückseite (Buttering-Verfahren) oder auf Untergrund und Plattenrückseite (Floating-Buttering-Verfahren) aufgetragen. Ein weitgehend hohlraumfreier Verbund zwischen Platte, Dünnbettmörtel und Untergrund kann nur mit dem Floating-Buttering-Verfahren hergestellt werden.

Maßnahmen und Kosten der Instandsetzung

Die Instandsetzung der Bodenbeläge erfordert bei den vorliegenden Beispielen wegen der systematischen Fehler bei der Verlegung der Naturwerksteinplatten eine vorzeitige Erneuerung der Beläge.

Die Kosten hierfür waren einschließlich der erforderlichen Nebenarbeiten und begleitender Leistungen für Malerarbeiten in den Arbeitsbereichen usw. bei einer Bodenfläche von 300 m^2 auf insgesamt 210,00 €/m^2 zuzüglich Mehrwertsteuer zu veranschlagen.

Die Durchführung dieser Arbeiten muss in der laufenden Nutzung der betroffenen Verkehrsflächen erfolgen. Dies stellt eine besondere Erschwernis für die Instandsetzung dar.

10.9 Hohllagen eines Bodenbelages aus Naturwerkstein – Ausgleichsschicht

Schadensbild

Der Treppenhausbelag einer Wohnanlage weist in den ersten Jahren nach Fertigstellung zunehmend Hohllagen beim Begehen sowie Ausbrüche der mineralisch verschlossenen Plattenfugen auf. Ein charakteristisches Merkmal der Schadensentwicklung ist eine in den stark frequentierten Laufbereichen der Eingänge beginnende und sich allmählich auf alle Bereiche ausbreitende großflächige Schadensentwicklung. Der Belag ist auf einem Dickbettmörtel verlegt. Die einzelnen Platten lassen sich nach dem Freilegen der Plattenfugen leicht vom Mörtelbett abheben. Die Plattenrückseiten weisen Staubanhaftungen und nur vereinzelt Anhaftungen des Verlegemörtels auf.

An der Oberseite des Mörtelbettes sind einzelne Risse mit Rissbreiten von ca. 0,1 bis 0,2 mm vorhanden (siehe Abb. 10.32). Das Mörtelbett ist mit einer Dicke von ca. 15 bis 20 mm ausgeführt und weist ein geschlossenes, teilweise feinporiges Gefüge mit festem Bindemittelverbund auf. Unter dem Dickbettmörtel befindet sich eine ca. 10 bis 20 mm dicke Ausgleichsschicht aus einem sandigen Zuschlag mit einer Korngröße bis ca. 4 mm und keinem bzw. einem nur sehr geringen Bindemittelverbund. Der Ausgleichsmörtel lässt sich mit den Fingern zerreiben. Als Untergrund für die Ausgleichsschicht ist ein Estrich auf einer Dämmschicht eingebaut (siehe Abb. 10.33 und 10.34).

Ursachen

Die notwendige Druckfestigkeit ist im Bereich der ungebundenen Ausgleichsschicht unter dem Mörtelbett nicht gegeben. Ein ausreichend schubfester Haftverbund in der Ausgleichsschicht und in den Kontaktflächen zu dem Mörtelbett und der Estrichoberfläche fehlt.

Der Fußbodenaufbau besteht aus einem Belag auf einer Estrichplatte als lastverteilender Schicht mit weich federnder Bettung. Die Festigkeit des Plattenbelages auf der lastverteilenden Estrichschicht wird durch die Verlegung der Naturwerksteinplatten im Dickbettmörtel erreicht. Dem Mörtelbett kommt hierbei die Funktion der Abtragung vertikaler und horizontaler Lasteinwirkungen auf den Belag zu. Dies erfordert eine sowohl druck- als auch schubfeste Verbindung des Plattenbelages mit der lastverteilenden Schicht.

Die ungenügende Festigkeit der Ausgleichsschicht unter dem Dickbettmörtel hat zur Folge, dass ein kraftschlüssiger Verbund zwischen der belasteten Schicht (bestehend aus dem Verlegemörtel und dem Plattenbelag) und der lastverteilenden Schicht (Estrichplatte) nicht besteht (siehe Abb. 10.35, Darstellung A). Die Ausgleichsschicht wirkt als nachgiebige Bettung des Verlegemörtels. Das Mörtelbett wird dadurch selbst als lastverteilende Schicht beansprucht. Die Schichtdicke des Verlegemörtels reicht mit ca. 15 bis 20 mm für diese unplanmäßige Beanspruchung nicht aus. Bei Belastung der Plattenbeläge mit Druckkräften tritt eine Verformung innerhalb der Ausgleichsschicht auf und die Kontaktfläche zwischen Plattenrückseite und Verlegemörtel wird auf Schub beansprucht (siehe Abb. 10.35, Darstellung B). Die Scherbeanspruchung führt dazu, dass sich die Platten von der Oberseite des Mörtelbettes ablösen und dass in der Folge die Plattenfugen ausbrechen. Die Druckbeanspruchung des Mörtels und die mit der nachgiebigen Bettung verbundenen Biegespannungen führen zur Rissbildung im Mörtelbett.

Hinweise zur Schadensvermeidung

Plattenbeläge im Dickbett sind mit einer Mörtelbettdicke von ca. 10 bis 20 mm zu verlegen. Für einen notwendigen Höhenausgleich ist unter dem Dickbett ein Ausgleichsmörtel einzubauen, der qualitativ dem Verlegemörtel entsprechen soll. Ungebundene Schüttungen aus Sand o. Ä. dürfen für einen Ausgleich unterhalb des Verlegemörtels nicht verwendet werden.

Der Frischmörtel muss ausreichend steif und unter dem Gewicht der aufliegenden Platten bis zur Aushärtung formstabil sein. Für die Verlegung ist deshalb ein Mörtel mit erdfeuchter bis krümeliger Konsistenz günstig. Für die Herstellung eines möglichst dichten Mörtelgefüges mit guter Festigkeitsentwicklung und ausrei-

Abb. 10.32: Rissverlauf an der Oberseite des Mörtelbettes

Abb. 10.33: Ungebundene Ausgleichsschicht unter dem herausgenommenen Mörtelbett

Abb. 10.34: Ungebundene Ausgleichsschicht unter dem Dickbettmörtel

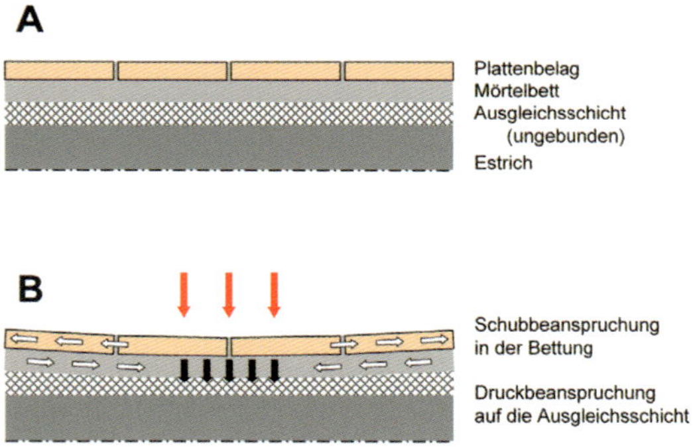

Abb. 10.35: Schematische Darstellung des Bodenaufbaus im unbelasteten Zustand (A) sowie im belasteten und verformten Zustand (B)

chendem Haftverbund in den Kontaktflächen ist hingegen eine etwas weichere Einstellung des Frischmörtels zweckmäßig. Es erfordert daher eine gute handwerkliche Erfahrung, die Konsistenz des Verlegemörtels optimal einzustellen. Die Kontaktflächen sollen zudem durch Vornässen und ggf. den Einsatz einer Haftbrücke vorbehandelt werden.

Maßnahmen und Kosten der Instandsetzung

Für die Instandsetzung ist eine vollflächige Erneuerung der Ausgleichsschicht erforderlich. Hierfür sind die Beläge bis zum Estrich abzutragen und mit einer gebundenen Ausgleichsschicht neu herzustellen.

Die Kosten hierfür waren im vorliegenden Fall für 460 m² Bodenfläche mit 110,00 €/m² zuzüglich Mehrwertsteuer einschließlich begleitender Nebenarbeiten zu veranschlagen.

10.10 Risse in Estrich und Fliesenbelag

Schadensbild

Bei einem in Holzständerbauweise errichteten Mehrfamilienhaus sind im Obergeschoss Rissbildungen in mit einem Fliesenbelag versehenen Bodenflächen aufgetreten. Die Fliesen sind im Dünnbett auf einem schwimmenden Zementestrich verlegt.

Im ca. 60 m^2 großen Wohn- und Essbereich zeigen sich mehrere Risse, die im Wesentlichen quer durch den Raum verlaufen. Die Abb. 10.36 zeigt ein Beispiel, die Abb. 10.37 ein Detail. Die Rissufer sind gegeneinander gepresst. Einzelne Kantenausbrüche sind aufgetreten.

Zwischen den etwa parallel in Raummitte verlaufenden Rissen haben sich weitere senkrecht abgehende Risse gebildet. Weiterhin ist festzustellen, dass zwischen den Randleisten aus Holz und dem Fliesenbelag häufig Spaltbildungen vorhanden sind (siehe Abb. 10.38). Diese weisen eine Breite von 4 bis 9 mm auf.

Zur Feststellung der Schadensursache wurde eine Probeöffnung bei einem Riss in Raummitte vorgenommen. Diese ist in Abb. 10.39 im Überblick und in Abb. 10.40 im Detail dargestellt. Es ist zu erkennen, dass sich der Fliesenriss im Estrich fortsetzt. Die Rissufer zeigen einen Höhenversatz von ca. 0,5 mm.

Ursachen

Die Ursache der aufgetretenen Rissbildungen liegt in Verformungen des Verbundsystems Estrichplatte/Fliesenbelag. Der Fliesenbelag wurde zu früh aufgebracht. Die durchgeführte Probeöffnung ergab, dass sich die Rissbildung im Fliesenbelag in den Estrich hinein fortsetzt und damit eindeutig untergrundbedingt ist.

Der Verlauf der Rissbildung weist darauf hin, dass eine Verwölbung des schwimmend verlegten Zementestrichs die Schadensursache darstellt. Die Verwölbung entsteht dadurch, dass sich ein Zementestrich grundsätzlich schwindbedingt verkürzt. Unter Schwinden wird die Wasserabgabe im Zuge der Erhärtung verstanden. Wenn dieser Schwindvorgang bei Verlegen der Fliesen noch nicht hinreichend abgeschlossen ist, behindert der keramische Fliesenbelag die weitere Schwindverkürzung des Estrichs. Hieraus entsteht im Verlauf des Schwindvorgangs eine konvexe Aufwölbung des Verbundsystems aus keramischem Fliesenbelag und Zementestrich.

Wenn das Schwinden und damit die Verwölbungsneigung des Estrichs klein ist, beschränkt sich dieser Vorgang auf den Randbereich der Estrichplatte. Der Feldbereich bleibt dagegen eben. Bei einem stärkeren Schwinden der Estrichplatte ist die Beanspruchung so groß, dass es zu einem Biegebruch der Verbundplatte kommt. Von Letzterem ist nach den getroffenen Feststellungen im vorliegenden Fall auszugehen. Dabei ist die Verwölbung und damit das Rissrisiko umso größer, je größer das Schwinden des Estrichs nach dem kraftschlüssigen Aufbringen des starren keramischen Belages ist.

Auf denselben Einfluss sind die Spaltbildungen des Fliesenbelages zu den Sockelleisten zurückzuführen. Die Verwölbung im Randbereich bewirkt ein Absinken des Fliesenbelages gegenüber den Sockelleisten.

Das Schadensbild korrespondiert mit Angaben aus der Bauzeit, wonach die Fliesen aus Zeitgründen relativ früh aufgebracht wurden.

Der Vollständigkeit halber ist festzustellen, dass eine Durchsicht der vorgelegten Statischen Berechnung keine Hinweise darauf ergab, dass eine Unterdimensionierung der Geschossdecke für die Rissbildungen mitursächlich gewesen ist.

Hinweise zur Schadensvermeidung

Vor Aufbringen eines keramischen Fliesenbelages auf einen schwimmenden Zementestrich ist sicherzustellen, dass keine erheblichen Schwindverformungen mehr zu erwarten sind. Bei im Dünnbett verlegten keramischen Belägen ist die Belegreife erreicht, wenn der Feuchtigkeitsgehalt des Zementestrichs höchstens noch 2,0 Masse-% beträgt (gemessen mit dem CM-Gerät). Die Trocknungszeit ist stark abhängig von den während der Trocknung herrschenden raumklimatischen Bedingungen. In den Sommermonaten ist der Trocknungsfortschritt in der Regel deutlich langsamer als in der kalten

Abb. 10.36: Riss im Bodenbelag aus keramischen Fliesen

Abb. 10.37: Rissverlauf im Detail mit örtlichen Kantenausbrüchen

Abb. 10.38: Spaltbildungen zwischen Fliesenbelag und Randleiste

Jahreszeit, wenn eine Beheizung und Lüftung der Räume erfolgen kann. Das Wasseraufnahmevermögen der Luft ist im Winter deutlich höher als im Sommer. Damit kann im Winter die Estrichfeuchte wesentlich schneller abgebaut werden.

Maßnahmen und Kosten der Instandsetzung

Zur Instandsetzung war es im vorliegenden Fall erforderlich, den Bodenaufbau vollständig neu herzustellen.

Hierfür waren bei der vorliegenden Fläche von ca. 60 m^2 Kosten in Höhe von ca. 110,00 €/m^2 zuzüglich Mehrwertsteuer zu veranschlagen.

Abb. 10.39: Probeöffnung durch Entfernen einer Fliese

Abb. 10.40: Fliesenriss setzt sich im Estrich fort.

10.11 Risse in der Randfuge von Bodenbelägen

Schadensbild

Bodenbeläge, die auf einem schwimmenden Zementestrich oder auf einem Zementestrich auf Trennlage verlegt werden, weisen in vielen Fällen in einem Zeitraum von ca. 6 Monaten bis 2 Jahren nach der Herstellung der Bodenaufbauten Abrisse an der Verfugung der Randanschlussfuge und ein Aufklaffen der Fugenflanken auf. Diese Formänderungen lassen sich sowohl bei harten Belägen aus keramischen Fliesen und Platten oder Naturwerkstein als auch bei vergleichsweise verformungsweicheren Parkettbelägen beobachten (siehe Abb. 10.41 bis 10.43). Charakteristische Merkmale dieses Schadensbildes sind eine allmählich fortschreitende Zunahme der Klaffung und eine maximale Ausprägung des Schadensbildes in den Raumecken. Mitunter ist der schadhafte Bereich auch auf die Raumecke begrenzt (siehe Abb. 10.41). Die Breite der offenen Fuge, das Erscheinungsbild der aufgerissenen Fugenversiegelung (siehe Abb. 10.42) oder Klaffungen an den Anschlüssen anderer Bauteile (siehe Türzargenanschluss in Abb. 10.43) belegen ein nachträgliches Absinken der Bodenfläche am Randanschluss.

Ursachen

Die vorbeschriebenen Abrisse und Klaffungen in der Randfuge der Bodenbeläge resultieren aus einer Schwindverformung des Estrichs nach dem Einbau der Beläge. Mit einer kraftschlüssigen Verbindung zwischen Belag und Estrich wird dessen Möglichkeit zur Formänderung in seiner Längsausdehnung einseitig behindert (sog. Bimetalleffekt). Die ungehinderte Verkürzungsmöglichkeit an der Estrichunterseite bewirkt eine Verwölbung mit absinkenden Rändern.

Für diesen Schadensmechanismus können 2 verschiedene Ausgangssituationen unterschieden werden. Im ersten Fall ist der Estrich bei Einbau des Belages eben (Fall 1A, siehe Abb. 10.44). Nachträgliche Schwindverformungen haben ein Absinken der Ränder zur Folge. Die Bodenfläche ist in dann mit einem Gefälle zum Rand hin geneigt (Fall 1B, siehe Abb. 10.45). Im zweiten Fall erfährt der Estrich vor dem Aufbringen des Belages eine Verformung der freien Ränder und insbesondere der Ecken nach oben (Fall 2A, siehe Abb. 10.46). Ursache ist ein über den Querschnitt ungleichmäßig verteiltes Austrocknungsverhalten des frischen Estrichs. Wird der Belag auf diesen Verformungszustand aufgebracht und setzt sich das Schwindverhalten des Estrichs danach noch fort, so wirkt das Absinken der Ränder der Vorverformung entgegen und kompensiert diese (Fall 2B, siehe Abb. 10.47). Die Bodenfläche weist in dann kein Gefälle oder ein deutlich geringeres Gefälle auf, als angesichts der Klaffungsgröße in der Randfuge zu erwarten war.

Hinweise zur Schadensvermeidung

Nachträgliche Formänderungen in den Randfugen lassen sich vermeiden, wenn die durch Schwindvorgänge bedingten Verformungen bis zur Verlegung des Belages auf ein unkritisches Maß abgeklungen sind. Dies gilt für alle Fußbodenkonstruktionen mit einem kraftschlüssig auf einen schwimmend bzw. verschieblich gelagerten Untergrund aufgebrachten Belag. In der Praxis kann dies mit erheblichen Warte- und Trockenzeiten im Bauablauf verbunden sein.

Maßnahmen und Kosten der Instandsetzung

Eine Instandsetzung nachträglich verformter Beläge erfolgt zweckmäßigerweise erst nach Abklingen der Verformungen. Vielfach reicht eine Neuverfugung oder ein Tiefersetzen der Randleisten aus. Bei größeren bleibenden Verformungen des Estrichs können die Ränder durch Abschneiden in ihre ursprüngliche Lage zurückgeführt werden. Die Schnitte sind anschließend kraftschlüssig zu verdübeln und zu verdrahten.

Die Kosten hierfür waren in einem Schadensfall für ca. 50 lfm Schnittfuge mit ca. 13,00 €/lfm zuzüglich Mehrwertsteuer zu veranschlagen.

Die Beläge müssen dann in der Regel neu hergestellt werden einschließlich einer zusätzlichen Egalisierung der Estrichoberfläche.

Abb. 10.41: Randfuge eines keramischen Bodenbelages

Abb. 10.42: Randfuge eines Naturwerksteinbelages

Abb. 10.43: Randfuge eines Parkettbelages

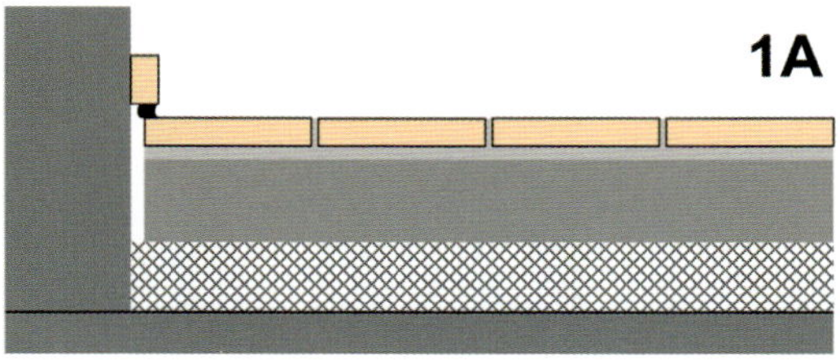

Abb. 10.44: Der Estrich ist bei Einbau des Belages eben.

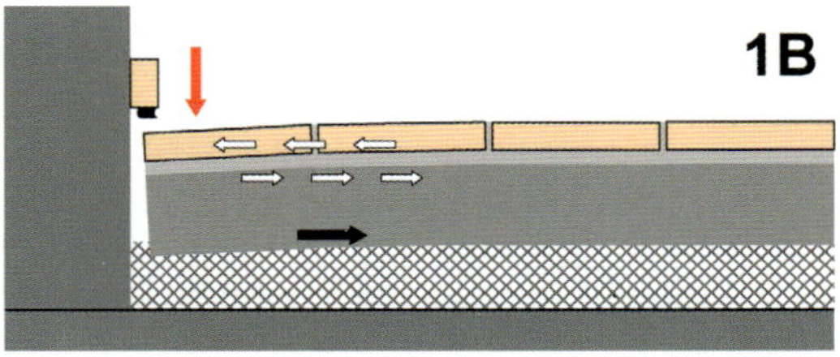

Abb. 10.45: Randabsenkungen infolge nachträglicher Schwindverformungen

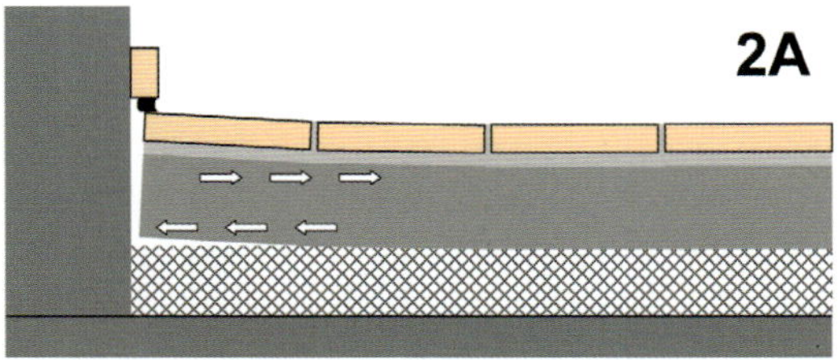

Abb. 10.46: Vorverformung des Estrichs bei Einbau des Belages

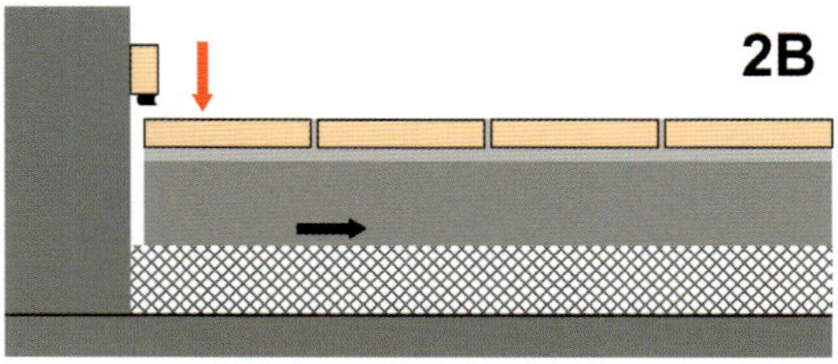

Abb. 10.47: Kompensation der Vorverformung durch nachträgliches Absinken der Ränder

10.12 Risse in der Randfuge eines keramischen Bodenbelages

Schadensbild

Im Erdgeschoss eines Einfamilienwohnhauses ist in den Wohnräumen die Dichtstofffuge zwischen den Boden- und Sockelfliesen umlaufend aufgerissen (siehe Abb. 10.48 bis 10.50). Die Bodenfliesen sind auf einem schwimmenden Zementestrich verlegt. In der Fläche zeigen sich keine Risse, größere Unebenheiten wurden bei der stichprobenartigen Untersuchung der Fläche mit einer 2 m langen Wasserwaage nicht festgestellt.

Ursachen

Die Risse in der Estrichrandfuge sind durch last- und schwindbedingte Randabsenkungen nach Verlegung des keramischen Bodenbelages entstanden. Die Dichtstofffuge konnte die im Randbereich auftretenden Bewegungen nicht schadensfrei aufnehmen.

Bei schwimmenden Zementestrichen auf Trenn- oder Dämmschichten treten nach Verlegung der Bodenbeläge häufig Risse in den mit elastischen Dichtstoffen verschlossenen Randfugen auf. Von derartigen Schäden sind insbesondere Bodenbeläge aus Naturwerkstein oder – wie im vorliegenden Fall – aus keramischen Bodenplatten betroffen.

Die Risse entstehen infolge einer Absenkung der Plattenränder nach Verlegung des Bodenbelages. Bei Estrichen auf Trittschalldämmungen ergeben sich nachträgliche Bodenabsenkungen zum Teil aus dem Zusammendrücken der Dämmplatten bei nutzungsbedingter Belastung des Fußbodens. Zusätzlich resultieren Absenkungen im Randbereich aus den materialbedingten Schwindverformungen des Zementestrichs bei der Austrocknung. Diese Schwindverformungen sind vor der Verlegung des Belages konkav, nach der Verlegung konvex ausgebildet. Eine anschauliche Darstellung der eine Randabsenkung bewirkenden Schwindvorgänge findet sich in Kapitel 10.11 (Abb. 10.44 bis 10.47).

Wenn sich aus dem typischen Schadensbild – Aufwölbung des Fußbodens zur Raummitte mit einer Rissbildung im Schichtenverbund – eindeutig schließen lässt, dass der Bodenbelag verlegt wurde, bevor das austrocknungsbedingte Anfangsschwinden des Zementestrichs beendet und das Stadium der sog. Belegreife erreicht war, so kann das rissverursachende Absenken der Plattenränder einem Ausführungsfehler zugeordnet werden. Allerdings kann auch das Restschwinden eines belegreifen Zementestrichs eine geringe Absenkung der Plattenränder zur Folge haben, ohne dass ein Ausführungsfehler vorliegt.

Die bis zum Zeitpunkt der Belegreife auftretende Randverformung der Estrichplatte nach oben lässt sich durch Maßnahmen gegen eine zu schnelle Austrocknung des Zementestrichs zwar minimieren, jedoch auch bei sorgfältiger Nachbehandlung des frischen Estrichs erfahrungsgemäß nicht vollständig vermeiden.

Nach einem Fachbeitrag von Schnell können bei keramischen Belägen auch bei fachgerechter Ausführung der Arbeiten Randabsenkungen in der Größenordnung von 4 bis 6 mm auftreten; unter schweren Auflasten, z. B. durch Schränke, kann sich dieses Maß noch um bis zu 3 mm vergrößern (vgl. Schnell, 1990).

Die elastischen Dichtstoffe, mit denen die 5 bis 10 mm breiten Randfugen üblicherweise verschlossen werden, sind materialbedingt nicht in der Lage, Randabsenkungen in dieser Größenordnung aufzunehmen. Sie reißen deshalb auf.

Hinweise zur Schadensvermeidung

Werden Randfugen bei keramischen Bodenbelägen auf schwimmenden Zementestrichen bereits kurze Zeit nach Fertigstellung mit einem elastischen Dichtstoff verschlossen, so können selbst bei einer fachgerechten und fehlerfreien Ausführung der Estrich- und Fliesenarbeiten wegen der Art der Fugenausbildung Risse in der elastischen Randverfugung auftreten.

Um das Aufreißen einer mit Dichtstoff verschlossenen Randfuge sicher zu vermeiden, müsste diese mindestens 20 mm breit ausgeführt werden. Alternativ müsste mit der Ver-

Abb. 10.48: Die elastische Randverfugung ist aufgerissen.

Abb. 10.49: Aufgerissene Dichtstofffuge im Eckbereich

fugung bis zum Abklingen der Schwindverformungen gewartet werden, was jedoch bis zu 2 Jahren dauern kann. Aus nachvollziehbaren optischen und terminplanerischen Gründen werden die beiden Lösungen in der Praxis kaum realisiert, das absehbare Risiko einer Rissbildung wird stattdessen bewusst in Kauf genommen, obwohl es Konstruktionen gibt wie z. B. andere Estricharten oder spezielle Fugenprofile, mit denen derartige Schäden vermieden werden können. Daraus ergibt sich bei schwimmenden Zementestrichen die Notwendigkeit einer planmäßig vorzusehenden Instandsetzung der mit Dichtstoffen verschlossenen Randfugen.

Zur Vermeidung von Streitigkeiten sollten Planer und Ausführende den Besteller der Werkleistung rechtzeitig auf die bestehende Problematik hinweisen. Gleichzeitig sollte dem Auftraggeber zur Entscheidungsfindung zumindest eine technische Alternativlösung aufgezeigt werden, mit der eine von Beginn an schadensfreie Ausführung der Randfuge realisiert werden kann.

Maßnahmen und Kosten der Instandsetzung

Im dargestellten Schadensfall erforderte die Instandsetzung eine umlaufende Neuherstellung der aufgerissenen Dichtstoffrandfuge. Um ein erneutes Aufreißen der Dichtstofffuge zu verhindern, sollte mit der Neuverfugung abgewartet werden, bis die Randabsenkung im Wesentlichen abgeschlossen ist.

Abb. 10.50: Risse in der elastischen Randverfugung

Der mit der fachgerechten Neuherstellung der Dichtstoffrandfuge verbundene Kostenaufwand wurde mit 11,00 €/m zuzüglich Mehrwertsteuer veranschlagt.

11 Schäden an Balkonen, Terrassen, Eingängen

Balkone, Terrassen und Eingänge haben einen gemeinsamen Schadensschwerpunkt: die Abdichtung der Außentürschwellen.

Bei Balkonen und Dachterrassen ist häufig festzustellen, dass die im Türbereich zur Verfügung stehenden Anschlusshöhen nicht ausreichend sind, um die Flächenabdichtung fach- und regelgerecht an die Türschwelle anschließen zu können.

Nach den maßgeblichen technischen Regelwerken soll die Abdichtung genutzter Dachflächen und Balkone beim Anschluss an aufgehende Bauteile in der Regel mindestens 15 cm über die Oberkante der fertigen Oberfläche hochgeführt werden. Im Einklang mit den für Dach- und Balkonabdichtungen maßgeblichen technischen Regelwerken – DIN 18195-5:2011-12 „Bauwerksabdichtungen" und die Flachdachrichtlinie (vgl. Zentralverband des Deutschen Dachdeckerhandwerks u. a., 2008) – kann die Anschlusshöhe im Türbereich reduziert werden, wenn gleichzeitig ein einwandfreier Wasserablauf im Türbereich sichergestellt und die Spritzwasserbelastung minimiert wird. Das kann beispielsweise erreicht werden, indem vor den Türen Entwässerungsrinnen mit Anschluss an die Dach- bzw. Balkonentwässerung eingebaut werden.

Gemäß der Flachdachrichtlinie soll die Anschlusshöhe jedoch mindestens 5 cm betragen (vgl. Zentralverband des Deutschen Dachdeckerhandwerks u. a., 2008).

Niveaugleiche Übergänge, wie sie bei Haustüren üblicherweise angetroffen werden, sind im Regelfall durch eine ausreichend große Überdachung vor direkter Bewitterung zu schützen. Abdichtungsanschlüsse an niveaugleiche Schwellen stellen Sonderkonstruktionen dar, die zur Vermeidung von Wassereintritten besonders sorgfältig geplant und ausgeführt werden müssen (vgl. AI Bau, 2010).

Bei genutzten Dachflächen – hierzu zählen auch Dachterrassen, Balkone und Loggien – muss die an aufgehenden Bauteilen hochgeführte Flächenabdichtung vor mechanischer Beschädigung geschützt werden. Üblicherweise werden hierfür Schutzbleche aus Aluminium, Kupfer und Titanzink verwendet. Diese Nichteisenmetalle sind ohne Beschichtung unter normalen atmosphärischen Bedingungen ausreichend korrosionsbeständig. Wenn die Bleche jedoch in den Bodenaufbau einbinden, kann sich keine wirksame Oxidationsschutzschicht ausbilden.

Beim Kontakt mit alkalischen Baustoffen oder alkalischen Wässern können dann Korrosionsschäden eintreten. Das gilt sowohl für den Werkstoff Aluminium als auch für den Werkstoff Titanzink, deren an sich gute Korrosionsbeständigkeit beim Kontakt mit feuchten alkalischen Baustoffen oder Lösungen stark gemindert wird. Kupferbleche sind diesbezüglich am wenigsten schadensanfällig.

Titanzinkbleche müssen, Aluminiumbleche sollten deshalb im Bereich der Einbindung in den Bodenaufbau von Balkonen und Dachterrassen mit einem zusätzlichen Korrosionsschutz aus einer geeigneten Beschichtung versehen werden (vg. Zentralverband Sanitär Heizung Klima, 2009, Abschnitt 3.11.8, Tabelle 6). In jedem Fall sollte der direkte Kontakt mit den anschließenden Baustoffen durch Anordnung von Trennlagen verhindert werden.

11.1 Pfützenbildung auf einer Randabdeckung

Schadensbild

In einer größeren Wohnanlage sind die Wohnungen im Dachgeschoss der vierstöckigen Gebäude um 2 bis 3 m gegenüber den unteren Geschossen zurückversetzt. Durch die zurückgesetzte Fassade im Dachgeschoss entstehen großzügige Dachterrassen. Der äußere Abschluss der Dachterrassen ist mit einer ca. 10 cm hohen und ca. 30 cm breiten Brüstung und einem davorgesetzten Geländer gestaltet (siehe Abb. 11.1).

Die Brüstungsoberseiten sind mit Titanzinkblechen abgedeckt. Die Randabdeckungen sind weitgehend gefällelos ausgeführt. Zur Vermeidung von Wasserablaufspuren an der Fassade sind die Randabdeckung außenseitig mit einem 2 cm hohen Stehfalz ausgebildet.

Auf der Randabdeckung kommt es zu Pfützenbildungen mit nachfolgenden Schmutzablagerungen (siehe Abb. 11.2). Die Pfützenbildungen auf der Randabdeckung treten in erster Linie immer bei Blumentöpfen auf, die von den Bewohnern auf die Brüstungsoberseiten gestellt werden. Die Blechabdeckungen geben unter Belastung nach, z. B. beim Auftreten. Die Brüstung besteht aus einer betonierten Randaufkantung, auf der eine Trennlage aufgebracht ist. Auf der Randaufkantung sind 2 längs zur Brüstung verlaufende Holzlatten mit verdübelten Schrauben befestigt. Auf diesen Längslatten liegen Querlatten im Abstand von etwa 60 cm. Die Querlatten sind mit den Längslatten verschraubt. Auf den Querlatten sind ein äußeres und ein inneres Einhängeblech mit Dachpappennägeln befestigt. Das Deckblech ist mit einer Blechstärke von 0,7 mm ausgeführt und in die Einhängebleche eingefalzt. Das Titanzinkblech ist nicht auf einer durchgehenden Unterkonstruktion (z. B. Holzbohle) verlegt. Es handelt sich somit um eine selbsttragende Abdeckung.

Ursachen

Die selbsttragende Abdeckung ist ursächlich für die Pfützenbildungen. Aufgrund der Breite und der Lage der Randabdeckung ist damit zu rechnen, dass die Abdeckung betreten wird und Gegenstände (z. B. Blumenkübel) auf ihr abgestellt werden. Die auftretenden Belastungen können von der selbsttragenden Abdeckung nicht ausreichend verformungsarm aufgenommen werden.

Mauerabdeckungen können nach den Klempnerfachregeln sowohl als selbsttragende als auch als nicht selbsttragende Abdeckungen ausgeführt werden (vgl. Zentralverband Sanitär Heizung Klima, 2009). Der wesentliche Unterschied der beiden Ausführungsvarianten besteht in der Unterkonstruktion. Nicht selbsttragende Abdeckungen werden auf einer durchlaufenden, steifen Unterkonstruktion (z. B. Holzbohle) verlegt (siehe Beispiel in Abb. 11.3). Das Blech der Abdeckung liegt hierbei flächig auf, übernimmt keine tragende Funktion und kann sich bei Belastung nicht durchbiegen. Selbsttragende Abdeckungen werden ohne Unterkonstruktion auf Haltebügel verlegt (siehe Beispiel in Abb. 11.4). Belastungen führen zwangsläufig zu bleibenden Durchbiegungen des Bleches, da eine flächige, lastabtragende Unterlage fehlt. In den entstandenen Vertiefungen kommt es zur Pfützenbildung. Brüstungsabdeckungen, die betreten werden oder zum Abstellen von Gegenständen genutzt werden können, müssen daher als nicht selbsttragende Abdeckungen verlegt werden, d. h. auf dafür geeigneten Unterkonstruktionen.

Eine gefällelose Ausführung der Randabdeckung führt darüber hinaus zu weiteren Schäden. Aufgrund der gefällelosen Ausführung führt jede Unebenheit der Abdeckung zu einer Pfützenbildung. Eine äußere Belastung ist hierfür nicht zwingend erforderlich. Das häufig anstehende Wasser bei Pfützenbildungen greift die Oberfläche des Bleches an. Bei Anwesenheit von sauren Wässern, die sich aus der innerstädtischen Atmosphäre entwickeln oder auch bei aus Blumenkübeln ablaufendem Wasser entstehen können, erfolgt eine Auflösung der schützenden Deckschichten. Das Titanzinkblech kann dann durch Korrosion im Lauf der Zeit angegriffen und zerstört werden.

Abb. 11.1: Dachterrasse mit umlaufender Randabdeckung

Abb. 11.2: Pfützenbildung auf Abdeckung

Abb. 11.3: Unterkonstruktion für eine nicht selbsttragende Attikaverblechung (Beispiel)

Abb. 11.4: Selbsttragende Attikaverblechung (Beispiel)

Hinweise zur Schadensvermeidung

Randabdeckungen, die belastet werden können, sind mit einer steifen Unterkonstruktion auszuführen. Die Neigung der Abdeckungen muss zur Dachfläche hin bzw. weg von der Fassade ausgebildet werden, da andernfalls Ablaufspuren an der Fassade nicht zu vermeiden sind. Von Blechflächen ablaufende Wässer führen immer Spuren gelöster Metallverbindungen und Schmutzteilchen mit, die sich an der Fassade abzeichnen.

Maßnahmen und Kosten der Instandsetzung

Die Instandsetzung der Randabdeckungen wurde durch Abbruch der vorhandenen selbsttragenden Konstruktion und Neuaufbau einer nicht selbsttragenden Abdeckung durchgeführt.

Die Kosten wurden bei ca. 40 m Randabdeckung mit ca. 120,00 €/m zuzüglich Mehrwertsteuer angesetzt.

11.2 Feuchteschäden an einem Balkonanschluss

Schadensbild

An der Südfassade eines Mehrfamilienhauses mit insgesamt 7 Wohnungen traten bereits im ersten Jahr nach Fertigstellung unter dem Balkon des zweiten Obergeschosses Farbabblätterungen und Ausblühungen auf (siehe Abb. 11.5). Die Schäden sind über die gesamte Länge des Balkonanschlusses vorhanden. Besonders intensiv treten die Schäden über dem mittleren Fenster im ersten Obergeschoss auf (siehe Abb. 11.6). Innerhalb der Wohnungen im ersten und im zweiten Obergeschoss sind keine Feuchteschäden in den an den Balkon angrenzenden Räumen festzustellen.

Der Balkon ist als auskragendes Stahlbetonfertigteil mit thermischer Trennung an der Fassade ausgeführt. Die Oberfläche des Balkons ist mit einem Fliesenbelag versehen (siehe Abb. 11.7). Zwischen Fliesenbelag und Blendrahmen des Kunststofffensters ist eine Fuge ausgebildet, die mit einem elastischen Fugenfüllstoff geschlossen ist. Zur Feststellung des Bodenaufbaus wurde vor der Fenstertüre eine Bauteilöffnung angelegt (siehe Abb. 11.8). Der Bodenaufbau besteht aus Fliesen, die im Dünnbettmörtel auf einem Gefälleestrich verlegt sind. Zwischen Estrich und Stahlbetonfertigteil ist eine Polyethylenfolie als Trennlage eingebaut. Die Polyethylenfolie weist keine Verbindung mit dem Blendrahmen der Balkontür auf. Eine Abdichtung ist im Bodenaufbau nicht vorhanden.

Ursachen

Der Balkonaufbau wurde ohne Abdichtung und damit auch ohne Abdichtungshochführung am Blendrahmen der Balkontüre ausgeführt. Der Anschluss des Balkonbelages an die Fenstertür erfolgte über eine Fuge mit elastischer Fugenfüllung. Diese Ausführung gewährleistet keinen dauerhaft dichten Anschluss. Über undichte Anschlüsse dringt Feuchtigkeit bis unter den Gefälleestrich ein und gelangt über die eingebaute thermische Trennung zur Unterseite des Balkons. Die festgestellten Ausblühungen unter dem Balkon sind somit eine Folge der fehlenden Abdichtung und des damit fehlenden Abdichtungsanschlusses.

Hinweise zur Schadensvermeidung

Bei Balkonen handelt es sich gemäß DIN 18195-5:2011-12 „Bauwerksabdichtungen" wegen der Witterungsbeanspruchung aus Regen und Schnee um mäßig beanspruchte Flächen. Diese Flächen benötigen eine Abdichtung zum Schutz vor eindringender Feuchtigkeit. Die Abdichtung von waagerechten Flächen ist an anschließenden, höher gehenden Bauteilen im Regelfall mindestens 15 cm über die Oberfläche des Belages hochzuführen. Ist diese Hochführung bei Balkon- und Terrassentüren aufgrund der dadurch entstehenden Schwellenhöhen nicht möglich, sind besondere Maßnahmen gegen das Eindringen von Wasser vorzusehen (z. B. ausreichend große Vordächer, Rinnen mit Gitterrosten). Werden Rinnen als besondere Maßnahmen zur Wasserabführung ausgeführt, ist nach der Flachdachrichtlinie eine Schwellenhöhe von mindestens 5 cm erforderlich (vgl. Zentralverband des Deutschen Dachdeckerhandwerks u. a., 2011). Hierbei ist darauf zu achten, dass bei Kunststofffenstern für die wirksame Schwellenhöhe lediglich die Höhe bis zu den Entwässerungsöffnungen des Glasfalzes angesetzt werden kann. Soll die Schwellenhöhe weiter reduziert werden (z. B. beim barrierefreien Bauen) sind besondere Maßnahmen wie z. B. Vordächer zur Reduzierung der Wasserbelastung erforderlich (vgl. Oswald/Klein/Wilmes, 1994).

Angaben zur Ausführung der Abdichtung von Balkonen sind sowohl in DIN 18195-5:2011-12 „Bauwerksabdichtungen" als auch im ZDB-Merkblatt „Hinweise für die Ausführung von Verbundabdichtungen mit Bekleidungen und Belägen aus Fliesen und Platten für den Innen- und Außenbereich" (vgl. Fachverband Deutsches Fliesengewerbe, 2010) enthalten. Die beiden Regelwerke unterscheiden sich im Wesentlichen darin, dass nach DIN 18195-5: 2011-12 „Bauwerksabdichtungen" die Abdichtungsebene getrennt von der Nutzungsebene (Belagsoberfläche) vorgesehen wird, während im genannten ZDB-Merkblatt Abdichtungen im Verbund mit Fliesen enthalten sind, d. h. Abdichtungen, bei denen Abdichtungs- und Nutzebene in einer gemeinsamen Schicht zusammengefasst sind. Aufgrund des hohen

Abb. 11.5: Balkon an der Südseite des Gebäudes

Abb. 11.6: Farbabblätterungen und Ausblühungen unter dem Balkon

Abb. 11.7: Fliesenbelag auf dem Balkon; Anschluss mit Fuge an Blendrahmen

Abb. 11.8: Geöffneter Bodenaufbau; Abdichtung fehlt

konstruktiven Aufwands einer Abdichtung nach DIN 18195-5:2011-12 „Bauwerksabdichtungen" hat sich für Balkone mittlerweile die Abdichtung im Verbund mit Fliesen durchgesetzt.

Bei den Produktherstellern derartiger Abdichtungen liegen in der Regel detaillierte Vorgaben für die Ausführung der Abdichtungshochführung an Wänden und Fenstertüren vor.

Werden Balkone als Stahlbetonfertigteile in wasserundurchlässigem Beton gefertigt, kann auf eine Flächenabdichtung verzichtet werden. Für den Anschluss der Fertigteile an die Fassade und die Balkontüren ist jedoch eine gesonderte Abdichtung erforderlich.

Maßnahmen und Kosten der Instandsetzung

Im vorliegenden Fall war zur Instandsetzung der fehlenden Abdichtung eine Kompletterneuerung des Fliesenbelages erforderlich. Eingebaut wurde eine Abdichtung im Verbund mit dem Fliesenbelag. Der vorhandene Gefälleestrich konnte belassen werden.

Die Kosten waren bei ca. 4 m² Balkonfläche mit ca. 150,00 €/m² zuzüglich Mehrwertsteuer zu veranschlagen.

11.3 Feuchteschäden an Balkonunterseiten

Schadensbild

In einer sechsgeschossigen Eigentumswohnanlage sind an den Unterseiten der Balkone in den beiden oberen Geschossen feuchtigkeitsbedingte Schäden in Form großflächiger Anstrichablösungen entstanden. An den Unterseiten der Betonfertigteilbrüstungen zeigen sich Kalkausschwemmungen mit Stalaktitenbildung. Besonders ausgeprägt sind die Schäden an den Unterseiten der Balkone im obersten Geschoss, die ungeschützt der Witterung ausgesetzt sind. Unterhalb dieser Balkone ist auch das Ziegelsichtmauerwerk der im Balkonbereich einspringenden Außenwände durch Kalkauswaschungen stark verschmutzt.

Auf der Oberseite sind die Balkone mit einer grauen Bodenbeschichtung (Schichtdicke unter 1 mm) versehen. Darunter folgen von oben nach unten nacheinander eine ca. 1 mm dicke Spachtelschicht, eine weitere Bodenbeschichtung (Altbeschichtung) und ein Verbundestrich.

Am Blechstreifen vor den Außenwänden und an der Balkonbrüstung ist die Beschichtung 5 bis 8 cm, beim Anschluss an die Balkontüren nur ca. 3 cm hochgeführt. Die Bodenbeschichtung weist Schäden in Form mechanischer Beschädigungen, Ablösungen und Risse auf.

Ursachen

Bereits am Schadensbild lässt sich erkennen, dass eine funktionstaugliche Balkonabdichtung nicht vorhanden ist. Das Fehlen einer Balkonabdichtung ist ursächlich für die entstandenen Feuchtigkeitsschäden. Die vorhandene Bodenbeschichtung mit einer Schichtdicke unter 1 mm ist keine Balkonabdichtung. Sie ist für diesen Verwendungszweck ungeeignet.

Das auf die Balkone auftreffende Niederschlagswasser kann insbesondere im Bereich der schadhaften Anschlüsse sowie über die vorhandenen Risse und Fehlstellen in der Bodenbeschichtung in größeren Mengen in den darunter befindlichen Balkonaufbau eindringen. An den Unterseiten der Balkone tritt das Wasser dann vorwiegend über die Anschlussfugen wieder aus und verursacht dabei Verschmutzungen und Ablagerungen durch Kalkauswaschungen, bei denen es sich hauptsächlich um ausgeschwemmte Bindemittelanteile aus dem Beton der Balkonplatten und dem Zementestrich handelt.

Hinweise zur Schadensvermeidung

Balkone sind gemäß DIN 18195-5:2011-12 „Bauwerksabdichtungen" und der Flachdachrichtlinie (vgl. Zentralverband des Deutschen Dachdeckerhandwerks e. V. und Hauptverband der Deutschen Bauindustrie e. V., 2011) genutzte Dachflächen mit mäßiger Beanspruchung, die gegen nicht drückendes Wasser abzudichten sind. Angaben zu den geeigneten Abdichtungsstoffen sowie zur fachgerechten Ausführung finden sich in den vorgenannten technischen Regelwerken.

Soll, wie im vorliegenden Fall, die Balkonabdichtung gleichzeitig die Funktion der begehbaren Nutzschicht übernehmen, lässt sich dieses durch die Verwendung geeigneter Abdichtungssysteme aus Flüssigkunststoffen mit Brauchbarkeitsnachweis realisieren.

Werden Balkonplatten aus wasserundurchlässigen Stahlbetonfertigteilen hergestellt, kann auf eine Flächenabdichtung verzichtet werden. Die Anschlüsse an aufgehende Bauteile, Durchdringungen und Fugen müssen jedoch zusätzlich fachgerecht mit geeigneten Flüssigkunststoffen abgedichtet werden.

Maßnahmen und Kosten der Instandsetzung

Zur vollständigen und dauerhaften Beseitigung der Undichtigkeiten und der dadurch verursachten Schäden mussten die Balkone vollflächig abgedichtet werden. Aufgrund der durch den Bestand vorgegebenen baulichen Verhältnisse, die wegen der zur Verfügung stehenden geringen Anschlusshöhe im Bereich der Balkontüren eine Erhöhung des Balkonaufbaus nicht zulassen, wurde vorgeschlagen, eine für den Verwendungszweck geeignete Flüssigabdichtung, z. B. aus ungesättigtem Polyesterharz mit Nutzschicht und Oberflächenversiegelung, aufzubringen. Die vorhandenen Bodenbeschichtungen und die Anschlussbleche waren vorher vollständig zu entfernen.

Abb. 11.9: Feuchtigkeitsbedingte Anstrichablösungen an einer Balkonunterseite

Abb. 11.10: Stalaktiten durch Kalkausschwemmungen an der Unterseite einer Betonfertigteilbrüstung

Abb. 11.11: Durch Kalkauswaschungen stark verschmutztes Ziegelsichtmauerwerk

Abb. 11.12: Ablösung der Bodenbeschichtung beim Anschluss an das Ziegelsichtmauerwerk

Wegen Unterschreitung der Regelanschlusshöhe von 15 cm mussten die beiden Balkontüren auf den frei bewitterten Balkonen im obersten Geschoss durch nachträgliche Überdachung geschützt werden.

Die mit den erforderlichen Instandsetzungsarbeiten auf den Balkonen verbundenen Kosten wurden auf ca. 18.000,00 € zuzüglich Mehrwertsteuer beziffert. Bezogen auf die Grundfläche der insgesamt 4 Balkone von ca. 24,3 m² ergibt sich ein Kostenaufwand von ca. 740,00 €/m².

Abb. 11.13: Mangelhafter Wandanschluss der Bodenbeschichtung im Bereich einer Balkontür

11.4 Feuchteschäden am Abdichtungsanschluss einer Türschwelle

Schadensbild

Der Ausgang zu einer Dachterrasse wurde mit einer ca. 15 cm hohen Schwellenkonstruktion aus Holz ausgeführt. Die Abdichtung aus Bitumenbahnen ist an dieser Schwelle ca. 10 cm weit hochgeführt. Auf der Abdichtung ist ein Plattenbelag im Splittbett eingebaut. Vor der Türschwelle ist eine Entwässerungsrinne mit Abdeckrost in das Splittbett eingelegt. Die Aufkantungshöhe der Abdichtung über Oberkante Belag beträgt ca. 5 cm. Die Schwellenaufkantung ist mit einem aufgeschraubten Sockelblech abgedeckt. Hinter dem Sockelblech kommt es zu einer Durchfeuchtung des über dem Abdichtungsrand befindlichen Schwellenholzes (siehe Abb. 11.14).

In einem zweiten Fall beträgt die Schwellenhöhe am Ausgang zu einer Dachterrasse ca. 3 cm, gemessen zwischen Oberkante Belag und Unterkante der Entwässerungsöffnung für den Türfalz (siehe Abb. 11.15). Das Schwellenabdeckblech ist auf den Türrahmen ohne Hinterschneidung aufgesetzt und an der Oberseite mit elastischem Dichtstoff abgefugt. Die Abfugung ist aufgerissen und hinterläufig. Die darunter befindliche Abdichtung schließt mit einem Verbundblech an der Türschwelle an. Der Blechanschluss ist punktuell verschraubt. Zwischen den Verschraubungsstellen kann Niederschlagswasser, das hinter das Sockelblech eindringt, auch den Abdichtungsanschluss hinterlaufen (siehe Abb. 11.16).

Bei einem dritten Fall schließt die Abdichtung der Dachterrasse an der Türschwelle auf Höhe der Oberkante des im Splittbett verlegten Plattenbelages ab. Das vor der Abdichtung eingebaute Sockelblech ist auf den Türrahmen aufgesetzt und oberseitig abgefugt. Auf Höhe der Öffnungen für die Falzentwässerung im Türrahmen ist das Sockelblech ausgeschnitten. Der Abdichtungsanschluss ist hinterläufig (siehe Abb. 11.17).

Ursachen

Der besonders feuchtigkeitsbeanspruchte Schwellenbereich der Türausgänge wird in allen vorbeschriebenen Fällen im Bereich des oberen Abdichtungsanschlusses nicht ausreichend gegen Feuchtezutritt geschützt. Die erforderliche Anschlusshöhe über dem Belag einschließlich einer auf Dauer regensicheren Verwahrung des oberen Abdichtungsanschlusses fehlt. An den Abdichtungsanschlüssen in den Türbereichen bestehen Hinterläufigkeiten.

Die Anschlussbereiche einer Flachdachabdichtung sind für eine Beanspruchung durch Schneematschbildung, unplanmäßigen Wasseraufstau infolge eingeschränkter Entwässerung, Schlag- und Treibregen sowie Eisbildung zu konzipieren und werden auch über der eigentlichen Entwässerungsebene mit Wasser beansprucht. Der Abdichtungsanschluss muss gemäß Flachdachrichtlinie dementsprechend weit – in der Regel mindestens 15 cm – über die Entwässerungsebene hochgeführt werden (vgl. Zentralverband des Deutschen Dachdeckerhandwerks u. a., 2008, mit Änderungen 2009 und 2011). Eine Verringerung dieser Anschlusshöhe im Türbereich auf mindestens 5 cm ist möglich, wenn im Einzelfall zu jeder Zeit ein uneingeschränkter Wasserablauf im Türbereich sichergestellt ist. Die notwendige Entwässerungsfunktion wird z. B. durch eine Entwässerungsrinne vor der Türschwelle mit einem Anschluss an eine Entwässerungseinrichtung sichergestellt.

Die dauerhafte Funktion der Abdichtung setzt voraus, dass die Abdichtungsanschlüsse bis zu ihrem oberen Ende wasserdicht sind und an ihrem oberen Ende regensicher verwahrt und gegen Hinterläufigkeiten geschützt werden. Verwahrungen sollen entsprechend der Wasserlaufrichtung mit einer Hinterschneidung, z. B. mit einer z-förmigen Übergreifung, an das aufgehende Bauteil angeschlossen werden. Aufgesetzte Verwahrungen ohne Hinterschneidung, die an der Oberseite mit elastischem Dichtstoff abgefugt werden, müssen unter Berücksichtigung der zu erwartenden temperaturbedingten Verformungen mit einer ausreichend dimensionierten Dichtstofffuge und einer Hinterlegung der Fuge angeschlossen werden. Entwässerungsöffnungen der Regenschiene oder der Falzentwässerung im unteren Rahmenbereich müssen über dem oberen Rand der Abdichtung und der Verwahrung liegen.

Abb. 11.14: Schwellenholz hinter dem Sockelblech

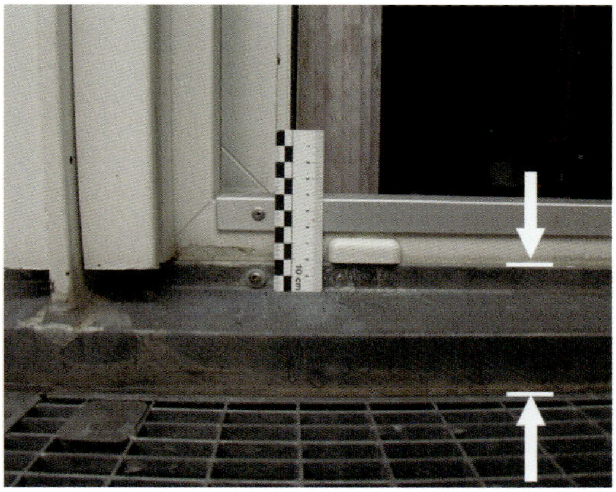

Abb. 11.15: Verfügbare Schwellenhöhe für den Abdichtungsanschluss zwischen Oberkante Belag und Unterkante Falzentwässerung

Abb. 11.16: Hinterläufigkeit des Verbundbleches zwischen den Verschraubungsstellen

Abb. 11.17: Hinterläufigkeit an einer Sockelblechöffnung vor der verdeckten Falzentwässerung

Hinweise zur Schadensvermeidung

Eine handwerklich sorgfältige Ausführung des Abdichtungsanschlusses in der erforderlichen Höhe setzt das Ausbilden einer entsprechenden Schwelle im Türbereich voraus. Die Höhe der Hinterschneidung des Türrahmenprofils für die Befestigung des oberen Abdichtungsrandes über Oberkante Belag soll so bemessen sein, dass die Mindestanschlusshöhe für die Abdichtung (5 cm) eingehalten wird und die Verwahrung noch über dem oberen Abdichtungsrand regensicher befestigt werden kann.

Maßnahmen und Kosten der Instandsetzung

Die nachträgliche Herstellung eines fachgerechten Abdichtungsanschlusses mit ausreichender Schwellenhöhe erfordert bei unzureichender Anschlusshöhe für die Abdichtung eine Veränderung der Türsituation mit entsprechend höherer Schwelle.

Die Instandsetzungskosten für eine Abänderung des Türelementes mit zusätzlicher Schwellenhöhe, Ergänzung des Abdichtungsanschlusses im Türbereich und einen Anschluss der Entwässerungsrinne an das Entwässerungssystem waren in einem vorliegenden Fall mit ca. 5.700,00 € zuzüglich Mehrwertsteuer zu veranschlagen.

11.5 Feuchteschäden an den Innenleibungen einer Haustür

Schadensbild

In der Einliegerwohnung eines Wohnhauses sind – ausgehend von den verputzten Innenleibungen der frei bewitterten, nicht durch ein Vordach geschützten Haustür – an der Außenwand auf der Eingangs- und Terrassenseite Feuchteschäden im unteren Wandbereich aufgetreten. Auch an der gegenüberliegenden Innenwand sind in einem Streifen oberhalb des Fliesensockels feuchtigkeitsbedingte Verfärbungen geringen Ausmaßes entstanden.

Beim Anschluss an die Haustür wurde der Fußboden im Wohnraum geöffnet (siehe Abb. 11.18). Auf der Abdichtung der Bodenplatte steht Wasser.

Der im Terrassenbereich verlegte Pflasterbelag schließt unmittelbar und nahezu niveaugleich an die Haustür und das daneben liegende Fenstertürelement an (siehe Abb. 11.19).

Zur Überprüfung der Abdichtung wurden die Pflastersteine bei den Anschlüssen an die Haustür und das benachbarte Fenstertürelement aufgenommen. Danach wurde sichtbar, dass die mit Bitumenbahnen ausgeführte Abdichtung unter dem Niveau des Pflasterbelages endet und nicht an die Außentüren angeschlossen ist (siehe Abb. 11.20). Das obere Ende der Bahnen ist zudem nicht durch eine mechanische Befestigung gegen Abrutschen gesichert. Über die offenen Fugen zwischen dem erdberührten Außenwandsockel und den Türschwellenprofilen kann von außen ungehindert Wasser in die Fußbodenkonstruktion einwandern (siehe Abb. 11.21).

Am unteren Ende ist die Abdichtung nicht hinterlaufsicher an den seitlichen Überstand der Bodenplatte angeschlossen. Auch an dieser Stelle kann Wasser eindringen.

Ursachen

Die in der Einliegerwohnung aufgetretenen Feuchteschäden sind primär durch Wassereintritte über die offenen Fugen zwischen dem erdberührten Sockelbereich und den Außentürschwellen entstanden. Ursächlich ist eine grob fehlerhaft ausgeführte Abdichtung des erdberührten Außenwandsockels.

Sowohl unterhalb der Außentüren als auch in den anschließenden Wandbereichen kann Wasser von außen in das Gebäude eindringen, da die Abdichtung des erdberührten Außenwandsockels nicht hoch genug geführt und insbesondere nicht an die Außentüren angeschlossen wurde. Zudem ist der Abdichtungsstreifen wegen der fehlerhaften Ausführung des oberen und des unteren Bahnenabschlusses nicht hinterlaufsicher.

Darüber hinaus fehlen die erforderlichen Maßnahmen zum Schutz der niveaugleichen Außenschwellen vor freier Bewitterung und zur Reduzierung der Wasserbeanspruchung im Türbereich.

Hinweise zur Schadensvermeidung

Erdberührte Außenwandsockel nicht unterkellerter Gebäude müssen genau wie Kelleraußenwände abgedichtet werden.

Vertikalabdichtungen dürfen auf Höhe Geländeoberkante enden, wenn in dem darüberliegenden Sockelbereich ausreichend Wasser abweisende Bauteile vorhanden sind.

Abdichtungsbahnen müssen am oberen Ende durch mechanische Befestigung gegen Abrutschen gesichert werden, z. B. durch geeignete Klemmprofile. Wenn dieses nicht möglich ist, müssen im Anschlussbereich flüssige oder spachtelbare Abdichtungsstoffe eingesetzt werden.

Bei niveaugleichen Außentürschwellen sind geeignete Maßnahmen zu treffen, um die Beanspruchung durch Niederschlagswasser wesentlich zu reduzieren und Wassereintritte im Türbereich sicher zu verhindern. Zu diesen Maßnahmen zählen die Überdachung von Hauseingängen und die Anordnung von Entwässerungsrinnen vor Außentüren und Fenstertürelementen.

Maßnahmen und Kosten der Instandsetzung

Im vorliegenden Schadensfall wurde ein Instandsetzungsaufwand von insgesamt 4.100,00 € zuzüglich Mehrwertsteuer ermittelt. Dieser setzt sich wie folgt zusammen:

Abb. 11.18: Freigelegte Innenseite der Haustürschwelle

Abb. 11.19: Niveaugleicher Anschluss des Pflasterbelags an die frei bewitterten Außentüren

Abb. 11.20: Die Abdichtungsbahn endet unter Geländeniveau, der Abdichtungsanschluss an die Haustürschwelle fehlt.

Abb. 11.21: Über die offene Fuge zwischen Außenwandsockel und Haustürschwellenprofil kann Wasser in das Gebäude eindringen.

- Zunächst musste der erdberührte Wandsockel auf einer Länge von ca. 6,5 m freigelegt und unter Beachtung der anerkannten Regeln der Technik nachträglich abgedichtet werden. Hierfür ergaben sich Kosten in Höhe von ca. 130,00 €/m zuzüglich Mehrwertsteuer.
- Zur Reduzierung der Wasserbeanspruchung im Türschwellenbereich sollten vor den Außentüren Entwässerungsrinnen angeordnet werden. Die Kosten für den Einbau der Entwässerungsrinnen auf einer Länge von insgesamt 3 m wurden mit ca. 110,00 €/m zuzüglich Mehrwertsteuer veranschlagt.
- Zusätzlich war die Haustür durch ein Vordach vor unmittelbarer Bewitterung zu schützen. Für eine einfache Metall-Glas-Konstruktion können Kosten von ca. 1.700,00 € zuzüglich Mehrwertsteuer angenommen werden.
- Die Beseitigung der Feuchteschäden in der Einliegerwohnung erforderte die Trocknung des schwimmenden Estrichs auf einer Fläche von ca. 50 m^2 mit einem geschätzten Kostenaufwand von ca. 22,00 €/m^2 zuzüglich Mehrwertsteuer.
- Abschließend war eine anstrichtechnische Überarbeitung des verfärbten Wandstreifens oberhalb des Fliesensockels mit einem Kostenaufwand von ca. 150,00 € zuzüglich Mehrwertsteuer durchzuführen.

11.6 Feuchteschäden im unteren Wandbereich neben einer Hauseingangstür

Schadensbild

Im Treppenhaus einer mehrgeschossigen Eigentumswohnanlage, deren frei bewitterter Hauseingang unter Geländeniveau liegt und über eine Stahlbetontreppe mit 4 Steigungen erreicht wird, sind am Innenputz der flankierenden Wände beidseitig des Haustürelements bis auf eine Höhe von ca. 60 cm über dem Fußboden Putzabplatzungen und Verfärbungen entstanden (siehe Abb. 11.22).

Im Kellergeschoss zeigen sich an der Unterseite des Treppenpodestes und an den anschließenden Wänden feuchtebedingte Verfärbungen und Ausblühungen (siehe Abb. 11.23).

Bereits vor der Ortsbesichtigung war der Naturwerksteinbelag auf der Außentreppe und dem Eingangspodest im Außenbereich aufgenommen worden. Es konnte daher nicht mehr festgestellt werden, ob eine Abdichtung vorhanden bzw. wie diese ausgeführt worden war. Die Fläche vor der Haustür wird über einen Bodenablauf entwässert (siehe Abb. 11.24). Die Haustürschwelle ist ungeschützt der Witterung ausgesetzt (siehe Abb. 11.25).

Ursachen

Die feuchtebedingten Verfärbungen, Ausblühungen und Putzablösungen sind durch Wassereintritte im Bereich der niveaugleich an den fertigen Außenbelag anschließenden Haustürschwelle verursacht worden. Es ist davon auszugehen, dass vor der Verlegung des Naturwerksteinplattenbelags keine funktionsfähige Haustürschwellenabdichtung vorhanden war.

Es waren keine Maßnahmen getroffen worden, um die Wasserbeanspruchung im frei bewitterten Schwellenbereich wesentlich zu reduzieren. Es fehlen sowohl die bei niveaugleichen Schwellen obligatorische Hauseingangsüberdachung als auch die im vorliegenden Fall zusätzlich erforderliche Entwässerungsrinne vor dem Haustürelement.

Hinweise zur Schadensvermeidung

Nach den anerkannten Regeln der Technik beträgt die Regelanschlusshöhe für Abdichtungen 15 cm über Oberkante Belag (vgl. u. a. DIN 18195-5:2011-12 „Bauwerksabdichtungen“). Im Bereich von Außentüren lässt sich diese Anforderung jedoch nur dann erfüllen, wenn eine entsprechende Schwellenhöhe auch vorhanden ist.

Bei Haustüren ist die Anordnung einer 15 cm hohen Aufkantung allgemein unüblich, da hierdurch der Durchgang behindert und die Verkehrssicherheit beeinträchtigt wird. Aus diesem Grund werden Haustürschwellen im Allgemeinen niveaugleich ausgeführt. Gleichzeitig müssen jedoch geeignete flankierende Maßnahmen getroffen werden, um die Beanspruchung des Schwellenbereichs durch Niederschlagswasser deutlich zu verringern und Wassereintritte in das Gebäude zu verhindern. Deshalb werden Hauseingänge üblicherweise durch eine Überdachung vor direkter Bewitterung geschützt.

Maßnahmen und Kosten der Instandsetzung

Vor der Neuherstellung des Naturwerksteinbelages (prognostizierter Kostenaufwand ca. 2.200,00 € zuzüglich Mehrwertsteuer), der im Bereich der gefällelos ausgeführten Betonfläche vor der Haustür zur sicheren Vermeidung frostbedingter Schäden nicht im Mörtelbett, sondern im Kiesbett oder auf Stelzlagern verlegt werden sollte, musste zunächst der Schwellen- und Wandanschlussbereich mit einem geschätzten Kostenaufwand von ca. 450,00 € zuzüglich Mehrwertsteuer fachgerecht abgedichtet werden. Aus Gründen der Hinterlaufsicherheit bietet es sich an, hierfür flüssige oder spachtelbare Abdichtungsstoffe einzusetzen. Um diese aufbringen zu können, musste zunächst ein tragfähiger ebener Untergrund geschaffen werden, z. B. durch Untermauerung des Haustürelements mit Porenbetonsteinen.

Des Weiteren waren Maßnahmen erforderlich, um die Wasserbeanspruchung der niveaugleichen Haustürschwelle zu minimieren. Diese bestanden zum einen darin, den Hauseingang durch ein Vordach zu schützen. Die Kosten für eine einfache Metall-Glas-Konstruktion können

Abb. 11.22: Feuchteschäden am Innenputz der flankierenden Wand auf der linken Seite der Haustür

Abb. 11.23: Verfärbungen und Ausblühungen im Kellergeschoss unterhalb des Treppenpodestes

Abb. 11.24: Der Hauseingang liegt unter Geländeniveau.

Abb. 11.25: Frei bewitterte Haustürschwelle

mit etwa ca. 1.700,00 € zuzüglich Mehrwertsteuer angenommen werden.

Aus der besonderen Situation, dass

- die Außentreppe auf das tiefer liegende Podest entwässert und zudem
- das obere Ende der Abdichtung wegen der geringen Anschlusshöhe absehbar unter der Oberkante des neu zu verlegenden Natursteinplattenbelags liegen wird,

ergab sich zusätzlich die Notwendigkeit, außen vor dem Haustürelement eine Entwässerungsrinne und einen geeigneten Bodenlauf einzubauen. Dafür wurden Kosten von ca. 350,00 € zuzüglich Mehrwertsteuer angesetzt.

Abschließend mussten die Schäden am Wandinnenputz des Treppenhauses fachgerecht und sorgfältig ausgebessert werden und danach die betroffenen Wand- und Deckenflächen vollflächig und deckend gestrichen werden. Dieses konnte mit einem Kostenaufwand von ca. 550,00 € zuzüglich Mehrwertsteuer realisiert werden.

Im vorliegenden Fall waren somit Instandsetzungskosten in Höhe von insgesamt etwa ca. 5.250,00 € zuzüglich Mehrwertsteuer zu veranschlagen.

11.7 Verfärbungen an Sockelblechen

Schadensbild

An einem Mehrfamilienhaus sind die Sockelbekleidungen neben der Hauseingangstür und an den Dachterrassen mit Kupferblechen ausgeführt (siehe Abb. 11.26). An den Dachterrassen und den Hauseingängen weisen die Kupferverblechungen am Sockel der Außenwand – am Übergang zum Belag der Dachterrasse – grünlich-türkisfarbene Korrosionsprodukte bis auf eine Höhe von ca. 15 cm auf. Das Splittbett und der Plattenbelag der Dachterrasse sind bis unmittelbar an das Kupferblech geführt. Im Bereich der Eingangstür ist unter der Türschwelle aus Aluminium ein Kupferblech eingebaut. Grünlich-türkisfarbene Korrosionsprodukte sind hier in der Mitte vorhanden. Im Kontaktbereich zwischen Aluminium und Kupferblech tritt Korrosion am Aluminiumblech auf. Das Aluminium der Türschwelle ist bereits teilweise abgebaut (siehe Abb. 11.27).

Bei einer anderen Dachterrasse ist die an aufgehenden Bauteilen hochgeführte Abdichtung mit einem Sockelblech aus Titanzink abgedeckt. Als Bodenaufbau ist ein Plattenbelag im Splittbett ausgeführt. Das Sockelblech bindet am Rand in den Bodenaufbau ein. Die Randanschlussfuge des Belages ist mit Sand verfüllt. Über der Fugenfüllung zeichnet sich auf der Blechoberfläche eine ca. 5 cm hohe weißliche Verfärbung mit fein kristalliner Oberfläche ab (siehe Abb. 11.28). An einer anderen Stelle ist die Randfuge vermörtelt. Die Blechoberfläche weist ein vergleichbares Erscheinungsbild auf (siehe Abb. 11.29).

Ursachen

Frei bewitterte Blechoberflächen bilden eine Oxidationsschutzschicht aus, die in der Regel bei Titanzinkblechen, Aluminiumblechen und Kupferblechen ausreichend stabil gegenüber der atmosphärischen Klimabeanspruchung ist. Bei andauerndem Kontakt der Blechoberflächen mit Schüttstoffen wie Humus, Kies oder Sand wirkt das mit diesen Stoffen verbundene alkalische bis saure Milieu im Boden korrosiv auf unbeschichtete Metalle ein.

Bei den grünlichen Verfärbungen des Kupferblechs handelt es sich um eine typische Form der Kupferkorrosion durch alkalisches Auslaugwasser (vgl. Nürnberger, 1995). Die Auslaugwässer entstehen durch die wiederholte Durchfeuchtung des Podestbelages und der Plattenbeläge der Dachterrassen bei Regenfällen. Da die Beläge bis zu den Verwahrblechen aus Kupfer geführt wurden, kommt es zu den Korrosionserscheinungen. Diese gefährden jedoch die Dauerhaftigkeit der Kupferbleche nicht, da die Abtragungsraten sehr klein sind. Die grünlichen Korrosionsprodukte sind wasserlöslich und können mit einer Drahtbürste und Wasser entfernt werden. Grünlich verfärbten Kupferbleche stellen jedoch eine optische Beeinträchtigung dar.

Bei den weißen Verfärbungen auf dem Titanzinkblech handelt es sich um Korrosionsprodukte, die typischerweise bei Zinkkorrosion entstehen. Die Ursache der Korrosion liegt wie bei dem Beispiel der grünlichen Verfärbungen des Kupferbleches in der Beanspruchung durch alkalische Auslaugwässer aus den angrenzenden Baustoffen. Die Zinkkorrosion weist höhere Abtragungsraten als bei Kupfer auf. Daher stellt die Korrosion des Bleches nur im Anfangsstadium einen optischen Mangel dar. Nach längerer Zeit wird die Dauerhaftigkeit des Bleches gefährdet.

Im Fall der Korrosion der Türschwelle aus Aluminium kommt hinzu, dass der Zusammenbau von Aluminium und Kupfer aufgrund der unterschiedlichen Stellung der Stoffe in der elektrochemischen Spannungsreihe bei Feuchtigkeit zwangsläufig zu Kontaktkorrosion führt. Das gegenüber dem Kupfer unedlere Aluminium beginnt zu korrodieren. In den einschlägigen Fachregeln wird der Zusammenbau dieser Materialien daher als ungeeignet eingestuft (vgl. „Richtlinien für die Ausführung von Klempnerarbeiten an Dach und Fassade (Klempnerfachregeln)", Zentralverband Sanitär Heizung Klima, 2009).

Hinweise zur Schadensvermeidung

Zur Vermeidung derartiger Verfärbungen dürfen Sockelbekleidungen aus Blechen nicht in die Plattenbeläge geführt werden. Die So-

Abb. 11.26: Verfärbungen am Kupferblech einer Dachterrasse

Abb. 11.27: Korrosion an der Türschwelle aus Aluminium

Abb. 11.28: Weißliche Verfärbung auf der Oberfläche eines Titanzinkbleches

Abb. 11.29: Korrosion der Blechoberfläche über einer Mörtelfuge

ckelbekleidungen sollten entweder oberhalb der Beläge enden oder mit Beschichtungen vor dem Kontakt mit alkalischen Auslaugwässern geschützt werden. Für die Kontaktflächen von Zink und Aluminium mit Sand oder Kies sind Korrosionsschutzmaßnahmen empfehlenswert, bei zementgebundenen Baustoffen und Humus sind sie zwingend erforderlich. Für Kupfer sind Schutzmaßnahmen ebenfalls empfehlenswert, aber nur bei Kontakt mit Humus zwingend erforderlich.

Beim Zusammenbau verschiedener Metalle muss auf die elektrochemische Spannungsreihe geachtet werden. Welche Materialien verträglich sind, ist in verschiedenen Fachregeln tabellarisch dargestellt (vgl. u. a „Richtlinien für die Ausführung von Klempnerarbeiten an Dach und Fassade (Klempnerfachregeln)", Zentralverband Sanitär Heizung Klima, 2009).

Maßnahmen und Kosten der Instandsetzung

Zur Mängelbeseitigung mussten die verfärbten Bleche auf Höhe der Plattenbeläge gekürzt und gereinigt werden.

Die Kosten hierfür waren bei Längen von ca. 10 m Sockelbekleidung auf ca. 30,00 €/m Sockel zuzüglich Mehrwertsteuer zu veranschlagen.

Die korrodierte Türschwelle war zu erneuern. Das darunter befindliche Kupferblech war ersatzlos zu entfernen.

Die Kosten hierfür waren mit ca. 150,00 € zuzüglich Mehrwertsteuer anzusetzen.

11.8 Zerstörung eines Holzbalkons durch Pilzbefall

Schadensbild

An der tragenden Konstruktion eines vorgesetzten, frei bewitterten Holzbalkons sind etwa 7 Jahre nach Fertigstellung gravierende Schäden durch Fäulnis eingetreten. Die Schäden zeigen sich insbesondere an den ungeschützten Verbindungs- und Anschlusspunkten der Holzbalken (siehe Abb. 11.30 und 11.31) im Bereich von Schwindrissen (siehe Abb. 11.32) und im oberen Bereich der Längsbalken, die mit einem Bodenbelag aus Holzbrettern belegt sind (siehe Abb. 11.33). Auch bei den Ankerplattenbefestigungen der Geländermittelpfosten auf dem Längsbalken und an den Eckpfosten der Balkonbrüstung (siehe Abb. 11.34) sind Fäulnisschäden festzustellen.

Bei der stichprobenartigen Überprüfung der Holzfestigkeit mit einem Schraubenzieher zeigte sich, dass das Holzgefüge in den vorgenannten Bereichen weitestgehend zerstört ist.

Ursachen

Die dargestellten Fäulnisschäden sind die Folge einer unzuträglichen Feuchteerhöhung des Holzes im Gebrauchszustand, da der nach den anerkannten Regeln der Technik erforderliche vorbeugende bauliche Holzschutz, der bei der Planung und Ausführung von Holzkonstruktionen stets zu berücksichtigen ist, bei der Errichtung dieses Holzbalkons keine Beachtung fand.

Der Holzbalkon ist aufgrund seiner exponierten Lage einer sehr hohen Feuchtebeanspruchung ausgesetzt. Ein Schutz vor Niederschlägen, der z. B. mit einer Überdachung hätte erreicht werden können, fehlt. Bereits aufgrund dieses Fehlers wurde die Dauerhaftigkeit der Holzkonstruktion deutlich gemindert.

Zudem fehlen die für den vorbeugenden Holzschutz zwingend erforderlichen konstruktiven Maßnahmen. Beispielsweise hätten die waagerechten und gerissenen Oberseiten der horizontal verlegten Holzbalken, die ungeschützt der Witterung ausgesetzten Stirnhölzer und die Anschlussfugen bei den Holzverbindungen unbedingt abgedeckt werden müssen. Weitere Schwachstellen sind durch die beim Quellen und Schwinden der Vollholzbalken unvermeidlich enstehenden Risse gegeben, da über sie Niederschlagswasser in den Balken eindringen kann. Durch Verwendung von Brettschichtholz hätten diese Rissbildungen minimiert werden können.

Fehlerhaft ist auch die Befestigung der Geländerstäbe in den Holzpfosten, da auftreffendes Niederschlagwasser über die zur Aufnahme der Geländerstäbe angelegten Bohrungen tief in den Balkenquerschnitt eindringen kann.

Infolge der Nichtbeachtung des konstruktiven Holzschutzes ist das Holz an den vorgenannten Stellen seit Errichtung des Balkons einer schädlichen Feuchtebeanspruchung ausgesetzt. Über die offenen Anschlussfugen und Risse kann das Niederschlagswasser in tiefere Bereiche vordringen, in denen eine rasche Austrocknung nicht möglich ist. Dieses hat zu einer Feuchteanreicherung im Holz mit der Folge der Entwicklung holzzerstörender Pilze geführt. Die Schädigung ist bereits so weit fortgeschritten, dass die Tragfähigkeit der tragenden Holzbalken gemindert und die Standsicherheit des Balkons gefährdet ist.

Da der vorbeugende konstruktive Holzschutz nicht beachtet wurde, war die vorzeitige feuchtebedingte Zerstörung des Holzbalkons vorprogrammiert.

Hinweise zur Schadensvermeidung

Durch bauliche Maßnahmen sollen Bauteile aus Holz vor übermäßiger Feuchtebeanspruchung und Fäulnis geschützt werden. Insbesondere sollen Niederschläge vom Holz ferngehalten oder schnell abgeleitet werden.

Der vorbeugende **bauliche** Holzschutz ist von entscheidender Bedeutung für die Dauerhaftigkeit einer Holzkonstruktion. Der vorbeugende **chemische** Holzschutz versteht sich als ergänzende Maßnahme zum baulichen Holzschutz, kann diesen jedoch niemals ersetzen. Holzschäden, die wie im vorliegenden Fall auf eine Nichtbeachtung des vorbeugenden baulichen Holzschutzes zurückzuführen sind, können durch einen vorbeugenden chemischen Holz-

Abb. 11.30: Durch Fäulnis zerstörter und provisorisch abgestützter Querbalken

Abb. 11.31: Holzzerstörung durch Pilzbefall beim Anschluss Querbalken – Stütze

Abb. 11.32: Aus einem Riss im Längsbalken herauswachsender Pilzfruchtkörper

Abb. 11.33: Fäulnisschaden an einem Holzbalken

schutz und durch zusätzlich aufgebrachte Wetterschutzbeschichtungen zwar hinausgezögert, aber nicht verhindert werden.

Maßnahmen und Kosten der Instandsetzung

Aufgrund der bereits sehr weit fortgeschrittenen Holzzerstörung war eine Reparatur des vorhandenen Holzbalkons nicht mehr möglich. Er musste komplett abgebrochen und durch eine neue Konstruktion ersetzt werden.

Die mit der Neuherstellung verbundenen Kosten lagen in einer Größenordnung von ca. 5.700,00 € zuzüglich Mehrwertsteuer.

Abb. 11.34: Durch Fäulnis stark geschädigte Eckstütze

11.9 Ausblühungen an einem Bodenbelag aus Fliesen

Schadensbild

Bei einem Mehrfamilienwohnhaus wurden auf den Balkonen und Dachterrassen Fliesenbeläge verlegt. Nach wenigen Jahren zeigen sich Ausblühungen und Aussinterungen an den Fugen zwischen den Fliesen (siehe Abb. 11.35). Bei einer eingehenden Untersuchung klingen viele Fliesen beim Abklopfen hohl. Im Anschluss an die Ablaufrinne am vorderen Rand der Balkone und Dachterrassen liegen sämtliche Fliesen hohl. Diese Fliesen lassen sich leicht anheben.

Zur Feststellung der Verlegeart wurde eine Fliese entfernt (siehe Abb. 11.36). Der Verlegemörtel wurde mit einem Zahnspachtel aufgetragen. Die Stege des Zahnspachtels (die sog. Kämmung) sind deutlich erkennbar. Ein vollflächiger, hohlraumfreier Mörtelauftrag ist nicht gegeben. Nach augenscheinlicher Feststellung handelt es sich bei dem verwendeten Verlegemörtel um einen Dispersionsklebstoff. Die braunen Verfärbungen des Mörtelbetts sind ein typisches Erscheinungsbild von Dispersionsklebstoffen nach länger andauernder Feuchtigkeitseinwirkung. Auf genauere labortechnische Untersuchungen wurde zunächst verzichtet, da die Art des Verlegemörtels für die Beurteilung des Sachverhaltes nicht von ausschlaggebender Bedeutung ist.

Die Abb. 11.37 und 11.38 zeigen Ausblühungen an den Fugen eines älteren Fliesenbelages. Diese Aussinterungen treten sehr häufig bei derartigen Fliesenbelägen auf.

Ursachen

Die Fliesen an den gegenständlichen Balkonen und Dachterrassen sind nicht vollflächig und hohlraumfrei in Mörtel eingebettet. Der Fliesenbelag hat sich aufgrund der Verlegung mit Hohlräumen im Mörtelbett über größere Bereiche gelöst.

Fliesenbeläge auf Balkonen müssen so verlegt werden, dass sie dauerhaft den üblichen Witterungseinflüssen widerstehen. Hierzu ist einerseits eine möglichst vollflächige Bettung im Verlegemörtel und andererseits die Verwendung von hydraulisch erhärtenden Dünnbettmörteln erforderlich. In DIN 18157-1:1979-07 „Ausführung keramischer Bekleidungen im Dünnbettverfahren" werden für die Verlegung von Fliesenbelägen 3 unterschiedliche Verfahren beschrieben: Floating-Verfahren, Buttering-Verfahren und das kombinierte Verfahren. Beim Floating-Verfahren wird der Dünnbettmörtel auf den Untergrund aufgebracht und die Fliese in das Mörtelbett gedrückt. Beim Buttering-Verfahren wird der Dünnbettmörtel auf die Rückseite der Fliese aufgebracht und die Fliese dann auf den Untergrund gesetzt. Beim kombinierten Verfahren wird Dünnbettmörtel sowohl auf den Untergrund als auch auf die Rückseite der Fliese aufgebracht, um beim Ansetzen der Fliese auf den Untergrund ein möglichst hohlraumfreie Mörtelbett zu erreichen. Unabhängig vom Verfahren erfolgt der Auftrag des Dünnbettmörtels mit einem Zahnspachtel.

Da nur im kombinierten Verfahren eine vollflächige, hohlraumfreie Bettung erreicht werden kann, schreibt die DIN 18157-1:1979-07 „Ausführung keramischer Bekleidungen im Dünnbettverfahren" dieses Verfahren für die Verlegung von Fliesen im Außenbereich vor. Erfolgt die Verlegung der Fliesen nicht im kombinierten Verfahren, kann Feuchtigkeit über die Fugen der Fliesenbeläge in die Hohlräume zwischen den einzelnen Kämmen des Verlegemörtels eindringen. Dies führt im Lauf der Zeit zu Ausblühungen an den Fliesenfugen und bei Frosteinwirkung zu einem Ablösen der Fliesen vom Untergrund. Die Fliesen liegen dann hohl.

Der nach augenscheinlicher Feststellung verwendete Dünnbettmörtel mit Dispersionsklebstoffen ist für die Anwendung im Außenbereich grundsätzlich nicht geeignet. Durch die wiederholte Feuchtebelastung weicht dieser Mörtel langsam auf, die Festigkeit des Mörtels und die Haftung der Fliesen am Mörtel nehmen ab, die Fliesen beginnen sich zu lockern. Neben dem Hohlklingen der Fliesen sind Risse und Ausblühungen in den Fliesenfugen weitere Anzeichen dieses Schadens.

Bei älteren Fliesenbelägen im Mörtelbett treten die Aussinterungen meist nicht in Folge einer fehlerhaften Verlegung auf. Im Laufe der Jahre

Abb. 11.35: Ausblühungen an den Fliesenfugen

Abb. 11.36: Lockere Randplatten mit verfärbtem Mörtelbett

Abb. 11.37: Ausblühungen bei älterem Fliesenbelag

Abb. 11.38: Detail der Ausblühungen aus Abb. 11.37

findet eine fortschreitende Durchfeuchtung des Mörtelbetts statt, da die Fliesenfugen nicht dicht sind. Diese über Jahre ablaufenden Vorgänge von Durchfeuchtung und Abtrocknung im Fugenbereich ergeben schließlich die dargestellten Aussinterungen (siehe Abb. 11.32 und 11.33). Im weiteren Schadensverlauf können dann auch Hohllagen der Fliesen durch Frostschäden im Mörtelbett eintreten.

Hinweise zur Schadensvermeidung

Für die Dünnbettverlegung von Fliesen im Außenbereich ist neben der Verwendung von Dünnbettmörteln auf Zementbasis auch eine vollflächige und möglichst hohlraumfreie Bettung zur Sicherstellung der Dauerhaftigkeit erforderlich. Eine Fliesenverlegung bei direkter Bewitterung ist jedoch letztlich immer risikobehaftet.

Maßnahmen und Kosten der Instandsetzung

Zur Instandsetzung sind die Fliesenbeläge auf den Balkonen und Dachterrassen zu erneuern.

Die Kosten hierfür sind bei einer Fläche von ca. 40 m^2 mit ca. 150,00 €/m^2 zuzüglich Mehrwertsteuer zu veranschlagen.

11.10 Aussinterungen am Randanschluss eines Plattenbelages auf Estrich

Schadensbild

Bei einer Dachterrasse wurde eine bituminöse Bahnenabdichtung mit beschieferter Oberfläche eingebaut. Die Abdichtung schließt an den freien Rändern der Dachterrasse mit einem eingeklebten Randblech ab, über das die Abdichtungsebene in eine vorgehängte Rinne entwässert wird. Auf der Abdichtung ist ein Bodenaufbau bestehend aus einem Estrich auf einer Folientrennlage und einem Naturwerksteinbelag im Dünnbettmörtel ausgeführt (siehe Abb. 11.39). Die Entwässerung des Terrassenbelages erfolgt über den freien Rand der Dachterrasse ebenfalls in die vorgehängte Rinne. Die Stirnseite des Estrichs ist mit einem Lochblechstreifen aus Kupfer abgedeckt. An diesem Lochblech und auf dem darunter anschließenden Rinneneinlaufblech haben sich umfangreiche weißliche Aussinterungen und Verkrustungen mit vereinzelten Stalaktiten gebildet (siehe Abb. 11.40 und 11.41). Der darunter anschließende Rinnenboden ist ebenfalls mit weißlichen Verkrustungen überzogen. Die Oberfläche des kupfernen Randbleches weist zudem eine Grünspanbildung und bräunliche Verfärbungen auf (siehe Abb. 11.42).

Ursachen

Die Aussinterungen und Verkrustungen am freien Rand des Terrassenaufbaus werden durch Kalkbestandteile aus dem Estrich verursacht, die durch das einwirkende Niederschlagswasser gelöst, ausgeschwemmt und in den Abtropfbereichen wieder abgelagert werden. Bei den grünlichen Verfärbungen handelt es sich um Korrosionsprodukte an der Oberfläche der Kupferbleche aus dem Kontakt mit Regenwasser und dem mineralisch gebundenen Estrich. Die Braunverfärbungen auf dem Randblech der Abdichtung entstehen durch Auswaschung von Bestandteilen der Bitumenabdichtung im Kontakt mit Niederschlagswasser.

Der Naturwerksteinbelag einschließlich Mörtelbett bzw. Kleberbett und Estrich hat keine abdichtende Funktion. Niederschlagswasser dringt daher immer durch den Belag und den Estrich bis zu der darunterliegenden Abdichtung vor und muss auf der Abdichtung abgeführt werden. Die Transportvorgänge des Niederschlagswassers im Estrich sind mit einem lösenden Angriff von Kalkbestandteilen mineralisch gebundener Baustoffe verbunden. Die mit dem abgeführten Wasser transportierten gelösten Bestandteile scheiden sich in der Verdunstungszone am Übergang zu der vorgehängten Entwässerungsrinne und im weiteren Verlauf des Entwässerungsweges in der Rinne ab.

Kalk- oder zementgebundene Mörtel und Beton, die frisch ausgeführt wurden oder einen häufigen Kontakt mit Niederschlagswasser haben, bilden ein alkalisches Milieu aus. Von diesen Stoffen geht im Kontakt mit dem Kupferblech ein korrosiver Einfluss aus. Die beobachtete Grünspanbildung entsteht als Korrosionsprodukt. Für Kupferbleche im Bereich zementgebundener Baustoffe wird in den Klempnerfachregeln ein Korrosionsschutz empfohlen (vgl. Zentralverband Sanitär Heizung Klima, 2009).

Bituminöse Stoffe oxidieren bei Bewitterung. Die hierbei entstehenden bräunlichen Oxidationsprodukte bilden mit Niederschlagswasser ein saures Milieu aus und stellen ebenfalls einen korrosiven Einfluss auf Metalle dar. Für Kupferbleche im Bereich bituminöser Baustoffe wird in den Klempnerfachregeln ebenfalls ein Korrosionsschutz empfohlen.

Hinweise zur Schadensvermeidung

Der von bindemittelgebundenen und bituminösen Baustoffen in Verbindung mit Niederschlagswasser ausgehende Korrosionseinfluss auf Metalle lässt sich mit der Wasserbeanspruchung reduzieren. Durchfeuchtete Bauteile sollen möglichst schnell wieder austrocknen können. Anhaltende Durchfeuchtungen sind mit einer gut funktionierenden Entwässerung im Gefälle oder einem Schutz gegen Wasserzutritt zu vermeiden. Um die Entwässerung des Bodenaufbaus zu verbessern, ist die Anordnung einer Drainageschicht zwischen Estrich und Abdichtung und ein ausreichend wirksames Gefälle der Abdichtung erforderlich. Beregnete

Abb. 11.39: Bodenaufbau aus Naturwerksteinbelag und Estrich auf der Abdichtung

Abb. 11.40: Aussinterungen am freien Rand der Dachterrasse

Abb. 11.41: Aussinterungen mit Stalaktitenbildung

Abb. 11.42: Randblech mit grünen und braunen Verfärbungen

Flächen aus zementgebundenen Werkstoffen müssen versiegelt werden, um Kalkinkrustationen in der Entwässerungsanlage zu vermeiden. Estriche können mit einer zusätzlichen Abdichtung im Verbund mit dem Belag gegen Feuchtezutritt geschützt werden.

Bei einer atmosphärischen Bewitterung mit wechselnden Phasen der Wassereinwirkung und der Abtrocknung ist Kupferblech im Allgemeinen gut korrosionsbeständig. Bei starken korrosiven Einwirkungen kann jedoch eine Korrosionsschutzbeschichtung notwendig sein.

Maßnahmen und Kosten der Instandsetzung

Für eine Reduzierung der Wassereinwirkung innerhalb des Fußbodenaufbaus ist im vorliegenden Fall der Estrich einschließlich Belag zu erneuern und mit einer zusätzlichen Drainageschicht und einer Verbundabdichtung in der Ansetzfläche des Naturwerksteinbelages auszuführen. Vorhandene Korrosionsprodukte können mechanisch entfernt werden. Blechteile sind je nach Korrosionsfortschritt zu erneuern.

Die Kosten für Abbruch und Neuherstellung des Bodenaufbaus waren im vorliegenden Fall bei einer Fläche von ca. 100 m^2 mit ca. 310,00 €/m^2 zuzüglich Mehrwertsteuer zu veranschlagen.

12 Schäden an Flachdächern

Flachdächer werden immer noch als unsichere und schadensanfällige Konstruktionen angesehen. Dieser Ruf resultiert aus den schlechten Erfahrungen mit den Flachdächern aus den 1960er- bis 1980er-Jahren. Die kostenträchtige Instandsetzung vieler Flachdächer wurde nicht zuletzt durch das besondere Augenmerk der Presse in großem Umfang bekannt. Die damaligen Probleme wie z. B. die ungenügende UV-Stabilität mancher Abdichtungsfolien sind heute gelöst. Die Baumaterialien und die Bauweisen haben sich geändert. Es existiert ein umfangreiches Regelwerk mit detaillierten Angaben zur Ausführung dauerhaft dichter Flachdächer. Die Konstruktion Flachdach ist grundsätzlich beherrschbar.

Trotzdem treten immer wieder Schäden auf, die aber bei genauer Betrachtung nicht die grundsätzliche Konstruktion Flachdach als solches betreffen, sondern durch Fehler in der Ausführung oder durch Instandhaltungsrückstau verursacht werden.

Ein Problemkreis typischer Schäden umfasst die luftdichte Ausführung von Flachdächern in leichter Holzbauweise, die gerne bei Wohngebäuden verwendet wird. Die Herstellung einer durchgehenden raumseitigen Luftdichtigkeitsschicht erfordert eine detaillierte Planung und eine sehr sorgfältige handwerkliche Ausführung. Die an verbleibenden Fehlstellen entstehenden Konvektionsströme können zu umfangreichen Schäden im Dachtragwerk führen.

Ähnliche Probleme sind auch bei Flachdächern bekannt, deren Tragschale aus Trapezblechen besteht. Löcher und undichte Stöße in den Trapezblechen führen zu Tauwasserausfall und abtropfendem Wasser. Erschwerend kommt hinzu, dass die Wasseraustrittsstelle nicht unbedingt die Stelle der Wasserentstehung sein muss. In den Sicken der Trapezbleche kann anfallendes Wasser bis zur nächsten Öffnung fließen. Dieses Problem besteht auch bei Undichtigkeiten in aufliegenden Abdichtungen. Dort, wo Wasser abtropft, kann zwar die Undichtigkeit liegen, in der Regel wird die Undichtigkeit aber an ganz anderen Stellen gefunden. Diese Unterläufigkeit der Abdichtung eines Flachdaches ist ein Schwachpunkt dieser Konstruktion und es können, insbesondere bei Abdichtungen auf Dämmschichten, umfangreiche Durchfeuchtungen des Dachaufbaus entstehen. Als Alternative kann entweder die Ausführung von nicht unterläufigen Abdichtungen, wie z. B. bei vollflächig verklebten Bitumenbahnen und aufliegender Wärmedämmung (Umkehrdach) oder ein Dachaufbau mit verklebten Schaumglasplatten und aufliegender Abdichtung mit Bitumenschweißbahnen angewendet werden. Diese Methoden der Flachdachabdichtung sind in der Herstellung allerdings deutlich teurer als herkömmliche Abdichtungen auf Dämmschichten.

Bei vielen Gebäuden wurde das Flachdach über Jahrzehnte vergessen. Erst bei dem Auftreten von Undichtigkeiten wird erkannt, dass Flachdächer – wie alle anderen Bauteile eines Gebäudes auch – Alterungserscheinungen unterliegen. Undichtigkeiten, die aufgrund überalterter und damit versprödeter Abdichtungen entstanden sind, dürfen aber nicht der Konstruktion oder der Bauweise angelastet werden. Durch regelmäßige Wartung hätten die Alterungserscheinungen an den Abdichtungen frühzeitig erkannt und durch rechtzeitige Erneuerung der Abdichtung weitgehend vermieden werden können.

12.1 Feuchteschäden am Abdichtungsanschluss einer Lichtkuppel

Schadensbild

In einem Schulgebäude traten im Zusammenhang mit längeren und stärkeren Regenfällen regelmäßig Feuchteschäden in Form von bräunlichen Ablaufspuren an den innenseitigen Leibungen der Lichtkuppeln auf (siehe Abb. 12.1). Eine jahreszeitliche Abhängigkeit der Feuchteschäden wurde nie festgestellt. Die Feuchteschäden sind an manchen Lichtkuppeln so stark, dass die Räume zeitweise nicht mehr nutzbar waren. An anderen Lichtkuppeln treten keinerlei Schäden auf.

Das Flachdach des Gebäudes wurde 1983 mit Schaumglasplatten gedämmt und mit Bitumenbahnen abgedichtet. Auf dem Flachdach sind insgesamt 53 Lichtkuppeln vorhanden. Die Dachabdichtung aus beschieferten Bitumenschweißbahnen ist etwa 30 cm an den aufgehenden Aufsatzkränzen der Lichtkuppeln angeschlossen. Am oberen Rand sind keine mechanischen Befestigungen wie z. B. Klemmschienen vorhanden. Die Bitumenschweißbahnen lösen sich am oberen Rand ab (siehe Abb. 12.3). Die Oberfläche der Bitumenschweißbahnen weist Risse auf. Die Beschieferung ist nicht mehr vollständig und lückenlos vorhanden (siehe Abb. 12.2).

Einzelne Lichtkuppelanschlüsse wurden bereits mit einer Flüssigkunststoffabdichtung überarbeitet. Mechanische Befestigungen am oberen Rand der Abdichtung sind nicht vorhanden. Das in den Flüssigkunststoff eingelegte Gewebe wurde stellenweise nicht vollständig eingebettet. Die Fasern des Gewebes durchdringen den Flüssigkunststoff bis an die Oberfläche.

An einer Öffnungsstelle an einem Lichtkuppelanschluss zur Feststellung des Dachaufbaus unter der Dachabdichtung besteht die Schaumglasdämmung aus Platten der Größe 45 cm × 60 cm (siehe Abb. 12.4). Die Schaumglasplatten wurden bei der Ausführung auf der Dampfsperre in Bitumenmasse eingeschwommen. Die Stoßfugen zwischen den einzelnen Platten sind mit Bitumenmasse verklebt. Als Dampfsperre ist eine besandete Bitumenbahn (nach augenscheinlicher Feststellung Qualität V13) eingebaut. Die Rohbetondecke ist mit einem Bitumenvoranstrich behandelt. Die Dampfsperre auf der Rohbetondecke endet an der Innenseite der Lichtkuppel. Die Randbohle aus Holz liegt auf der Dampfsperre. Eine Verbindung der Dampfsperre auf der Rohbetondecke zum Aufsatzkranz der Lichtkuppel ist im Inneren des Gebäudes nicht vorhanden. Die Randbohle weist keine Schäden auf, die auf eine wiederholte oder dauernde Feuchtebeanspruchung hinweisen würden. Ein Wassereintritt an dem geöffneten Lichtkuppelanschluss war nicht festzustellen.

Ursachen

Bei den Lichtkuppelanschlüssen sind Feuchteeintritte grundsätzlich möglich über die fehlenden Klemmschienen am oberen Rand der Abdichtung und die dort befindlichen Ablösungen der Abdichtung sowie über eventuelle Undichtigkeiten im Bereich der Abdichtungsanschlüsse und der rissigen Abdichtung selbst. Eine geschlossene Abdichtungsebene mit durchgehend hinterlaufsicheren Anschlüssen besteht nicht mehr. Der Zustand der Abdichtung ist gekennzeichnet durch vielfältigen Verschleiß und das Erreichen der technischen Nutzungsdauer und nicht durch einzelne lokal begrenzte Schadstellen.

Die technische Nutzungsdauer der Abdichtung ist mit ca. 25 Jahren Liegezeit erreicht. Da die Abdichtung versprödet ist und an der Oberfläche bereits erste Rissbildungen auftreten, muss davon ausgegangen werden, dass Feuchtigkeit auch über die Abdichtung der Dachfläche selbst in den Dachaufbau eindringen kann. Aufgrund der geschlossenzelligen Struktur der Schaumglasdämmplatten können diese keine Feuchtigkeit aufnehmen oder weiterleiten. Eindringendes Wasser kann sich nur über die Schnittflächen der Schaumglasplatten ausbreiten und bis zur Dampfsperre vordringen. Dort verteilt sich die Feuchtigkeit wiederum über die Schnittflächen der Schaumglasdämmplatten.
Je nach Dauer der Feuchtebeanspruchung und Intensität der Regenfälle wird sich die Feuchtigkeit über offene Stöße der Dampfsperre auf der Rohbetondecke ausbreiten und an den Dachdurchdringungen (z. B. Lichtkuppeln, Abläufe,

Abb. 12.1: Feuchteschäden an der Leibung der Lichtkuppel

Abb. 12.2: Die Beschieferung an der Abdichtungshochführung ist nicht mehr vollständig und lückenlos.

Abb. 12.3: Abdichtungsanschluss an Lichtkuppeln

Abb. 12.4: Randbohle der Lichtkuppel

Dunstrohre) zu Feuchteeintritten in das Gebäude führen.

Die raumseitig fehlende Dampfsperre im Bereich der Randbohle lässt zusätzlich eine konvektionsbedingte Tauwasserbildung im Dachaufbau erwarten. Ein dementsprechendes Schadensbild liegt in dem dargestellten Bereich nicht vor. Dies zeigt, dass die fehlerhafte Konstruktion im vorliegenden Fall aufgrund der sonstigen Gegebenheiten nicht zwangsläufig auch zu einem Schaden führte.

Hinweise zur Schadensvermeidung

Lichtkuppeln sind einschließlich der Dampfsperre fachgerecht in die Flächenabdichtung einzubinden. Konstruktive Hinweise können der Flachdachrichtlinie entnommen werden (vgl. Zentralverband des Deutschen Dachdeckerhandwerks u. a., 2011).

Maßnahmen und Kosten der Instandsetzung

Aufgrund des Alters des Flachdachs wurden die undichten Lichtkuppeln im Zuge einer Komplettinstandsetzung mit Verbesserung des Wärmeschutzes erneuert. Die vorhandene Schaumglasdämmung konnte hierbei belassen werden.

Die Kosten wurden bei einer Dachfläche von ca. 500 m² auf ca. 250,00 €/m² zuzüglich Mehrwertsteuer veranschlagt.

12.2 Feuchteschäden an einem Flachdach mit Trapezblechen

Schadensbild

In einem Schulgebäude traten nach längeren und stärkeren Regenfällen regelmäßig Feuchteschäden in Form von bräunlichen Ablaufspuren an Lichtkuppeln und im Bereich von abgehängten Decken auf (siehe Abb. 12.5 und 12.6). Eine jahreszeitliche Abhängigkeit der Feuchteschäden wurde nicht beobachtet.

Das Gebäude wurde 1974, 1978 und 2005 als zweigeschossiges Gebäude mit Flachdach in 3 Bauabschnitten errichtet. Die Dachfläche des Bauteils I (gebaut 1974) wurde 1995 vollständig instand gesetzt. Bei der Dachfläche des Bauteils II ist noch die ursprüngliche Abdichtung aus dem Jahr 1978 vorhanden. Die Dachfläche des Bauteils III wurde im Jahr 2005 errichtet.

Die Feuchteschäden im Bereich der abgehängten Decken betreffen nur Räume, die im Bauteil II liegen, d. h. unter der ursprünglichen Dachfläche aus dem Jahr 1978. Der Umfang der Wassereintritte hatte zeitweise eine Nutzungseinschränkung zur Folge.

Der Dachaufbau besteht in dem schadhaften Bereich von oben nach unten aus folgendem Schichten (siehe auch Abb. 12.7 und 12.8):

- Kiesschüttung
- Dämmplatten aus extrudiertem Polystyrol (XPS) mit einer Dämmstärke von 5 cm
- Dachabdichtung aus einer PVC-Abdichtungsbahn mit darunterliegendem Trennvlies
- Wärmedämmung aus Polystyrol-Hartschaumplatten in 8 cm Dicke
- Trapezbleche der Dacheindeckung

Bei diesem Dachaufbau handelt es sich um eine Kombination aus unbelüftetem Warmdach und Umkehrdach.

Sowohl die Dämmung auf der Abdichtung als auch die Wärmedämmung unter der Abdichtung ist trocken. Es sind keine Feuchteschäden in den geöffneten Bereichen festzustellen. Die Folienabdichtung ist steif mit geringer Biegsamkeit. Eine eindeutige Lokalisierung der Wassereintrittsstellen an den einsehbaren Bauteiloberflächen ist nicht möglich.

Ursachen

Die PVC-Abdichtungsbahn weist ein Alter von rund 30 Jahren auf. Dem Alter entsprechend ist die Abdichtungsbahn nicht mehr elastisch und weich, sondern hart und spröde. Bei älteren Kunststoffbahnen können aufgrund der Versprödung des Materials bei jeglicher Belastung der Dachfläche Rissbildungen auftreten, z. B. bei Begehungen, bei tiefen Temperaturen usw. Die technische Lebensdauer der vorhandenen Abdichtung ist erreicht. An der Dachabdichtung des Bauteils II liegen Undichtigkeiten vor.

Eine genaue Lokalisierung einzelner Undichtigkeiten ist erfahrungsgemäß schwierig, da aufgrund der Dachkonstruktion mit aufliegender Abdichtung und Dämmung auf Trapezblechen davon auszugehen ist, dass sich in den Dachaufbau eindringende Feuchtigkeit im Dachaufbau verteilen und dann an Stößen oder Durchdringungen der Trapezblechlage in das Gebäude eindringen kann. Die Feuchteaustrittsstellen im Gebäude korrespondieren damit nicht unmittelbar mit den Schäden an der Dachabdichtung.

Hinweise zur Schadensvermeidung

Undichtigkeiten an gealterten Abdichtungen können im Rahmen der Instandhaltung frühzeitig erkannt und durch rechtzeitige Erneuerung der Abdichtung weitgehend vermieden werden. Die unkontrollierte Verteilung eindringender Feuchtigkeit über die Trapezbleche sollte durch den Einbau einer Dampfsperre zwischen Trapezblechen und Dämmung und einer Abschnittsbildung bei größeren Dachflächen vermieden werden. Bei richtiger Ausführung wirkt die Dampfsperre als Notabdichtung. Ein Eindringen von Feuchtigkeit in das Gebäude wird so verhindert. Konstruktive Hinweise zum Aufbau der Dachkonstruktion über Trapezblechen können der Flachdachrichtlinie entnommen werden (vgl. Zentralverband des Deutschen Dachdeckerhandwerks u. a., 2008).

Maßnahmen und Kosten der Instandsetzung

Aufgrund des Alters des Flachdachs ist geplant, die Abdichtung im Zuge einer Komplettinstandsetzung mit Verbesserung des Wärmeschutzes zu erneuern. Nach Rückbau der Kiesschüt-

Abb. 12.5: Braune Feuchtespuren an der Decke infolge einer Undichtigkeit am Dach

Abb. 12.6: Feuchteflecken an abgehängter Decke

Abb. 12.7: Abdichtungsoberfläche unter den XPS-Platten

Abb. 12.8: Geöffneter Dachaufbau; Dämmung liegt unmittelbar auf Trapezblechen

tung mit Reinigung und Lagerung zur späteren Wiederverwendung, Rückbau der auf der Abdichtung liegenden XPS-Dämmung und der vorhandenen Abdichtungsbahn einschließlich Entsorgung soll die unter der Abdichtung liegende Polystyroldämmung bereichsweise ausgebaut und seitlich zur Wiederverwendung gelagert werden. Nach Einbau einer Notabdichtung auf den Trapezblechen, die gleichzeitig die Funktion einer Dampfsperre und die Abdichtung der Übergänge zwischen den einzelnen Trapezblechen übernehmen kann, wird die seitlich gelagerte Polystyroldämmung eingebaut und entsprechend der Vorgaben der Energieeinsparverordnung (EnEV) verstärkt. Diese Dämmung wird als Gefälledämmung ausgebildet, um ein sicheres Abfließen des Wassers auf der Abdichtung zu ermöglichen. Nach Einbau einer neuen Abdichtungslage kann die gereinigte und wiederverwendbare Kiesschicht aufgebracht werden.

Die Kosten für diese Instandsetzung wurden bei ca. 300 m^2 Dachfläche auf 270,00 €/m^2 zuzüglich Mehrwertsteuer veranschlagt.

12.3 Wasseraustritt an der Unterseite eines Trapezblechdaches

Schadensbild

Die tragende Konstruktion einer beheizten Verkaufs- und Ausstellunghalle besteht aus verzinkten Stahlprofilen. Den oberen Abschluss des Gebäudes bildet ein einschaliges Trapezblechdach, das an 3 Seiten über die Außenwände nach außen geführt ist. Für die Außenwände wurden vorgefertigte Sandwichelemente (Wärmedämmung zwischen 2 Blechschalen) verwendet.

Auf der straßenzugewandten Seite – dort befindet sich der Haupteingang – laufen die Trapezbleche in Längsrichtung über die Außenwand nach außen durch. Im Bereich des Dachüberstandes sind nachträglich Löcher in die Untergurte gebohrt worden, aus denen bei kalten Außentemperaturen Wasser austritt (siehe Abb. 12.9) und auf den Pflasterbelag vor dem Haupteingang abtropft (siehe Abb. 12.10).

Auch in der Halle ist augenscheinlich Wasser ausgetreten, und zwar im Bereich von Durchdringungen und Überlappungsstößen der Trapezbleche. Hierauf weisen die in Abb. 12.11 sichtbaren Ablaufspuren an den verzinkten Stahlträgern hin.

Die Dachabdichtung ist auf einem Streifen oberhalb der straßenseitigen Außenwand (Eingangsseite) mit Bitumenbahnen überklebt worden. An dieser Stelle wurde das Dach geöffnet und festgestellt, dass auf den Trapezblechen eine Polyethylenfolie verlegt ist. Darüber befindet sich eine Wärmedämmung aus 120 mm dicken Mineralfaserplatten und eine Dachabdichtung aus 2 Lagen Bitumendachbahnen, von denen die obere Lage beschiefert ist.

Die Untergurte der von innen nach außen durchlaufenden Trapezblechprofile sind beim Versuch einer nachträglichen Abschottung oberhalb der Außenwand mit einem Polyurethanschaum ausgefüllt und mit einer flüssigen bituminösen Masse überzogen worden (siehe Abb. 12.12).

Ursachen

Bei dem an der Dachunterseite austretenden Wasser handelt es sich um Tauwasser, das bei Abkühlung der nach außen strömenden Raumluft in den Untergurten der Trapezblechprofile ausfällt. Die Notwendigkeit einer konstruktiven Trennung bzw. luftdichten Abschottung zwischen Innen- und Außenbereich ist bei der Ausführungsplanung der Dachkonstruktion nicht berücksichtigt worden.

Stahltrapezprofile sind in ihrer Fläche absolute Dampfsperren. Jedoch kann im Bereich konstruktionsbedingt vorhandener Profilstöße und Durchdringungen Raumluft in die Untergurte gelangen. In Längsrichtung der Profile strömt die warme Luft ungehindert nach außen und kühlt sich dabei ab. Bei Unterschreitung der Taupunkttemperatur kondensiert der in der Luft enthaltene Wasserdampf, das Tauwasser sammelt sich auf den Untergurten und tropft aus den vorhandenen Öffnungen auf den Boden ab.

Die durchgeführten Nachbesserungsmaßnahmen – Versuch der Abschottung zwischen Innen- und Außenbereich mit Polyurethanschaum und Bitumenmasse, Aufbohren der Untergurte zur Ableitung des Tauwassers aus den Trapezprofilen – waren unzureichend und konnten das bestehende Problem nicht beseitigen.

Hinweise zur Schadensvermeidung

Um eine konvektive Tauwasserbildung zu verhindern, müssen in Längsrichtung nach außen durchlaufende Trapezblechprofile entweder konstruktiv getrennt oder luftdicht abgeschottet werden. Die hierzu erforderliche Detailplanung ist Bestandteil der Ausführungsplanung.

Maßnahmen und Kosten der Instandsetzung

Die festgestellte Schadensursache lässt sich vollständig und fachgerecht beseitigen, indem die in Längsrichtung von innen nach außen durchlaufenden Trapezblechprofile oberhalb der Außenwand nachträglich luftdicht abgeschot-

Abb. 12.9: Aus nachträglich angelegten Bohrungen in den Untergurten der Trapezbleche tritt Wasser aus.

Abb. 12.10: Das ausgetretene Wasser tropft vor dem Eingang auf den Pflasterbelag ab.

Abb. 12.11: Ablaufspuren an einem verzinkten Stahlträger unterhalb eines Überlappungsstoßes der Stahltrapezbleche

Abb. 12.12: Dachöffnung oberhalb der straßenseitigen Außenwand; Versuch der nachträglichen Abschottung mit Polyurethanschaum und Bitumenmasse

tet werden. Dieses kann z. B. mit Profilfüllern aus Polyethylen, die mit den Untergurten und Stegen dicht zu verkleben sind, erreicht werden. Auf diese Weise wird die schadensursächliche Konvektion in den Trapezblechprofilen vom beheizten Innenbereich in den kalten Außenbereich unterbunden. Zur luftdichten Abschottung muss auch die neu zu verlegende Polyethylenfolie auf den Oberseiten der Profilfüller und den Obergurten der Trapezprofile luftdicht verklebt werden.

Von der Instandsetzungsmaßnahme ist ein ca. 25 m langer und ca. 2 m breiter Dachstreifen betroffen. Die Instandsetzungskosten wurden auf 5.100,00 € zuzüglich Mehrwertsteuer geschätzt. Bezogen auf die Wandlänge von ca. 25 m ergeben sich Kosten von rund 200,00 €/m zuzüglich Mehrwertsteuer.

12.4 Feuchteschäden an der Unterseite eines Flachdaches (1)

Schadensbild

Ein Mehrfamilienhaus wurde dreigeschossig mit einem zurückversetzten Dachgeschoss (Staffelgeschoss) erstellt. Bei einer Wohnung im dritten Obergeschoss zeigt sich unterhalb der Geschossdecke ein Schimmelpilzbefall. Darüber befindet sich eine Dachterrasse.

Feuchteschäden mit Schimmelpilzbildungen sind in der Küche und im Kinderzimmer der Wohnung aufgetreten. In der Küche sind die Bauteiloberflächen mit einer Raufasertapete bekleidet. In der oberen Raumecke sind an der Decke und entlang der Kehle zur Außenwand bräunliche Verfärbungen mit örtlich schwarzen Schimmelansätzen sowie lokal begrenzte Farbablösungen vorhanden (siehe Abb. 12.13 und 12.14).

Die Verfärbungen im Deckenbereich erstrecken sich über eine Länge von 60 cm bei einer Breite von bis zu 30 cm im Eckbereich. Entlang der Wand ist bei gleicher Länge eine Breite des verfärbten Bereichs von ca. 7 cm gegeben.

Orientierende Vergleichsmessungen der Materialfeuchte des Innenputzes ergaben in den stärker verfärbten Bereichen deutliche höhere Werte als in augenscheinlich nicht geschädigten Zonen.

Im Kinderzimmer, das an die Küche anschließt, sind in der oberen Außenecke dunkle Verfärbungen vorhanden (siehe Abb. 12.15). Der Feuchtegehalt des Innenputzes ist in den verfärbten Bereichen leicht erhöht.

Im Rahmen einer Ortsbesichtigung wurde der Bodenaufbau im Bereich der Dachterrasse unmittelbar über den Verfärbungen geöffnet. Es ist eine mehrlagige bituminöse Abdichtung vorhanden, unter der eine Wärmedämmung aus Polyurethan-Hartschaum verlegt wurde. Die Wärmedämmung ist durchfeuchtet. Bei Belastung tritt Wasser aus.

Ursachen

Als Ursache der vorhandenen Verfärbungen und Farbablösungen mit örtlichen Schimmelansätzen wurden Undichtheiten der Abdichtung im Bereich der Dachterrasse über der gegenständlichen Wohnung festgestellt.

Für feuchtebedingte Schädigungen in der festgestellten Form kommen grundsätzlich Tauwasserbildungen an Bauteiloberflächen oder Wassereintritte von außen infrage. Wie im Einführungstext zu Kapitel 5 erläutert, muss bei einem derartigen Schadensbild zunächst immer festgestellt werden, ob ein Eindringen von Wasser in flüssiger Form durch die Außenbauteile vorliegt. Bei nicht funktionsfähiger Abdichtung von Dachterrassen treten häufig an der Unterseite der darunterliegenden Geschossdecke bereichsweise, aber auch lokal Feuchteerscheinungen in Form von bräunlichen Verfärbungen und Wasserrändern auf. Diese grenzen sich in aller Regel von umliegenden Wandflächen ab. Bei lang andauernder Feuchteeinwirkung kann ein Schimmelpilzbefall auftreten.

Insofern konnten aus der Lage der Verfärbungen keine unmittelbaren Rückschlüsse auf die Schadensursache gezogen werden. Es fiel auf, dass sich die Verfärbungen zwar auf die oberen Raumecken konzentrieren, sich jedoch auch bis in einen Abstand von 60 cm von der Raumecke erstrecken und dann abrupt enden. Im Fall einer Tauwasserbildung wäre eine wesentlich stärkere Konzentration auf den Eckbereich zu erwarten gewesen.

Bei der Messung des Feuchtegehalts des Innenputzes im September deutete die Höhe der Messwerte ebenfalls auf das Eindringen von flüssigem Wasser hin. Derartige Größenordnungen können zwar auch bei einer Tauwasserbildung erreicht werden. Da eine solche jedoch nur in der kalten Jahreszeit stattfindet, zeigen sich derartig hohe Messwerte nur bis in das Frühjahr hinein. Im Frühherbst ist dagegen zu erwarten, dass eine Abtrocknung der Putzoberfläche stattgefunden hat.

Aus diesen Gründen ergab sich bereits aus den augenscheinlichen und messtechnischen Feststellungen, dass die Schäden auf Wassereintritte

Abb. 12.13: Feuchteschäden in der oberen Raumecke der Küche

Abb. 12.14: Detail aus Abb. 12.13

Abb. 12.15: Kinderzimmer; Verfärbungen über der oberen Außenecke

von oben her zurückzuführen sind, d. h. auf eine Undichtheit der Dachterrassenabdichtung. Dies wurde dann durch die durchgeführte Probeöffnung am Aufbau der Dachterrasse bestätigt.

Hinweise zur Schadensvermeidung

Es ist selbstverständlich, dass eine undichte Abdichtung zu Schäden im darunterliegenden Gebäude führen wird. Im vorliegenden Fall wurde die Abdichtung ein Jahr vor Auftreten der Schäden nur in einem von der Schadensstelle entfernten Teilbereich erneuert. Vor einer nur teilflächigen Erneuerung von Dachabdichtungen ist vorab immer zu prüfen, ob die verbleibenden Teile tatsächlich noch funktionsfähig sind.

Maßnahmen und Kosten der Instandsetzung

Zur Instandsetzung war es erforderlich, den Bereich des Flachdachs über der gegenständlichen Wohnung neu abzudichten.

Hierfür waren bei einer Fläche von ca. 10 m^2 Kosten von insgesamt ca. 3.300,00 € zuzüglich Mehrwertsteuer zu veranschlagen.

12.5 Feuchteschäden an der Unterseite eines Flachdaches (2)

Schadensbild

In der eingeschossigen Doppelgarage eines Einfamilienwohnhauses wurden kurz nach Errichtung des Gebäudes dunkle Verfärbungen an der Gipskartonbekleidung der Decke über der Garage festgestellt (siehe Abb. 12.16).

Die Decke der Garage ist als Flachdach ausgeführt. Die tragende Konstruktion besteht aus Holzbalken, die oberseitig mit OSB-Platten abgedeckt sind. Auf den OSB-Platten ist eine Kunststoffbahn aus Polyisobutylen (PIB) in einer Dicke von 2,5 mm als Dachabdichtung aufgebracht. Zwischen den Holzbalken befindet sich eine Wärmedämmung aus Mineralwolle, die nach unten mit Gipskartonplatten bekleidet ist. Die Gipskartonbekleidung ist an Latten, die seitlich an die Holzbalken angebracht sind, befestigt. Die Holzbalken weisen lichte Abstände von 75 cm auf.

Die Gipskartonplatten sind stark durchgebogen und weisen Feuchteflecke, im vorderen Bereich, neben dem Garagentor, auch Schimmelpilzbefall auf. An den tragenden Holzbalken sind an allen Unterseiten dunkelbraune Feuchtespuren vorhanden.

Wasser tropft etwa in der Mitte der Wand zum Hauptgebäude ab. Der Garagenboden ist entlang der nördlichen Garagenwand sichtbar nass. Nach Öffnung der unterseitigen Gipskartonbekleidung im Bereich der Wasseraustrittsstellen entlang der nordseitigen Garagenwand wird festgestellt, dass die Mineralwolldämmung und die Unterseiten der OSB-Platten stark durchfeuchtet und verschimmelt sind (siehe Abb. 12.17).

Bei einer weiteren Öffnungsstelle an der südlichen Seite der Garage sind keine Feuchtigkeitsschäden an Mineralwolldämmung und OSB-Platten vorhanden. Die OSB-Platten weisen an ihren Unterseiten dennoch erheblichen Schimmelpilzbefall auf.

Auf dem Flachdach steht großflächig Wasser (siehe Abb. 12.18), da der Dachablauf etwas höher liegt als die angrenzende Dachfläche. An der zweiten Längsnaht von vorn ist am Abdichtungsanschluss an die Attika im Eckbereich die Verbindungsnaht zwischen 2 Abdichtungsbahnen offen. Hier kann leicht mit dem Finger unter die Längsnaht eingefahren werden (siehe Abb. 12.19). Das Wasser fließt hier deutlich sichtbar in die Deckenkonstruktion ab.

Ursachen

Die festgestellten Feuchteschäden an der Decke über der Garage resultieren aus einem fehlerhaften Abdichtungsanschluss an die Attika mit der Folge von Wassereintritten an einer undichten Nahtverbindung der Abdichtungsbahnen.

Durch die unzureichende Entwässerung des Flachdaches staut sich Wasser auf den Abdichtungsbahnen. Die Nahtverklebung im unmittelbaren Eckbereich zwischen Dachfläche und aufgehender Attika wird dadurch häufig und länger anhaltend durch Wasser beansprucht. Aufgrund der fehlerhaften Verklebung kommt es zu erheblichen Wassereintritten in die Dachkonstruktion.

Der Schimmelpilzbefall an den OSB-Platten an der südlichen Wand der Garage resultiert nicht aus einer Undichtigkeit der Flachdachabdichtung an dieser Stelle, sondern wird hier durch Tauwasserausfall in der kalten Jahreszeit verursacht, da die Deckenkonstruktion im Hinblick auf den bauphysikalischen Aufbau nicht geeignet ist. Die Flachdachabdichtung ist eine dampfdiffusionsdichte Schicht. Um Tauwasserausfall innerhalb der Konstruktion zu vermeiden, wäre entweder eine Hinterlüftung zwischen Abdichtung und Wärmedämmung oder der Einbau einer Dampfsperre zwischen Gipskartonplatten und Wärmedämmung erforderlich. Beides ist nicht vorhanden.

Hinweise zur Schadensvermeidung

Dachabdichtungen aus Kunststoffbahnen werden vor Ort durch Verkleben bzw. Verschweißen der Nähte zu einer geschlossenen Abdichtung zusammengefügt. Der Qualität der Verklebung kommt eine besondere Bedeutung zu. Daher sind die Verarbeitungshinweise der jeweiligen Produkthersteller genau zu befolgen.

Abb. 12.16: Braune Verfärbungen an den Gipskartonplatten

Abb. 12.17: Durchfeuchtete und verschimmelte OSB-Platten

Abb. 12.18: Auf dem Flachdach stehendes Wasser

Abb. 12.19: Offene Stelle in der Nahtverbindung der Flachdachabdichtung beim Attikaanschluss

Eine Hochführung der Nahtverbindungen der Abdichtungsbahnen stellt für die Nahtverbindungen eine erhebliche Belastung dar, die meist nicht dauerhaft aufgenommen werden kann. Für die im vorliegenden Fall verwendete Kunststoffbahn schreibt der Produkthersteller für die Anschlüsse der Abdichtung an aufgehende Bauteile, wie z. B. Dachränder, die Verwendung vorkonfektionierter Anschlusstreifen vor. Der Anschlusstreifen wird auf der einen Seite parallel zu den aufgehenden Bauteilen auf den Abdichtungsbahnen der Fläche verklebt und auf der anderen Seite auf dem aufgehenden Bauteil selbst. Durch die Verwendung eines parallel zu den Rändern verlegten Anschlussstreifens werden die Längsnähte der Abdichtungsbahnen im Anschlussbereich überklebt und im unmittelbaren Eckbereich nicht mehr durch Wasser beansprucht.

Maßnahmen und Kosten der Instandsetzung

Zur Instandsetzung musste aufgrund des erheblichen Schimmelpilzbefalls der komplette Dachaufbau neu hergestellt werden. Neben einem bauphysikalisch funktionierenden Dachaufbau gehört hierzu auch die Verwendung von für Feuchträume geeigneten Gipskartonplatten, die auf einer nach Herstellervorschrift zu erstellenden Unterkonstruktion zu befestigen sind. Die Kosten wurden bei einer Dachfläche von rund 40 m^2 auf etwa 200,00 €/m^2 zuzüglich Mehrwertsteuer veranschlagt.

12.6 Feuchteschäden an der Unterseite eines Dachüberstandes

Schadensbild

In einem Wohngebäude ist die oberste Geschossdecke als Flachdach in Holzbauweise errichtet. Der Dachaufbau besteht von unten nach oben aus einer Balkenlage mit aufliegender Nut- und Federschalung, einer Luftsperre, einer Aufdachdämmung und einer Dachabdichtung mit Bekiesung. Die Schalung steht nach außen über den Randsparren als Dachüberstand vor. Die tragende Holzkonstruktion und die Unterseite der Dachschalung sind unbehandelt und sichtbar.

In der laufenden Nutzung wurden an der Untersicht der Schalung, ausgehend von dem oberen Abschluss der Außenwand, abgetrocknete, bräunlich verfärbte Feuchtigkeitsränder sichtbar (siehe Abb. 12.20). Ein vergleichbares Schadensbild befindet sich auch an den Durchdringungen der Sparrenköpfe in der Außenwand und den seitlich der Sparren anschließenden Stellbrettern (siehe Abb. 12.21). Die betroffenen Bereiche weisen stellenweise einen mikrobiellen Bewuchs an der Holzoberfläche auf.

Bei einer Überprüfung der Luftdichtigkeit der Gebäudehülle bei Überdruck und gleichzeitigem Einsatz eines künstlichen Nebels wurden Leckageströme an den Verbindungsstellen der Holzelemente sichtbar (siehe Abb. 12.22).

Ursachen

Die wärmeübertragende Gebäudehülle ist im Bereich der sichtbaren Holzdachkonstruktion nicht ausreichend luftdicht hergestellt. An den Verbindungsstellen der Holzbauteile untereinander, an den Wanddurchdringungen der Holzkonstruktion, an den Anschlussfugen der Fensterelemente an die Dachkonstruktion und an den Längsstößen der Dachschalung bestehen zahlreiche Undichtigkeiten (siehe Abb. 12.23). Durch konvektiven Wasserdampftransport fällt innerhalb der Konstruktion Tauwasser aus. Die Austrocknung dieser Feuchte hat auf der Raumseite und auf der Außenseite die Entstehung von Trocknungsrändern an den Grenzen der Verdunstungszonen zur Folge.

Fugen in der wärmeübertragenden Umfassungsfläche des Gebäudes sind entsprechend den anerkannten Regeln der Technik dauerhaft luftundurchlässig abzudichten (vgl. Energieeinsparverordnung [EnEV]). Die Art der Fugenabdichtung muss die im Gebrauchszustand zu erwartenden Formänderungen der anzuschließenden Bauteile berücksichtigen. Holzbauteile unterliegen wegen der jahreszeitlich bedingten Klimaschwankungen wechselnden Formänderungen. Es muss deshalb davon ausgegangen werden, dass auch dicht gestoßen ausgeführte Konstruktionsfugen ausreichend vorgetrockneter Bauteile eine permanente Veränderung der Fugenbreite erfahren.

An nicht luftdicht ausgeführten Fugen treten Luftströmungen auf, die in der Raumluft enthaltenen Wasserdampf mitführen. Die Abkühlung des Luftstromes im Verlauf des Temperaturgefälles über den Außenwandquerschnitt hat bei entsprechend kalten Außentemperaturen einen Tauwasserausfall in der Konstruktion zur Folge. Dieser Mechanismus stellt auch dann einen zu vermeidenden Schadenseinfluss dar, wenn die Leckagerate für die gesamte Gebäudehülle innerhalb der zulässigen Grenzwerte liegt. Neben der Gesamtluftwechselzahl ist auch der Leckagestrom an jeder einzelnen Fehlstelle auf ein für die Konstruktion unschädliches Maß zu begrenzen.

Hinweise zur Schadensvermeidung

Für die Herstellung einer luftdichten Schicht ist unter baupraktischen Bedingungen ein möglichst weitgehender Verzicht auf Durchdringungen, Stoßfugen usw. anzustreben. Zur Vermeidung von Durchdringungen ist die Anordnung der Luftsperre zwischen einer innen und einer außen liegenden Konstruktion zweckmäßig (siehe Abb. 12.24).

Anschlussfugen an Holzbauteile sollten mit vorkomprimierten Dichtungsbändern, Klebebändern o. Ä. und ggf. Pressleisten abgedichtet werden. Vorkomprimierte Dichtungsbänder müssen beim Einbau ein entsprechendes formschlüssiges Widerlager haben, um ein vorzeitiges Dekomprimieren sicher zu vermeiden und die Funktionsfähigkeit der Bänder zu erhalten.

Abb. 12.20: Abgetrocknete Feuchteränder an der unbehandelten Holzoberfläche

Abb. 12.21: Feuchtespuren im Bereich der Sparrendurchdringung

Abb. 12.22: Luftströmung durch undichte Anschlüsse bei Überdruck in den Wohnräumen

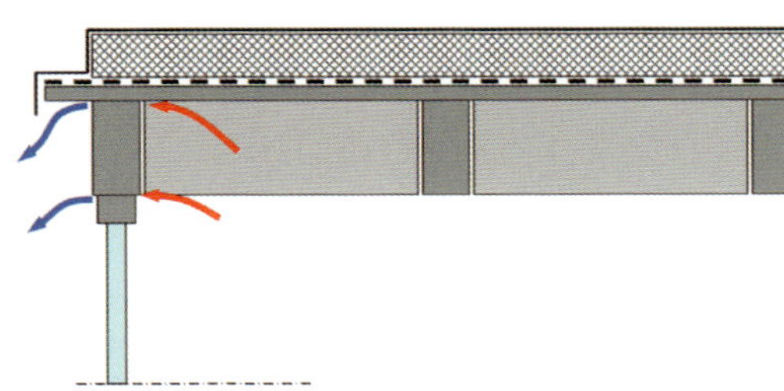

Abb. 12.23: Luftströmung mit Tauwasserbildung an undichten Bauteilfugen

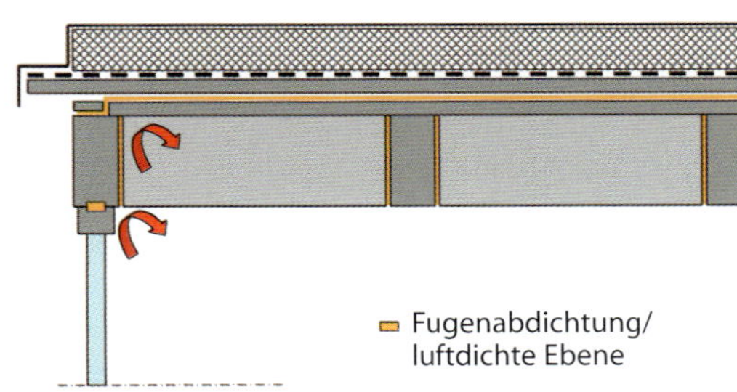

Abb. 12.24: Vorschlag für die nachträgliche Herstellung einer luftdichten Schicht

Das nachträgliche Ausspritzen verbliebener Fugen mit elastischen Dichtstoffen stellt in der Regel keine ausreichend dauerhafte Fugenabdichtung dar.

Maßnahmen und Kosten der Instandsetzung

Die nachträgliche Abdichtung der undichten Konstruktionsfugen in tragenden Bauteilen kann im vorliegenden Fall durch Abkleben und Abdecken der Fugen mit Leisten erfolgen. Für die nachträgliche Herstellung einer luftdichten Schicht in der gesamten Dachfläche ist im vorliegenden Fall die Erneuerung des über der Schalung liegenden äußeren Dachaufbaus erforderlich.

Die Kosten hierfür waren einschließlich Nebenarbeiten für ca. 60 m^2 Dachfläche mit ca. 540,00 €/m^2 zuzüglich Mehrwertsteuer zu veranschlagen.

12.7 Feuchteschäden in einem nicht belüfteten Dach

Schadensbild

Bei einem Wohngebäude schließt das oberste Wohngeschoss mit einem Flachdach in Holzbauweise ab. Die über die Außenwand nach außen geführten Balken und eine darauf aufgebrachte Brettschalung bilden die Untersicht des Dachüberstandes. Der weitere Dachaufbau über der Schalung ist als nicht belüftetes Warmdach konstruiert und besteht von unten nach oben aus einer Lage Dachpappe, einer luftsperrenden Folienlage, einer Wärmedämmung aus Polyurethan-Hartschaumplatten, einer bahnenförmigen Abdichtung aus Kunststoff und einer Bekiesung. Die Dachränder sind im Bereich der Dachüberstände nicht wärmegedämmt und mit Titanzinkblech eingedeckt.

An den unbeschichteten Holzflächen der Dachuntersicht traten in den ersten Jahren nach der Bauausführung mit zunehmendem Umfang wiederkehrende Durchfeuchtungen auf. Die Holzflächen zeigen in den betroffenen Bereichen eine deutliche Vergrauung sowie ausgeprägte braun verfärbte Trocknungsränder (siehe Abb. 12.25 und 12.26). An Einzelstellen ist eine beginnende holzzerstörende Fäule erkennbar.

Bei einer Probeöffnung des Warmdachaufbaus über der Holzschalung zeigte sich eine intensive Durchnässung der Wärmedämmung, die im oberen Bereich der Dämmung stärker ausgeprägt ist als im unteren Bereich (siehe Abb. 12.27 und 12.28). Bei weiteren Öffnungen der Dachabdichtung wurden unterschiedliche Wassereintrittstellen festgestellt:

- an den Anschlüssen der bahnenförmigen Dachabdichtung
- an der Metalldeckung des Dachrandes
- an den Übergängen der Metallabdeckung zur Dachabdichtung

Ursachen

Die erheblichen Durchfeuchtungen an der Unterseite der Sichtholzschalung sind ursächlich auf konstruktive Mängel am Aufbau der Dachabdichtung, insbesondere der Abdichtungsanschlüsse an angrenzende Bauteile, sowie auf handwerkliche Fehler bei der Ausführung der Dachabdichtung und der Blecharbeiten zurückzuführen. Die Dachhaut weist Fehlstellen und Hinterläufigkeiten auf.

Die Ausbreitung der Schäden über weite Bereiche der Dachuntersicht und die Intensität des Schadensbildes lassen erkennen, dass ein wiederholter Wassereintritt in den Dachaufbau stattgefunden hat. Das von außen sichtbare Schadensbild steht damit im Gegensatz zu den vergleichsweise deutlich geringer ausgeprägten und weniger umfangreichen Feuchteschäden an der Dachuntersicht, die im Zusammenhang mit leckagebedingten Luftströmungen an Undichtigkeitsstellen in der luftabschließenden Gebäudehülle stehen (vgl. dazu Kapitel 12.6). In dem hier sowie dem in Kapitel 12.6 beschriebenen Schadensfall ist zudem die äußere Einwirkung auf die Konstruktion zu erkennen: Feuchtigkeit bzw. freies Wasser wird von den Holzbauteilen aufgenommen und im Wege des Kapillartransportes von der Einwirkungsstelle wegtransportiert. Die anschließende Verdunstung und Austrocknung des Holzes führt zu den sich abzeichnenden bräunlichen Trocknungsrändern im Holz. Die verbleibenden Feuchtespuren gehen im Fall der leckagebedingte Luftströmungen von den Konstruktionsfugen der Bauteile, im Fall der Dachundichtigkeit von dem Dachrand und von den Verbindungsstellen bzw. den Fehlstellen in der wasserbeanspruchten Dachhaut aus. Bei der Ursachenuntersuchung von Feuchteschäden sind zerstörende Eingriffe in die Bausubstanz häufig unvermeidbar, um Wasserwege innerhalb der Konstruktion und damit verbundene Hinweise auf mögliche Wassereintrittstellen feststellen zu können.

Als mögliche weitere Ursache von Durchfeuchtungen im Dachrandbereich ist insbesondere bei nicht oder nur gering wärmegedämmten Blecheindeckungen eine nächtliche Tauwasserbildung an der Blechunterseite in Betracht zu ziehen, die durch eine Wärmeabgabe im Wege einer langwelligen Strahlung an den atmosphärischen Halbraum ensteht. Die hiermit verbundene Feuchtigkeitseinwirkung hat bei unbehandelten Holzoberflächen ein vergleichbares Schadensbild zur Folge, ist jedoch erfahrungsgemäß mit einer weniger intensiven Ausprä-

Abb. 12.25: Dachüberstand mit Durchfeuchtungserscheinungen an der Untersicht

Abb. 12.26: Dachsichtschalung mit feuchtigkeitsbedingten Verfärbungen

Abb. 12.27: Probeöffnung zur Feststellung des Dachaufbaus

Abb. 12.28: Dachaufbau mit einer in der Wärmedämmung nach oben zunehmenden Durchnässung

gung verbunden als in Abb. 12.25 und 12.26 dargestellt.

Hinweise zur Schadensvermeidung

Dachabdichtungen unterliegen einer hohen thermischen Beanspruchung und sind für eine maximale Temperaturspanne von 100 K auszulegen. Die damit verbundenen Formänderungen, insbesondere der Metalle, müssen von den Bauteilen und den Verbindungen dauerhaft mit festen und verschieblichen Befestigungen schadensfrei aufgenommen werden. Bauteilverbindungen sowie Anschlüsse, die nicht dauerhaft wasserdicht hergestellt werden, müssen aus der Wasser führenden Ebene herausgehoben werden (z. B. nicht abgedichtete Falzverbindungen).

Maßnahmen und Kosten der Instandsetzung

Für die Instandsetzung der Schäden war im vorliegenden Fall eine Erneuerung des Dachaufbaus erforderlich.

Die Kosten hierfür waren einschließlich Nebenarbeiten für eine Dachfläche von ca. 60 m² mit 540,00 €/m² zuzüglich Mehrwertsteuer zu veranschlagen.

12.8 Ablösung einer Attikaabdeckung

Schadensbild

An der Attikaabdeckung einer größeren Wohnanlage löste sich bei starkem Wind ein Attikablech und fiel herunter.

Aufgrund des Sturmschadens wurde die Ausführung der Attikaverblechung (siehe Abb. 12.29) eingehend untersucht. Die Attikaverblechung ist selbsttragend ausgebildet. Das Deckblech der Attika ist auf 2 Einhängebleche gelegt und am unteren Rand sowohl an der Außenseite als auch an der Innenseite umgebördelt. Die Einhängebleche laufen über die gesamte Attikalänge durch. Der vertikale Überstand des Attikablechs beträgt an der Außenseite 15 cm, an der Innenseite 8 cm. Die Breite der Attika beträgt 45 cm.

Die Attika des Gebäudes besteht aus einer betonierten Randaufkantung, auf der eine Trennlage aufgebracht ist. Auf der Randaufkantung sind 2 längs zur Attika verlaufende Holzlatten mit verdübelten Schrauben befestigt. Der Abstand der Längslatten untereinander beträgt etwa 15 cm. Der Abstand der Befestigungsmittel beträgt etwa 1 m. Auf diesen Längslatten liegen Querlatten im Abstand von etwa 60 cm. Die Querlatten sind mit den Längslatten verschraubt. Auf den Querlatten ist ein äußeres und ein inneres Einhängeblech mit jeweils 2 Dachpappennägeln befestigt (siehe Abb. 12.30). Die beiden Einhängebleche bestehen aus einem Blech mit einer Dicke von 0,6 bis 0,7 mm. Das Deckblech wurde mit einer Blechstärke von 0,7 mm ausgeführt.

An einer Stelle sind die Dachpappstifte zur Befestigung des äußeren Einhängeblechs teilweise aus der Querlattung gezogen (siehe Abb. 12.31).

Ursachen

Das Abheben der Attikaverblechung bei starkem Wind ist auf eine unzureichende Befestigung der Einhängebleche auf der Unterkonstruktion zurückzuführen. Die verwendeten glatten Nägel sind als Befestigungsmittel nicht geeignet. Eine Befestigung mit Rillennägeln oder Schrauben fehlt. Des Weiteren ist der Abstand der Befestigungsmittel mit 60 cm zu groß gewählt. Der maximal zulässige Abstand beträgt 20 bis 30 cm. An einer Stelle wurden die glatten Nägel aufgrund der zu geringen Anzahl von Befestigungen bereits aus der Unterlage gezogen.

Gemäß den Klempnerfachregeln hat sich Anzahl und Abstand der einzelnen Befestigungsmittel einer Metalldeckung nach der Konstruktion, den örtlichen Verhältnissen und den Windsogkräften zu richten. Für Metalldeckungen sind hier Anforderungen an Mindestzahl und Abstände von Haften bzw. Befestigungspunkten angegeben. Demnach sind beispielsweise bei Gebäudehöhen zwischen 8 und 20 m im Dachrandbereich bei Scharenbreiten von 50 bis 60 cm 6 Hafte pro m^2 in einem maximalen Abstand von 33 cm erforderlich (vgl. Zentralverband Sanitär Heizung Klima, 2009).

Vorgaben für die Befestigungen von Attikablechen bzw. deren Einhängebleche sind in den Klempnerfachregeln nicht enthalten. Durchlaufende Einhängebleche werden üblicherweise – in Analogie zu den Klempnerfachregeln – in Abständen von nicht mehr als 33 cm befestigt. Eine häufig anzutreffende Befestigungsart ist die sog. Doppelreihe von Befestigungsmitteln, bei denen der Abstand der Befestigungsmittel einer Reihe etwa 20 bis 30 cm beträgt und die benachbarte Reihe versetzt angeordnet wird. Diese Art der Befestigung mit durchlaufenden Einhängeblechen setzt eine vollflächige Unterlage für die Einhängebleche voraus. Diese Unterlage wird üblicherweise durch die Anordnung von auf der Randaufkantung durchlaufenden Holzbohlen erreicht. Die Attikaabdeckung wird als nicht selbsttragende Abdeckung ausgeführt.

In den o. g. Fachregeln sind auch Anforderungen an das Material der Befestigungsmittel enthalten. Demnach dürfen als Befestigungsmittel gegen Abheben durch Windsogkräfte nur geraute Nägel, Rillennägel oder Senkkopfschrauben verwendet werden. Nägel mit glatten Schaften sind nicht zulässig (vgl. Zentralverband Sanitär Heizung Klima, 2009).

Hinweise zur Schadensvermeidung

Attikaverblechungen sind, insbesondere bei höheren Gebäuden, teils erheblichen Wind-

Abb. 12.29: Übersicht Attikaverblechung der Wohnanlage

Abb. 12.30: Unterkonstruktion der Attika mit Einhängeblechen und Holzlatten

Abb. 12.31: Die Dachpappstifte zur Befestigung des Einhängeblechs haben sich durch Windeinwirkung gelöst.

Abb. 12.32: Fachgerechte Unterkonstruktion mit durchlaufender Bohle

und Sogbeanspruchungen ausgesetzt. Anzahl und Abstand der Befestigungsmittel lassen sich meist nicht genau ermitteln. Um sicherzugehen, empfiehlt es sich daher, die Ausführung der Attikaverblechung als nicht selbsttragende Konstruktion auf vollflächiger Unterlage (siehe Abb. 12.32) mit Befestigungen nach den in den Klempnerfachregeln beschriebenen Abständen auszuführen. Konstruktive Hinweise zur Ausführung von Attikaverblechungen können ebenfalls den Klempnerfachregeln entnommen werden (vgl. Zentralverband Sanitär Heizung Klima, 2009).

Maßnahmen und Kosten der Instandsetzung

Zur Instandsetzung war eine vollständige Erneuerung der Attikaverblechung erforderlich; die Maßnahmen umfassten den Einbau einer durchlaufenden Holzunterlage, die fachgerechte Befestigung der Einhängebleche und die Verkleidung mit einem Attikablech.

Die Kosten hierfür beliefen sich wegen einer großen Anzahl von Versprüngen in der Attika im vorliegenden Fall auf ca. 150,00 €/m Attika zuzüglich Mehrwertsteuer.

12.9 Holzzerstörende Pilze im Dachaufbau

Schadensbild

Bei einem zu Wohnzwecken umgebauten mehrstöckigen Gebäude wurde im Dachgeschoss eine Vierzimmerwohnung erstellt. Die Dachkonstruktion besteht aus einem flachgeneigten Pultdach mit einer bituminösen Abdichtung. Im Zuge der Ausbauarbeiten wurde der Dachaufbau von unten mit Mineralfaserbahnen im Zwischensparrenbereich gedämmt. Unterhalb der Dämmung wurde vollflächig als dampfbremsende Schicht und Windsperre eine Polyethylenfolie (Dicke 0,3 mm) eingebaut. Auf der Raumseite wurde eine Gipskartonbekleidung auf Holzunterkonstruktion ausgeführt.

Nach Bezug der Wohnung wurden an mehreren Stellen bräunliche Verfärbungen im Decken-Wand-Anschluss festgestellt. Dies zeigt beispielhaft Abb. 12.33.

Nach örtlichem Entfernen der Gipskartondeckenverkleidung zeigte sich, dass an der Wand oberhalb der Gipskartonplatte bräunliche Wasserablaufspuren vorhanden sind (siehe Abb. 12.34). Weiterhin wurde hierbei festgestellt, dass der Anschluss der Kunststofffolie an die Wand lediglich über ein Einklemmen der Folie durch die Gipskartondeckenbekleidung ausgeführt worden war.

An einer anderen Öffnungsstelle zeigte sich, dass der Randanschluss der Kunststofffolie mit einer Dachlatte als Teil der Unterkonstruktion der Gipskartondecke fixiert, jedoch nicht verklebt ist. Bei weiteren Öffnungen wurden bräunliche Ablagerungen auf der Kunststofffolie festgestellt, die auf eine erfolgte Wasserbeaufschlagung von oben her hinweisen. Bei den im Monat August durchgeführten Untersuchungen ergaben sich keine Hinweise auf aktuell bestehende Feuchteeinwirkungen.

Bei der Überprüfung der tragenden Dachkonstruktion wurden umfangreiche und schwerwiegende Schädigungen in Form von Moderfäule, insbesondere im Auflagerbereich, sowie intensivem Pilzbefall festgestellt (siehe Abb. 12.35).

Der Randsparren und die aufliegende Schalung zeigen flächig einen weißen Besatz. Die Mineralfaserdämmung weist in mehreren Bereichen graue Verfärbungen auf.

Beim Rückbau des Dachaufbaus von außen wurden keine Hinweise auf Undichtigkeiten der Dachabdichtung festgestellt.

Ursachen

Die umfangreichen feuchtebedingten Holzzerstörungen sind auf den konvektiven Transport feuchtwarmer Innenluft in den Bereich jenseits der dampfbremsenden Kunststofffolie zurückzuführen. Der Randanschluss der Folie wurde nicht luftdicht ausgeführt.

Bei der vorliegenden Konstruktion eines nicht belüfteten Daches mit Dachabdichtung ist es zwingend erforderlich, eine ausreichend dichte Schicht unterhalb der Wärmedämmung auszuführen und diese an die umgebenden Wände dicht anzuschließen. Durch die Fehlstellen in den Wandanschlussbereichen war es möglich, dass feuchtwarme Innenluft in den Dachaufbau gelangte und der Wasserdampf dort bei Unterschreitung des Taupunkts kondensierte, abtropfte und sich auf der Kunststofffolie sammelte. Hierdurch sind die festgestellten Ablagerungen entstanden.

Nach der zum Zeitpunkt der Bauausführung gültigen DIN 4108-3:1981-08 „Wärmeschutz im Hochbau" kann auf einen Nachweis, dass kein schädlicher Tauwasseranfall infolge Dampfdiffusion auftritt, verzichtet werden, wenn bei nicht belüfteten Dächern – wie hier vorliegend – eine dampfbremsende Schicht mit einer diffusionsäquivalenten Luftschichtdicke s_d von größer als 100 m ausgeführt wird. Im vorliegenden Fall entspricht zwar die verwendete Kunststofffolie diesen Anforderungen, es ist jedoch für die Funktionsfähigkeit der Konstruktion zwingend erforderlich, dass diese auch dicht an die umgebenden Wände angeschlossen wird. Diese Forderung ist in DIN 4108-2:1981-08 „Wärmeschutz im Hochbau" hinsichtlich der Anforderung an die Fugendichtheit in der wärmeübertragenden Umfassungsfläche enthalten und liegt den derzeitigen Regeln der Technik in DIN 4108-7:2011-01 „Wärmeschutz und Energie-Einsparung in Gebäuden" zugrunde.

Abb. 12.33: Bräunliche Verfärbungen im Deckenanschlussbereich einer Außenwand

Abb. 12.34: Probeöffnung der Gipskartondeckenverkleidung im Anschluss an die Wand mit den braunen Ablaufspuren

Abb. 12.35: Eine Probeöffnung des Daches legt einen Befall durch einen holzzerstörenden Pilz frei.

Im Rahmen der durchgeführten Untersuchungen wurden keine Hinweise auf die zunächst angenommene Schadensursache, d. h. Undichtheiten der bituminösen Dachabdichtung festgestellt. Das Schadensbild zeigt, dass durch die Transportvorgänge (Diffusion) und insbesondere Konvektion (Luftströmung aufgrund von Temperatur- und Druckunterschieden innen/außen) größere Wassermengen in die Konstruktion eingetragen werden können, die hohe Holzfeuchtegehalte bewirken. Hierdurch konnte sich im vorliegenden Fall ein holzzerstörender Pilz bilden, bei dem es sich gemäß weiteren Untersuchungen um den weißen Porenschwamm handelt.

Hinweise zur Schadensvermeidung

Derartig schwerwiegende Schäden können nur durch die sorgfältige Ausbildung der dampf- und windsperrenden Schicht vermieden werden. Die Randanschlüsse müssen dabei geplant und handwerklich fachgerecht ausgeführt werden. Grundlage ist die DIN 4108-7:2011-01 „Wärmeschutz und Energie-Einsparung in Gebäuden", in der beispielhaft fachgerechte Lösungen beschrieben werden.

Maßnahmen und Kosten der Instandsetzung

Zur Schadensbeseitigung war es erforderlich, die befallenen Holzbauteile auszubauen. Zur Wiederherstellung des Dachaufbaus musste zunächst eine funktionsfähige Dampf- und Windsperre eingebaut werden. Dies erfolgte von oben her nach Entfernen der Dachabdichtung und des Dachaufbaus.

Die Kosten der Schadensbeseitigung lagen einschließlich Gerüstarbeiten (Stellen eines Treppenturms) mit den Gewerken Dachabdichtungsarbeiten sowie Zimmer- und Holzbauarbeiten für das 115 m^2 große Dach bei ca. 300,00 €/m^2 zuzüglich Mehrwertsteuer.

13 Schäden an Steildächern

Der Aufbau eines Steildaches kann in zwei grundsätzlichen Varianten erfolgen: als Kaltdach oder als Warmdach. Ein Kaltdach weist zwei Belüftungsebenen auf, eine unmittelbar unter der Dachdeckung und die zweite über der Wärmedämmung als Zwischensparrendämmung. Beim Kaltdach kann Tauwasser, das trotz Anordnung einer raumseitigen Dampfbremse in der Konstruktion anfällt, über die Belüftungsebene abgeführt werden. Warmdächer werden dagegen in der Regel als diffusionsoffene Konstruktionen lediglich mit einer Belüftungsebene unterhalb der Dachdeckung ausgebildet. Unterhalb der Dachdeckung wird eine diffusionsoffene Unterspannbahn oder Unterdeckbahn angeordnet, wobei eine Unterdeckbahn bei auf den Sparren ausgeführten Schalungen zum Einsatz kommt. Häufig wird ein Warmdach zusätzlich zur Zwischensparrendämmung auch mit einer Aufsparrendämmung ausgebildet.

In den letzten Jahren ist die Diskussion „Kaltdach oder Warmdach" in Fachkreisen intensiv geführt worden. Die Kritiker des Kaltdaches führen an, dass in die Belüftungsebene über der Wärmedämmung bei ungünstigen außenklimatischen Bedingungen auch Feuchtigkeit in erheblichen Mengen in den Dachaufbau eingetragen werden kann. Das geschieht z. B. an Frühjahrstagen nach kalten Nächten, an denen bereits durch die Sonneneinstrahlung erwärmte Luft in sonnenabgewandten Dachbereichen über die Belüftungsebene in den Dachaufbau eindringen kann. Wesentliche Schäden hierdurch sind jedoch nur vereinzelt beobachtet worden.

Beim Steildach mit einer Ziegel- oder Dachsteindeckung treten häufig Schäden im Traufbereich auf, wenn ein Anschluss der Unterspannbahn als zweite Entwässerungsebene des Daches an die Dachrinne nicht fachgerecht ausgeführt worden ist.

Weitere Schadensschwerpunkte stellen Metalldächer sowie die Unterseiten von Dachüberständen dar.

Bei Metalldeckungen und -abdeckungen müssen wegen der jahreszeitlich bedingt großen Temperaturunterschiede konstruktiv und handwerklich Möglichkeiten vorgesehen werden, um die auftretenden großen Längenänderungen schadensfrei aufnehmen zu können. Dass dies in der Praxis häufig nicht der Fall ist, zeigen die im Folgenden dargestellten Schadensbeispiele.

Weitere Schadensbeispiele an einem Metalldach beleuchten Korrosionsvorgänge infolge unzureichender Hinterlüftung und die Problematik von kapillaren Wassertransportvorgängen zwischen übereinander verlegten Blechen.

In den letzten Jahren sind an der Unterseite von Dachüberständen häufig Feuchteschäden und Schimmelpilzbefall aufgetreten. In drei Schadensbeispielen werden die Ursachen dargestellt, die zum einen in einer Auskühlung der Dachränder infolge Wärmeabstrahlung mit nachfolgender Tauwasserbildung und zum anderen in Luftströmungen aus dem Bauteilinneren liegen.

Zwei weitere Beiträge befassen sich mit Rissbildungen an einer Dachschrägenbekleidung aus Gipskarton infolge von Verformungen der Dachkonstruktion durch unvermeidliche hygrothermische Einflüsse sowie mit Rissen infolge eines konstruktiven Fehlers der Dachkonstruktion im Kniestockbereich.

13.1 Korrosionsschäden an einem Metalldach aus Titanzinkblech

Schadensbild

Die Dachkonstruktion eines mehrgeschossigen Wohngebäudes ist als Pultdach mit weniger als 20° Neigung ausgebildet. Die Wärmedämmung liegt in der Ebene der Dachsparren und ist an der Oberseite hinterlüftet. Der planmäßige Hinterlüftungsraum ist 2 cm hoch. Auf den Dachsparren sind eine Holzschalung, darauf eine Bitumenpappe, eine ca. 8 mm dicke Filzlage und die Metalldeckung aus Titanzinkblech ausgeführt.

Die Metalldeckung weist etwa 4 bis 5 Jahre nach Baufertigstellung Stellen mit einer flächigen Korrosion und freiliegender Blechunterlage auf (siehe Abb. 13.1). Damit verbunden sind umfangreiche Wassereintritte in das darunterliegende Wohngeschoss. Die Metalldeckung lässt in den schadhaften Bereichen einen Korrosionsprozess mit unterschiedlich weit fortgeschrittenen Stadien erkennen: Korrodierte Stellen zeichnen sich zunächst durch ein Aufbrechen der Bleche ab (siehe Abb. 13.2). Bei weiter anhaltender Korrosion entsteht ein punktueller Lochfraß mit ca. 1 bis 4 mm großen Löchern (siehe Abb. 13.3). Der fortschreitende Korrosionsprozess hat an der Blechunterseite die Entstehung blättriger, weißlicher Partikel von kristalliner und brüchiger Beschaffenheit zur Folge (siehe Abb. 13.4). Die fortschreitende Korrosion kommt erst mit der großflächigen Zerstörung des Bleches und Umwandlung in das Korrosionsprodukt Zinkhydroxid zum Erliegen (siehe Abb. 13.5).

Ursachen

Die flächige Korrosion der Metalldeckung ist auf Feuchtigkeit an der Unterseite der Bleche und eine dort fehlende Luftzirkulation zurückzuführen.

Zinkbleche bilden unter Bewitterung durch Reaktion des Zinks mit Luftfeuchte und Kohlendioxid aus der Luft eine Schutzschicht aus Zinkkarbonat aus, die im Allgemeinen gut korrosionsbeständig ist. Bei unzureichendem Luftzutritt wird dieser Prozess gestört und es kommt zur Bildung von wasserlöslichem Zinkhydroxid in weißlicher, kristalliner Form (sog. Weißrost). Dieses Korrosionsprodukt kann bei anhaltender Bewitterung ausgewaschen und abgetragen werden.

Die im vorliegenden Fall für das Blech verwendete Unterlage aus Filz hat zur Folge, dass Feuchtigkeit aus der Bildung von Tauwasser an der Blechunterseite in der Kontaktfläche zwischen Filz und Blech gehalten wird. Dies begünstigt ein dauerfeuchtes Milieu unter dem Blech als Voraussetzung für den sich anschließenden Korrosionsprozess. Auf die Problematik der regelmäßigen unterseitigen Feuchtigkeitseinwirkung ohne Luftzutritt wird in den zum Zeitpunkt der Beurteilung maßgeblichen Fachregeln für das Klempnerhandwerk hingewiesen (vgl. Zentralverband Sanitär Heizung Klima, 1998).

Für hinterlüftete Dachdeckungen aus Metall mit einer Dachneigung von 3° bis 20° ist der Hinterlüftungsraum unterhalb der Metalldeckung nach den o. g. Klempnerfachregeln mit einer Mindesthöhe des durchströmten Luftraumes von 10 cm auszuführen. Bei einer Unterschreitung dieser Anforderung ist eine ausreichende Belüftung an der Unterseite der Metalldeckung zur Vermeidung von Einwirkungen aus Temperaturverhältnissen und Feuchtigkeitseinflüssen nicht mehr sichergestellt.

Hinweise zur Schadensvermeidung

Metalldächer aus Zinkblech sollen unter Beachtung der Verlegeanweisungen der Hersteller auf einer luftdurchlässigen und kapillarbrechenden Unterlage verlegt werden. Diese Unterlage muss an ihrer Unterseite ebenfalls ausreichend hinterlüftet sein. Brettschalungen mit offenen Stoßfugen als Unterlage der Metalldeckung begünstigen im Vergleich mit großflächigen Schalungsplatten einen Luftzutritt zur Blechunterseite. Hinterlüftungsräume müssen auch unter Berücksichtigung baupraktischer Unzulänglichkeiten funktionssicher geplant und ausgeführt werden.

Abb. 13.1: Großflächige Korrosionsschäden in der Metalldachfläche

Abb. 13.2: Beginnende Korrosion mit Bruchstelle

Abb. 13.3: Anhaltende Korrosion mit punktuellem Lochfraß

Abb. 13.4: Fortgeschrittene Korrosion mit weiß-kristallinen Korrosionsprodukten an der Blechunterseite

Maßnahmen und Kosten der Instandsetzung

Für die Instandsetzung wurden im vorliegenden Fall eine geänderte Hinterlüftung der Dachkonstruktion mit zusätzlicher Aufbauhöhe einschließlich der Anpassung aller Dachrandanschlüsse sowie die Neuherstellung der Metalldachdeckung erforderlich.

Der Kostenaufwand hierfür war für ca. 160 m^2 Dachfläche mit ca. 175,00 €/m^2 zuzüglich Mehrwertsteuer anzusetzen.

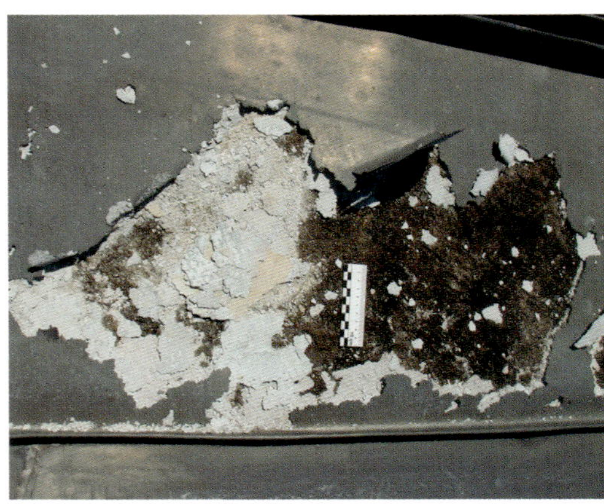

Abb. 13.5: Stark fortgeschrittene Korrosion mit großflächiger Zerstörung der Metalldeckung

13.2 Feuchteschäden an einer Dachschrägenbekleidung

Schadensbild

In der Dachgeschosswohnung eines mehrgeschossigen Wohnhauses, dessen oberen Abschluss ein mit Betondachsteinen gedecktes Satteldach bildet, sind an den tapezierten Wand-, Dachschrägen- und Deckenflächen bei den Anschlüssen zwischen Drempel und Dachschräge, zwischen Dachschräge und Decke sowie oberhalb und seitlich eines Dachflächenfensters Wasserflecken aufgetreten (siehe Abb. 13.6 und 13.7).

Der Dachaufbau besteht von innen nach außen aus Holzwerkstoffplatten, Dampfbremse (Polyethylenfolie), Wärmedämmung aus ca. 120 mm dicken Mineralwollematten, Unterspannbahn, Dachlatten und Betondachsteindeckung.

Die Dachlatten sind ohne Konterlattung unmittelbar auf den Sparren befestigt und liegen dicht auf der ohne Durchhang verlegten Unterspannung auf. Vor den Dachlatten haben sich Schmutzablagerungen gebildet.

Die Unterspannbahn ist nicht an die Dachflächenfenster angeschlossen (siehe Abb. 13.8). Dort kann Niederschlagswasser, das durch Schlagregen, Flugschnee oder Schmelzwasser unter die Dachdeckung gelangt, in die Dachkonstruktion eindringen. Hierauf weisen auch die Wasserflecken an der Ober- und Unterseite der raumseitigen Bekleidung aus Holzwerkstoffplatten hin. Zudem sind die Eindeckrahmen der Dachflächenfenster durch Laubansammlungen verschmutzt, wodurch die Wasserableitung behindert wird.

Die Dampfbremse ist nicht an den Drempel angeschlossen, beim seitlichen Anschluss der Dachfläche an die Dachflächenfenster fehlt sie gar vollständig (siehe Abb. 13.9).

Ursachen

Die feuchtebedingten Verfärbungen an der Dachschrägenbekleidung sind die Folge fehlerhaft ausgeführter Anschlüsse der Unterspannung und Dampfbremse an angrenzende Bauteile und Durchdringungen.

Von außen kann das unter die Dachdeckung gelangte Niederschlagswasser über die undichten Anschlüsse der Unterspannung in die Dachkonstruktion eindringen.

Von der Raumseite werden in der Heizperiode zusätzlich über die teilflächig fehlende und nicht luftdicht angeschlossene Dampfbremse durch Konvektion und Diffusion unzulässig große Wasserdampfmengen in die Konstruktion eingetragen. Bei kalten Außentemperaturen kondensiert der Wasserdampf an der Unterseite der Unterspannung und es entsteht schädliches Tauwasser in der Dachkonstruktion.

Die Unterkonstruktion der Dachdeckung wurde ohne Konterlattung ausgeführt. Da zudem die Unterspannbahn zwischen den Sparren ohne Durchhang verlegt wurde, wirkt sich das Fehlen der Konterlattung sowohl nachteilig auf die Wasserableitung als auch auf die Hinterlüftung der Dachdeckung aus.

Hinweise zur Schadensvermeidung

Luftdichtheitsschichten, Dampfsperren und Unterspannungen müssen entsprechend dem „Merkblatt Einbauteile bei Dachdeckungen" fachgerecht angeschlossen werden (vgl. Zentralverband des Deutschen Dachdeckenhandwerks, 2013).

Da durch Konvektion über undichte Anschlüsse unzulässig große Wasserdampfmengen in die Dachkonstruktion eingetragen werden, ist es zur Vermeidung tauwasserbedingter Schäden von großer Wichtigkeit, dass Dampfbremsen entsprechend den anerkannten Regeln der Technik unter Anwendung einer besonderen planerischen und handwerklichen Sorgfalt dauerhaft luftdicht an angrenzende Bauteile und Durchdringungen angeschlossen werden. Planungsempfehlungen und Beispiele für fachgerecht ausgeführte Anschlüsse finden sich als Prinzipskizzen in DIN 4108-7:2011-01 „Wärmeschutz und Energie-Einsparung in Gebäuden".

Aus Gründen der Schadensprävention wird dringend empfohlen, vor dem Anbringen der raumseitigen Bekleidung eine Überprüfung der Anschlüsse vorzunehmen, z. B. in Form einer Zwischenabnahme.

Abb. 13.6: Feuchteflecken an der Bekleidung des Drempels

Abb. 13.7: Feuchteflecken an der Dachschrägenbekleidung unterhalb eines Dachflächenfensters

Abb. 13.8: Die Unterspannbahn ist nicht an das Dachflächenfenster angeschlossen.

Abb. 13.9: Beim Anschluss an das Dachflächenfenster fehlt die Dampfbremse.

Unterspannungen müssen an Dachflächenfenstern hochgeführt und befestigt werden. Der firstseitige Anschluss soll darüber hinaus als schräg verlaufende Rinne ausgebildet werden, damit das oberhalb des Dachflächenfensters auf der Unterspannung ablaufende Wasser zu den Seiten abgeleitet werden kann.

Maßnahmen und Kosten der Instandsetzung

Zur dauerhaften Beseitigung der Feuchtigkeitsschäden in der Dachgeschosswohnung mussten die fehlerhaft ausgeführten Anschlüsse der Unterspannbahn und der Dampfbremse fachgerecht nachgebessert werden. Für die Nachbesserung der Dampfbremse musste die Dachschrägenbekleidung entfernt und anschließend neu hergestellt werden.

Um eine ordnungsgemäße Wasserableitung und Hinterlüftung der Dachdeckung sicherzustellen, war es zudem erforderlich, eine Konterlattung einzubauen. Diese Maßnahme erstreckte sich auf beide Dachhälften. Die aufgenommenen Betondachsteine konnten zur Eindeckung wiederverwendet werden.

Im vorliegenden Fall waren Instandsetzungskosten von etwa 21.500,00 € zuzüglich Mehrwertsteuer zu erwarten. Bei einer Dachfläche von 290 m^2 ergeben sich Kosten von etwa 74,00 €/m^2 zuzüglich Mehrwertsteuer.

13.3 Feuchteschäden an einer Dachuntersichtbekleidung

Schadensbild

Bei einem mehrgeschossigen Wohngebäude ist das Dachgeschoss über 2 Ebenen zu Wohnzwecken ausgebaut. Die Dacheindeckung ist als Metalldach ausgeführt. Die Dachuntersichtbekleidung auf der Raumseite besteht aus der Wärmedämmung, der Luftdichtheitsschicht und einer Bekleidung aus Gipskartonplatten.

Mit einem zeitlichen Abstand von ca. 5 bis 6 Jahren nach Baufertigstellung sind an der Dachuntersichtbekleidung bräunliche Verfärbungen mit einer lokal begrenzten Ausdehnung aufgetreten (siehe Abb. 13.10). In Bezug auf das Schadensbild konnte eine langsame Ausweitung über einen Zeitraum von ca. 2 Jahren, jedoch ohne erkennbaren Zusammenhang mit einem äußeren Ereignis, beobachtet werden.

Nach dem Öffnen der Gipsplattenbekleidung an der Dachuntersicht wurde festgestellt, dass sich außen auf der Luftdichtheitsschicht großflächig Wasser in einer Menge von ca. 2 bis 5 Litern angesammelt hat (siehe Abb. 13.11). Eine weitergehende Bauteilöffnung ergab, dass der gesamte Dachaufbau bis zur Metalldeckung im Bereich der über Dach geführten Abluftleitungen der innen liegenden Bäder und WCs durchfeuchtet oder gar durchnässt ist (siehe Abb. 13.12).

Bei der anschließenden Öffnung der Metalldeckung und dem Abnehmen der Lüfterhüte, die die über Dach geführten Abluftleitungen gegen das Eindringen von Niederschlagswasser schützen, waren umfangreiche Spuren freien Wassers auf der Innenseite der Lüfterhüte und im Bereich der Leitungsdurchführungen über Dach festzustellen (siehe Abb. 13.13 und Abb. 13.14).

Ursachen

Die Feuchtigkeitsansammlungen innerhalb des Dachaufbaus resultieren aus Tauwasser, das im Mündungsbereich der Abluftleitungen über Dach innerhalb des Lüfterhutes auf dem oberen Leitungsabschluss entsteht und an der Innenseite der Wandung des Lüfterhutes bzw. an der Außenseite der Wandung der Abluftleitung in den Dachaufbau zurückläuft.

Die über Dach geführte Abluft aus den Innenräumen enthält Luftfeuchte. Diese kondensiert bei entsprechend niedrigen Außenlufttemperaturen beim Austritt über Dach. Das anfallende Tauwasser schlägt sich an der inneren und äußeren Oberfläche der Abluftleitung nieder, ebenso auf der Innenseite des Lüfterhutes, der die Abluftleitung über Dach gegen Witterungseinflüsse schützen soll. Zur Vermeidung einer tauwasserbedingten Durchfeuchtung der Dachkonstruktion muss die Dachdurchdringung im Bereich der Rohrdurchführung durch einen wasserdichten Anschluss an die Metalldeckung geschlossen werden. Zusätzlich muss der Lüfterhut eine Entwässerungsmöglichkeit für das Tauwasser haben. Im vorliegenden Fall war der Lüfterhut ohne Entwässerungsmöglichkeit wasserdicht auf der äußeren Dachhaut angeschlossen. Die Dachdurchführung der Abluftleitung innerhalb des Lüfterhutes war nicht an die Metalldeckung angeschlossen. Das im Inneren des Lüfterhutes anfallende Tauwasser konnte sich deshalb auf der Dachhaut innerhalb des Lüfterhutes sammeln und über den fehlenden wasserdichten Anschluss der Dachhaut an die Abluftleitung in den Dachaufbau zurücklaufen.

Hinweise zur Schadensvermeidung

Durchdringungsstellen an über Dach geführten Leitungen sollen in allen Ebenen jeweils dicht an die Leitung angeschlossen werden. Mit einer zusätzlichen Wärmedämmung in dem über Dach geführten Teil der Abluftleitung kann das Risiko einer Tauwasserbildung weiter minimiert werden. Die Leitung selbst soll so gestaltet werden, dass anfallendes Tauwasser nicht zurücklaufen kann, sondern auf die Dachdeckung entwässert wird. Der über Dach geführte Teil der Abluftleitung muss konstruktiv so gestaltet sein, dass eine Tauwasserbildung innerhalb und außerhalb der Abluftleitung in deren Mündungsbereich für die umgebenden Bauteile dauerhaft schadensfrei auftreten und ins Freie abgeführt werden kann.

Maßnahmen und Kosten der Instandsetzung

Im vorliegenden Fall wurde die Konstruktion des Lüfterhutes nachträglich mit einer Entwässerungsöffnung am Anschluss an die Metall-

Abb. 13.10: Feuchtigkeitsbedingte Verfärbungen an der Dachuntersichtbekleidung

Abb. 13.11: Wasseransammlungen auf der Luftdichtheitsschicht

Abb. 13.12: Durchfeuchtungen des Dachaufbaus im Bereich einer über Dach geführten Abluftleitung

Abb. 13.13: Metalldeckung mit aufgelöteten Lüfterhüten über der Mündung der Abluftleitung

deckung so abgeändert, dass anfallendes Kondensat ungehindert auf der Dachhaut ablaufen kann. Die Durchdringungsstellen der Abluftleitungen wurden zudem mit einer manschettenförmigen Hochführung der Dachhaut wasserdicht ausgebildet. Die Kosten hierfür wurden für einen Lüfterhut mit ca. 300,00 € zuzüglich Mehrwertsteuer veranschlagt. Hinzu kommen im vorliegenden Fall die Aufwendungen für die Beseitigung der Feuchteschäden im Innenbereich, die ein Vielfaches der für den Außenbereich erforderlichen Kosten betragen.

Abb. 13.14: Feuchtespuren auf der Innenseite des Lüfterhutes und im Bereich der Dachdurchdringung einer Abluftleitung

13.4 Feuchteschäden am Traufabschluss eines Metalldaches

Schadensbild

Bei einem Wohngebäude mit einem flach geneigten Pultdach, das als hinterlüftetes Dach mit einer Metalldeckung ausgeführt wurde, traten ca. 5 Jahre nach der Bauausführung bräunliche Wasserablaufspuren auf der Fassadenfläche ausgehend von der traufseitigen Dachuntersicht auf (siehe Abb. 13.15).

Die Dachkonstruktion besteht aus einer Balkenlage mit Zwischensparrendämmung und einer großflächigen Schalung aus Holzwerkstoffplatten darüber. Zwischen der Wärmedämmung und der Schalung ist ein Hinterlüftungsraum ausgebildet. Auf der Schalung sind eine kapillarbrechende strukturierte Trennlage und eine Aluminiumdeckung verlegt. Die Dachdeckung entwässert am unteren Dachrand über ein Traufblech in eine vorgehängte Entwässerungsrinne.

Bei Öffnung der Dachdeckung an der Traufe zeigte sich eine starke Durchnässung der Holzwerkstoffplatten unter der Metalldeckung auf einer Breite von ca. 30 cm entlang des traufseitigen Dachrandes. Die Unterseite der Metalldeckung weist in der Kontaktfläche zu der Oberseite des Traufbleches hellgraue Abtrocknungsspuren von Feuchtigkeit auf. In dem weiteren Bereich oberhalb des Traufbleches ist die Unterseite der Dachdeckung walzblank ohne entsprechende Abzeichnungen (siehe 13.16).

Ursachen

Die Wasserspuren auf der Fassade resultieren aus Niederschlagswasser, das über die Falzverbindungen am unteren Dachrand kapillar aufgenommen wird, sowie aus Tauwasser, das sich aus der Umgebungsluft an der Unterseite der Metalldeckung bildet und dann von der durchfeuchteten Dachuntersicht abtropft.

Niederschlagswasser, das auf der Blecheindeckung abläuft, bleibt an der Unterseite der geschlossenen Scharrückkantung (siehe Abb. 13.17, Ziffer 1) als Tropfen hängen und wird im Wege des Kapillartransportes zwischen den beiden aufeinanderliegenden Blechen aufgenommen und unter die Eindeckung transportiert (siehe Abb. 13.17, Ziffer 2). Die auf dem Traufblech lose aufliegende Trennlage ermöglicht in der Kontaktschicht zu dem Traufblech (siehe Abb. 13.17, Ziffer 3) einen Weitertransport des eingedrungenen Wassers im Wege des kapillaren Saugens. Der obere Rand des Traufbleches bildet einen für den Kapillartransport durchgängigen Übergang zu der ebenfalls saugfähigen OSB-Platte (siehe Abb. 13.17). Die abgetrockneten Wasserränder an der Oberseite des Traufstreifens lassen erkennen, dass ein wiederholter kapillarer Wassertransport in erheblichem Umfang stattgefunden hat (siehe Abb. 13.18).

Die Metalldeckung unterliegt einer nächtlichen Wärmeabstrahlung. Aufgrund des geringen Wärmespeichervermögens kühlt der Dachrand stark ab, auch bis unter die Umgebungstemperatur. Die Temperaturdifferenzen zwischen der Außenluft bzw. dem Blech und der Luft unterhalb der Metalldeckung haben eine zeitweise Tauwasserbildung zur Folge. In Jahreszeiten mit feuchtkalter Witterung trocknen die durchfeuchteten Bauteile nicht mehr ausreichend schnell aus, sodass es zu einer andauernden Feuchteerhöhung kommt.

Eine direkte Hinterlüftung der Blecheindeckung ist aufgrund der geschlossen verlegten Schalungsplatten nicht vorhanden. Feuchtigkeit kann deshalb aus dem Bereich zwischen Schalung und Blechunterseite nur zeitverzögert abtrocknen.

Hinweise zur Schadensvermeidung

Bei der handwerklichen Ausführung des Traufabschlusses ist darauf zu achten, dass der in den Kontaktflächen mögliche kapillare Wassertransport unterbrochen wird. Eine kapillarbrechende Wirkung kann erzielt werden mit

- einem offenen Falz an der Scharrückkantung (siehe Abb. 13.19, Ziffer 1),
- einem abknickenden Traufblech zur Verbesserung des Ablaufverhaltens (siehe Abb. 13.19, Ziffer 2),
- einer Verklebung der strukturierten Trennlage auf dem Traufblech (siehe Abb. 13.19, Ziffer 3),

Abb. 13.15: Wasserablaufspuren ausgehend von der Dachuntersicht an der Traufe

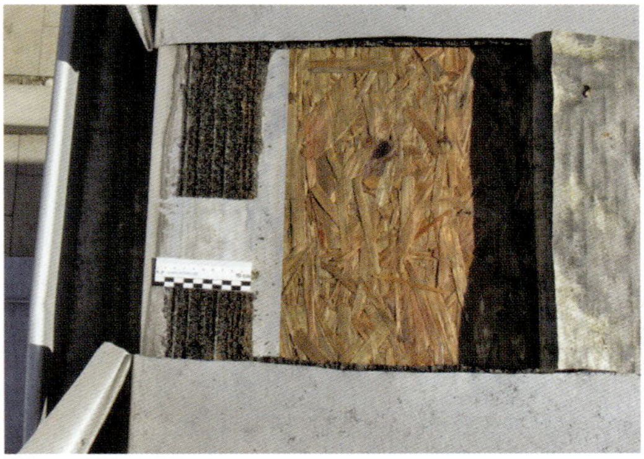

Abb. 13.16: Durchnässte Unterlage der Metalldeckung; hellgraue Ablagerungen auf dem Traufblech

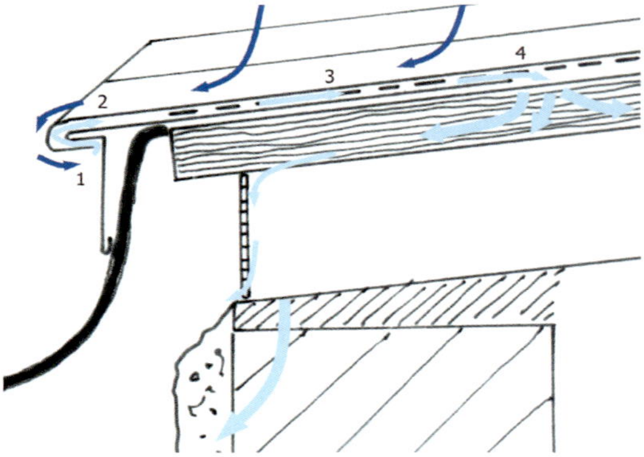

Abb. 13.17: Wassertransport im Dachrandbereich

Abb. 13.18: Abgetrocknete Wasserränder auf der Oberseite des Traufblechs

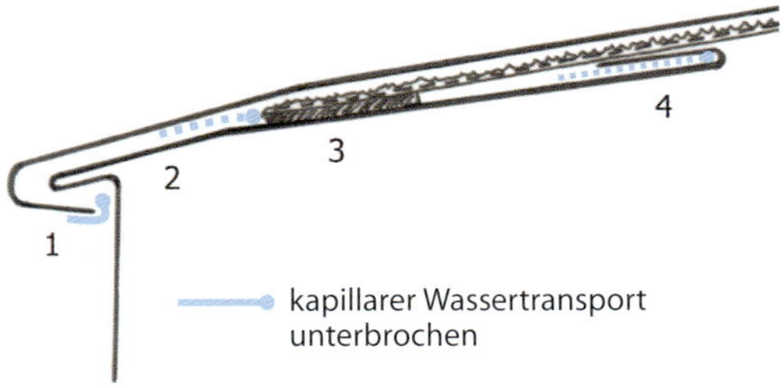

Abb. 13.19: Vorschlag zur Vermeidung kapillarer Wassereintritte

- dem Anlegen eines Wasserfalzes am oberen Rand des Traufbleches (siehe Abb. 13.14, Ziffer 4).

In den Fachregeln des Klempnerhandwerks werden für Querverbindungen in der Wasser führenden Ebene Zusatzmaßnahmen zur Sicherstellung der Dichtigkeit vorgegeben. Einfache Überlappungen bei Kehlen (ohne Falzausbildung) müssen mit angebördelten Blechrändern ausgeführt werden, um die Kapillarwirkung zwischen aufeinanderliegenden Blechen zu unterbrechen (vgl. Zentralverband Sanitär Heizung Klima, 2009).

Maßnahmen und Kosten der Instandsetzung

Für die Instandsetzung muss die Ausführung des Traufbleches geändert werden. Zudem sind ein verlängerter traufseitiger Dachüberstand und eine Hinterlüftung der Blechunterseite, z. B. über eine auf Abstand verlegte Brettschalung im Dachrandbereich, sinnvoll.

Die Kosten hierfür waren im vorliegenden Fall für ca. 12 lfm Dachrand mit ca. 460,00 €/lfm zuzüglich Mehrwertsteuer zu veranschlagen.

13.5 Feuchteschäden an der Untersicht eines Pultfirstüberstandes

Schadensbild

An dem firstseitigen Überstand des Pultdaches eines Wohnhauses sind einige Jahre nach der Bauausführung Durchfeuchtungsspuren, eine im Randbereich zunehmende Vergrauung der Holzoberfläche und ein beginnender mikrobieller Befall sichtbar. Die Dachkonstruktion besteht im Bereich des ungedämmten Dachüberstandes aus einer Holzmehrschichtplatte als Unterlage für eine Metalldeckung. Die Untersicht ist nicht farbbeschichtet (siehe Abb. 13.20). Feuchtigkeitsspuren finden sich insbesondere auch innerhalb der Untersichtfläche ohne sichtbaren Zusammenhang mit den Verfärbungen in den Randbereichen (siehe Abb. 13.21).

In einem zweiten Fall eines offenen Unterstandes mit einem flach geneigten Dach und einer Metalldeckung auf einer Holzmehrschichtplatte sind an der nicht farbbeschichteten Dachuntersicht im Bereich des Dachrandes ebenfalls Spuren abgetrockneter Feuchtigkeit aufgetreten, teilweise in Verbindung mit einer Vergrauung des Holzes (siehe Abb. 13.22).

Auch in einem dritten Fall eines einfachen Holzschuppens mit einer Metalldeckung auf einer Unterlage aus Holz sind an der unbehandelten Untersicht des überstehenden Dachrandes Holzverfärbungen sichtbar, die eine wiederholte Durchfeuchtung der Holzunterlage unter der Eindeckung erkennen lassen (siehe Abb. 13.23 und 13.24).

Ursachen

Die an der Dachuntersicht auftretenden Durchfeuchtungen sind im Wesentlichen Folge einer Tauwasserbildung an der Unterseite der Metalldeckung und an der Untersicht der Holzschalung.

An der Oberseite der Dachfläche findet in kühlen Nächten eine Wärme-Energieabstrahlung der Bauteile in den atmosphärischen Halbraum statt und in der Folge sinkt die Bauteiltemperatur unter die Umgebungstemperatur ab, was wiederum eine Tauwasserbildung an den Bauteiloberflächen ermöglicht. Tritt nach einer nächtlichen Abkühlung eine nachfolgende morgendliche Erwärmung infolge Sonnenbestrahlung auf, so sind insbesondere metallische Bauteile und Bauteile aus Glas wegen ihres geringen Wärmespeichervermögens relativ kälter als die umgebende Luft. Dieser Effekt verstärkt die Tauwasserbildung. Für die in der Außenluft in Abhängigkeit von der Jahreszeit vorhandene durchschnittliche Wasserdampfmenge lässt sich eine zugehörige Taupunkttemperatur ermitteln. Sinkt die Außenlufttemperatur unter diese Taupunkttemperatur ab, tritt Tauwasser im Außenbereich auf. Bei geschlossenporigen Außenflächen ohne Möglichkeit der Wasseraufnahme verbleibt das Tauwasser in Tropfenform auf der Bauteiloberfläche.

Saugfähige Oberflächen, insbesondere nicht beschichtete Holzbauteile, nehmen Tauwasser kapillar auf und geben es zeitverzögert im Wege der Verdunstung wieder ab. Die damit verbundenen Transportvorgänge im Holz führen zu bräunlichen Abzeichnungen in den Verdunstungsbereichen. Bei anhaltender Befeuchtung können die Wachstumsvoraussetzungen für einen mikrobiellen Befall erreicht sein.

Die genauen Ursachen sind zu unterscheiden von Undichtigkeiten der Dachdeckung, die im Einzelfall ein ähnliches Erscheinungsbild aufweisen können.

Hinweise zur Schadensvermeidung

Die Gefahr der Tauwasserbildung sinkt bei Baustoffen mit zunehmendem Wärmespeichervermögen. Dachsteine zeigen diesbezüglich ein günstigeres Verhalten als Metalldeckungen. Ungedämmte Dachränder können mit einer Mindestdämmung hinsichtlich der Betauung verbessert werden. An der Dachunterseite sind Holzbaustoffe mit Zusätzen bestimmter Leime, Klebstoffe usw. mitunter anfälliger für einen mikrobiellen Befall als Vollholzschalungen. Auf Abstand verlegte Brettschalungen zeigen zudem ein besseres Austrocknungsverhalten als großflächige, geschlossene Schalungen aus Plattenwerkstoffen.

Abb. 13.20: Pultfirstüberstand mit Durchfeuchtungen an der Dachunterseite

Abb. 13.21: Feuchtespuren in der Untersichtfläche

Abb. 13.22: Offener Unterstand mit Durchfeuchtungsspuren an der Untersicht des Dachüberstandes

Abb. 13.23: Holzschuppen mit Metalldeckung auf einer Holzunterlage

Maßnahmen und Kosten der Instandsetzung

Für die Instandsetzung der Feuchteschäden an der Dachuntersicht ist der Einbau einer Mindestdämmung im Bereich des Dachüberstandes vorzusehen. Schadhafte Holzbauteile sind ggf. zu erneuern.

Die Kosten hierfür waren in einem der Beispiele (siehe Abb. 13.20) mit ca. 330,00 €/m² zuzüglich Mehrwertsteuer zu veranschlagen.

Abb. 13.24: Abgetrocknete Feuchtespuren an der Dachuntersicht (Detail zu Abb. 13.23)

13.6 Schimmelpilzbefall (lokal) an der Untersicht eines Dachüberstandes

Schadensbild

Bei einer mit gegeneinander versetzt angeordneten Pultdächern im Jahr 2000 errichteten Doppelhaushälfte sind Schwarzverfärbungen an den Unterseiten der Dachüberstände aufgetreten.

Die Dachkonstruktion ist mit Steildachelementen ausgeführt, die aus verleimten mehrteiligen Holzträgern (I-Querschnitt) bestehen. Zwischen diesen Elementen wird eine Wärmedämmung aus expandiertem Polystyrol-Hartschaum mit ober- und unterseitig angeordneten Spanplattendeckschichten eingeschoben. Dabei ist jeweils ein profilierter Träger mit einem Dämmelement bereits vorgefertigt. Vor Ort werden die Elemente dann zusammengebaut.

Die Steildachelemente sind im First- und Traufbereich jeweils über die Gebäudeaußenwand hinausgeführt und bilden so den Dachüberstand (siehe Abb. 13.25).

Seitlich der Sparren – örtlich auch in den Feldern zwischen den Sparren – zeigen sich an der Dachuntersicht schwarze Verfärbungen, ausgehend vom Anschluss des Wärmedämm-Verbundsystems der Außenwand an die Dachelemente (siehe Abb. 13.26). Die Verfärbungen weisen jeweils einen lang gestreckten Verlauf auf. Augenscheinlich handelt es sich um schwarze Schimmelpilze. Beim traufseitigen Dachüberstand zeigt sich ein gleichartiges Schadensbild.

Zur Klärung der Schadensursache wurde eine sog. Blower-Door-Prüfung vorgenommen. Dabei wurde im Gebäude ein Unterdruck von 50 Pa erzeugt, was in etwa einer Windbeanspruchung der Windstärke 5 Beaufort entspricht. Bei dieser Druckdifferenz können messtechnisch mithilfe eines Thermoanemometers Luftströmungen von außen ins Gebäude nachgewiesen werden. Zweck der Untersuchung ist das Auffinden und Quantifizieren von Undichtheiten im Bereich des Daches. Auf Grundlage der Messergebnisse wurde eine örtlich zerstörende Probeöffnung angelegt. Vor die gemauerte Außenwand ist oben im Anschluss des Dachelements eine Gipskartonplatte vorgeblendet. Die Anschlussfuge zwischen Gipskartonplatte und Dachunterseite ist mit einer Holzleiste abgedeckt. Diese ist an der Oberseite lückenhaft mit einem Dichtstoff abgefugt worden. Die seitliche Anschlussfuge zwischen Holzleiste und Sparren ist offen.

Zwischen Gipskartonplatte und Dachuntersicht ist ebenfalls ein offener Anschluss vorhanden. In dem Spalt wurden im Eckbereich hohe Luftgeschwindigkeiten bis 3,0 m/s gemessen. Danach wurde die Gipskartonplatte im Eckbereich entfernt (siehe Abb. 13.27).

In der freigelegten Fläche ist unten die verputzte Außenwand und oben eine Pfette sichtbar. Im Anschluss der Pfette an das Steildachelement sind keine abdichtenden Maßnahmen vorhanden. Gleiches gilt für den Anschluss an die nördliche Wand. Undichtigkeiten sind aufgrund von Lichteinfall von außen nach innen sichtbar.

Im Bereich des Dachüberstandes wurden orientierende Vergleichsmessungen der Materialfeuchte des Holzes durchgeführt. Dabei ergab sich an der Unterseite des Trägers ein Feuchtegehalt von 13 Masse-%, im Spalt über dem unteren Flansch des Trägers dagegen ein Feuchtegehalt bis 24 Masse-%.

Ursachen

Die Ursache des Schimmelpilzbefalls im Bereich der Dachüberstände sind Undichtheiten am Anschluss der Dachelemente an die Gebäudeaußenwände. Über die offenen Anschlussfugen kann feuchtwarme Innenluft nach außen strömen. Durch Tauwasserausfall infolge von Wasserdampfkondensation ist an der Unterseite des Dachüberstands Schimmelpilzbefall entstanden.

Nach der zum Zeitpunkt der Fertigstellung des Gebäudes gültigen DIN 4108-2:1981-08 „Wärmeschutz im Hochbau“ müssen Fugen in der wärmeübertragenden Umfassungsfläche der Gebäude, insbesondere auch bei durchgehenden Fugen zwischen Fertigteilen, dauerhaft und luftundurchlässig abgedichtet werden. Dies erfolgte im vorliegenden Fall nicht. Hierdurch wurde der aufgetretene Schaden verursacht.

Auch in den gesetzlichen Regelungen der zum Zeitpunkt der Bauausführung geltenden Wär-

Abb. 13.25: Firstseitiger Dachüberstand, gebildet durch Steildachelemente

Abb. 13.26: Firstseitiger Dachüberstand mit schwarzer Verfärbung (Schimmelpilzbefall)

Abb. 13.27: Probeöffnung; Zustand nach dem Entfernen der Gipskartonwandbekleidung mit offenem Anschluss zum Dachelement

meschutzverordnung 1995 und in den Verlegerichtlinien des Dachelementeherstellers sind Anforderungen zur luftundurchlässigen Abdichtung von Fugen enthalten.

Hinweise zur Schadensvermeidung

Nach den derzeit bestehenden Regeln der Technik ist u. a. DIN 4108-7:2011-01 „Wärmeschutz und Energie-Einsparung an Gebäuden“ für die Planung und Ausführung luftdichter Anschlüsse maßgeblich. Es ist zu empfehlen, zur Qualitätskontrolle vor Ausführung des Innenausbaus eine Blower-Door-Untersuchung durchzuführen, um etwaige Leckstellen auffinden und beseitigen zu können.

Maßnahmen und Kosten der Instandsetzung

Zur Schadensbeseitigung war es erforderlich, die bestehenden mangelhaften Anschlüsse von innen her freizulegen, abzudichten und die Anschlussbereiche wieder zu verputzen bzw. zu verblenden. Abschließend waren Malerarbeiten durchzuführen. Auf der Außenseite waren die Untersichten der Dachüberstände, d. h. die Unterseiten der Steildachelemente, malermäßig zu überarbeiten.

Die Kosten für die Durchführung dieser Maßnahmen beliefen sich auf 140,00 €/m bei einer Gesamtlänge von 52 m.

13.7 Schimmelpilzbefall (flächig) an der Untersicht eines Dachüberstandes

Schadensbild

An den Unterseiten der Dachüberstände einer aus 4 einzelnen Häusern bestehenden Eigentumswohnanlage sind bereits kurze Zeit nach Fertigstellung schwarze Verfärbungen durch Schimmelpilzbefall aufgetreten (siehe Abb. 13.28 und 13.29). Abweichend von der Baubeschreibung, nach der die Dachüberstände eine Profilholzbekleidung aus Fichtenholz oder gleichwertig hätten erhalten sollen, sind ca. 18 mm dicke, unterseitig weiß gestrichene Baufurniersperrholzplatten (BFU-Platten) eingebaut worden.

Nach Auftreten der Schäden haben die Untersichten der Dachüberstände bei 2 Häusern einen neuen Anstrich erhalten. Kurze Zeit später zeigt sich jedoch erneut Schimmelpilzbefall an den Unterseiten (siehe Abb. 13.30 und 13.31).

Ursachen

Der Schimmelpilzbefall an den Unterseiten der Dachüberstände wurde durch die Verwendung von Baufurniersperrholzplatten (BFU-Platten) wesentlich begünstigt.

BFU-Platten weisen materialbedingt ein deutlich erhöhtes Risiko von Schimmelpilzbefall auf. Sie sind kein gleichwertiger Ersatz für eine Profil-Vollholzschalung, da diese deutlich weniger anfällig für Schimmelpilzbefall ist.

Schimmelpilzbefall an Dachüberständen stellt ein seit vielen Jahren bekanntes Problem dar. Überwiegend sind Holzwerkstoffplatten hiervon betroffen.

Mit Bezug auf die Ergebnisse einer Forschungsarbeit (vgl. bauart Konstruktions GmbH, 2003) mit der Zielsetzung, die tatsächlichen Schadensursachen für den Schimmelpilzbefall an Dachüberständen und an Holzkonstruktionen so exakt wie möglich zu bestimmen, muss die Verwendung von BFU-Platten für die unterseitige Bekleidung von Dachüberständen wegen des materialbedingt erhöhten Risikos von Schimmelpilzbefall aus den folgenden Gründen als problematisch eingestuft werden:

In klaren Nächten geben Oberflächen Wärme durch Abstrahlung ab. Dadurch kann der in der Regel nicht mit einer Wärmedämmung versehene Dachrand so stark auskühlen, dass die Oberflächentemperatur an der Unterseite des Dachüberstands unter die Außenlufttemperatur absinkt. Dieser Effekt bewirkt eine Erhöhung der relativen Feuchte in unmittelbarer Nähe zur Bauteiloberfläche bis hin zum Ausfall von Oberflächentauwasser. Herstellungsbedingte Mikrorisse im Deckfurnier der BFU-Platten bewirken eine erhöhte Hygroskopizität, wodurch das Einwandern von Feuchtigkeit in die Deckfurnierschicht begünstigt wird. Gleichzeitig wirkt die Verleimung der einzelnen Lagen wie eine Sperrschicht, sodass es in kurzer Zeit zu einer Feuchteanreicherung und -sättigung in der äußeren Deckfurnierlage kommt. Damit ist eine ideale Voraussetzung für das Wachstum von Schimmelpilzen gegeben.

Durch eine Wasser abweisende, fungizid eingestellte Oberflächenbeschichtung kann ein Schimmelpilzbefall bei BFU-Platten zwar verzögert, jedoch nicht dauerhaft verhindert werden.

Hinweise zur Schadensvermeidung

Die Verwendung von BFU-Platten für die unterseitige Bekleidung von Dachrändern birgt ein erhöhtes Risiko hinsichtlich einer Schimmelpilzbesiedlung.

BFU-Platten mit Furnieren aus wenig resistenten Holzarten (z. B. Birke, Buche oder Seekiefer) sind nach den Ergebnissen o. g. Forschungsarbeit besonders gefährdet und sollen daher im Außenbereich nicht verwendet werden. BFU-Platten aus anderen, besser geeigneten Holzarten müssen immer mit einem geeigneten und fungizid ausgerüsteten Anstrichsystem versehen werden. Die Beschichtung muss in regelmäßigen Abständen überholt werden.

Der schadensursächlichen Oberflächenbefeuchtung infolge nächtlicher Auskühlung kann durch Anordnung einer Wärmedämmung im Dachrandbereich entgegengewirkt werden.

Weitere Empfehlungen für die Ausführung von Dachüberständen werden im vorgenannten

Abb. 13.28: Schimmelpilzbefall an der Unterseite eines Dachüberstandes

Abb. 13.29: Detailaufnahme des Schimmelpilzbefalls

Abb. 13.30: Nach Anstrich der Unterseite wachsen erneut Schimmelpilze.

Abb. 13.31: Beginnendes Schimmelpilzwachstum an einem nachgestrichenen Dachüberstand

Forschungsbericht gegeben (vgl. bauart Konstruktions GmbH, 2003, Abschnitt 8.3).

Schalungen aus Vollholzbrettern bieten einen deutlich höheren Schutz vor Schimmelpilzbefall und sind daher für die unterseitige Bekleidung von Dachüberständen wesentlich besser geeignet als BFU-Platten.

Maßnahmen und Kosten der Instandsetzung

Unter Berücksichtigung der Umstände, dass BFU-Platten kein gleichwertiger Ersatz für die zunächst zum Einbau vorgesehene Profil-Vollholzschalung sind und ein erneuter Schimmelpilzbefall auch durch die Applikation eines fungizid eingestellten Beschichtungssystems nicht sicher verhindert werden kann, sollte die vorhandene Bekleidung der Dachüberstände aus BFU-Platten komplett entfernt und durch die ursprünglich vorgesehene Profil-Vollholzschalung ersetzt werden.

Für die Gesamtfläche der Dachüberstände von ca. 100 m^2 wurde ein Instandsetzungsaufwand in Höhe von 12.400,00 € zuzüglich Mehrwertsteuer ermittelt.

13.8 Verfärbungen an Holzbauteilen der Dachuntersicht

Schadensbild

Bei einem Wohnhaus wurde eine Solaranlage zur Warmwasserbereitung als sog. Indach-Solaranlage in der Ebene der Dachsteindeckung eingebaut. Die Dachhaut aus Dachsteinen auf Konterlattung und Lattung wurde im Bereich der Solaranlage ausgespart. Unter der Dachhaut und der Solaranlage schließt der Dachaufbau nach außen mit einer Unterdeckung aus Holzweichfaserplatten ab. Die Solaranlage umfasst insgesamt 6 einzelne Paneele, deren Verbindungsstöße an der Oberseite in Klempnertechnik abgedeckt wurden.

Die Dachkonstruktion ist in Holzbauweise mit einem freien Dachüberstand ausgeführt. Die Fassade ist mit einer Holzschalung bekleidet. Die Holzoberflächen sind unbehandelt. An der Dachuntersicht im Bereich unterhalb der Solaranlage und auf der darunter anschließenden Fassadenfläche sind wiederholt Durchfeuchtungen und feuchtigkeitsbedingte Verfärbungen der Holzoberfläche, verbunden mit weißlichen kristallinen Abscheidungen, aufgetreten (siehe Abb. 13.32 und Abb. 13.33).

Nach Ausbau der Solaranlage waren auf den Unterdeckplatten einzelne Wasserablaufspuren erkennbar. Bei weiterer Bauteilöffnung des Dachaufbaus von der Außenseite her zeigte sich, dass Wasser von der Oberseite der Unterdeckplatten über deren Verbindungsstöße in den Dachaufbau eindringt und an der Unterseite der Dachsparren entlang bis in den Bereich des freien Dachüberstandes und von dort weiter über die Fassadenbekleidung abläuft (siehe Abb. 13.34 und Abb. 13.35). Zudem sind Durchfeuchtungen in den wärmegedämmten Sparrenzwischenfeldern aufgetreten.

Ursachen

Die Solaranlage übernimmt – aufgrund ihrer Einbaulage – konstruktionsbedingt die Funktion der äußeren Dachhaut. Die Verbindungen der einzelnen Teile der Solaranlage in der bewitterten Ebene erreichen jedoch nicht die Regensicherheit der Dachsteindeckung. Der daraus resultierenden vermehrten Wasserbeanspruchung hält der weitere Dachaufbau aus Unterdeckplatten unter der äußeren Eindeckung auf Dauer nicht stand.

Die Dachdeckung muss regensicher sein. Dies wird bei profilierten Dachsteinen dadurch erreicht, dass alle Stöße benachbarter Dachsteine mit umlaufenden Falzen überlappen und durch eine geordnete Wasserführung in den Falzen gegen Wassereintritte gesichert sind. Bei Dächern über Wohnräumen muss die Dachhaut zudem erhöhten Anforderungen an die Regensicherheit genügen. Hierfür werden zusätzliche Maßnahmen zur Wasserableitung innerhalb des Dachaufbaues unter der äußeren Dachhaut in Form von Unterspannungen, Unterdeckungen oder Unterdächern erforderlich.

Die Verbindungen der einzelnen Module der Solaranlage untereinander und die handwerklich in Klempnertechnik hergestellten Anschlüsse weisen eine geringere Regensicherheit als die profilierten Dachsteine auf. Einwirkungen aus Schlagregen, Treibregen, Flugschnee, kapillar über die Konstruktionsfugen aufgenommenem Wasser und auch Tauwasser innerhalb der Dachhaut können nicht ausgeschlossen werden. Eine hierfür auf Dauer wasserdichte Ebene unterhalb der Solaranlage fehlt im vorliegenden Fall.

Im „Merkblatt für Unterdächer, Unterdeckungen und Unterspannungen" des Dachdeckerhandwerks (vgl. Zentralverband des Deutschen Dachdeckerhandwerks, Fachverband Dach-, Wand- und Abdichtungstechnik e. V., 2010) wird unter Einbauteilen wie der vorliegenden Indach-Solaranlage und ihren Anschlüssen explizit ein wasserdichtes Unterdach gefordert. Damit wird sichergestellt, dass etwa über die äußeren Dachbauteile eindringendes Wasser für die zu schützende Dachkonstruktion auf Dauer schadensfrei wieder nach außen abgeführt wird. Zudem besteht mit einem wasserdichten Unterdach eine Schutzmaßnahme auch für einen Schadensfall an den wassergefüllten Anlagenteilen.

Abb. 13.32: Feuchtigkeitsbedingte Verfärbungen an den Holzbauteilen der Dachuntersicht

Abb. 13.33: Indach-Solaranlage

Abb. 13.34: Dachaufbau mit Dachsteineindeckung und Unterdeckplatten im Bereich der Indach-Solaranlage

Abb. 13.35: Dachaufbau mit Vollsparrendämmung unterhalb der Indach-Solaranlage

Hinweise zur Schadensvermeidung

Technische Anlagen auf der Dachfläche können die wasserableitende Dachhaut nur bedingt ersetzen. Auf der eigentlichen Dachdeckung aufgeständerte Systeme besitzen den Vorteil der Kontrollmöglichkeit durch einfachen Augenschein. Sollen die Anlagenteile aus gestalterischen Gründen in die Dachfläche integriert werden, so bietet sich eine vertiefte wasserführende Ebene in Form eines wasserdichten Unterdaches an, auf der die Anlagenteile dann – wiederum aufgeständert – montiert werden können.

Maßnahmen und Kosten der Instandsetzung

Für die nachträgliche Herstellung eines regensicheren Daches war im vorliegenden Fall die Solaranlage zu demontieren, ein wasserdichtes Unterdach nachzurüsten und die Solaranlage anschließend wieder einzubauen. Die Verfärbungen im Dach- und Fassadenbereich waren durch Reinigen und Überarbeiten der Holzoberflächen zu beseitigen. Die Kosten hierfür wurden einschließlich der erforderlichen Baustelleneinrichtung mit Zugang zur Dachfläche mit ca. 9.400,00 € zuzüglich Mehrwertsteuer veranschlagt.

13.9 Risse und Fehlstellen an Befestigungspunkten eines Metalldaches

Schadensbild

Metalldachdeckungen mit direkten Befestigungen der witterungsbeanspruchten Dachhaut zeigen häufig in den ersten Jahren nach der Ausführung Ablösungen der Befestigungsmittel und von den Verbindungsstellen ausgehende Rissbildungen wie nachfolgend beispielhaft dargestellt. In Abb. 13.36 ist eine genagelte Befestigung der Metalldeckung auf der Oberseite einer Deckleiste dargestellt. Die Nagelstelle wurde verlötet. Ausgehend von der Befestigung ist die Lötnaht des anschließenden Falzes gerissen. Die Abb. 13.37 zeigt ebenfalls eine verlötete Nagelbefestigung auf einer Randleiste der Eindeckung. Die Verlötung ist gebrochen, der Nagelkopf steht ca. 2 bis 3 mm aus der Blechebene heraus. Die Abb. 13.38 zeigt eine vernietete Stoßverbindung, die zusätzlich mit Dichtstoff abgefugt wurde. Die Nietverbindung ist aufgerissen und die Fugenflanken werden nicht mehr zusammengehalten. Die Verfugung ist an den auseinanderklaffenden Fugenflanken abgerissen. In Abb. 13.39 ist ein vernieteter Blechstoß dargestellt. Die Nietverbindung wird auf Schub in der Ebene der angeschlossenen Bleche beansprucht. Die Stoßverbindung zeigt eine dementsprechende Verformung. Die Abb. 13.40 zeigt ebenfalls einen vernieteten und auf Schub beanspruchten Blechstoß mit einer bereits gelösten Verbindungsniete. Die Abb. 13.41 zeigt eine Schraubbefestigung mit einer Dichtunterlegscheibe. Die Verschraubung wurde im eingebauten Zustand auf Herausziehen beansprucht und hat sich gelöst. Die Dichtscheibe ist funktionslos geworden.

Bei allen vorbeschriebenen Befestigungsstellen ist die bewitterte Abdichtungsebene nicht mehr dicht geschlossen. An den Befestigungsstellen bestehen Hinterläufigkeiten.

Ursachen

Die nicht fachgerechte direkte Verbindung der Metalldeckung mit dem Untergrund oder mit angrenzenden Bauteilen lässt die mit der thermischen Beanspruchung der Bauteile verbundenen Verformungen nicht zu. Die daraus entstehenden Zwängungen haben ein Ablösen des jeweiligen Verbindungsmittels zur Folge.

Für frei bewitterte Metallbauteile auf Dächern ist eine maximale Temperaturbeanspruchung von –20 °C im Winter und +80 °C im Sommer bei direkter Besonnung anzusetzen. Alle Verbindungen und Befestigungen der Teile mit dem Untergrund sind ausgehend von dieser Temperaturdifferenz von 100 K so auszuführen, dass Längenänderungen und Verschiebungen nicht behindert werden. Direkte Befestigungen der Metalldeckung durch Nageln, Nieten, Verschrauben oder Verlöten mit dem Untergrund stellen einen unverschieblichen Festpunkt dar. Temperaturbedingte Verformungen erzeugen Zwängungen an den Befestigungsstellen, die auf Dauer nicht schadensfrei von dem Verbindungsmittel und/oder von dem Blech an der Befestigungsstelle aufgenommen werden können.

Hinweise zur Schadensvermeidung

Befestigungen sind grundsätzlich verdeckt oder abgedeckt auszuführen. Offene Befestigungen sind nicht dauerhaft regensicher. Direkte Befestigungen mit Schrauben sind mit aufgelötetem Hauerbuckel abzudecken und mit vergrößerter Lochbohrung auszuführen. Direkte Befestigungen mit abgedichteten Nieten sind nur bei kleinen Flächen mit sehr geringen Längenänderungen ausführbar (vgl. Zentralverband Sanitär Heizung Klima, 2009).

Maßnahmen und Kosten der Instandsetzung

Direkte Befestigungen müssen bei der Instandsetzung durch eine verdeckte Befestigung ersetzt werden.

Die Kosten hierfür beliefen sich in einem der genannten Beispiele für 8 Befestigungen auf ca. 130,00 €/Befestigung zuzüglich Mehrwertsteuer.

Abb. 13.36: Rissbildung in einer verlöteten Nagelstelle

Abb. 13.37: Verlöteter Nagelkopf, der sich gelöst hat und hochsteht

Abb. 13.38: Gelöste Nietverbindung und abgerissene Fuge

Abb. 13.39: Offener Blechstoß infolge Verformungsbehinderung an einer Nietstelle

Abb. 13.40: Verbindungsstoß mit ausgerissener Nietverbindung

Abb. 13.41: Direkte Verschraubung mit Dichtunterlegscheibe, die sich unter Zugbeanspruchung gelöst hat

13.10 Risse in einer Attikaverblechung

Schadensbild

Die über Dach geführte Außenwand eines Gebäudes ist an der Oberseite mit einem Titanzinkblech abgedeckt. Die Abdeckung besteht aus ca. 2 m langen Teilstücken, die indirekt auf der Unterlage befestigt sind. An den Stoßstellen sind die Teilstücke mit Stehfalzen verbunden. Die Stirnseiten der Stehfalze sind durch einfaches Umfalzen geschlossen. Die Blechabdeckungen weisen an den seitlichen Enden der Stehfalze vielfach Einrisse auf (siehe Abb. 13.42 und 13.43). Über die Fehlstellen läuft Niederschlagswasser hinter der seitlichen Abkantung der Abdeckung auf die darunter anschließende Bauteiloberfläche ab.

In einem zweiten Fall besteht die Abdeckung einer Attika ebenfalls aus Teilstücken, die an den Stoßstellen miteinander verlötet sind. An einer Stoßstelle zeigt die Abdeckung bei Besonnung Aufwölbungen. Die Lötnaht ist auf ca. 5 cm Länge aufgerissen (siehe Abb. 13.44 und 13.45).

Ursachen

Die Verbindung der Bleche mit einem Stehfalz bzw. mit einer Lötnaht ist unverschieblich. Temperaturbedingte Längenänderungen der Abdeckung können sich nicht zwängungsfrei manifestieren. Die auftretenden Spannungen führen zu einem Materialversagen.

Die mit Stehfalzen verbundenen Bleche verkürzen sich bei niedrigen Temperaturen. Der Falz wird dadurch auf Querzug beansprucht (siehe Abb. 13.46), kann sich aber wegen der Umfalzung an den Stirnseiten nicht öffnen. Die Verformungsbehinderung führt zu Zugspannungen in den Blechen und bei Überschreiten der Zugfestigkeit zum Bruch.

Die kraftschlüssige Verbindung der Bleche durch Löten behindert die Ausdehnung der Bleche bei Erwärmung. Dies führt zu Druckspannungen und einem Beulen der Bleche. Diese Beanspruchung kann von der Lötstelle nicht dauerhaft aufgenommen werden und bedingt eine Ermüdung der Lötstelle mit nachfolgender Rissbildung.

Nicht selbsttragende Abdeckungen sind zum Ausgleich von thermischen Längenänderungen durch Hafte, Vorstoßbleche usw. indirekt auf der Unterlage zu befestigen. An den Verbindungsstellen sind Bewegungsmöglichkeiten mit verschieblichen Stößen vorzusehen (siehe Abb. 13.47). Stehfalze sind nur bei sehr kurzen Einzellängen der zu verbindenden Bleche geeignet (vgl. Zentralverband Sanitär Heizung Klima, 2009). Das Verschließen der Stehfalze durch Umfalzen an den Stirnseiten hat zur Folge, dass Bewegungen quer zur Falzrichtung an den Stirnseiten stark eingeschränkt werden.

Hinweise zur Schadensvermeidung

Die Beanspruchung eines Bauteils aus thermischer Längenänderung ist umso geringer, je kleiner die Bauteilabmessungen sind. Mit kurzen Bauteilen und mehrfachen verschieblichen Verbindungsstellen können die auftretenden Formänderungen besser aufgenommen werden als bei großen Bauteilabmessungen, weil die Verschiebungslängen an den Verbindungsstellen mit zunehmenden Bauteilabmessungen ebenfalls zunehmen.

Maßnahmen und Kosten der Instandsetzung

Für die Instandsetzung der Schäden an den Verbindungsstellen war eine Erneuerung der Abdeckung mit einer geänderten Stoßausbildung erforderlich.

Die Kosten hierfür betrugen im vorliegenden Fall einschließlich der Herstellung eines Zugangs von außen für ca. 14 lfm Attikaabdeckung ca. 95,00 €/lfm zuzüglich Mehrwertsteuer.

Abb. 13.42: Stehfalzverbindung einer Abdeckung mit Rissen

Abb. 13.43: Stehfalzverbindung mit geschlossener Stirnseite

Abb. 13.44: Verlöteter Verbindungsstoß einer Abdeckung

Abb. 13.45: Rissbildung in der Lötnaht eines Verbindungsstoßes

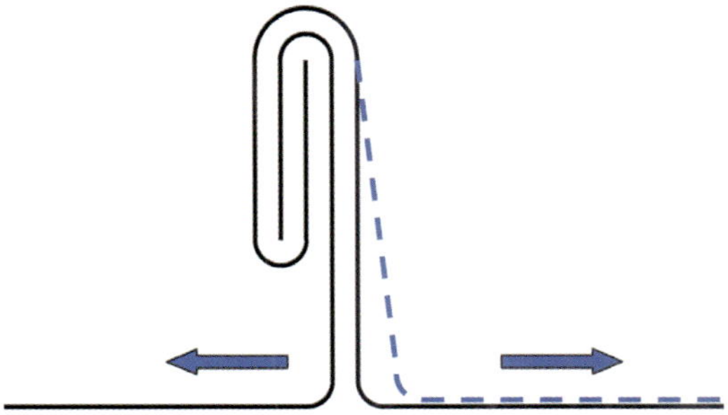

Abb. 13.46: Bewegungsmöglichkeiten einer Stehfalzverbindung, die an den Stirnseiten nicht geschlossen ist

Abb. 13.47: Verschiebliche Stoßausbildung einer Abdeckung

13.11 Risse in den Kehlrinnen eines Metalldaches

Schadensbild

Bei einer großen Wohnanlage traten Feuchteschäden an der Unterseite der Dachbekleidung im Bereich von Balkonen und Dachterrassen auf. Die Feuchteschäden befinden sich an den seitlichen Ecken der Dachuntersicht (siehe Abb. 13.48).

Die Dachkonstruktion der Gebäude wurde 1997 als mansardartiges Dach mit einer steiler geneigten und einer flacher geneigten Dachfläche ausgeführt. Der Dachaufbau besteht aus einer hinterlüfteten Holzkonstruktion mit einer Eindeckung aus Titanzinkblech. Die Wärmedämmung liegt zwischen den Sparren. Der Dachaufbau ist raumseitig mit Dampfsperre, Lattung und Gipskarton bekleidet.

Die Dächer über den obersten Balkonen und Dachterrassen sind als Einschnitte in den steiler geneigten Dachflächen in Form von großen Rundgauben gestaltet. Die Anbindung an die flacher geneigten Dachflächen erfolgt über Kehlrinnen (siehe Abb. 13.49).

Die Kehlrinnen sind über deren gesamte Länge von etwa 6 bzw. 8 m aus kurzen Blechscharen zusammengelötet. Dehnungsausgleichsstöße sind nicht eingearbeitet. An den jeweiligen Enden der Kehlrinnen – am Übergang zur steiler geneigten Dachfläche – sind die Blechscharen mit der senkrechten Verblechung der Rundgauben verfalzt (siehe Abb. 13.50). Die Enden der Kehlrinnen sind umgebördelt.

An diesen Kehlrinnen zwischen der Dachfläche und den gewölbten Gauben sind etliche Risse im Blech aufgetreten. Die Risse wurden provisorisch mit Butyl-Klebebändern überdeckt. Die Klebebänder sind an ihrer silbernen Farbe deutlich erkennbar.

Neben den Kehlrinnen über den Rundgauben sind auch zwischen verschiedenen bzw. benachbarten Dachflächen Kehlrinnen mit Längen von 6 bis 8 m vorhanden. Die Ausführung dieser Kehlrinnen erfolgte wie bei den Kehlrinnen der Rundgauben. Auch an diesen Kehlrinnen sind Risse aufgetreten, die mit Klebebändern provisorisch abgedichtet sind (siehe Abb. 13.51).

Die Kehlrinnen an den Rundgauben und zwischen einzelnen Dachflächen sind mit doppeltem Stehfalz beidseitig eingefalzt. An den Übergängen der Falze der Dachflächen an die Kehlfalze sind weitere Risse in der Blecheindeckung vorhanden.

Ursachen

Im Bereich der Kehlrinnen wurden die temperaturbedingten Längenänderungen der Blechscharen nicht berücksichtigt, sodass es zu Rissen in der Blecheindeckung gekommen ist.

Bei Blechdächern treten Längenänderungen der Blechscharen durch die jahreszeitlich bedingten Temperaturunterschiede auf. Für die Bemessung werden Temperaturen von –20 °C im Winter bis +80 °C im Sommer zugrunde gelegt. Es ist daher von einer Temperaturdifferenz von 100 K auszugehen. Dieser Temperaturunterschied führt zu Längenänderungen von 2 mm/m Blechschar. Für den vorliegenden Fall ergibt sich für die Kehlrinnen bei einer Länge von 6 bzw. 8 m eine Längenänderung von insgesamt rund 12 bis 16 mm, d. h., bei mittiger Festhaltung ist von 6 bis 8 mm Längenänderung je Seite auszugehen. Diese Längenänderungen müssen durch entsprechende Bewegungsmöglichkeiten entweder im Bereich des unteren Anschlusses der Kehlrinnen an die Dachflächen oder durch den Einbau von Dehnungsausgleichern konstruktiv berücksichtigt werden. Da Bewegungsmöglichkeiten nicht vorhanden sind, kann das Blech die im Winter auftretenden Verkürzungen nicht ausführen. Es entstehen Zwangspannungen im Blech, die bei Überschreitung der Zugfestigkeit des Bleches zu Rissen führen.

Durch das Einfalzen der Blechscharen der Dachfläche in die Falze der Kehlen wurde auch für die Blechscharen der Dachflächen eine weitgehende Verformungsbehinderung geschaffen. Daher sind auch in den Blechscharen der Dachfläche stellenweise Risse aufgetreten.

Hinweise zur Schadensvermeidung

Die Aufnahme temperaturbedingter Längenänderungen wird für Kehlrinnen in den einschlägigen Fachregeln über konkrete Richtwerte

Abb. 13.48: Feuchteschäden an der Dachuntersicht

Abb. 13.49: Kehlrinne mit überklebten Rissen und Undichtigkeiten

Abb. 13.50: Unterer Abschluss der Kehlrinne ohne Bewegungsmöglichkeiten

Abb. 13.51: Kehlrinne zwischen 2 Dachflächen mit überklebten Rissen

für die maximalen Abstände von Dehnungsausgleichern geregelt (vgl. Zentralverband Sanitär Heizung Klima, 2009; Zentralverband des Deutschen Dachdeckerhandwerks, 2011). Demnach sind Kehllängen von bis zu 6 m ohne Dehnungsausgleichern möglich. Dies gilt für die gestreckte Länge der Bauteile. Für Abstände von Ecken oder Festpunkten gelten jeweils die halben Längen.

Bei der Verarbeitung von Titanzinkblechen gibt es in den Planungs- und Ausführungsempfehlungen der Produkthersteller den Hinweis, dass aufgrund der temperaturbedingten Längenänderungen der Scharen Kehlfalze nur bis 3 m Scharenlänge möglich sind. Aus den Erfahrungen des vorliegenden Schadensfalles ist zu empfehlen, bei Kehllängen von mehr als 3 m vertiefte Kehlen auszuführen. Bei vertieften Kehlen können sich die Blechscharen in der Kehle unabhängig von den Blechscharen der Dachfläche bewegen.

Maßnahmen und Kosten der Instandsetzung

Die Instandsetzung der gerissenen Blechscharen in den Kehlen und den angrenzenden Dachflächen erfolgte durch Abbruch und Neueindeckung der betroffenen Dachflächen. Da weitere Schäden an der Dachfläche vorhanden waren, wurden diese Arbeiten im Zuge einer Kompletterneuerung der Blecheindeckung durchgeführt.

Die Kosten für die Kompletterneuerung beliefen sich bei einer Dachfläche von ca. 4.500 m^2 auf ca. 150,00 €/m^2 zuzüglich Mehrwertsteuer.

13.12 Risse an den Falzen eines Metalldaches

Schadensbild

Im Herbst 2005 berichteten die Eigentümer eines Mehrfamilienhauses über Wassereintritte in das Treppenhaus. Im Laufe des Jahres 2006 wurden weitere Feuchtigkeitserscheinungen beobachtet. Ende 2006 traten bräunliche Verfärbungen im Bereich der Gipskartonbekleidung des Treppenhauses auf (siehe Abb. 13.52).

Die Dachkonstruktion der Gebäude wurde 1999 als mansardartiges Dach mit einer steil und einer flach geneigten Dachfläche ausgeführt. In der steiler geneigten Dachfläche sind zur Belichtung des Treppenhauses 3 Gauben und in den Fluren zu den Wohnungen jeweils 4 Gauben eingebaut worden.

Der Dachaufbau besteht aus einer hinterlüfteten Holzkonstruktion mit einer Dachdeckung aus Titanzink. Die Wärmedämmung liegt zwischen den Sparren und ist raumseitig mit Dampfsperre, Lattung und Gipskartonplatten bekleidet.

Zur Feststellung der Schadensursache wurde die Gipskartonbekleidung im Bereich des Treppenhauses, ausgehend von der mittleren Gaube und den dort befindlichen Feuchteflecken bis zur Wohnungstrennwand, d. h. quer über das gesamte Treppenhaus, geöffnet.

Nach Rückbau der Gipskartonbekleidung, der Dampfsperre und der Wärmedämmung zeigte sich an der Dachschalung, ausgehend vom oberen Ende des Aufzugsschachtes, ein erheblicher Befall durch holzzerstörende Pilze (siehe Abb. 13.53). Ein Pilzbefall wurde auch an der Mittelpfette über der mittleren Gaube, am Übergang des flach geneigten zum steil geneigten Mansarddach, festgestellt.

Aufgrund der zum Zeitpunkt der Bauteilöffnung vorherrschenden Witterung (ca. 5 cm Schneefall in der vorhergehenden Nacht) konnte ständig abtropfendes Wasser an der Holzkonstruktion beobachtet werden. Die Wassereintritte begannen auf Höhe der Oberseite des Aufzugsschachtes.

Über die nunmehr unmittelbar erkennbare Wassereintrittsstelle konnte auf dem Dach die Schadstelle lokalisiert werden. Im Stoßbereich des Querfalzes über dem Aufzugsschacht und dem daneben befindlichen Längsfalz der Blechscharen war die Blecheindeckung auf 7 cm Länge aufgerissen (siehe Abb. 13.54 und 13.55). Das Wasser, das sich oberhalb der Aufzugsüberfahrt auf der Dachfläche sammelte, lief über diesen Riss und drang in die Dachkonstruktion ein.

Die Breite der Aufzugüberfahrt beträgt 2,5 m. Der Abstand der Längsfalze neben der Aufzugsüberfahrt beträgt 3,60 m.

Ursachen

Im Bereich der Aufzugsüberfahrt wurden die temperaturbedingten Blechbewegungen bei der Ausführung der Dachdeckung nicht berücksichtigt, sodass ein Riss neben der Falzverbindung zwischen einem Quer- und einem Längsfalz entstanden ist.

Die Ursache liegt bei den Falzstößen zwischen Längs- und Querfalz oberhalb der Aufzugsüberfahrt. Aufgrund der temperaturbedingten Bewegungen bei den quer verlaufenden Blechbahnen treten am Übergang zu den Längsbahnen im Falzbereich große Spannungen auf, die im vorliegenden Fall zu einem Riss parallel zum Querfalz führten. Über diesen Riss kann ungehindert Wasser bis in die Unterkonstruktion eindringen.

Bei der Berechnung von temperaturbedingten Längenänderungen wird eine Temperaturdifferenz von 100 K zugrunde gelegt. Für den vorliegenden Fall ergäbe sich für die quer verlaufenden Bleche oberhalb der Aufzugsüberfahrt bei einer Länge von 3,6 m eine Längenänderung von insgesamt rund 8 mm, d. h. je Seite 4 mm. Diese Längenänderung hätte im Anschluss des Querfalzes an den Längsfalz konstruktiv berücksichtigt werden müssen. Die ausgeführte Verbindung von Längs- und Querfalz kann derartige Verformungen nicht aufnehmen.

Hinweise zur Schadensvermeidung

Die Aufnahme temperaturbedingter Längenänderungen wird in den einschlägigen Fachregeln (vgl. Zentralverband Sanitär, Heizung, Klima, 2009; Zentralverband des Deutschen Dachdeckerhandwerks, 2011) eher allgemein behandelt.

Abb. 13.52: Dunkle Verfärbung an der Leibung der mittleren Gaube

Abb. 13.53: Durchfeuchtung und Pilzbefall an der Dachschalung

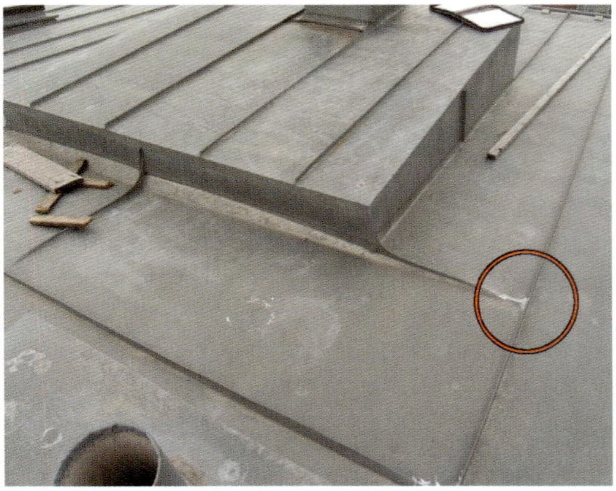

Abb. 13.54: Übergang zwischen Längs- und Querfalz

Abb. 13.55: Riss an Querfalz

Demnach sollen sich die Bauteile eines Blechdaches ungehindert ausdehnen, zusammenziehen oder verschieben können. Weitere Angaben über die Ausführung einer Blechdeckung im Bereich großer Dachdurchführungen, z. B. Aufzugsüberfahrten, finden sich in den Fachregeln nicht.

Bei der Verarbeitung von Titanzinkblechen gibt es in den Planungs- und Ausführungsempfehlungen des Produktherstellers den Hinweis, dass bei Durchdringungen des Blechdaches (z. B. bei Aufzugsüberfahrten) mit einer Breite von mehr als 3 m beidseitig Leisten zur Aufnahme der Querdehnung angeordnet werden sollten. Aus den Erfahrungen des vorliegenden Schadensfalles ist zu empfehlen, auch bei kleineren Durchdringungen Leistendeckungen zur Aufnahme der Querdehnungen anzuordnen.

Maßnahmen und Kosten der Instandsetzung

Zur Instandsetzung kam nur eine komplette Erneuerung der Dachdeckung in Betracht. Zur Unterteilung in Teilflächen wurde die Dachfläche durch sog. Leistendeckungen in Längsrichtung getrennt. Die Kosten der Instandsetzung beliefen sich auf insgesamt rund 20.000,00 € zuzüglich Mehrwertsteuer. In diesen Kosten sind auch die Maßnahmen zum Austausch pilzbelasteter Holzbauteile und zum Wiederaufbau der treppenhausseitigen Deckenbekleidung enthalten.

13.13 Risse bei den Anschlüssen einer Dachschrägenbekleidung

Schadensbild

Im Dachgeschoss und in dem zu Wohnzwecken ausgebauten Spitzboden eines Einfamilienwohnhauses, dessen oberen Abschluss ein Satteldach mit Dachziegeldeckung bildet, sind bei den Anschlüssen der Dachschrägenbekleidungen aus Gipskartonplatten an flankierende massive Bauteile (siehe Abb. 13.56 bis 13.58) sowie bei den Anschlüssen der unterschiedlich geneigten Gipskartonflächen (siehe Abb. 13.59) Risse entstanden. Die Anschlussfugen waren mit einer gipshaltigen Spachtelmasse starr verschlossen worden.

Ursachen

Die Risse bei den Anschlüssen und Plattenstößen der Gipskartonbekleidungen sind durch die fehlende Trennfugenausbildung entstanden. Durch den starren Verschluss der Anschlussfugen mit Spachtelmasse konnten die in der Dachkonstruktion auftretenden Bewegungen nicht aufgenommen werden. Die Ausführung der Trockenbauarbeiten ist diesbezüglich fehlerhaft.

Aufgrund unvermeidlicher hygrothermischer und lastbedingter Verformungen der Bauteile und der daraus resultierenden Rissgefahr im Anschlussbereich sind Bekleidungen aus Gipsplatten von Bauteilen aus anderen Baustoffen konstruktiv zu trennen.

Im dargestellten Schadensfall sind diese Anschlüsse abweichend von DIN 18181:2008-10 „Gipsplatten im Hochbau" verspachtelt worden. Durch die fehlende Trennung waren Rissbildungen im Anschlussbereich vorprogrammiert.

Hinweise zur Schadensvermeidung

Fugen und Anschlüsse von Gipsplattenbekleidungen müssen wegen der bekannten Problematik im Zusammenhang mit Rissbildungen geplant und fachgerecht ausgeführt werden. Leider ist dieses nicht die Regel, sodass Risse häufig die Folge einer fehlenden Detailplanung und/oder einer fehlerhaften handwerklichen Ausführung sind.

Auch bei fachgerechter Ausführung können Risse in den Anschlussbereichen auftreten, wenn die Bewegungen der tragenden Konstruktion so groß sind, dass sie von den Bewegungsfugen nicht schadensfrei aufgenommen werden können. Beispiele hierfür sind starke Schwindverformungen der Holzkonstruktion eines Dachstuhls oder unzulässige Durchbiegungen infolge einer fehlerhaften Unterkonstruktion.

Auch wenn Innenbekleidungen aus Gipsplatten mit verspachtelten Fugen als luftdichte Schicht gelten, wird zur Sicherstellung einer dauerhaften Luftdichtheit der Einbau einer zusätzlichen Luftdichtheitsschicht aus einer vollflächig verlegten Folie empfohlen. Der dargestellte Schadensfall macht deutlich, warum zumindest die rissgefährdeten Anschlussbereiche mit Folienstreifen dauerhaft luftdicht abgedichtet werden müssen. Wenn eine gesonderte Luftdichtheitsschicht z. B. in Form einer Folie vorhanden ist, stellen Risse bei den Plattenstößen bzw. beim Anschluss an flankierende Bauteile lediglich eine optische Beeinträchtigung dar.

Durch sorgfältige Planung und Ausführung der Anschlüsse können Rissbildungen im Anschlussbereich weitestgehend verhindert, durch Planung offener Anschlussfugen zwischen Gipsplatten und flankierenden Bauteilen sogar ausgeschlossen werden (vgl. Praxishinweise z. B. in Bundesverband der Gipsindustrie, 2004).

Bei einem Fugenverschluss müssen geradlinig verlaufende Abrisse im Einzelfall hingenommen werden.

Maßnahmen und Kosten der Instandsetzung

Zur vollständigen und fachgerechten Beseitigung der Rissbildungen mussten die Anschlüsse der Dachschrägenbekleidung an die flankierenden Bauteile nachgebessert werden.

Abb. 13.56: Riss beim Anschluss der Dachschräge an die verputzte Stahlbetondecke

Abb. 13.57: Risse beim Anschluss der Dachschrägenbekleidung an massive Bauteile

Abb. 13.58: Riss in der Anschlussfuge zwischen Dachschräge und Drempel

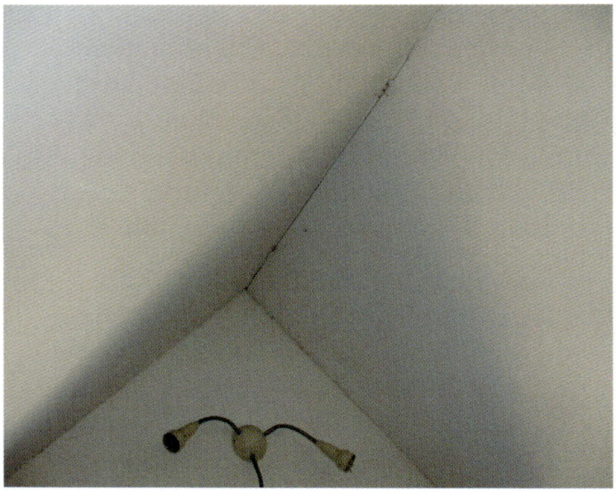

Abb. 13.59: Riss beim Plattenstoß im Firstbereich

Für das nachträgliche Einschneiden und das fachgerechte Verschließen der Trennfugen mit einem geeigneten elastischen Dichtstoff können Kosten von 16,50 €/m zuzüglich Mehrwertsteuer angenommen werden.

Zusätzliche Kosten entstehen einzelfallbezogen durch ggf. erforderliche Maler- und Tapezierarbeiten.

13.14 Risse im Kniestockbereich eines Pfettendaches

Schadensbild

Ein Mehrfamilienhaus wurde zweigeschossig mit einem ausgebauten Dachgeschoss in konventioneller Bauweise mit Außenwänden aus Leichtbetonfertigteilen bzw. Leichtbetonmauerwerk und Geschossdecken aus Betonfertigteilen (Hohlkörperdecken) errichtet. Der Holzdachstuhl wurde als Pfettendach ausgeführt. Im Bereich der Giebelfassade ist ein Vertikalriss aufgetreten. Die Abb. 13.60 gibt einen Überblick, Abb. 13.61 zeigt den Riss im Detail.

Der Riss verläuft vertikal ausgehend vom Ortgang über eine Länge von ca. 1,2 m bis etwa zur Oberkante der Geschossdecke über dem ersten Obergeschoss. Im Traufbereich weist der Riss eine Breite von 4 mm auf, unten im Bereich der Geschossdecke beträgt die Rissbreite 0,2 mm. Der Riss verläuft in ca. 27 cm Abstand von der Gebäudekante. Im Bereich des Risses wurde eine Probeöffnung angelegt (siehe Abb. 13.62).

Der Außenputz hat eine Dicke von 20 bis 25 mm. Die Giebelwand besteht aus Leichtbetonmauerwerk. Der Riss verläuft im oberen Bereich durch die Mauersteine, im unteren durch die Stoßfugen des Mauerwerks. Im oberen Bereich ist bereits ein Ausbruch an einem Mauerstein aufgetreten.

In der Dachgeschosswohnung zeigt sich innenseitig der Giebelwand, dass die Höhe des Kniestocks über der Fußbodenoberkante ca. 1 m beträgt. Die Dachschräge ist mit Gipskartonplatten bekleidet. Im Bereich des Stoßes der Dachschräge und des Kniestocks mit der Giebelwand sind Falten sowie ein Riss in der Tapete vorhanden (siehe Abb. 13.63). Eine gleichartige Rissbildung ist an der anderen Giebelwand aufgetreten.

Ursachen

Die Rissbildung ist auf konstruktive Ursachen zurückzuführen. Die Horizontalkraft aus der Dachkonstruktion infolge von Windlast kann im Bereich des Kniestocks nicht aufgenommen werden und führt zu Verformungen, die vom Mauerwerk nicht schadensfrei abgetragen werden können.

Schon das Erscheinungsbild der Risse zeigt, dass im Bereich des Kniestocks erhebliche Verformungen in horizontaler Richtung aufgetreten sind. Diese Verformungen sind im oberen Bereich am größten und nehmen zur Geschossdecke hin ab. Hieraus wird deutlich, dass eine Horizontalbewegung der auf dem Kniestock aufgelagerten Fußpfette erfolgt ist.

Bei der vorliegenden Dachkonstruktion handelt es sich um ein Pfettendach, das mit einer Kehlbalkenlage errichtet wurde, die gleichzeitig die Geschossdecke zum Spitzboden hin bildet. Die Rissbildung ist entstanden, da weder zwischen dem Kniestock und der Giebelwand noch zwischen Kniestock und Geschossdecke eine kraftschlüssige Verbindung vorgesehen wurde. Nach der Statischen Berechnung sollten Aussteifungsstützen im Kniestock ausgeführt werden, um das Moment infolge der Horizontalkraft aufzunehmen. Dies wurde jedoch nicht umgesetzt. Als Folge nahmen zwar die Pfetten die zusätzliche Belastung auf, es traten jedoch zusätzliche Verformungen auf, die zu einer Verdrehung des Kniestocks und damit zur Rissbildung führten. Bei extremer Windbeanspruchung kann die Verformung zunehmen und die Standsicherheit gefährdet sein.

Hinweise zur Schadensvermeidung

Obwohl bei Pfettendächern die Abtragung der Vertikallasten keine Horizontalkräfte im Auflagerbereich verursacht, muss dennoch beachtet werden, dass infolge der Windbeanspruchung auf die Dachflächen ein horizontales Auflager erforderlich ist. Wenn kein Kniestock ausgeführt wird, kann die horizontale Kraft unmittelbar durch eine Verankerung der Fußpfette in die Geschossdecke eingeleitet werden. Bei Ausführung eines Kniestocks entsteht durch die Horizontallast ein Moment, zu dessen Abtragung in der Regel Aussteifungsstützen im Abstand von etwa 2 bis 3 m in den Kniestock integriert werden. Diese sind biegesteif mit der Geschossdecke zu verbinden, damit das entstehende Biegemoment aufgenommen werden kann.

Abb. 13.60: Giebelfassade mit Rissbildung

Abb. 13.61: Riss im Kniestockbereich

Abb. 13.62: Bei einer Probeöffnung zeigt sich, dass der Riss im Mauerwerk verläuft.

Abb. 13.63: Falten und Riss in der Tapete an der Innenseite der Giebelwand

Maßnahmen und Kosten der Instandsetzung

Im vorliegenden Fall besteht die oberste Geschossdecke aus einer Hohlkörperdecke. Eine Einleitung von Kräften in die Geschossdecke ist bei dieser Konstruktion nicht möglich. Aus diesem Grund wurde die Dachkonstruktion so verändert, dass die gesamte Horizontalkraft aus Wind in der Pfettenebene aufgenommen wird. Hierzu musste die Kehlbalkenlage als Scheibe ausgebildet werden, damit die Horizontalverformungen der Pfetten auf ein Minimum beschränkt werden können. Im nicht ausgebauten Bereich wurden zur Aussteifung Diagonalen aus Windrispenbändern vorgesehen, in den ausgebauten Bereichen der Einbau von Holzwerkstoffplatten.

Die Kosten für die Zimmerarbeiten, die Putz- und Malerarbeiten waren im vorliegenden Fall bei einer Grundfläche des Dachgeschosses von ca. 110 m² mit 20.000,00 € zuzüglich Mehrwertsteuer anzusetzen.

14 Schäden an Außenanlagen

Außenanlagen bestehen aus Verkehrsflächen, Vegetationsflächen und häufig aus Holz erstellten baulichen Einrichtungen. Dabei sind Außenanlagen einerseits notwendiger und integraler Bestandteil des üblichen Hochbaus, andererseits ein Übergangsbereich zu den Fachgebieten Bau von Verkehrsflächen und Garten- und Landschaftsbau. In den folgenden Beiträgen wird auf die Belange des Garten- und Landschaftsbaus nicht eingegangen, da hierfür spezielle Fachkenntnisse erforderlich sind. In der Sachverständigenpraxis handelt es sich hierbei um ein eigenständiges Fachgebiet.

Die folgenden Schadensbeispiele beziehen sich im Wesentlichen auf die Planung und Ausführung von Verkehrsflächen aus Betonpflasterbelägen bzw. Rasengittersteinen. Diese Arten der Befestigung werden sehr häufig bei Wohnanlagen und im Gewerbebau eingesetzt. Regelmäßig treten Schäden infolge von Verformungen der Fahrbahnoberfläche auf. Diese können eine Einschränkung der Gebrauchsfähigkeit sowie optische Beeinträchtigungen darstellen. In aller Regel ist die Intensität der Schäden abhängig von der Frequentierung der Verkehrsfläche. Bei höherer Verkehrsbelastung sind Schädigungen frühzeitig zu beobachten. Für Eigentümer kann es jedoch problematisch sein, wenn sich Schäden infolge einer geringen Frequentierung nur andeuten. In diesen Fällen sollte vor Ablauf der Gewährleistungszeit eine genauere Untersuchung erfolgen. Die Schadensschwerpunkte liegen in unplanmäßigen Setzungen infolge mangelhafter Verdichtung und in der Auswahl ungeeigneter Betonwerksteine. Es sind jedoch auch Einflüsse im Grenzbereich zwischen Bauausführung und Bauunterhalt gegeben, da zur dauerhaften Funktionsfähigkeit von Betonpflasterbelägen die Fugenfüllung durch geeignete Baustoffe gewährleistet sein muss.

Für bauliche Einrichtungen im Bereich von Außenanlagen wird anhand eines Carports gezeigt, dass die Anforderungen des baulichen Holzschutzes zwingend eingehalten werden müssen, um Schäden zu vermeiden. Holz kann, abgesehen von Tropenhölzern, dauerfeuchten Bedingungen nur einen geringen Widerstand entgegensetzen, sodass diese Bedingungen durch geeignete Maßnahmen ausgeschlossen werden müssen. Holzschutzmaßnahmen allein genügen nicht.

Ein weiteres Fallbeispiel behandelt Schäden an einer Stützwand infolge unzureichender Abführung des aufgestauten Hangwassers.

14.1 Feuchteschäden an einer erdberührten Stützwand

Schadensbild

Ein Baugrundstück in Hanglage wurde terrassiert und an den Geländeabstufungen mit Stützmauern verbaut. Die Stützwandkonstruktion besteht aus einer Natursteinmauer mit einer Wandrücklage aus Stahlbeton. Im Gründungsbereich der Wände befindet sich eine Dränageleitung.

An der Oberfläche des Natursteinmauerwerks sind nach der Herstellung zunehmend festhaftende weißliche Aussinterungen und gelbliche Anhaftungen mineralischer Feinteile, die sich mit dem Finger abreiben lassen, vorhanden (siehe Abb. 14.1 bis 14.4). Revisionseinrichtungen am Anfang und Ende der Dränleitungen sowie an Richtungswechseln zur Kontrolle der Leitungsdurchgängigkeit sind nicht vorhanden. Eine Überprüfung der Dränagefunktion ist nicht möglich.

Ursachen

Die Auswaschungen und Ablagerungen auf der Wandoberfläche lassen auf einen Wasserdurchtritt durch die Wand an einzelnen Stellen und eine Beanspruchung der Wandrückseite mit drückendem Wasser schließen. Im Bereich der Fugen sind lokale Austrittstellen erkennbar. Bei den festhaftenden weißlichen Aussinterungen handelt es sich um Kalkbestandteile, die aus den bindemittelgebundenen Wandbaustoffen gelöst werden, insbesondere aus dem Fugenmörtel. Die gering anhaftenden gelblichen Bestandteile sind auf mit dem Sickerwasser mitgeführte lehmig-tonige Feinstbestandteile aus dem hinter der Wand anstehenden Erdkörper zurückzuführen.

Die Wandkonstruktion wird an der erdberührten Rückseite durch hangseitig ablaufendes Niederschlagswasser, Sickerwasser und ggf. Schichtwasser beansprucht (siehe Abb. 14.5). Die Stützmauer wirkt im Boden als Wasserstauer. Hangseitig auftretendes Wasser muss gesammelt und seitlich bzw. unter der Konstruktion abgeleitet werden, um drückendes Wasser und die damit verbundene Beanspruchung der Bauteile zu vermeiden.

Wasserdurchtritte und durch diese bedingte Auswaschungen und Aussinterungen im Bereich der Mörtelfugen sowie Ablaufspuren sind bei der ausgeführten sickerfähigen Konstruktion auch bei einer funktionsfähigen Dränage nicht vollständig vermeidbar (siehe Abb. 14.5). Für den Fall einer nicht oder nur eingeschränkt funktionsfähigen Dränage am Wandfuß unterliegt die Stützwand einer Belastung durch drückendes Wasser. Die Standsicherheit für diesen Lastfall ist nachzuweisen, wenn drückendes Wasser auf Dauer nicht sicher vermieden werden kann.

Dränanlagen sind am Anfang und Ende jeder Dränleitung sowie an Richtungswechseln mit Revisionsanlagen zur Kontrolle der Durchgängigkeit der Leitung auszurüsten (vgl. DIN 4095:1990-06 „Baugrund"). Die Funktionsfähigkeit der Leitungen muss nach der endgültigen Verfüllung der Baugrube und auch später im Zuge des Bauwerksunterhalts überprüft werden.

Hinweise zur Schadensvermeidung

Zur Entspannung eines möglichen Wasseranstaus und zur Reduzierung der Sickerwassermengen im Wandquerschnitt können zusätzliche Entwässerungsöffnungen im Bereich des Wandfußes angeordnet werden, z. B. durch Bohrungen oder Wasserdurchlässe. Aus den Entwässerungsöffnungen austretendes Wasser sollte gesammelt und für das Gelände unschädlich abgeleitet oder versickert werden. Hierfür kommen offene Gerinne vor dem Wandfuß in Betracht.

Maßnahmen und Kosten der Instandsetzung

Zur Reduzierung der Sickerwasserbeanspruchung ist das nachträgliche Herstellen einer funktionsfähigen und kontrollierbaren Dränanlage erforderlich. Darüber hinaus kann die Entwässerung der Wandrückseite durch zusätzliche Entwässerungsbohrungen verbessert werden.

Die hierfür erforderlichen Kosten waren im vorliegenden Fall für ca. 40 lfm Wandlänge mit

Abb. 14.1: Stützmauer mit gelblichen Feinteilauswaschungen im unteren rechten Bereich

Abb. 14.2: Gelbliche Auswaschung mineralischer Feinteile

Abb. 14.3: Stützmauer mit weißlichen Aussinterungen und gelblichen Feinteilauswaschungen

Abb. 14.4: Weißliche Kalkaussinterungen

ca. 540,00 €/lfm zuzüglich Mehrwertsteuer zu veranschlagen.

Die sichtbaren Auswaschungen können belassen werden, weil diese langfristig in dem zu erwartenden Gesamterscheinungsbild der Wandoberfläche unter Bewitterung teilweise wieder abgetragen und teilweise ein unvermeidbarer Bestandteil sein werden.

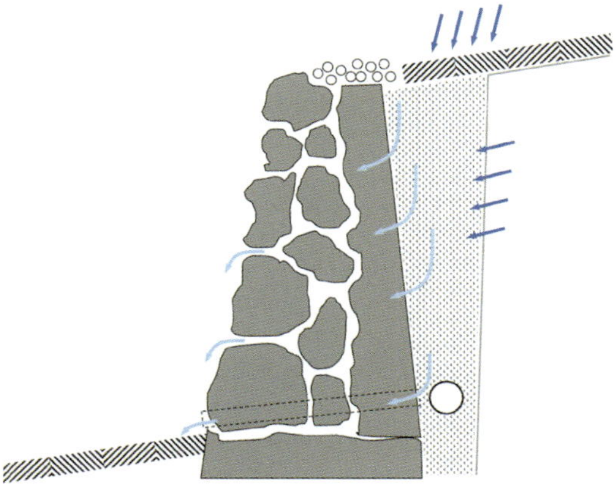
Abb. 14.5: Wasserbeanspruchung auf der erdberührten Wand; Sickerwege über den Wandquerschnitt

14.2 Holzzerstörung durch Fäulniseinwirkung bei Brettschichtholzträgern eines Carports

Schadensbild

Ein Carport wurde als Holzkonstruktion aus insgesamt 4 Holzbalken (Sparren), die auf quer angeordneten Trägern aufgelagert sind, errichtet (siehe Abb. 14.6). Zum Zeitpunkt der Ortsbesichtigung war die Konstruktion 8 Jahre alt.

Die Sparren bestehen aus Brettschichtholz und weisen Abmessungen von 20,5 cm × 12 cm auf. Die Holzbauteile des Carports befinden sich in einem sehr schlechten baulichen Zustand. Dieser ist gekennzeichnet durch breite Längsrissbildungen an der Oberseite, in deren Bereich aufgrund von Fäulniseinwirkung bereits erhebliche Querschnittsverluste eingetreten sind.

Die Abb. 14.7 zeigt einen Sparren, der mit einem Dübel mit dem Auflagerbalken verbunden ist. Im Anschluss an das Dübelloch ist ein Längsriss vorhanden, der eine Tiefe von bis zu 30 mm aufweist. Eine Klopfprobe ergab, dass die oberen 50 mm des Balkens strukturell geschwächt sind. Der Auflagerbalken weist ebenfalls einen ca. 30 mm tiefen Längsriss auf (siehe Abb. 14.8 und 14.9). Durch die Klopfprobe wurde festgestellt, dass von oben her ca. 80 mm des Querschnitts geschädigt sind. Bei sämtlichen Balken sind Längsrisse vorhanden. Zudem zeigt sich überall eine Holzzerstörung ausgehend von den Dübellöchern (siehe Abb. 14.10 und 14.11).

Nach Angabe wurden die Holzbauteile mit einem Imprägniergrund als vorbeugendem Schutz gegen Fäulnis, Bläue und Schimmelbefall sowie mit einer zweilagigen Beschichtung und Zwischenschliff behandelt.

Ursachen

Die aufgetretenen schweren strukturellen Schädigungen an den Holzbauteilen sind darauf zurückzuführen, dass die Oberflächen der Bauteile nicht gegen Witterungseinflüsse abgedeckt sind.

In Holzbauteilen mit horizontalen bewitterten Oberflächen bilden sich infolge des Feuchte- und Temperaturwechsels Längsrisse, d. h. durch Schwind- und Quelleinflüsse des Holzes. In diesen kann sich Niederschlagswasser lange Zeit halten und zu Holzzerstörungen führen. Das Gleiche gilt für offene Dübelaussparungen. Die ausgeführte Beschichtung ist als Schutzmaßnahme nicht ausreichend.

Hinweise zur Schadensvermeidung

Holzbauteile müssen vor dauerfeuchten Bedingungen geschützt werden. Nach DIN 68800-2: 2012-02 „Holzschutz“ sollen Niederschläge vom Holz durch bauliche Maßnahmen entweder ferngehalten oder schnell abgeleitet werden. Holzwerkstoffe, die Niederschlägen ausgesetzt sind, müssen mit einem dauerhaft wirksamen Wetterschutz, z. B. durch eine Abdeckung versehen werden.

Das vorliegende Beispiel zeigt, dass die Holzzerstörung weder durch die Verwendung von Brettschichtholz noch durch die Beschichtung der Holzbauteile verhindert werden konnte.

Frei bewitterte Holzbauteile mit horizontalen Oberseiten erfordern eine jährliche Sichtkontrolle und ggf. auch jährliche Instandhaltungsarbeiten am Oberflächenschutz. Wenn eine solche im vorliegenden Fall durchgeführt worden wäre, hätten bereits frühzeitig die beginnenden Zerstörungen festgestellt werden können.

Maßnahmen und Kosten der Instandsetzung

Infolge der aufgetretenen schweren strukturellen Schäden war eine Instandsetzung der horizontalen Holzbauteile nicht mehr möglich. Es musste eine komplette Neuherstellung der von der Zerstörung betroffenen Teile der Carportkonstruktion erfolgen.

Die Kosten für diese Maßnahme sowie die Herstellung von Abdeckungen, z. B. aus Kupferblech, belaufen sich im vorliegenden Fall auf 4.400,00 € zuzüglich Mehrwertsteuer.

Abb. 14.6: Carport im Überblick

Abb. 14.7: Holzbalken mit Längsrissbildung

Abb. 14.8: Auflagerbalken mit Längsrissen

Abb. 14.9: Längsrisse im Detail

Abb. 14.10: Holzzerstörung ausgehend von einem Dübelloch

Abb. 14.11: Fortgeschrittene Holzschädigung durch Fäulniseinwirkung

14.3 Spurrinnen in Pflasterbelägen

Schadensbild

Ein häufiges Schadensbild bei Außenanlagen sind Spurrinnen in Pflasterbelägen vor den Ein- und Ausfahrten zu Garagen.

In den Abb. 14.12 und 14.13 ist die Ausfahrt aus einer Tiefgarage eines größeren Wohn- und Geschäftshauses dargestellt. Im Bereich der Ausfahrt zeigen sich deutliche Spurrinnen in den Fahrspuren mit Tiefen von 15 bis 21 mm. Die Befestigung der Flächen vor der Ein- und Ausfahrt der Tiefgarage besteht aus einem Betonsteinpflaster mit rechteckiger Form. Die Tiefgarage steht nicht nur den Bewohnern des Gebäudes zu Verfügung. Auch die Besucher der Ladengeschäfte im Gebäudekomplex können Kundenparkplätze in der Tiefgarage nutzen. Dementsprechend häufig werden die Ein- und Ausfahrten der Tiefgarage frequentiert.

In Abb. 14.14 ist die Ein- und Ausfahrt der Tiefgarage einer Wohnanlage dokumentiert. In den Fahrspuren treten Unebenheiten auf. Die Tiefe der Spurrinnen beträgt bis zu 25 mm und nimmt mit zunehmender Entfernung von der Tiefgarage kontinuierlich ab. Die Ein- und Ausfahrt ist in diesem Fall mit Granitkleinsteinpflaster befestigt. Da die Tiefgarage ausschließlich von den Bewohnern der Wohnanlage benutzt wird, liegt keine besonders intensive Belastung durch häufige Ein- und Ausfahrten vor.

Ähnliche Spurrinnen in Pflasterbelägen finden sich aber nicht nur vor größeren Garagen, sondern auch vor Einzelgaragen. In Abb. 14.15 ist die Zufahrt zu einer Einzelgarage dargestellt. Der Pflasterbelag vor der Zufahrt hat sich im Bereich der Fahrspuren stark gesetzt. Die Spurrinnen sind hier nicht nur im unmittelbaren Anschluss der Pflasterfläche an die Garage, sondern im Bereich des gesamten Vorplatzes vor der Garage vorhanden.

Ursachen

Spurrinnen entstehen unter der Beanspruchung durch Verkehrslasten, infolge derer sich die Bettung der Pflasterbeläge verformt.

Pflasterbeläge bestehen aus der Deckschicht, der Bettung und einer tragfähigen Unterlage. Die Unterlage (Tragschicht) übernimmt die Übertragung der Verkehrslasten auf den Baugrund und muss nachteilige Verdrückungen des Oberbaus bzw. nachhaltige Setzungen der Verkehrsfläche verhindern. Tragschichten müssen daher ausreichend tragfähig, standfest, wasserdurchlässig, profilgerecht und eben sein. Für Zufahrten/Zuwegungen zu Gebäuden werden in der Regel Tragschichten ohne Bindemittel verwendet. Diese Tragschichten werden nach ihren Baustoffen – frostunempfindliche Mineralgemische mit ausreichender Kornfestigkeit aus Natursand, Kies, Brechsand, Splitt, Schotter sowie unsortiertem Gestein – auch als Schottertragschichten bezeichnet. Schottertragschichten werden auf den anstehenden Baugrund geschüttet und müssen zur Gewährleistung der erforderlichen Tragfähigkeit ausreichend verdichtet werden. Bei größeren und stark belasteten Pflasterflächen kann die Verdichtung der Tragschicht durch die Bestimmung des Verformungsmoduls überprüft werden. Bei kleineren Flächen, wie z. B. bei Ein- und Ausfahrten von Garagen, wird die Verdichtung in der Regel nach der Erfahrung beurteilt. Im Anschluss an die errichteten Gebäude ist nicht nur die eigentliche Tragschicht, sondern auch der Untergrund – die Hinterfüllung des Bauwerkes – ausreichend zu verdichten. Andernfalls führen die über die Pflasterbeläge übertragenen Verkehrslasten zu einer Nachverdichtung des Untergrundes. In der Folge senken sich die Verfüllung und damit auch die Tragschicht ab. An der Oberfläche des Pflasterbelages entstehen Spurrinnen.

Aus dem Erscheinungsbild der beschriebenen Spurrinnen (größte Tiefe der Spurrinnen im Anschluss an die Garagen, Spurrinnen aber auch außerhalb der verfüllten Arbeitsräume) kann gefolgert werden, dass die Spurrinnen sowohl durch eine nicht ausreichende Verdichtung der Bauwerkshinterfüllung als auch durch eine unzureichende Verdichtung der Tragschicht oder des dortigen Untergrundes verursacht wurden.

Abb. 14.12: Spurrinnenbildung vor Tiefgarage

Abb. 14.13: Detail der Spurrinnen mit 2 cm Tiefe

Abb. 14.14: Spurrinnen bei Granitkleinsteinpflaster

Abb. 14.15: Spurrinnen vor Einzelgarage

Hinweise zur Schadensvermeidung

Spurrinnen in Pflasterbelägen werden durch einen fachgerecht geplanten und ausreichend verdichteten Unterbau weitgehend vermieden. Neben der ausreichend verdichteten Tragschicht auf tragfähigem Untergrund muss auch das Bettungsmaterial ausreichend stabil sein. Einflussfaktoren sind hierbei die Kornform, das Größtkorn, die Kornabstufung und die Festigkeit des Bettungsmaterials. Die Bettung muss ausreichend dick und fachgerecht eingebaut sein. Auch die Art und Ablauf der Fugenverfüllung zwischen den Pflastersteinen ist wichtig für die Stabilität des Pflasters. Weitere Hinweise können dem FGSV-Merkblatt für Flächenbefestigungen mit Pflasterdecken und Plattenbelägen entnommen werden (vgl. FGSV, 2003).

Maßnahmen und Kosten der Instandsetzung

Zur Beseitigung der Spurrinnen ist ein Rückbau der gepflasterten Fläche, die fachgerechte Verdichtung des Untergrundes und der Tragschicht sowie das Neuverlegen des Pflasters in der Bettung erforderlich.

Die Kosten für derartige Maßnahmen sind bei Pflasterflächen von 50 bis 100 m^2 mit ca. 40,00 €/m^2 zuzüglich Mehrwertsteuer zu veranschlagen.

14.4 Verformungen und Abplatzungen am Verbundpflasterbelag eines Parkplatzes

Schadensbild

Der Kundenparkplatz eines Verbrauchermarktes ist mit einem Betonverbundsteinpflaster aus H-Verbundsteinen befestigt. In den Fahrgassen sind bereichsweise Verschiebungen, Verdrückungen und Verwerfungen im Pflasterbelag entstanden (siehe Abb. 14.16). Im Bereich dieser Teilflächen zeigen sich Unebenheiten, Kantenabplatzungen und Höhensprünge zwischen den lose liegenden Verbundpflastersteinen (siehe Abb. 14.17 bis 14.20). Die Fugen sind unvollständig oder gar nicht verfüllt.

Über den Parkplatz findet auch die Warenanlieferung statt, sodass Bereiche des Parkplatzes zusätzlich durch Schwerlastverkehr beansprucht werden.

Entsprechend der planerischen Vorgabe wurden nur im nördlichen Bereich der mittleren Fahrgasse einschließlich der Ein- und Ausfahrt 10 cm dicke Verbundpflastersteine verlegt. Die anderen, zum Teil ebenfalls durch Schwerlastverkehr beanspruchten Flächen wurden wie geplant mit nur 8 cm dicken Verbundpflastersteinen befestigt (siehe Abb. 14.21).

Ursachen

Die Schäden am Pflasterbelag sind im vorliegenden Fall zum einen durch die fehlende bzw. unvollständige Verfugung und zum anderen durch die für eine Beanspruchung durch Schwerlastverkehr zu geringe Dicke der Pflastersteine von nur 8 cm entstanden.

Die vollständige Fugenfüllung ist eine wichtige Voraussetzung für eine dauerhaft funktionsfähige Pflasterfläche. Die im vorliegenden Schadensfall nicht bzw. unvollständig verfüllten Fugen konnten die Pflastersteine seitlich nicht halten und damit keine horizontalen Kräfte übertragen, sodass sich die Steine bei der auftretenden Verkehrsbelastung verschoben haben oder gekippt sind. Der sog. Mahleffekt entsteht durch die seitliche Verschiebung, wobei das Bettungsmaterial zerrieben wird und zunehmend Verformungen in der Pflasterfläche auftreten.

Unter Berücksichtigung der hohen Horizontalbeanspruchungen aus dem Schwerlastverkehr sind die von Lastkraftwagen befahrenen Flächen in die Bauklasse III oder IV nach den „Richtlinien für die Standardisierung des Oberbaues von Verkehrsflächen (RStO)“ einzuordnen (vgl. FGSV, 2001). Bei Bauklasse III sowie Bauklasse IV mit hoher Horizontalbeanspruchung muss die Mindestdicke der Verbundpflastersteine 10 cm betragen.

Gemäß Planung war jedoch nur im nördlichen Bereich der mittleren Fahrgasse einschließlich der Ein- und Ausfahrt die Verwendung 10 cm dicker Verbundpflastersteine vorgesehen. In allen übrigen Bereichen – auch dort, wo planmäßig Schwerlastverkehr stattfindet – war die Verlegung von nur 8 cm dicken Verbundpflastersteinen geplant. Diesbezüglich liegt ein Planungsfehler vor, der aufgrund der Tatsache, dass sich die Schäden am Pflasterbelag nicht auf die von Lastkraftwagen befahrenen Flächen beschränken, zwar nicht alleinursächlich, jedoch mitursächlich ist.

Hinweise zur Schadensvermeidung

Bei Pflasterbelägen in ungebundener Bauweise dienen die Fugen zum Ausgleich von Fertigungstoleranzen der Pflastersteine sowie zur Übertragung der Kräfte, die insbesondere beim Anfahren und Bremsen der Fahrzeuge auftreten. Um diese Aufgaben erfüllen zu können, sollen die Fugen mit einer Breite zwischen ca. 3 und 5 mm angelegt und mit einem geeigneten Fugenmaterial verfüllt werden, z. B. aus einem Brechsand-Splitt-Gemisch 0/3 bzw. 0/5 mm. Das Fugenmaterial wird zunächst eingefegt und nach dem Abrütteln der Pflasterfläche eingeschlämmt. Gegebenenfalls kann ein Nachsanden der Fläche erforderlich sein.

Die Dicke der Pflastersteine richtet sich nach der Verkehrsbeanspruchung. Empfehlungen hierzu werden von Mentlein im Pflasteratlas gegeben (vgl. Mentlein, 2009).

Maßnahmen und Kosten der Instandsetzung

Im dargestellten Schadensfall war aufgrund der mangelhaften Planung und Ausführung der Pflasterarbeiten eine Ausweitung des Schadens auf bisher nicht betroffene Flächen zu erwarten.

Abb. 14.16: Durch fahrdynamische Belastungen entstandene Schäden am Pflasterbelag

Abb. 14.17: Verschobene Pflastersteine

Abb. 14.18: Ausbrüche an den Pflastersteinen durch Verdrückungen

Abb. 14.19: Abplatzungen an einzelnen Pflastersteinen durch Kantenpressung

Abb. 14.20: Spurrinne im Pflasterbelag einer Fahrgasse

Abb. 14.21: Eine Pflasterdicke von 8 cm ist für Schwerlastverkehr nicht ausreichend.

Daher erforderte die vollständige und dauerhafte Schadensbeseitigung eine vollflächige Neuherstellung des Verbundpflasters in den Fahrgassen auf einer Fläche von insgesamt ca. 3.000 m².

Der damit verbundene Kostenaufwand wurde auf ca. 38,50 €/m² zuzüglich Mehrwertsteuer beziffert.

14.5 Absenkungen in einer Pflasterdecke

Schadensbild

Eine innerörtliche Straße ist mit einer Pflasterdecke hergestellt (siehe Abb. 14.22). Diese besteht aus Betonpflastersteinen, Dicke 10 cm, die in einer 5 cm dicken Splittbettung auf einer Kiestragschicht verlegt sind.

Es zeigt sich im Bereich der Fahrspuren, insbesondere im Verlauf von Rohrleitungsgräben, eine längsorientierte Rinnenbildung, die in Abb. 14.23 durch Auflegen einer 2-m-Messlatte deutlich sichtbar ist. Das Stichmaß beträgt bis zu 25 mm bei einer Messlänge von 2 m. Die Fugen des Betonpflasterbelags sind in der Regel nahezu vollständig verfüllt.

Zur Feststellung und Erfassung der Unebenheiten der Fahrbahnoberfläche wurde eine tachymetrische Aufnahme durchgeführt. Es wurden Querprofile im Abstand von 3 m angelegt und die Höhenkoten der Fahrbahnoberfläche im Abstand von 50 cm erfasst. Abb. 14.24 zeigt ein beispielhaftes Querprofil.

Es wurde festgestellt, dass derartige Unebenheiten auf der gesamten Länge des geschädigten Fahrbahnabschnitts vorliegen.

Zur weiteren Untersuchung des Fahrbahnoberbaus wurden 2 Schürfgruben angelegt (siehe Abb. 14.25).

Die Dicke des frostsicheren Straßenoberbaus, bestehend aus Pflaster, Splittbett und Tragschicht, wurde zu 50 cm bzw. 40 cm, die der Tragschicht zu 35 cm bzw. 25 cm ermittelt. Weiterhin wurden im Bereich der Schürfgruben Rammsondierungen durchgeführt. Diese Untersuchung ergab mittelhohe, hohe und sehr hohe Schlagzahlen. Anzeichen für Auflockerungen wurden nicht festgestellt. Ebenfalls im Bereich der Schürfgruben wurden zwei Lastplattendruckversuche zur Beurteilung des Verdichtungszustands ausgeführt. Diese ergaben, dass die ermittelten Kennwerte Verformungsmodul E_{v2} und Verdichtungsverhältnis $E_{v2/v1}$ nicht zu beanstanden sind.

Eine Körnungsanalyse des Bodens unterhalb des Oberbaus im Bereich der Leitungsgräben ergab die Frostempfindlichkeitsklassen F2 bzw. F3, d. h., es liegt gering bis mittel frostempfindlicher (F2) bzw. sehr frostempfindlicher (F3) Boden vor.

Die Dicke der Tragschicht wurde gegenüber der Ausführungsplanung im Zuge der Bauausführung deutlich reduziert, da nach Entfernen des alten Fahrbahnaufbaus der Untergrund sich relativ gleichförmig zeigte und in Teilbereichen bereits in geringer Tiefe Fels anstand.

Ursachen

Die Verformungen der Pflasterdecke sind auf eine zu geringe Dicke des Straßenoberbaus zurückzuführen. Die vorhandenen Tragschichtdicken von 25 cm bzw. 35 cm sind hinsichtlich der Anforderungen an die Frostsicherheit und an die Tragfähigkeit zu gering.

Die Dimensionierung des Oberbaus von Verkehrsflächen und somit auch von Flächenbefestigungen mit Pflasterdecken (Pflaster, Bettung, Tragschicht) hätte nach den „Richtlinien für die Standardisierung des Oberbaus von Verkehrsflächen (RStO)“ (vgl. FGSV, 2001) erfolgen müssen. Die erforderliche Gesamtdicke des Straßenoberbaus wird dort abhängig von der Bauklasse und der Frostempfindlichkeitsklasse festgelegt. Aufgrund der im vorliegenden Fall vorhandenen Straßenart ist zumindest die Bauklasse IV (Wohnsammelstraße) erforderlich. Der anstehende Boden wurde als mittel bzw. sehr frostempfindlich festgestellt. Auf Grundlage dieser Eingangsdaten beträgt die erforderliche Dicke des frostsicheren Oberbaus nach RStO 01, Tabelle 6, 60 cm. Weiterhin sind nach RStO 01 entsprechend den örtlichen Randbedingungen Mehr- oder Minderdicken zu wählen. Im vorliegenden Fall ist bei der Frosteinwirkung Zone II, der Lage der Gradiente in geschlossener Ortslage etwa in Geländehöhe, den Wasserverhältnissen, die als ungünstig gemäß den „Zusätzlichen Technischen Vertragsbedingungen für Erdarbeiten im Straßenbau ZTV E-StB 09“ (vgl. FGSV, 2009) einzustufen sind, und der Ausführung der Randbereiche in geschlossener Ortslage mit teilweise wasserundurchlässigen Randbereichen sowie mit Entwässerungseinrichtungen eine Mehrdicke von 5 cm zuzuschlagen, sodass sich insgesamt eine

Abb. 14.22: Pflasterdecke einer innerörtlichen Straße

Abb. 14.23: Absenkungen der Pflasterdecke

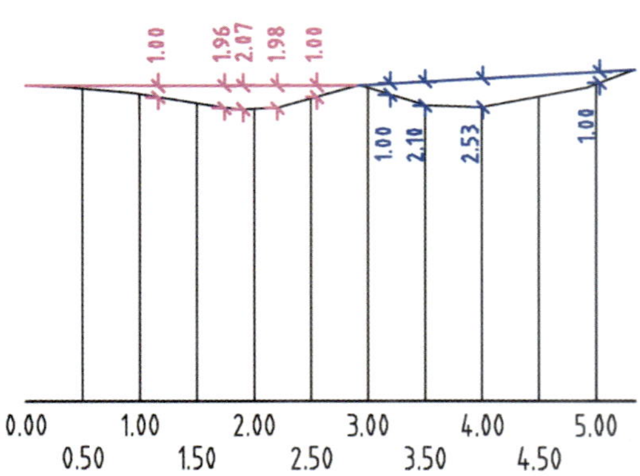

Abb. 14.24: Querprofil in überhöhter Darstellung

Abb. 14.25: Schürfgrube zur Untersuchung des Straßenoberbaus

erforderliche Dicke des frostsicheren Oberbaus von 65 cm, d. h. eine Tragschichtdicke von 50 cm, ergibt.

Hinweise zur Schadensvermeidung

Die Festlegung der Dicke des Straßenoberbaus stellt eine Planungsaufgabe dar. Die nach RStO, Ausgabe 2012 (vgl. FGSV, 2012), erforderlichen Mindestwerte sind einzuhalten. Mit diesen kann auch bei ungleichmäßigen Untergrundverhältnissen, wie hier mit verfüllten Rohrleitungsgräben einerseits und felsigem Untergrund andererseits, ein gleichmäßig tragfähiger Straßenoberbau sichergestellt werden kann.

Weiterhin ist eine Entwässerung des Planums zu empfehlen und in der Regel anzuordnen. Es ist jedoch jeweils im Einzelfall zu prüfen, ob und wenn ja wie eine solche vorgesehen wird. Eine Kompensationsmaßnahme durch Vergrößerung der Tragschichtdicke ist möglich. Im vorliegenden Fall fehlte eine derartige Entwässerung, was jedoch angesichts der bestehenden Gesamtsituation als nicht wesentlich zu erachten war.

Maßnahmen und Kosten der Instandsetzung

Zur Mangelbeseitigung war es erforderlich, die Pflasterdecke und die Tragschicht rückzubauen, den anstehenden Boden tiefer auszuheben und die Tragschicht mit größerer Dicke sowie die Pflasterdecke einzubauen. Zur Durchführung dieser Maßnahmen sind bei der vorliegenden Fläche von 235 m^2 110,00 €/m^2 zuzüglich Mehrwertsteuer zu veranschlagen.

14.6 Verformungen und Risse an einem Belag aus Betongittersteinen

Schadensbild

Bei einem Bürogebäude befindet sich vor den Fassaden umlaufend eine Feuerwehrumfahrt, die mit Rasengittersteinen aus Beton befestigt ist. Die Betongittersteine sind ca. 60 cm lang, ca. 40 cm breit und ca. 10 cm dick. Die Steine sind in Reihen mit Kreuzfuge verlegt (siehe Abb. 14.26). Die Feuerwehrumfahrt wird regelmäßig von einzelnen Pkw zu Parkzwecken und von Lieferfahrzeugen befahren. In der laufenden Nutzung treten zunehmend gebrochene Betongittersteine auf. Die Brüche verlaufen teilweise diagonal über die Stege der Steine (siehe Abb. 14.27), überwiegend jedoch quer zu den Stegen (siehe Abb. 14.28). Die betroffenen Steine sind meist geradlinig in mindestens 2 Teilstücke gebrochen (siehe Abb. 14.29).

Die Aufnahme der Querprofile ergab jeweils 2 markante Einsenkungen bis ca. 2 cm Stichmaß im Abstand der Spurweite schwerer Fahrzeuge.

Der Unterbau der befestigten Fläche besteht aus einer Kiestragschicht und einer Bettung der Steine aus gebrochenem Splitt. Unter der Tragschicht steht im Baugrund kiesiges Material an (siehe Abb. 14.30). Um die Verdichtung des eingebauten Bodenmaterials festzustellen, wurden stichprobenhaft schwere Rammsondierungen in Verbindung mit Kleinrammbohrungen und Plattendruckversuchen (vgl. DIN 18134:2012-04 „Baugrund – Versuche und Versuchsgeräte – Plattendruckversuch") an der Oberseite des eingebauten Bodenmaterials vorgenommen. Im Anschluss an die Versuchsdurchführung erfolgte an den Untersuchungsstellen ein Bodenaufschluss durch Aufgraben. Aus dem ausgebauten Material wurden Materialproben zur Bestimmung des Durchlässigkeitsbeiwertes k_f entnommen.

Ursachen

Das Brechen der Betongittersteine in Verbindung mit einer Spurrinnenbildung resultiert aus einer Überbeanspruchung infolge der Nutzung durch Pkw-Verkehr mit geringem Schwerlastanteil (Zu- und Abfahrt für Besucher- und Lieferverkehr) und aus einer fehlenden Eignung der Betongittersteine für die mit dem Überrollen, Beschleunigen und Abbremsen verbundenen dynamischen Beanspruchungen.

Aus den durchgeführten Untersuchungen ergab sich, dass die hinsichtlich Schichtenaufbau, Art des eingebauten Kiesmaterials, Frostempfindlichkeit der Tragschicht, Wasserdurchlässigkeit der Tragschicht und Festigkeit der Betongittersteine zu stellenden Anforderungen eingehalten sind.

Betongittersteine können einer Beanspruchung durch Überfahren nur standhalten, wenn sie überwiegend mit statisch einwirkenden Lasten auf Druck beansprucht werden und wenn eine gleichmäßige Lastableitung über die Bettung in die Tragschicht erfolgt. Dies setzt eine ausreichend verdichtete und verformungsarme Tragschicht mit einem entsprechenden Schichtenaufbau voraus. Bei einer dynamischen Belastung (z. B. bei schnellem Überrollen, Beschleunigen oder Abbremsen von Fahrzeugen), bei Frosteinwirkung auf frostempfindliches Material oder bei zu geringer Verdichtung gibt die Bettung bzw. die Tragschicht ungleichmäßig nach. Die Betongittersteine werden ungleichmäßig beansprucht. Hierbei treten Biegezugspannungen in den Betongittersteinen auf, die materialbedingt nur sehr begrenzt schadensfrei aufgenommen werden können. In der Folge kommt es zu einer Rissbildung und zu einem Brechen der Betongittersteine.

Hinweise zur Schadensvermeidung

Verkehrsflächen, die nur bei einem Feuerwehreinsatz oder bei gelegentlichen Wartungsarbeiten befahren werden, können wegen der überwiegend ruhenden Belastung mit Betongittersteinen auf einem entsprechenden Unterbau befestigt werden. Bei einer darüber hinausgehenden Nutzung, z. B. als Parkfläche mit vorwiegend ruhendem Verkehr, ist aufgrund der dynamischen Einwirkungen beim Überrollen

Abb. 14.26: Feuerwehrumfahrt mit einer Befestigung aus Betongittersteinen

Abb. 14.27: Bruchstelle mit diagonalem Verlauf

Abb. 14.28: Bruchstelle über mehrere Querstege

Abb. 14.29: Bruchverlauf in einem Betongitterstein

eine andere Oberflächenbefestigung zweckmäßig, z. B. Betonverbundpflaster.

Maßnahmen und Kosten der Instandsetzung

Die Instandsetzung der großflächig beschädigten Betongittersteine erfordert im vorliegenden Fall aufgrund der Verkehrsbeanspruchung das Herstellen einer tragfähigeren Deckschicht auf einem nachzuverdichtenden Unterbau.

Der Kostenaufwand hierfür war für eine Fläche von ca. 500 m^2 mit ca. 66,00 €/m^2 zuzüglich Mehrwertsteuer anzusetzen.

Abb. 14.30: Unterbau mit Kiestragschicht und Splittbett

14.7 Abplatzungen an einem Natursteinplattenbelag

Schadensbild

Zu der mediterran gestalteten Außenanlage eines Wohnhauses gehört unter anderem ein Plattenbelag aus 30 mm dicken ägyptischen Kalksteinplatten, die auf einer 80 bis 100 mm dicken Mörtelschicht und einer darunter befindlichen Schottertragschicht verlegt sind. Das gemessene Oberflächengefälle variiert zwischen 0,3 und 2,1 %.

Über die gesamte Fläche verteilt zeigen sich Abplatzungen an der Oberfläche der Platten (siehe Abb. 14.31 und 14.32). In Abb. 14.33 ist zu erkennen, dass der Naturstein keine homogene Struktur aufweist. Er ist von Spalten (Klüften) durchzogen, über die Niederschlagswasser einsickern kann. In einigen der durch die Abplatzungen entstandenen kraterartigen Vertiefungen steht Wasser (siehe Abb. 14.34). Teilweise wurden die Vertiefungen mit Kunstharz ausgegossen (siehe Abb. 14.35). Die Blockstufen der Treppenanlage, die aus demselben Naturstein hergestellt sind, weisen gleichartige Schäden auf (siehe Abb. 14.36).

Ursachen

Die Oberflächenabplatzungen an den im Außenbereich verlegten Kalksteinplatten sind durch Frosteinwirkung entstanden.

Über die Spalte (Klüfte) der inhomogenen Kalksteinplatten kann Oberflächenwasser einsickern. Wenn das eingeschlossene Wasser im Winter gefriert, wird durch die Volumenvergrößerung ein Druck ausgeübt, der bei wiederkehrenden Frost-Tau-Wechseln Absprengungen an der Oberfläche in der hier vorgefundenen Art zur Folge hat. Da die Abplatzungen auch auf Teilflächen vorhanden sind, die eine Neigung von mehr als 2 % aufweisen, konnte die Gefällesituation nicht hauptursächlich für den Eintritt der Schäden sein.

Der eingebaute Naturstein ist wegen seiner geringen Verwitterungsbeständigkeit für den vorgesehenen Verwendungszweck als unbrauchbar zu beurteilen. Erfahrungen bzw. Nachweise zur Frostbeständigkeit der ägyptischen Kalksteinplatten lagen im Übrigen nicht vor.

Hinweise zur Schadensvermeidung

Nach den Empfehlungen in der „Bautechnischen Information 1.4" des Deutschen Naturwerkstein-Verbands e. V. (DNV), Abschnitt 2.2, sollen für den Fall, dass keine Erfahrungen hinsichtlich der Frostbeständigkeit von Natursteinplatten vorliegen, eine Prüfung der Wasseraufnahme nach DIN EN 13755:2008-08 „Prüfverfahren für Naturstein – Bestimmung der Wasseraufnahme unter atmosphärischem Druck" und eine Frostprüfung gemäß DIN 52008:2006-03 „Prüfverfahren für Naturstein – Beurteilung der Verwitterungsbeständigkeit", Anhang D, mit mindestens 25 Frost-Tau-Wechseln durchgeführt werden.

Um Zerstörungen bei Frosteinwirkung zu verhindern, muss das anfallende Niederschlagswasser durch Ausbildung eines ausreichenden Oberflächengefälles gezielt und rasch abgeführt werden, sodass sich auf der Oberfläche keine größeren Wasserpfützen ausbilden können. Nach der „Bautechnischen Information 1.4" des DNV sollte das zur Wasserableitung erforderliche Gefälle mindestens 1,5 %, bei rauen Oberflächenbearbeitungen mindestens 2 bis 3 % betragen.

Maßnahmen und Kosten der Instandsetzung

Die vollständige und dauerhafte Beseitigung der Schäden sowie die nachträgliche Herstellung eines ausreichenden Oberflächengefälles erforderte eine vollflächige Neuherstellung des Plattenbelags einschließlich der Betontragschicht auf einer Fläche von insgesamt ca. 178 m^2 mit einem Kostenaufwand von ca. 31.000,00 € zuzüglich Mehrwertsteuer.

Für die Neuherstellung der 13 Blockstufen der Außentreppe mit einem frostbeständigen Naturstein ergaben sich Kosten von ca. 3.000,00 € zuzüglich Mehrwertsteuer.

Zusätzlich musste zur gezielten Ableitung des Oberflächenwassers die Schottertragschicht im Gefälle abgezogen und verdichtet sowie ausreichend dimensionierte Bodenabläufe bzw. Entwässerungsrinnen mit Anschluss an die Grundstücksentwässerung eingebaut werden. Hierfür wurden Kosten in Höhe von ca. 2.700,00 € zuzüglich Mehrwertsteuer veranschlagt.

Abb. 14.31: Kalksteinplatte mit Abplatzungen an der Oberfläche

Abb. 14.32: Detailaufnahme einer abgeplatzten Stelle

Abb. 14.33: Der Naturstein ist von Spalten (Klüften) durchzogen, über die Wasser eindringen kann.

Abb. 14.34: In den kraterartigen Vertiefungen sammelt sich Wasser.

Abb. 14.35: Teilweise wurden die Vertiefungen mit Kunstharz ausgegossen.

Abb. 14.36: Abplatzung an einer Blockstufe der Treppenanlage

15 Normen und Literatur

Normenverzeichnis

DIN 1045:1988-07 Beton und Stahlbeton; Bemessung und Ausführung

DIN 1045-3:2012-03 Tragwerke aus Beton, Stahlbeton und Spannbeton – Teil 3: Bauausführung – Anwendungsregeln zu DIN EN 13670

DIN 4095:1990-06 Baugrund; Dränung zum Schutz baulicher Anlagen; Planung, Bemessung und Ausführung

DIN 4108-2:1981-08 Wärmeschutz im Hochbau; Wärmedämmung und Wärmespeicherung; Anforderungen und Hinweise für Planung und Ausführung

DIN 4108-2:2001-03 Wärmeschutz und Energie-Einsparung in Gebäuden – Teil 2: Mindestanforderungen an den Wärmeschutz

DIN 4108-2:2013-02 Wärmeschutz und Energie-Einsparung in Gebäuden – Teil 2: Mindestanforderungen an den Wärmeschutz

DIN 4108-3:1981-08 Wärmeschutz im Hochbau; Klimabedingter Feuchteschutz; Anforderungen und Hinweise für Planung und Ausführung

DIN 4108-3:2001-07 Wärmeschutz und Energie-Einsparung in Gebäuden – Teil 3: Klimabedingter Feuchteschutz, Anforderungen, Berechnungsverfahren und Hinweise für Planung und Ausführung

DIN V 4108-7:1996-11 Wärmeschutz im Hochbau; Luftdichtheit von Bauteilen und Anschlüssen

DIN 4108-7:2011-01 Wärmeschutz und Energie-Einsparung in Gebäuden – Teil 7: Luftdichtheit von Gebäuden, Anforderungen, Planungs- und Ausführungsempfehlungen sowie -beispiele

DIN 4123:2011-01 Ausschachtungen, Gründungen und Unterfangungen im Bereich bestehender Gebäude

DIN 18134:2012-04 Baugrund; Versuche und Versuchsgeräte – Plattendruckversuch

DIN 18157-1:1979-07 Ausführung keramischer Bekleidungen im Dünnbettverfahren; Hydraulisch erhärtende Dünnbettmörtel

DIN 18181:2008-10 Gipsplatten im Hochbau – Verarbeitung

DIN 18195-1:2011-12 Bauwerksabdichtungen – Teil 1: Grundsätze, Definitionen, Zuordnung der Abdichtungsarten

DIN 18195-3:2011-12 Bauwerksabdichtungen – Teil 3: Anforderungen an den Untergrund und Verarbeitung der Stoffe

DIN 18195-4:2011-12 Bauwerksabdichtungen – Teil 4: Abdichtungen gegen Bodenfeuchte (Kapillarwasser, Haftwasser) und nichtstauendes Sickerwasser an Bodenplatten und Wänden; Bemessung und Ausführung

DIN 18195-5:2011-12 Bauwerksabdichtungen – Teil 5: Abdichtungen gegen nichtdrückendes Wasser auf Deckenflächen und in Nassräumen; Bemessung und Ausführung

DIN 18195-6:2011-12 Bauwerksabdichtungen – Teil 6: Abdichtungen gegen von außen drückendes Wasser und aufstauendes Sickerwasser; Bemessung und Ausführung

DIN 18195-9:2010-05 Bauwerksabdichtungen – Teil 9: Durchdringungen, Übergänge, An und Abschlüsse

DIN 18202:2013-04 Toleranzen im Hochbau – Bauwerke

DIN 18363:2012-09 VOB Vergabe- und Vertragsordnung für Bauleistungen – Teil C: Allgemeine Technische Vertragsbedingungen für Bauleistungen (ATV) – Maler- und Lackierarbeiten – Beschichtungen

DIN 18530:1987-03 Massive Deckenkonstruktionen für Dächer; Planung und Ausführung

DIN 18540:2006-12 Abdichten von Außenwandfugen im Hochbau mit Fugendichtstoffen

DIN 18550-2:1985-01 Putz; Putze aus Mörteln mit mineralischen Bindemitteln; Ausführung

DIN 18560-2:2004-04 Estriche im Bauwesen – Teil 2: Estriche und Heizestriche auf Dämmschichten (schwimmende Estriche)

DIN 18560-2:2009-09 Estriche im Bauwesen – Teil 2: Estriche und Heizestriche auf Dämmschichten (schwimmende Estriche)

DIN 52008:2006-03 Prüfverfahren für Naturstein – Beurteilung der Verwitterungsbeständigkeit

DIN 52460:2000-02 Fugen- und Glasabdichtungen – Begriffe

DIN 68121-2:1990-06 Holzprofile für Fenster und Fenstertüren; Allgemeine Grundsätze

DIN 68800-1:2011-10 Holzschutz – Teil 1: Allgemeines

DIN 68800-2:2012-02 Holzschutz – Teil 2: Vorbeugende bauliche Maßnahmen im Hochbau

DIN EN 927-1:2013-05 Lacke und Anstrichstoffe – Beschichtungsstoffe und Beschichtungssysteme für Holz im Außenbereich – Teil 1: Einteilung und Auswahl

DIN EN 1992-1-1:2011-01 Eurocode 2: Bemessung und Konstruktion von Stahlbeton und Stahlbetontragwerken – Teil 1-1: Allgemeine Bemessungsregeln und Regeln für den Hochbau; Deutsche Fassung EN 1992-1-1:2004 + AC:2010

DIN EN 1996-1-1:2013-02 Eurocode 6: Bemessung und Konstruktion von Mauerwerksbauten – Teil 1-1: Allgemeine Regeln für bewehrtes und unbewehrtes Mauerwerk; Deutsche Fassung EN 1996-1-1:2005+A1:2012

DIN EN 1996-2/NA:2012-01 Nationaler Anhang – National festgelegte Parameter – Eurocode 6: Bemessung und Konstruktion von Mauerwerksbauten – Teil 2: Planung, Auswahl der Baustoffe und Ausführung von Mauerwerk

DIN EN 10142:2000-07 Kontinuierlich feuerverzinktes Band und Blech aus weichen Stählen zum Kaltumformen – Technische Lieferbedingungen

DIN EN 13499:2003-12 Wärmedämmstoffe für Gebäude; Außenseitige Wärmedämm-Verbundsysteme (WDVS) aus expandiertem Polystyrol – Spezifikation

DIN EN 13755:2008-08 Prüfverfahren für Naturstein – Bestimmung der Wasseraufnahme bei atmosphärischem Druck; Deutsche Fassung EN 13755:2008

DIN EN 13914-1:2005-06 Planung, Zubereitung und Ausführung von Innen- und Außenputzen – Teil 1: Außenputz

E DIN 18550-1:2013-08 Putz und Putzsysteme, Anhang C Klassifizierung und Beurteilung von Rissen

Literaturverzeichnis

Aachener Institut für Bauschadensforschung und angewandte Bauphysik, gGmbH (AI Bau) (Hrsg.): Schadensfreie niveaugleiche Türschwellen. Aachen, 2010

Arbeitsgemeinschaft Mauerziegel im Bundesverband der Deutschen Ziegelindustrie e. V.; Bundesverband Kalksandsteinindustrie e. V.; Bundesverband Porenbetonindustrie e. V.; Deutsche Bauchemie e. V.; Deutscher Holz- und Bautenschutzverband e. V.; Fachvereinigung Deutscher Betonfertigteilbau e. V.; Zentralverband des Deutschen Baugewerbes e. V.; Zentralverband des Deutschen Dachdeckerhandwerks e. V. (Hrsg.): Richtlinie für die Planung und Ausführung von Abdichtungen mit kunststoffmodifizierten Bitumendickbeschichtungen (KMB) – erdberührte Bauteile, 3. Ausgabe (Stand: Mai 2010). Frankfurt am Main, 2010

Aurnhammer, K.: Schäden an Estrichen. Stuttgart: Fraunhofer IRB Verlag, 2008 (Fachbuchreihe Schadensfreies Bauen, Band 15)

bauart Konstruktions GmbH (Hrsg.): Abschlussbericht „Schimmelpilzbildung bei Dachüberständen und an Holzkonstruktionen". Stuttgart: Fraunhofer IRB Verlag, 2003

Blaich, J.: Bauschäden. Analyse und Vermeidung. Stuttgart: Fraunhofer IRB Verlag, 1999

Braun, E.: BWA-Richtlinien für Bauwerksabdichtungen. Technische Regeln für die Planung und Ausführung von Abdichtungen. Herausgegeben von der Bundesfachabteilung Bauwerksabdichtung (BFA BWA) im Hauptverband der Deutschen Bauindustrie e. V., Bände 1 und 2. Dieburg: Otto Elsner Verlagsgesellschaft, 2004 (Band 1) und 2006 (Band 2)

Bund der Ingenieure für Wasserwirtschaft, Abfallwirtschaft und Kulturbau e. V. (BWK) (Hrsg.): Merkblatt BWK-M8 Ermittlung des Bemessungsgrundwasserstandes für Bauwerksabdichtungen, Ausgabe September 2009

Bundesausschuss Farbe und Sachwertschutz e. V. (BFS) (Hrsg.): BFS-Merkblatt Nr. 18 Beschichtungen auf maßhaltigen Außenbauteilen aus Holz, insbesondere Fenster und Außentüren. Frankfurt am Main, 2006

Bundesausschuss Farbe und Sachwertschutz (BFS) (Hrsg.): BFS-Merkblatt Nr. 21: Technische Richtlinien für die Planung und Verarbeitung von Wärmedämm-Verbundsystemen. Stand Mai 2012. Bad Hersfeld: Hoehl-Druck GmbH & Co. KG, 2013

Bundesverband der Deutschen Mörtelindustrie; Deutscher Stuckgewerbebund; Fachvereinigung Polystyrol-Extruderschaumstoff (FPX); Industrieverband Werktrockenmörtel e. V. (Hrsg.): Merkblatt für das Verlegen und Verputzen von extrudierten Polystyrol-Hartschaumstoffplatten mit rauer Oberfläche als Wärmebrückendämmung, Ausgabe November 1993

Bundesverband der Gipsindustrie e. V., Industriegruppe Gipsplatten (Hrsg.): Merkblatt 3 Gipsplattenkonstruktionen Fugen und Anschlüsse (Stand Mai 2004). Berlin, 2011

Bundesverband der Kalksandsteinindustrie e.V. Hannover (Hrsg.): Kalksandstein – Planung, Konstruktion, Ausführung, 6. Auflage 2011, Düsseldorf: Verlag Bau und Technik GmbH

Bundesverband Estrich und Belag e. V. (Hrsg.): Arbeitsanweisung CM-Messung. Troisdorf, 2005

Cziesielski, E.; Vogt, F.: Schäden an Wärmedämm-Verbundsystemen. 2. Aufl. Stuttgart: Fraunhofer IRB Verlag, 2007 (Fachbuchreihe Schadensfreies Bauen, Band 20)

Deutscher Ausschuss für Stahlbeton e. V. (DAfStb) (Hrsg.): Heft 400 Erläuterungen zu DIN 1045 Beton und Stahlbeton, Ausgabe 07.88. Berlin, 1989

Deutscher Ausschuss für Stahlbeton e. V. (DAfStb) (Hrsg.): Richtlinie Schutz und Instandsetzung von Betonbauteilen (Instandsetzungs-Richtlinie), Ausgabe Oktober 2001. Berlin, 2001

Deutscher Ausschuss für Stahlbeton e. V. (DAfStb) (Hrsg.): Richtlinie Wasserundurchlässige Bauwerke aus Beton (WU-Richtlinie), Ausgabe November 2003. Berlin, 2003

Deutscher Beton- und Bautechnik-Verein e. V. (Hrsg.): Merkblatt Parkhäuser und Tiefgaragen. Berlin, 2010

Deutscher Beton-Verein e. V. (DBV) (Hrsg.): Merkblatt Wasserundurchlässige Baukörper aus Beton, Fassung Juni 1996. Wiesbaden, 1996

Deutscher Naturwerkstein-Verband e. V. (Hrsg.): Bautechnische Information Naturwerkstein Nr. 2.6 Bauchemische und bauphysikalische Einflüsse Innenarbeiten. Würzburg, 1993

Deutscher Naturwerkstein-Verband e. V. (Hrsg.): Bautechnische Information Naturwerkstein Nr. 1.4 Bodenbeläge, außen (Stand Mai 2008). Würzburg, 2008

Entwicklungsgemeinschaft Holzbau (EGH) in der Deutschen Gesellschaft für Holzforschung; Forstabsatzfonds (FAF) (Hrsg.): Fenster. Grundlagen, Konstruktionen, Details. München/Bonn: Eigenverlag EGH/FAF, 1997 (Holzbau Handbuch, Reihe 6, Teil 7, Folge 1)

Erhorn, H.; Reiß, J.: Schützt der Mindestwärmeschutz in der Praxis vor Schimmelschäden? Stuttgart: Fraunhofer Institut für Bauphysik, 1992 (IBP Mitteilung 224)

Ertl, R.: Toleranzen im Hochbau. Kommentar zur DIN 18202. 3. Aufl. Köln: Verlagsgesellschaft Rudolf Müller GmbH & Co. KG, 2013

Fachverband der Stuckateure für Ausbau und Fassade Baden-Württemberg (SAF); Verband Garten-, Landschafts- und Sportplatzbau Baden-Württemberg e. V. (Hrsg.): Richtlinie Fassadensockelputz/Außenanlagen, Richtlinie für die fachgerechte Planung und Ausführung des Fassadensockelputzes sowie des Anschlusses der Außenanlage, Ausgabe Januar 2013. Stuttgart/ Leinfelden-Echterdingen, 2013

Fachverband Deutsches Fliesengewerbe im Zentralverband des Deutschen Baugewerbes e. V. (Hrsg.): ZDB-Merkblatt Hinweise für die Ausführung von Verbundabdichtungen mit Bekleidungen und Belägen aus Fliesen und Platten für den Innen- und Außenbereich, Ausgabe August 2012. Berlin/Köln, 2010

Fachverband Fliesen und Naturstein (Hrsg.): Hinweise für die Ausführung von flüssig zu verarbeitenden Verbundabdichtungen mit Bekleidungen und Belägen aus Fliesen und Platten für den Innen- und Außenbereich. Köln: Verlagsgesellschaft Rudolf Müller GmbH & Co. KG, 2012

Fachverband der Stuckateure für Ausbau und Fassade Baden-Württemberg (Hrsg.) pp.: Richtlinie Anschlüsse an Fenster und Rollläden bei Putz, Wärmedämm-Verbundsystem und Trockenbau. 2. Aufl. 2010

Forschungsgesellschaft für Straßen- und Verkehrswesen (FGSV) (Hrsg.): MFP 1 Merkblatt für Flächenbefestigungen mit Pflasterdecken und Plattenbelägen – Teil 1: Regelbauweise (Ungebundene Ausführung). Köln: FGSV-Verlag, 2003

Forschungsgesellschaft für Straßen- und Verkehrswesen (FGSV) (Hrsg.): Richtlinien für die Standardisierung des Oberbaues von Verkehrsflächen. Köln: FGSV-Verlag, 2001

Forschungsgesellschaft für Straßen- und Verkehrswesen (FGSV) (Hrsg.) Zusätzliche Technische Vertragsbedingungen für Erdarbeiten im Straßenbau (ZTV E-StB 09). Köln: FGSV Verlag, 2009

Forschungsgesellschaft für Straßen- und Verkehrswesen (FGSV) (Hrsg.): Richtlinien für die Standardisierung des Oberbaues von Verkehrsflächen. Köln: FGSV-Verlag, 2012

Gierlinger, E.: Putz im Sockelbereich. Vortrag bei den Aachener Bausachverständigentagen 1998. In: Oswald, R. (Hrsg.): Außenwandkonstruktionen: Aachener Bausachverständigentage 1998. Wiesbaden/Berlin: Bauverlag, 1998

Goswin, R.; Lieb, K.; Schmid, J.; Stiell, W.: Rahmenverbindungen an Holzfenstern und Holztüren. Rosenheim: Institut für Fenstertechnik e. V. Rosenheim (ift Rosenheim), 1990

Hergenröder, M.: Zur statistischen Instandhaltungsplanung für bestehende Betonbauwerke bei Karbonatisierung des Betons und möglicher Korrosion der Bewehrung. Dissertation TU München, 1992. In: Berichte aus dem Konstruktiven Ingenieurbau, Band 4/92

Hohmann, R.: Wasserdruckhaltende Innenwannen aus Beton als Sanierungsmethode für vernässte Keller. In: Fouad, N. A. (Hrsg.): Bauphysik Kalender 2008. Berlin: Ernst & Sohn, 2008

Institut für Fenstertechnik e. V. Rosenheim (ift Rosenheim): Richtlinie Verklebungen an Holzfenstern, Teil 2: Verklebung von Rahmenverbindungen, Ausgabe April 1998. Rosenheim, 1998

Künzel, H.: Schäden an Fassadenputzen. Stuttgart: Fraunhofer IRB Verlag, 1994 (Fachbuchreihe Schadenfreies Bauen, Band 9)

Lohmeyer, G.: Weiße Wannen – einfach und sicher. Konstruktion und Ausführung von Kellern und Becken aus Beton ohne besondere Dichtungsschicht. 10. Aufl. Düsseldorf/Erkrath: Verlag Bau+Technik, 2000

Mentlein, H.: Pflasteratlas. Planung, Konstruktion und Herstellung. 3. Aufl. Köln: Verlagsgesellschaft Rudolf Müller GmbH & Co. KG, 2009

Münchner Runde (Hrsg.): Positionspapier Tiefgaragenbauwerke und Parkgaragen. Stand: 01.03.2013 [online]. Internet: www.bayika.de/aktuelles/pdf/2013-03-28_Tiefgaragen bauwerke_-_Grundsatzpapier_Neubau_2013.pdf

Neumann, H.-H.: Praxis-Handbuch Wärmedämm-Verbundsysteme. Baustoffkunde, Verarbeitung, Schäden, Sanierung. Köln: Verlagsgesellschaft Rudolf Müller, 2009

Nürnberger, U.: Korrosion und Korrosionsschutz im Bauwesen, Band 2. Wiesbaden/Berlin: Bauverlag, 1995

Oswald, R.: Grundlagen der Abdichtung erdberührter Bauteile. In: Fouad, N. A. (Hrsg.): Bauphysik Kalender 2008. Berlin: Verlag Ernst & Sohn, 2008

Oswald, R.; Klein, A.; Wilmes, K: Niveaugleiche Türschwellen bei Feuchträumen und Dachterrassen. Problemstellungen und Ausführungsempfehlungen.

Stuttgart: Fraunhofer IRB Verlag, 1994 (Bauforschung für die Praxis, Band 3)

Pfefferkorn, Werner; Klaas, Helmut: Rissschäden an Mauerwerk. 3. Aufl. Stuttgart: Fraunhofer IRB Verlag, 2002 (Fachbuchreihe Schadenfreies Bauen, Band 7)

RAL Deutsches Institut für Gütesicherung und Kennzeichnung e.V. (Hrsg.): RAL-GZ 424/1 Güte- und Prüfbestimmungen für Holzfenster, Ausgabe 01/1996. Sankt Augustin, 1996

RAL Deutsches Institut für Gütesicherung und Kennzeichnung e.V. (Hrsg.): Innentüren aus Holz und Holzwerkstoffen; Gütesicherung RAL-RG 426 Teil 1: Türblätter aus Holz und Holzwerkstoffen, Ausgabe Februar 2002. Sankt Augustin, 2002

RAL Gütegemeinschaft Fenster und Haustüren e. V. (Hrsg.): Leitfaden zur Planung und Ausführung der Montage von Fenstern und Haustüren. Ausgabe März 2010

Rapp, A.; Sudhoff, B.; Pittich, D.: Schäden an Holzfußböden. Stuttgart: Fraunhofer IRB Verlag, 2011 (Fachbuchreihe Schadensfreies Bauen, Band 29)

Remmert, K. u. a.: Fachbuch für Parkettleger und Bodenleger. Hamburg: SN-Verlag Michael Steinert, 2001

Schmid, J.; Leuschner, I.: Tauwasser und Schimmelpilze im Fensterbereich. In: Deutsches Architektenblatt 32 (2000), Nr. 3, S. 328–330

Schnell, W.: Randverformung bei schwimmenden Zementestrichen (Analyse und Bewertung). In: Boden-Wand-Decke, Heft 11/1990, S. 65–69

Schnell, W.: Zur Ermittlung von Belegreife und Ausgleichsfeuchte von mineralisch gebundenen Estrichen (Stand: 1985). In: Bundesfachgruppe Estrich und Belag im Zentralverband des Deutschen Baugewerbes e.V. (Hrsg.): Handbuch für das Estrich- und Belaggewerbe – Technik. 2. Aufl. Köln: Verlagsgesellschaft Rudolf Müller GmbH & Co. KG, 1999

Selk, D.: Zweischalige Außenwände – Ausführung der Außenschale (Verblendschale). In: Das Mauerwerk 7 (2003), Heft 6, S. 197–201

Umweltbundesamt, Fachgebiet II 2.3 (Hrsg.): Innenraumhygiene: Attacke des schwarzen Staubes – das Phänomen Schwarze Wohnungen. Berlin: Umweltbundesamt, 2003

Verband der Fenster- und Fassadenhersteller e.V. (Hrsg.): Merkblatt HO.10 Wetterschutzschiene an Holzfenstern. Frankfurt am Main, November 2011

Wissenschaftlich-Technische Arbeitsgemeinschaft für Bauwerkserhaltung und Denkmalpflege e.V. (WTA) (Hrsg.): Merkblatt 4-4-04/D Mauerwerksinjektion gegen kapillare Feuchtigkeit. München: WTA-Publications, 2004

Wissenschaftlich-Technische Arbeitsgemeinschaft für Bauwerkserhaltung und Denkmalpflege e.V. (WTA) (Hrsg.): Merkblatt 4-6-13/D Nachträgliches Abdichten erdberührter Bauteile. München: WTA-Publications, 2013

Wissenschaftlich-Technische Arbeitsgemeinschaft für Bauwerkserhaltung und Denkmalpflege e.V. (WTA) (Hrsg.): Merkblatt 2-9-04/D Sanierputzsysteme, Deutsche Fassung vom 24.10.2005. München: WTA-Publications, Oktober 2005

Wissenschaftlich-Technische Arbeitsgemeinschaft für Bauwerkserhaltung und Denkmalpflege e.V. (WTA) (Hrsg.): Merkblatt 2-4: 2008-08 Beurteilung und Instandsetzung gerissener Putze an Fassaden, Ausgabe 8.2008/D. München: WTA-Publications, August 2008

Wissenschaftlich-Technische Arbeitsgemeinschaft für Bauwerkserhaltung und Denkmalpflege e.V. (WTA) (Hrsg.): Merkblatt 8-3-10/D Fachwerkinstandsetzung nach WTA III: Ausfachungen von Sichtfachwerk, Ausgabe 06.2008/D. München: WTA-Publications, Oktober 2010

Zentralverband des Deutschen Dachdeckerhandwerks, Fachverband Dach-, Wand- und Abdichtungstechnik e. V. (Hrsg.): Deutsches Dachdeckerhandwerk – Regelwerk: Merkblatt für Unterdächer, Unterdeckungen und Unterspannungen. Köln: Verlagsgesellschaft Rudolf Müller GmbH & Co. KG, 2010

Zentralverband des Deutschen Dachdeckerhandwerks, Fachverband Dach-, Wand- und Abdichtungstechnik, e. V. (Hrsg.): Deutsches Dachdeckerhandwerk Regelwerk: Fachregeln für Metallarbeiten im Dachdeckerhandwerk. Köln: Verlagsgesellschaft Rudolf Müller GmbH & Co. KG, 2011

Zentralverband des Deutschen Dachdeckenhandwerks, Fachverband Dach-, Wand- und Abdichtungstechnik e. V. (Hrsg.): Merkblatt Einbauteile bei Dachdeckungen (Ausgabe Juli 2013). Köln: Verlagsgesellschaft Rudolf Müller GmbH & Co. KG, 2013

Zentralverband des Deutschen Dachdeckerhandwerks, Fachverband Dach-, Wand- und Abdichtungstechnik e. V.; Hauptverband der Deutschen Bauindustrie e. V., Bundesfachabteilung Bauwerksabdichtung (Hrsg.): Deutsches Dachdeckerhandwerk Regelwerk: Fachregeln für Abdichtungen (Flachdachrichtlinie). Köln: Verlagsgesellschaft Rudolf Müller GmbH & Co. KG, 2008 mit Änderungen Mai 2009 und Dezember 2011

Zentralverband Sanitär Heizung Klima (Hrsg.): Fachregeln des Klempner-Handwerks; Richtlinien für die Ausführung von Metall-Dächern, -Außenwandbekleidungen und Bauklempner-Arbeiten, Ausgabe 10/1998. Sankt Augustin, 1998

Zentralverband Sanitär Heizung Klima (Hrsg.): Richtlinien für die Ausführung von Klempnerarbeiten an Dach und Fassade (Klempnerfachregeln), Ausgabe 11/2009. Sankt Augustin, 2009

Zeus, K.: Estrich als Dickbett-Mörtelschicht unter Belägen aus Naturwerkstein. In: Boden-Wand-Decke, Heft 2/1994, S. 195–20

16 Stichwortverzeichnis

Q

R

S